21世纪全国本科院校土木建筑类创新型应用人才培养规划教材

结构力学

主　编　边亚东
副主编　张玉国
参　编　庄迎春　王　哲　赵红垒
　　　　袁　颖　彭国军　常利武

北京大学出版社
PEKING UNIVERSITY PRESS

内 容 简 介

本书是 21 世纪全国本科院校土木建筑类创新型应用人才培养规划教材之一，是依据教育部高等学校非力学类专业力学基础课程教学指导分委员会(结构力学及弹性力学课程教学指导小组)制订的"结构力学"课程教学基本要求编写的。

全书共分 12 章，主要内容包括绪论、平面体系的几何组成分析、静定结构的内力计算、静定结构的位移计算、力法、位移法、渐近法与近似法、影响线、矩阵位移法、结构动力计算基础、结构的稳定计算及结构的极限荷载。章后附有本章小结、思考题和习题，习题均附有参考答案。

本书重视力学分析、力学计算能力和科学思维方法的培养，充分体现工程实际需要和结构力学的发展方向，可作为高等学校土木建筑类专业的教学用书，也可供相关专业的工程技术人员参考。

图书在版编目(CIP)数据

结构力学/边亚东主编. —北京：北京大学出版社，2012.3
(21 世纪全国本科院校土木建筑类创新型应用人才培养规划教材)
ISBN 978-7-301-20284-5

Ⅰ. ①结… Ⅱ. ①边… Ⅲ. ①结构力学—高等学校—教材 Ⅳ. ①O342

中国版本图书馆 CIP 数据核字(2012)第 026823 号

书　　　　名：	结构力学
著作责任者：	边亚东　主编
策 划 编 辑：	吴　迪　卢　东
责 任 编 辑：	伍大维
标 准 书 号：	ISBN 978-7-301-20284-5/TU·0224
出　 版　 者：	北京大学出版社
地　　　　址：	北京市海淀区成府路 205 号　100871
网　　　　址：	http://www.pup.cn　http://www.pup6.cn
电　　　　话：	邮购部 62752015　发行部 62750672　编辑部 62750667　出版部 62754962
电 子 邮 箱：	pup_6@163.com
印　 刷　 者：	三河市博文印刷厂
发　 行　 者：	北京大学出版社
经　 销　 者：	新华书店
	787 毫米×1092 毫米　16 开本　22.75 印张　534 千字
	2012 年 3 月第 1 版　2012 年 3 月第 1 次印刷
定　　　　价：	42.00 元

未经许可，不得以任何方式复制或抄袭本书之部分或全部内容。
版权所有，侵权必究　　举报电话：010-62752024
　　　　　　　　　　　电子邮箱：fd@pup.pku.edu.cn

前　言

　　本书作为21世纪全国本科院校土木建筑类创新型应用人才培养规划教材之一，是按照土木建筑类专业人才培养目标和课程设置要求，以及满足培养对象应具备的知识和能力要求进行编写的，反映了国家有关规范和标准的最新要求。参与本书的编者都具有多年结构力学教学和工程实践的丰富经验。

　　本书既侧重于应用型人才的培养，又兼顾研究型人才的培养，使学生在掌握基本原理的基础上，能够进行工程实际问题的分析和计算。本书参考学时为120～150学时，在具体内容上，要求掌握静定结构的内力、位移计算方法，掌握用力法、位移法计算超静定结构的基本方法，掌握一种实用手算方法——渐近法，了解各类结构的受力性能等。本书删去了一些理论性较强而对培养学生应用能力作用不大的内容，同时重视实用计算方法的训练，突出工程应用。本书章节设计合理，力求做到叙述精练、易学易教、注重应用能力的培养。

　　本书由边亚东担任主编，张玉国担任副主编，边亚东、张玉国负责统稿工作。本书编写分工为：张玉国编写第1章中1.1节、1.2节、第3章，庄迎春编写第1章中其余部分，王哲编写第2章，边亚东编写第4章、第5章，赵红垒编写第6章、第9章，袁颖编写第7章，彭国军编写第8章、第10章，常利武编写第11章、第12章。

　　由于编者水平有限，本书中难免会出现一些疏漏和不足，衷心欢迎各位读者批评指正。

编　者
2012年1月

目 录

第 1 章　绪论 …………………… 1
  1.1　结构力学内容概述 …………… 2
  1.2　结构的计算简图 ……………… 3
  1.3　杆件结构的分类 ……………… 8
  1.4　荷载的分类 …………………… 10
  本章小结 …………………………… 11
  思考题 ……………………………… 12

第 2 章　平面体系的几何组成分析 … 13
  2.1　几何组成分析的基本概念 …… 14
  2.2　平面杆件体系的计算自由度 … 16
  2.3　平面几何不变体系的基本组成
      规则 …………………………… 18
  2.4　几何组成与静定性的关系 …… 21
  本章小结 …………………………… 22
  思考题 ……………………………… 23
  习题 ………………………………… 23

第 3 章　静定结构的内力计算 …… 27
  3.1　静定结构内力计算的基本方法 … 28
  3.2　静定结构内力分析 …………… 39
  3.3　静定结构的一般性质 ………… 63
  本章小结 …………………………… 65
  思考题 ……………………………… 66
  习题 ………………………………… 67

第 4 章　静定结构的位移计算 …… 71
  4.1　概述 …………………………… 72
  4.2　虚功原理 ……………………… 74
  4.3　结构位移计算一般公式 ……… 81
  4.4　荷载作用下静定结构位移计算 … 83
  4.5　图乘法 ………………………… 87
  4.6　温度变化时静定结构位移计算 … 95
  4.7　线弹性体系互等定理 ………… 96
  本章小结 …………………………… 99
  思考题 ……………………………… 101
  习题 ………………………………… 101

第 5 章　力法 …………………… 106
  5.1　概述 …………………………… 106
  5.2　力法基本原理 ………………… 110
  5.3　力法计算举例 ………………… 114
  5.4　对称结构计算 ………………… 125
  5.5　支座移动和温度改变时的计算 … 131
  5.6　超静定结构位移计算 ………… 135
  本章小结 …………………………… 137
  思考题 ……………………………… 139
  习题 ………………………………… 139

第 6 章　位移法 ………………… 145
  6.1　概述 …………………………… 146
  6.2　等截面杆件的转角位移方程 … 147
  6.3　位移法计算方法——直接平
      衡法 …………………………… 152
  6.4　位移法计算举例 ……………… 155
  6.5　位移法的基本体系 …………… 160
  6.6　对称结构的计算 ……………… 167
  6.7　支座移动与温度改变时的计算 … 171
  本章小结 …………………………… 175
  思考题 ……………………………… 177
  习题 ………………………………… 178

第 7 章　渐近法与近似法 ……… 181
  7.1　力矩分配法的基本原理 ……… 181
  7.2　多结点的力矩分配 …………… 186
  7.3　无剪力分配法 ………………… 191
  7.4　近似计算简介 ………………… 193
  本章小结 …………………………… 195
  思考题 ……………………………… 196

习题 …… 196

第8章 影响线 …… 199

8.1 概述 …… 200
8.2 静力法作静定结构的影响线 …… 201
8.3 机动法作静定梁的影响线 …… 207
8.4 超静定结构的影响线 …… 211
8.5 影响线的应用 …… 214
本章小结 …… 224
思考题 …… 225
习题 …… 226

第9章 矩阵位移法 …… 230

9.1 概述 …… 231
9.2 局部坐标系下单元刚度矩阵 …… 232
9.3 整体坐标系下单元刚度矩阵 …… 236
9.4 结构的整体刚度矩阵 …… 238
9.5 等效结点荷载 …… 251
9.6 矩阵位移法计算举例 …… 255
本章小结 …… 264
思考题 …… 267
习题 …… 267

第10章 结构动力计算基础 …… 270

10.1 概述 …… 271
10.2 单自由度体系的自由振动 …… 274
10.3 单自由度体系的强迫振动 …… 278
10.4 阻尼对振动的影响 …… 283
10.5 两个自由度体系的自由振动 …… 289
10.6 两个自由度体系的强迫振动 …… 295
本章小结 …… 298
思考题 …… 301
习题 …… 302

第11章 结构的稳定计算 …… 306

11.1 概述 …… 307
11.2 有限自由度体系的稳定分析 …… 310
11.3 无限自由度体系的稳定分析 …… 315
本章小结 …… 323
思考题 …… 324
习题 …… 325

第12章 结构的极限荷载 …… 327

12.1 概述 …… 327
12.2 超静定梁的极限荷载 …… 331
12.3 超静定刚架的极限荷载 …… 337
本章小结 …… 341
思考题 …… 342
习题 …… 343

习题参考答案 …… 345

参考文献 …… 355

主要符号表

A	面积、振幅
c	阻尼系数
C	弯矩传递系数
c_{cr}	临界阻尼系数
d	结间距离
E	弹性模量
f	拱高、矢高、频率
F_P	集中荷载
F_H	水平推力
F_x、F_y	水平(x)、垂直(y)方向的分力
F_N、F_{Nx}、F_{Ny}	轴力、轴力在水平(x)方向的分力、轴力在垂直(y)方向的分力
F_Q、F_Q^L、F_Q^R	剪力、截面左侧剪力、截面右侧剪力
F_Q^F	固端剪力
F_{Pu}	极限荷载
F_R	广义反力、反力合力
$\overline{F}^e$	局部坐标系下单元杆端力向量
F^e	整体坐标系下单元杆端力向量
$\overline{F}_{xP}$、$\overline{F}_{yP}$、$\overline{M}_P$	局部坐标系下单元固端约束反力
G	剪切模量
i	线刚度
I	惯性矩
$\mathbf{I}$	单位矩阵
k	刚度系数
$\overline{k}^e$	局部坐标系下单元刚度矩阵
k^e	整体坐标系下单元刚度矩阵
$\mathbf{K}$	结构刚度矩阵
m	质量
M	力矩、力偶矩、弯矩
M^F	固端弯矩
M_u	极限弯矩
P	广义荷载、广义力
$\mathbf{P}^e$	单元结点荷载向量
$\mathbf{P}$	结构结点荷载向量
q	均布荷载集度
R	半径

符号	含义
r	半径、反力影响系数
S	转动刚度、冲量
t	时间
T	周期
$\boldsymbol{T}$	坐标转换矩阵
u	水平位移
v	竖向位移、挠度、速度
W	计算自由度、弯曲截面系数、功、重力
X	广义未知力、广义多余未知力
$\boldsymbol{Y}$	位移幅值向量、主振型向量、主振型矩阵
y	位移
$\dot{y}=\dfrac{\mathrm{d}y}{\mathrm{d}t}$	速度
$\ddot{y}=\dfrac{\mathrm{d}^2 y}{\mathrm{d}t^2}$	加速度
Z	影响线量值
α	线膨胀系数、初始相位角
β	动力系数
Δ	广义未知位移
$\boldsymbol{\Delta}$	位移向量
$\boldsymbol{\Delta}^e$	整体坐标下的单元杆端位移向量
δ	柔度系数、位移影响系数
ε	线应变
μ	力矩分配系数
γ	相对剪切应变
θ	截面转角、荷载频率
ξ	阻尼比
σ_b	强度极限
σ_s	屈服应力
σ_u	极限应力

第1章 绪 论

教学目标

理解结构、计算简图、结点、支座、荷载的概念
掌握结构计算简图的简化要点
掌握杆件结构和荷载的分类
了解结构力学的研究对象及任务
了解结构力学与其他课程的关系

教学要求

知识要点	能力要求	相关知识
结构及其分类	(1) 理解结构的概念 (2) 了解结构的分类	建筑物 构筑物
研究对象及任务	(1) 了解结构力学的研究对象 (2) 了解结构力学的研究任务	几何构造分析 结构稳定性 结构极限荷载
结构计算简图	(1) 理解计算简图选取原则 (2) 掌握计算简图简化要点	
杆件结构的分类	(1) 理解各类杆件结构的概念 (2) 掌握杆件结构的分类	静定结构 超静定结构
荷载分类	(1) 理解荷载的基本概念 (2) 掌握荷载的分类	

引言

在人类历史发展的长河中,从弓箭、茅屋、舟楫等简单结构,到金字塔、万里长城等人类历史奇迹,再到中国国家体育场"鸟巢"、杭州湾跨海大桥、上海环球金融中心和阿联酋迪拜塔等大跨、超高、超长建筑物或构筑物,既是人类在不同历史时期的伟大创造,又是结构力学发展到一定阶段的最好明证和载体。

19世纪中叶,工程结构分析理论和分析方法的出现,标志着结构力学成为一门独立的学科。目前,结构力学研究内容已相当广泛和深入,主要包括结构的组成规则、结构在各种效应(荷载、温度、制造误差及支座位移等)作用下的响应(内力和位移)计算、结构的动力响应计算、结构的稳定计算和极限荷载计算等。随着现代计算机技术和有限元法的出现,结构计算越来越多地采用电算方法。对于电算结果的校核、定性研究和分析以及对大型结构复杂问题的计算,都需要科研工作者和工程技术人员掌握深厚的结构力学理论知识。

1.1 结构力学内容概述

1. 结构及其分类

工程结构是指建筑物或构筑物中能够发挥承受、传递荷载的骨干作用的部分，简称为结构。对于结构而言，各骨干部分与支承物或基础按照一定规则组成完整体系，承受荷载等外部作用，且不发生相对位移。在此处，建筑物是指可供人类从事生产、生活或其他活动的工程建筑，如民用建筑、工业建筑、水工建筑、园林建筑和农业建筑等；构筑物是指人类不直接在其内部从事生产和生活活动的工程建筑，如塔架、桥梁、围墙、挡土墙、堤坝、沼气池、蓄水池、铁路、公路、隧道和机场跑道等。

结构的形式是多样的，无处不在的。例如，在房屋建筑中，梁、板、柱等构件形成的房屋结构体系；在水工建筑中，承受水压力的闸口和水坝；铁路和公路上的隧道和桥梁等。这些都称为结构。结构既可以是简单的单一构件，如整体式基础和挡土墙等；也可以是较复杂的由多构件形成的体系，如屋架等。在结构计算中，单根梁或单块板是最常见、最简单的结构。

从几何的特征来看，结构一般分为三大类，见表1-1。

表1-1 结构的分类

类别	含义	举例
杆件结构	由杆件（杆件的长度方向尺寸远大于其截面的宽、高尺寸）组成的结构	梁、柱、拱、刚架、桁架
薄壁结构	亦称板壳结构，结构的厚度方向尺寸远小于其宽度、高度方向的尺寸	房屋结构中的屋盖、楼板、水工结构中的拱坝
实体结构	长、宽、厚3个方向尺寸约为同一数量级	基础、挡土墙、重力坝

2. 结构力学的研究对象及任务

结构力学的主要研究对象是杆件结构，因此，有狭义的结构之说，即杆件结构。结构能承受外界荷载作用的限值、结构的稳定性计算等问题都要运用结构力学知识来研究。

结构设计首先必须满足人类活动的功能和舒适性要求，其次能够在各种因素作用时保持结构的整体稳定和耐久使用，另外还应充分利用材料的物理力学性能，尽可能节约材料的用量。也就是说，结构设计须满足安全性、适用性、耐久性和经济性等要求。对此，结构力学将就结构体系的强度、刚度和稳定性重点展开研究和分析。结构力学的具体研究任务是：

（1）研究结构的组成规则、合理形式和计算简图的合理选择等问题。研究组成规则的目的是保证结构各部分既不发生相对的刚体运动又能够承担荷载维持平衡；讨论结构的合理形式，是为了有效利用材料，充分发挥其力学性能；合理选择计算简图的目的是既反映结构的总体特征又能够简化计算。

（2）研究结构在荷载等因素作用下的内力和变形的计算方法，验算结构的强度和刚度。内力和变形计算的目的在于为强度、刚度计算提供依据；验算强度在于保证结构的安全性和经济性；验算刚度在于保证结构不发生过大变形，结构始终处于正常使用极限状态内。

（3）研究结构的稳定性和动力荷载作用下的结构反应等问题。

3. 结构力学与其他课程的关系

在课程体系中，结构力学是一门承上启下的专业基础课程，它在结构、道路、桥梁、水利和地下工程等专业的学习中占有重要地位。这主要表现为：一方面，结构力学是以高等数学、理论力学和材料力学等先修课为基础；另一方面，结构力学为学习钢筋混凝土结构、钢结构、土力学、地基基础、工程结构抗震设计、砌体结构、高层结构设计、土木工程施工及桥梁、隧道等后继专业课程提供了理论基础和计算分析方法。因此，结构力学在整个专业课程体系中发挥着连接基础课程与专业课程的桥梁作用。

在本科阶段，力学主要涉及基础知识或基本知识部分，具体包括理论力学、材料力学、结构力学和弹（塑）性力学。通常，人们把理论力学、材料力学、结构力学称为"三大力学"。理论力学重点研究物体机械运动的基本规律；材料力学、结构力学和弹（塑）性力学重点研究结构及其构件的强度、刚度、稳定性和动力反应等问题，其中材料力学研究对象为单个杆件，结构力学研究对象为杆件结构，弹（塑）性力学研究对象为实体和板壳结构。结构力学、理论力学、材料力学、弹（塑）性力学之间关系非常密切，学习好理论力学和材料力学，能够熟练运用相关基本理论、知识和方法，是进一步学习好结构力学的前提和基础。

1.2 结构的计算简图

1. 计算简图选取原则

在工程实践中，结构通常是非常复杂的，完全依据结构的真实情况进行力学计算是极为困难的，甚至是无法进行的，更是不必要的。因此，需要对实际结构进行必要的简化，忽略结构中的一些次要影响因素，突出原结构最基本和最主要的受力特征与变形特点，从而使得结构计算切实可行，便于进行力学分析和研究，由此得到的抽象化结构图形，称为结构的计算简图，又称为结构计算模型。

进行结构的力学分析和计算时，合理选取结构的计算简图是一项非常重要和必须解决的关键工作，这直接影响到结构计算的精度和结构设计的合理性。在选取计算简图时，需要坚持以下原则。

（1）正确反映实际结构的主要受力特征和变形特点，使得结构计算结果与实际情况比较接近，以保证计算结果的合理性和可靠性。

（2）分清主要矛盾和次要矛盾，在满足工程需要的前提下，忽略一些次要因素，使计算简图便于力学分析和计算。

对于同一结构，由于要求不同和具体情况有差异，选取的计算简图可能会有所不同。对于重要结构，计算简图选取一般比较精确。对于初步设计或手算，计算简图应粗略一些、简单一些；对于动力和稳定性问题的计算分析，可选用相对简单的计算简图；对于施工图设计或电算，计算简图则要精确一些、复杂一些。另外，为了保证结构的主要受力特征，设计时应采取合理的构造措施，设计的结构须与计算简图的要求相符。

2. 计算简图简化要点

1) 结构体系的简化

图 1.1(a)为一单层单跨厂房，主要由屋面板、屋架、吊车梁、牛腿柱和基础等组成，形成一空间结构，其荷载传递路线主要是屋面荷载通过屋面传递给屋架，再由屋架传给牛腿柱，然后由牛腿柱传递给基础，最后由基础传递给地基。在实际工程中，多数结构一般都是空间结构，是由不同构件相互连接组成的一个空间体系，该体系可以承担各种荷载。在一些情况下，空间结构可以简化为平面体系进行计算。例如，在图 1.1(a)所示的空间结构中，某一平面内的杆件结构主要承担该平面内的荷载作用，一些次要的空间约束可以忽略，这样就可以将一个空间结构分解简化为若干个图 1.1(b)所示的平面结构，使得结构计算简化。此外，还有一些结构，如图 1.2 所示，由于外荷载空间特征突出，无法简化为平面结构。

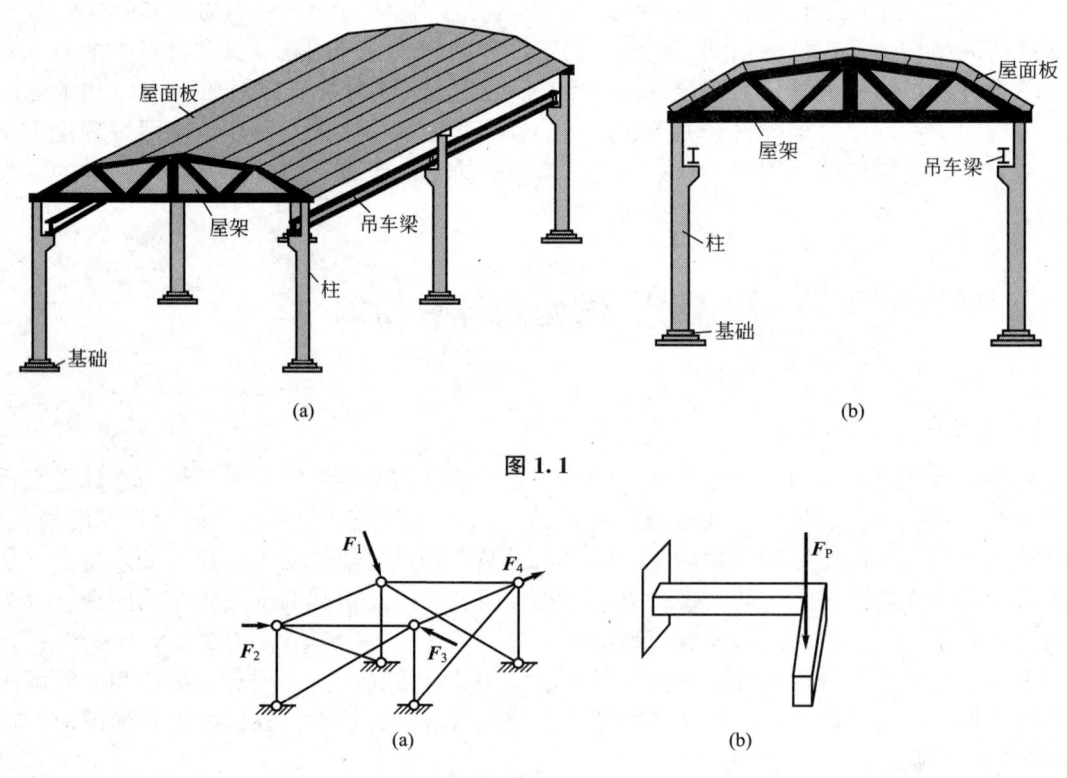

图 1.1

图 1.2

2) 杆件的简化

杆件分为直杆和曲杆。当忽略横截面高、宽尺寸的影响时，杆件可以用截面形心的连线即轴线来代替。用结点表示各杆件之间的连接位置，用结点间的间距表示直杆的长度。一般认为，荷载作用在杆件的轴线上。对于杆件的简化，须采用以下假定。

(1) 杆件沿轴线方向不发生伸缩变形，横向荷载作用下主要发生弯曲变形。

(2) 杆件产生变形后，其任一横截面仍是平面，且与轴线保持垂直。

3) 结点的简化

结构中两个或以上杆件间共同连接的地方称为结点。在计算简图中，考虑到杆件间的连接形式多样，通常结点可简化为铰结点、刚结点和组合结点。

(1) 铰结点：各杆件汇交于某一结点，能够相对转动，但不能发生相对位移。该结点可以传递力，但不传递力矩。杆端可以产生剪力和轴力，但不产生弯矩，此种结点称为铰结点。例如，桁架的结点(图 1.3)或木屋架端部结点等。

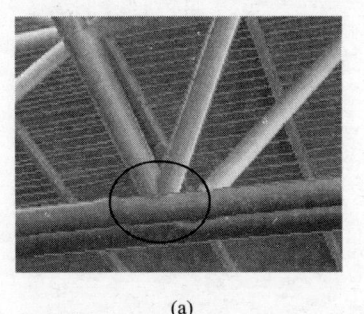
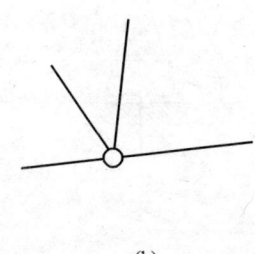

(a)　　　　　　　　　　　　　(b)

图 1.3

(2) 刚结点：各杆件汇交于某一结点，既无相对转动，也无相对位移，该结点可传递力，也可传递力矩，在杆端可产生轴力、剪力和弯矩。杆件变形后，结点处各杆件间轴线的夹角保持不变，此种结点称为刚结点。例如，图 1.4 所示的钢筋混凝土刚架的结点。

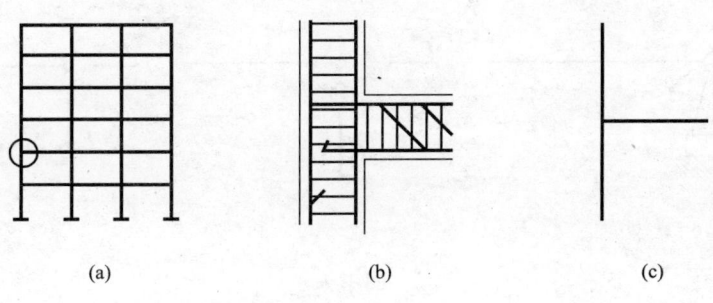

(a)　　　　　　　(b)　　　　　　　(c)

图 1.4

(3) 组合结点：各杆件汇交于某一结点且无相对位移，但部分杆件的连接为刚结点，杆端无相对转动，而余下杆件为铰结点，允许转动，这种结点称为组合结点，也称为半铰结点或不完全铰结点。例如，图 1.5 所示的下撑式五角屋架中，上弦混凝土结构与下撑角钢间的连接部分为组合结点。

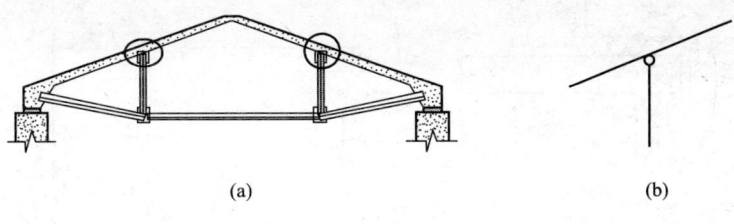

(a)　　　　　　　　　　　　　(b)

图 1.5

4) 支座的简化

支座是指联系结构与基础的装置。支座形式多样,根据其受力特点和对结构的约束作用,一般简化为滚轴支座、固定铰支座、定向支座与固定支座。

(1) 滚轴支座:又称可动铰支座或活动铰支座。被支承的杆端不能作垂直于支承面的移动,但可以沿着支承面移动,亦可绕铰转动,只有垂直于支承面的支座反力,如图1.6(a)所示。在计算简图中,一般采用链杆表示,如图1.6(b)所示。

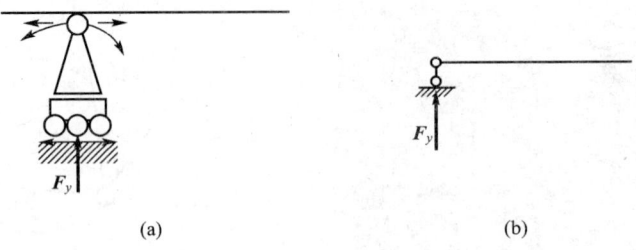

图 1.6

(2) 固定铰支座:又称不动铰支座,简称为铰支座。被支承的杆端可以绕铰转动,但水平和竖向的移动受到限制。在荷载作用下,支座可产生两个互相垂直的反力。在计算简图中,通常用支杆表示铰支座,所谓支杆是指用来表示支座的链杆,铰支座需要用两根相交的支杆来表示,支杆间既可以相互垂直,也可以相互斜交成三角形的形状,如图1.7所示。

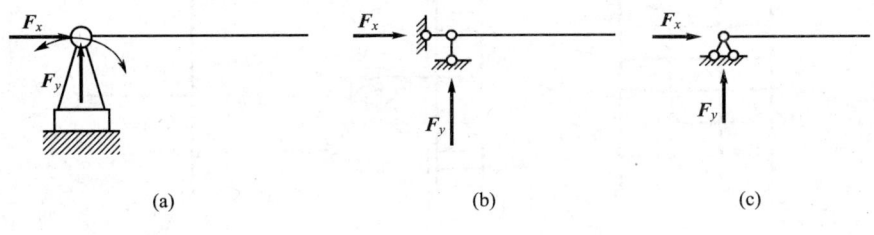

图 1.7

(3) 定向支座:又称定向滑动支座、滑动支座或双链杆支座。这种支座只允许被支承的杆端沿一个方向自由移动,而不能沿其他方向产生位移或转动,如图1.8(a)所示。在荷载作用下,能提供垂直于移动方向的约束反力和限制杆端转动的约束力矩。在计算简图中,可用两根垂直于支承面的平行支杆来表示,如图1.8(b)、(c)所示。

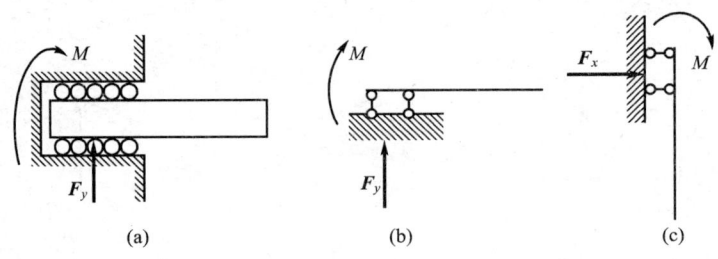

图 1.8

（4）固定支座：该支座的杆端完全固定，其位移和转动完全被约束限制。在荷载作用下，杆端将产生两个相互垂直的反力和一个反力矩，如图1.9所示。

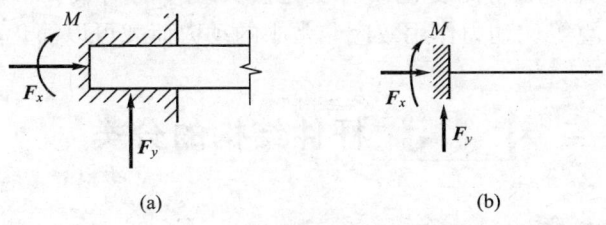

图 1.9

5）材料性质的简化

在结构计算中，杆件材料一般假定为连续的、均匀的、各向同性的、完全弹性的或者弹塑性的。在土木工程施工中，所用材料一般为金属材料（主要有钢筋、钢丝、钢绞线、各种型钢、钢板等）、混凝土、砖、石、木材等。在一定的荷载和变形条件下，金属材料是符合上述基本假定的，对于混凝土、钢筋混凝土、砖和石等材料而言，则与金属材料具有一定的相似性。当然，有些材料由于自身的物理性质原因，存在一定程度的各向异性。例如，木材属于典型的各向异性材料，计算时须特别注意。

6）荷载的简化

结构承受的荷载形式多种多样，一般分为体积力和表面力两大类。

体积力是指连续分布于结构内部各点上的力，如结构的自重或惯性力等；表面力是指通过其他物体作用于结构表面上的力，如土压力、水压力、车辆的轮压力和火车轮对钢轨的压力等，这些力只作用在接触面上。

结构力学的研究对象主要是杆件结构，由于杆件一般简化为轴线，因此，对作用于杆件上的体积力和表面力，都需要简化为杆件轴线上的作用力。根据荷载分布情况，作用面积非常小的分布荷载应简化为集中荷载，荷载集度变化比较小的分布荷载则应简化为均布荷载。下面通过实例简要说明荷载的简化过程。图1.10(a)所示为一框架结构，荷载传递路线为板→次梁→主梁→柱。对于主梁，次梁传递的荷载可以简化为集中荷载，在不考虑主梁自重影响的情况下，可选取图1.10(b)作为一榀框架的计算简图；对于次梁，板传递的荷载可以简化为均布荷载，如图1.10(c)所示。

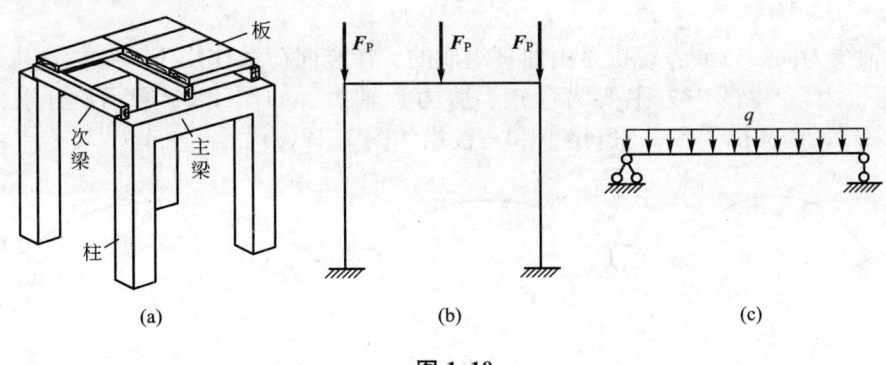

图 1.10

根据作用性质的不同，荷载还可以分为动力荷载和静力荷载。动力荷载是指随时间快速变化的荷载，使结构产生显著的位移，如冲击波、机械运动产生的相应荷载；静力荷载是指大小、方向和位置不随时间变化或者变化极其缓慢的荷载，不使结构产生显著的位移，如各种恒载、自重等。动力作用效应非常小的动力荷载可以简化为静力荷载。

1.3 杆件结构的分类

杆件结构的种类很多，依据不同和角度不同，分类方法也会有所差异。

1. 根据结构形式和受力特性分类

1）梁

梁是一种受弯构件，一般由水平或斜向杆件组成，可以是单根杆件或多根杆件，能够产生以弯矩、剪力为主的内力。当荷载垂直于梁轴线时，梁横截面上没有轴力。梁轴线通常为直线，既可以是单跨，也可以是多跨。例如，简支梁［图1.11(a)、(b)］、悬臂梁［图1.11(c)］、外伸梁［图1.11(d)、(e)］、单跨静定梁［图1.11(a)、(b)、(d)、(e)］、多跨静定梁［图1.11(f)］和多跨超静定梁［图1.11(g)］等。

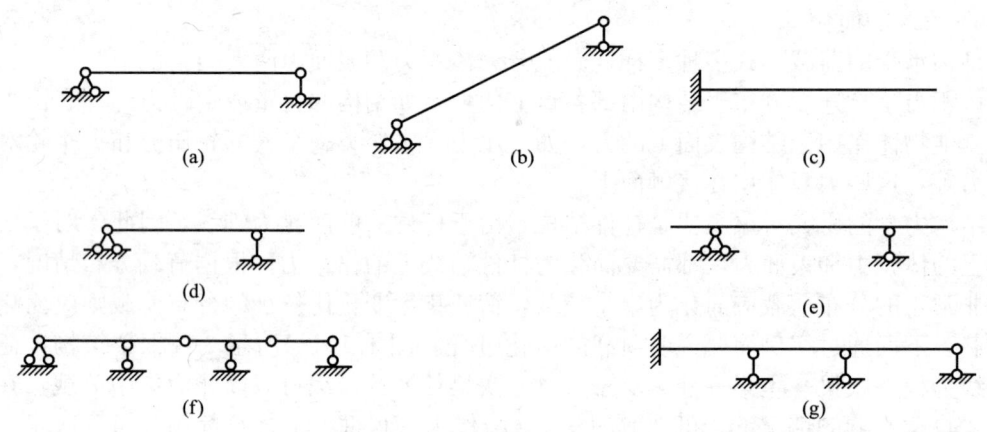

图1.11

2）拱

拱的轴线为曲线，或者说拱是由曲杆组成的。在竖向荷载作用下，拱能产生水平反力（或称水平推力）。拱的内力主要为弯矩、剪力和轴力。如图1.12所示，分别为无铰拱［图1.12(a)］、两铰拱［图1.12(b)］和三铰拱［图1.12(c)］。

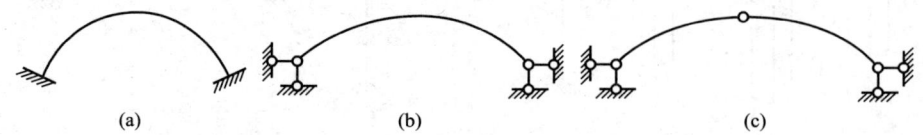

图1.12

3) 桁架

桁架是由若干直杆组成，结点均为铰结点。在结点荷载作用下，各杆只有轴力，属于拉压构件(图 1.13)。桁架各杆截面应力认为是均匀分布的，杆件材料性能得到充分发挥，这与以弯曲变形为主的梁和刚架相比，材料用量较少，跨度也更大。例如，屋架、吊车梁和大跨结构多采用桁架结构形式。

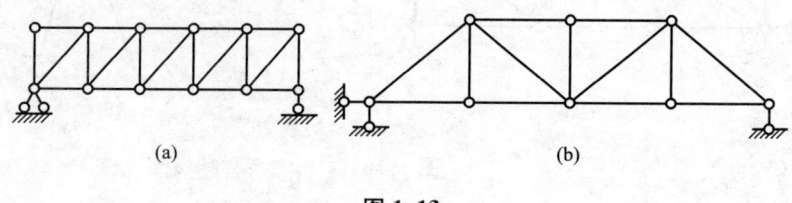

图 1.13

4) 刚架

刚架由若干直杆(梁和柱)组成，结点一般以刚结点为主(图 1.14)，可以承受和传递弯矩，刚架中各杆以受弯为主，立柱有时也存在轴力。另外，刚架因具有组成杆件少、内部空间大、便于利用和加工制作方便等特点，其工程应用较广。

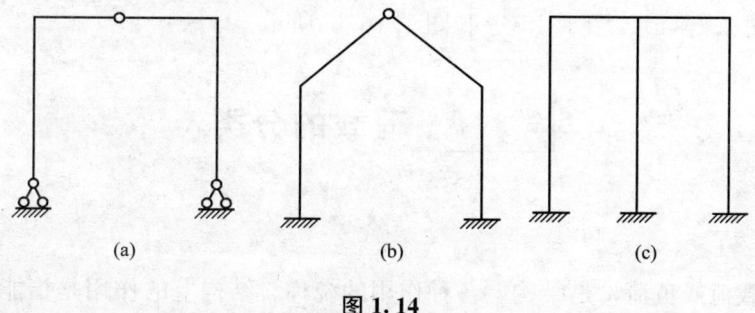

图 1.14

5) 组合结构

组合结构主要是指桁架与梁或桁架与刚架的组合，结构中含有组合结点，一些杆件只有轴力(例如，轴力杆、二力杆)，而另一些杆件有弯矩、剪力和轴力(例如，梁式杆)。图 1.15 所示为组合结构，其中图 1.15(c)为排架，是一种特殊的组合结构。

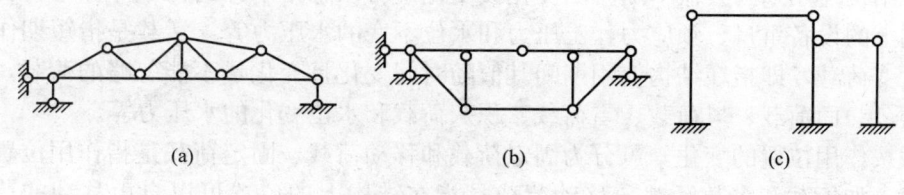

图 1.15

2. 根据杆件轴线和外力的空间分布分类

结构可划分为空间结构和平面结构两大类。通常，建筑物或构筑物都是空间结构，为了简化计算，在满足计算精度和可靠性的前提下，可以把大多数空间结构简化为平面结构，这样，结构各杆件的轴线和外力均在同一平面内 [图 1.16(a)]。但在某些情况下，必须按照空间结构来处理，例如，图 1.16(b)所示的情况。

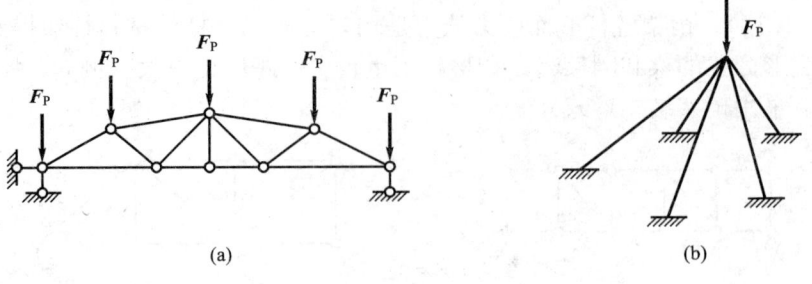

图 1.16

3. 根据计算特性分类

结构分为静定结构和超静定结构。当某一结构在承受荷载作用时，支座反力和杆件的截面内力可通过静力平衡条件唯一确定，这种结构称为静定结构，如图 1.12(c)、图 1.13 和图 1.14(a)所示。当某一结构的所有支座反力和截面内力需要同时考虑平衡条件和变形条件才能够确定时，这种结构称为超静定结构，如图 1.11(g)、图 1.12(a)、图 1.12(b)、图 1.14(b)、图 1.14(c)、图 1.15(c)和图 1.16(b)所示。

1.4 荷载的分类

1. 基本概念

荷载也称载荷或负荷，是结构上各种作用的统称。结构上的作用是指能引起结构产生内力、应力、位移及应变等效应的各类原因的总称。习惯上，荷载是指直接作用在结构上的力集，主要包括集中力和分布力，如自重、水压力、土压力、风荷载、雪荷载等。

2. 荷载分类

荷载按作用时间的久暂，一般分为恒载和活载。恒载是指长期作用于结构上的不变荷载，即在结构使用期间其值不随时间变化或变化量可以忽略不计的荷载，如结构自重、固定于结构上的设备重量、预应力、土压力和水位不变的水压力等。活载是指短期作用于结构上的可变荷载，即指在结构使用期间其值随时间变化且变化量不能忽略的荷载，如吊车荷载、楼(屋)面荷载、风荷载、雪荷载、积灰荷载和水位变化的水压力等。

荷载按作用位置的变化，可分为固定荷载和移动荷载。固定荷载是指作用位置固定不变的荷载，如恒载和多数活载。移动荷载是指在结构上的位置可以自由移动的荷载，例如，铁轨上行驶的火车荷载、公路桥梁上行驶的汽车荷载、缆绳上的缆车荷载和吊车梁上的吊车荷载等。

荷载按作用范围大小，可分为集中荷载和分布荷载。集中荷载是指作用面积相对于总面积非常小的荷载，例如，火车荷载是通过轮子作用在铁轨上的，而轮子与铁轨的接触面积非常小，因此，火车荷载可视为集中荷载。分布荷载是指作用在整个结构或某一部分上，其作用范围必须考虑的荷载。一般又分为体荷载、面荷载和线荷载等，前者属于体积力，后两者属于表面力。例如，结构自重、土压力、水压力、风荷载、雪荷载和积灰荷载等。

荷载按对结构产生的动力作用效应，可分为静力荷载和动力荷载。静力荷载不使结构产生明显的加速度，因此，不考虑惯性力的影响。恒载一般都是静力荷载。动力荷载使结构产生明显的加速度，例如，爆炸荷载、冲击荷载、机械振动引起的荷载、地震荷载和风荷载等。

对结构进行设计计算时，确定荷载的性质和大小是一项非常重要的工作。设计荷载过大时，可能无法满足结构设计的经济性要求；设计荷载过小时，可能无法满足结构设计的安全性要求。因此，荷载的确定应综合考虑结构的可靠性、工程实际情况、设计经验和现有研究成果等因素，依照荷载规范，对荷载进行合理的确定。例如，地震荷载和风荷载都属于动力荷载，但在结构计算中，除特殊情况外它们通常都简化为静力荷载来考虑。

本 章 小 结

1. 基本概念

基本概念有结构、计算简图、结点、支座、荷载。

1) 结构

工程结构是指建筑物或构筑物中能够发挥承受、传递荷载的骨干作用的部分，简称为结构。

2) 计算简图

对实际结构进行必要的简化，忽略结构中的一些次要影响因素，突出原结构最基本和最主要的受力特征和变形特点，能够用来进行力学分析和研究的抽象化结构图形，称为结构的计算简图。

3) 结点

结构中两个或以上杆件间共同连接的地方称为结点，一般可分为铰结点、刚结点和组合结点。

4) 支座

支座是指联系结构与基础的装置，一般可分为滚轴支座、固定铰支座、定向支座和固定支座。

5) 荷载

荷载也称载荷或负荷，是结构上各种作用的统称。

2. 知识要点

1) 结构的分类

结构一般分为：杆件结构、薄壁结构和实体结构 3 类。

2) 结构的计算简图

计算简图选取原则：正确反映实际结构的主要受力特征和变形特点；在满足工程需要的前提下，忽略一些次要因素，使计算简图便于力学分析和计算。

计算简图简化要点主要包括：结构体系、杆件、结点、支座、材料性质和荷载的简化等。

3) 杆件结构的分类

根据结构形式和受力特性，可分为梁、拱、桁架、刚架和组合结构。

根据杆件轴线和外力的空间分布，可分为空间结构和平面结构。

根据计算特性，可分为静定结构和超静定结构。

4) 荷载的分类

荷载按作用时间的久暂，可分为恒载和活载。

荷载按作用位置的变化，可分为固定荷载和移动荷载。

荷载按作用范围大小，可分为集中荷载和分布荷载。

荷载按对结构产生的动力作用效应，可分为静力荷载和动力荷载。

思 考 题

1-1 试述结构力学能够分析和计算何种类型的工程问题。

1-2 试述结构力学、材料力学、理论力学和弹（塑）性力学的研究内容和目的。

1-3 简述广义结构、狭义结构、计算简图、结点、支座和荷载的概念。

1-4 试述计算简图的简化原则和简化要点。

1-5 试讨论和分析影响计算简图选择的因素。

1-6 试述支座的分类，并举例说明。

1-7 简述杆件结构的分类。

1-8 简述荷载分类，并举例说明。

第 2 章
平面体系的几何组成分析

教学目标

理解几何不变体系、几何可变体系、自由度、约束、瞬变体系和瞬铰的概念

熟练掌握组成几何不变体系的基本规则

理解几何组成分析的目的

熟练掌握几何组成分析的基本方法

掌握平面杆件体系计算自由度的计算

了解平面几何组成与静定性的关系

教学要求

知识要点	能力要求	相关知识
自由度和约束	(1) 理解自由度、约束及瞬铰等概念 (2) 掌握几种常见的约束形式	结点 支座
平面体系的计算自由度	(1) 理解平面体系计算自由度的概念 (2) 掌握平面体系计算自由度的计算	自由度
平面体系几何组成的分析方法	(1) 理解几种平面体系的概念 (2) 掌握组成几何不变体系的基本原则与分析方法	平面体系
平面几何组成与静定性	(1) 理解静定结构的概念 (2) 了解平面几何组成与静定性的关系	静定性

引言

由若干构件(杆件)用若干约束连接起来、能承受各种荷载作用的体系,称为结构;不能承受任意荷载的体系称为机构。土木工程中应用的都是结构,但结构的不同几何组成将影响其力学性能。体系几何组成分析的目的在于判断该体系是否可以作为结构,以保证所设计的结构能承受荷载而维持平衡;同时,在体系几何组成分析的基础上,进而研究结构的受力情况。

在实际结构中,构件在外界因素作用下都是可变形的,但在小变形的情形下,分析结构几何组成时,其变形可以忽略不计,因而所有构件均视为刚体。在本章中,只讨论平面杆件体系的几何组成分析。

2.1 几何组成分析的基本概念

1. 几何不变体系和几何可变体系

在不考虑材料应变的条件下，体系受到任意荷载作用时能够保持其几何形状和位置不变，此种体系称为几何不变体系，如图 2.1(a)所示。图 2.1(b)所示体系即使在很小的荷载作用下，也会发生机械运动，其几何形状和位置发生改变，这种体系称为几何可变体系。显然，工程结构不能采用几何可变体系，只能采用几何不变体系。

本章只讨论平面体系的几何组成分析。由于不考虑材料的变形，因此可以把一根梁、一根链杆或体系中已知是几何不变的部分看作是一个刚性平面体，在平面体系中又称为刚片。支撑体系的基础也可看作是一个刚片。

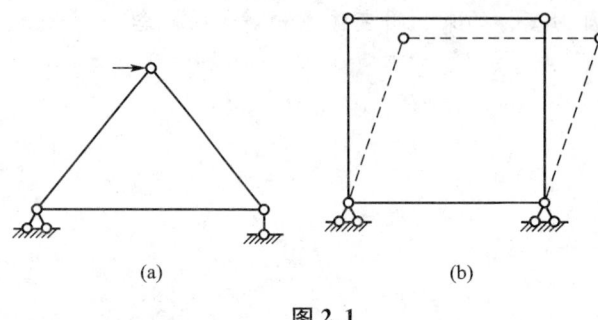

图 2.1

2. 自由度

一个体系的自由度是指该体系运动时能够确定体系几何位置的独立几何参变量的数目，即确定其位置所需独立坐标的数目。

图 2.2(a)所示为平面内一运动点 A，其位置可由两个独立坐标 x 和 y 来确定，即平面内一点有两种独立的运动方式，所以一个点在平面内有 2 个自由度。

图 2.2(b)所示为平面内一个运动刚片，其位置可由刚片上任一点 A 的坐标 x、y 和过 A 点的任一直线 AB 的倾角 ϕ 来确定，所以一个刚片在平面内有 3 个自由度。

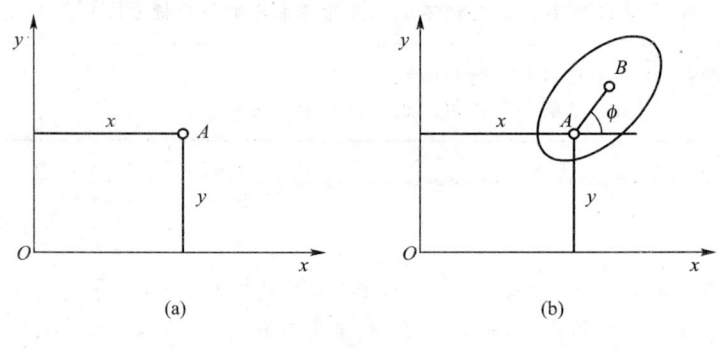

图 2.2

一般来说，如果一个体系有 n 个独立的运动方式，我们就说这个体系有 n 个自由度。普通机械中使用的机构有一个自由度，即只有一种运动方式。工程结构都是几何不变体系，其自由度为零。凡是自由度大于零的体系都是几何可变体系。

3. 约束

约束是指减少物体运动自由度的装置，也称联系。使体系减少一个自由度的装置，称为一个联系或一个约束；减少 n 个自由度的装置，称为 n 个联系或 n 个约束。

约束分为外部约束和内部约束。体系与基础之间的联系，即支座，是体系的外部约束；体系内部各杆件之间或结点之间的联系，是体系的内部约束，如链杆、铰连接和刚性连接等。下面分析几种常见的约束。

（1）链杆：在体系几何组成分析中，链杆本身可以看作是一个刚片且在两端用铰与其他物体相连。用一根链杆将一个刚片与基础相连，刚片失去沿链杆方向移动的可能性，只能绕 A 点转动和沿支撑面移动，因而减少了一个自由度，故一根链杆相当于一个约束，如图 2.3(a)所示。

（2）铰连接：铰连接可分为单铰和复铰。

连接两个刚片的铰称为单铰，如图 2.3(b)所示，用一个铰 B 将刚片 I 和刚片 II 相连接。未连接之前，两个各自独立的刚片在平面内共有 6 个自由度。用铰 B 连接以后，如果用 3 个坐标(x, y, θ_1)确定刚片 I 在平面内的位置，而刚片 II 则失去了平动的可能性，只能绕铰 B 转动，即再用一个坐标 θ_2 就可以确定刚片 II 的位置，所以减少了两个自由度，两个各自独立的刚片用一个铰连接后自由度总数为 4。一个单铰相当于两个约束，也相当于两根链杆的作用，可以减少两个自由度。

与单铰对应，连接两个以上刚片的铰称为复铰，如图 2.3(c)中的铰 B。未连接以前，3 个刚片在平面内共有 9 个自由度。用铰 B 连接后，如果用 3 个坐标确定刚片 I 在平面内的位置，那么刚片 II 和刚片 III 都只能绕铰 B 转动，即再用两个独立的转角变量就可确定它们的位置。因此，一个连接 3 个刚片的复铰相当于两个单铰的作用，减少了 4 个自由度。一般情况下，连接 n 个刚片的复铰，相当于 $n-1$ 个单铰的约束作用，能减少 $2(n-1)$ 个自由度。

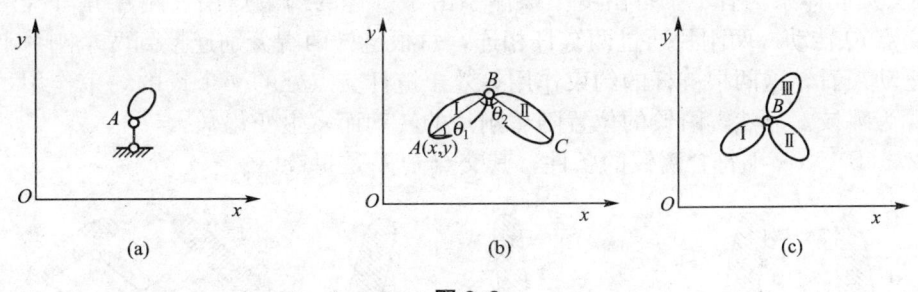

图 2.3

（3）刚性连接：刚性连接可分为单刚结点和复刚结点。

连接两个刚片的刚结点称为单刚结点。如图 2.4(a)所示，各自独立的两个刚片被连成一体而变成一个刚片，自由度由 6 个减少为 3 个。所以一个单刚结点可使体系减少 3 个自由度，相当于 3 个约束。刚性连接用于支座称为固定支座，如图 2.4(b)所示。

连接两个以上刚片的刚结点称为复刚结点。如图 2.4(c)所示，平面内各自独立的 3 个刚片用刚结点连接，变成一个大刚片，其自由度由 9 个减少为 3 个。所以连接 3 个刚片的复刚结点相当于两个单刚结点，可使体系减少 6 个自由度。由此类推，连接 n 个刚片的复刚结点，相当于 $n-1$ 个单刚结点，能减少 $3(n-1)$ 个自由度。

一般将地基看作是固定的，因此，体系增加一个滚轴支座，则减少 1 个自由度；增加一个固定铰支座，则减少 2 个自由度；增加一个固定支座，则减少 3 个自由度。

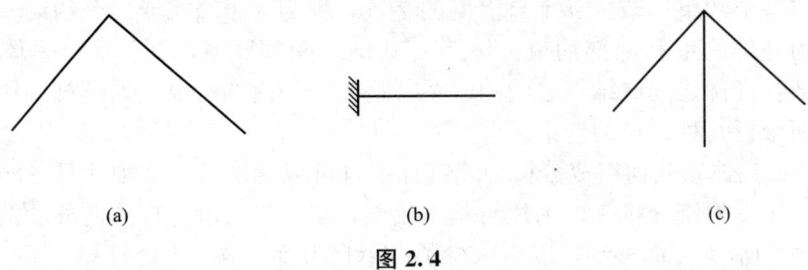

图 2.4

4. 多余约束

如果体系中某些约束不能减少体系的自由度，无法发挥限制体系运动的作用，则这些约束称为多余约束。如图 2.5(a)所示，平面内一自由点 A，如果用两根不共线的链杆 1、2 把 A 点与基础相连接，则 A 点被固定，两根链杆都起到减少自由度的作用，都是非多余约束。如果再增加一根链杆 3，连接 A 点和基础，如图 2.5(b)所示，则 3 根链杆只减少了 2 个自由度，A 点的自由度仍然为零。因此，在 3 根链杆中，有两根链杆是非多余约束，任一第 3 根链杆为多余约束。

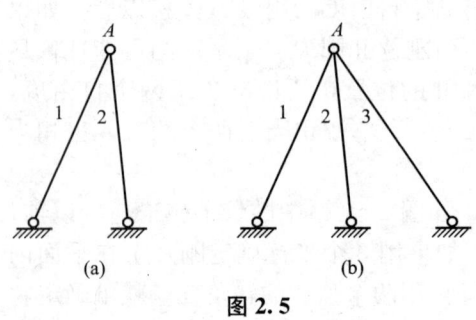

图 2.5

5. 瞬铰

如图 2.6(a)所示刚片Ⅱ在平面内有 3 个自由度，如果用两根不平行的链杆将它与基础Ⅰ相连接，则此体系仍有 1 个自由度。该体系由于链杆的约束作用，刚片Ⅱ可绕两链杆延长线的交点 O 转动。两刚片通过两链杆相连，每根链杆两端分别连接到两个刚片上，从瞬时微小运动来看，这两根链杆的约束作用等效于链杆交点处的一个铰的约束作用，这种等效约束称为瞬铰。显然，瞬铰的位置随着刚片的转动而发生变化。

图 2.6(b)、(c)不符合瞬铰的条件，其交点 O 不是瞬铰。

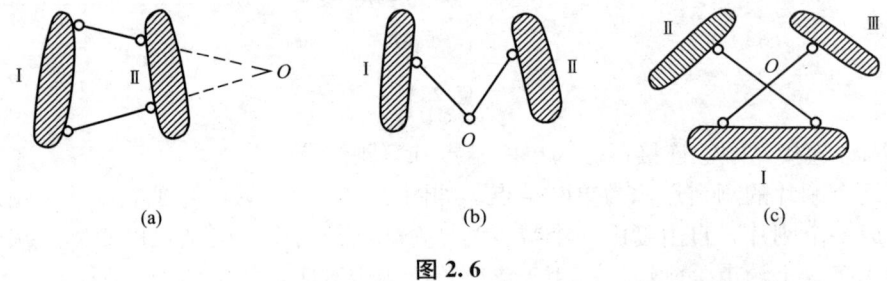

图 2.6

2.2 平面杆件体系的计算自由度

一个平面体系通常是由若干杆件(刚片)加入一些约束(链杆、铰连接、刚性连接等)组合而成。在所有约束中，只有非多余约束才能够改变体系的自由度，而多余约束并不能影响体系自由度的变化。体系的自由度是指各杆件(刚片)的自由度总和与非多余约束总和的差值。由于非多余约束或多余约束的数量较难确定,为此,引入计算自由度的概念,从而避免非多余约束的确定或体系的几何组成分析等问题。

体系的计算自由度 W 是指体系中各杆件(刚片)的总自由度数与总约束数之差。在体系中,设杆件(刚片)数目为 m,单刚结点数目为 g,单铰数目为 h,支座链杆数目为 r,则计算自由度的数学表达式为

$$W = 3m - 3g - 2h - r \tag{2-1}$$

W 不一定能反映体系实际的自由度,如图 2.5(b)所示。若遇复刚结点或复铰,应分别折算成单刚结点或单铰,如图 2.7 所示,图中相应单铰数分别为 3、2、1。

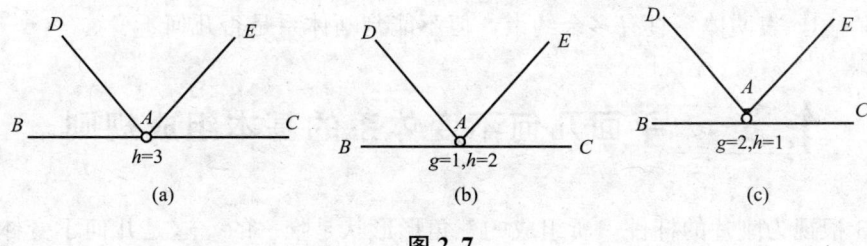

图 2.7

例题 2.1 试求图 2.8 所示体系的计算自由度。

【解】:将该体系的每一根杆都视为一个刚片,$m=7$,F、G 为连接 3 个刚片的复铰,折算后的单铰数目 $h=9$,支座链杆数 $r=3$,刚结点数目 $g=0$。应用计算自由度公式,得

$$W = 3m - 3g - 2h - r = 3 \times 7 - 2 \times 9 - 1 \times 3 = 0$$

该体系的计算自由度等于零。

例题 2.2 试求图 2.9 所示体系的计算自由度。

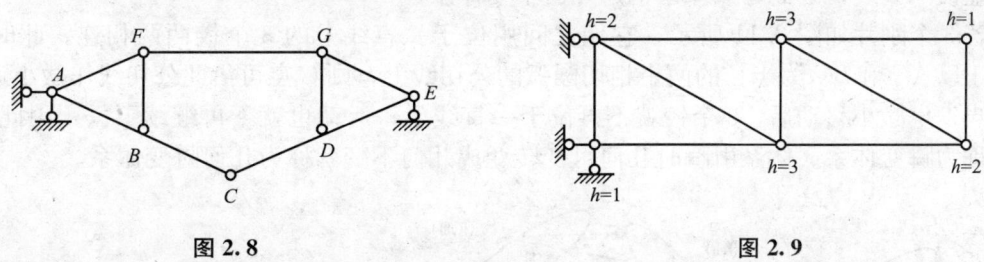

图 2.8   图 2.9

【解】:将该体系的每一根杆都视为一个刚片,$m=9$,其中,复铰换算成单铰,如图 2.9 所示。由计算自由度公式(2-1),得

$$W = 3m - 3g - 2h - r = 3 \times 9 - 2 \times 12 - 1 \times 3 = 0$$

该体系的计算自由度等于零。

若体系完全是铰结体系,可选择结点作为研究对象,计算自由度公式可表示为

$$W = 2j - (b + r) \tag{2-2}$$

式中,j 表示结点数,b 表示杆件数,r 表示支座链杆数。

对于图 2.9 所示体系，$j=6$，$b=9$，$r=3$，故
$$W=2j-(b+r)=0$$

与按式(2-1)计算结果相同，必须注意的是，式(2-2)只能用于计算平面铰结体系的计算自由度。

根据以上公式得到的计算自由度，有如下 3 种情况。

(1) $W>0$，表明体系缺少足够的约束，可以运动，体系是几何可变的，但不能判断体系有无多余约束。

(2) $W=0$，表明体系具有成为几何不变所必需的最少约束数目，当无多余约束时，为几何不变体系；当有多余约束时，为几何可变体系。

(3) $W<0$，表明体系具有多余约束，但不能判断体系是否几何不变。

2.3 平面几何不变体系的基本组成规则

铰结 3 根视为刚片的杆件，所组成的三角形形状是唯一的，这是几何不变体系组成规则的基本出发点。由此基本点出发，可得 3 个简单的组成规则，统称为三角形规则。

1. 三刚片规则

3 个刚片两两铰结、三铰不共线，组成无多余约束的几何不变体系。

如图 2.10(a)所示，刚片Ⅰ、Ⅱ、Ⅲ用不在同一直线上的 A、B、C 3 个铰两两相连，这如同用三直线段 AB，BC，CA 组成一个三角形。由平面几何知识可知，用 3 根定长的直线可以组成一个形状和大小都固定不变的三角形。换言之，由此得出的三角形是一个无多余约束的几何不变体系。在图 2.10(b)所示图形中，连接两刚片的两链杆视为瞬铰，形成三虚铰不共线，因此，该体系也是几何不变体系。

若 3 个刚片如图 2.11 所示，它们之间用位于一直线上的 3 个铰两两相连。此时，C 点位于以 AC 和 BC 为半径的两个相切圆弧的公切线上，则 C 点可沿此公切线作微小运动。不过当发生微小移动后，3 个铰就不再位于一直线上，运动也就不再继续下去，因此，该体系称为瞬变体系。体系由瞬时几何可变转变成几何不变者称为几何瞬变体系。

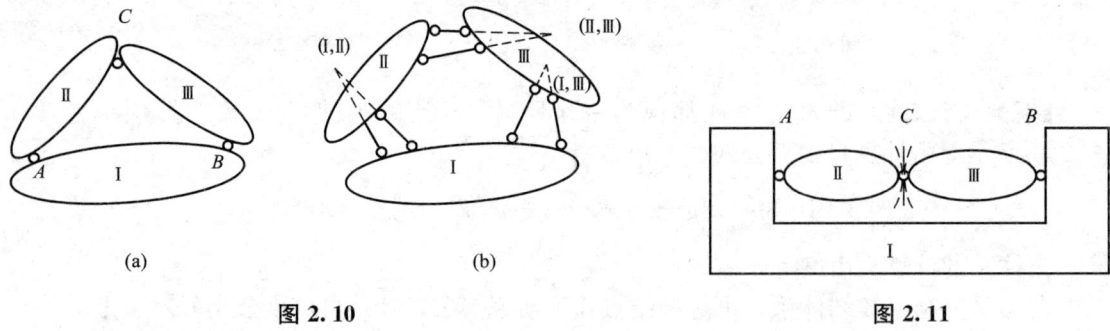

图 2.10　　　　　　　　　　　　图 2.11

图 2.12 所示瞬变体系在外力 F_P 作用下，铰 C 向下发生一微小的位移而到 C' 的位置，对 C' 取隔离体，根据平衡条件，由 $\sum F_y=0$，可得

$$F_N = \frac{F_P}{2\sin\varphi}$$

因为 φ 为一无穷小量，所以有

$$F_N = \lim_{\varphi \to 0} \frac{F_P}{2\sin\varphi} = \infty$$

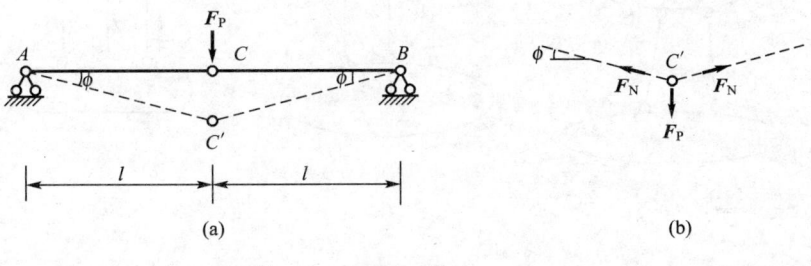

图 2.12

可见，杆 AC 和 BC 将产生很大的内力和变形。因此，将有两种可能的情况：①在杆件的变形发展过程中，当应力超过材料的强度极限时，将导致体系的破坏。②杆件的变形很大，但杆件应力未超过材料极限值，铰 C 会向下移到一个新的几何位置，此时，杆件达到新的平衡状态。由此可知，在工程中绝对不能采用瞬变体系。

2. 两刚片规则

两个刚片用一个单铰和一个不通过该铰的链杆相连，组成无多余约束的几何不变体系。

若将图 2.10(a) 中刚片 Ⅲ 改为图 2.13(a) 中杆 BC，可以看出，体系是由杆和不在同一直线的单铰连接两刚片 Ⅰ、Ⅱ 组成。由于图 2.10(a) 是无多余约束的几何不变体系，所以图 2.13(a) 也是无多余约束的几何不变体系。

在图 2.13(b) 中，链杆 1、2 可视为瞬铰，该体系亦为无多余约束的几何不变体系。两刚片规则也可叙述为：两个刚片用不全交于一点也不全平行的 3 根链杆相连，所组成的体系是无多余约束的几何不变体系。

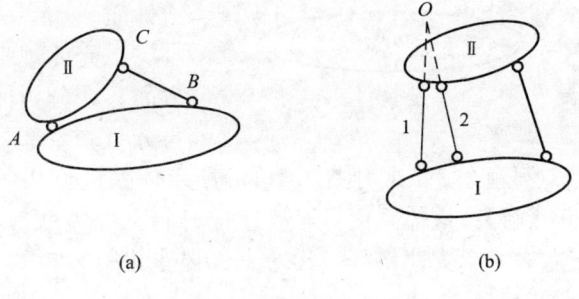

图 2.13

在图 2.14(a) 中，两个刚片用 3 根链杆相连，这些链杆的延长线交于一点 O，此时，两个刚片可以绕 O 点作相对转动，在发生微小转动后，3 根链杆也就不再交于一点，不会继续发生相对运动，则该体系为瞬变体系。在图 2.14(b) 中，两个刚片用 3 根互相平行但不等长的链杆相联，此时，两个刚片可以沿着与链杆垂直的方向发生相对移动，但在发生一微小移动后，3 根链杆不再相互平行，故该体系亦为瞬变体系。在图 2.14(c) 中，两刚片用 3 根等长且平行的链杆相联时，在两刚片发生一相对运动后，3 根链杆仍保持相互平行，两刚片间的相对运动将会继续发生，因此，该体系是几何可变体系，又称常变体系。

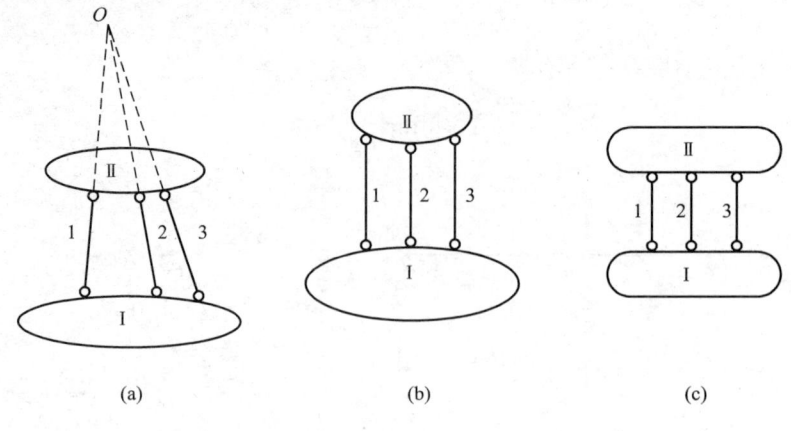

(a)   (b)   (c)

图 2.14

3. 二元体规则

在体系上，可用两个不共线杆件或刚片连接一个新结点，这种产生新结点的装置称为二元体，或称为不在一条直线上两相交链杆。

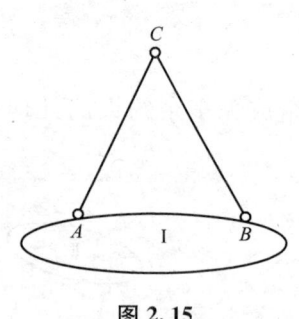

图 2.15

图 2.15 所示的 A-C-B 部分即是一个二元体，已知一个结点有 2 个自由度，两根不在同一直线上的链杆，相当于 2 个约束。所以，增加或者撤去一个二元体对体系的实际自由度无影响。二元体规则可表述为：在一个体系上增加或撤去一个二元体，不会改变体系的几何组成性质。

二元体规则一方面可用来组成几何不变体系；另一方面，在分析体系的几何组成时，可以先撤除二元体，再分析剩余部分，所得结论就是原体系的结论。

例题 2.3 试对图 2.16(a)所示体系进行几何组成分析。

【解】：该体系由 3 个支座链杆将上部体系与基础连接，符合两刚片规则，因此，可以先撤去 3 个支座链杆，再对上部体系进行分析。

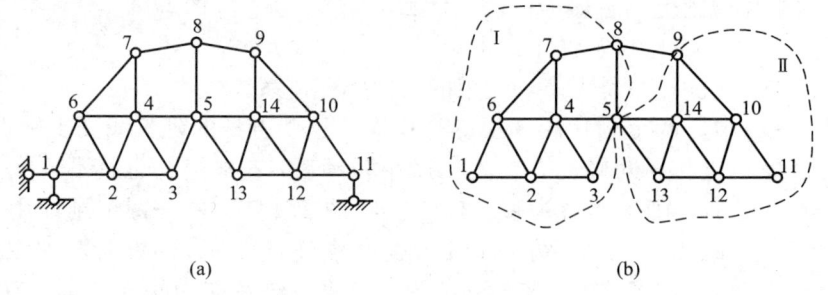

(a)   (b)

图 2.16

内部分析：从一小三角形 1-2-6 出发，不断增加二元体，即 6-4-2、6-7-4、4-3-2、4-5-3、7-8-5，形成刚片Ⅰ。同理，从另一小三角形 10-11-12 出发，不断增加二元体,形成刚片Ⅱ,如图 2.16(b)所示。刚片Ⅰ、刚片Ⅱ用铰 5 及链杆 8-9 相连,由两刚片规则可知,上部为无多余约束的几何不变体系。因此,原体系是无多余约束的几何不变体系。

例题 2.4 试对图 2.17 所示体系进行几何组成分析。

【解】:杆 AB 与基础通过 3 根既不全交于一点又不全平行的链杆相联,成为一几何不变体系,再增加 A-C-E 和 B-D-F 两个二元体。此外,还添上一根链杆 CD,故此体系是具有一个多余约束的几何不变体系。

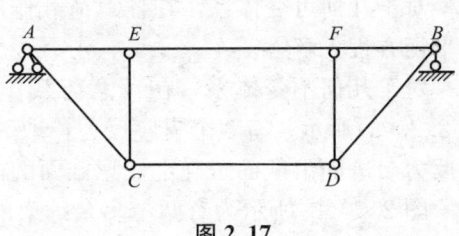

图 2.17

例题 2.5 试分析图 2.18(a)所示体系的几何组成。

【解】:选取 CDE,BEF、ADF 和基础分别作为刚片Ⅰ、Ⅱ、Ⅲ、Ⅳ,如图 2.18(b)所示。刚片Ⅰ、Ⅱ、Ⅲ通过铰 D、E、F 两两相连,组成一无多余约束的几何不变体系,可称为上部结构;上部结构与基础(刚片Ⅳ)间通过铰支座 A(2 个支杆)和滚轴支座 B 或 C(1 个支杆)连接,符合两刚片规则,因此,原体系是几何不变体系,有一个多余约束。

例题 2.6 试对图 2.19 所示桁架进行几何组成分析,其中四边形 CDGH、AHEF 和 GBEF 为平行四边形。

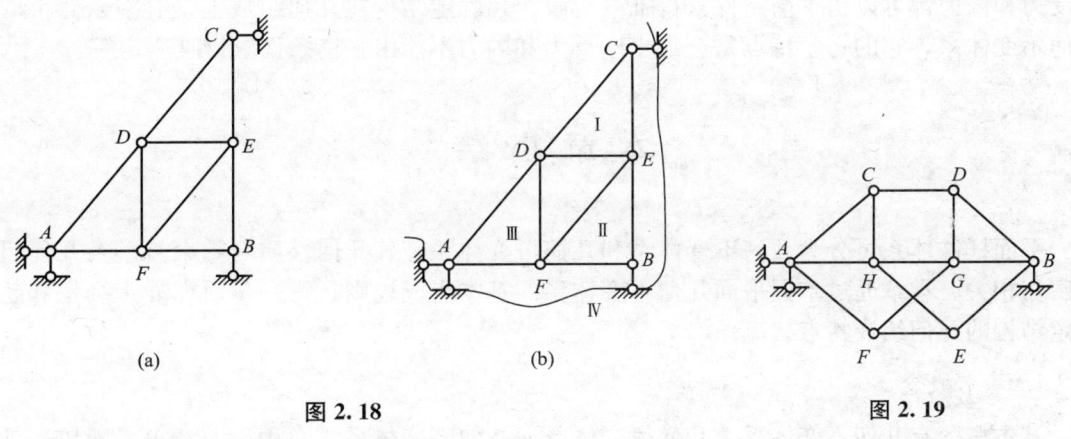

图 2.18   图 2.19

【解】:由于上部体系与基础用 3 根不交于一点的链杆相连,故只需分析上部体系。

内部分析:把 △ACH 视为刚片Ⅰ、△BDG 为刚片Ⅱ、链杆 EF 为刚片Ⅲ。刚片Ⅰ、刚片Ⅱ用平行链杆 CD、HG 连接,瞬铰在无穷远处。刚片Ⅰ、刚片Ⅲ用平行链杆 AF、HE 连接,瞬铰也在无穷远处。刚片Ⅱ、刚片Ⅲ用平行链杆 GF、BE 连接,瞬铰还在无穷远处。连接三刚片的 3 个瞬铰都在无穷远处,则三铰在一直线上(无穷远线),故该体系为瞬变体系。

2.4 几何组成与静定性的关系

几何组成分析的另一个重要作用,是通过判定几何不变体系是否具有多余约束来判定结构是静定或是超静定的。按几何组成性质的不同，体系可分为几何可变体系和几何不变体系，其中几何可变体系包括几何常变体系和几何瞬变体系；几何不变体系又包括无多余约束几何不变体系和有多余约束几何不变体系。

对于几何可变体系，在任意荷载作用下一般不能维持平衡，即平衡条件不能成立，因而平衡方程无解答。

对于几何不变体系，在任意荷载作用下均能维持平衡，因而平衡方程必定有解。如图 2.20(a)所示，有 3 个支座反力，取 AB 刚片为隔离体，可建立 3 个平衡方程来确定这 3 个反力，进而由截面法确定任意截面的内力，则该体系为静定结构。

图 2.20(b)所示为有两个多余约束的几何不变体系，若去掉任两个竖向支座链杆，体系仍为几何不变体系。利用 3 个平衡方程是无法求出全部支座反力的，也就无法进一步确定其内力，则该体系为超静定结构。

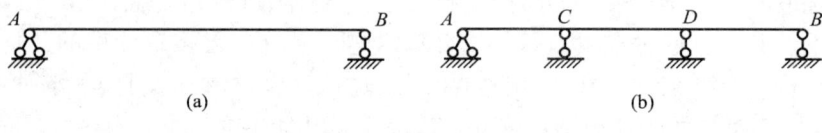

图 2.20

因此，静定结构在几何组成上是无多余约束的几何不变体系，它的力学特点是全部支座反力和内力都可以由平衡条件求得唯一定解。超静定结构在几何组成上是有多余约束的几何不变体系，它的力学特点是全部支座反力和内力不能由平衡条件求得唯一定解。

本 章 小 结

平面杆件体系可分为几何不变体系和几何可变体系，其几何性质与约束类型及几何组成密切相关。本章通过掌握平面几何不变体系的基本组成规则，进一步研究静定结构和超静定结构的几何组成特点。

1. 基本概念

基本概念有几何不变体系、几何可变体系、几何瞬变体系、自由度、约束、瞬铰、计算自由度。

1) 几何不变体系、几何可变体系、几何瞬变体系

在不考虑材料应变的条件下，体系受到任意荷载作用时能够保持其几何形状和位置不变，此种体系称为几何不变体系；即使在很小的荷载作用下，也会发生机械运动使其几何形状和位置发生改变，这样的体系称为几何可变体系；体系由瞬时几何可变变为几何不变称为几何瞬变体系。

2) 自由度

一个体系的自由度，是指该体系运动时能够确定体系几何位置的彼此独立的几何参变量的数目，也就是确定其位置所需独立坐标的数目。

3) 约束

约束是指减少物体运动自由度的装置，也称联系。常用的约束包括链杆、铰连接和刚

性连接。

能够限制体系运动自由度的约束称为必要约束,而不能限制体系运动自由度的约束称为多余约束。

4) 瞬铰

两刚片通过两链杆相连,每根链杆两端分别连接到两个刚片上,这两根链杆的约束作用等效于链杆交点处的一个铰的约束作用,这种等效约束称为瞬铰。

5) 计算自由度

计算自由度为体系中各构件的总自由度数与总约束数之差。

2. 知识要点

三刚片规则、两刚片规则和二元体是平面体系的 3 个基本组成规则,它体现了组成一般无多余约束几何不变体系的必要和充分条件。除基本规则外,计算自由度也可用于初步分析体系的几何组成。

1) 三刚片规则

3 个刚片两两铰结、三铰不共线,组成无多余约束的几何不变体系。

2) 两刚片规则

两个刚片用一个单铰和一个不通过该铰的链杆相连,组成无多余约束的几何不变体系。该规则也可描述为:两个刚片用不全交于一点也不全平行的 3 根链杆相联,所组成的体系是无多余约束的几何不变体系。

3) 二元体规则

在一个体系上增加或撤去一个二元体,不会改变体系的几何组成性质。

思 考 题

2-1 试述平面体系的分类及其特征。

2-2 什么是自由度?约束是什么?常见的约束有哪些?

2-3 什么是多余约束?瞬铰是什么?

2-4 什么是计算自由度?

2-5 平面几何不变体系的基本组成规则是什么?

2-6 试述几何组成分析的一般步骤。

习 题

2-1 试分析图 2.21 所示体系的几何组成。

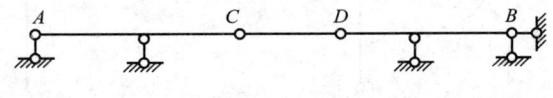

图 2.21

2-2 试分析图 2.22 所示体系的几何组成。

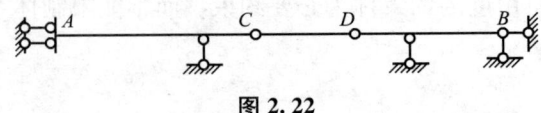

图 2.22

2-3* 试对图 2.23 所示体系作几何组成分析。

2-4 试对图 2.24 所示体系作几何组成分析。

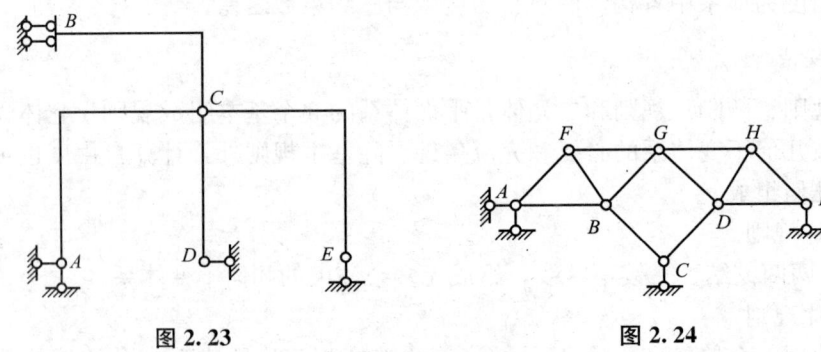

图 2.23   图 2.24

2-5 试分析图 2.25 所示体系的几何组成。

2-6 试对图 2.26 所示体系作几何组成分析。

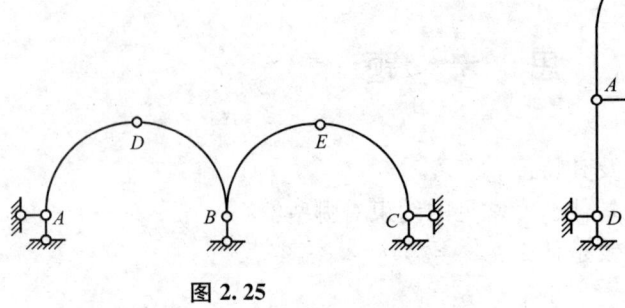 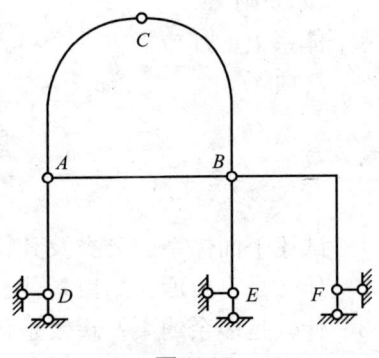

图 2.25   图 2.26

2-7 试分析图 2.27 所示体系的几何组成。

2-8 试分析图 2.28 所示体系的几何组成。

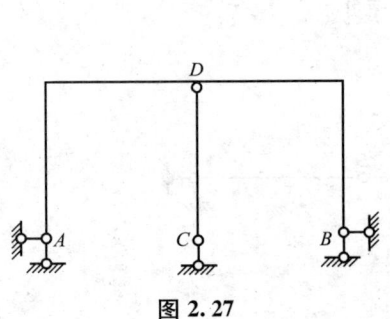 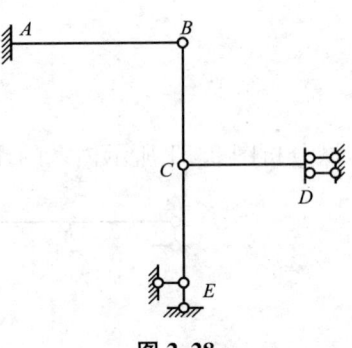

图 2.27   图 2.28

2-9　试分析图 2.29 所示体系的几何组成。
2-10　试对图 2.30 所示体系进行几何组成分析。

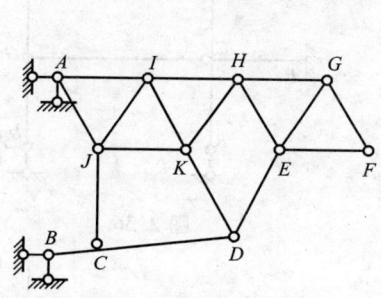

图 2.29

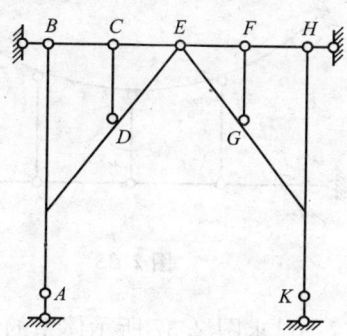

图 2.30

2-11　试分析图 2.31 所示体系的几何组成。
2-12　试分析图 2.32 所示体系的几何组成。

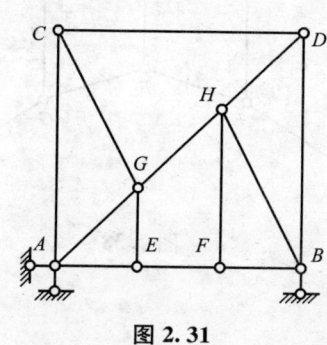

图 2.31

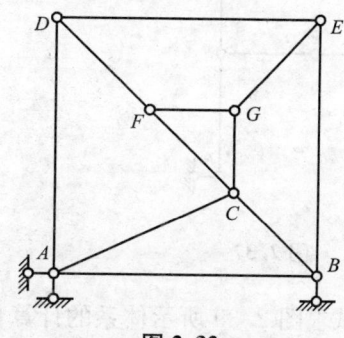

图 2.32

2-13　试对图 2.33 所示体系作几何组成分析，i、j、k 为搭接点。
2-14　试分析图 2.34 所示体系的几何组成。

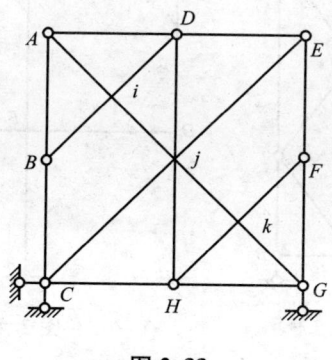

图 2.33

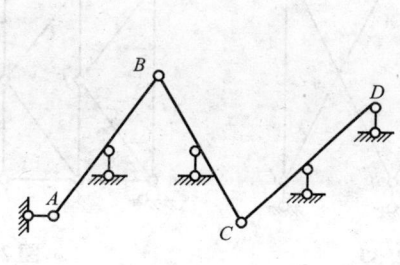

图 2.34

2-15　试求图 2.35 所示体系的计算自由度。
2-16　试求图 2.36 所示体系的计算自由度。

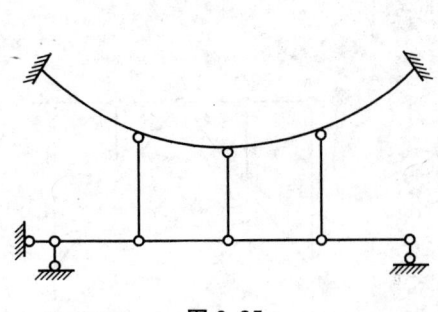

图 2.35 图 2.36

2-17 试求图 2.37 所示体系的计算自由度。

2-18 试求图 2.38 所示体系的计算自由度。

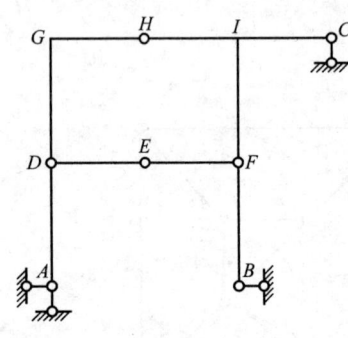 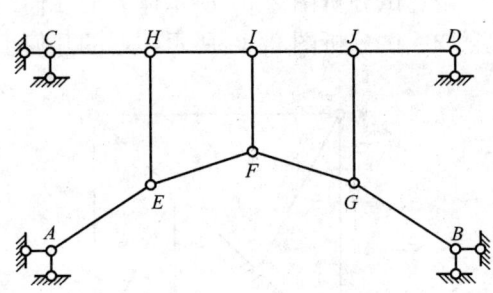

图 2.37 图 2.38

2-19 试求图 2.39 所示体系的计算自由度。

2-20 试求图 2.40 所示体系的计算自由度。

2-21 试求图 2.41 所示体系的计算自由度。

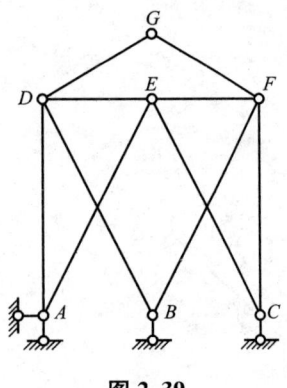 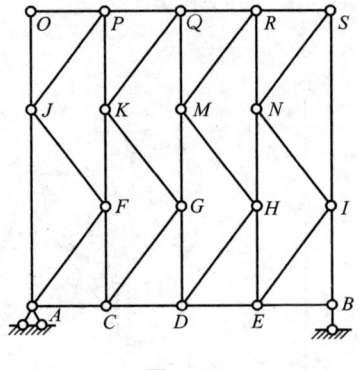 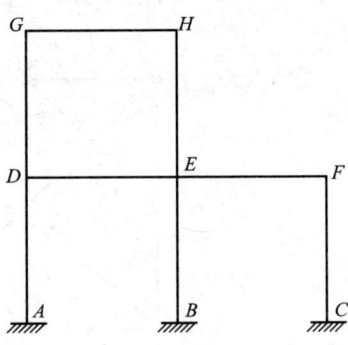

图 2.39 图 2.40 图 2.41

第3章 静定结构的内力计算

> **教学目标**

熟练掌握隔离体法和叠加法
熟练掌握静定梁和刚架的内力计算和内力图的绘制
熟练掌握桁架内力的计算方法
掌握静定组合结构和三铰拱的内力计算方法
了解静定结构的一般性质

> **教学要求**

知识要点	能力要求	相关知识
隔离体法	(1) 理解反力、内力与隔离体法概念 (2) 理解隔离体法的计算思路 (3) 掌握利用截面法和结点法进行内力分析的方法 (4) 理解荷载和内力的关系	平面力系 截面法
叠加法	(1) 了解叠加原理和叠加法概念 (2) 掌握弯矩图叠加的一般步骤 (3) 掌握几种典型的直梁内力图及形状特征	小变形 线弹性
多跨静定梁的内力分析	(1) 理解多跨静定梁的传力顺序和计算顺序 (2) 掌握多跨静定梁弯矩图的作法	几何组成分析 隔离体法 叠加法
刚架的内力分析	(1) 掌握各类刚架的支反力计算方法 (2) 掌握刚架内力图的作法	几何组成分析 隔离体法 叠加法
桁架的内力分析	(1) 掌握利用结点法、截面法和联合法进行桁架的内力分析 (2) 理解结点单杆、特殊结点、零杆、截面单杆的概念	几何组成分析 隔离体法
组合结构的内力分析	(1) 理解组合结构的概念，分清二力杆和梁式杆 (2) 掌握组合结构的计算思路、步骤和方法	几何组成分析 隔离体法
三铰拱的内力分析	(1) 掌握支反力和内力的计算方法 (2) 理解拱的合理轴线概念 (3) 了解拱的内力图的作法	几何组成分析 隔离体法
静定结构的性质	了解静定结构的一般性质	超静定结构

引言

目前，工程结构中大量使用静定结构，主要形式有静定单跨梁(各类结构的基本构件)、静定多跨梁(公路桥、檩条等)、静定平面刚架(工业厂房、仓库、食堂、雨篷、火车站站台、阳台、起重机钢支架等)、静定平面桁架(屋架、托架、桥梁和塔架等)、组合结构和三铰拱等。尽管现代计算机技术在处理静定结构计算问题方面有了飞速发展，但是结构计算不能对此过度依赖，这是由于对工程结构问题的定性分析和判断是建立计算(电算)模型进而进行计算分析的前提和基础。一位优秀的工程技术人员、结构设计者或科研工作者，必须具备这种分析判断能力，而这些都是建立在自身扎实的结构力学理论和计算基础上的。同时，静定结构的内力计算中静定结构的位移计算、超静定结构的计算甚至是整个结构力学的基础。所以，静定结构的内力分析非常重要，是结构力学课程的重要学习内容之一。

3.1 静定结构内力计算的基本方法

本节重点讨论静定结构内力计算的基本方法。静定结构内力计算是静定结构位移计算和超静定结构计算的基础，是学好结构力学这门课的关键。所谓静定结构，从几何组成分析的角度来看，是无多余约束的几何不变体系；从静力计算的角度来看，在荷载作用下，结构全部的支座反力和内力不需考虑结构的变形协调条件，仅由静力平衡条件即可唯一确定，结构的独立平衡方程数量等于未知约束力数量。静定结构只有在荷载作用下才产生支座反力和内力，这些反力和内力只与结构的几何形状和尺寸大小有关，但与组成结构各杆件的截面形状、尺寸大小和材料性质无关。在支座沉陷、温度变化或制造误差等因素影响下，静定结构会产生位移，但不会有支座反力和内力。

静定结构内力计算的基本方法主要有隔离体法和叠加法，下面逐一进行介绍。

1. 隔离体法

1) 反力

反力是支座反力(约束反力)的简称，是指一个支座对于被支承结构的支承力。求解支座反力时，首先要明确支座的性质，即支座的类型；然后确定出支座反力的数量和位置；再对支座反力进行正向假定；最后利用结构的整体或局部静力平衡条件确定支座反力的大小和实际方向。

关于支座反力的表示方法，现以示例说明。图 3.1(a)所示为一简支梁，其支座反力如图 3.1(b)所示。图中，F_{xA}、F_{yA} 分别表示支座 A 在 x、y 方向的反力，F_{yB} 表示支座 B 在

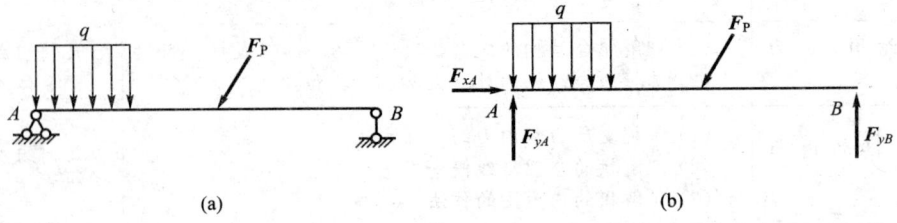

图 3.1

y 方向的反力。在支座反力符号中,下标由两个字母组成,第一个字母代表支座反力的方向,第二个字母代表支座反力的位置。

2) 内力

在荷载作用下,平面结构会产生一定变形,杆件内的各部分之间将存在相互作用力,这种由于变形而引起的力称为内力。内力是杆件抵抗变形的力,是由于外力作用而发生的,故又称为附加内力。在平面杆件的任意截面上,内力一般包括3个分量:轴力 F_N、剪力 F_Q 和弯矩 M。当内力均假定为正值时,绘制方法如图 3.2 所示。

轴力是截面上应力沿其法线方向的合力,以拉力为正。

剪力是截面上应力沿其切线方向的合力,以使微段隔离体沿顺时针方向转动为正。

弯矩是截面上应力对其形心取力矩的和,对于水平杆件,其下侧受拉时弯矩为正。

为了更好地反映结构的内力分布情况,通常绘制内力图加以说明。内力图是指用来描述结构上所有截面的轴力、剪力和弯矩分布的图形。在内力图中,x 轴(或称基线,平行于杆件的轴线)的坐标表示内力所在截面的位置,y 轴(垂直于杆件的轴线)的坐标(或称竖标)表示截面内力的数值。在绘制轴力和剪力图时,竖标为正时一般会画在基线的上方,同时要注明正负号;在绘制弯矩图时,弯矩图要画在杆件受拉一侧,无需注明正负号。

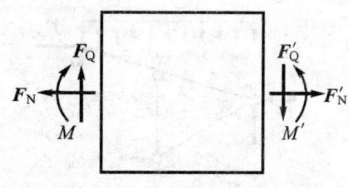

图 3.2

3) 内力计算

计算静定结构内力的基本方法之一是隔离体法,隔离体法是指用一截面将结构中的部分杆件或支杆切开,将整个结构体系分成两部分,合理选取一部分作为隔离体,利用隔离体平衡条件,建立含有未知反力和内力的方程(组),求解未知力的方法。隔离体法的计算思路可用"截取、定力、平衡"3个词组来描述,具体分析如下。

(1) 截取。根据所求截面内力,设想将结构中的一部分杆件或支杆用截面切开,取任一部分作为隔离体。选取隔离体时,要有灵活性,要受力简单且未知力少,尽量一个方程中只出现一个未知力,避免出现求解联立方程的情况,以实现简化计算的目的。图 3.3(a) 所示为一组合结构,求解结构的反力和内力时,可采用不同截面对结构进行截取,分别得到图 3.3(b)、(c)、(d)、(e)、(f) 所示的隔离体。在图 3.3(a) 中,用截面Ⅰ-Ⅰ进行截取,可得图 3.3(b) 所示的隔离体,利用这一隔离体可求解支座反力;用Ⅱ-Ⅱ截面进行截取时,可得图 3.3(c) 所示的隔离体,在已求支座反力的基础上,利用这一隔离体的平衡条件,能够求解 C 处的结点力和 DE 杆的轴力。同样,也可取 D 点、A 点和 F 点为隔离体,分别如图 3.3(d)、(e)、(f) 所示,以求解杆件内力。对于梁式杆件,内力一般包括轴力、剪力和弯矩;对于链杆,内力一般是指轴力。鉴于梁式杆件的内力较多,选取隔离体时应尽量避免截断此类杆件。

下面对杆件内力的表示方法进行说明。通常,杆件的轴力、剪力和弯矩分别用 F_N、F_Q 和 M 等符号来表示。为了更好地反映杆件内力的位置,在上述内力符号的基础上,添加由两个字母组成的下标,这两个字母代表内力发生的杆件,第一个字母代表内力发生的杆端位置,第二个字母代表杆件的另一端。例如,在图 3.3 中,F_{NDE}、F_{QAF} 和 M_{FA} 分别代表 "DE 杆 D 端截面上的轴力"、"AF 杆 A 端截面上的剪力"和"FA 杆 F 端截面上的弯矩"。

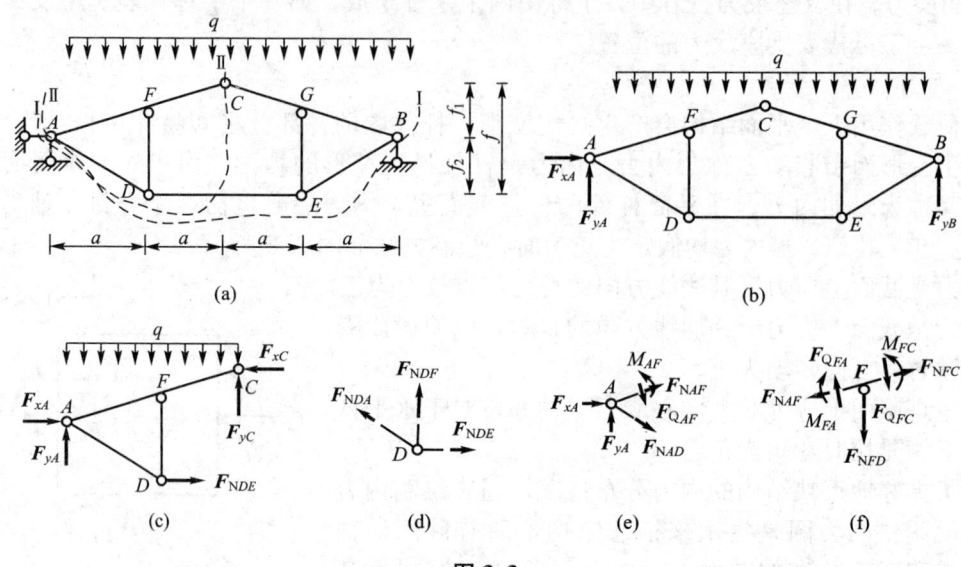

图 3.3

(2) 定力。截取隔离体后,确定隔离体上原有的全部外力和被切开的杆件截面上的所有未知力,是隔离体法的关键。在这些力中,对于整个结构而言,前者是直接作用在结构上的荷载,仍称为外力;后者是结构其余部分对隔离体的作用力,是由于杆件或支杆被切开后暴露出来的力,称为内力或支反力;对于隔离体而言,两者都是外力。

(3) 平衡。利用隔离体的平衡条件,求解截面的内力。对于平面结构,隔离体所受的全部外力形成一个平面平衡力系。根据绘出的隔离体力系图,可以列出平面平衡力系中的 3 个相互独立的平衡方程。

$$\sum F_x = 0, \quad \sum F_y = 0, \quad \sum M = 0 \tag{3-1}$$

式中,$\sum F_x$、$\sum F_y$ 分别为隔离体所受外力在 x 和 y 轴上投影的代数和;$\sum M$ 为隔离体所受外力对平面内任一点力矩的代数和。

4) 隔离体法的注意事项

采用隔离体法计算静定结构的内力时,须注意以下几点。

(1) 隔离体与其周围的约束要全部切断,代之以相应的约束力。

(2) 约束力须满足约束的性质。例如,二力杆切断时只有轴力暴露出来;梁式杆切断时暴露出来的力包括轴力、剪力和弯矩。同样,不同支座对应不同的反力,滚轴支座以一个支反力代替,铰支座以两个相互垂直的支反力代替,固定支座应以 3 个力代替(包括两个支反力和一个弯矩)。

(3) 隔离体是建立平衡方程进行内力计算的对象。在进行受力分析时,只考虑作用在隔离体上的全部外力。

(4) 无遗漏力。隔离体受力包括原有荷载和截面处的约束力。

(5) 尽量截取结构中受力简单且未知力少的部分作为隔离体。建立平衡方程时,尽量一个方程只含有一个未知力,避免求解联立方程。

(6) 假定截面未知力为正方向,计算结果为正时,实际力与假定方向相同,否则方向相反。

5) 结点法与截面法

隔离体法包括两种特殊情况：结点法和截面法。

(1) 结点法是指截取一个结点作为隔离体，结点上作用一个平面汇交力系，可以列出两个平衡方程。利用结点隔离体的平衡条件最多只能求解两个未知力。例如，在图 3.3(d)中，利用已求轴力 F_{NDE}，由结点 D 的隔离体平衡方程可求解 F_{NDF} 和 F_{NDA}。

在桁架和组合结构尤其是简单桁架的内力计算中，宜采用结点法。对于简单桁架，可采用去除二元体的方法，逐一求解，不用联立方程，便能够计算出所有杆件的轴力。

(2) 截面法是指截取两个以上结点作为隔离体，其上作用一个平面任意力系，可列出 3 个平衡方程，最多能求解 3 个未知力。坐标轴和矩心应视具体情况选取，为了简化计算，矩心一般选取未知力的交点，坐标轴应尽量与力系中多数力的作用线垂直或平行。

6) 荷载与内力的关系

(1) 微分关系。在图 3.4 所示的隔离体中，利用式(3-1)能够推导出荷载与内力的微分关系如下。

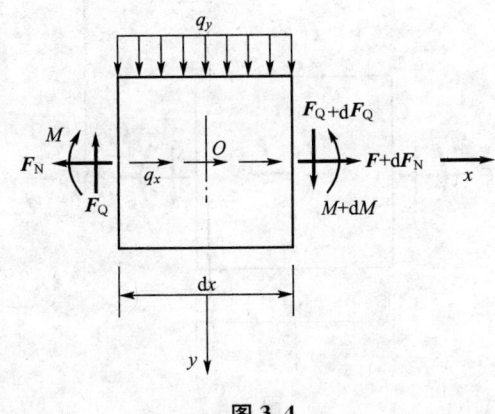

图 3.4

$$\left.\begin{array}{l}\dfrac{dF_N}{dx}=-q_x\\[4pt]\dfrac{dF_Q}{dx}=-q_y\\[4pt]\dfrac{dM}{dx}=F_Q\\[4pt]\dfrac{d^2M}{dx^2}=-q_y\end{array}\right\} \quad (3-2)$$

式中，q_x、q_y 分别为 x 和 y 方向的荷载集度；$dF_N/dx=-q_x$ 表示轴力图上某点处的切线斜率等于该点处 x 方向荷载集度且符号反向；$dF_Q/dx=-q_y$ 表示剪力图上某点处切线斜率等于该点处 y 方向荷载集度且符号反向；$dM/dx=F_Q$ 表示弯矩图上某点处的切线斜率等于该点处的对应剪力。

根据微分关系式(3-2)，可以确定截面内力图及其形状特征为：当 $q_x=0$ 时，轴力为常数，轴力图为平行于轴线的直线；当 $q_y=0$ 时，剪力为常数，剪力图为平行于轴线的直线，弯矩图则为斜线；当 q_x 是非零常数时，轴力是一元一次函数，轴力图为斜线；当 q_y 是非零常数时，剪力为一元一次函数，剪力图为斜线，弯矩图则为二次抛物线，弯矩图中二次抛物线的凸向即是荷载集度 q_y 的指向，剪力值为 0 时弯矩达到极值。

(2) 增量关系。在探讨隔离体内力与荷载的微分关系基础上，对集中荷载作用下的隔离体进行分析和研究，如图 3.5 所示。隔离体两侧截面的内力增量分别为 ΔF_N、ΔF_Q 和 ΔM。根据隔离体平衡条件，可得

$$\left.\begin{array}{l}\Delta F_N=-F_x\\ \Delta F_Q=-F_y\\ \Delta M=M_0\end{array}\right\} \quad (3-3)$$

根据增量关系式(3-3)，可以推导出集中荷载和集中力偶作用下直杆内力图及其形状特征为：在集中荷载作用下，剪力发生突变，突变值等于集中荷载值；弯矩图尖角指向即是集中荷载的指向。在集中力偶作用下，其作用位置处剪力无变化；而弯矩发生突变，突

变值为集中力偶的值，突变位置两侧的弯矩为两平行直线。如果在铰结点、铰支座、自由端处无集中力偶作用，那么相应位置截面处的弯矩等于零；如果有集中力偶作用，则截面处的弯矩就等于集中力偶的值。

(3) 积分关系。在一杆件上作用有连续分布荷载，从中截取 AB 段，如图 3.6 所示，利用平衡条件，可以给出内力与荷载的积分关系。

$$\left.\begin{aligned} F_{NBA} &= F_{NAB} - \int_{x_A}^{x_B} q_x \, \mathrm{d}x \\ F_{QBA} &= F_{QAB} - \int_{x_A}^{x_B} q_y \, \mathrm{d}x \\ M_{BA} &= M_{AB} + \int_{x_A}^{x_B} F_Q \, \mathrm{d}x \end{aligned}\right\} \quad (3-4)$$

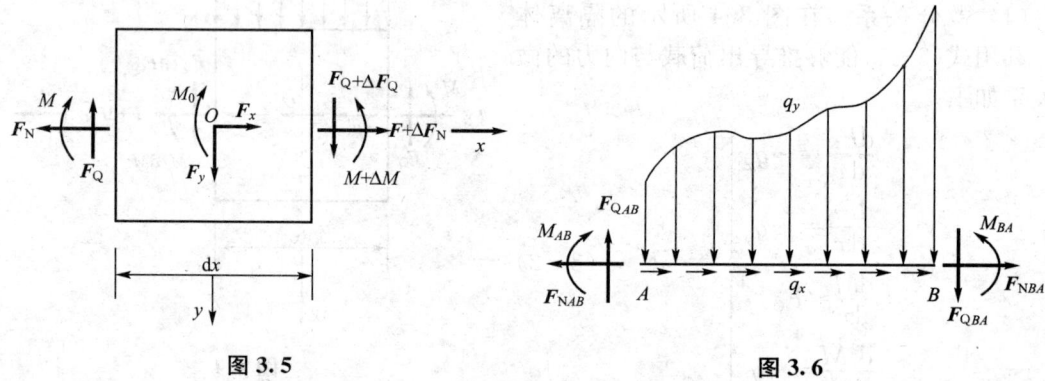

图 3.5　　　　　　　　　　　图 3.6

式中，积分方程是荷载在作用区间的面积。积分关系的几何意义是：B 端的轴力等于 A 端的轴力减去该段 q_x 图的面积，B 端的剪力等于 A 端的剪力减去该段 q_y 图的面积，B 端的弯矩等于 A 端的弯矩加上该段剪力图的面积。

2. 叠加法

1) 叠加原理

结构在所有荷载作用下产生的某一效应等于每个荷载单独作用下产生的同一效应的代数和，这就是所谓的叠加原理。此处，荷载是广义的概念，主要包括外荷载、支座位移、温度改变和制造误差等；效应是指结构的内力、反力、位移和变形等。叠加法是以叠加原理为基础进行结构计算和分析的基本方法之一，其优点是能够将复杂受力条件分解为多个简单受力条件来分析。

2) 简支梁弯矩图的叠加法

图 3.7(a) 所示为一简支梁，受杆端力偶 M_A、M_B 和均布荷载 q 共同作用。根据叠加原理，首先考虑简支梁分别在杆端力偶和均布荷载单独作用时的情况，即将图 3.7(a) 分解成图 3.7(b)、(c)。当杆端力偶单独作用时，弯矩图是图 3.7(e) 中的直线图形；当均布荷载单独作用时，弯矩图是图 3.7(f) 中的抛物线图形。最后，将图 3.7(e)、(f) 进行叠加，可得图 3.7(d)，即简支梁在这两部分荷载共同作用时的弯矩图。这种作弯矩图的方法称为弯矩图的叠加法，简称叠加法。

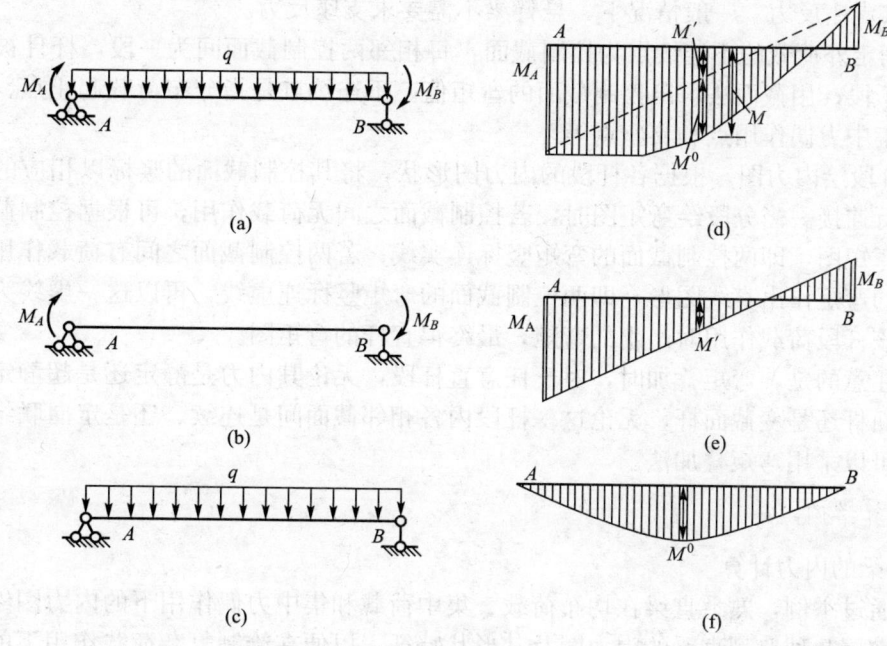

图 3.7

在应用叠加法时，弯矩图的叠加不是图形的简单拼合，而是垂直于杆轴方向的弯矩图竖标的叠加。

3）直杆段弯矩图的叠加法

下面讨论直杆段弯矩图的绘制方法。在图 3.8(a)所示结构中，选取 AB 段作为隔离体。AB 段上作用有均布荷载，两端除了有弯矩（M_{AB}、M_{BA}）外，还有轴力（F_{NAB}、F_{NBA}）和剪力（F_{QAB}、F_{QBA}），如图 3.8(b)所示。为了理解 AB 杆段弯矩图的特点，现将其与简支梁作比较，二者具有相同的结构尺寸、截面尺寸和材料性质，假设简支梁与 AB 杆承受相同的均布荷载和杆端力偶（$M_A = M_{AB}$、$M_B = M_{BA}$），令其支座反力为 F_{yA}^0、F_{yB}^0，如图 3.8(c)所示。易证，$F_{QAB} = F_{yA}^0$、$F_{QBA} = F_{yB}^0$。由于轴力对弯矩图无影响，可以略去轴力不予考虑。因此，AB 直杆的弯矩图和相应简支梁的弯矩图一样，可采用叠加法绘制弯矩图 [3.8(d)]。

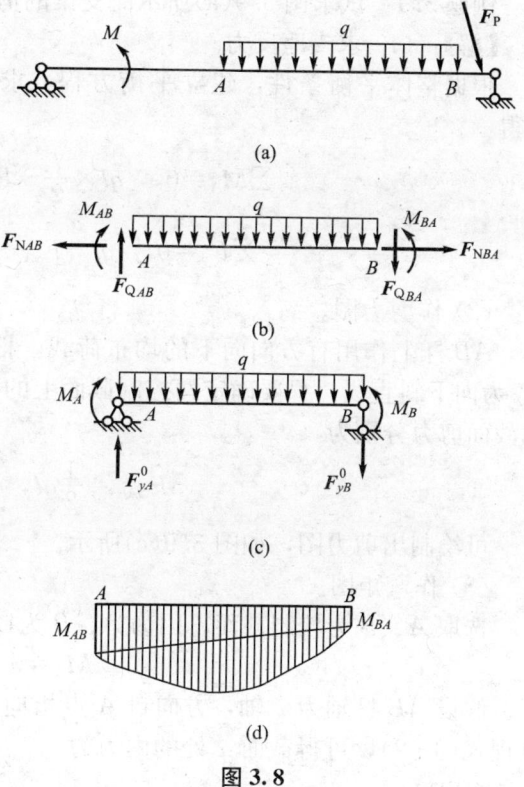

图 3.8

依照上述的内力图及其形状特征和弯矩图的叠加法，对于任意直杆，其内力图绘制的一般步骤可归纳为：

(1) 求支座反力。一般情况下，悬臂梁不需要求支座反力。

(2) 确定外荷载的不连续点为控制截面，每相邻两控制截面间为一段，杆件被控制截面分成若干段；用截面法求出控制截面的弯矩值。不连续点是指分布荷载起止点、集中力作用点、集中力偶作用点和支座点等。

(3) 分段绘内力图。根据各杆段的内力图形状，将其控制截面的竖标以相应的直线或者曲线进行连接。当分段绘弯矩图时，若控制截面之间无荷载作用，可根据控制截面的弯矩作直线弯矩图，即两控制截面的弯矩竖标连实线；若两控制截面之间有荷载作用，先由控制截面的弯矩作出直线图形，即两控制截面的弯矩竖标连虚线，再以这一虚线为新的基线，叠加该杆段荷载作用时产生的弯矩，最终得直杆的弯矩图。

值得注意的是，弯矩叠加时，对于任意直杆段，无论其内力是静定还是超静定，无论其是等截面杆还是变截面杆，无论这一杆段内各相邻截面间是连续、还是定向联结或者铰联结，均可以采用弯矩叠加法。

3. 计算举例

1) 直梁的内力计算

下面通过举例，熟悉直梁在均布荷载、集中荷载和集中力偶作用下的内力图绘制方法和步骤，掌握几种典型直梁的内力图及其形状特征，以便在绘制复杂荷载作用下的结构内力图时，能够直接采用这些典型内力图。

例题 3.1 试求图 3.9(a)所示简支梁的剪力图和弯矩图。

【解】：(1) 求支座反力。

根据整体平衡条件，建立平衡方程，求解支座反力 F_{yA} 和 F_{yB}，如图 3.9(b)所示，可得

$$\sum M_A = 0, \quad ql \times \frac{l}{2} - F_{yB} \times l = 0, \quad F_{yB} = \frac{1}{2}ql$$

$$\sum F_y = 0, \quad ql - F_{yA} - F_{yB} = 0, \quad F_{yA} = \frac{1}{2}ql$$

(2) 作剪力图。

AB 杆上作用有方向向下的均布荷载，根据荷载和内力的微分关系，确定 AB 杆剪力 F_Q 为向下斜直线，只要确定两控制截面上的剪力，就可以绘制 AB 杆剪力图。AB 杆两控制截面剪力分别为

$$F_{QAB} = \frac{1}{2}ql, \quad F_{QBA} = -\frac{1}{2}ql$$

可绘制出剪力图，如图 3.9(c)所示。

(3) 作弯矩图。

选取 A、B 为控制截面，因为 A、B 为铰结点处，故确定弯矩值如下。

$$M_A = 0 \quad M_B = 0$$

假设 AB 杆轴为 x 轴，方向自 A 点指向 B 点方向为正，A 点为坐标原点。采用微分方程式(3-2)，可得截面 x 处的内力为

$$\frac{dM}{dx} = F_Q, \quad F_Q = F_{yA} - qx = \frac{ql}{2} - qx, \quad M(x=l/2) = \frac{1}{8}ql^2 \text{(跨中最大弯矩值)}$$

可得弯矩图，如图 3.9(d)所示。

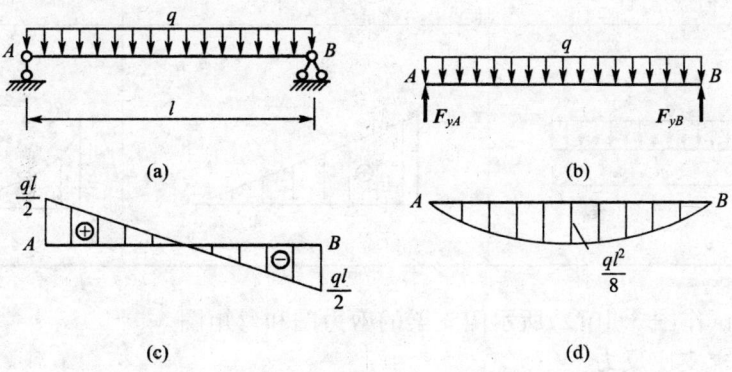

图 3.9

下面给出几种典型直梁的剪力图和弯矩图(表 3-1)，在绘制复杂弯矩图时，可以直接应用这些结果。

表 3-1 几种典型直梁的剪力图和弯矩图

序号	荷载情况	F_Q 图	M 图
1	简支梁，跨中作用集中力 F_P，距离 a、b，跨度 l	左段 $\dfrac{F_P b}{l}$（正），右段 $\dfrac{F_P a}{l}$（负）	三角形，最大值 $\dfrac{F_P ab}{l}$
2	简支梁，在距左端 a 处作用集中力偶 M，$a+b=l$	全梁 $-\dfrac{M}{l}$	左段顶值 $\dfrac{a}{l}M$，右段底值 $\dfrac{b}{l}M$
3	简支梁，右端作用集中力偶 M，跨度 l	全梁 $-\dfrac{M}{l}$	三角形，右端值 M
4	悬臂梁，距固定端 a 处作用集中力 F_P，悬臂长 $a+b=l$	F_P（正）	三角形，固定端值 $F_P a$

（续）

序号	荷载情况	F_Q 图	M 图
5		ql ⊕	$\dfrac{ql^2}{2}$

例题 3.2 试作图 3.10(a)所示简支梁的剪力图和弯矩图。

【解】：(1) 求支座反力。

$$\sum M_B = 0, \quad F_{yA} = (6\times 7 + 4\times 4\times 4 + 10)/8 = 14.5 \text{kN}(\uparrow)$$

$$\sum M_A = 0, \quad F_{yB} = (6\times 1 + 4\times 4\times 4 - 10)/8 = 7.5 \text{kN}(\uparrow)$$

(2) 作剪力图。

AC、CD、FG、GB 段无横向分布荷载或集中荷载，剪力为常数，剪力图为水平线；DF 有横向均布荷载，剪力图是斜直线。自左端 A 点开始算出各控制截面的剪力值如下。

$$F_{QA} = F_{yA} = 14.5 \text{kN}$$

$$F_{QC}^L = F_{yA} = 14.5 \text{kN}$$

$$F_{QC}^R = F_{yA} - F_P = 14.5 - 6 = 8.5 \text{kN}$$

$$F_{QD} = 8.5 \text{kN}$$

$$F_{QF} = F_{yA} - F_P - q\times 4 = 14.5 - 6 - 4\times 4 = -7.5 \text{kN}$$

$$F_{QB} = -F_{yB} = -7.5 \text{kN}$$

其中，剪力 F_{QC} 的上标 R、L 分别表示 C 截面右侧和左侧的剪力。根据控制截面剪力值和剪力图的定性分析，可绘制剪力图 3.10(b)。

(3) 作弯矩图。

取 A、B、C、D、F、G 为控制截面，计算出其弯矩值如下。

$$M_A = 0, \quad M_B = 0$$

$$M_C = F_{yA}\times 1 = 14.5 \text{kN}\cdot\text{m}(下侧受拉)$$

$$M_D = F_{yA}\times 2 - F_P\times 1 = 14.5\times 2 - 6\times 1 = 23 \text{kN}\cdot\text{m}(下侧受拉)$$

$$M_F = F_{yB}\times 2 + m = 7.5\times 2 + 10 = 25 \text{kN}\cdot\text{m}(下侧受拉)$$

$$M_G^R = F_{yB}\times 1 = 7.5\times 1 = 7.5 \text{kN}\cdot\text{m}(下侧受拉)$$

$$M_G^L = F_{yB}\times 1 + m = 7.5\times 1 + 10 = 17.5 \text{kN}\cdot\text{m}(下侧受拉)$$

根据控制截面弯矩值，绘制相应截面位置处的弯矩竖标。由于 AC、CD、FG、GB 杆段上无荷载，可直接连实线；但 DF 段有横向均布荷载，只能连虚线，再以虚线为基线，叠加均布荷载作用下的弯矩图；这样，就可以得到所求的弯矩图 3.10(c)。

对于 DF 段的弯矩图，首先要确定叠加前 DF 杆中点 E 的弯矩，该中点 E 弯矩的竖标为 $M_E' = \dfrac{1}{2}(M_D + M_F) = \dfrac{1}{2}(23 + 25) = 24 \text{kN}\cdot\text{m}$；然后再确定均布荷载作用下 E 点的弯矩 $M_E'' = \dfrac{1}{8}ql^2 = \dfrac{1}{8}\times 4\times 4^2 = 8 \text{kN}\cdot\text{m}$。故

$$M_E = M'_E + M''_E = 24 + 8 = 32\text{kN} \cdot \text{m}$$

(4) 一点说明。

弯矩图 3.10(c)中，截面 E 处的弯矩值不一定是最大值，要确定弯矩最大值的位置，必须利用弯矩与剪力的微分关系 $\dfrac{\mathrm{d}M}{\mathrm{d}x} = F_Q$，求极值点，即当 $\dfrac{\mathrm{d}M}{\mathrm{d}x} = F_Q = 0$ 时，可求得弯矩图的极值点位置。

下面讨论确定弯矩图极值的方法。首先，假定 DF 杆段剪力为零的位置在 H 处，令 $DH = x$，则 $HF = DF - x = 4 - x$。已知，D 点剪力的竖标是 8.5，F 点剪力的竖标是 -7.5。由相似三角形几何关系，可知

$$\left|\dfrac{F_{QD}}{F_{QF}}\right| = \dfrac{DH}{HF} = \dfrac{x}{4-x}$$

求解得

$$x = \dfrac{4 \times 8.5}{8.5 + 7.5} = 2.125\text{m}$$

由此可得弯矩的最大值为

$$M_H = M_D + \int_D^H F_Q \mathrm{d}x = 23 + \dfrac{1}{2} \times 2.125 \times 8.5$$
$$= 32.03125\text{kN} \cdot \text{m}$$

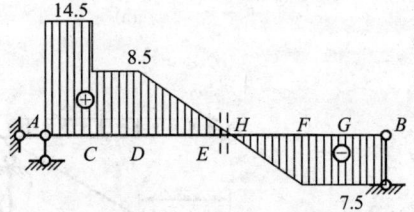

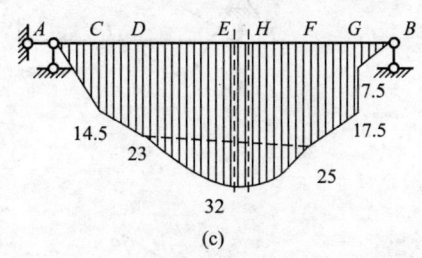

图 3.10

2) 斜梁的内力计算

在工程结构中，一些杆件的轴线是倾斜的，称之为斜梁。例如，屋面斜梁、梁式楼梯、板式楼梯、刚架中的斜杆和斜梁桥中的斜杆等。在工程实际中，考虑斜梁支座的约束情况、变形受力特点和计算精度等多种因素，斜梁常常简化为简支梁，即单跨的静定斜梁结构形式，如图 3.11(b)所示。结构上一般作用有两种荷载：恒载和活载。例如，对于楼梯斜梁，恒载主要是指楼梯自重，即图 3.11(a)中沿斜梁长度方向作用的均布荷载，荷载集度为 q_1；活载主要是指楼梯上面的人群荷载，即图中沿水平方向作用的均布荷载，荷载集度为 q_2。

为了熟练掌握简支斜梁内力计算及其内力图绘制的基本方法和步骤，下面以例题的形式展开分析和说明。

例题 3.3 图 3.11(a)所示简支斜梁，水平跨度为 l，倾角为 θ，自重荷载为 q_1，人群荷载为 q_2，试求简支斜梁在两类荷载共同作用下的内力图。

【解】：(1) 确定计算简图。

为简化计算，将均布荷载 q_1 转化为水平跨度方向上的均布荷载 q'_1，有

$$q'_1 l = q_1 \cdot l/\cos\theta, \quad q'_1 = q_1/\cos\theta$$

取 $q = q'_1 + q_2$，建立图 3.11(b)所示的简支斜梁计算简图，该简图能够考虑自重荷载和人群荷载的共同作用，并以沿水平跨度方向的均布荷载形式进行内力计算。

(2) 计算支座反力。

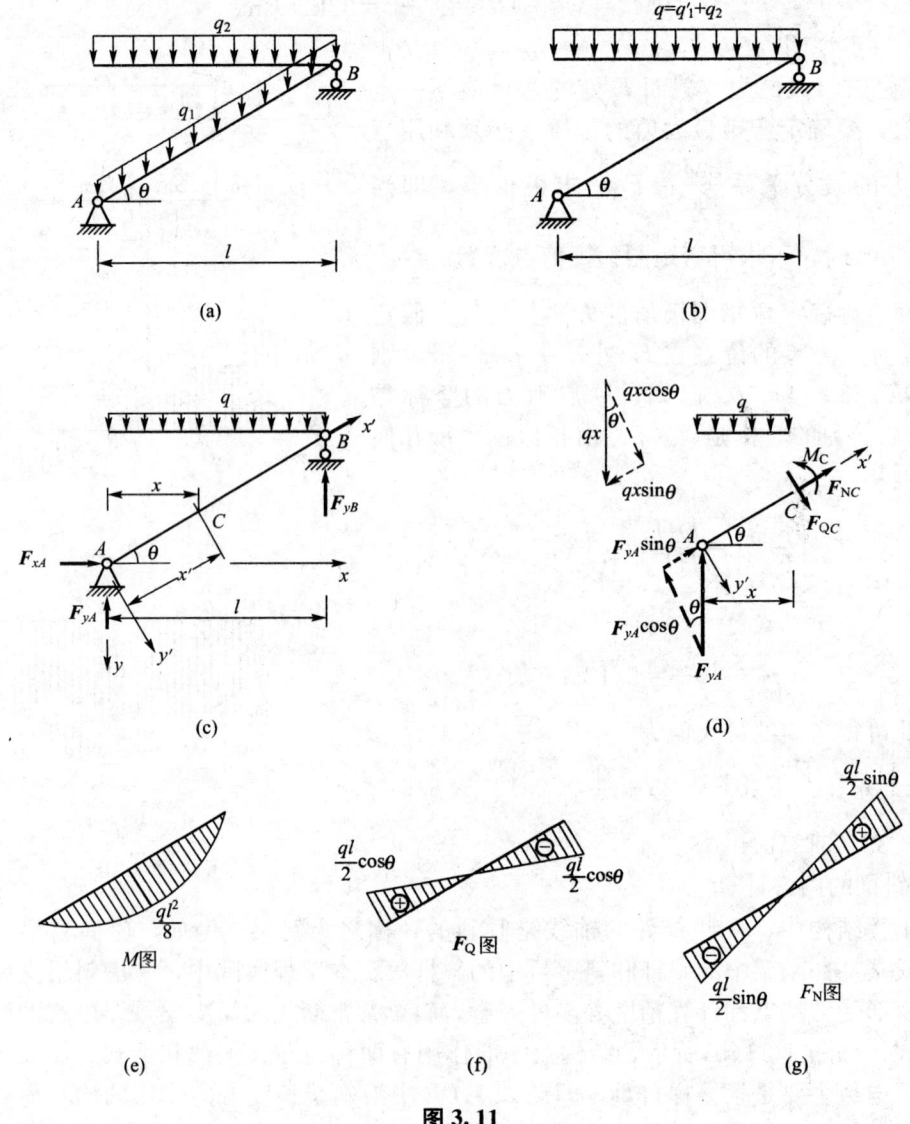

图 3.11

取 AB 斜杆为研究对象，如图 3.11(c)所示，根据整体平衡条件求得支座反力。

$$F_{xA}=0, \quad F_{yA}=\frac{ql}{2}(\uparrow), \quad F_{yB}=\frac{ql}{2}(\uparrow)$$

(3) 计算斜梁任一截面的内力。

在 C 处用横截面将斜梁截开，取 AC 为隔离体，如图 3.11(d)所示，利用平衡条件求 C 截面的内力。

$$\sum M_C=0, \quad M_C=\frac{ql}{2}x-\frac{qx^2}{2}=\frac{qx(l-x)}{2}$$

$$\sum F_{x'}=0, \quad F_{NC}+F_{yA}\sin\theta-qx\sin\theta=0, \quad F_{NC}=-\sin\theta\left(\frac{ql}{2}-qx\right)$$

$$\sum F_{y'}=0, \quad F_{QC}-F_{yA}\cos\theta+qx\cos\theta=0, \quad F_{QC}=\cos\theta\left(\frac{ql}{2}-qx\right)$$

(4) 作内力图。

由 M_C、F_{QC} 和 F_{NC} 的算式可知，简支斜梁的弯矩图是一条抛物线，剪力图和轴力图是一条斜直线，如图 3.11(e)~(g)所示。

(5) 几点说明。

如果把同等条件(同跨度、同荷载)下的简支水平梁内力图 3.11(a)~(d)和简支斜梁内力图 3.11(e)~(g)进行对比研究，可知：

① 简支斜梁内力是其横截面上的内力，一般包括剪力、轴力和弯矩；简支水平梁没有轴力。

② 在竖向荷载作用下，简支斜梁与简支水平梁在同一截面处的内力关系式如下。

$$M(x)=M'(x),\ F_Q(x)=F'_Q(x)\cos\theta,\ F_N(x)=-F'_Q(x)\sin\theta$$

其中，$M(x)$、$F_Q(x)$、$F_N(x)$ 分别为斜梁弯矩、剪力和轴力，$M'(x)$、F'_Q 分别为水平梁弯矩和剪力。

③ 简支斜梁和简支水平梁的内力图规律一样。因此，简支斜梁的内力图沿其长度方向绘制，也可应用叠加原理。

3.2 静定结构内力分析

静定结构有多种形式，受力性能亦有所不同，但一般可采用隔离体法进行内力计算和分析。在实际工程中，常见的静定结构有单跨静定梁、多跨静定梁、静定平面刚架、静定平面桁架、三铰拱和静定组合结构等。单跨静定梁在上一节已有讨论，下面重点对其他类型的静定结构进行介绍。

1. 多跨静定梁

单跨静定梁是静定梁的基本形式。依照几何组成规律，若干根梁和基础通过中间铰和支座约束组成形式各异的多跨静定梁。常见的公路桥多为多跨静定梁结构，如图 3.12(a)所示，图 3.12(b)是其计算简图。图 3.12(b)中，梁 ABC、FGH 均由 3 根支座链杆直接固定在基础上，属于几何不变的静定外伸梁。梁 DE 是由 3 根支座链杆固定在梁 ABC 和 FGH 上，属于几何不变的静定简支梁。因此，整个结构是几何不变体系。梁 ABC、FGH 可以不依赖其他部分提供的约束而能够独立承担荷载作用，这部分称为结构的基本部分。梁 DE 必须依靠基本部分的支承才能承担荷载作用而保持几何不变特性，称为结构的附属部分。当基本部分发生破坏时，附属部分会由于失去基本部分的支承作用，而随后破坏失稳；但当附属部分发生破坏时，基本部分仍会保持稳定状态。为了更明确地描述基本部分和附属部分之间的这种主次关系，可采用层叠图的形式，如图 3.12(b)所示。

在多跨静定梁中，基本部分直接与基础构成几何不变体系，能够独立承担荷载作用，保持结构的静力平衡。在图 3.12(c)中，当均布荷载 q 作用于基本部分时，基本部分受力，附属部分不受力；当集中荷载 F_p 作用于附属部分时，根据平衡条件，可以求出附属部分的内力和支座反力，由于附属部分支承在基本部分上，附属部分的支座反力通过支座反作用于基本部分，因此，基本部分和附属部分都受力。在计算多跨静定梁时，须坚持"先附属部分、后基本部分"的顺序，这恰好与几何组成分析的顺序相反。根据这一计算顺序，

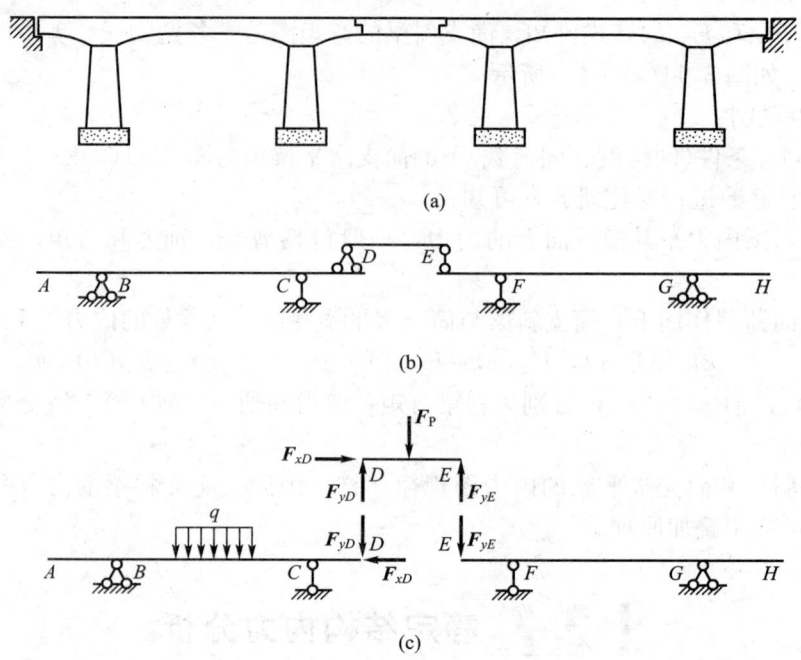

图 3.12

先将多跨梁拆成单跨梁，分别进行求解，避免解联立方程，力求一个方程解一个未知量；再将各个单跨梁的内力图连起来，从而得到多跨梁的内力图。

对于图 3.13(a)所示的多跨梁，首先进行几何组成分析，AB 梁通过 3 个支链杆与基础联系，形成扩大的基础，该基础再用 3 个链杆（BC 链杆、2 根支链杆）与 CD 梁联系，形成更大的扩大基础，进而可以判断整个结构为几何不变体系。其次进行主从关系分析，AB 梁为基本部分；在竖向荷载作用下 CD 梁和 EF 梁均能够独立承担荷载，亦作为基本部分；BC 梁和 DE 梁不能单独承担荷载，作为附属部分。层叠图如图 3.13(b)所示。故计算顺序应先计算 BC、DE 梁，再计算 AB、CD、EF 梁。

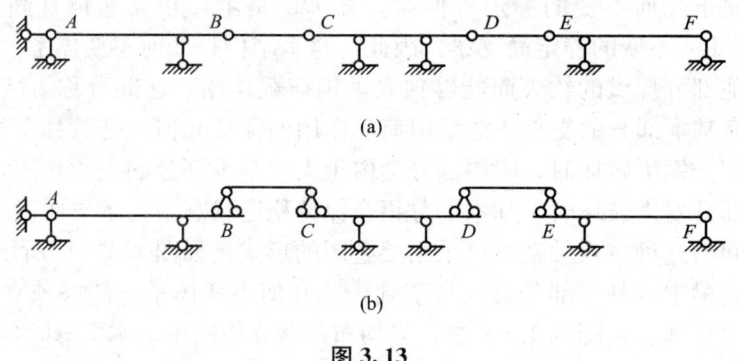

图 3.13

例题 3.4 试求图 3.14(a)所示多跨静定梁的内力图。

【**解**】：(1) 进行梁的几何组成分析，确定主从关系。

AB 为悬臂梁，利用二元体法则，依次固定 BD 梁、DG 梁。因此，基本部分是 AB

梁，其余梁是附属部分，层叠图如图 3.14(b)所示。

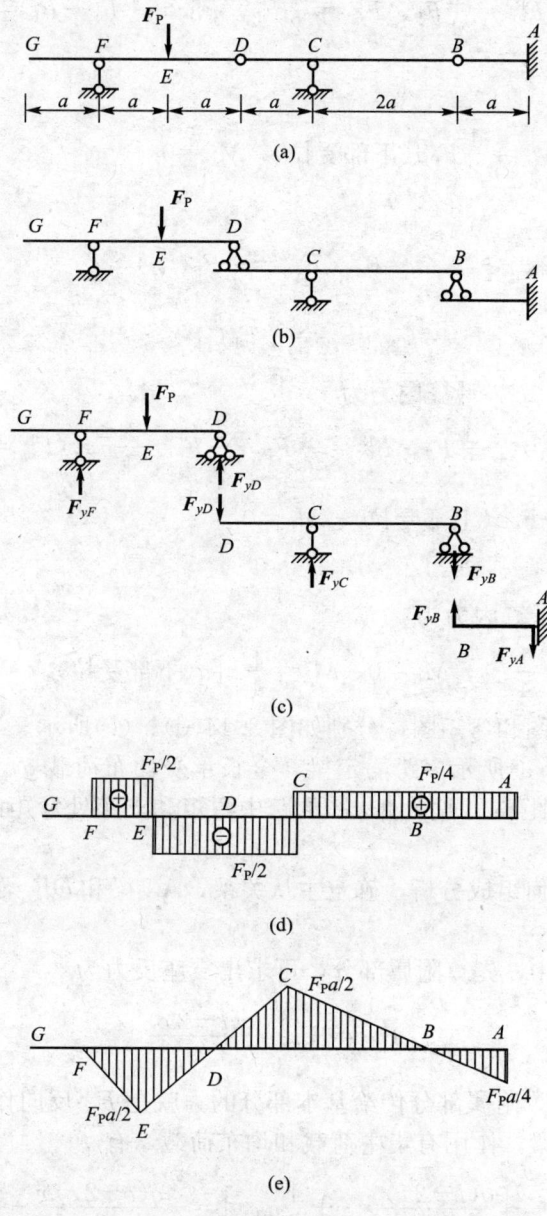

图 3.14

(2) 确定计算顺序，计算各单跨梁的内力。

计算顺序与固定(组装)顺序相反，如图 3.14(c)所示，先算附属部分，再算基本部分。

对于 GD 梁：

$$\sum M_F=0, \quad F_P\times a-F_{yD}\times 2a=0, \quad F_{yD}=\frac{1}{2}F_P(\uparrow)$$

$$\sum F_y=0, \quad F_P-F_{yD}-F_{yF}=0, \quad F_{yF}=\frac{1}{2}F_P(\uparrow)$$

控制截面取 G、F、E、D，计算内力为

$F_{QG}=0$，$F_{QF}=0$，$F_{QF}^R=\frac{1}{2}F_P$，$F_{QE}^L=\frac{1}{2}F_P$，$F_{QE}^R=\frac{1}{2}F_P-F_P=-\frac{1}{2}F_P$

$F_{QD}^L=-\frac{1}{2}F_P$

$M_G=0$，$M_F=0$，$M_E=\frac{1}{2}F_Pa$（下部受拉），$M_D=0$

对于 DB 梁：

$\sum M_C=0$，$F_{yB}\times 2a-F_{yD}\times a=0$，$F_{yB}=\frac{1}{4}F_P(\downarrow)$

$\sum F_y=0$，$F_{yC}-F_{yD}-F_{yB}=0$，$F_{yC}=\frac{3}{4}F_P(\uparrow)$

控制截面取 D、C、B，计算内力为

$F_{QD}^R=-\frac{1}{2}F_P$，$F_{QC}^L=-\frac{1}{2}F_P$，$F_{QC}^R=\frac{3}{4}F_P-\frac{1}{2}F_P=\frac{1}{4}F_P$，$F_{QB}^L=\frac{1}{4}F_P$，

$M_D=0$，$M_C=-\frac{1}{2}F_Pa$（上部受拉），$M_B=0$

对于 BA 梁：

控制截面 B、A，计算内力为

$F_{QB}^R=\frac{1}{4}F_P$，$F_{QA}^L=\frac{1}{4}F_P$，$M_B=0$，$M_A=\frac{1}{4}F_Pa$（下部受拉）

（3）最后绘制剪力图和弯矩图，分别如图 3.14(d)、(e) 所示。

例题 3.5 图 3.15(a) 所示多跨静定梁，全长承受均布荷载 q，各跨跨度均为 l，x 表示 C、D 铰距离支座的距离。若要使边跨的跨中弯矩和支座处弯矩的绝对值相等，试确定 C、D 铰的位置。

【解】：（1）根据几何组成分析，确定主从关系，AC 梁和 DF 梁为基本部分，CD 梁为附属部分。

（2）在图 3.15(b) 中，先算附属部分，可求出支座反力为

$$F_{yC}=F_{yD}=\frac{q(l-2x)}{2}$$

（3）再算基本部分，附属部分传给基本部分的力就是 F_{yC} 反向作用于 AC 梁 C 处的力，因此，BC 被看作悬臂梁，作用有集中荷载和均布荷载，有

$$M_B=-\left[\frac{q(l-2x)}{2}\times x+\frac{1}{2}qx^2\right]=-\frac{q(l-2x)x}{2}-\frac{1}{2}qx^2$$

根据叠加法，绘制 AB 段弯矩图时，先确定 A、B 截面弯矩值，连虚线，以虚线为基线，再叠加 AB 段均布荷载产生的弯矩，因此，可以算出 AB 跨中 I 的弯矩为

$$M_I=\frac{1}{8}ql^2-\frac{M_B}{2}$$

令边跨的跨中弯矩和支座处弯矩的绝对值相等，可以得到下式。

$$M_I=\frac{ql^2}{8}-\frac{|M_B|}{2}=|M_B|$$

得
$$|M_B|=\frac{ql^2}{12}$$

代入 M_B 中，则
$$\frac{1}{12}ql^2=\frac{q(l-2x)x}{2}+\frac{1}{2}qx^2$$

求出
$$x=\frac{3\pm\sqrt{3}}{6}l$$

根据题意，取 $x=\frac{3-\sqrt{3}}{6}l=0.2113l$ 即可。确定 C、D 铰位置后，可以绘制弯矩图如图 3.15(c)所示。

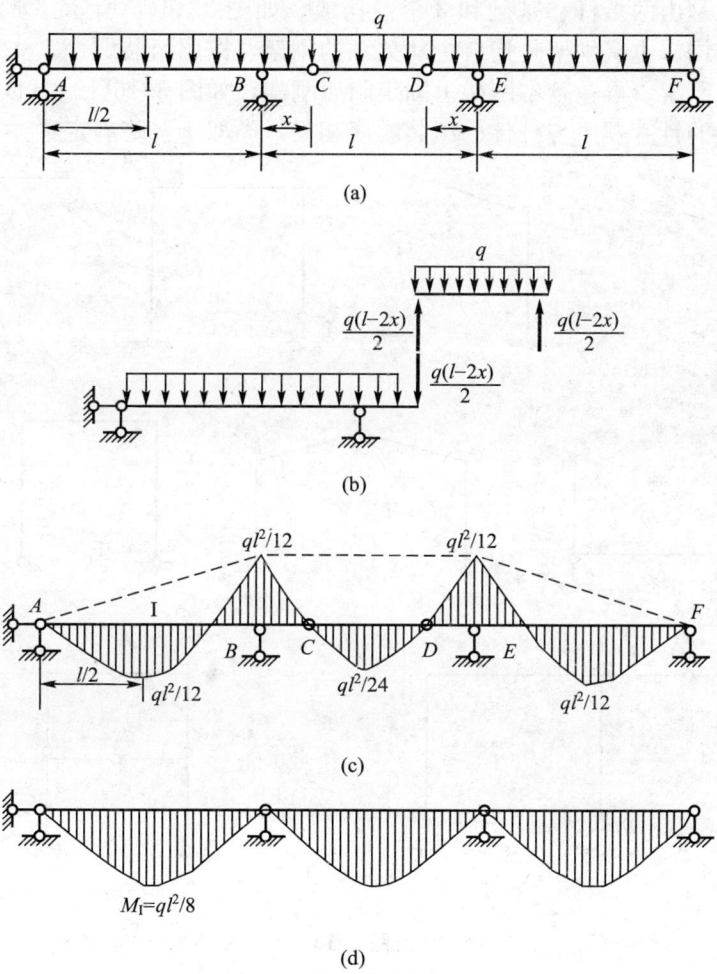

图 3.15

下面以本例为依据，简单讨论一下多跨静定梁中铰位置调整的意义。当多跨静定梁中的三跨改为简支梁时，相应弯矩图如图 3.15(d)所示。通过图 3.15(c)、(d)的对比，多跨静定梁的弯矩峰值要比简支梁小约$(ql^2/8-ql^2/12)/(ql^2/8)=33.3\%$，其弯矩分布更加均匀合理。分析原因，多跨静定梁中基本部分为伸臂梁，这使得中间支座处产生了负弯矩，既降低了跨中正弯矩，又减少了附属部分的跨度。因此，多跨静定梁较之于相应的多个简支梁所用材料更省，但构造较复杂，施工难度较大。

2. 静定平面刚架

1) 概述

刚架是由直杆（包括梁和柱）组成的具有刚结点的结构。静定平面刚架是指所有的直杆轴线和荷载在同一平面内的刚架，是无多余约束的几何不变体系。静定平面刚架在工程结构中应用广泛，主要类型包括：悬臂刚架、简支刚架、三铰刚架和主从刚架。悬臂刚架如图 3.16(a)、(b)所示，属于一端固定的悬臂或悬挑结构，常用于火车站站台、敞廊篷、雨篷、挑檐、小型阳台和建筑小品等。简支刚架如图 3.16(c)~(e)所示，多用于起重机的刚支架。三铰刚架是由两折杆、基础和 3 个铰构成，如图 3.16(f)所示，常用于仓库、小型厂房、食堂等结构。主从刚架是指有主从关系的刚架，按照组装顺序，先组成刚架的基本部分，形成基本刚架，再在基本刚架上固定附属刚架，如图 3.16(g)~(i)所示。在计算分析时，主从刚架的计算顺序与杆件的组装顺序相反，类似于多跨静定梁。

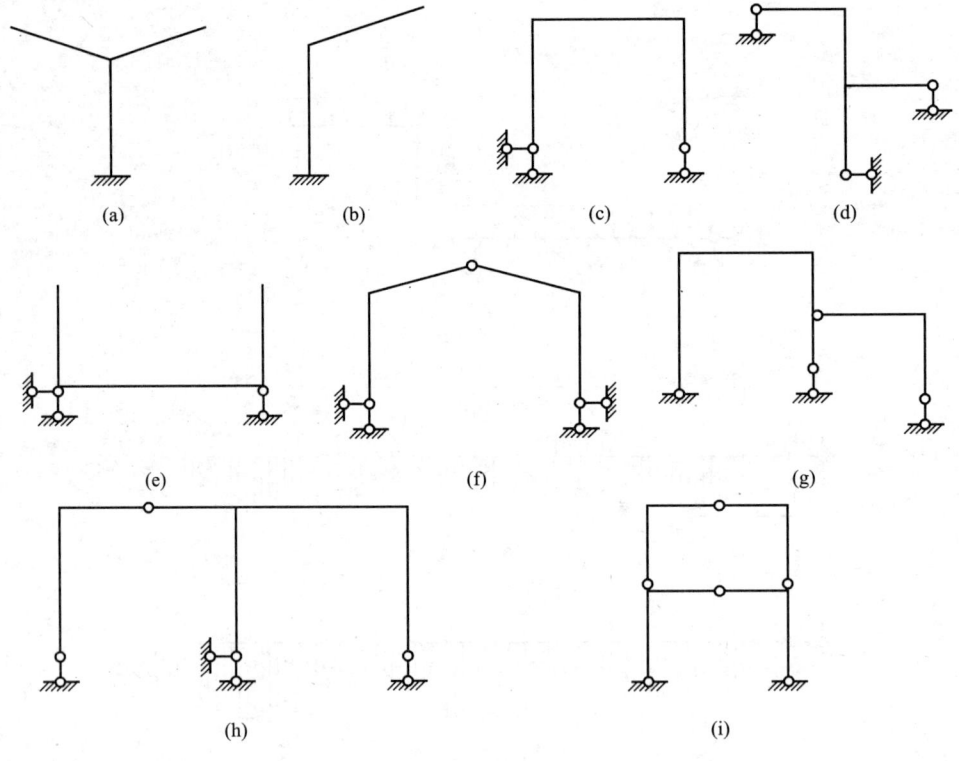

图 3.16

2) 刚架的特征

刚架的结点全部或部分为刚结点，利用刚结点的刚性连接维持结构的几何不变特性。

桁架的结点全部为铰结点，这是桁架与刚架的重要区别。此外，相对于其他结构，刚架还具有以下重要特征。

（1）刚架内部具有较大的空间，有利于建筑空间的使用。

（2）刚结点使所连接的各杆件不能发生相对转动，杆件间的夹角保持不变，从而把梁柱等杆件联成整体，大大增加了结构的整体刚度，减小了结构的变形。

（3）刚结点对杆件的相对转动有较强约束作用，能够承受和传递弯矩，使刚架中的弯矩分布更加均匀，利于杆件材料性质的充分发挥，从而可以节约材料用量。

3）静定平面刚架的内力分析

静定平面刚架的内力包括弯矩、剪力和轴力，其内力计算方法原则上与静定梁的内力计算方法相同。下面举例说明简支刚架、三铰刚架和主从刚架（复合刚架）的内力计算步骤和方法。

例题 3.6 试求图 3.17(a)所示简支刚架的内力图。

【解】：（1）求支座反力。

设 B、C 支座的反力如图 3.17(b)所示。根据刚架的整体平衡条件，有

$\sum M_B=0$，$F_{yC}\times 8-8\times(4+2)=0$，$F_{yC}=6\text{kN}(\uparrow)$

$\sum F_x=0$，$F_{xB}+8=0$，$F_{xB}=-8\text{kN}(\leftarrow)$

$\sum F_y=0$，$F_{yB}+F_{yC}=0$，$F_{yB}=-6\text{kN}(\downarrow)$

（2）求各杆端内力。

在结点 D 附近，用截面将结点与各杆件分开，取各杆件作为隔离体，截面内力一般包括剪力、轴力和弯矩，支座反力按实际方向标出，各隔离体受力情况如图 3.17(c)所示。运用隔离体的 3 个平衡条件，可求解各截面上的内力。

对于隔离体 BD：

$\sum F_x=0$，$F_{QDB}-8=0$，$F_{QDB}=8\text{kN}$

$\sum F_y=0$，$F_{NDB}-6=0$，$F_{NDB}=6\text{kN}$

$\sum M_B=0$，$M_{DB}+F_{QDB}\times 4=0$，$M_{DB}=-32\text{kN}\cdot\text{m}$（右侧受拉）

对于隔离体 DA：

$\sum F_x=0$，$F_{QDA}-8=0$，$F_{QDA}=8\text{kN}$

$\sum F_y=0$，$F_{NDA}=0$

$\sum M_A=0$，$M_{DA}-F_{QDA}\times 2=0$，$M_{DA}=16\text{kN}\cdot\text{m}$（左侧受拉）

对于隔离体 DC：

$\sum F_x=0$，$F_{NDC}=0$

$\sum F_y=0$，$F_{QDC}+6=0$，$F_{QDC}=-6\text{kN}$

$\sum M_C=0$，$M_{DC}+F_{QDC}\times 8=0$，$M_{DC}=48\text{kN}\cdot\text{m}$（下侧受拉）

（3）绘制内力图。

弯矩图、剪力图和轴力图，分别如图 3.17(d)、(e)、(f)所示。

（4）校核。

取结点 D 作为隔离体，如图 3.17(g)所示，对结点各杆端内力是否满足 3 个平衡条件进行校核。

$\sum F_x=8-8-0=0$，$\sum F_y=0+6-6=0$，$\sum M_C=16-48+32=0$

故计算结果正确，满足平衡条件。

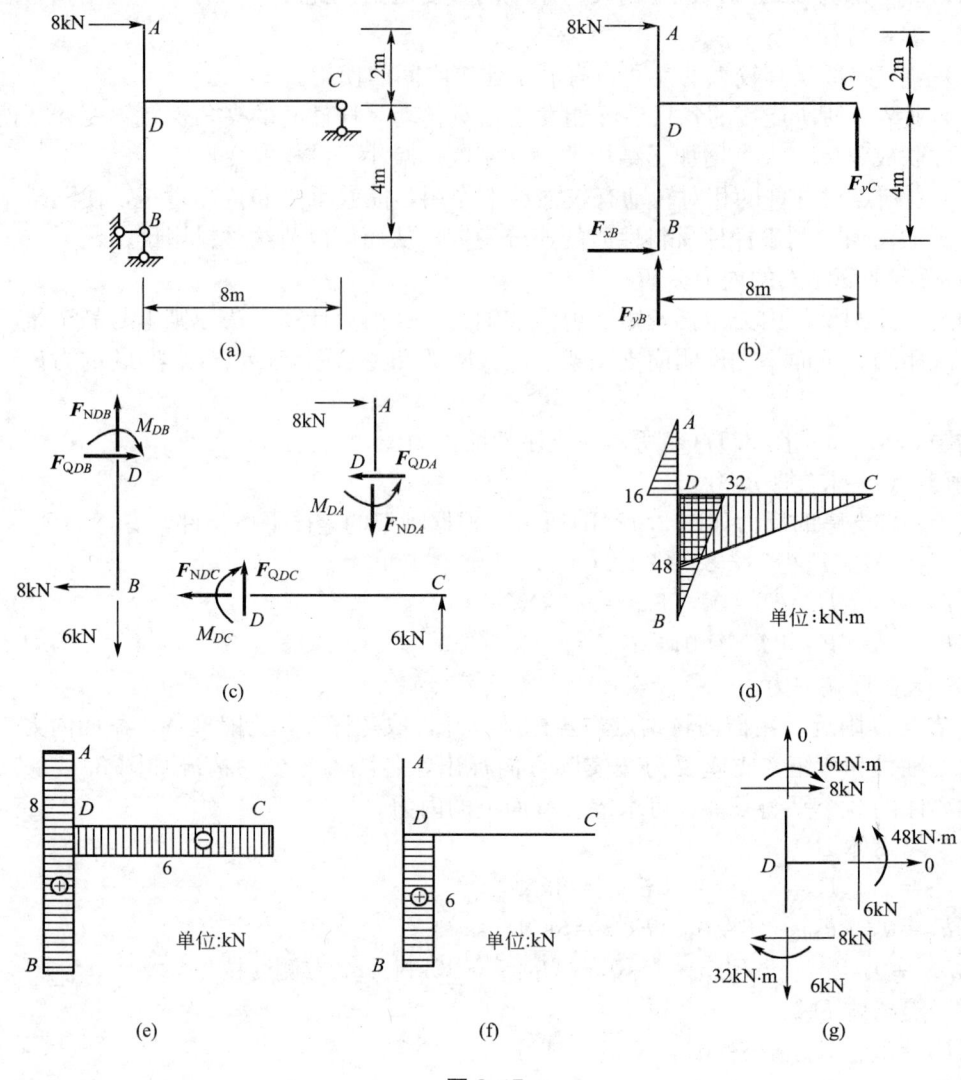

图 3.17

例题 3.7 试作图 3.18(a)所示三铰刚架的内力图。

【解】：(1) 求支座反力。

三铰刚架的支座反力如图 3.18(b)所示。根据刚架的整体平衡条件，有

$$\sum M_B=0, \quad F_{yA}\times 8-2\times 8\times 4=0, \quad F_{yA}=8\text{kN}(\uparrow)$$
$$\sum F_y=0, \quad F_{yA}+F_{yB}-2\times 8=0, F_{yB}=8\text{kN}(\uparrow)$$

考虑 C 铰左半部分的平衡条件，有

$$\sum M_C=0, \quad F_{yA}\times 4-F_{xA}\times(6+2)-2\times 4\times 2=0, \quad F_{xA}=2\text{kN}(\rightarrow)$$

再利用刚架的整体平衡条件，得

$$\sum F_x=0, \quad F_{xA}-F_{xB}=0, \quad F_{xB}=2\text{kN}(\leftarrow)$$

(2) 作弯矩图。

根据截面法，求得各杆端弯矩如下。

DA 杆：
$$M_{AD}=0, \quad M_{DA}=-12\text{kN}\cdot\text{m}(外侧受拉)$$

DC 杆：
$$M_{CD}=0, \quad M_{DC}=M_{DA}=-12\text{kN}\cdot\text{m}(外侧受拉)$$

DC 杆段有均布荷载，由叠加法得到其跨中弯矩。
$$-\frac{1}{2}\times12+\frac{1}{8}\times2\times4^2=-2\text{kN}\cdot\text{m}(外侧受拉)$$

利用结构对称性，即可作弯矩图，如图 3.18(c)所示。

（3）作剪力图。

计算杆端剪力有两种方法。

① 对于竖直杆件 AD、BE 采用的一种方法是：对两杆，可取一截面将其切开，取截面一侧，即可求出剪力。

对于 AD 杆：
$$F_{QAD}=F_{QDA}=-2\text{kN}$$

对于 BE 杆：
$$F_{QBE}=F_{QEB}=2\text{kN}$$

② 对于斜杆 DC、EC 采用的另一种方法是：根据已作弯矩图 3.18(c)，选取杆件 DC、EC 作为隔离体，分别对杆端取矩，列力矩平衡方程，求得杆端剪力。

取斜杆 DC 段为隔离体 [图 3.18(d)]：
$$\sum M_C=0, \quad F_{QDC}=\frac{12+2\times4\times2}{\sqrt{16+4}}=6.26\text{kN}$$

$$\sum M_D=0, \quad F_{QCD}=\frac{12-2\times4\times2}{\sqrt{16+4}}=-0.89\text{kN}$$

取 EC 段为隔离体 [图 3.18(e)]：
$$\sum M_C=0, \quad F_{QEC}=\frac{-12-2\times4\times2}{\sqrt{16+4}}=-6.26\text{kN}$$

$$\sum M_E=0, \quad F_{QCE}=\frac{-12+2\times4\times2}{\sqrt{16+4}}=0.89\text{kN}$$

绘制剪力图，如图 3.18(f)所示。

（4）作轴力图。

计算杆端轴力亦可采用上述两方法。

① 对于 AD 杆：
$$F_{NAD}=F_{NDA}=-8\text{kN}(压力)$$

对于 BE 杆：
$$F_{NBE}=F_{NEB}=-8\text{kN}(压力)$$

② 对于斜杆 DC、EC 采用的方法为：利用剪力图 3.18(f)，取结点作为隔离体，列出投影平衡方程，由杆端剪力求解杆端轴力。

取 D 结点为隔离体 [图 3.18(g)]，求杆端轴力如下。

$$\cos\theta = \frac{4}{\sqrt{20}}, \quad \sin\theta = \frac{2}{\sqrt{20}}$$

$\sum F_{x'} = 0$, $F_{NDC} = -2\cos\theta - 8\sin\theta = -5.37 \text{kN}$(压力)

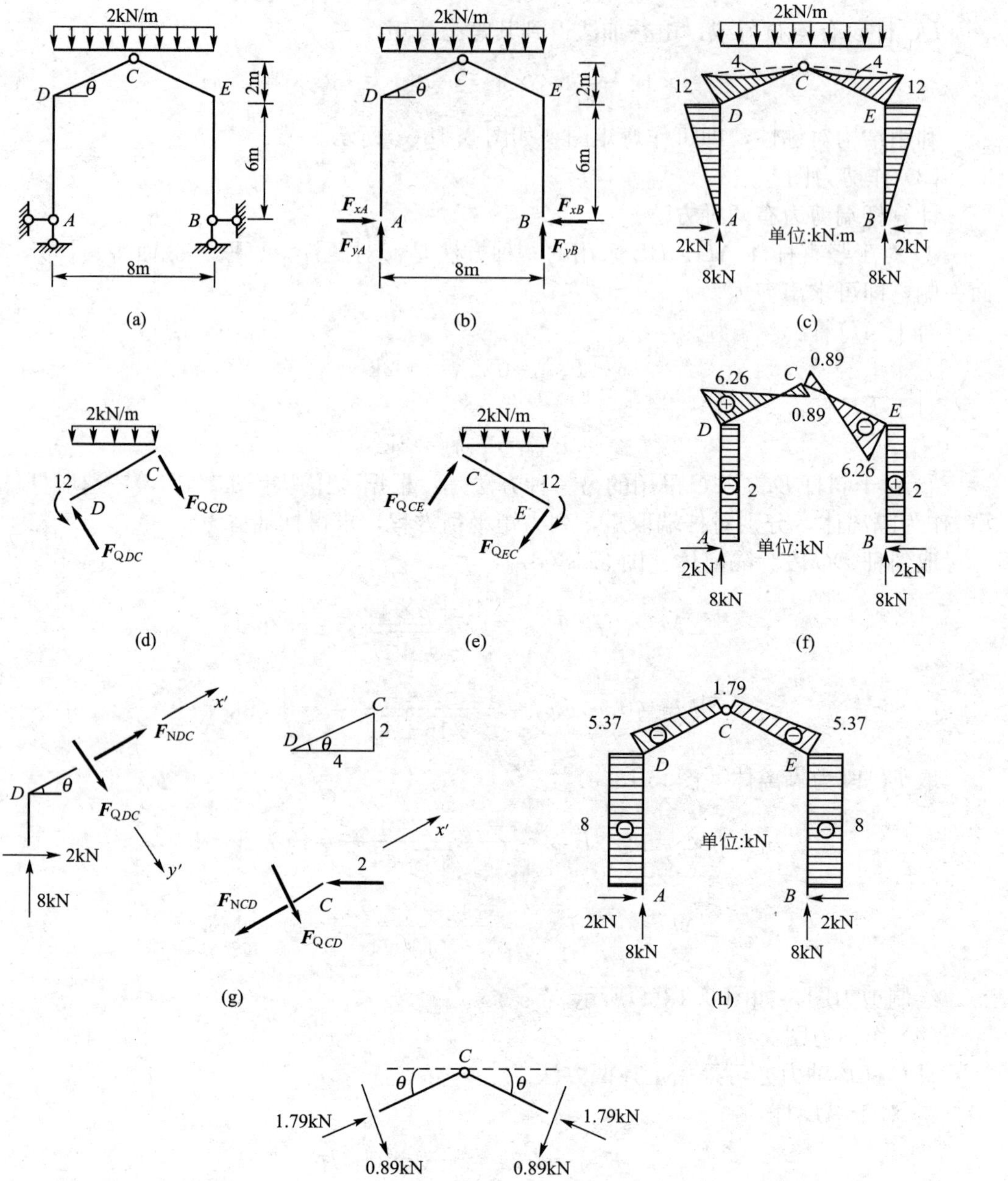

图 3.18

现在求结点 C 的约束力。用截面切开 C 结点，取结点左半侧的刚架作为隔离体，由图 3.18(b)分析易知：C 结点只有水平力作用，力的大小为 2kN，方向向左。

取结点 C 左为隔离体 [图 3.18(g)]，求杆端轴力如下。
$$\sum F_{x'}=0, \quad F_{NCD}=-2\cos\theta=-1.79\text{kN}(压力)$$
同样，利用结构对称性，即可绘制轴力图，如图 3.18(h)所示。

（5）校核。

截取刚架任一部分，校核其是否满足平衡条件。这里，仅对结点 C 进行校核，截取结点 C 作为隔离体，受力情况如图 3.18(i)所示，计算如下。
$$\sum F_y=0, \quad \sum F_y=2\times 1.79\times \sin\theta-2\times 0.89\times \cos\theta=0$$

例题 3.8 试求图 3.19(a)所示刚架的弯矩图。

【解】：这是一个主从刚架。根据几何组成分析，$AEDB$ 部分为简支刚架，是基本部分；DFC 部分是附属部分。

（1）计算支座反力。

先算附属部分，取其作为隔离体，如图 3.19(b)所示，计算如下。
$$\sum M_D=0, \quad 0.5F_P\times 2-F_{yC}\times 4=0, \quad F_{yC}=0.25F_P(\uparrow)$$
$$\sum F_y=0, \quad F_{yD}+F_{yC}=0, F_{yD}=-0.25F_P(\downarrow)$$
$$\sum F_x=0, \quad F_{xD}-0.5F_P=0, \quad F_{xD}=0.5F_P(\rightarrow)$$

再算基本部分，取其作为隔离体，如图 3.19(c)所示，计算如下。
$$\sum M_A=0, \quad F_P\times 2-0.5F_P\times 4-0.25F_P\times 4-F_{yB}\times 4=0, \quad F_{yB}=-0.25F_P(\downarrow)$$
$$\sum F_y=0, \quad F_{yA}+F_{yB}-F_P+0.25F_P=0, \quad F_{yA}=F_P(\uparrow)$$
$$\sum F_x=0, \quad F_{xA}-0.5F_P=0, \quad F_{xA}=0.5F_P(\rightarrow)$$

（2）作弯矩图。

由已求出的各支座反力，按照截面法可作出弯矩图，如图 3.19(d)所示。

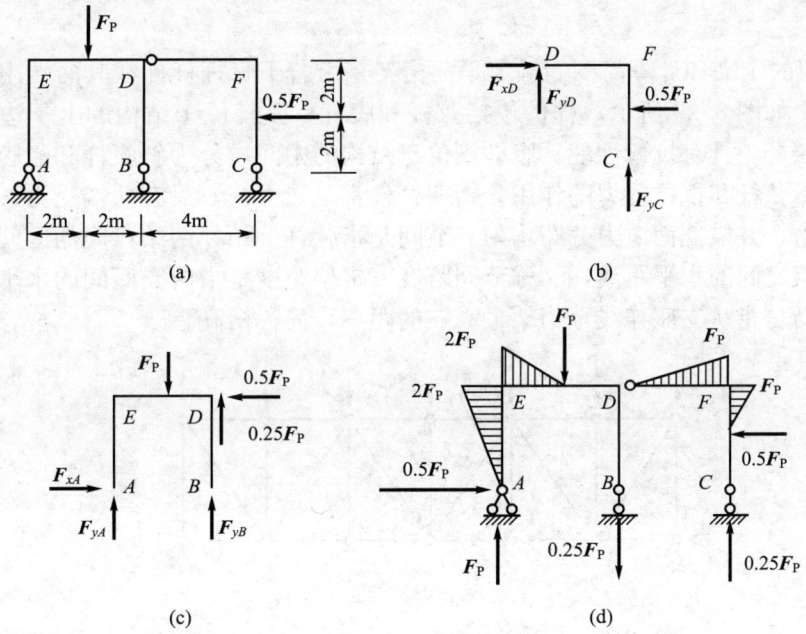

图 3.19

4) 快速绘制弯矩图的要点

在静定平面刚架的内力分析中,内力图的绘制及其校核是极其重要的环节。特别是在某些情况下,仅需要了解结构的弯矩分布情况,而并不需要知道其支座反力和内力。此时,若仍然同上面例题一样,先进行内力分析和计算,再绘制弯矩图,这必然使得弯矩图绘制效率低、速度慢。为了快速绘制弯矩图,必须熟练掌握静定结构的特性、荷载与内力的关系、计算方法和相关概念,其要点具体如下。

(1) 在支座反力的计算方面,悬臂刚架不需计算支座反力,简支刚架取整体作为隔离体计算支座反力,三铰刚架以中间铰的某一侧为隔离体计算水平反力,主从刚架按"先从后主"的计算顺序。

(2) 对于两端铰结的杆件,当有荷载作用时,该杆件的弯矩和剪力等同于简支梁,此类杆件多是主从结构计算的突破口。

(3) 绘制弯矩图最好从自由端或支座端开始,逐段进行绘制;直杆无荷载区段,其弯矩为直线;铰和自由端无外力偶作用时,其弯矩为零;外力和杆轴重合时无弯矩,与杆轴平行时弯矩为定值;在主从结构中,主结构的荷载对从结构的内力无影响,反之有影响;利用刚结点力矩平衡特性校核弯矩图的正确性;采用分段叠加法绘制弯矩图。

(4) 在判断弯矩图正确性方面,各控制截面必须和梁各段的弯矩图特点相符。铰结点处弯矩必须为零;集中力偶作用位置,弯矩有突变,突变值等于集中力偶值;集中力作用处的弯矩有尖角,尖角方向与荷载作用方向一致;均布荷载作用段弯矩图为抛物线,凸向应与荷载指向一致;结构中所有汇交于结点的杆端弯矩,都应满足结点平衡条件;弯矩图应与荷载情况相符合;弯矩图应与结点性质及约束情况相符合。

3. 静定平面桁架

1) 概述

(1) 桁架的定义和计算简图。静定平面桁架是由若干直杆杆件在其两端用铰连接而成的静定结构,如图3.20所示。杆件包括弦杆和腹杆,弦杆位于结构的上下边缘处,分为上弦杆和下弦杆,具有抗弯性能;腹杆则位于结构的中间,分为斜腹杆和竖腹杆,能够发挥连接上、下弦杆和抵抗剪力的作用。桁架杆件都是二力杆,只有两端受力,其轴力可以是拉力或压力,其横截面应力分布均匀。节间是指弦杆上相邻两结点间的区间。节间距是指相邻两结点之间的水平距离,又称节间跨度。桁架跨度是指两支座间的水平距离,简称跨度。桁架高是指从支座连线至桁架最高点的距离,简称桁高。

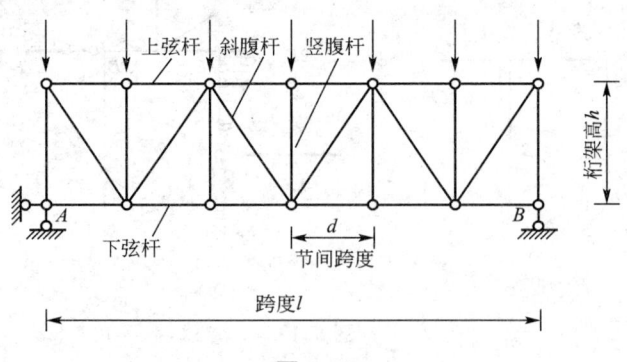

图 3.20

在求解桁架内力时，需要建立计算简图，为此，引入以下一些假定。
① 桁架各结点都是光滑无摩擦的理想铰。
② 各杆轴线均是同一平面内的直线，且通过铰的中心。
③ 荷载和支座反力都作用于铰结点上，位于桁架平面内。

除了上述假定外，计算分析桁架结构时，还需要综合考虑结构的几何组成、受力特性和计算结果可靠性等因素，忽略结构体系的空间效应，将此类问题简化为平面问题，从而建立平面桁架的计算简图，图 3.20 即为一简支静定平面桁架的计算简图。

（2）桁架的分类。
① 按照几何组成形式分类。

简单桁架：从基础或一个基本铰结三角形开始进行组装，依次叠加二元体，按照这个规律形成的桁架称为简单桁架，如图 3.21 所示，其中图 3.21(a)从基本铰结三角形开始组装，图 3.21(b)从基础开始组装，两者都是无多余约束的几何不变体系。

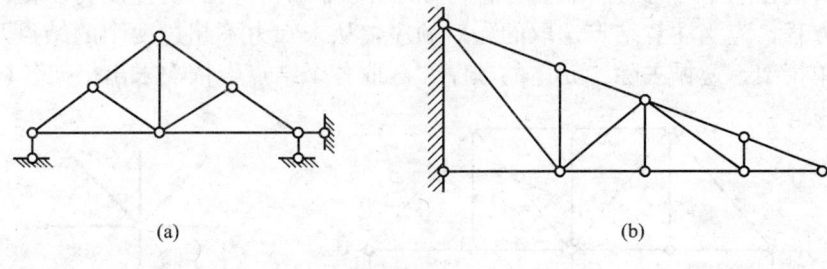

图 3.21

联合桁架：按照两刚片规则或三刚片规则，由两个或两个以上的简单桁架联合组成的桁架，称为联合桁架，如图 3.22 所示。

复杂桁架：不按照以上两种方式组成的桁架，称为复杂桁架，如图 3.23 所示。

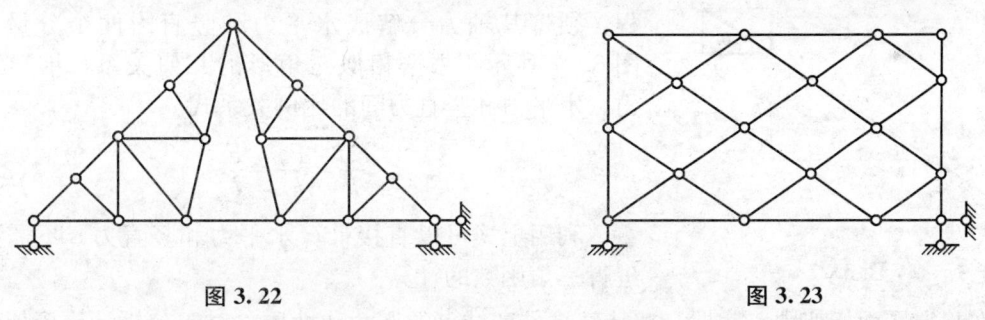

图 3.22　　　　　　　　　　　　图 3.23

② 按照支座反力的性质分类。

无推力桁架：又称为梁式桁架，其支座反力计算方法与简支梁相同，当该结构仅作用有竖向荷载时其水平支座反力为零，如图 3.24 所示。

有推力桁架：又称拱式桁架，其支座反力的特征与三铰拱（三铰刚架）的特征相同，当该结构仅作用有竖向荷载时支座处产生水平推力，如图 3.25 所示。

除了上述分类方法外，桁架还可以按照静力特性分为静定桁架和超静定桁架，按照外形特征分为平行桁架、三角桁架、梯形桁架和抛物线桁架等。

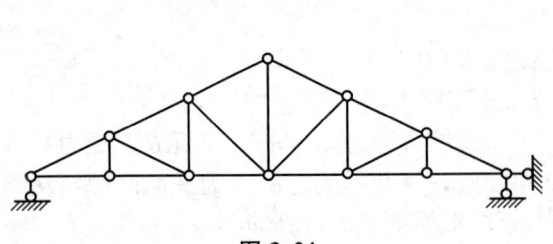

图 3.24

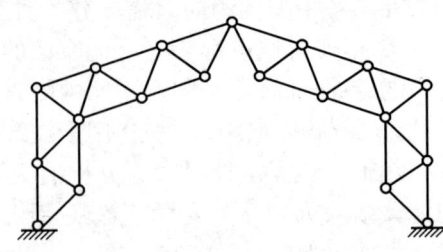

图 3.25

2) 桁架内力计算——结点法

结点法是以桁架的单个结点为隔离体，利用隔离体平衡条件建立方程，求解桁架各杆的内力和反力。对于静定平面桁架 [图 3.26(a)]，取结点 C 为隔离体，C 点受力图是一平面汇交力系 [图 3.26(b)]，因此，可列出两个独立平衡方程。对于静定平面桁架，由结点法列出所有的独立平衡方程，联立方程可以求出全部的轴力和支座反力。但是，为了避免求解联立方程，应当注意结点选取的先后顺序，从未知力不超过两个的结点开始逐次计算。对于简单桁架，遵循去除二元体的顺序，截取各个结点，依次求出桁架各杆内力。

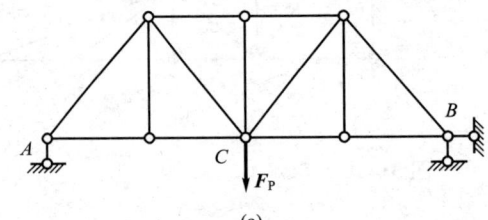

图 3.26

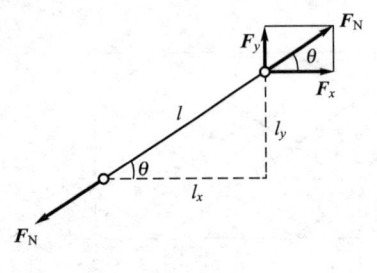

图 3.27

计算桁架内力时，一般会遇到斜杆，要建立平衡方程，须将其轴力分解成水平力和竖直力两个分量，如图 3.27 所示。根据相似三角形的几何关系，推导出轴力、水平力和竖直力间的比例关系式。

$$\frac{F_N}{l}=\frac{F_x}{l_x}=\frac{F_y}{l_y} \quad (3-5)$$

利用上式可以直接计算水平力和竖直力，不需要再进行三角函数的计算。

在静定平面桁架中，掌握一些特殊杆件和结点的概念和性质，对于分析计算桁架内力会有很大帮助，下面对这些特殊杆件和结点进行介绍。

（1）结点单杆。在同一结点的所有内力未知的杆件中，除一根杆件外，其余杆件都在一条直线上，此根不共线的杆件称为该结点的单杆。

结点单杆有两种情况。情况一，如图 3.28(a) 所示，C 结点处，只有两根内力未知的杆，由于这两根杆不共线，那么这两根杆都是单杆。情况二，如图 3.28(b) 所示，C 结点处，只有 3 根内力未知的杆，其中两根杆共线，第 3 根杆则是单杆。

对于结点单杆，其内力可直接利用该结点的一个平衡条件求出。对于非结点单杆，其内力难以直接由该结点的一个平衡条件求出。所以，结点单杆也定义为：只需利用结点的一个平衡方程就可以求出内力的杆件。

当结点无荷载作用时，单杆内力必为零，称为零杆。图3.29(a)所示桁架，有荷载作用，按照图中所注数字的顺序依次去掉零杆，所得结果如图3.29(b)所示，此时，只需要计算图3.29(b)中各杆的内力，其余杆件内力为零。可见，判别零杆能够起到简化计算的作用。图3.29(b)仅用来分析问题，但不能作为结构来使用。零杆只是指内力为零的杆件，但不能随意删掉；对于静定结构，去掉任一零杆相当于去掉一个约束，都会导致结构变成可变体系。

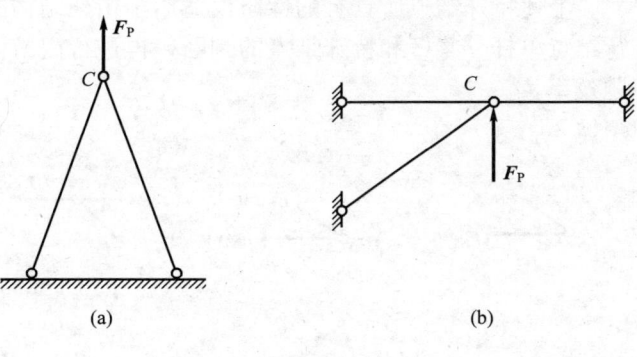

图 3.28

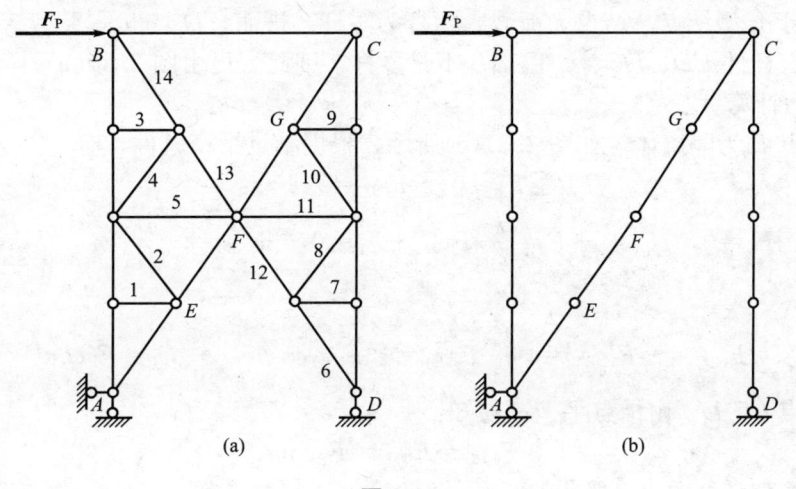

图 3.29

当一个桁架可以采用拆除结点单杆的方法进行整体拆除时，该桁架就可以运用一个方程求解一个未知力的思路，求解各杆内力，计算顺序与拆除顺序相同。

(2) 几种特殊结点。

① L 型结点。结点处共有两根杆件且不共线，若结点无荷载作用，这两杆内力均为零，如图 3.30(a) 所示；对于有荷载作用的结点，其轴力分布如图 3.30(b) 所示。

② T 型结点。三杆汇交于结点，当两杆共线且无荷载作用时，不共线的第 3 杆内力必然是零，共线的两杆内力大小相等，方向相反，如图 3.30(c) 所示。

③ K 型结点。4 根杆件构成的 K 型结点 [图 3.30(d)]，两根杆共线，另外两杆在该直线的同侧，并且夹角相同。当 $F_{N1} \neq F_{N2}$ 时，则有 $F_{N3} = -F_{N4}$；当 $F_{N1} = F_{N2}$ 时，有 $F_{N3} = F_{N4} = 0$。

④ X 型结点。由 4 根杆件构成的结点，又称特殊 K 型结点，各杆两两共线，在无荷载作用时，则各杆轴力两两相等，如图 3.30(e) 所示。

上述特殊结点所具有的性质仅适用于桁架结构的结点。在计算桁架内力时，一般要进行结点单杆、零杆和特殊结点的判断，再进行内力计算，这样可以简化计算过程，提高解题效率。

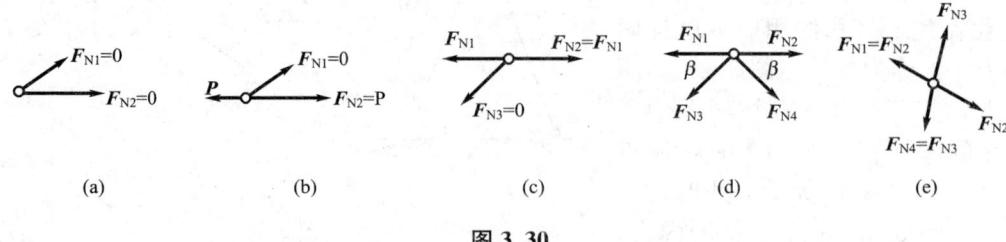

图 3.30

例题 3.9 试求图 3.31(a)所示桁架中各杆的内力。

【解】：(1) 判断零杆。

HK、BK 交于 K 结点，是 L 型结点，结点无荷载，两杆为零杆；同理，GH、HB 为零杆。GC、DC、CB 交于 C 点，是 T 型结点，结点无荷载，GC 为零杆。FG、DG 交于 G 点，属于 L 型结点，结点无荷载，两杆为零杆。进而，D 点也是 T 型结点，AD 为零杆。最后只有杆件 ED、DC、CB、AB 不是零杆，因此，可由图 3.31(b)计算内力。

(2) 内力计算。

截取结点 B 为隔离体，如图 3.31(c)所示，根据结点平衡条件，有

$$\sum F_x = 0, \quad F_{NBC} = -F_{xNBA}$$

$$\sum F_y = 0, \quad F_{yNBA} + F_P = \frac{l_{EA}}{l_{BA}} F_{NBA} + F_P = 0, \quad F_{NBA} = -\frac{l_{BA}}{l_{EA}} F_P = -\frac{F_P}{\sin\theta}$$

则有

$$F_{NBC} = -F_{xNBA} = -\frac{l_{EB}}{l_{AB}} F_{NBA} = -F_{NBA}\cos\theta = \frac{\cos\theta}{\sin\theta} F_P = F_P \cot\theta$$

对于结点 C、D，由结点平衡，易知：

$$F_{NCD} = F_{NDE} = F_P \cot\theta$$

至此，桁架各杆内力已求出。

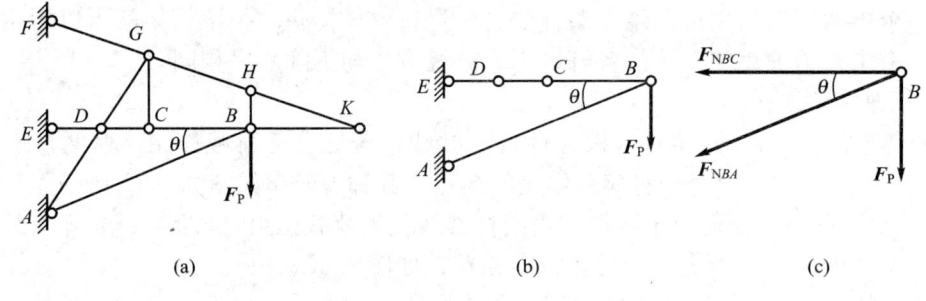

图 3.31

采用结点法求解桁架内力时，一般计算步骤为：先去除零杆，再逐次截取具有单杆的各个结点，建立平衡条件，求解桁架各杆内力。

例题 3.10 试计算图 3.32(a)所示桁架中各杆的内力。

【解】：图中桁架是简单桁架，由于桁架及荷载均对称，故只需计算桁架对称轴左半部分(或右半部分)的各杆件内力。

(1) 计算支座反力。

$$\sum F_x = 0, \quad F_{xA} = 0$$

$$\sum M_A = 0, \quad F_{yB} = \frac{2 \times 3 + 4 \times 6 + 2 \times 9}{12} = 4 \text{kN}(\uparrow)$$

$$\sum F_y = 0, \quad F_{yA} = 4 \text{kN}(\uparrow)$$

(2) 内力计算。

取结点 A 为隔离体，如图 3.32(b)所示，有

$$\sum F_y = 0, \quad F_{NAE} \times \frac{\sqrt{2}}{2} + 4 = 0, \quad F_{NAE} = -4\sqrt{2} \text{kN}(压力)$$

$$\sum F_x = 0, \quad F_{NAE} \times \frac{\sqrt{2}}{2} + F_{NAD} = 0, \quad F_{NAD} = 4 \text{kN}(拉力)$$

取结点 D 为隔离体，如图 3.32(c)所示，有

$$\sum F_x = 0, \quad F_{NDC} = 4 \text{kN}(拉力)$$

$$\sum F_y = 0, \quad F_{NDE} = 2 \text{kN}(拉力)$$

取结点 E 为隔离体，如图 3.32(d)所示，有

$$\sum F_y = 0, \quad -4\sqrt{2} \times \frac{\sqrt{2}}{2} + 2 + F_{NEC} \times \frac{\sqrt{2}}{2} = 0, \quad F_{NEC} = 2\sqrt{2} \text{kN}(拉力)$$

$$\sum F_x = 0, \quad 4\sqrt{2} \times \frac{\sqrt{2}}{2} + F_{NEG} + F_{NEC} \times \frac{\sqrt{2}}{2} = 0, \quad F_{NEG} = -6 \text{kN}(压力)$$

根据对称性，另一半桁架的杆件内力亦可得到。

(3) 校核。

取结点 C 为隔离体，如图 3.32(e)所示，易证：$\sum F_x = 0$，$\sum F_y = 0$。因此，C 结点满足平衡条件，内力计算正确无误。

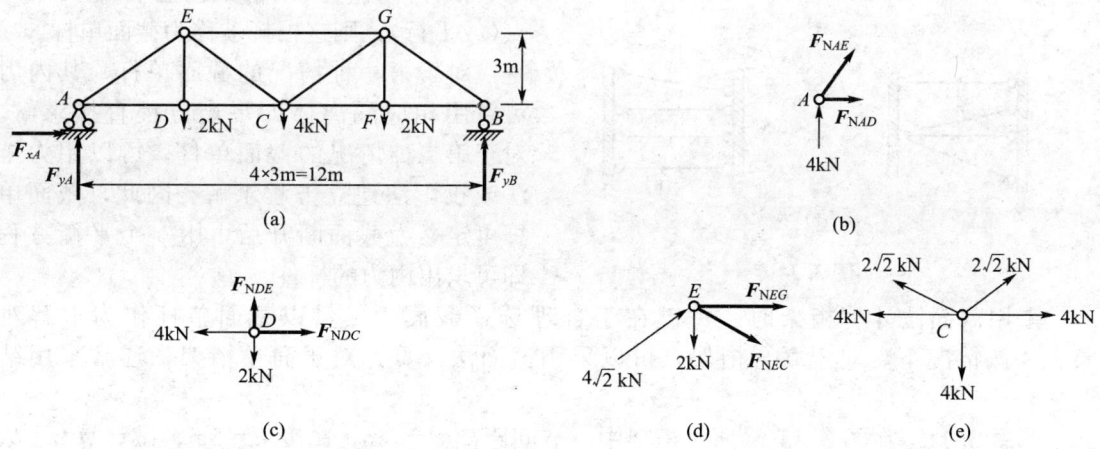

图 3.32

3) 桁架内力计算——截面法

截面法是指用适当的截面切断桁架(包括切断拟求未知力的杆件)[图 3.33(a)],分成两部分,从中选取一部分作为隔离体(至少含有两个结点)[图 3.33(b)],隔离体上所有作用的力(例如,外荷载、支座反力、已知的杆件轴力和未知的杆件轴力等)组成一个平面一般力系,建立 3 个独立的平衡方程,计算所切杆件中的未知轴力。

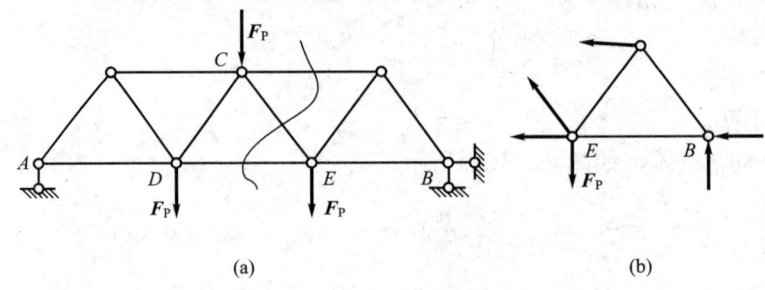

图 3.33

通常,截面切断的未知力杆件不超过 3 个,这些杆件不相互平行、也不交于一点。如果未知力数目不超过 3 个,就可以全部求出。否则,需要利用解联立方程组的方法求出所有的未知力。因此,须适当选取矩心或投影轴,建立平衡方程,以实现一个平衡方程只包含一个未知力,避免求解联立方程组。

同结点单杆类似,利用截面法求桁架时,利用截面单杆的性质,也可以简化计算。

在截面所截的全部未知力杆件中,只有一根杆不与其余的各杆共同汇交于一点(或平行),这根杆件称为该截面的单杆。

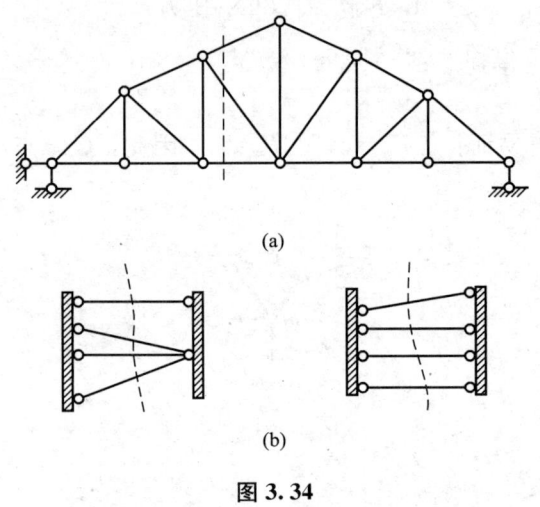

图 3.34

截面单杆有两种情况。情况一,如图 3.34(a)所示,只有 3 根杆被截面切断,这 3 根杆既不交于同一点,也不相互平行,这 3 根杆都是截面单杆。情况二,如图 3.34(b)所示,至少 4 根杆件被截断,除了一根杆件外,其余的所有杆件都交于一点(或平行),则这根杆被称为截面单杆。

对于第一种情况的截面单杆,其内力可以用相应隔离体的平衡方程直接求解。对于第二种情况的截面单杆,可以用力矩法或投影法建立方程求解。因此,截面单杆可定义为截面断开后,用一个平衡方程即可求出内力的杆件。

采用截面法计算桁架时,关键在于合理选择截面,尽量以截面单杆作为求解对象。一般情况下,对于联合桁架,可以采用截面法计算;对于简单桁架,通常采用结点法。

例题 3.11 在图 3.35(a)所示桁架中,节间距离 $d=3$m,高度 $h=3$m,试计算 a、b、c 杆的轴力 F_{Na}、F_{Nb}、F_{Nc}。

【解】：(1) 求支座反力。

支座反力符号如图 3.35(a) 所示，利用整体平衡条件，可求支座反力为

$$\sum F_x=0, \quad F_{x2}=0$$
$$\sum M_2=0, \quad F_{y14}=14\text{kN}(\uparrow)$$
$$\sum F_y=0, \quad F_{y2}=14\text{kN}(\uparrow)$$

(2) 计算杆件内力。

用一截面将 a、b、c 杆切断，选取左侧部分为隔离体 [图 3.35(b)]。考虑到 b 杆为截面单杆，列投影平衡方程为

$$\sum F_y=0, \quad F_{y2}-(4+4+4)-F_{Nb}\sin\theta=0,$$
$$\sin\theta=\frac{\sqrt{2}}{2}$$
$$F_{Nb}=2\sqrt{2}\text{kN}(拉力)$$

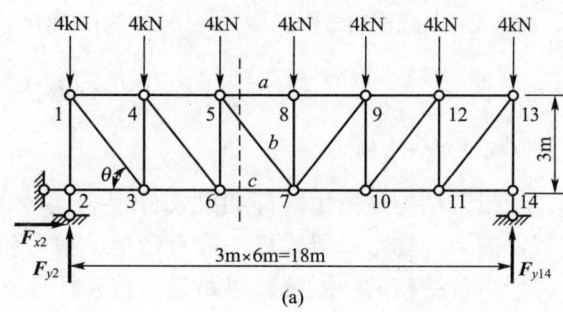

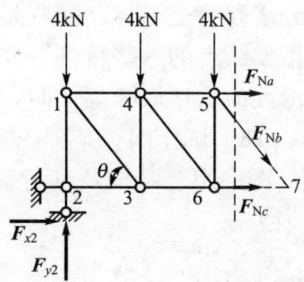

图 3.35

同样，可认为 a 杆为截面单杆，列力矩式平衡方程。

$$\sum M_7=0, \quad F_{Na}\times3+F_{y2}\times3\times3-(4\times9+4\times6+4\times3)=0$$
$$F_{Na}=-18\text{kN}(压力)$$

求 c 杆内力时，对结点 5 取矩，可得

$$\sum M_5=0, \quad F_{Nc}\times3-F_{y2}\times2\times3+(4\times6+4\times3)=0, \quad F_{Nc}=16\text{kN}(拉力)$$

(3) 校核。

取截面左侧部分作为隔离体，易证，

$$\sum F_x=F_{Na}+F_{Nb}\times\cos\theta+F_{Nc}=-18+2\sqrt{2}\times\frac{\sqrt{2}}{2}+16=0$$

计算正确无误。

4) 桁架内力计算——联合法

在桁架计算中，除单独使用结点法或截面法外，还可联合采用结点法和截面法求解。

例题 3.12 在图 3.36 所示桁架中，$l=4h$，$AD=DB=BE=EC=h$，试求 a、b、c 杆的内力 F_{Na}、F_{Nb}、F_{Nc}。

【解】：从几何组成角度看，桁架中的 $AFGB$ 为基本部分，EHC 为附属部分。

(1) 作截面 I-I，取右侧部分为隔离体，得

$$\sum M_C=0, \quad F_{Na}\times h+F_P\times\frac{l}{4}=0, \quad F_{Na}=-F_P(压力)$$

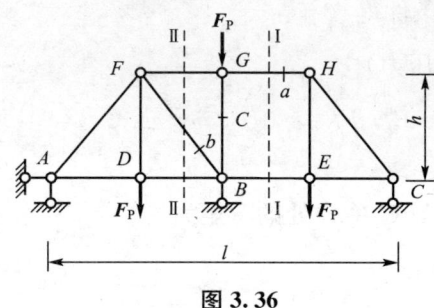

图 3.36

(2) 取结点 G 为隔离体，得

$$\sum F_x=0, \quad F_{NFG}-F_{Na}=0, \quad F_{NFG}=F_{Na}=-F_P(压力)$$
$$\sum F_y=0, \quad F_P+F_{Nc}=0, \quad F_{Nc}=-F_P(压力)$$

(3) 作截面Ⅱ-Ⅱ，取左侧部分为隔离体，得

$$\sum M_A = 0, \quad F_P \times h + F_{Nb} \times \sqrt{2}h + F_{NFG} \times h = 0, \quad F_{Nb} = 0$$

4. 组合结构

组合结构是指由链杆和梁式杆混合组成的结构。链杆两端完全铰结，杆上无横向荷载，内力为轴力；梁式杆一般有弯矩、剪力和轴力。

组合结构的一般解题思路是：首先计算支座反力，然后计算各链杆的轴力，最后分析受弯杆件的内力。计算组合结构时应注意以下几点。

(1) 分清哪些是链杆，哪些是梁式杆。
(2) 桁架结点的一些特性，并不适用于梁式杆的结点。
(3) 用截面法选取隔离体时，要尽量避免截断梁式杆。

例题 3.13 试作图 3.37(a)所示组合结构的内力图。

【解】：图中组合结构及其荷载均对称，因此只需要计算该结构对称轴的左半部分或右半部分的内力。

(1) 计算支座反力。

由整体平衡条件 [图 3.37(a)]，可得

$$\sum F_x = 0, \quad F_{xA} = 0$$

$$\sum M_A = 0, \quad F_{yB} = 8\text{kN}(\uparrow)$$

$$\sum F_y = 0, \quad F_{yA} = 8\text{kN}(\uparrow)$$

(2) 计算链杆的轴力。

作截面Ⅰ-Ⅰ [图 3.37(b)]，取左侧部分为隔离体，有

$$\sum M_C = 0, \quad 8 \times 4 - 2 \times 4 \times 2 - F_{NDE} \times 2 = 0, \quad F_{NDE} = 8\text{kN}(拉力)$$

取结点 D 为隔离体 [图 3.37(c)]，由结点平衡条件，得

$$F_{xNDA} = 8\text{kN}, \quad F_{yNDA} = 8\text{kN}, \quad F_{NDA} = 8\sqrt{2}(拉力)$$

$$F_{NDF} = -8\text{kN}(压力)$$

(3) 计算梁式杆的内力。

取梁式杆 AFC 为研究对象 [图 3.37(d)]，由平衡条件得

$$\sum F_x = 0, \quad F_{NCF} = -8\text{kN}(压力)$$

$$\sum F_y = 0, \quad 8 - 8 + 8 - 2 \times 4 - F_{QCF} = 0, \quad F_{QCF} = 0$$

(4) 计算分段点弯矩。

由于结点 A、C、B 为铰结点，弯矩为零。梁式杆 AFC 在 F 处的弯矩为

$$M_{FC} = 2 \times 2 \times \frac{2}{2} = 4\text{kN} \cdot \text{m}$$

根据结构对称性，可绘制 $AFCGB$ 各段的弯矩图，如图 3.37(e)所示。根据弯矩图，利用弯矩和剪力的微分关系，可绘制剪力图，如图 3.37(f)所示。由上述计算结果，则可绘制桁架部分的轴力图 3.37(g)和梁式杆部分的轴力图 3.37(h)。

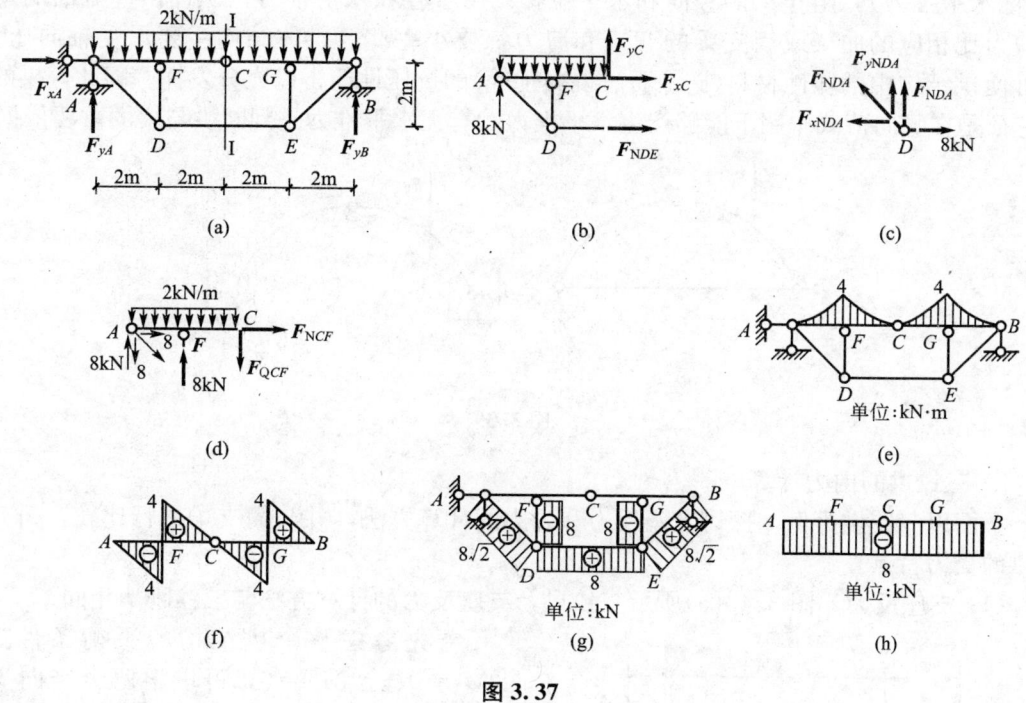

图 3.37

5. 三铰拱

1) 概述

三铰拱是一种静定结构，用料比梁省，在桥梁和屋盖等大跨度结构上应用比较广泛。图 3.38(a)所示为三铰拱桥，桥上荷载和自重先是通过立柱传递给拱，然后再由拱传递给下部基础；计算简图如图 3.38(b)所示。拱轴是指拱身截面形心连接而成的曲线；拱脚是拱两端与支座的连接位置，又称拱趾。拱的跨度一般是指两拱脚连线的水平距离，记为 l；拱顶是拱的最高点，三铰拱的中间铰一般位于拱顶；拱高是拱顶至两拱脚连线的竖向距离，又称拱矢，记为 f。矢跨比是拱高和跨度的比值，记为 f/l，是拱的重要几何特征，一般取值范围为 $0.1\sim 1$。

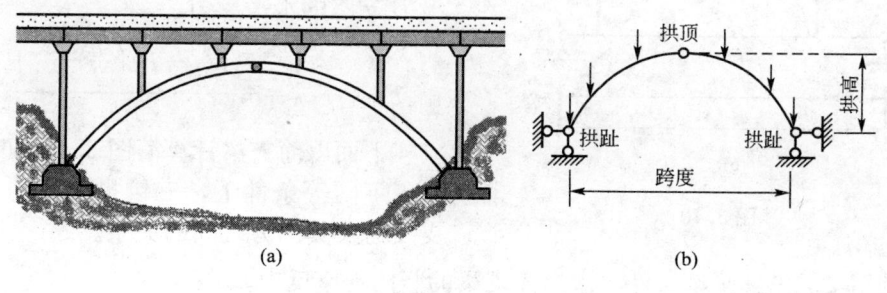

图 3.38

图 3.39(a)为一有拉杆的三铰拱。这类拱通过设置拉杆来承担水平推力，消除水平推力对基础或下部结构的不利影响，节约基础或下部结构的材料用量。图 3.39(b)中结构称为无拉杆三铰拱，在竖向荷载作用下，两端支座产生竖向支座反力和水平支座反力

（又称水平推力），阻止拱的竖向和水平位移。由于存在水平推力，三铰拱各截面的弯矩和剪力比相应的曲梁或简支梁的弯矩和剪力都要小一些。拱体结构主要承受轴向压力，这可使拱结构中的脆性材料（砖、石、混凝土等）的抗压性能得以充分发挥。因此，拱的基本特征是在竖向荷载作用下能够产生水平推力，有无水平推力是判断拱与梁的重要依据。

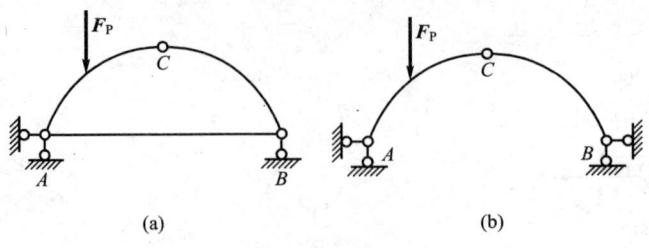

图 3.39

2) 三铰拱的内力计算

下面以三铰拱为例，探讨支座反力和内力的计算方法，并与简支梁进行比较，研究分析拱的受力特点。

(1) 支座反力。图 3.40(a)所示三铰拱，支座反力的计算方法与三铰刚架相同。

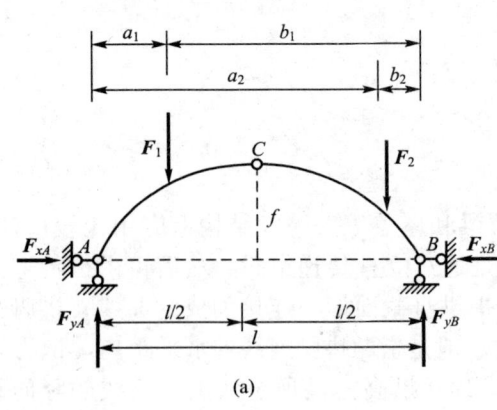

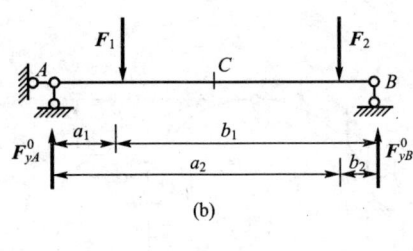

图 3.40

首先考虑整个拱结构的平衡条件。由 $\sum M_A=0$、$\sum M_B=0$，可求出两个竖向支座反力。

$$F_{yA}=\frac{F_1 b_1+F_2 b_2}{l} \quad (3-6)$$

$$F_{yB}=\frac{F_1 a_1+F_2 a_2}{l} \quad (3-7)$$

取左半侧拱为隔离体，由 $\sum M_C=0$，求出 A 支座的水平推力。

$$F_{xA}=\frac{F_{yA}\dfrac{l}{2}-F_1\left(\dfrac{l}{2}-a_1\right)}{f} \quad (3-8)$$

再次利用整体平衡条件，由 $\sum F_x=0$，求出 B 支座的水平反力。

$$F_{xB}=F_{xA}=\frac{F_{yA}\dfrac{l}{2}-F_1\left(\dfrac{l}{2}-a_1\right)}{f} \quad (3-9)$$

下面以简支梁计算简图 3.40(b)为例，讨论一下同等条件下，三铰拱支反力与简支梁支反力及其内力之间的关系。

先利用梁的整体平衡条件，求出简支梁的竖向支座反力。

$$F_{yA}^0=\frac{F_1 b_1+F_2 b_2}{l} \quad (3-10)$$

$$F_{yB}^0=\frac{F_1 a_1+F_2 a_2}{l} \quad (3-11)$$

再取左半侧梁为研究对象，写出 C 截面处的弯矩。

$$M_C^0 = F_{yA}^0 \frac{l}{2} - F_1\left(\frac{l}{2} - a_1\right) \tag{3-12}$$

进而，由式(3-6)～式(3-12)推出

$$F_{yA} = F_{yA}^0 \tag{3-13}$$

$$F_{yB} = F_{yB}^0 \tag{3-14}$$

$$F_{xB} = F_{xA} = \frac{M_C^0}{f} \tag{3-15}$$

由此可知：
① 三铰拱竖向支座反力等于同等跨度、同等荷载下简支梁的竖向支座反力。
② 三铰拱的水平推力等于相应简支梁截面 C 处的弯矩 M_C^0 除以拱高 f。
三铰拱的支座反力有如下特点。
① 计算公式仅适用于两底铰在同一水平线上仅承受竖向荷载的三铰拱。
② 支座反力与拱的跨度和拱高有关，但与拱的几何形状无关。
③ 当跨度和荷载为定值时，水平推力与拱高成反比。
（2）内力计算。以三铰拱截面 D 处的内力计算为例，说明其内力计算方法及与同等条件下的梁的异同，如图 3.41(a)、(b)所示。
在截面 D 处将拱与梁切开，取左侧结构为隔离体，受力情况如图 3.41(c)、(d)所示。
① 弯矩。
对于拱，由 $\sum M_D = 0$，可得

$$M = F_{yA}x - F_1(x - a_1) - F_{xA}y \tag{3-16}$$

对于梁，由平衡条件可得

$$M^0 = F_{yA}^0 x - F_1(x - a_1) \tag{3-17}$$

由以上两式，可知

$$M = M^0 - F_{xA}y \tag{3-18}$$

② 剪力。
对于拱，由 $\sum F_y = 0$，可得

$$F_Q = (F_{yA} - F_1)\cos\varphi - F_{xA}\sin\varphi \tag{3-19}$$

对于梁，由 $\sum F_y = 0$，可得

$$Q^0 = F_{yA}^0 - F_1 \tag{3-20}$$

进而求得

$$F_Q = Q^0 \cos\varphi - F_{xA}\sin\varphi \tag{3-21}$$

③ 轴力。
对于拱，由 $\sum F_x = 0$，可得

$$F_N = -(F_{yA} - F_1)\sin\varphi - F_{xA}\cos\varphi = -Q^0 \sin\varphi - F_{xA}\cos\varphi \tag{3-22}$$

简支梁的轴力为零。

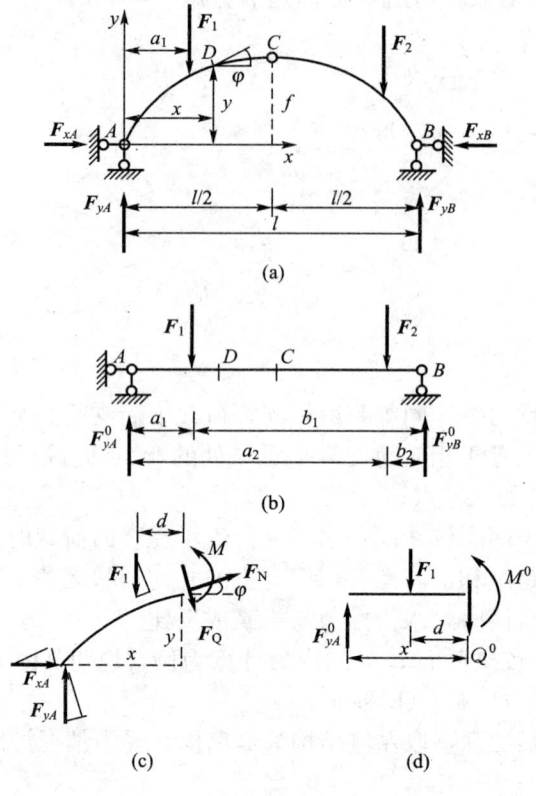

图 3.41

由以上计算可知：

① 影响三铰拱内力的主要因素是荷载、3 个铰的位置和铰间拱轴线的形状。

② 在拱的左半跨 φ 取正值，右半跨取负值。

③ 由于水平推力的关系，拱内弯矩、剪力较之相应的简支梁要小，且拱内以轴力（压力）为主要内力。

④ 以上公式只适用于两底铰在同一水平线上仅承受竖向荷载的三铰拱。

(3) 绘制三铰拱内力图。以上公式表明，三铰拱的内力无法完全按解析解的形式描述，其内力图均非直线，可采取如下步骤进行绘制。

① 将拱沿跨度方向等分为 8～12 段，取每一等分截面为控制截面，计算 x、y 和 φ 值。

② 将上述参数代入内力公式，计算各控制截面的弯矩、剪力和轴力值。

③ 根据各控制截面的内力值绘图。

3) 三铰拱的合理轴线

根据内力和荷载的微分关系，三铰拱任一截面上的弯矩为零时，剪力必为零。此时，截面上仅存轴向压力，且沿横截面较均匀分布，拱的材料性能够得以充分发挥。三铰拱截面弯矩既与荷载有关，又与铰的位置和拱的几何形状有关。因此，合理轴线是指在给定荷载作用下拱内各截面弯矩和剪力都等于零时的三铰拱轴线。在工程中，多以高跨比的大小判断拱的轴线是否合理，其合理取值范围为 0.1～0.2 之间。下面，简单介绍有关合理轴线的两种理想状态。

(1) 竖向荷载作用下三铰拱轴的合理轴线。

由合理轴线的定义，可知

$$M = M^0 - F_{xA} y = 0$$

则竖向荷载作用下的合理轴线为

$$y = \frac{M^0}{F_{xA}} \tag{3-23}$$

该式物理意义是，在竖向荷载作用下，三铰拱合理轴线的纵坐标与同等条件下的简支梁弯矩图竖标成正比。

(2) 均布荷载作用下三铰拱的合理轴线。

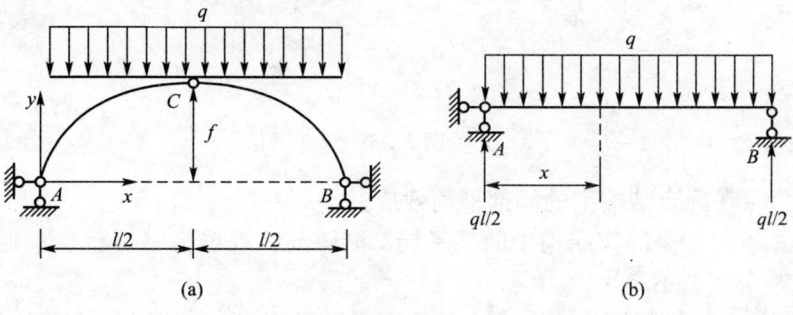

图 3.42

图 3.42(a)、(b)所示分别为三铰拱与简支梁的计算简图。为了研究均布荷载作用下拱的合理轴线，根据图 3.42(b)的坐标系，写出任一截面上的弯矩。

$$M^0 = \frac{1}{2} qx(l-x)$$

水平推力为

$$F_{xA} = F_{xB} = \frac{M_C^0}{f} = \frac{ql^2}{8f} \tag{3-24}$$

合理轴线为

$$y = \frac{M^0}{F_{xA}} = \frac{4f}{l^2} x(l-x) \tag{3-25}$$

式(3-25)表明，在均布荷载作用下，三铰拱的合理轴线为抛物线，并与拱高或高跨比有关，具有不同高跨比的一组抛物线都是合理轴线。

3.3 静定结构的一般性质

静定结构尽管在几何组成形式和计算分析上存在差异，但却有一些共同的力学性质。

理解和掌握静定结构的这些性质,有助于更好地认识结构的性能和正确进行内力计算。静定结构的一般性质如下。

(1) 静力平衡条件下静定结构的解答具有唯一性。

这是静定结构最基本的静力性质,其他性质都是在此基础上推导出来的。

(2) 温度改变、支座移动、材料收缩和制造误差等非荷载因素不会引起静定结构产生支座反力和内力。

图 3.43(a)、(b)所示的简支梁分别受温度和支座位移的影响,图 3.43(c)所示三铰拱受制造误差的影响。由于结构无多余约束,当温度改变或者支座不均匀沉降发生时,结构将发生一定的转动,如图中虚线所示,但不产生支座反力和结构内力。另外,当静定结构的支座是弹性支座时,该支座的变形应视为支座移动,只产生位移变形,但不产生内力。

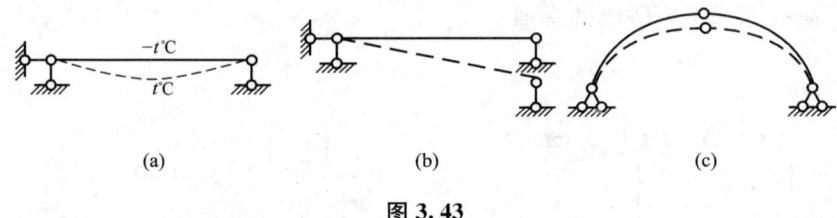

图 3.43

(3) 平衡力系在静定结构中的局部平衡效应。

在荷载作用下,如果静定结构中的某一局部能够与荷载维持平衡状态,则仅有该部分受力影响,而其余部分不产生内力。

图 3.44(a)所示的桁架结构,平衡力系作用于一根杆上,因此,只有该杆件产生内力,其余部分的内力和支座反力均为零。图 3.44(b)所示的两跨连续梁,荷载作用在基本部分,荷载与基本部分的支座反力达成局部平衡,则附属部分没有内力和支座反力。

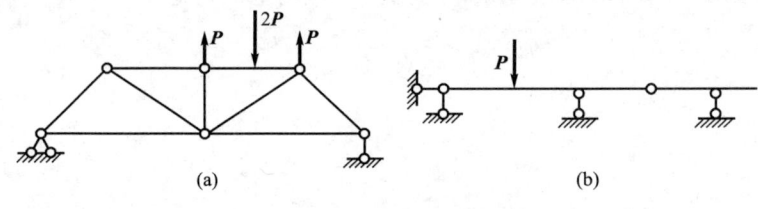

图 3.44

(4) 静定结构的荷载等效变换特性。

静定结构中的一个几何不变部分上的荷载进行等效变换时,只有这部分的内力发生变化,其余部分的内力都保持不变。

例如,图 3.45 所示为一静定桁架。图 3.45(a)中 AB 杆的内力与图 3.45(b)中 AB 杆的内力不同,但两图中其余部分的内力都相同;图 3.45(c)中只有 AB 杆受力,但其余部分的内力为零。可见,非结点荷载作用下的静定桁架的内力[即图 3.45(a)中结构内力],等于桁架等效荷载下的内力[即图 3.45(b)中结构内力]加上局部平衡荷载下的局部内力[即图 3.45(c)中结构内力]之和。

(5) 静定结构的构造等效变换特性。

静定结构中的一个几何不变部分进行几何构造上的变换,但不改变与其他部分的联系

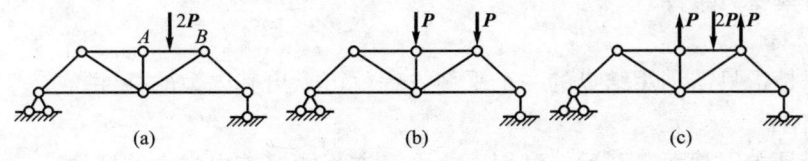

图 3.45

和约束,仍承担原有的荷载作用,则此种变换只对这一部分产生影响,但对其余部分的内力无影响。

图 3.46(a)所示桁架,将图中的 AC 杆变换成图 3.46(b)中的几何不变 AFCE 部分,但原荷载没有改变,与周围的约束性质没有改变,只是 AC 杆的内力与不变体 AFCF 的内力不同,两图余下部分的内力是一样的。

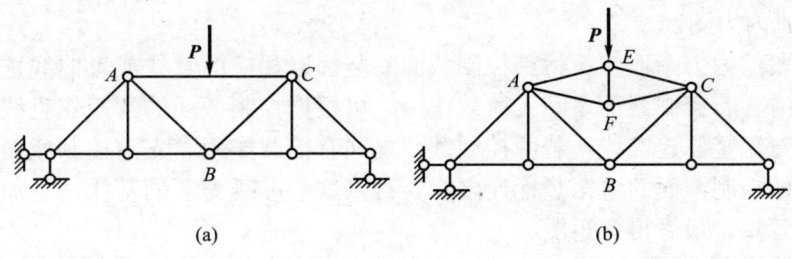

图 3.46

本 章 小 结

掌握静定结构的特性和受力特点,有助于结构力学后续教学内容和其他相关专业课程的学习,也为日后结构设计和科学研究打下理论基础。

1. 基本概念

基本概念有隔离体法、结点法、截面法、叠加法、结点单杆、截面单杆、合理轴线。

1) 隔离体法

隔离体法是指用一个截面切断结构中的部分杆件或支杆,将结构中的一部分与其余部分(或基础)分开,合理选取一部分作为隔离体,对隔离体运用平衡条件,建立关于未知反力和内力的方程,求解未知力的方法。

2) 结点法

结点法是指截取一个结点作为隔离体,结点上形成一个平面汇交力系,主要包含结点荷载、轴力和支座反力,建立两个独立的平衡方程,求解未知力的方法。

3) 截面法

截面法是指截取两个以上结点作为隔离体,隔离体上所有作用的力形成一个平面一般力系,建立 3 个独立的平衡方程,计算杆件未知内力和反力的方法。

4) 叠加法

叠加法是指以叠加原理为基础进行结构计算和分析的基本方法,能够将复杂受力条件分解为多个简单受力条件。

5) 结点单杆

结点单杆是指只需利用结点的一个平衡方程就可求出其内力的杆件。

6) 截面单杆

截面单杆是指用截面断开后,利用一个平衡方程能够求出内力的杆件。

7) 合理轴线

合理轴线是指在给定荷载作用下拱内各截面弯矩和剪力都等于零时的三铰拱轴线。

2. 知识要点

1) 静定结构内力图绘制的一般步骤

(1) 求支座反力。

(2) 确定外荷载的不连续点为控制截面。

(3) 分段画内力图。

根据各杆段的内力图形状,将其控制截面的竖标以相应的直线或者曲线进行连接。当分段画弯矩图时,若控制截面之间无荷载作用,可根据控制截面的弯矩作直线弯矩图,即两控制截面的弯矩竖标连实线;若两控制截面之间有荷载作用,先由控制截面的弯矩作出直线图形,即两控制截面的弯矩竖标连虚线,再以这一虚线为新的基线,叠加该杆段荷载作用时产生的弯矩,最终得弯矩图。

2) 静定结构的一般性质

静定结构的性质主要包括:静力平衡条件下的解答具有唯一性;温度改变、支座移动、材料收缩和制造误差等非荷载因素不会产生支座反力和内力;平衡力系的局部平衡效应;荷载等效变换特性;构造等效变换特性等。

思 考 题

3-1 用分段叠加法作弯矩图时,为什么强调是竖标的叠加,而不是图形的简单拼合?

3-2 为什么直杆上任一区段的弯矩图都可以用简支梁的叠加法来绘制?

3-3 怎样利用弯矩图作剪力图?又如何利用剪力图作出轴力图和计算支座反力?

3-4 拱的受力特点和内力计算与梁和刚架有何异同?

3-5 如何绘制三铰拱内力图?

3-6 如何利用桁架的几何组成特点来选择计算顺序和计算方法?

3-7 何谓结点单杆?何谓零杆?零杆既然不受力,为什么在实际工程中不能把它去掉?

3-8 如何识别组合结构中的二力杆和受弯杆件?组合结构的计算与桁架的计算有何区别?

3-9 何谓拱的合理轴线?哪些参数会对合理轴线有影响?

3-10 何谓结点法?何谓截面法?何谓联合法?它们各自适用于何种情况?

3-11 简述快速绘制弯矩图的方法和注意事项。

3-12 如何校核静定结构计算结果的正确性?

3-13 静定结构的一般性质有哪些？

习　题

3-1 判断图 3.47 所示弯矩图的正误，并改正错误的弯矩图。

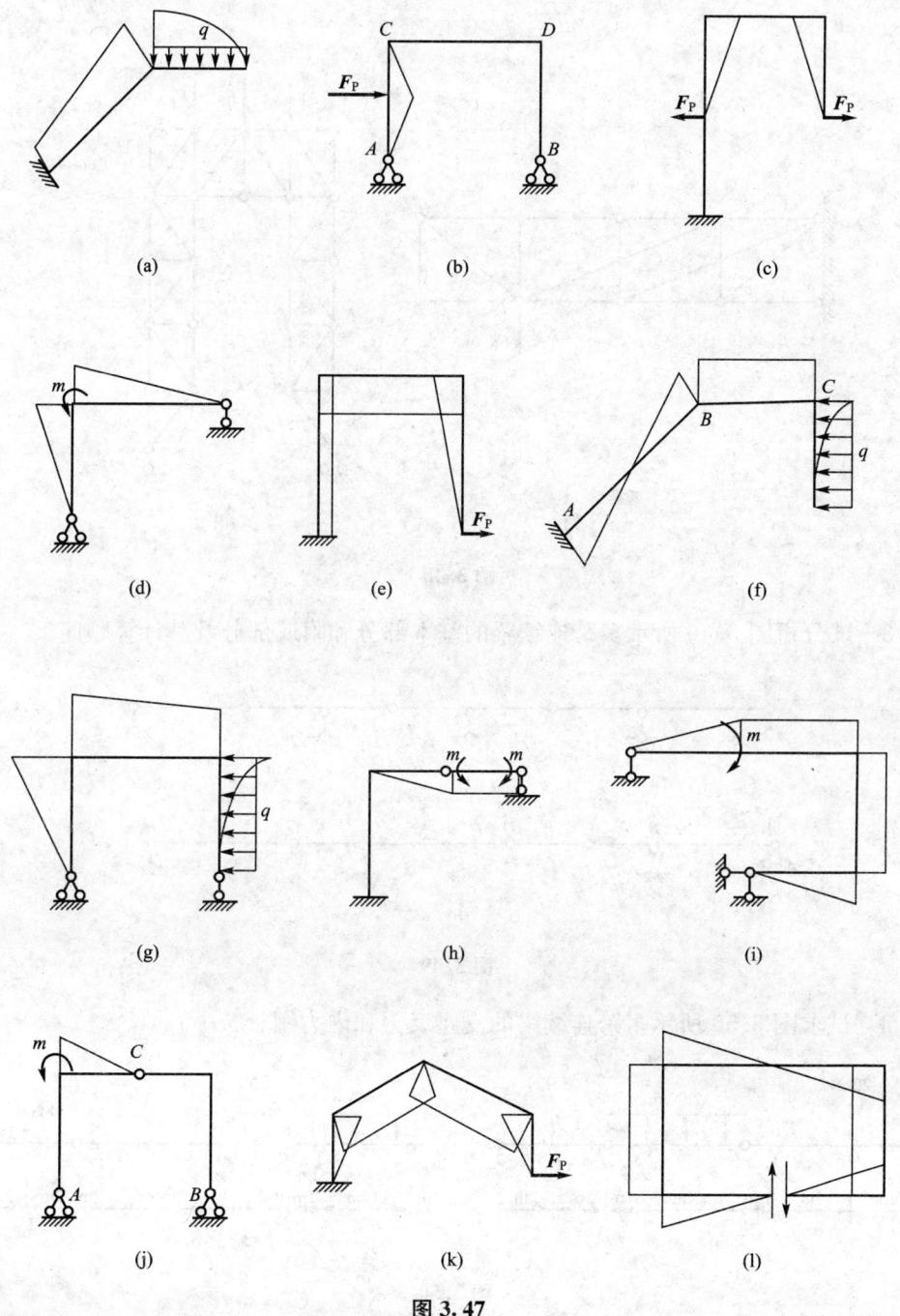

图 3.47

3-2 分析图 3.48 所示桁架，判断零杆的数量。

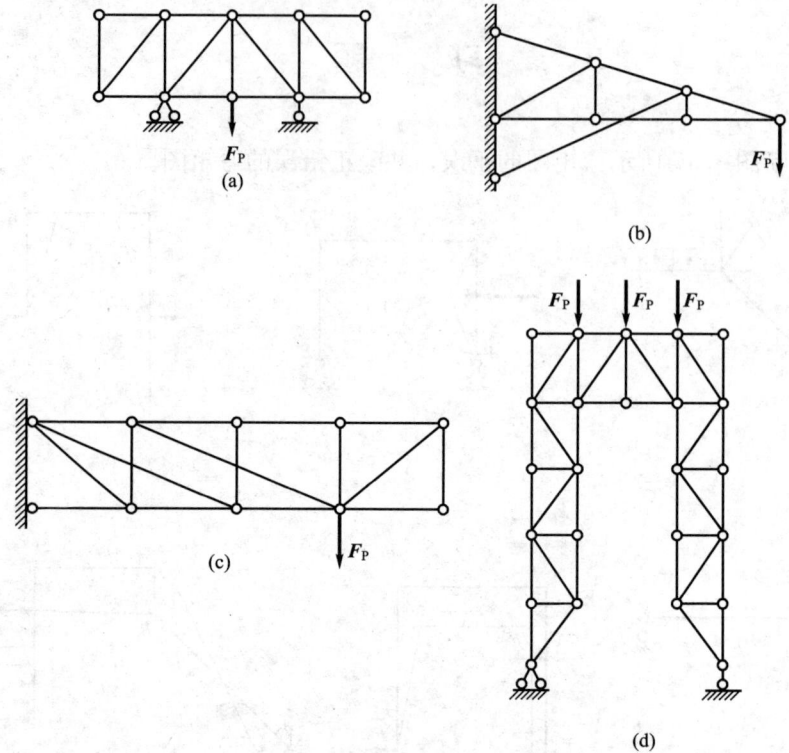

图 3.48

3-3 试分析图 3.49 所示多跨连续梁的基本部分和附属部分及其计算顺序。

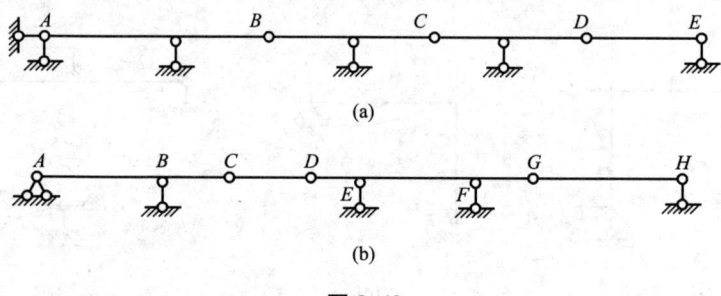

图 3.49

3-4 试求图 3.50 所示多跨连续梁的支座反力和内力图。

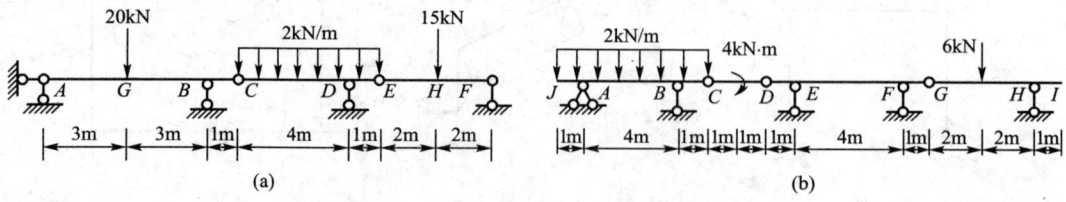

图 3.50

3-5 试作图 3.51 所示刚架的内力图。

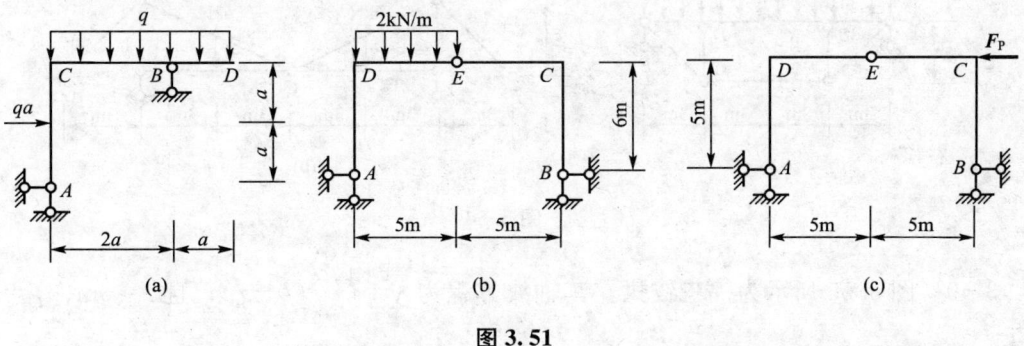

图 3.51

3-6 试用图 3.52 所示结点法或截面法求图示桁架各杆的轴力。

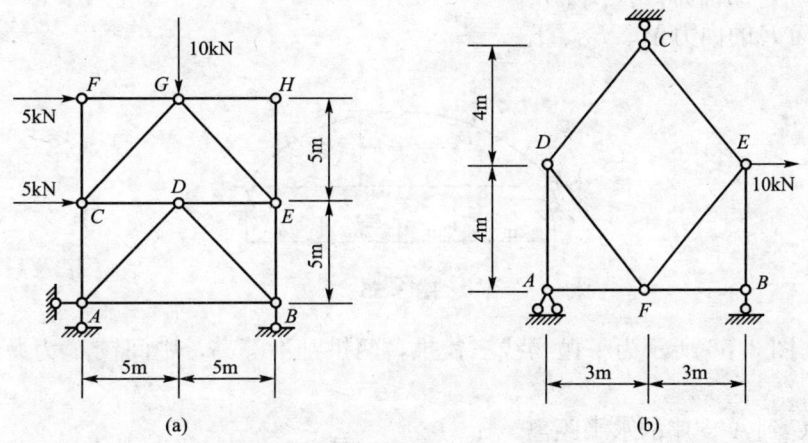

图 3.52

3-7 试求图 3.53 所示桁架中指定杆件的内力。

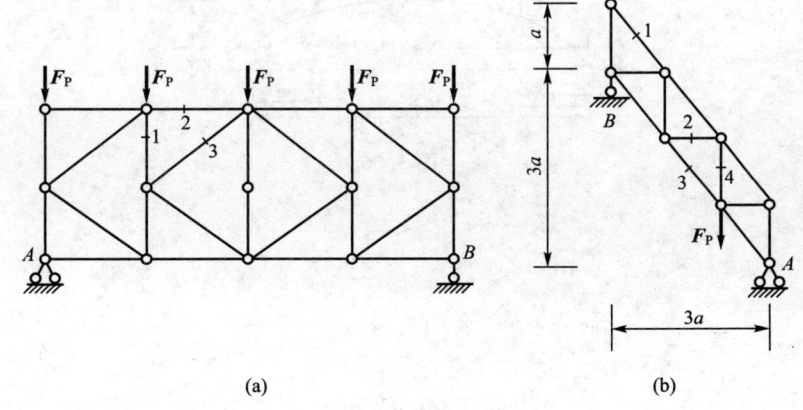

图 3.53

3-8 试作图 3.54 所示组合结构的内力图。

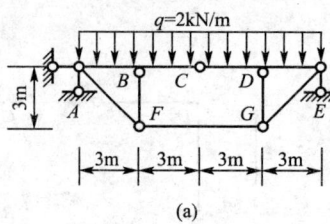
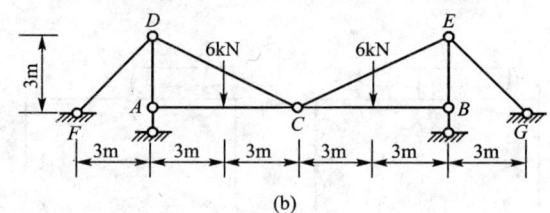

图 3.54

3-9 图 3.55 所示为一三铰拱，其轴线方程为 $y=\dfrac{4f}{l^2}x(l-x)$，且 $l=8\text{m}$、$f=2\text{m}$。欲求：

(1) A、B 支座的反力；
(2) 截面 D 的内力 F_Q、F_N；
(3) 截面 E 的内力 M、F_Q、F_N。

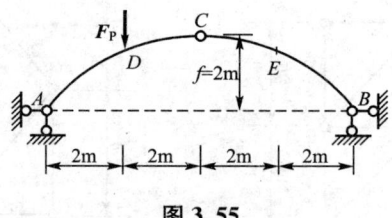

图 3.55

3-10 图 3.56 所示为一抛物线三铰拱，两拱趾不等高，中间铰 C 为抛物线最高点，欲求：

(1) 铰 C 到 A 支座的水平距离 x_C；
(2) 支座反力；
(3) 截面 D 处的弯矩 M。

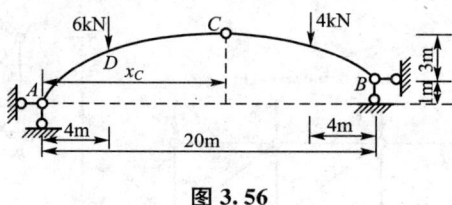

图 3.56

第4章
静定结构的位移计算

教学目标

理解虚功原理的内容及其应用
理解广义位移与广义力的概念
熟练掌握在荷载作用下静定结构位移的计算方法
掌握静定结构在温度变化、支座移动影响下位移的计算方法
了解互等定理

教学要求

知识要点	能力要求	相关知识
变形和位移	(1) 理解结构变形与位移的概念 (2) 了解结构位移的分类 (3) 了解结构位移计算的目的 (4) 了解结构位移计算的假定	绝对位移 相对位移 刚度 虎克定律
虚功原理	(1) 理解虚功的概念 (2) 了解虚功与实功的差别 (3) 理解刚体体系虚功原理的内容及其应用 (4) 理解变形体体系虚功原理的内容及其应用 (5) 掌握支座移动时静定结构的位移计算	实功 刚体体系 变形体体系
结构位移计算的一般公式	(1) 了解结构位移计算一般公式的推导过程 (2) 了解结构位移计算的一般步骤 (3) 了解广义位移的计算	应变 广义力 广义位移
荷载作用下结构的位移计算	(1) 理解荷载作用下结构位移计算公式 (2) 掌握荷载作用下各类结构的位移简化计算 (3) 了解广义位移的计算	轴向变形 剪切变形 弯曲变形
图乘法	(1) 理解图乘法的适用条件 (2) 了解图乘法计算公式的推导过程 (3) 熟练掌握图乘法的应用	弯矩图 静矩 简单图形的面积与形心位置
温度变化时结构的位移计算	(1) 理解温度变化时静定结构位移计算公式 (2) 掌握温度变化时静定结构的位移计算	中性轴 应变
互等定理	(1) 理解功的互等定理 (2) 理解位移互等定理 (3) 了解反力互等定理 (4) 了解位移反力互等定理	线弹性体系 虚功方程

结构力学

 **引言**

工程结构设计除了必须满足强度要求外,同时要求不能产生过大变形,即保证结构具有足够的刚度。静定结构位移计算是演算结构刚度和计算超静定结构所必需的,虚功原理是力学中的一个基本原理,有两种应用形式:虚位移原理和虚力原理。

本章在讨论虚功原理的基础上,推导出静定结构位移计算的一般公式,并介绍静定结构在荷载作用、温度变化与支座移动影响下位移的计算方法,用图乘法计算静定结构在荷载作用下产生的位移是本章的重点内容。

4.1 概 述

1. 结构的位移及其分类

结构在荷载作用下,会产生应力和应变,以致结构的原有形状会发生变化,这种变化称为变形。结构变形时,结构上某个点发生的移动或某个截面发生的转动,称为结构的位移。除了荷载作用将引起位移外,温度改变、支座移动与制造误差等因素,虽然不一定使结构都产生应力和应变,但都将使结构产生位移。

结构的位移一般分为线位移和角位移两大类,线位移是指结构上点的移动,包括绝对线位移(水平、竖向)和相对线位移;角位移是指杆件横截面的转动,包括绝对角位移和相对角位移。

图4.1(a)所示刚架,在荷载作用下发生如虚线所示的变形。A点移动到了A'点,AA'是A点沿AA'方向的线位移,记为Δ_A,它也可以用水平线位移Δ_{Ax}和竖向线位移Δ_{Ay}两个分量来表示[图4.1(b)]。图中的θ_A为截面A的转角,也就是截面A的角位移。上述位移都是绝对位移。

图4.2所示简支梁,在荷载作用下发生如虚线所示的变形。截面A和B的角位移θ_A与θ_B之和称为A、B两截面的相对角位移,即$\theta_{AB}=\theta_A+\theta_B$。无论是线位移还是角位移,无论是绝对位移还是相对位移,又可统称为广义位移。

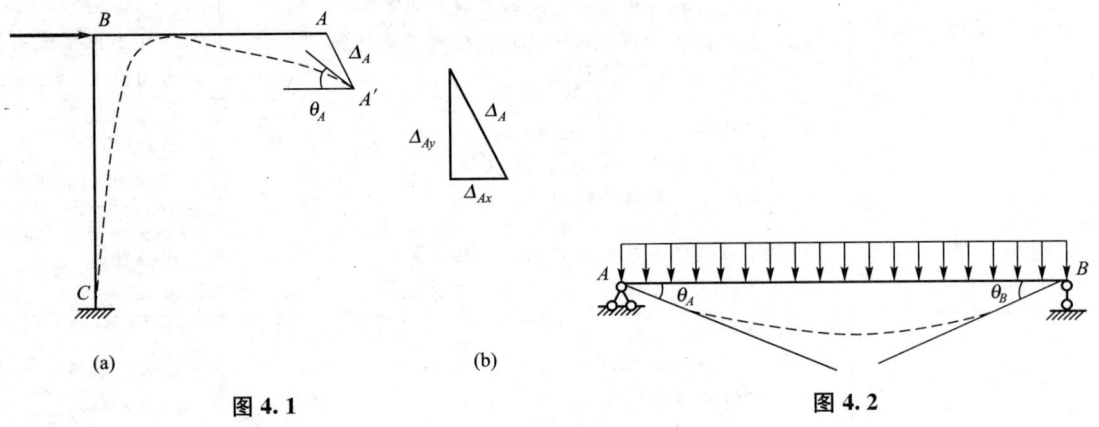

图 4.1　　　　　　图 4.2

2. 位移计算的目的

结构位移计算在工程上具有重要的意义，其目的主要有以下三方面。

1）验算结构的刚度

在结构设计中，除了要求结构满足强度条件外，还必须要求结构具有足够的刚度，即保证结构在使用过程中不致产生过大的变形而影响结构的正常使用。例如《高层建筑混凝土结构技术规程》(JGJ 3—2010)规定：高度不大于150m的高层框架结构建筑，其最大层间位移<1/550高度；《钢结构设计规范》(GB 50017—2003)规定：吊车梁的挠度容许值为梁跨度的1/1200～1/500。结构的刚度是以其变形或位移来衡量的，因此，为了验算结构的刚度，需要计算结构的位移。

2）为超静定结构的内力计算打下基础

在弹性范围内计算超静定结构的反力和内力时，单用静力平衡条件不能唯一的确定它们，还必须考虑位移条件。因此，位移计算是超静定结构计算的基础，是解答超静定结构必不可少的一个组成部分。此外，结构的动力计算和稳定性分析也要用到结构的位移计算。

3）结构制作、施工的需要

在结构的制作、施工架设等过程中，往往需要预先知道结构可能发生的位移，以便采取必要的防范和加固措施。图4.3(a)所示屋架为桁架构造，在荷载作用下，下弦各结点将产生虚线所示的竖向位移，中间结点的竖向位移最大。为减小屋架下弦结点的竖向位移，在制作过程中，通常将下弦杆件的长度做得比设计尺寸略短［图4.3(b)］。屋架拼装后，在荷载作用下，下弦各杆就能接近水平位置。这种做法称为建筑起拱。确定下弦各杆的实际长度，也需要计算其竖向位移。

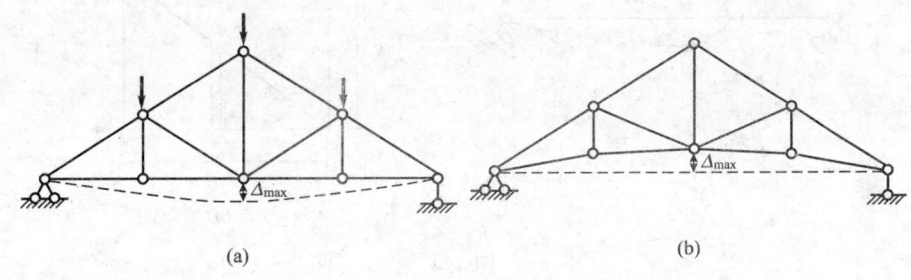

图 4.3

3. 位移计算的假定

在计算结构位移时，为了简化计算，常采用如下假定。

(1) 材料服从虎克定律，即应力与应变呈线性关系。

(2) 结构的变形是微小的，即在结构变形后的平衡方程中，可以忽略结构的变形，而仍然应用结构变形前的几何尺寸；同时，由于变形微小，变形与位移呈线性关系。

(3) 结构各处的约束都是理想约束，即结构发生位移时，该处的约束力不做功。

满足上述条件的结构体系称为线弹性体系。显然，线弹性体系的位移与荷载呈线性关系，故在计算结构位移时可应用叠加原理。在荷载全部撤除后，线弹性体系的位移将全部消失，即体系恢复到变形前的位置。

4.2 虚功原理

1. 刚体体系虚功原理

1) 虚功的概念

(1) 虚功。力和位移是功的两个要素,如果使力做功的位移不是由于该力本身所引起,即做功的力与相应于力的位移彼此独立,二者无因果关系,这时力所做的功称为虚功。

在虚功中,做功的力和相应的位移是彼此独立的两个因素,故可将二者看成是分别属于同一体系的两种彼此无关的状态,其中力系所属状态称为力状态,位移所属状态称为位移状态。

(2) 虚功与实功的差别。下面以实例说明虚功与实功的差别。

图 4.4(a)所示简支梁,在荷载 F_{P1} 的作用下,荷载作用点的位移为 Δ_{11}。在结构静力分析中,作用在结构上的外力 F_{P1} 是静力荷载,即该力是从零逐渐增大到 F_{P1} 值。对于线弹性体系,位移与荷载呈线性关系,如图 4.4(b)所示。通过对图示三角形积分,可得加载过程中荷载所做的实功:$W_{11} = \frac{1}{2} F_{P1} \times \Delta_{11}$。式中出现 $\frac{1}{2}$ 这个系数是由于荷载与位移成比例地由零开始逐渐增加到其最后值。

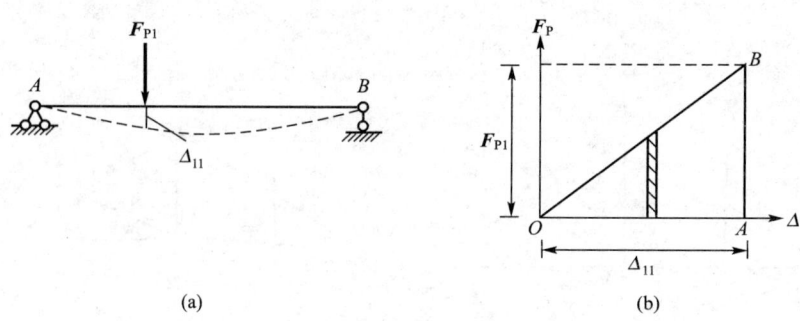

图 4.4

现设 F_{P1} 加载完,简支梁达到图 4.5(a)所示虚线 Ⅰ 的平衡位置,然后再加载 F_{P2},简支梁继续变形到虚线 Ⅱ 的平衡位置。在 F_{P2} 的作用点产生位移 Δ_{22},同理,力 F_{P2} 所做的功为实功:$W_{22} = \frac{1}{2} F_{P2} \times \Delta_{22}$。

由于在加载 F_{P2} 的过程中,F_{P1} 作用点沿 F_{P1} 的方向又产生了新的位移 Δ_{12}(Δ_{ij} 的第一个脚标表示位移发生的位置和方向,即此位移是 F_{Pi} 作用点沿 F_{Pi} 方向的位移;第二个脚标表示产生位移的原因,即此位移是由 F_{Pj} 引起的)。在此过程中,F_{P1} 的值保持不变,故 F_{P1} 在位移 Δ_{12} 上所做的功为:$W_{12} = F_{P1} \times \Delta_{12}$。同时,引起位移 Δ_{12} 的原因却不是 F_{P1},而是 F_{P2}。故 W_{12} 是 F_{P1} 在其他原因引起的位移上所做的功,为虚功。所谓"虚"就是表示位移与做功的力无关。

为清楚起见,今后在研究 F_{P1} 在 F_{P2} 引起的位移 Δ_{12} 上所做的虚功时,不绘图 4.5(a)的情况，而把做虚功的力 F_{P1} 和虚位移 Δ_{12}（F_{P2} 引起的）分别绘在两个图上，并称为同一结构的两个状态。其中，图 4.5(b)代表力状态，称为状态 1；图 4.5(c)代表位移状态，称为状态 2。将 F_{P1} 在虚位移 Δ_{12} 上所做的虚功称为"状态 1 的力在状态 2 的位移上所做的虚功"，$W_{12} = F_{P1} \times \Delta_{12}$。

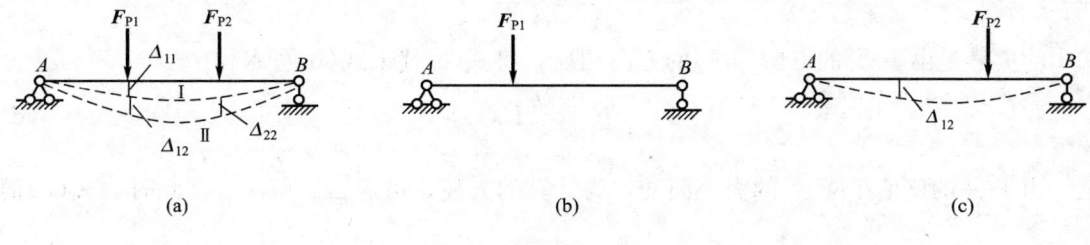

图 4.5

状态 1 上的力也可以不是一个力，而是一组力；状态 2 上的虚位移也可以不是一个力或一组力引起的，而是其他因素，比如温度改变、支座移动等引起的。虚位移可以理解为结构可能发生的连续的、微小的、约束所允许的位移。

2) 虚功原理

对于具有理想约束的刚体体系，虚功原理可表述为：刚体体系在任意平衡力系作用下，体系上所有主动力在任一与约束条件相符合的无限小刚体位移上所做的虚功总和恒等于零。即

$$W = 0 \tag{4-1}$$

式(4-1)称为刚体体系的虚功方程。

所谓理想约束，是指其约束力在虚位移上所做的功恒等于零的约束，例如光滑铰结与刚性链杆均属于理想约束。在刚体中，任何两点间的距离保持不变，可以认为任何两点间有刚性链杆相连。因此，刚体是具有理想约束的质点系，刚体内力在刚体的可能位移上所做的功恒等于零。

虚功原理中，有两个彼此无关的状态：力状态（任意平衡力系）和位移状态（与约束条件相符合的无限小刚体位移），即位移状态中的位移不是力状态中的力产生的。

3) 虚功原理的两种应用

由于虚功原理中存在两种彼此独立的状态，故在应用虚功原理时，不仅可以将力状态看作是虚设的，而且可以将位移状态看作是虚设的。根据虚设对象的不同，虚功原理主要有两种应用形式，现分别讨论如下。

(1) 虚设位移状态——求未知力。

图 4.6(a)所示简支梁，现拟求支座 A 处的支反力 F_A。

由于静定结构在符合约束条件下，不可能发生刚体位移，故应用虚功原理求未知力时，可将与所求未知力相对应的约束去掉，并以未知力 F_A 代替其作用，如图 4.6(b)所示。于是，原结构变成了自由度等于 1 的机构，该机构在外力和支座的作用下维持平衡。机构可绕 B 点自由转动，如图 4.6(c)所示，把这个刚体位移取作虚位移，可建立虚功方程如下。

$$W = F_A \times \Delta_A + F_P \times \Delta_P = 0 \tag{a}$$

可得

$$F_A = -F_P \times \frac{\Delta_P}{\Delta_A} \tag{b}$$

式中，Δ_P 与 Δ_A 分别是沿 F_P 与 F_A 方向的虚位移。

根据图 4.6(c) 所示几何关系，可知

$$\frac{\Delta_P}{\Delta_A} = -\frac{b}{l} \tag{c}$$

式中的负号是由于 Δ_P 的方向与 F_P 的方向相反，将式(c)代入式(b)可求得

$$F_A = \frac{b}{l} F_P \tag{d}$$

由于 $\frac{\Delta_P}{\Delta_A}$ 的比值不随 Δ_A 的大小而变，为计算的方便，可令 $\Delta_A = \delta_A = 1$，此时，式(b)简化为

$$F_A = -F_P \times \delta_P \tag{e}$$

根据图 4.6(d) 所示几何关系，可知 $\delta_P = -\frac{b}{l}$，将其代入式(e)可得

$$F_A = \frac{b}{l} F_P \tag{f}$$

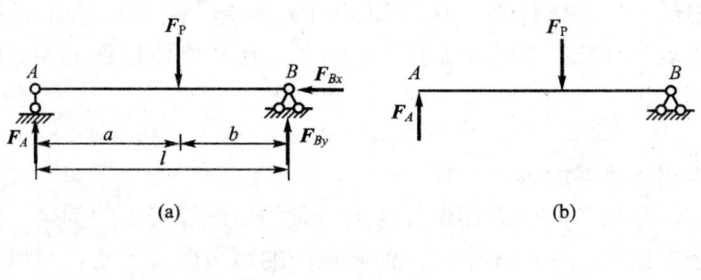

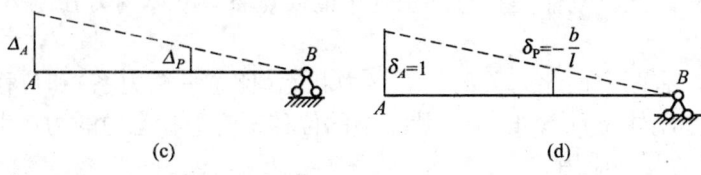

图 4.6

上述计算是在给定力系和虚设位移之间应用虚功方程，这种形式的应用称为虚位移原理。

应用虚位移原理求解静定结构的某一约束力时，一般应遵循如下步骤。

① 解除欲求约束反力的约束，用相应的约束反力来代替，这时原来的静定结构变成具有一个自由度的机构，而约束反力也变成了主动力。

② 把机构可能发生的刚体位移当作虚位移，写出虚功方程。

③ 求出虚位移之间的几何关系，利用虚功方程即可求解约束反力。

根据虚位移原理建立的虚功方程，实质上是静力平衡方程（本例中，虚功方程与 $\sum M_B = 0$ 的方程是相同的）。这个方法的特点是采用几何方法来解静力平衡问题，关键在于虚设位移以及确定虚设位移之间的几何关系。由于虚设的位移一般是单位位移，因此这

个方法称为单位支座位移法，简称单位位移法。

例题 4.1 试求图 4.7(a)所示多跨静定梁的支反力 F_D 和截面 C 处的弯矩 M_C。

【解】：(1) 求支反力 F_D。

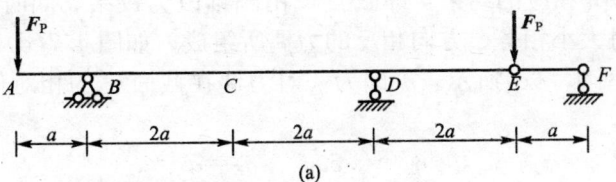

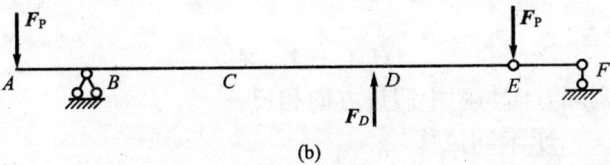

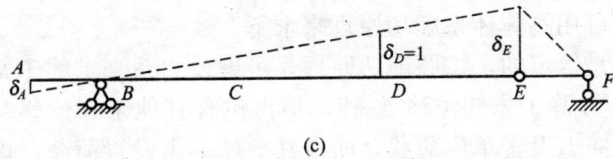

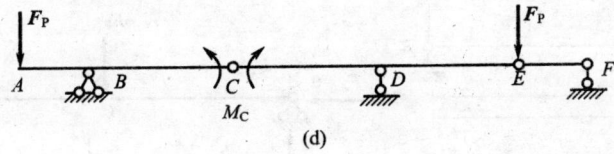

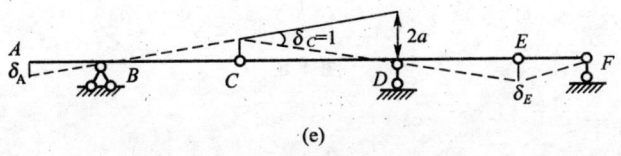

图 4.7

① 解除支座 D 处的约束代以相应的未知力 F_D，得到图 4.7(b)所示的机构。

② 令机构沿 F_D 的正方向发生虚位移 $\delta_D=1$；可得图 4.7(c)所示的虚位移图，由几何关系可求得

$$\delta_A=0.25, \quad \delta_E=-1.5$$

注意，δ_E 的方向与 F_P 的方向相反，故为负。

③ 虚功方程为

$$F_P\times\delta_A+F_D\times\delta_D+F_P\times\delta_E=0$$

可求得
$$F_D = 1.25 F_P$$

(2) 求弯矩 M_C。

① 解除与弯矩 M_C 相应的约束，即截面 C 由刚结改为铰结。同时，弯矩 M_C 由约束力变成主动力，由一对大小相等、方向相反的力偶所组成，如图 4.7(d)所示。

② 取虚位移如图 4.7(e)所示，δ_C 即为一对力偶在截面 C 的相对位移，由几何关系可求得
$$\delta_A = 0.5a, \quad \delta_E = a$$

③ 虚功方程为
$$F_P \times \delta_A + M_C \times \delta_C + F_P \times \delta_E = 0$$

可求得
$$M_C = -1.5 F_P a$$

负号表示弯矩 M_C 的实际方向与图中假设方向相反。

(2) 虚设力状态——求未知位移。

图 4.8(a)所示简支梁，支座 B 向上移动一个已知距离 c，现拟求 C 点的竖向位移 Δ_C。

对于静定结构，支座移动并不引起内力，也不引起应变，故支座移动时静定结构的位移是刚体位移，因而可用刚体体系虚功原理来求解。

图示的位移状态是给定的，按照虚功原理，可虚设力系来求解未知位移。为了便于求解 Δ_C，虚功方程中应该除了未知位移 Δ_C 外，不再包含其他未知位移。故在虚设力系时应该只在拟求位移的方向上设置单位荷载，而在其他处不再设置荷载。虚设的荷载与相应的支反力构成平衡力系，如图 4.8(b)所示。

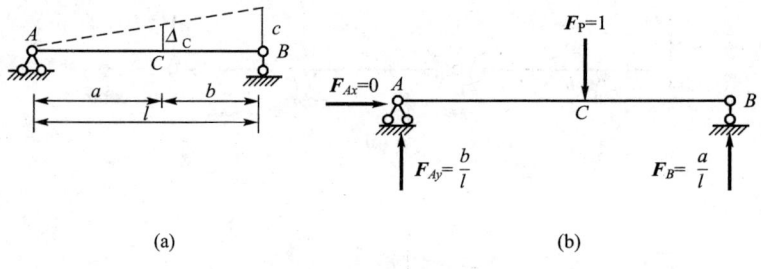

图 4.8

建立虚功方程如下。
$$F_P \times \Delta_C + F_B \times c = 0 \tag{g}$$

可得
$$\Delta_C = -\frac{F_B}{F_P} c = -\frac{ac}{l} \tag{h}$$

式中支反力 F_B 可根据力系平衡条件求解。

上述计算是在给定位移和虚设力系之间应用虚功方程，这种形式的应用称为虚力原理。

当支座有给定的位移时，静定结构的位移可用虚力原理求解。设支座 n 有给定位移 c_n（$n=1, 2, 3, \cdots$），计算步骤如下。

① 沿拟求位移 Δ 方向虚设相应的单位荷载，并求出单位荷载作用下的支座反力 $\overline{F}_{Rn}$。

② 令虚设位移在实际位移上做虚功，写出虚功方程：$1\times\Delta+\sum\overline{F}_{Rn}c_n=0$

式中，$\overline{F}_{Rn}c_n$ 是支座反力 $\overline{F}_{Rn}$ 在相应位移 c_n 上做的虚功，当两者的方向一致时，乘积为正。

③ 由虚功方程，解出拟求位移为

$$\Delta=-\sum\overline{F}_{Rn}c_n \tag{4-2}$$

这就是静定结构在支座移动时的位移计算公式。若求得的位移 Δ 为正值，说明位移的实际方向和虚设的单位荷载的方向一致。

根据虚力原理建立的虚功方程，实质上是未知位移与已知位移之间的几何方程。这个方法的特点是把一个求解未知位移的几何问题，转化为静力平衡问题，关键在于虚设力系以及利用平衡条件求解与已知位移对应的约束力。为了求解的方便，虚设荷载一般是单位荷载，故这个方法称为单位荷载法。

例题 4.2 图 4.9(a)所示多跨静定梁，支座 A 有给定的向上的竖向位移 c，试求 C 点的竖向位移 Δ_C。

【解】：(1) 求 C 点的竖向位移 Δ_C 时，应在 C 点加一个单位竖向荷载，如图 4.9(b)所示。

(2) 求解图 4.9(b)所示结构的支反力，计算结果如图 4.9(c)所示。

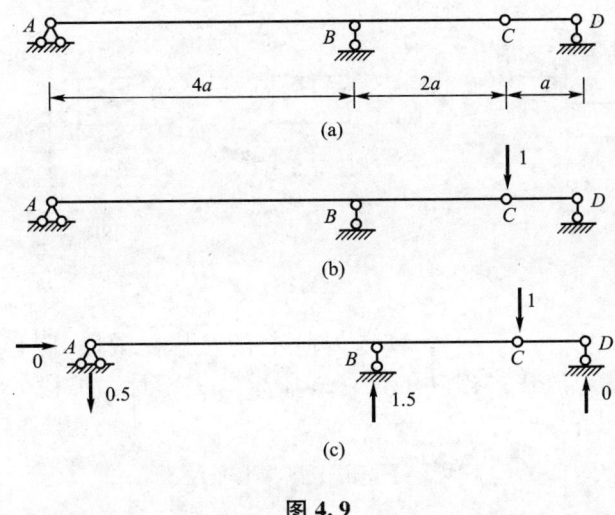

图 4.9

(3) 根据公式(4-2)可得

$$\Delta_C=-\sum\overline{F}_{Rn}c_n=-(-0.5\times c)=0.5c$$

求得的位移为正，表示位移的实际方向与所设单位荷载的方向一致。

2. 变形体体系虚功原理

1) 虚功原理

变形体体系虚功原理与刚体体系虚功原理具有不同的描述，主要是在刚体体系上，由于刚体的应变恒为零，内力所做的功恒为零，故只需考虑外力所做的功；而在变形体体系上，由于变形体中存在应变，不仅外力将做虚功，而且内力也将在相应的变形上做功。

变形体体系的虚功原理可表述为：处于平衡状态的变形体体系，当发生符合约束条件的微小连续变形，则外力在位移上所做的外虚功 W_e 恒等于各个微段的应力合力在变形上所做的内虚功 W_i，即

$$W_e = W_i \tag{4-3}$$

上式称为变形体体系的虚功方程。

2）变形体体系虚功方程的推导

图 4.10(a)所示简支梁在荷载作用下处于平衡状态，图 4.10(b)为简支梁由于其他原因而产生的虚位移状态。从简支梁中取出一个微段 ds 来研究。其中，图 4.10(a)中微段 ds 的内力如图 4.10(c)所示，图 4.10(b)中相应微段 ds 的变形用相对变形表示，如图 4.10(d)所示。

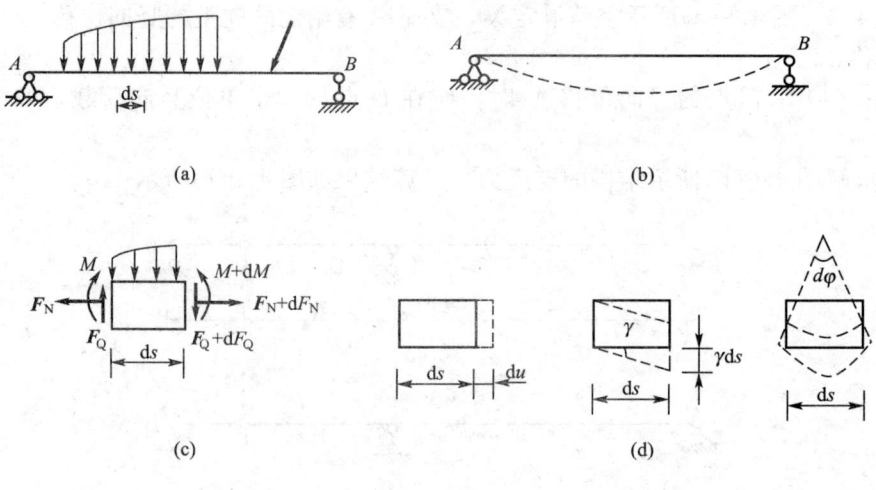

图 4.10

考虑到内力增量 dF_N、dF_Q 与 dM 为一阶微量，其在微段 ds 上变形 du、γds 与 $d\varphi$ 上做的功是二阶微量，故在内虚功的表达式中可略去不计，微段 ds 上内虚功 dW_i 可表达为

$$dW_i = F_N du + F_Q \gamma ds + M d\varphi \tag{4-4}$$

故简支梁 AB 的内虚功 W_i 表达式为

$$W_i = \int_A^B (F_N du + F_Q \gamma ds + M d\varphi) \tag{4-5}$$

对于杆件体系而言内虚功 W_i 为

$$W_i = \sum \int (F_N du + F_Q \gamma ds + M d\varphi) \tag{4-6}$$

式中，F_N、F_Q、M 为微段 ds 截面的内力，即轴力、剪力和弯矩；du、γds、$d\varphi$ 为微段 ds 截面相应的相对变形，即相对轴向变形、相对剪切变形和相对转角；$\int$ 为对杆长积分；$\sum$

为对各个杆件求和。

与相对变形对应的相对应变可分别用 ε、γ、κ 表示，其中 $\varepsilon=\dfrac{\mathrm{d}u}{\mathrm{d}s}$ 为相对轴向应变；γ 为相对切应变；$\kappa=\dfrac{\mathrm{d}\phi}{\mathrm{d}s}$ 为相对轴线曲率(广义上讲，曲率也是应变)，这样式(4-6)可表达为

$$W_\mathrm{i}=\sum\int(F_\mathrm{N}\varepsilon+F_\mathrm{Q}\gamma+M\kappa)\mathrm{d}s \tag{4-7}$$

将式(4-7)代入式(4-3)可得

$$W_\mathrm{e}=\sum\int(F_\mathrm{N}\varepsilon+F_\mathrm{Q}\gamma+M\kappa)\mathrm{d}s \tag{4-8}$$

式(4-8)就是变形体体系的虚功方程，它也可以表述为：力状态的外力在位移状态的位移上所做的外力虚功，等于力状态的内力在位移状态的变形上所做的内力虚功。

在上述推导过程中，并没有涉及材料的物理性质，故该虚功方程无论对于弹性、非弹性、线性、非线性的变形体体系均适用。

由于刚体体系发生虚位移时，各微段并不产生变形，故内虚功 $W_\mathrm{i}=0$，则 $W_\mathrm{e}=0$，即外虚功为零。这表明刚体体系的虚功原理是变形体体系虚功原理的一个特例。

4.3 结构位移计算一般公式

1. 计算位移的一般公式

下面通过实例建立平面杆件结构位移的一般计算公式。图 4.11(a)所示平面刚架，由于荷载、温度变化及支座移动等因素，发生了如图虚线所示的变形，这是结构的实际位移状态。现拟求结构上 K 点沿 $k-k$ 方向的位移 Δ_k。

利用虚功原理求结构上任一点沿任一方向的位移，可根据所求位移的需要和尽可能简化计算的原则，虚设一个与所求位移方向一致的单位荷载，如图 4.11(b)所示。在该单位荷载的作用下，结构将产生相应的支反力 $\overline{F}_\mathrm{R}$ 和内力 $\overline{F}_\mathrm{N}$、$\overline{F}_\mathrm{Q}$、$\overline{M}$，它们构成了一个虚设力系，即所谓的力状态。

力状态上的外力在位移状态上的位移上做的外虚功 W_e 为

$$W_\mathrm{e}=F_k\Delta_k+\overline{F}_\mathrm{R1}c_1+\overline{F}_\mathrm{R2}c_2+\overline{F}_\mathrm{R3}c_3=1\cdot\Delta_k+\sum\overline{F}_{\mathrm{R}n}c_n \tag{a}$$

力状态上的内力在位移状态上的变形上做的内虚功 W_i 为

$$W_\mathrm{i}=\sum\int(\overline{F}_\mathrm{N}\varepsilon+\overline{F}_\mathrm{Q}\gamma+\overline{M}\kappa)\mathrm{d}s \tag{b}$$

将式(a)、式(b)代入式(4-3)可求得

$$\Delta_k=\sum\int(\overline{F}_\mathrm{N}\varepsilon+\overline{F}_\mathrm{Q}\gamma+\overline{M}\kappa)\mathrm{d}s-\sum\overline{F}_{\mathrm{R}n}c_n \tag{4-9}$$

式(4-9)即为平面杆件结构位移计算的一般公式。需要注意的是，这里的位移状态是实际给定的，是几何可能的位移和变形状态；而力状态则是虚设的平衡力系。求解的关键在于

在拟求位移方向上虚设单位荷载。式(4-9)等号右侧的4个乘积,当虚设力状态的力的作用与实际位移状态的位移或变形方向一致时,乘积取正。

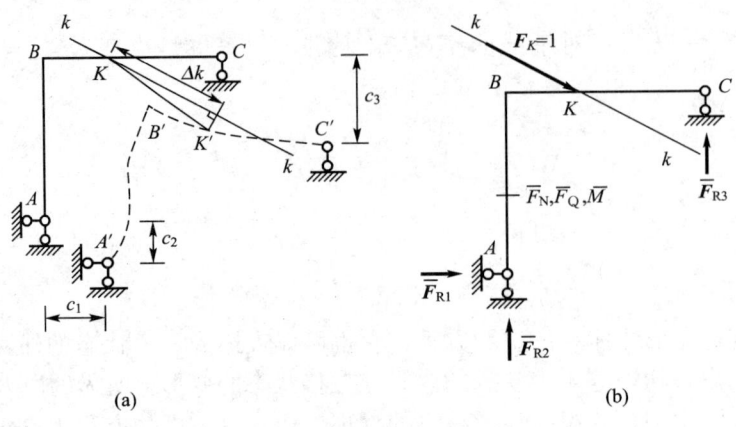

图 4.11

2. 位移计算的一般步骤

已知平面杆件结构各微段的应变 ε、γ、κ 和支座位移 c_n,拟求结构某点沿某方向的位移 Δ_k,计算步骤如下。

(1) 沿拟求位移 Δ_k 方向虚设相应的单位荷载。

(2) 在单位荷载作用下,根据平衡条件,计算结构的支反力 $\overline{F}_R$ 和内力 $\overline{F}_N$、$\overline{F}_Q$、$\overline{M}$。

(3) 利用式(4-9)计算位移 Δ_k。

如果求得的位移 Δ_k 为正值,说明位移的实际方向和虚设的单位荷载的方向一致;否则方向相反。

3. 广义位移计算

式(4-9)中的拟求位移 Δ_k 可引申为广义位移,只要虚设的单位荷载是与拟求位移相对应的广义力即可。表4-1列举了几种典型的广义力和广义位移的对应关系。

表 4-1 广义位移和虚设广义力示例

广义位移	虚设广义力
A、B 截面的相对转角 $\Delta_k = \theta_A + \theta_B$	A、B 截面处的一对方向相反的单位力偶
A、B 两点的水平相对位移 $\Delta_k = \Delta_A + \Delta_B$	A、B 两点处的一对方向相反的单位水平力

(续)

广义位移	虚设广义力
A、B 两点的竖向相对位移 $\Delta_k = \Delta_A + \Delta_B$	A、B 两点处的一对方向相反的单位竖向力

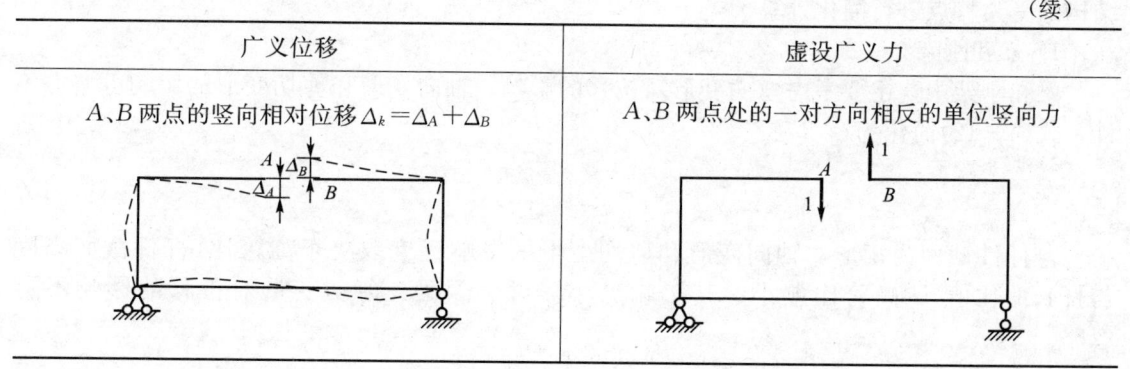

4.4 荷载作用下静定结构位移计算

1. 荷载作用下位移计算公式

对于荷载作用下线弹性结构的位移计算，可根据位移计算的一般公式(4-9)进行推导。

由于没有支座位移的影响，即 $c=0$，式(4-9)可简化为

$$\Delta_k = \sum\int \overline{F}_N \varepsilon \mathrm{d}s + \sum\int \overline{F}_Q \gamma \mathrm{d}s + \sum\int \overline{M}\kappa \mathrm{d}s \tag{4-10}$$

上式中，微段 $\mathrm{d}s$ 的变形($\varepsilon \mathrm{d}s$、$\gamma \mathrm{d}s$、$\kappa \mathrm{d}s$)仅是由荷载作用所引起的。设以 F_{NP}、F_{QP}、M_P 分别表示实际位移状态中微段 $\mathrm{d}s$ 上所受的轴力、剪力和弯矩，根据材料力学的公式可知

$$\varepsilon = \frac{F_{NP}}{EA}, \qquad \gamma = k\frac{F_{QP}}{GA}, \qquad \kappa = \frac{M_P}{EI} \tag{4-11}$$

式中，E 和 G 分别是材料的弹性模量和剪切弹性模量；A 和 I 分别是杆件截面的面积和惯性矩；EA、GA、EI 分别是杆件截面的抗拉、抗剪、抗弯刚度；k 是与截面形状有关的系数，其值与截面形状有关，对于矩形截面 $k=\frac{6}{5}$，圆形截面 $k=\frac{10}{9}$，薄壁圆环形截面 $k=2$，工字形截面 $k=\frac{A}{A_1}$ (A 为截面面积，A_1 为腹板面积)。

将式(4-11)代入式(4-10)可得

$$\Delta_k = \sum\int \frac{\overline{F}_N F_{NP}}{EA}\mathrm{d}s + \sum\int \frac{k\overline{F}_Q F_{QP}}{GA}\mathrm{d}s + \sum\int \frac{\overline{M}M_P}{EI}\mathrm{d}s \tag{4-12}$$

式(4-12)即为平面杆件结构在荷载作用下的位移计算公式，它适用于静定或超静定结构的位移计算。公式中有两套内力，F_{NP}、F_{QP}、M_P 表示结构由于实际荷载产生的内力；$\overline{F}_N$、$\overline{F}_Q$、$\overline{M}$ 表示结构由于虚设的单位荷载产生的内力。

2. 各类结构的位移计算公式

式(4-12)右边 3 项分别代表结构的轴向变形、剪切变形和弯曲变形对所求位移的影响。对于不同类型的结构而言，这 3 种影响所占的比例有所不同。在实际计算中，常根据

结构的受力特点进行简化计算。

1) 梁和刚架

梁和刚架中,主要考虑弯曲变形对位移的影响,轴向变形和剪切变形的影响可略去不计,式(4-12)简化为

$$\Delta_k = \sum \int \frac{\overline{M}M_P}{EI} ds \qquad (4-13)$$

若杆件截面为矩形,轴向变形和剪切变形的影响程度取决于高跨比(杆件截面高度与杆长的比值),高跨比愈小,其影响愈小。对于深梁,剪切变形对位移的影响不可忽略。

2) 桁架

桁架中,杆件只受轴力作用,且一般情况下每根杆件的截面面积、轴力沿杆长 l 均为常数,式(4-12)简化为

$$\Delta_k = \sum \int \frac{\overline{F}_N F_{NP}}{EA} ds = \sum \frac{\overline{F}_N F_{NP}}{EA} \int ds = \sum \frac{\overline{F}_N F_{NP} l}{EA} \qquad (4-14)$$

3) 组合结构

组合结构中,梁式杆只考虑弯曲变形的影响,链杆只考虑轴向变形的影响,式(4-12)简化为

$$\Delta_k = \sum \int \frac{\overline{M}M_P}{EI} ds + \sum \frac{\overline{F}_N F_{NP} l}{EA} \qquad (4-15)$$

4) 拱

对于拱,一般忽略曲率对位移的影响,只考虑弯曲变形的影响,即式(4-13)。但在扁平拱中计算水平位移或当拱轴线与合理轴线相近时,应考虑弯曲变形和轴向变形的影响,即

$$\Delta_k = \sum \int \frac{\overline{M}M_P}{EI} ds + \sum \int \frac{\overline{F}_N F_{NP}}{EA} ds \qquad (4-16)$$

3. 位移计算举例

例题 4.3 试求图 4.12(a)所示悬臂梁 C 端的竖向位移 Δ_C 和 B 截面的角位移 θ_B。

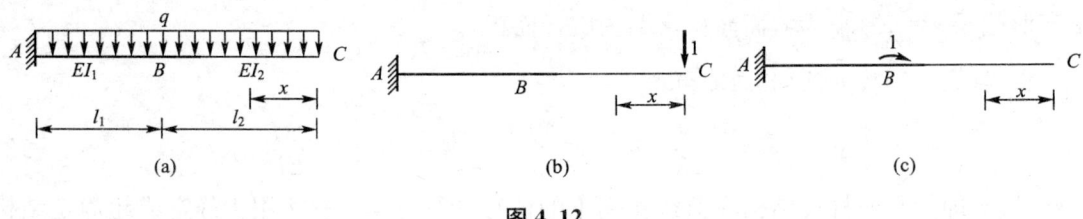

图 4.12

【解】:(1) 求 C 端的竖向位移 Δ_C。

① 在 C 端虚设一个与所求位移相对应的竖向单位荷载,如图 4.12(b)所示。

② 设 C 端为坐标原点,则实际荷载与虚设单位荷载作用下的结构内力为

实际荷载作用下: $$M_P = \frac{1}{2}qx^2$$

虚设荷载作用下：$\overline{M}=x$

③ 将上述表达式代入公式(4-13)即可求解 Δ_C，由于悬臂梁的抗弯刚度在整个跨度范围内不相同，故需分段求解。

$$\Delta_C = \int_0^{l_2} \frac{x \cdot \frac{1}{2}qx^2}{EI_2} dx + \int_{l_2}^{l_1+l_2} \frac{x \cdot \frac{1}{2}qx^2}{EI_1} dx = \frac{ql_2^4}{8EI_2} + \frac{q(l_1+l_2)^4 - ql_2^4}{8EI_1}$$

(2) 求 B 截面的角位移 θ_B。

① 在 B 端虚设一个与所求位移相对应的单位力偶，如图 4.12(c)所示。

② 设 C 端为坐标原点，则实际荷载与虚设单位荷载作用下的结构内力为

实际荷载作用下：$M_P = \frac{1}{2}qx^2$

虚设荷载作用下：当 $0 \leqslant x \leqslant l_2$ 时，$\overline{M}=0$

当 $l_2 \leqslant x \leqslant l_1+l_2$ 时，$\overline{M}=1$

③ 将上述表达式代入公式(4-13)，可得

$$\Delta_C = \int_0^{l_2} \frac{0 \cdot \frac{1}{2}qx^2}{EI_2} dx + \int_{l_2}^{l_1+l_2} \frac{1 \cdot \frac{1}{2}qx^2}{EI_1} dx = \frac{q(l_1+l_2)^3 - ql_2^3}{6EI_1}$$

例题 4.4 试求图 4.13(a)所示桁架 C 点的挠度。

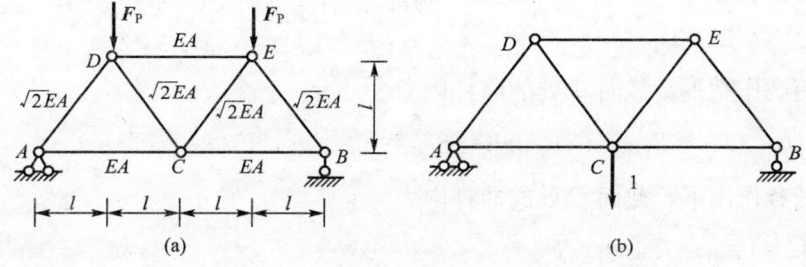

图 4.13

【解】：(1) 在 C 端虚设一个竖向单位荷载，如图 4.13(b)所示。

(2) 分别计算实际荷载和虚设荷载下桁架的轴力，计算 C 点挠度 Δ_C 的具体过程见表 4-2。

表 4-2 挠度 Δ_C 的计算过程

杆件	实际荷载作用下 F_{NP}	虚设荷载作用下 $\overline{F}_N$	杆长	抗拉刚度	$\dfrac{\overline{F}_N F_{NP} l}{EA}$
AC	F_P	$\dfrac{1}{2}$	$2l$	EA	$\dfrac{F_P l}{EA}$
BC	F_P	$\dfrac{1}{2}$	$2l$	EA	$\dfrac{F_P l}{EA}$
DE	$-F_P$	-1	$2l$	EA	$\dfrac{2F_P l}{EA}$
AD	$-\sqrt{2}F_P$	$-\dfrac{\sqrt{2}}{2}$	$\sqrt{2}l$	$\sqrt{2}EA$	$\dfrac{F_P l}{EA}$

（续）

杆件	实际荷载作用下 F_{NP}	虚设荷载作用下 $\overline{F}_N$	杆长	抗拉刚度	$\dfrac{\overline{F}_N F_{NP} l}{EA}$
CD	0	$\dfrac{\sqrt{2}}{2}$	$\sqrt{2}l$	$\sqrt{2}EA$	0
CE	0	$\dfrac{\sqrt{2}}{2}$	$\sqrt{2}l$	$\sqrt{2}EA$	0
BE	$-\sqrt{2}F_P$	$-\dfrac{\sqrt{2}}{2}$	$\sqrt{2}l$	$\sqrt{2}EA$	$\dfrac{F_P l}{EA}$

$$\Delta_C = \sum \dfrac{\overline{F}_N F_{NP} l}{EA} = \dfrac{6F_P l}{EA} \quad (\downarrow)$$

C 点挠度 Δ_C 求出后为正值，表示该点实际位移方向与虚设荷载方向一致。

例题 4.5 试求图 4.14(a)所示 1/4 圆弧曲杆 B 点的竖向位移，圆弧的半径为 R。

【解】：(1) 在 B 点虚设一个竖向单位荷载，如图 4.14(b)所示。

(2) 计算实际荷载和虚设荷载下曲杆的内力，设任一截面 C 处距离 B 点的水平距离为 x。

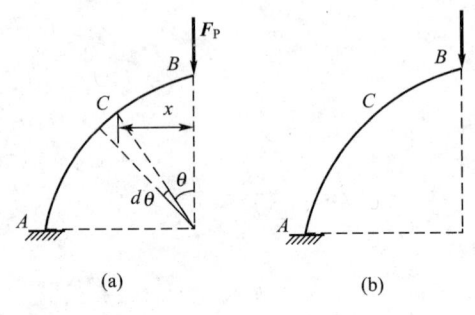

图 4.14

在实际荷载作用下，截面 C 处的曲杆内力为

$$M_P = F_P x = F_P R\sin\theta; \quad F_{QP} = F_P \cos\theta; \quad F_{NP} = -F_P \sin\theta$$

在虚设荷载作用下，截面 C 处的曲杆内力为

$$\overline{M} = 1 \cdot x = R\sin\theta; \quad \overline{F}_Q = 1 \cdot \cos\theta = \cos\theta; \quad \overline{F}_N = -1 \cdot \sin\theta = -\sin\theta$$

(3) 将上述表达式代入公式(4-12)得

$$\Delta_B = \int_0^{\frac{\pi}{2}} \dfrac{\overline{F}_N F_{NP}}{EA} R d\theta + \int_0^{\frac{\pi}{2}} \dfrac{k\overline{F}_Q F_{QP}}{GA} R d\theta + \int_0^{\frac{\pi}{2}} \dfrac{\overline{M} M_P}{EI} R d\theta$$

$$= \int_0^{\frac{\pi}{2}} \dfrac{F_P R}{EA} \sin^2\theta d\theta + \int_0^{\frac{\pi}{2}} \dfrac{kF_P R}{GA} \cos^2\theta d\theta + \int_0^{\frac{\pi}{2}} \dfrac{F_P R^3}{EI} \sin^2\theta d\theta$$

$$= \dfrac{\pi}{4}\left(\dfrac{F_P R}{EA} + \dfrac{kF_P R}{GA} + \dfrac{F_P R^3}{EI}\right)$$

(4) 所求位移 Δ_B 结果中包括 3 项，分别是轴向变形、剪切变形和弯曲变形对于位移的贡献，用 Δ_N、Δ_Q 和 Δ_M 表示。

$$\Delta_N = \dfrac{\pi}{4}\dfrac{F_P R}{EA}; \quad \Delta_Q = \dfrac{\pi}{4}\dfrac{kF_P R}{GA}; \quad \Delta_M = \dfrac{\pi}{4}\dfrac{F_P R^3}{EI}$$

若截面为 $b \times h$ 的矩形，$I/A = h^2/12$，$h/R = 1/10$，$E/G = 2.5$，$k = 1.2$，则

$$\dfrac{\Delta_N}{\Delta_M} = \dfrac{I}{R^2 A} = \dfrac{h^2}{12R^2} = \dfrac{1}{1200}$$

$$\frac{\Delta_Q}{\Delta_M} = \frac{kEI}{R^2 GA} = \frac{kh^2 E}{12R^2 G} = \frac{1}{400}$$

上述结果表明,在给定条件下,仅需考虑弯矩引起的位移,轴力和剪力引起的位移可忽略不计。

4.5 图 乘 法

计算梁和刚架在荷载作用下的位移时,需要先写出 $\overline{M}$ 和 M_P 的表达式,然后代入公式

$$\Delta_k = \sum \int \frac{\overline{M} M_P}{EI} ds \tag{a}$$

进行积分运算。在杆件数量较多,荷载较复杂的情况下,积分计算过程烦琐且容易出错。在特定的条件下,可以利用图乘法简化计算。

1. 图乘法适用条件

当结构的各杆段符合下列条件时:
(1) 杆轴为直线;
(2) EI 为常数;
(3) $\overline{M}$ 与 M_P 两个弯矩图中至少有一个直线图形。
则可采用图乘法代替积分运算,从而简化计算工作。

2. 图乘法计算公式推导

图 4.15 所示等截面直杆 AB 段的两个弯矩图中,有一弯矩图为直线图形,设为 M_i 图;另一弯矩图可为任意图形,设为 M_K 图。

以 M_i 图中直线与 x 轴的交点 O 作为坐标原点,其倾角为 α,则 M_i 图中横坐标为 x 的截面上的弯矩可表示为

$$M_i = x \tan\alpha \tag{b}$$

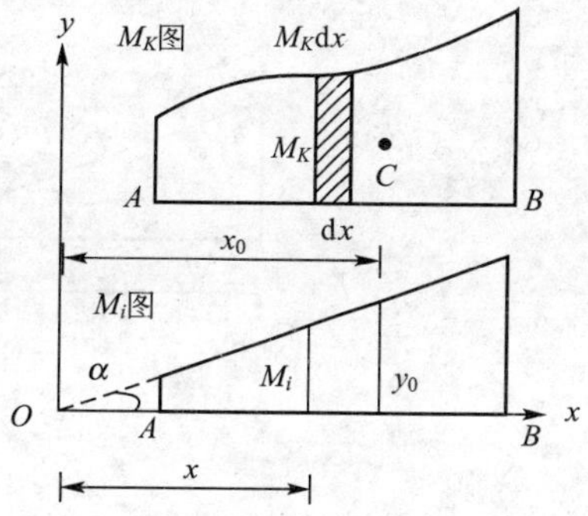

图 4.15

将式(b)代入式(a)可得

$$\Delta_k = \int \frac{\overline{M} M_P}{EI} ds = \int \frac{\overline{M} M_P}{EI} dx = \frac{1}{EI} \int M_i M_K dx = \frac{1}{EI} \tan\alpha \int_A^B x M_K dx \tag{c}$$

式(c)中,$M_K dx$ 可看作 M_K 图的微分面积,利用静矩的概念可知,$x M_K dx$ 是这个微分面积对 y 轴的面积矩。故 $\int_A^B x M_K dx$ 就是 M_K 图的总面积 A 对 y 轴的面积矩。以 x_0 表示 M_K 图的形心 C 到 y 轴的距离,则

$$\int_A^B x M_K dx = A x_0 \tag{d}$$

将式(d)代入式(c)得

$$\Delta_k = \frac{1}{EI} \tan\alpha \cdot A x_0 = \frac{1}{EI} A y_0 \tag{e}$$

式中，y_0 为 M_K 图形心 C 对应于 M_i 图的标距。

若结构上所有杆段都符合图乘法的条件，对式(e)求和即得结构位移的图乘法计算公式。

$$\Delta_k = \sum \frac{1}{EI} A y_0 \qquad (4-17)$$

3. 图乘法注意事项

应用图乘法计算梁或刚架的位移时，需注意以下几点。

(1) 符合图乘法的适用条件，即杆段是直杆、EI 为常数、$\overline{M}$ 与 M_P 两个弯矩图中至少有一个直线图形。

(2) 标距 y_0 取自两个弯矩图中的直线图形。

(3) 面积 A 与标距 y_0 在杆件的同一侧，乘积 Ay_0 取正；否则取负。

4. 几种简单图形的面积和形心位置

图 4.16 给出了位移计算中几种简单图形的面积公式和形心位置。需要注意的是，图示的各次抛物线均为标准抛物线，即抛物线顶点处的切线都与基线平行。其中，图 4.16(a)、(b) 为三角形，$A = \dfrac{hl}{2}$；图 4.16(c)、(d) 为二次抛物线，$A = \dfrac{2hl}{3}$；图 4.16(e) 为二次抛物线，$A = \dfrac{hl}{3}$；图 4.16(f) 为三次抛物线，$A = \dfrac{hl}{4}$。

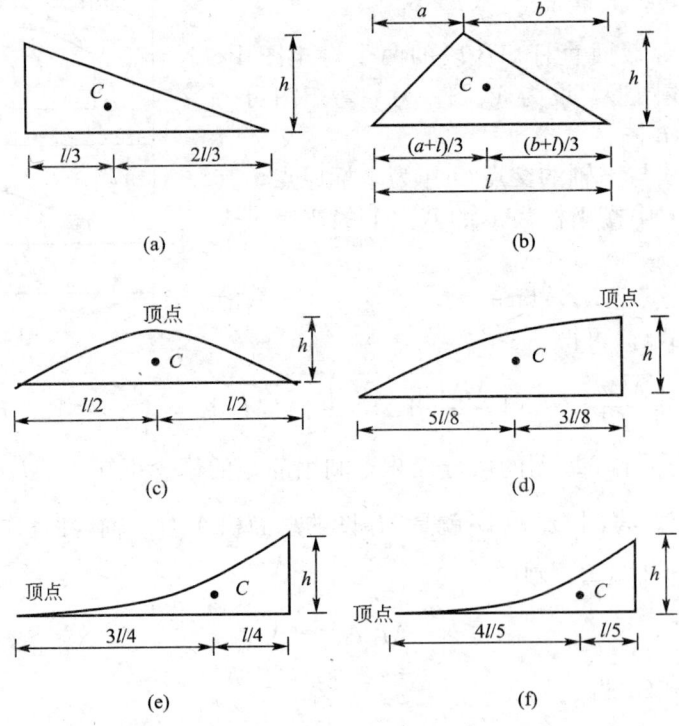

图 4.16

5. 复杂弯矩图图乘的处理方法

应用图乘法时，需要确定面积 A 与标距 y_0 的数值。对于简单的弯矩图，确定 A 与 y_0 是不困难的；对于较为复杂的弯矩图，往往不易直接确定。这时需要将弯矩图分解为几个简单图形，分项计算后再进行叠加。

1) 曲线弯矩图与折线弯矩图的图乘

图乘的两个弯矩图中，若其中一个是曲线，称为 M_K 图；另一个为折线，称为 M_i 图，如图4.17所示。图乘法的适用条件规定，其中一个弯矩图必须为直线，因此，需要将折线分段进行考虑。对于图4.17所示情况，有

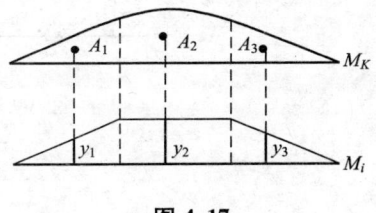

图 4.17

$$\Delta_k = \frac{1}{EI}(A_1 y_1 + A_2 y_2 + A_3 y_3) \quad (4-18)$$

对于 EI 分段为常数的情况，同样需要分段叠加。

2) 梯形弯矩图之间的图乘

图4.18所示的两个弯矩图均为梯形，在实际计算中，为避免确定 M_K 图的形心，可将其分为两个三角形（或分为一个矩形和一个三角形），分别图乘后再叠加。

$$\Delta_k = \frac{1}{EI}(A_1 y_1 + A_2 y_2) = \frac{1}{EI}\left(\frac{1}{2}al \times \frac{2c+d}{3} + \frac{1}{2}bl \times \frac{c+2d}{3}\right)$$

$$= \frac{1}{EI}\left[\frac{l}{6}(2ac + 2bd + ad + bc)\right] \quad (4-19)$$

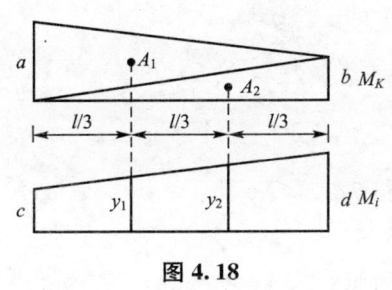

图 4.18

式(4-19)即为梯形弯矩图之间的图乘公式，其方法为：2倍同侧标距乘积，加上异侧标距乘积后再乘以 $\frac{l}{6EI}$。当相乘的两个标距位于基线同侧时，乘积为正，否则为负。

对于任意直线图乘直线的情况，同样可以利用公式(4-19)进行处理。

图4.19(a)所示的两个弯矩图一个为梯形，一个为三角形，其图乘结果为

$$\Delta_k = \frac{1}{EI}\left[\frac{6}{6} \times (2 \times 5 \times 0 - 2 \times 3 \times 2 - 5 \times 2 + 3 \times 0)\right] = -\frac{22}{EI}$$

图4.19(b)所示的两个弯矩图图乘结果为

$$\Delta_k = \frac{1}{EI}\left[\frac{6}{6} \times (2 \times 3 \times 1 + 2 \times 4 \times 2 - 3 \times 2 - 4 \times 1)\right] = \frac{12}{EI}$$

3) 非标准抛物线弯矩图与直线弯矩图的图乘

图4.20(a)所示为杆 AB 在均布荷载下的弯矩图，弯矩图的形状是非标准抛物线。图4.20(b)所示为求解某截面位移而虚设单位荷载作用下的弯矩图。由弯矩叠加法知，图4.20(a)是由两端弯矩为 M_A、M_B 所连线的梯形和简支梁在满跨均布荷载作用下的标准抛物线构成，如图4.20(c)、(d)所示。故非标准抛物线弯矩图与直线弯矩图的图乘可处理为：首先将非标准抛物线分解为一个梯形和一个标准抛物线；然后分别将梯形和标准抛物线与直线弯矩图图乘；最后将两部分图乘结果相加即可。

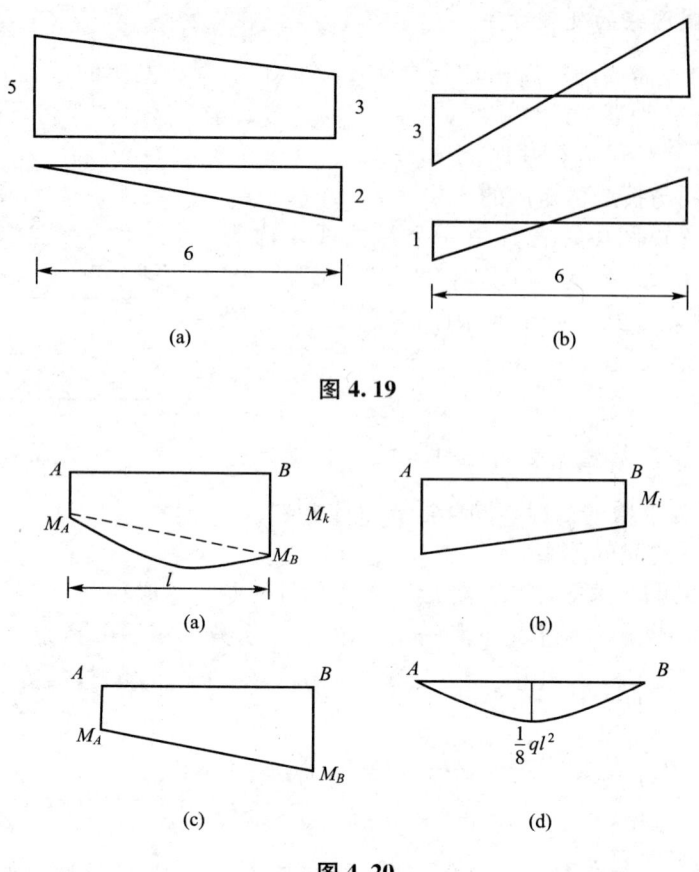

图 4.19

图 4.20

6. 计算举例

例题 4.6 试求图 4.21(a)所示简支梁 A 截面的角位移 θ_A。

【解】：(1) 作荷载作用下的 M_P 图，如图 4.21(b)所示。

(2) 在 A 端虚设单位力偶，并作 $\overline{M}$ 图，如图 4.21(c)所示。

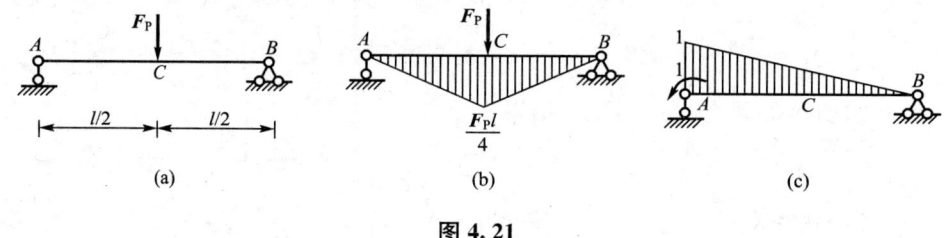

图 4.21

(3) 利用图乘法，标距取自 $\overline{M}$ 图。

$$\theta_A = \frac{1}{EI} A y_0 = -\frac{1}{EI} \times \left(\frac{1}{2} \times \frac{F_P l}{4} \times l\right) \times \left(\frac{1}{2} \times 1\right) = -\frac{F_P l^2}{16EI}$$

负号表示位移实际方向与虚设荷载方向相反。

提示：应用图乘法时，标距也可以取自M_P图。由于M_P图形状为折线，故需分段计算后叠加（如图4.22所示），利用公式（4-19）可得

$$\theta_A = \sum \frac{1}{EI}\left[\frac{l}{6}(2ac+2bd+ad+bc)\right]$$

$$= \frac{1}{EI}\left[\frac{l/2}{6}\left(-2\times\frac{F_P l}{4}\times\frac{1}{2}+0+0+0\right)\right] + \frac{1}{EI}\left[\frac{l/2}{6}\left(0-2\times\frac{F_P l}{4}\times\frac{1}{2}+0-\frac{F_P l}{4}\times 1\right)\right]$$

$$= -\frac{F_P l^2}{16EI}$$

这种计算方式较前者复杂，在弯矩图的图乘过程中，若标距选择的合理，能较好地简化计算过程。

例题 4.7 试求图4.23(a)所示悬臂梁B点的竖向位移Δ_B。

【解】：(1) 作荷载作用下的M_P图，如图4.23(b)所示，其中M_P图是由图4.23(c)所示弯矩图叠加而成。

(2) 在B端虚设单位荷载，并作$\overline{M}$图，如图4.23(d)所示。

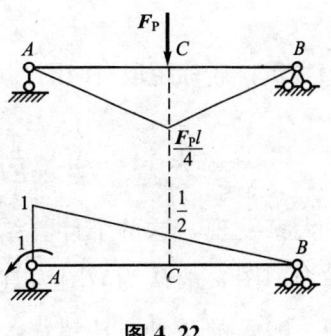

图 4.22

(3) 利用图乘法，标距取自$\overline{M}$图。

$$\Delta_B = \frac{1}{EI}\times\left(\frac{1}{3}\times 2ql^2\times 2l\times\frac{3}{4}\times 2l - ql^2\times 2l\times\frac{1}{2}\times 2l\right) = 0$$

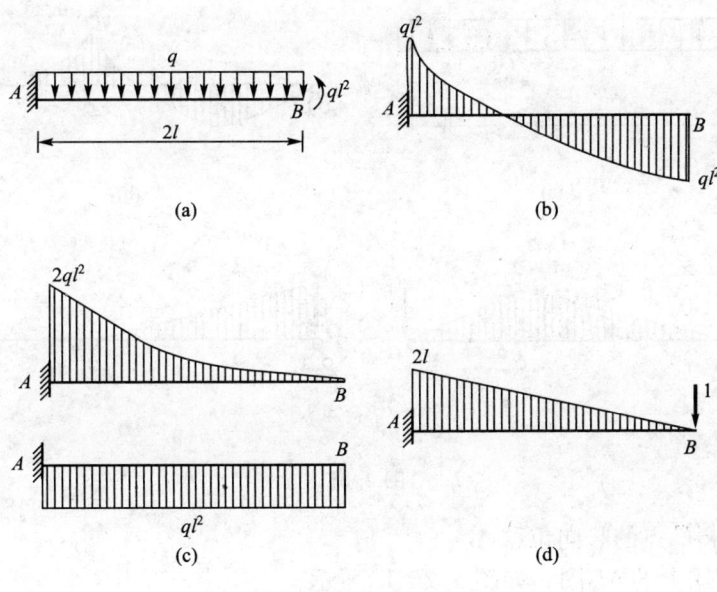

图 4.23

例题 4.8 试求图4.24(a)所示悬臂梁跨中B点的竖向位移Δ_B。

【解】：(1) 作荷载作用下的M_P图，如图4.24(b)所示。

(2) 在B端虚设单位荷载，并作$\overline{M}$图，如图4.24(c)所示。

(3) 利用图乘法，标距取自 M_P 图。

$$\Delta_B = \frac{1}{EI_1} \times \left(\frac{1}{2} \times \frac{l}{2} \times \frac{l}{2}\right) \times \left[\left(\frac{1}{2} + \frac{2}{3} \times \frac{1}{2}\right) \times F_P l\right] = \frac{5F_P l^3}{48EI_1}$$

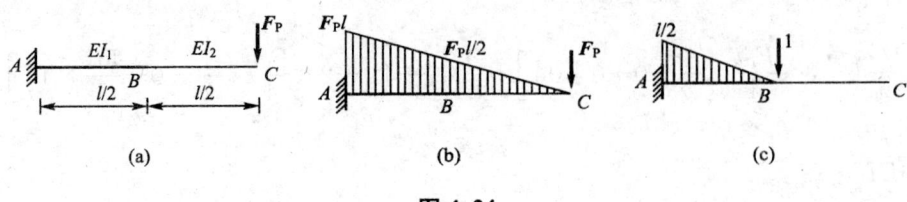

图 4.24

提示：若标距取自 $\overline{M}$ 图，可计算如下（设 $EI_1 = EI_2$）。

$$\Delta_B = \frac{1}{EI} \times \left(\frac{1}{2} \times F_P l \times l\right) \times \left(\frac{1}{3} \times \frac{l}{2}\right) = \frac{F_P l^3}{12EI}$$

大家发现，这两个计算结果不同，说明有一种方法是错误的。对于后者，由于标距取自 $\overline{M}$ 图，故认为 $\overline{M}$ 图为直线图形。其实，在 AC 杆段 $\overline{M}$ 图是一个折线图形（BC 杆段 $\overline{M} = 0$），故该种方法错误。如果标距取自 $\overline{M}$ 图，应该将其分为 AB、BC 两段后再进行叠加。

例题 4.9 试求图 4.25(a)所示伸臂梁 C 点的竖向位移 Δ_C 和 A 端的转角 θ_A。

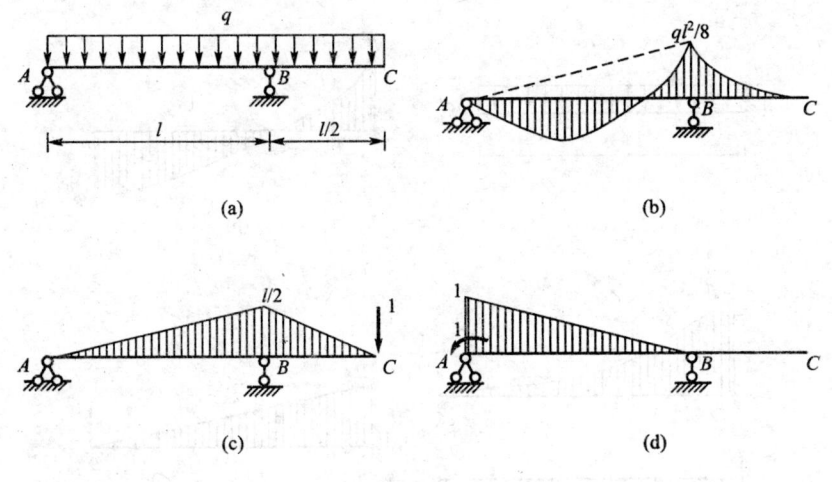

图 4.25

【解】：(1) 求 C 点的竖向位移 Δ_C。

① 作荷载作用下的 M_P 图，如图 4.25(b)所示。

② 在 C 端虚设单位荷载，并作 $\overline{M}$ 图，如图 4.25(c)所示。

③ 利用图乘法，标距取自 $\overline{M}$ 图。

$$\Delta_C = \frac{1}{EI}(A_{BC} y_{BC} + A_{AB} y_{AB})$$

$$= \frac{1}{EI} \times \left(\frac{1}{3} \times \frac{l}{2} \times \frac{ql^2}{8} \times \frac{3}{4} \times \frac{l}{2} + \frac{1}{2} \times l \times \frac{ql^2}{8} \times \frac{2}{3} \times \frac{l}{2} - \frac{2}{3} \times l \times \frac{ql^2}{8} \times \frac{1}{2} \times \frac{l}{2} \right)$$

$$= \frac{ql^4}{128EI}$$

其中，A_{AB}代表 AB 段的面积，M_P图的弯矩是通过三角形与一个标准抛物线叠加而成，在计算位移时，需要分别图乘后再叠加。

(2) 求 A 端的转角 θ_A。

① 在 A 端虚设单位力偶，并作 $\overline{M}$ 图，如图 4.25(d)所示。

② 利用图乘法，标距取自 $\overline{M}$ 图。

$$\theta_A = \frac{1}{EI} A_{AB} y_{AB}$$

$$= \frac{1}{EI} \times \left(\frac{1}{2} \times l \times \frac{ql^2}{8} \times \frac{1}{3} \times 1 - \frac{2}{3} \times l \times \frac{ql^2}{8} \times \frac{1}{2} \times 1 \right)$$

$$= -\frac{ql^3}{48EI}$$

例题 4.10 试求图 4.26(a)所示刚架 D 点的水平位移 Δ_D，只考虑弯曲变形的影响。

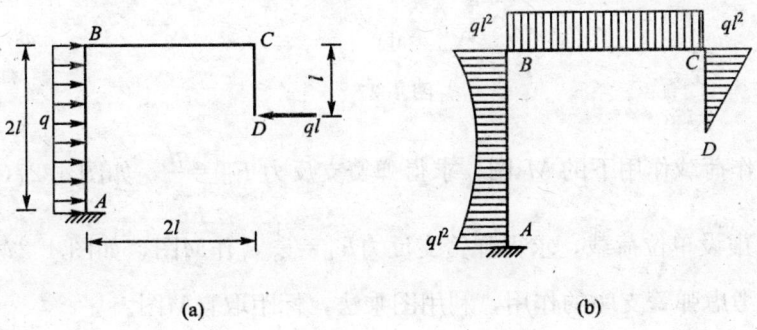

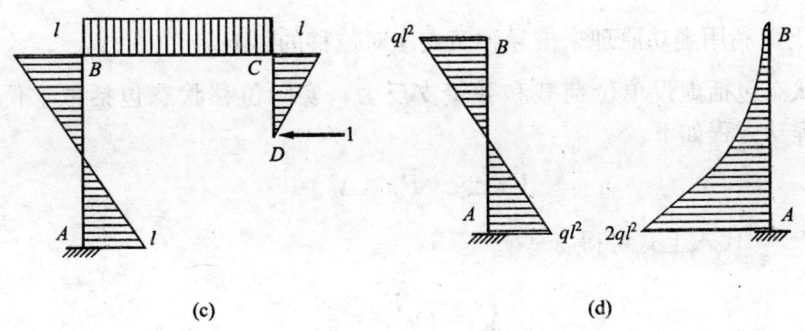

图 4.26

【解】：(1) 作荷载作用下的 M_P 图，如图 4.26(b)所示。

(2) 在 D 端虚设单位荷载，并作 $\overline{M}$ 图，如图 4.26(c)所示。

(3) 利用图乘法，标距取自 $\overline{M}$ 图。

$$\Delta_D = \frac{1}{EI} \times (A_{CD} y_{CD} + A_{BC} y_{BC} + A_{AB} y_{AB})$$

$$= \frac{1}{EI} \times \left[\frac{1}{2} \times l \times ql^2 \times \frac{2}{3} \times l + 2l \times ql^2 \times l + \frac{2l}{6} (2ql^2 \times l + 2ql^2 \times l - ql^2 \times l - ql^2 \times l) \right.$$

$$\left. - \frac{1}{3} \times 2l \times 2ql^2 \times \frac{1}{2} \times l \right]$$

$$= \frac{7ql^4}{3EI}$$

其中，M_P 图中的 AB 段是通过 $\overline{M}$ 图中 AB 段乘以 ql 后与悬臂梁的标准二次抛物线叠加而成，分解示意图如图 4.26(d)所示。

例题 4.11 试求图 4.27(a)所示简支梁跨中 C 点的挠度 Δ_C，EI 为常数，弹簧的刚度系数为 k。

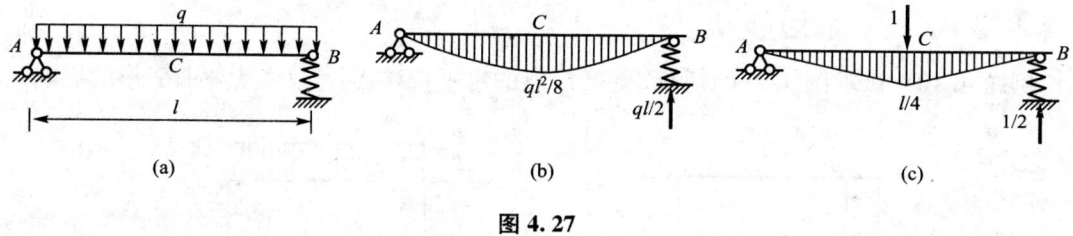

图 4.27

【解】：(1) 作荷载作用下的 M_P 图，求得弹簧支反力 $F_B = \dfrac{ql}{2}$，如图 4.27(b)所示。

(2) 在 C 点虚设单位荷载，求得弹簧支反力 $\overline{F}_B = \dfrac{1}{2}$，作 $\overline{M}$ 图，如图 4.27(c)所示。

(3) 首先不考虑弹簧支座的作用，利用图乘法，标距取自 $\overline{M}$ 图。

$$\Delta_{C1} = \frac{2}{EI} \left(\frac{2}{3} \times \frac{l}{2} \times \frac{ql^2}{8} \times \frac{5}{8} \times \frac{l}{4} \right) = \frac{5ql^4}{384EI}$$

提示：下面利用虚功原理来推导弹簧支座对位移的影响。

虚设力状态包括虚设单位荷载和弹簧支反力，实际位移状态包括拟求位移和弹簧变形，可列出虚功方程如下。

$$1 \times \Delta_{C2} + \overline{F}_B \times \Delta_B = 0$$

将 $\Delta_B = -\dfrac{F_B}{k}$ 代入上式可得

$$\Delta_{C2} = \overline{F}_B \frac{F_B}{k} = \frac{ql}{4k}$$

可知

$$\Delta_C = \Delta_{C1} + \Delta_{C2} = \frac{5ql^4}{384EI} + \frac{ql}{4k}$$

4.6 温度变化时静定结构位移计算

1. 温度变化时静定结构位移计算公式

对于静定结构,杆件温度变化时并不引起内力。但材料会因热胀冷缩而变形,结构因而产生变形和位移。利用公式(4-9)可推导出温度变化时的位移计算公式。

图 4.28(a)所示为悬臂梁结构,杆件的上边缘温度升高 t_1,下边缘温度升高 t_2,假定温度沿截面厚度 h 为线性规律变化的,变形后截面仍将保持为平面,如图 4.28(b)所示。

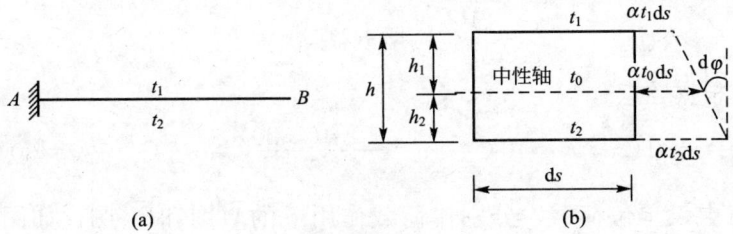

图 4.28

杆件中性轴温度 t_0 与上下边缘的温差 Δt 分别为

$$t_0 = \frac{h_1 t_2 + h_2 t_1}{h}, \quad \Delta t = t_2 - t_1 \tag{a}$$

式中,h_1 和 h_2 分别是由杆件中性轴至上、下边缘的距离。若杆件截面关于中性轴对称,即 $h_1 = h_2 = h/2$,则 $t_0 = \frac{t_2 + t_1}{2}$。

在温度变化时,杆件微段只发生轴向变形 du 和相对转角 $d\varphi$,不产生剪切变形 γds。轴向应变 ε、曲率 κ、切应变 γ 分别为

$$\varepsilon = \alpha t_0, \quad \kappa = \frac{d\varphi}{ds} = \frac{\alpha(t_2 - t_1)ds}{h\,ds} = \frac{\alpha \Delta t}{h}, \quad \gamma = 0 \tag{b}$$

式中,α 为材料的线膨胀系数。

将式(a)、式(b)代入公式(4-9),且令支座移动 $c=0$,可得

$$\Delta = \sum \int \overline{F}_N \alpha t_0 ds + \sum \int \overline{M} \frac{\alpha \Delta t}{h} ds \tag{4-20}$$

如果 t_0、Δt 和 h 沿杆件全长为常数,则得

$$\Delta = \sum \alpha t_0 \int \overline{F}_N ds + \sum \frac{\alpha \Delta t}{h} \int \overline{M} ds \tag{4-21}$$

式中,积分号表示沿杆件全长积分,总和号表示对结构各杆求和。

在应用上述公式时,当弯矩 $\overline{M}$ 和温差 Δt 引起的弯曲为同一方向时,其乘积取正值;否则取负。轴力 $\overline{F}_N$ 以拉伸为正,t_0 以升高为正。

对于梁和刚架,在计算温度改变产生的位移时,一般不能忽略轴向变形的影响。

2. 计算举例

例题 4.12 试求图 4.29(a)所示刚架由于温度变化在 C 点产生的竖向位移 Δ_C。其中,

杆件内部温度升高10℃，外部降低20℃，已知 $l=4\text{m}$，$\alpha=0.00001℃^{-1}$，各杆截面均为矩形，截面高度 $h=40\text{cm}$。

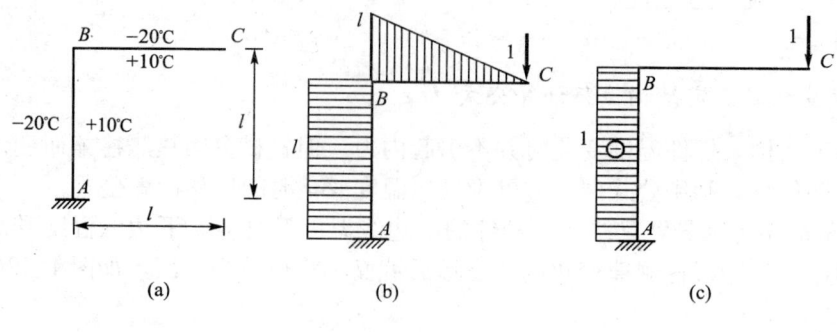

图 4.29

【解】：(1) 根据题意有

$$t_1=-20℃,\quad t_2=10℃,\quad t_0=\frac{10+(-20)}{2}=-5℃,\quad \Delta t=30℃$$

(2) 在 C 点虚设单位荷载，分别作荷载作用下的 $\overline{M}$ 图和 $\overline{F}_N$ 图，如图 4.29(b)、(c) 所示。

(3) 代入公式(4-21)可得

$$\Delta=\sum\alpha t_0\int\overline{F}_N\mathrm{d}s+\sum\frac{\alpha\Delta t}{h}\int\overline{M}\mathrm{d}s$$

$$=-5\alpha\times(-1\times l)+\frac{30\alpha}{h}\times\left(-l\times l-\frac{1}{2}\times l\times l\right)=-1.78\text{cm}$$

负号表示 C 点的实际位移方向向上。

4.7 线弹性体系互等定理

线弹性体系有4个互等定理，其中最基本的是功的互等定理，还包括位移互等定理、反力互等定理与位移反力互等定理。后3个定理都可根据功的互等定理推导出来，这些互等定理对结构的计算是很有用的。

1. 功的互等定理

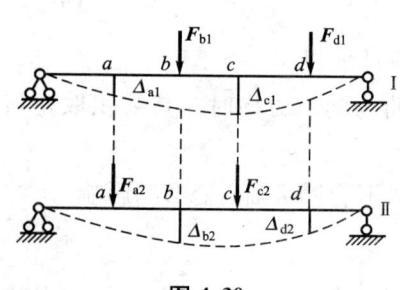

图 4.30

图 4.30 所示为同一线弹性体系的两种状态，设有两组外力分别作用在同一结构上，分别称为状态Ⅰ和状态Ⅱ。在状态Ⅰ与状态Ⅱ中，力系、位移与应变通过下标的不同来加以区分。

在状态Ⅰ中，力系用 F_1、N_1、Q_1 和 M_1 表示，位移和应变用 Δ_1、ε_1、γ_1 和 κ_1 表示。

在状态Ⅱ中，力系用 F_2、N_2、Q_2 和 M_2 表示，位移和应变用 Δ_2、ε_2、γ_2 和 κ_2 表示。

令状态Ⅰ的力系在状态Ⅱ的位移和变形上做虚功，

可写出如下的虚功方程。

$$W_{12} = \sum F_1 \Delta_2 = \sum \int \frac{M_1 M_2}{EI} \mathrm{d}s + \sum \int \frac{N_1 N_2}{EA} \mathrm{d}s + \sum \int \frac{kQ_1 Q_2}{GA} \mathrm{d}s \quad \text{(a)}$$

这里，虚功 W 有两个下标，第一个表示受力状态，第二个表示位移和变形状态。

令状态Ⅱ的力系在状态Ⅰ的位移和变形上做虚功，可写出如下的虚功方程。

$$W_{21} = \sum F_2 \Delta_1 = \sum \int \frac{M_2 M_1}{EI} \mathrm{d}s + \sum \int \frac{N_2 N_1}{EA} \mathrm{d}s + \sum \int \frac{kQ_2 Q_1}{GA} \mathrm{d}s \quad \text{(b)}$$

由于式(a)、式(b)右边的内虚功彼此相等，故左边的外虚功也相等。

$$\sum F_1 \Delta_2 = \sum F_2 \Delta_1 \quad \text{(c)}$$

也可写成

$$W_{12} = W_{21} \quad (4-22)$$

这就是功的互等定理，可表达为：第一状态的外力在第二状态的位移上所做的虚功等于第二状态的外力在第一状态的位移上所做的虚功。

2. 位移互等定理

利用功的互等定理可以推导出位移互等定理。在图 4.31 中，状态Ⅰ与状态Ⅱ分别只有一个荷载 F_{P1} 与 F_{P2}，位移 Δ_{ij} 也采用两个下标，其中第一个下标 i 表示位移是与 F_{Pi} 相应的，第二个下标 j 表示位移是由力 F_{Pj} 引起的。

根据功的互等定理，可得

$$F_{P1} \Delta_{12} = F_{P2} \Delta_{21} \quad \text{(d)}$$

由式(d)可得

$$\frac{\Delta_{12}}{F_{P2}} = \frac{\Delta_{21}}{F_{P1}} \quad \text{(e)}$$

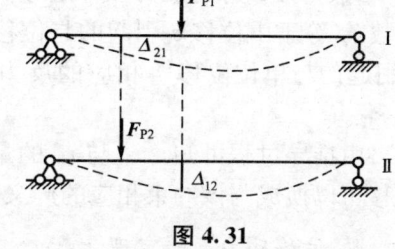

图 4.31

令 $\dfrac{\Delta_{ij}}{F_{Pj}} = \delta_{ij}$，则式(e)变为

$$\delta_{12} = \delta_{21} \quad (4-23)$$

δ_{ij} 的物理意义是单位力 $F_{Pj}=1$ 所引起的与 F_{Pi} 相应的位移，称为位移影响系数。

由于式(d)两边都是功的量纲，同时除以 $F_{P1} F_{P2}$ 后量纲仍然相同，故 δ_{12}、δ_{21} 的量纲也相同。

式(4-23)称为位移互等定理，可表达为：由荷载 F_{P1} 引起的与荷载 F_{P2} 相应的位移影响系数 δ_{21} 等于由荷载 F_{P2} 引起的与荷载 F_{P1} 相应的位移影响系数 δ_{12}；也可表达为：由单位力 F_{P1} 引起的与单位力 F_{P2} 相应的位移 δ_{21} 等于由单位力 F_{P2} 引起的与单位力 F_{P1} 相应的位移 δ_{12}。

这里的荷载可以是广义荷载，而位移则是相应的广义位移。一般情况下，定理中的两个广义位移的量纲可能是不相同的，但它们的影响系数在数值和量纲上仍然是相同的。由于位移影响系数保持相等，因此该定理应当称为位移影响系数互等定理，但是习惯上仍称为位移互等定理。

3. 反力互等定理

图 4.32 所示为同一线弹性变形体系的两种变形状态。在图 4.32(a)中，由于支座 1 发

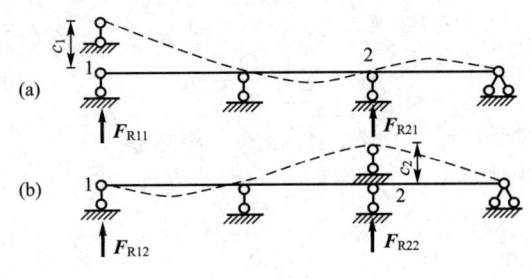

生位移 c_1，而在支座 1 和 2 引起的反力分别用 F_{R11} 和 F_{R21} 表示；在图 4.32(b) 中，由于支座 2 发生位移 c_2，而在支座 1 和 2 引起的反力分别用 F_{R12} 和 F_{R22} 表示。图中的反力 F_{Rij} 用双下标表示，第一个下标 i 表示反力与位移 c_i 相对应的，第二个下标 j 表示反力是由位移 c_j 引起的。

图 4.32

对这两种状态应用功的互等定理可得

$$F_{R11}\times 0 + F_{R21}\times c_2 = F_{R12}\times c_1 + F_{R22}\times 0 \tag{f}$$

由式(f)可得

$$\frac{F_{R21}}{c_1} = \frac{F_{R12}}{c_2} \tag{g}$$

令 $\dfrac{F_{Rij}}{c_j} = r_{ij}$，则式(g)变为

$$r_{12} = r_{21} \tag{4-24}$$

r_{ij} 的物理意义是单位位移 $c_j = 1$ 所引起的第 i 个支座中的反力，称为反力影响系数。

式(4-24)称为反力互等定理，可表达为：由位移 c_1 引起的与位移 c_2 相应的反力影响系数 r_{21} 等于由位移 c_2 引起的与位移 c_1 相应的反力影响系数 r_{12}；也可表达为：由单位位移 c_1 引起的与单位位移 c_2 相应的反力 r_{21} 等于由单位位移 c_2 引起的与单位位移 c_1 相应的反力 r_{12}。

由推导过程可知，r_{12} 与 r_{21} 的量纲相同。这里所说的支座可以换成别的约束，而支座位移可以换成与该约束相应的广义位移，故支反力可换成与该约束相应的广义力。

4. 位移反力互等定理

图 4.33 所示为同一线弹性变形体系的两种变形状态。在图 4.33(a) 中，在荷载 F_{P1} 作用下，支座 2 产生反力 F_{R21}；在图 4.33(b) 中，由于支座 2 发生位移 c_2，而在 1 处产生位移 Δ_{12}。

根据功的互等定理有

$$F_{P1}\times\Delta_{12} + F_{R21}\times c_2 = 0 \tag{h}$$

即

$$F_{P1}\times\Delta_{12} = -F_{R21}\times c_2 \tag{i}$$

令 $\dfrac{\Delta_{12}}{c_2} = \delta_{12}'$，$\dfrac{F_{R21}}{F_{P1}} = r_{21}'$，式(i)变为

$$\delta_{12}' = -r_{21}' \tag{4-25}$$

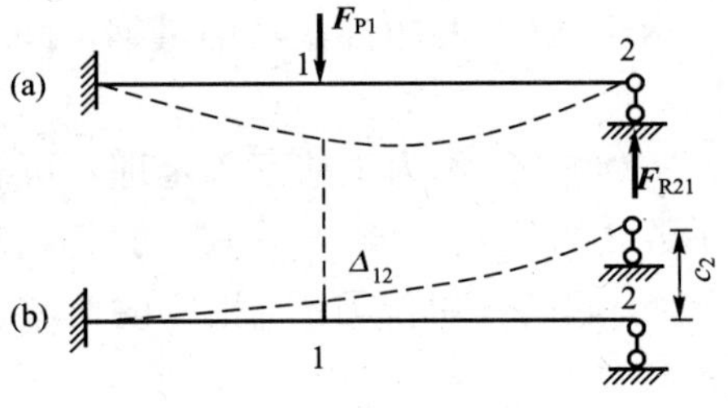

图 4.33

式(4-25)称为位移反力互等定理，表达为：由位移 c_2 引起的与荷载 F_{P1} 相应的位移影响系数 δ_{12}'，与由荷载 F_{P1} 引起的与位移 c_2 相应的反力影响系数 r_{21}' 大小相等，符号相反。

由推导可知，δ_{12}' 与 r_{21}' 的量纲相同。这里的力可以是广义力，位移可以是广义位移。

本 章 小 结

本章主要讨论了虚功原理和静定结构的位移计算。在刚体体系和变形体体系虚功原理的基础上，推导出结构位移计算的一般公式。通过举例，说明在荷载、温度变化、支座移动等因素引起的结构位移计算。最后导出线弹性体系互等定理。

1. 基本概念

基本概念有刚体体系虚功原理、变形体体系虚功原理、虚功原理的两种应用形式、互等定理、功的互等定理、位移互等定理、反力互等定理、位移反力互等定理。

1) 刚体体系虚功原理

对于具有理想约束的刚体体系，虚功原理表述为：刚体体系在任意平衡力系作用下，体系上所有主动力在任一与约束条件相符合的无限小刚体位移上所做的虚功总和恒等于零，即 $W=0$。

虚功原理中，有两个彼此无关的状态：力状态和位移状态。所谓"虚"只是强调力与位移无关，力可以是广义力，位移可以是广义位移。

2) 变形体体系虚功原理

处于平衡状态的变形体体系，当发生符合约束条件的微小连续变形，则外力在位移上所做的外虚功 W_e 恒等于各个微段的应力合力在变形上所做的内虚功 W_i，即 $W_e=W_i$。

变形体体系的虚功方程表述为：力状态的外力在位移状态的位移上所做的外力虚功，等于力状态的内力在位移状态的变形上所做的内力虚功，即 $W_e = \sum \int (F_N \varepsilon + F_Q \gamma + M \kappa) ds$。该方程适用于弹性、非弹性、线性、非线性的变形体体系。

3) 虚功原理的两种应用形式

(1) 虚位移原理：虚设约束允许的可能位移，求结构中实际发生的力（支反力、内力）。虚位移方程等价于静力平衡方程，其特点是采用几何方法求解静力平衡问题，关键在于虚设位移以及确定虚设位移之间的几何关系。由于虚设的位移一般是单位位移，该方法也称为单位支座位移法，简称单位位移法。

(2) 虚力原理：虚设外力，求结构实际发生的位移。虚力原理等价于变形协调方程，其特点是把一个求解未知位移的几何问题，转化为静力平衡问题，关键在于虚设力系及利用平衡条件求解与已知位移对应的约束力。虚设荷载一般是单位荷载，该方法也称为单位荷载法。

4) 互等定理

互等定理适用于线弹性体系，在 4 个互等定理中，功的互等定理是基本定理，其他 3 个定理是功的互等定理的特殊情况，可由功的互等定理导出。

互等定理中的力和位移可以是广义力和广义位移，互等指的是在数值和量纲方面都相等。

5) 功的互等定理

第一状态的外力在第二状态的位移上所作的虚功等于第二状态的外力在第一状态的位

移上所做的虚功，表述为：$W_{12}=W_{21}$。

6) 位移互等定理

由荷载 F_{P1} 引起的与荷载 F_{P2} 相应的 δ_{21} 等于由荷载 F_{P2} 引起的与荷载 F_{P1} 相应的 δ_{12}，表述为：$\delta_{12}=\delta_{21}$。δ_{ij} 的物理意义是单位力 $F_{Pj}=1$ 所引起的与 F_{Pi} 相应的位移，称为位移影响系数。

7) 反力互等定理

由位移 c_1 引起的与位移 c_2 相应的 r_{21} 等于由位移 c_2 引起的与位移 c_1 相应的 r_{12}，表述为：$r_{12}=r_{21}$。r_{ij} 的物理意义是单位位移 $c_j=1$ 所引起的第 i 个支座中的反力，称为反力影响系数。

8) 位移反力互等定理

由位移 c_2 引起的与荷载 F_{P1} 相应的位移影响系数 δ'_{12}，与由荷载 F_{P1} 引起的与位移 c_2 相应的反力影响系数 r'_{21} 大小相等，符号相反，表述为：$\delta'_{12}=-r'_{21}$。

2. 知识要点

1) 静定结构位移计算一般公式

$$\Delta_k = \sum\int(\overline{F}_N\epsilon + \overline{F}_Q\gamma + \overline{M}\kappa)\mathrm{d}s - \sum\overline{F}_{Rn}c_n$$

式中有两组物理量。

一组是实际的位移和应变，包括拟求的实际位移 Δ_k，以及实际给定的支座位移 c_n 和应变 ϵ、γ、κ。

另一组是虚设的外力和由此发生的内力，包括虚设的与拟求位移 Δ_k 方向相应的单位荷载，以及由此发生的虚支反力 $\overline{F}_{Rn}$ 和虚内力 $\overline{F}_N$、$\overline{F}_Q$、$\overline{M}$。

2) 荷载作用下位移的计算公式

$$\Delta_k = \sum\int\frac{\overline{F}_N F_{NP}}{EA}\mathrm{d}s + \sum\int\frac{k\overline{F}_Q F_{QP}}{GA}\mathrm{d}s + \sum\int\frac{\overline{M}M_P}{EI}\mathrm{d}s$$

式中有两套内力，F_{NP}、F_{QP}、M_P 表示结构由于实际荷载产生的内力；$\overline{F}_N$、$\overline{F}_Q$、$\overline{M}$ 表示结构由于虚设的单位荷载产生的内力。

对于梁和刚架而言，位移计算公式可简化为：$\Delta_k = \sum\int\frac{\overline{M}M_P}{EI}\mathrm{d}s$。

对于桁架而言，位移计算公式简化为：$\Delta_k = \sum\int\frac{\overline{F}_N F_{NP}}{EA}\mathrm{d}s = \sum\frac{\overline{F}_N F_{NP}}{EA}\int\mathrm{d}s = \sum\frac{\overline{F}_N F_{NP} l}{EA}$。

对于组合结构，梁式杆只考虑弯曲变形的影响，链杆只考虑轴向变形的影响，位移计算公式为：$\Delta_k = \sum\int\frac{\overline{M}M_P}{EI}\mathrm{d}s + \sum\frac{\overline{F}_N F_{NP} l}{EA}$。

对于拱，一般只考虑弯曲变形的影响，即 $\Delta_k = \sum\int\frac{\overline{M}M_P}{EI}\mathrm{d}s + \sum\int\frac{\overline{F}_N F_{NP}}{EA}\mathrm{d}s$。

3) 支座移动时位移的计算公式

$$\Delta = -\sum\overline{F}_{Rn}c_n$$

若求得的位移 Δ 为正值，说明位移的实际方向和虚设单位荷载的方向一致。

4) 温度变化时位移的计算公式

$$\Delta = \sum \alpha t_0 \int \overline{F}_N ds + \sum \frac{\alpha \Delta t}{h} \int \overline{M} ds$$

当弯矩 $\overline{M}$ 和温差 Δt 引起的弯曲为同一方向时，其乘积取正值；否则取负。轴力 $\overline{F}_N$ 以拉伸为正，t_0 以升高为正。

5) 图乘法

在计算由弯曲变形引起的位移时，可采用图乘法进行计算。

(1) 图乘公式。

$$\Delta_k = \sum \frac{1}{EI} A y_0$$

需要注意的是：标距 y_0 应取自两个弯矩图中的直线图形；面积 A 与标距 y_0 在杆件的同一侧，乘积 $A y_0$ 取正；否则取负。

(2) 图乘法的适用条件。

杆轴为直线；EI 为常数；$\overline{M}$ 与 M_P 两个弯矩图中至少有一个直线图形。

(3) 复杂弯矩图图乘的处理方法。

对于复杂弯矩图之间的图乘，应按照对弯矩图分段或分块后使其满足图乘条件后再相乘的方式来处理。

思 考 题

4-1 产生位移的因素有哪些？位移一般分为几类？
4-2 何为线弹性体系？
4-3 试说明实功与虚功的区别。
4-4 刚体体系的虚功原理和变形体系的虚功原理有何区别和联系？
4-5 试说明虚位移原理和虚力原理的区别。
4-6 试说明静定结构位移计算的一般公式中各物理量的含义。
4-7 不同的结构形式在荷载作用下，静定结构位移计算公式有哪些简化？
4-8 图乘法的应用条件及注意点是什么？
4-9 图乘法能在拱结构或连续变截面梁上应用吗？
4-10 温度变化引起的位移计算公式中，如何确定各项的正负号？
4-11 线弹性体系互等定理中的互等指的是什么？

习 题

4-1 试利用虚位移原理求图 4.34 所示结构的支反力 F_{Cy} 和内力 F_{QC}^l、M_C。
4-2 试利用虚位移原理求图 4.35 所示结构的支反力 F_{By} 和内力 M_C。
4-3 试用虚力原理求图 4.36 所示结构 B 点的水平位移和竖向位移，设支座 A 向左移动 1cm，支座 C 向下移动 2cm。

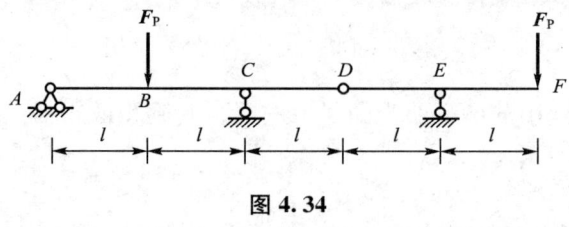

图 4.34

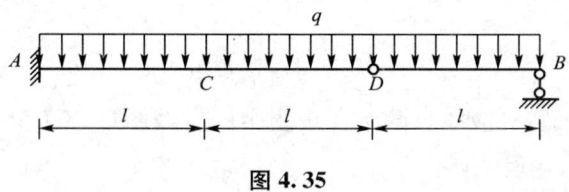

图 4.35

4-4 试用虚力原理求图 4.37 所示结构 C 点的水平位移和竖向位移，设支座 B 向右移动 1cm。

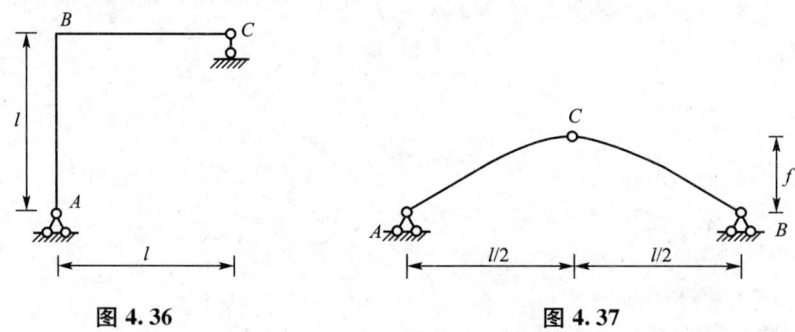

图 4.36　　　　　　　图 4.37

4-5 试用积分法求图 4.38 所示结构 B 点的竖向位移和 C 点的转角。

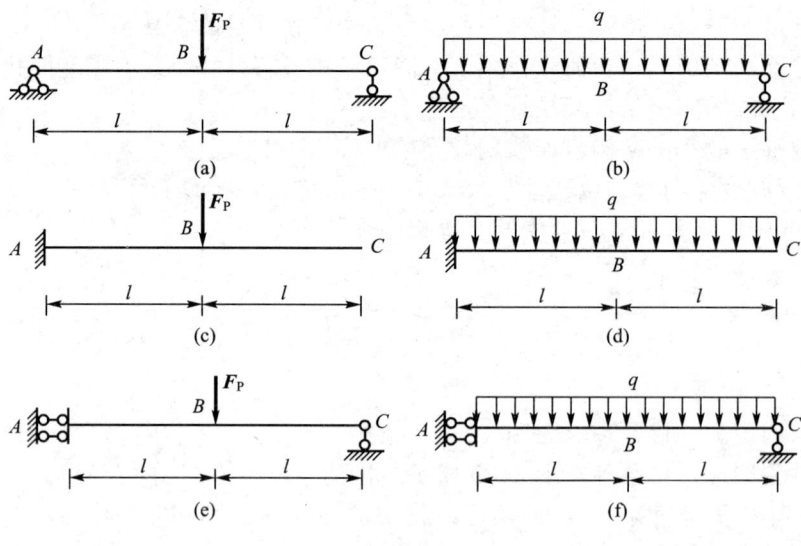

图 4.38

4-6　试用积分法求图 4.39 所示结构 C 点的竖向位移、水平位移和转角。

4-7　试用积分法求图 4.40 所示结构 D 点的水平位移。

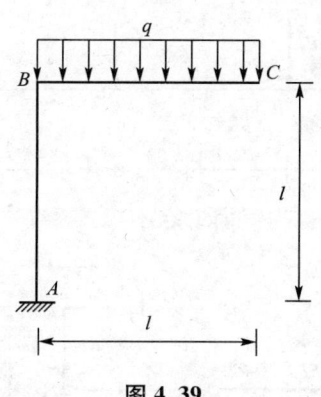

图 4.39

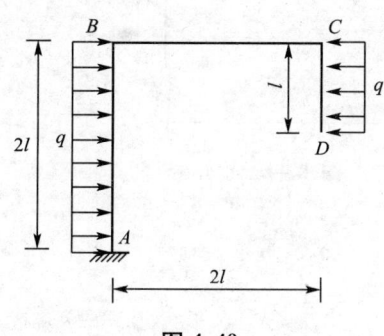

图 4.40

4-8　试求图 4.41 所示半圆曲梁 B 端的水平位移，忽略剪力和轴力的影响。

4-9　试求图 4.42 所示桁架下弦中间结点的挠度。设各杆的截面面积 $A=144\text{cm}^2$，$E=8.5\text{GPa}$。

4-10　试求图 4.43 所示桁架 F 点的水平位移，设各杆的 EA 为常数。

4-11　试用图乘法解习题 4-5。

4-12　试用图乘法解习题 4-6。

4-13　试用图乘法解习题 4-7。

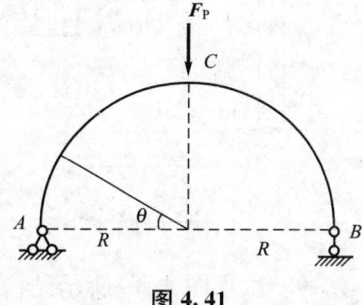

图 4.41

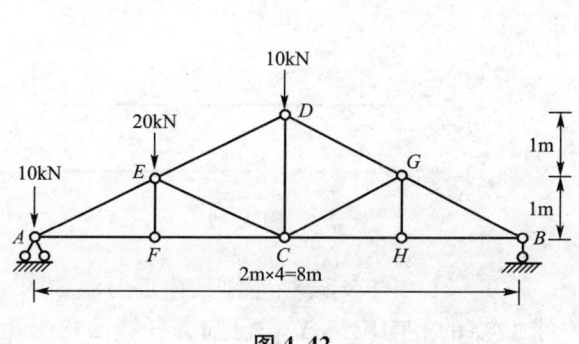

图 4.42

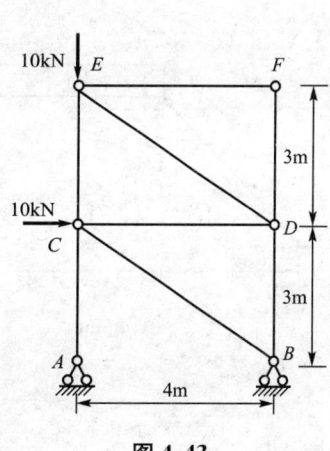

图 4.43

4-14　试求图 4.44 所示三铰刚架 C 点的竖向位移。

4-15　试求图 4.45 所示简支梁的跨中挠度。

4-16　试求图 4.46 所示刚架 B 点与 D 点的水平相对位移。

4-17　试求图 4.47 所示组合结构 A 支座的水平位移。

4-18　试求图 4.48 所示刚架 C 端的竖向位移。

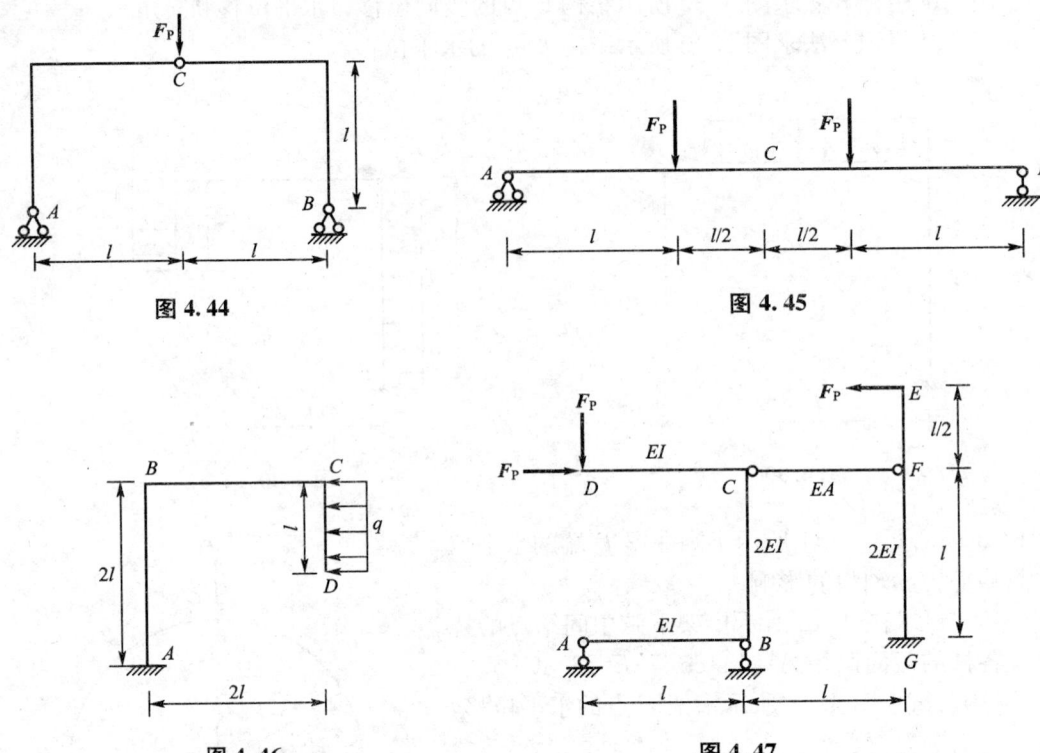

图 4.44　　　　　　　　　图 4.45

图 4.46　　　　　　　　　图 4.47

4-19　试求图 4.49 所示结构 C 点的挠度 Δ_C，EI 为常数，弹簧的刚度系数为 k。

4-20　试求图 4.50 所示结构 B 点的挠度 Δ_B，EI 为常数，弹簧的刚度系数为 k。

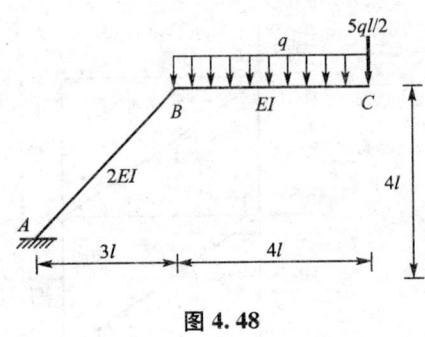

图 4.48

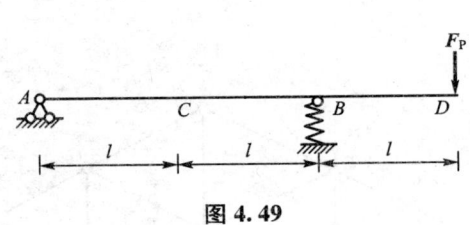

图 4.49

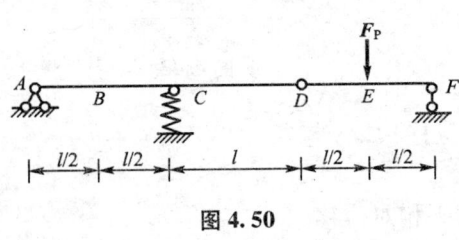

图 4.50

4-21　图 4.51 所示刚架内部升温 30℃，试求 C 点的竖向位移 Δ_C，已知各杆截面均为矩形，且截面高度相同。

4-22　图 4.52 所示桁架中，AD 杆的温度上升 t℃，试求 C 点的竖向位移 Δ_C。

4-23　试求图 4.53 所示结构 A、B 截面的相对转角。

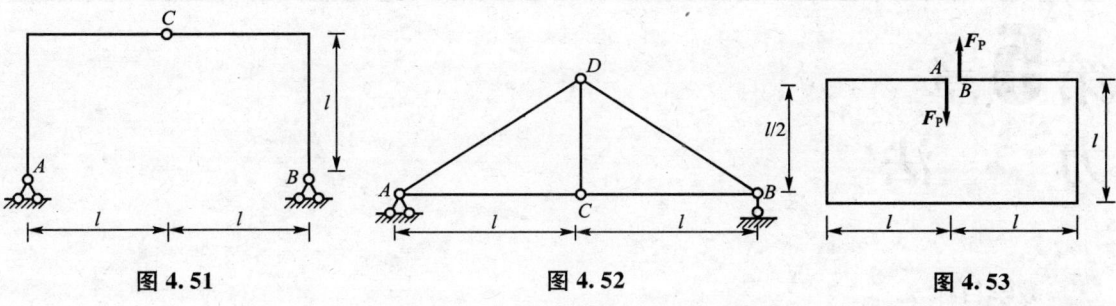

图 4.51　　　　　　　图 4.52　　　　　　　图 4.53

第5章 力　　法

教学目标

掌握力法的基本原理
掌握利用力法计算超静定结构在荷载、支座移动、温度变化作用下的内力
掌握利用对称性计算的简化方法
了解超静定结构位移计算方法

教学要求

知识要点	能力要求	相关知识
超静定结构	(1) 了解超静定结构的概念 (2) 掌握超静定次数的确定	几何不变体系 多余约束
力法基本原理	(1) 理解基本体系、基本结构、基本未知量与基本方程的概念 (2) 理解力法典型方程的建立 (3) 理解力法计算步骤 (4) 掌握荷载作用下、支座移动和温度改变时超静定结构的内力计算 (5) 掌握对称结构的简化计算	图乘法 多余约束 矩阵 对称结构
超静定结构位移计算	(1) 了解超静定结构位移计算原理 (2) 了解超静定结构位移计算方法	虚设单位荷载法

引言

　　力法是计算超静定结构的基本方法，其基本思路是把超静定结构的计算问题转化为静定结构的计算问题。本章主要讨论超静定结构的基本概念，力法的基本原理，荷载与非荷载因素下超静定结构的内力计算，以及超静定结构的位移计算问题。其中，荷载作用下超静定结构的内力计算是学习重点，利用对称结构的特点能够起到简化计算的作用。

5.1　概　　述

　　前面几章介绍了静定结构的内力分析及位移计算方法，从本章开始讨论超静定结构的

计算问题。

超静定结构的内力计算与静定结构不同，必须要同时考虑静力平衡条件和变形协调条件才能求解。其基本计算方法包括力法和位移法。

力法是以多余约束力作为基本未知量，将变形或位移表示为基本未知量的函数，利用变形协调条件建立补充方程，进而求解结构的内力，又称为柔度法。它可用于分析各种类型的超静定结构，如超静定梁、桁架、刚架、拱及组合结构等。

1. 超静定结构的概念

图 5.1(a)所示悬臂梁是无多余约束的几何不变体系，其支反力和内力可以利用静力平衡条件唯一确定，故它是静定结构。图 5.1(b)所示结构是具有一个多余约束的几何不变体系，共有 4 个未知支反力，利用独立的 3 个静力平衡方程不能求出全部的支反力，也不能求解结构全部内力，故它是超静定结构。

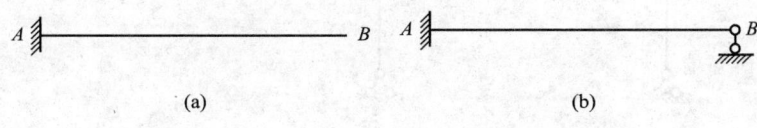

图 5.1

从几何组成分析来看，静定结构和超静定结构都是几何不变体系，区别在于前者没有多余约束，后者具有多余约束。从静力分析来看，仅由静力平衡条件就可求解全部内力的是静定结构，必须要同时考虑变形协调条件才能求解全部内力的是超静定结构。因此，具有多余约束且无法根据静力平衡条件求解结构的全部内力，是超静定结构区别于静定结构的基本特点。

2. 超静定次数的确定

从几何组成分析的角度出发，超静定次数就是超静定结构多余约束的个数；从静力分析的角度出发，超静定次数就是利用静力平衡条件求解结构支反力和内力所缺少的方程数目，即多余未知力的数目。

确定超静定次数时，可将超静定结构中的多余约束去掉，变为相应的静定结构，去掉多余约束的数目即为原结构的超静定次数。

在超静定结构上去掉多余约束的基本方式，通常有如下几种。

(1) 去掉一个多余约束：去掉一个支座支杆、切断一根链杆、将刚结点改为单铰、在梁式杆加一单铰或将固定端改为铰支座，如图 5.2 所示。

(2) 去掉两个多余约束：去掉一个单铰、去掉一个铰支座或去掉一个定向支座，如图 5.3 所示。

(3) 去掉 3 个多余约束：去掉一个固定端或切断一根梁式杆，如图 5.4 所示。

应用上述去掉多余约束的方式，不难确定任何超静定结构的超静定次数。需要注意的是，对于同一结构，可采用各种不同的方式去掉多余约束而得到不同的静定结构，但去掉多余约束的数目总是相同的。例如，图 5.2(a)与图 5.2(e)所示的超静定结构是相同的，可分别采用去掉滚轴支座或将固定端改为铰支座的方式变成静定结构，由于去除的约束是一个，故结构的超静定次数为一次。超静定次数是结构自身的特征，不因去除多余约束的

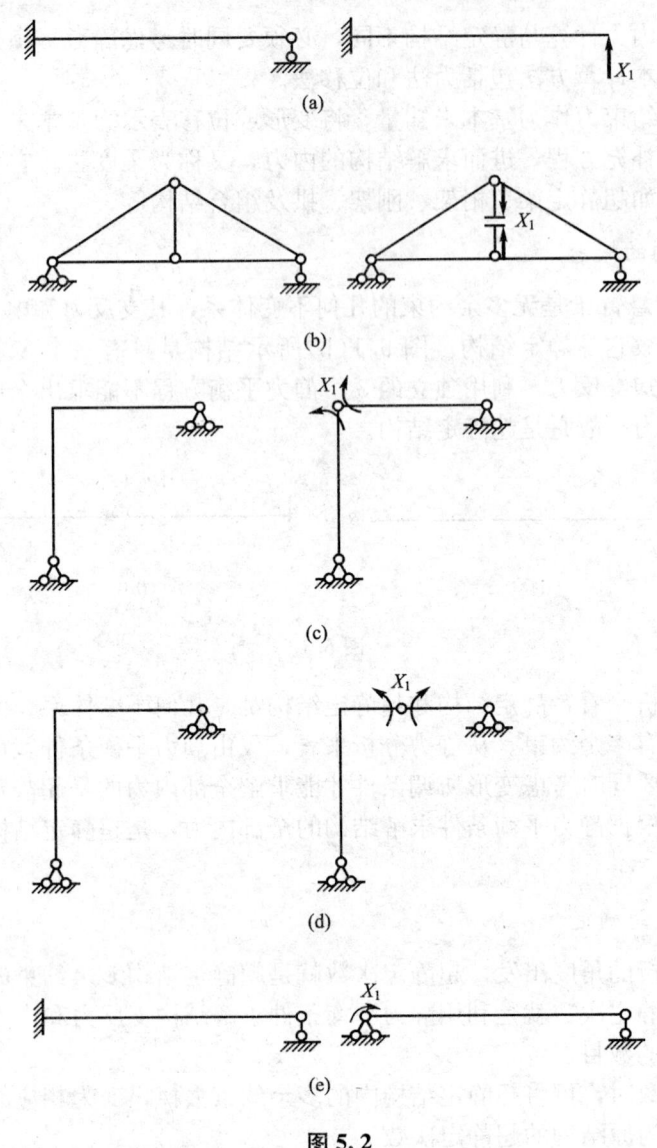

图 5.2

方式不同而变化。

在去除多余约束的过程中，还应注意不能将原结构变成一个几何可变体系。例如，图 5.5 (a)可采用去掉任一滚轴支座的方式将原结构变成静定结构，但若采用图 5.5(b)的方式将水平支杆去掉，则原结构变成几何可变体系，这种去除多余约束的方式不能用作求解超静定结构。

此外，需要去除包括内部结构的多余约束在内的全部约束。图 5.6(a)所示的超静定结构，按照图 5.6(b)所示方式去掉一个水平支杆，则上部结构仍含 3 个多余约束。故需再切断一个上部结构的梁式杆，如图 5.6(c)所示，原结构共有 4 个多余约束。

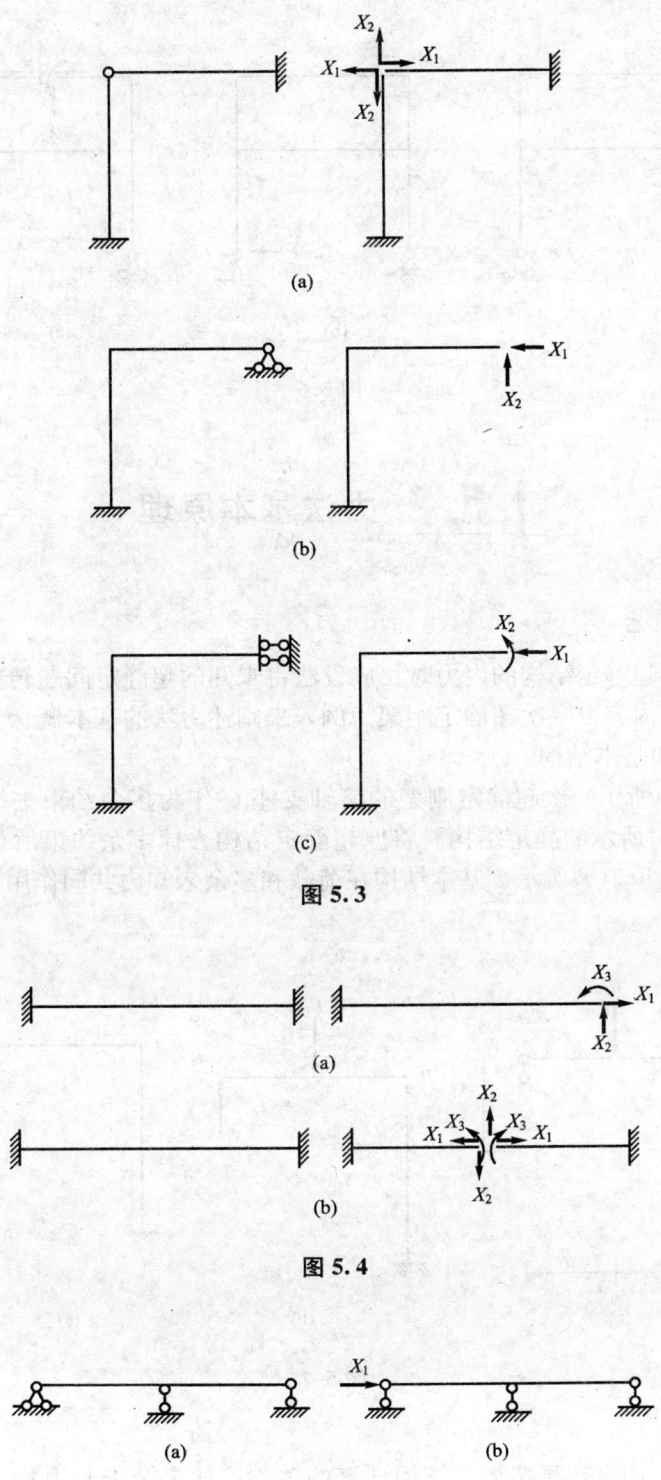

图 5.3

图 5.4

图 5.5

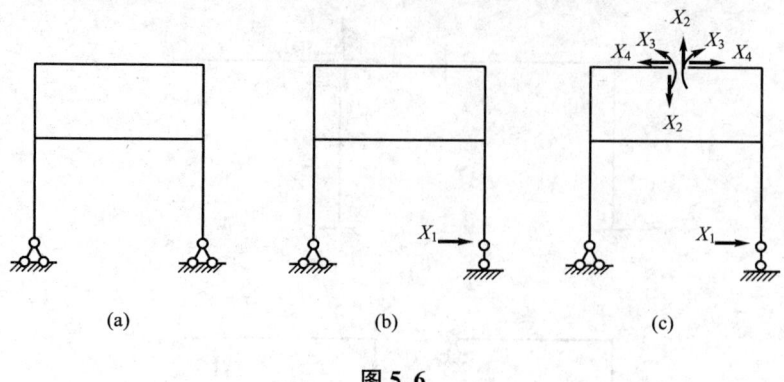

图 5.6

5.2 力法基本原理

1. 力法基本概念

利用力法求解超静定结构的内力时，应设法将未知的超静定问题转换为已知的静定问题来解决。本部分内容以一次超静定刚架为例，来阐述力法的基本概念。

1）基本体系和基本结构

若将图 5.7(a)所示一次超静定刚架的滚轴支座 C 作为多余约束去掉，并代以未知力 X_1，得到图 5.7(b)所示的静定结构。将原超静定结构去掉多余约束后得到的静定结构称为基本结构，如图 5.7(c)所示。基本结构在荷载和多余未知力共同作用下的体系称为力法的基本体系。

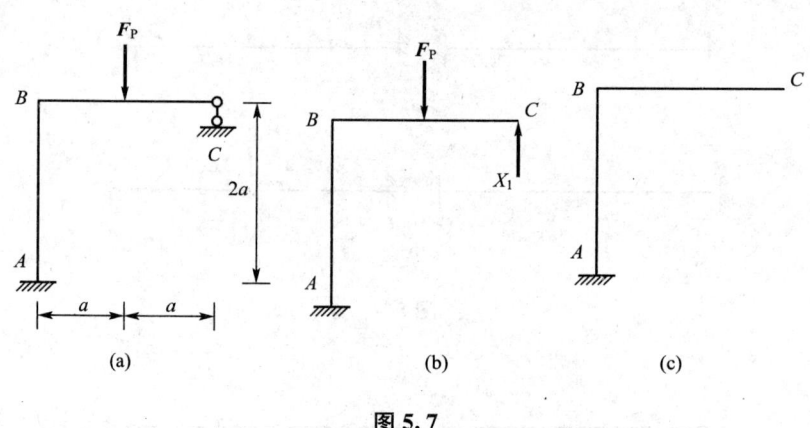

图 5.7

2）基本未知量

多余未知力 X_1 的求解是超静定结构计算的关键，该多余未知力称为基本未知量。在力法中，不是将全部未知力同等看待，而是将基本未知量 X_1 的求解作为计算超静定结构最关键一步。基本未知量的数值确定后，其余未知力和内力的数值可以据此确定。

3) 基本方程

为确定多余未知力 X_1 的数值，必须考虑变形协调条件。原超静定结构在支座 C 处的竖向位移 Δ_1 等于零。故为使基本体系与原超静定结构的变形一致，应使基本体系在 C 处的竖向位移 Δ_1 也等于零，即

$$\Delta_1 = 0 \tag{a}$$

这就是确定未知力 X_1 的变形协调条件，也称位移协调条件。

设以 Δ_{1P} 和 Δ_{11} 分别表示基本结构在荷载 F_P 和多余未知力 X_1 单独作用时，C 点沿 X_1 方向的位移，其符号均以沿 X_1 方向为正，如图 5.8(a)、(b)所示。Δ_{ij} 的下标 i 表示产生位移的地点和方向，下标 j 表示产生位移的原因。根据叠加原理，式(a)可表达为

$$\Delta_1 = \Delta_{1P} + \Delta_{11} = 0 \tag{b}$$

若以 δ_{11} 表示 $X_1 = 1$ 作用于基本结构上，C 点沿 X_1 方向的位移，如图 5.8(c)所示，则式(b)可表达为

$$\delta_{11} X_1 + \Delta_{1P} = 0 \tag{c}$$

δ_{11} 和 Δ_{1P} 是静定结构在荷载作用下的位移，可利用结构位移计算公式或图乘法求得，故 X_1 可由式(c)求得，该方程称为一次超静定结构的力法基本方程。

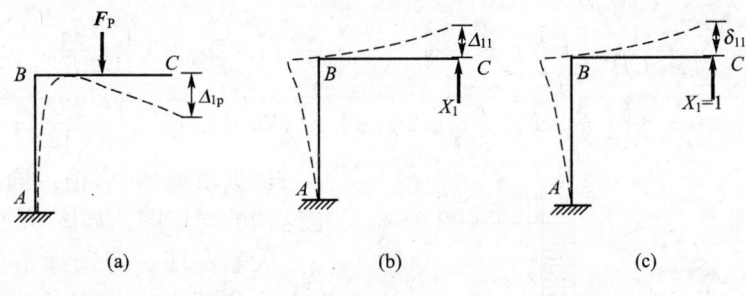

图 5.8

下面利用图乘法计算 δ_{11} 和 Δ_{1P}。分别绘制在 $X_1 = 1$ 和 F_P 单独作用下基本结构的弯矩图，如图 5.9(a)、(b)所示。

计算 δ_{11} 时，利用 $\overline{M}_1$ 图乘 $\overline{M}_1$ 图可得

$$\delta_{11} = \frac{1}{EI} \times \left[\left(\frac{1}{2} \times 2a \times 2a \right) \times \frac{2}{3} \times 2a + (2a \times 2a) \times 2a \right] = \frac{32a^3}{3EI}$$

计算 Δ_{1P} 时，利用 $\overline{M}_1$ 图乘 M_P 图可得

$$\Delta_{1P} = -\frac{1}{EI} \times \left[\left(\frac{1}{2} \times F_P a \times a \right) \times \frac{5}{6} \times 2a + (F_P a \times 2a) \times 2a \right] = -\frac{29 F_P a^3}{6EI}$$

将 δ_{11} 和 Δ_{1P} 的值代入式(c)，可求得

$$X_1 = \frac{29}{64} F_P (\uparrow)$$

多余未知力 X_1 求出后，其余支反力和内力皆可根据静力平衡条件求解。绘制超静定结构的弯矩图，可利用 $\overline{M}_1$ 图和 M_P 图叠加而成，即

$$M = \overline{M}_1 X_1 + M_P \tag{d}$$

利用这种叠加方法绘制的弯矩图既是基本体系的弯矩图，也是超静定结构的弯矩图，

如图 5.9(c)所示。这是由于此时基本体系与原超静定结构的受力、变形和位移情况完全相同，二者是等价的。

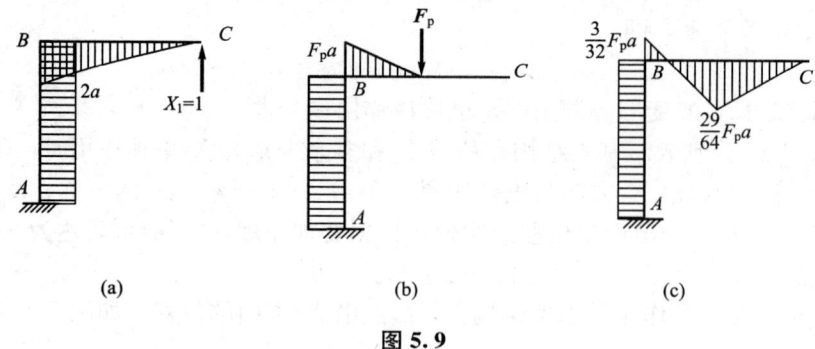

图 5.9

📖**提示**：图 5.7(a)所示超静定刚架，也可利用图 5.10(a)所示基本体系进行求解，图 5.10(b)为基本体系的 $\overline{M}_1$ 图。此时，与 X_1 相对应的位移 Δ_1 是 A 截面的角位移。部分求解过程如下。

$$\delta_{11} = \frac{1}{EI} \times \left[\left(\frac{1}{2} \times 1 \times 2a\right) \times \frac{2}{3} \times 1 + (1 \times 2a) \times 1 \right] = \frac{8a}{3EI}$$

$$\Delta_{1P} = \frac{1}{EI} \times \left[\left(\frac{1}{2} \times F_P a \times a\right) \times \frac{5}{6} \times 1 + (F_P a \times 2a) \times 1 \right] = \frac{29F_P a^2}{12EI}$$

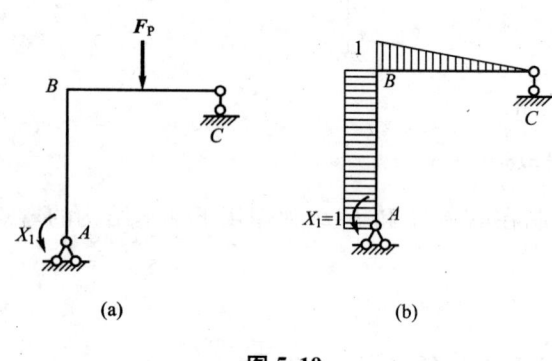

图 5.10

根据求解的 X_1 值，同样可绘制超静定结构的弯矩图，如图 5.9(c)所示。

大家发现，当选择不同的基本体系时，力法基本方程中各项系数的计算是不同的。

4) 力法的基本特点

从上述求解过程，可以归纳出力法的基本特点：以多余未知力作为基本未知量，以去掉多余约束后的静定结构作为基本结构，根据基本体系与原超静定结构在去掉多余约束处的变形协调条件，先将多余未知力求出，再由静力平衡条件求解其他支反力和内力。

2. 力法典型方程

前面以一次超静定结构为例说明了力法的基本概念，建立了力法方程，该方程可用于求解各种类型的一次超静定结构。对于不同的结构，方程在形式上是相同的，只是由于变形协调条件不同而导致方程中各项系数的求解有所不同。下面以一个二次超静定刚架为例，说明如何建立二次超静定结构的力法方程；再进一步推及 n 次超静定结构的求解，即得到力法典型方程。

1) 二次超静定结构的求解

图 5.11(a)所示为一个二次超静定刚架，采用力法分析时，需去掉两个多余约束。若

采用图 5.11(b)所示静定结构作为基本体系，考虑到原结构与基本体系的变形协调条件，基本体系在 A、D 截面处的角位移均为零，即

$$\left.\begin{array}{l}\Delta_1=0\\ \Delta_2=0\end{array}\right\} \tag{e}$$

上式中，Δ_1 为 A 截面处的角位移，Δ_2 为 D 截面处的角位移。

设多余未知力 $X_1=1$、$X_2=1$ 和荷载 F_P 分别作用于基本结构上，A 截面的角位移分别为 δ_{11}、δ_{12} 和 Δ_{1P}，D 截面的角位移分别为 δ_{21}、δ_{22} 和 Δ_{2P}，根据叠加原理，变形协调条件可表达为

$$\left.\begin{array}{l}\Delta_1=\delta_{11}X_1+\delta_{12}X_2+\Delta_{1P}=0\\ \Delta_2=\delta_{21}X_1+\delta_{22}X_2+\Delta_{2P}=0\end{array}\right\} \tag{f}$$

该联立方程称为二次超静定结构的力法基本方程。通过求解联立方程，便可求出多余未知力，进而计算出超静定结构的其他支反力和内力。

📖**提示：** 图 5.11(a)所示为二次超静定刚架，也可按其他方式选择基本结构和基本体系，比如，可以将中间铰去掉，代以两对水平力和竖向力。此时，力法方程中的系数所代表的物理意义是不同的。

2）n 次超静定结构的求解

对于 n 次超静定结构的一般情形，力法的基本未知量是 n 个多余未知力 X_1，X_2，$\cdots$，X_n，每一个多余未知力对

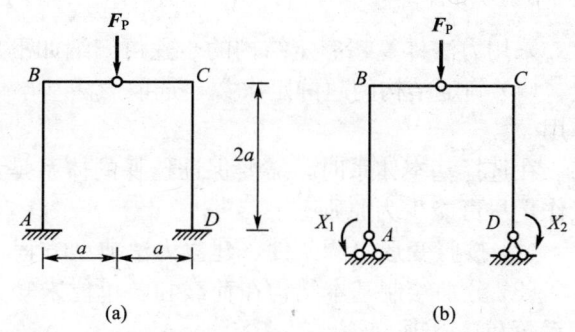

图 5.11

应着一个多余约束，相应的有 n 个已知位移条件，可建立 n 个独立方程，从而可求解 n 个未知力。当原结构的已知位移条件为零时，力法方程可表达为

$$\left.\begin{array}{l}\delta_{11}X_1+\delta_{12}X_2+\cdots+\delta_{1n}X_n+\Delta_{1P}=0\\ \delta_{21}X_1+\delta_{22}X_2+\cdots+\delta_{2n}X_n+\Delta_{2P}=0\\ \cdots\\ \delta_{n1}X_1+\delta_{n2}X_2+\cdots+\delta_{nn}X_n+\Delta_{nP}=0\end{array}\right\} \tag{5-1}$$

该联立方程组是 n 次超静定结构在荷载作用下力法方程的一般形式，不论结构是什么形式，结构的基本体系和基本未知量如何选取，力法方程的形式都是相同的，故又称为力法典型方程。

式(5-1)中，系数 δ_{ij} 称为柔度系数，表示单位力 $X_j=1$ 单独作用时沿 X_i 方向的位移。根据位移互等定理，可知 $\delta_{ij}=\delta_{ji}$。当 $j=i$ 时，系数 δ_{ii} 称为主系数，其值恒为正，且不为零；当 $j\neq i$ 时，系数 δ_{ij} 称为副系数。系数 Δ_{iP} 称为自由项，表示荷载 F_P 单独作用时沿 X_i 方向的位移。副系数和自由项的值可为正、负或零。

式(5-1)可用矩阵表示为

$$\begin{bmatrix}\delta_{11} & \delta_{12} & \cdots & \delta_{1n}\\ \delta_{21} & \delta_{22} & \cdots & \delta_{2n}\\ \vdots & \vdots & & \vdots\\ \delta_{n1} & \delta_{n2} & \cdots & \delta_{nn}\end{bmatrix}\begin{Bmatrix}X_1\\ X_2\\ \vdots\\ X_n\end{Bmatrix}+\begin{Bmatrix}\Delta_{1P}\\ \Delta_{2P}\\ \vdots\\ \Delta_{nP}\end{Bmatrix}=\begin{Bmatrix}0\\ 0\\ \vdots\\ 0\end{Bmatrix} \tag{5-2}$$

式中，由柔度系数构成的矩阵称为柔度矩阵，该矩阵是一个对称矩阵，故力法方程也称为柔度方程，力法也称为柔度法。

当柔度系数和自由项求出后，可根据力法典型方程求解多余未知力 X_1，X_2，…，X_n，然后根据静力平衡条件或叠加原理，计算结构内力，绘制内力图。按叠加原理计算内力的公式为

$$\left.\begin{array}{l}M=\overline{M}_1 X_1+\overline{M}_2 X_2+\cdots+\overline{M}_n X_n+M_P \\ F_Q=\overline{F}_{Q1} X_1+\overline{F}_{Q2} X_2+\cdots+\overline{F}_{Qn} X_n+F_{QP} \\ F_N=\overline{F}_{N1} X_1+\overline{F}_{N2} X_2+\cdots+\overline{F}_{Nn} X_n+F_{NP}\end{array}\right\} \quad (5-3)$$

式中，$\overline{M}_i$、$\overline{F}_{Qi}$、$\overline{F}_{Ni}$ 分别是 $X_i=1$ 单独作用于基本结构上时产生的弯矩、剪力和轴力；M_P、F_{QP}、F_{NP} 分别是荷载 F_P 单独作用于基本结构上时产生的弯矩、剪力和轴力。

3. 力法计算步骤

采用力法计算超静定结构的步骤可归纳如下。

(1) 确定结构的超静定次数，选取力法基本体系，以多余未知力代替相应多余约束的作用。

在选择基本体系时，需要保证选择的体系是无多余约束的几何不变体系，且以使计算工作量尽可能少为原则。

(2) 按照变形协调条件，建立力法典型方程。

(3) 分别绘制基本结构在荷载和各单位未知力作用下的弯矩图，求解力法方程中的柔度系数和自由项。

(4) 根据典型方程，求解多余未知力。

(5) 按照式(5-3)求解结构内力，绘制内力图。

5.3 力法计算举例

不同类型的结构在荷载作用下，由于轴向变形、剪切变形和弯曲变形对位移的影响不同，故在计算力法典型方程中的柔度系数和自由项时，常采取考虑主要影响、忽略次要影响的原则，对系数计算进行简化。本节分别以荷载作用下的超静定梁、刚架、排架、桁架、组合结构和拱为例，说明力法计算的基本方法。

1. 超静定梁和刚架计算

用力法计算超静定梁和刚架时，通常忽略剪力和轴力对位移的影响，其柔度系数和自由项可按下列公式计算。

$$\delta_{ii} = \sum \int \frac{\overline{M}_i^2}{EI} \mathrm{d}s \quad (5-4)$$

$$\delta_{ij} = \delta_{ji} = \sum \int \frac{\overline{M}_i \overline{M}_j}{EI} \mathrm{d}s \quad (5-5)$$

$$\Delta_{iP} = \sum \int \frac{\overline{M}_i M_P}{EI} \mathrm{d}s \quad (5-6)$$

例题 5.1 试绘制图 5.12(a)所示多跨超静定梁的内力图。

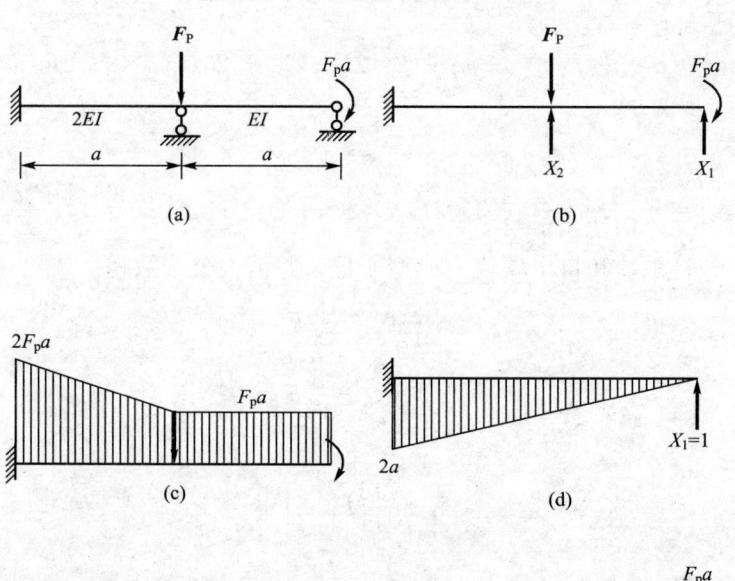

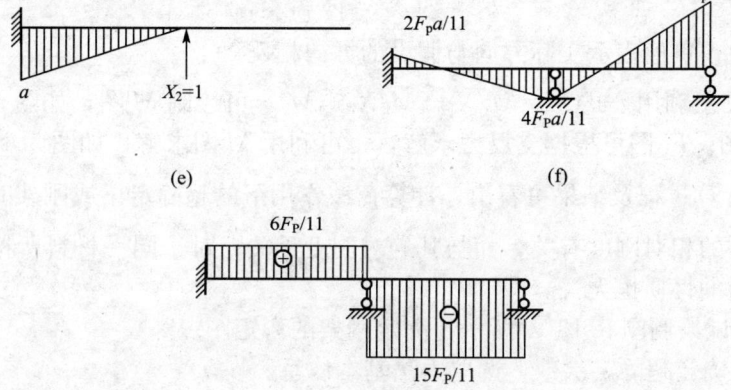

图 5.12

【解】：(1) 确定超静定次数，选取力法基本体系。

根据几何构造分析，该多跨梁为二次超静定结构，取基本体系如图 5.12(b)所示。

(2) 建立力法典型方程。根据变形协调条件，可建立如下方程。

$$\left.\begin{array}{l}\delta_{11}X_1+\delta_{12}X_2+\Delta_{1P}=0\\ \delta_{21}X_1+\delta_{22}X_2+\Delta_{2P}=0\end{array}\right\}$$

(3) 求解柔度系数和自由项。只考虑弯曲变形的影响，分别绘制基本结构在荷载与单位力作用下的弯矩图，如图 5.12(c)、(d)、(e)所示。利用图乘法计算系数和自由项如下。

$$\delta_{11}=\left(\frac{1}{EI}-\frac{1}{2EI}\right)\times\left(\frac{1}{2}\times a\times a\times\frac{2}{3}a\right)+\frac{1}{2EI}\times\left(\frac{1}{2}\times 2a\times 2a\times\frac{2}{3}\times 2a\right)=\frac{3a^3}{2EI}$$

$$\delta_{22}=\frac{1}{2EI}\times\left(\frac{1}{2}\times a\times a\times\frac{2}{3}a\right)=\frac{a^3}{6EI}$$

$$\delta_{12}=\delta_{21}=\frac{1}{2EI}\times\left(\frac{1}{2}\times a\times a\times\frac{5}{6}\times 2a\right)=\frac{5a^3}{12EI}$$

$$\Delta_{1P}=-\frac{1}{EI}\times\left(\frac{1}{2}\times a\times a\times F_Pa\right)-\frac{1}{2EI}\frac{a}{6}(2\times 2F_Pa\times 2a+2\times F_Pa\times a+2F_Pa\times a+F_Pa\times 2a)$$

$$=-\frac{5F_Pa^3}{3EI}$$

$$\Delta_{2P}=-\frac{1}{2EI}\times\frac{a}{6}\times(2\times 2F_Pa\times a+0+0+F_Pa\times a)=-\frac{5F_Pa^3}{12EI}$$

（4）解方程。将系数和自由项代入典型方程，并消去公约数得

$$\left.\begin{array}{l}\dfrac{3}{2}X_1+\dfrac{5}{12}X_2-\dfrac{5}{3}F_P=0\\[2mm] \dfrac{5}{12}X_1+\dfrac{1}{6}X_2-\dfrac{5}{12}F_P=0\end{array}\right\}$$

解得

$$\left.\begin{array}{l}X_1=\dfrac{15}{11}F_P\\[2mm] X_2=-\dfrac{10}{11}F_P\end{array}\right\}$$

计算结果中，负值表示实际方向与假设的方向相反。

（5）作 M 图。利用公式 $M=\overline{M}_1X_1+\overline{M}_2X_2+M_P$，可绘制 M 图，如图 5.12(f) 所示。

（6）作 F_Q 图。F_Q 图可根据支反力求解，也可利用 M 图求解，如图 5.12(g) 所示。

提示：由计算过程及结果可看出，计算荷载作用下的超静定梁或刚架时，多余未知力的大小只与杆件的相对刚度有关，而与其绝对刚度无关；对于同一材料所构成的结构，多余未知力与材料的性质也无关。

例题 5.2 试绘制图 5.13(a) 所示超静定刚架的弯矩图。

【解】：（1）确定超静定次数，选取力法基本体系。

该刚架为二次超静定结构，取基本体系如图 5.13(b) 所示。

（2）建立力法典型方程。根据变形协调条件，可建立如下方程。

$$\left.\begin{array}{l}\delta_{11}X_1+\delta_{12}X_2+\Delta_{1P}=0\\ \delta_{21}X_1+\delta_{22}X_2+\Delta_{2P}=0\end{array}\right\}$$

（3）求解柔度系数和自由项。只考虑弯曲变形的影响，分别绘制基本结构在荷载与单位力作用下的弯矩图，如图 5.13(c)、(d)、(e) 所示。利用图乘法计算系数和自由项如下。

$$\delta_{11}=\frac{1}{EI}\left(\frac{1}{2}\times 2a\times 2a\times\frac{2}{3}\times 2a+2a\times 2a\times 2a\right)=\frac{32a^3}{3EI}$$

$$\delta_{22}=\frac{1}{EI}\times\left[\frac{1}{2}\times a\times a\times\frac{2}{3}a+a\times 2a\times a+\frac{2a}{6}(2\times a\times a+2\times a\times a-a\times a-a\times a)\right]=\frac{3a^3}{EI}$$

$$\delta_{12}=\delta_{21}=\frac{1}{EI}\times\left(\frac{1}{2}\times 2a\times 2a\times a\right)=\frac{2a^3}{EI}$$

$$\Delta_{1P}=-\frac{1}{EI}\times\left(\frac{1}{2}\times F_Pa\times a\times\frac{5}{6}\times 2a+F_Pa\times 2a\times 2a\right)=-\frac{29F_Pa^3}{6EI}$$

$$\Delta_{2P}=-\frac{1}{EI}\left(\frac{1}{2}\times F_Pa\times a\times a\right)=-\frac{F_Pa^3}{2EI}$$

(4) 解方程。将系数和自由项代入典型方程，得

$$\left.\begin{array}{r}\dfrac{32}{3}X_1+2X_2-\dfrac{29}{6}F_P=0\\[2mm] 2X_1+3X_2-\dfrac{1}{2}F_P=0\end{array}\right\}$$

解得

$$\left.\begin{array}{r}X_1=\dfrac{27}{56}F_P\\[2mm] X_2=-\dfrac{13}{84}F_P\end{array}\right\}$$

(5) 作 M 图。利用公式 $M=\overline{M}_1 X_1+\overline{M}_2 X_2+M_P$，可绘制 M 图，如图 5.13(f) 所示。

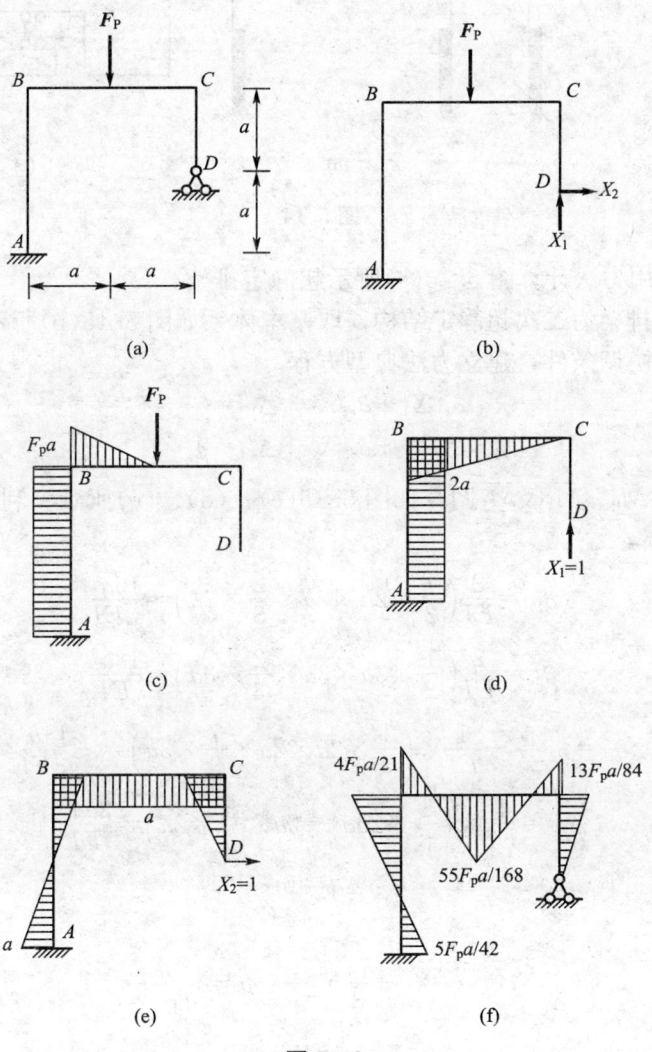

图 5.13

2. 超静定排架计算

排架结构是由屋架、柱和基础所组成，适合用于单层工业厂房。一般钢筋混凝土排架通常假定柱下端固定于基础顶面，柱上端与屋架铰结。计算柱子的内力时，通常将屋架视为一根无轴向变形、刚度为无穷大的刚性链杆，简称横梁。由于柱上常放置吊车梁，故柱子一般为变截面柱。

图 5.14(a)为一次超静定排架的计算简图。计算排架时，一般把横梁作为多余联系而切断，代之以多余未知力，利用切口两侧相对位移为零的条件建立力法方程，如图 5.14(b)所示。在横梁的切口处，实际只切断轴向约束，而与剪力、弯矩相应的两个约束仍保留，切口处详情如图 5.14(c)所示。

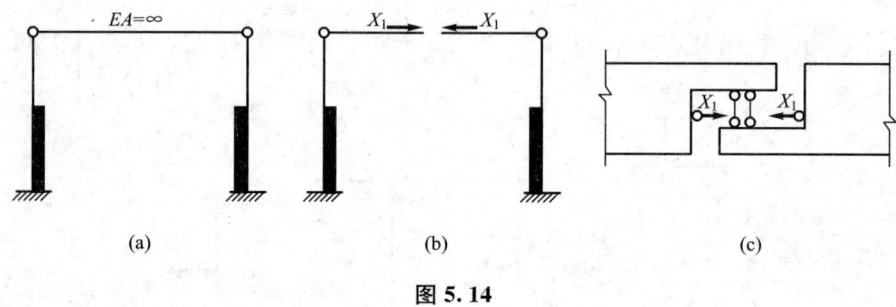

图 5.14

例题 5.3 试用力法计算图 5.15(a)所示超静定排架。

【解】：(1) 该排架为二次超静定结构，取基本体系如图 5.15(b)所示。

(2) 根据变形协调条件，建立力法典型方程。

$$\left.\begin{array}{l}\delta_{11}X_1+\delta_{12}X_2+\Delta_{1P}=0\\ \delta_{21}X_1+\delta_{22}X_2+\Delta_{2P}=0\end{array}\right\}$$

(3) 分别绘制 M_P、$\overline{M}_1$ 及 $\overline{M}_2$ 图，如图 5.15(c)、(d)、(e)所示。利用图乘法计算系数和自由项如下。

$$\delta_{11}=\frac{2}{EI}\left(\frac{1}{2}\times 2a\times 2a\times\frac{2}{3}\times 2a\right)=\frac{16a^3}{3EI}$$

$$\delta_{22}=\frac{2}{EI}\left(\frac{1}{2}\times 3a\times 3a\times\frac{2}{3}\times 3a\right)=\frac{18a^3}{EI}$$

$$\delta_{12}=\delta_{21}=-\frac{1}{EI}\times\left(\frac{1}{2}\times 2a\times 2a\times\frac{7}{9}\times 3a\right)=-\frac{14a^3}{3EI}$$

$$\Delta_{1P}=\frac{1}{EI}\times\left(\frac{1}{3}\times 2qa^2\times 2a\times\frac{3}{4}\times 2a\right)=\frac{2qa^4}{EI}$$

$$\Delta_{2P}=0$$

(4) 解方程。

$$\left.\begin{array}{l}\dfrac{16}{3}X_1-\dfrac{14}{3}X_2+2qa=0\\ -\dfrac{14}{3}X_1+18X_2=0\end{array}\right\}$$

解得

$$X_1 = -\frac{81}{167}qa \}$$
$$X_2 = -\frac{21}{167}qa \}$$

(5) 作 M 图，如图 5.15(f) 所示。

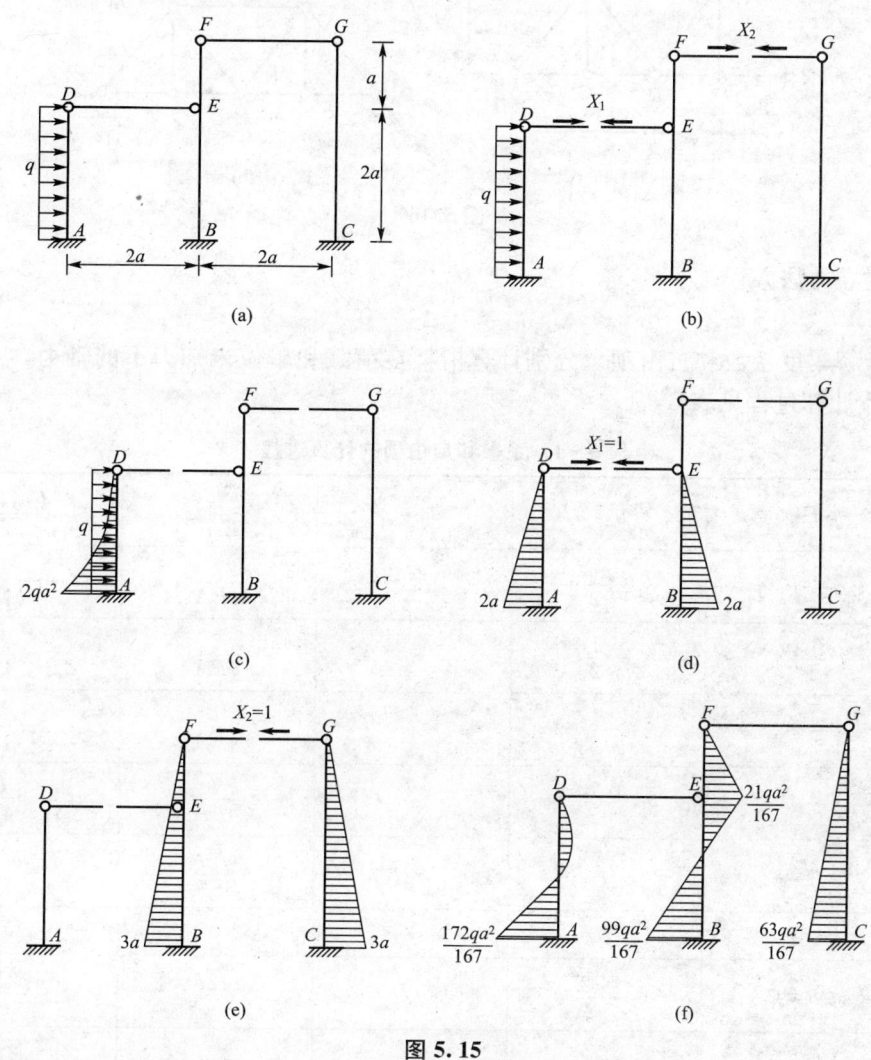

图 5.15

3. 超静定桁架计算

桁架中各杆只产生轴力，且一般情况下，各杆均为等截面直杆，抗拉刚度为常数，典型方程中的系数和自由项可按下列公式计算。

$$\delta_{ii} = \sum \frac{\overline{F}_{Ni}^2}{EA} l \tag{5-7}$$

$$\delta_{ij} = \delta_{ji} = \sum \frac{\overline{F}_{Ni}\,\overline{F}_{Nj}}{EA} l \tag{5-8}$$

$$\Delta_{iP} = \sum \frac{\overline{F}_{Ni} F_{NP}}{EA} l \tag{5-9}$$

例题 5.4 试用力法计算图 5.16(a)所示超静定桁架的内力。

【解】：(1) 该桁架为一次超静定结构，取基本体系如图 5.16(b)所示。

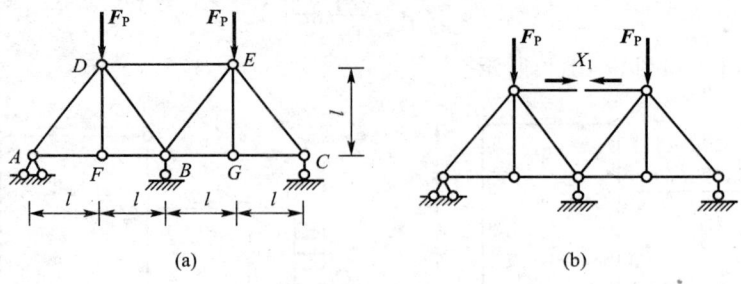

图 5.16

(2) 建立力法方程。

$$\delta_{11}X_1 + \Delta_{1P} = 0$$

(3) 求解柔度系数和自由项。分别计算桁架在荷载和单位未知力下的轴力，系数和自由项的具体计算过程见表 5-1。

表 5-1 系数和自由项的计算过程

杆件	F_{NP}	$\overline{F}_{N1}$	杆长	$\dfrac{\overline{F}_{N1}^2}{EA}l$	$\dfrac{\overline{F}_{N1}F_{NP}}{EA}l$
AF	$\dfrac{1}{2}F_P$	$-\dfrac{1}{2}$	l	$\dfrac{l}{4EA}$	$-\dfrac{F_P l}{4EA}$
FB	$\dfrac{1}{2}F_P$	$-\dfrac{1}{2}$	l	$\dfrac{l}{4EA}$	$-\dfrac{F_P l}{4EA}$
BG	$\dfrac{1}{2}F_P$	$-\dfrac{1}{2}$	l	$\dfrac{l}{4EA}$	$-\dfrac{F_P l}{4EA}$
GC	$\dfrac{1}{2}F_P$	$-\dfrac{1}{2}$	l	$\dfrac{l}{4EA}$	$-\dfrac{F_P l}{4EA}$
AD	$-\dfrac{\sqrt{2}}{2}F_P$	$\dfrac{\sqrt{2}}{2}$	$\sqrt{2}l$	$\dfrac{\sqrt{2}l}{2EA}$	$-\dfrac{\sqrt{2}F_P l}{2EA}$
DF	0	0	l	0	0
DB	$-\dfrac{\sqrt{2}}{2}F_P$	$-\dfrac{\sqrt{2}}{2}$	$\sqrt{2}l$	$\dfrac{\sqrt{2}l}{2EA}$	$\dfrac{\sqrt{2}F_P l}{2EA}$
BE	$-\dfrac{\sqrt{2}}{2}F_P$	$-\dfrac{\sqrt{2}}{2}$	$\sqrt{2}l$	$\dfrac{\sqrt{2}l}{2EA}$	$\dfrac{\sqrt{2}F_P l}{2EA}$
GE	0	0	l	0	0
CE	$-\dfrac{\sqrt{2}}{2}F_P$	$\dfrac{\sqrt{2}}{2}$	$\sqrt{2}l$	$\dfrac{\sqrt{2}l}{2EA}$	$-\dfrac{\sqrt{2}F_P l}{2EA}$
DE	0	1	$2l$	$\dfrac{2l}{EA}$	0

$$\delta_{11} = \sum \dfrac{\overline{F}_{N1}^2}{EA}l = \dfrac{3+2\sqrt{2}}{EA}l$$

$$\Delta_{1P} = \sum \dfrac{\overline{F}_{N1}F_{NP}}{EA}l = -\dfrac{F_P l}{EA}$$

(4) 解方程。将系数和自由项代入典型方程，得
$$X_1 = (3-2\sqrt{2})F_P$$

(5) 求结构轴力。利用公式 $F_N = \overline{F}_{N1}X_1 + F_{NP}$，可求得各杆轴力，见表 5-2。

表 5-2　各杆轴力

杆件	F_N	杆件	F_N	杆件	F_N
AF	$(\sqrt{2}-1)F_P$	AD	$(\sqrt{2}-2)F_P$	GE	0
FB	$(\sqrt{2}-1)F_P$	DF	0	CE	$(\sqrt{2}-2)F_P$
BG	$(\sqrt{2}-1)F_P$	DB	$(2-2\sqrt{2})F_P$	DE	$(3-2\sqrt{2})F_P$
GC	$(\sqrt{2}-1)F_P$	BE	$(2-2\sqrt{2})F_P$		

4. 超静定组合结构计算

组合结构通常由梁式杆和链杆组成。计算典型方程中的系数时，梁式杆只考虑弯矩的影响，链杆只考虑轴力的影响，计算公式为

$$\delta_{ii} = \sum \int \frac{\overline{M}_i^2}{EI} ds + \sum \frac{\overline{F}_{Ni}^2}{EA} l \tag{5-10}$$

$$\delta_{ij} = \delta_{ji} = \sum \int \frac{\overline{M}_i \overline{M}_j}{EI} ds + \sum \frac{\overline{F}_{Ni} \overline{F}_{Nj}}{EA} l \tag{5-11}$$

$$\Delta_{iP} = \sum \int \frac{\overline{M}_i M_P}{EI} ds + \sum \frac{\overline{F}_{Ni} F_{NP}}{EA} l \tag{5-12}$$

上面 3 个公式中，第一项为梁式杆引起的位移，第二项为链杆引起的位移。

例题 5.5　试计算图 5.17(a)所示超静定组合结构的内力，其中梁式杆刚度 EI、链杆刚度 $E_1 A$ 均为常数。

【解】：(1) 该组合结构为一次超静定结构，切断链杆 FG 并代以多余未知力 X_1，基本体系如图 5.17(b)所示。

(2) 建立力法典型方程。
$$\delta_{11} X_1 + \Delta_{1P} = 0$$

(3) 分别绘制基本结构在荷载与单位力作用下的弯矩、轴力图，如图 5.17(c)、(d)所示。

$$\delta_{11} = \frac{2}{EI}\left(\frac{1}{2} \times l \times l \times \frac{2}{3}l + l \times l \times l\right) + \frac{1}{E_1 A}\left[2 \times (-1)^2 \times l + 2 \times \sqrt{2}^2 \times \sqrt{2}l + 1^2 \times 2l\right]$$

$$= \frac{8l^3}{3EI} + \frac{(4+4\sqrt{2})l}{E_1 A}$$

$$\Delta_{1P} = -\frac{2}{EI} \times \left[\frac{1}{2} \times \frac{1}{2}F_P l \times l \times \frac{2}{3}l + \frac{1}{2}\left(\frac{1}{2}F_P l + F_P l\right) \times l \times l\right] = -\frac{11 F_P l^3}{6EI}$$

(4) 解方程，得
$$X_1 = \frac{11 F_P l^2}{16 l^2 + 24(1+\sqrt{2})EI/E_1 A}$$

(5) 利用公式 $M = \overline{M}_1 X_1 + M_P$ 作 M 图，利用 $F_N = \overline{F}_{N1} X_1 + F_{NP}$ 作 F_N 图，M、F_N 图略。

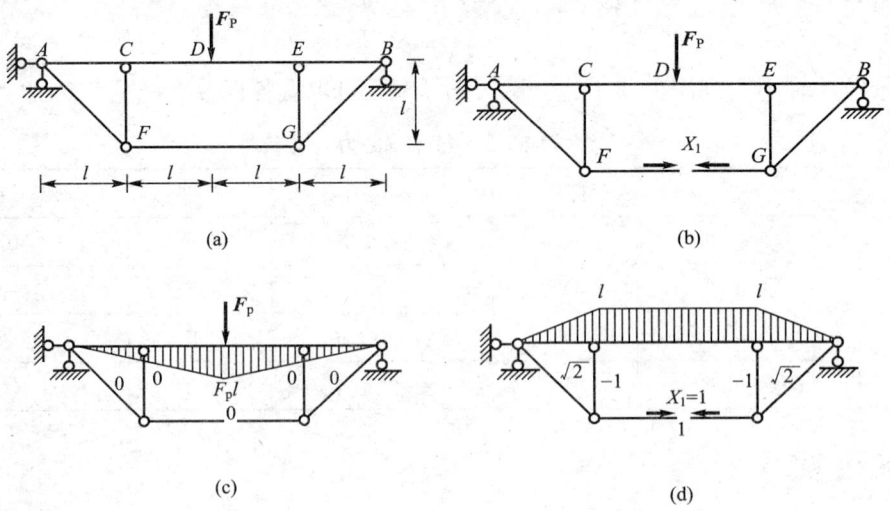

图 5.17

5. 超静定拱计算

拱在工程上应用较广，常用的超静定拱有无铰拱和两铰拱两种。由于超静定结构的内力与变形有关，故在计算超静定拱之前，须事先确定拱轴线方程和截面变化规律。本部分内容仅以两铰拱为例，说明如何利用力法计算超静定拱。

两铰拱是一次超静定结构，可选择简支曲梁作为基本结构，如图 5.18(a)、(b)所示。由于基本结构为曲梁，故求解典型方程系数时，应采用积分法而不能采用图乘法。一般情况下，两铰拱的计算可不考虑剪力和轴力的影响；对于较平的扁拱且截面较厚时，需要考虑轴力的影响。柔度系数和自由项的计算公式如下。

$$\delta_{11} = \int \frac{\overline{M}_1^2}{EI} \mathrm{d}s + \int \frac{\overline{F}_{N1}^2}{EA} \mathrm{d}s \tag{5-13}$$

$$\Delta_{1P} = \int \frac{\overline{M}_1 M_P}{EI} \mathrm{d}s \tag{5-14}$$

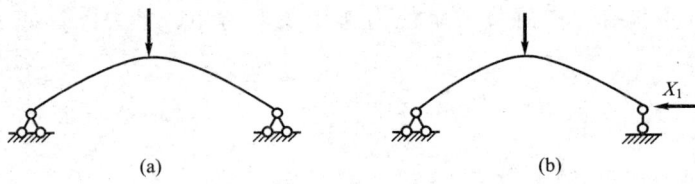

图 5.18

图 5.19(a)、(b)所示为有拉杆两铰拱与其基本体系。在典型方程的系数计算时，δ_{11} 柔度系数还应考虑拉杆的影响，即

$$\delta_{11} = \int \frac{\overline{M}_1^2}{EI} \mathrm{d}s + \int \frac{\overline{F}_{N1}^2}{EA} \mathrm{d}s + \frac{l}{E_1 A_1} \tag{5-15}$$

自由项的计算与无拉杆两铰拱无异。

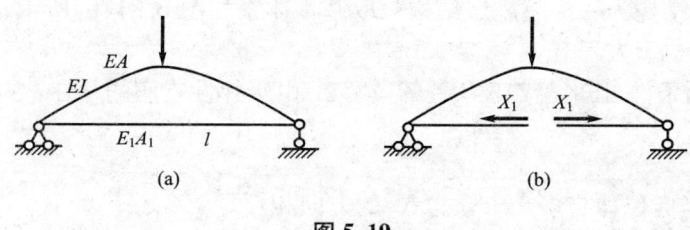

图 5.19

例题 5.6 图 5.20(a)所示为一有拉杆两铰拱，拱轴线为抛物线 $y=\dfrac{4f}{9a^2}x(3a-x)$（以 A 点为坐标原点，AB 方向为 x 正向），拉杆的抗拉刚度为 E_1A_1，拱轴抗弯刚度为 EI，试求拉杆的内力。

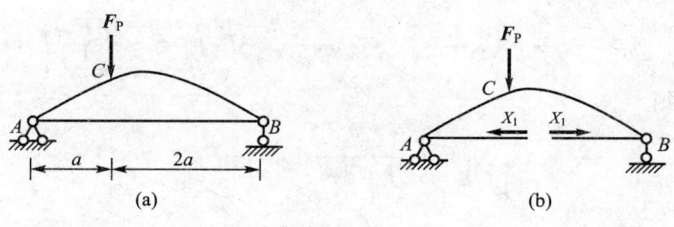

图 5.20

【解】：(1) 选取基本体系如图 5.20(b)所示。为简化计算，采取如下假定：忽略拱的轴力对位移的影响；由于拱身较平，近似取 $ds=dx$。

(2) 建立力法典型方程。

$$\delta_{11}X_1+\Delta_{1P}=0$$

(3) 分别写出 $\overline{M}_1$ 和 M_P 的表达式。

$$\overline{M}_1=-\dfrac{4f}{9a^2}x(3a-x)$$

当 $0\leqslant x\leqslant a$ 时，$M_P=\dfrac{2}{3}F_Px$；当 $a\leqslant x\leqslant 3a$ 时，$M_P=\dfrac{1}{3}F_P(3a-x)$。

$$\delta_{11}=\int\dfrac{\overline{M}_1^2}{EI}ds+\dfrac{l}{E_1A_1}=\dfrac{8f^2a}{5EI}+\dfrac{l}{E_1A_1}$$

$$\Delta_{1P}=\int\dfrac{\overline{M}_1M_P}{EI}ds=-\dfrac{22F_Pa^2f}{27EI}$$

(4) 解方程，求得

$$X_1=\dfrac{\dfrac{22F_Pa^2f}{27EI}}{\dfrac{8f^2a}{5EI}+\dfrac{l}{E_1A_1}}=\dfrac{110F_Pa^2f}{216f^2a+135lEI/E_1A_1}$$

6. 具有弹性支座超静定结构计算

利用力法计算具有弹性支座的超静定结构时，采用的方程仍是力法典型方程，下面通过例题形式说明其与具有其他支座型式超静定结构的不同之处。

例题 5.7 试绘制图 5.21(a)所示超静定结构的弯矩图，弹簧刚度系数为 k。

【解】：(1) 该结构为一次超静定结构，取基本体系如图 5.21(b)所示。

(2) 建立力法典型方程。

根据变形协调条件可知，支座 B 处的位移 Δ_1 由于弹性支座的存在，并不为零。

$$\Delta_1 = -\frac{X_1}{k}$$

负号表示 B 处的竖向位移与多余未知力 X_1 的方向相反。

故力法方程为

$$\delta_{11} X_1 + \Delta_{1P} = -\frac{X_1}{k}$$

(3) 分别绘制基本结构在荷载与单位力作用下的弯矩图，如图 5.21(c)、(d)所示。

$$\delta_{11} = \frac{1}{EI} \times \left(\frac{1}{2} \times 2l \times 2l \times \frac{2}{3} \times 2l \right) = \frac{8l^3}{3EI}$$

$$\Delta_{1P} = -\frac{1}{EI} \times \left(\frac{1}{2} \times 2l \times 2l \times \frac{7}{9} \times 3F_P l \right) = -\frac{14 F_P l^3}{3EI}$$

(4) 解方程，得

$$X_1 = \frac{14 k l^3}{3EI + 8 k l^3} F_P = m F_P$$

其中，$m = \dfrac{14 k l^3}{3EI + 8 k l^3} = \dfrac{14 l^3}{\dfrac{3EI}{k} + 8 l^3}$。

(5) 作 M 图。利用公式 $M = \overline{M}_1 X_1 + M_P$，可绘制 M 图，如图 5.21(e)所示。

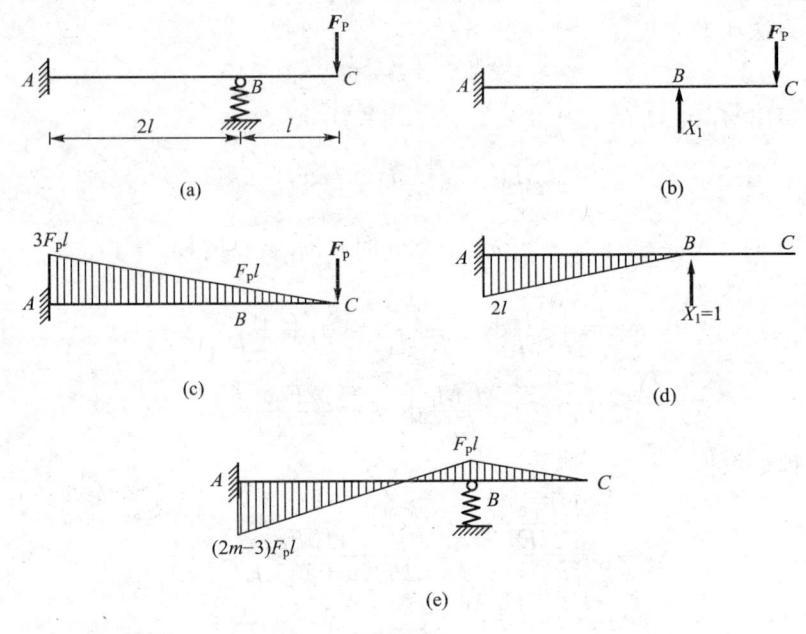

图 5.21

提示：由 m 的值可知，具有弹性支座的超静定结构中多余未知力与内力的值，不仅与抗弯刚度 EI 有关，还与弹簧的刚度系数 k 有关。当 $k=0$ 时，相当于该处无约束作用，未知力为零；当 $k=\infty$ 时，相当于该处为刚性链杆支座。

5.4 对称结构计算

力法典型方程是线性方程组，结构的超静定次数愈高，未知量的数目愈多，方程组的个数也愈多，计算工作量就愈大。由柔度系数和自由项的物理意义可知，主系数恒为正，而副系数和自由项可为正、负或零。如果能使尽可能多的副系数和自由项为零，则能简化力法典型方程的计算工作。本节主要讨论利用结构的对称性达到简化计算的目的。

1. 基本概念

工程中很多结构是对称的，所谓对称结构就是指结构的几何形状、支承情况、杆件的截面尺寸和材料性质均对称于某一轴线。也就是说，若将对称结构沿轴线对折后，结构在轴线两侧的部分完全重合，该轴线就是结构的对称轴。图 5.22 为对称结构的实例，其中图 5.22(a)、(b)分别为具有一根和两根对称轴的对称结构；图 5.22(c)所示结构的对称轴是斜向的。

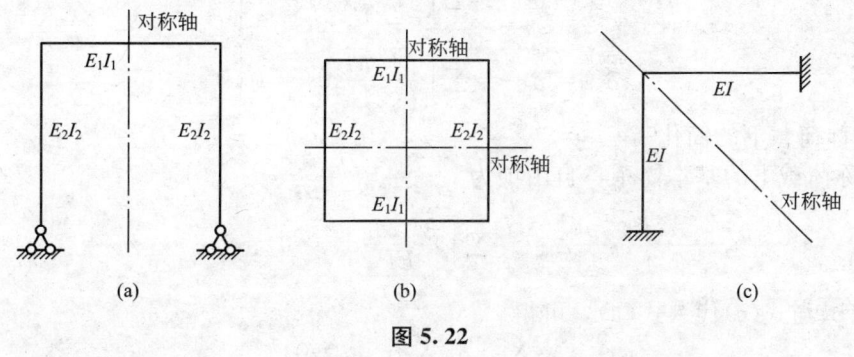

图 5.22

2. 对称结构的荷载

当对称结构承受任意荷载时，可将荷载分解为对称荷载和反对称荷载，如图 5.23 所示。所谓对称荷载是指对称结构沿对称轴对折后，轴线两侧的荷载完全重合（作用点对应、数值相等、方向相同）；反对称荷载是指结构沿对称轴对折后，轴线两侧的荷载正好相反（作用点对应、数值相等、方向相反）。

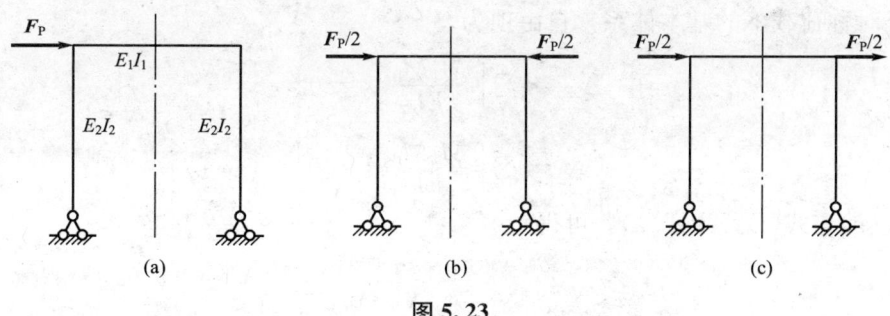

图 5.23

3. 对称结构简化

计算超静定对称结构时，为简化计算，应选择对称的基本体系，并取对称力或反对称力作为基本未知量。图 5.24(a)所示结构为对称的三次超静定刚架，沿梁的中间截面切开，得到图 5.24(b)所示的对称基本体系。基本未知量包括三个广义力，其中弯矩 X_1 和轴力 X_2 是对称力，剪力 X_3 是反对称力。根据位移协调条件，可列出力法典型方程。

$$\left. \begin{aligned} \delta_{11}X_1+\delta_{12}X_2+\delta_{13}X_3+\Delta_{1P}=0 \\ \delta_{21}X_1+\delta_{22}X_2+\delta_{23}X_3+\Delta_{2P}=0 \\ \delta_{31}X_1+\delta_{32}X_2+\delta_{33}X_3+\Delta_{3P}=0 \end{aligned} \right\} \quad (a)$$

为简化自由项的计算，可将一般荷载 F_P 分解为对称荷载和反对称荷载，如图 5.24(c)、(d)所示。

分别作基本结构在单位未知力作用下的弯矩图和变形图，如图 5.24(e)、(f)、(g)所示。作基本结构在对称和反对称荷载作用下的弯矩图，如图 5.24(h)、(i)所示。显然对称力产生的弯矩图和变形图是对称的；反对称力产生的弯矩图和变形图是反对称的。故部分柔度系数为：

$$\left. \begin{aligned} \delta_{13}=\delta_{31}=\sum\int\frac{\overline{M}_1\overline{M}_2}{EI}\mathrm{d}s=0 \\ \delta_{23}=\delta_{32}=\sum\int\frac{\overline{M}_2\overline{M}_3}{EI}\mathrm{d}s=0 \end{aligned} \right\} \quad (b)$$

1) 对称荷载下的简化

在对称荷载下的基本体系，自由项为

$$\Delta_{3P}=\sum\int\frac{\overline{M}_3 M_P}{EI}\mathrm{d}s=0 \quad (c)$$

将式(b)与式(c)代入式(a)，可得

$$\left. \begin{aligned} \delta_{11}X_1+\delta_{12}X_2+\Delta_{1P}=0 \\ \delta_{21}X_1+\delta_{22}X_2+\Delta_{2P}=0 \\ \delta_{33}X_3=0 \end{aligned} \right\} \quad (d)$$

由此，可得

$$X_3=0 \quad (e)$$

并且，原来的高阶方程组分解为两个低阶方程组，计算得到简化。

2) 反对称荷载下的简化

在反对称荷载下的基本体系，自由项为

$$\left. \begin{aligned} \Delta_{1P}=\sum\int\frac{\overline{M}_1 M_P}{EI}\mathrm{d}s=0 \\ \Delta_{2P}=\sum\int\frac{\overline{M}_2 M_P}{EI}\mathrm{d}s=0 \end{aligned} \right\} \quad (f)$$

将式(b)与式(f)代入式(a)，可得

$$\left. \begin{aligned} \delta_{11}X_1+\delta_{12}X_2=0 \\ \delta_{21}X_1+\delta_{22}X_2=0 \\ \delta_{33}X_3+\Delta_{3P}=0 \end{aligned} \right\} \quad (g)$$

由此，可得

$$\left.\begin{array}{l}X_1=0\\X_2=0\end{array}\right\} \tag{h}$$

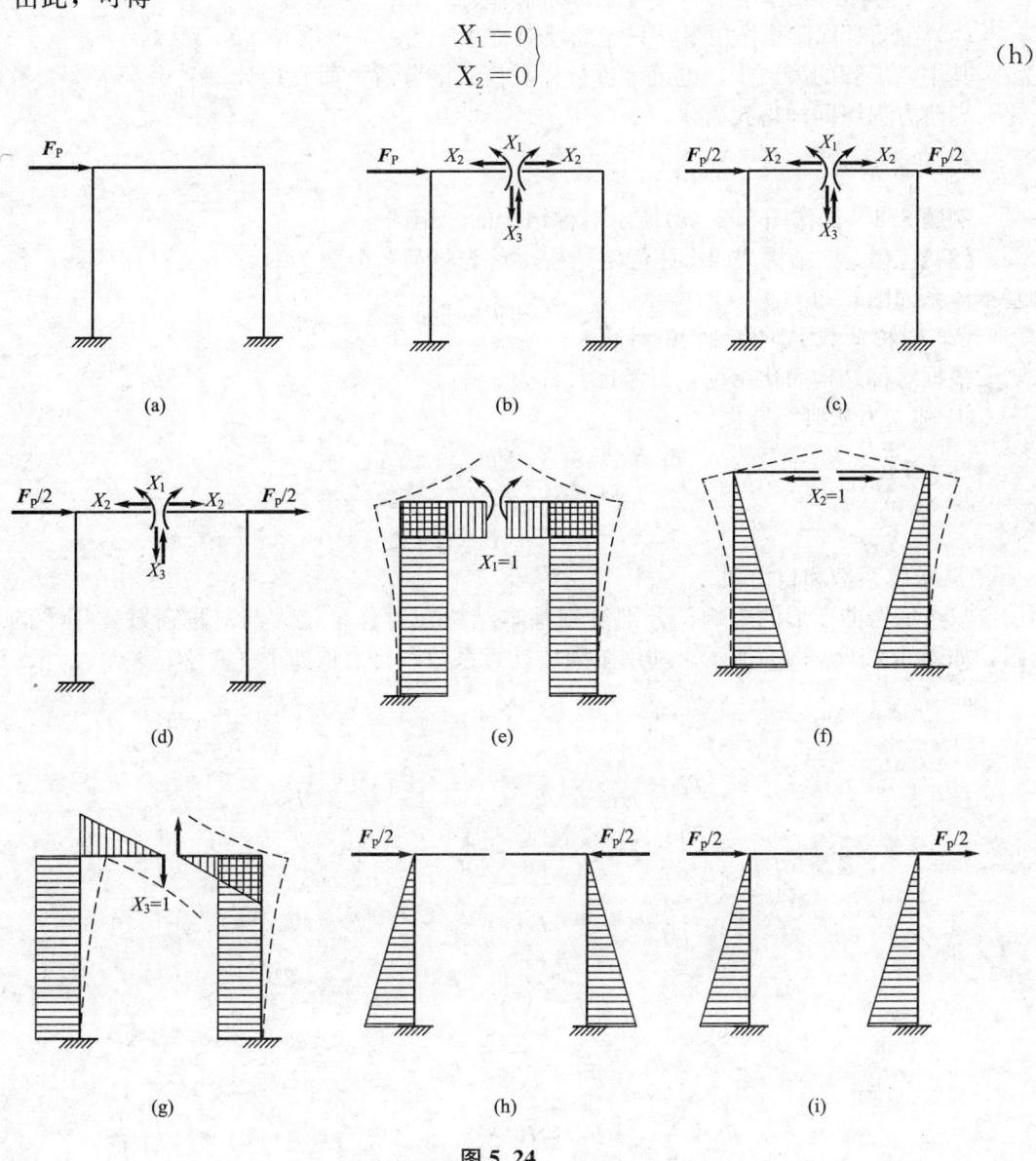

图 5.24

3) 对称结构简化结论

从以上计算可知，对称结构在对称荷载作用下，如果所取的基本未知量都是对称力或反对称力，则结构的内力与变形是对称的，反对称力必为零，只需计算对称未知力；对称结构在反对称荷载作用下，结构的内力与变形是反对称的，对称力必为零，只需计算反对称未知力。

4) 对称结构的计算步骤

（1）确定结构的超静定次数，选取对称的基本体系，选用对称力或反对称力作为基本未知量。

（2）将作用于基本体系上的任意荷载分解为对称和反对称荷载。

(3) 在对称荷载作用下，只考虑对称未知力。

(4) 在反对称荷载作用下，只考虑反对称未知力。

其中，步骤的第二步，也可不进行任意荷载的分解，而直接计算。由于柔度系数的简化，高阶方程组同样得到简化。

4. 计算举例

例题 5.8 试作图 5.25(a)所示对称结构的弯矩图。

【解】：(1) 该结构为四次超静定结构，首先将荷载分解为对称和反对称荷载，各自的基本体系如图 5.25(b)、(g)所示。

(2) 对称荷载下对称结构的计算。

根据对称结构简化结论，只考虑对称力。

① 建立力法典型方程。

$$\left.\begin{array}{l}\delta_{11}X_1+\delta_{12}X_2+\delta_{13}X_3+\Delta_{1P1}=0\\ \delta_{21}X_1+\delta_{22}X_2+\delta_{23}X_3+\Delta_{2P1}=0\\ \delta_{31}X_1+\delta_{32}X_2+\delta_{33}X_3+\Delta_{3P1}=0\end{array}\right\}$$

② 求解系数和自由项。

只考虑弯曲变形的影响，分别绘制基本结构在对称单位力与对称荷载作用下的弯矩图，如图 5.25(c)~(f)所示。利用图乘法计算系数和自由项如下。

$$\delta_{11}=\frac{2}{EI_1}\times\left(\frac{1}{2}\times l\times 1\times\frac{2}{3}+l\times 1\times 1\right)+\frac{1}{EI_2}\times(l\times 1\times 1)=\frac{8l}{3EI_1}+\frac{l}{EI_2}$$

$$\delta_{22}=\frac{4}{EI_1}\times\left(\frac{1}{2}\times l\times l\times\frac{2}{3}l\right)=\frac{4l^3}{3EI_1}$$

$$\delta_{33}=\frac{2}{EI_1}\times\left(\frac{1}{2}\times l\times 1\times\frac{2}{3}\right)+\frac{1}{EI_2}\times(l\times 1\times 1)=\frac{2l}{3EI_1}+\frac{l}{EI_2}$$

$$\delta_{12}=\delta_{21}=\frac{2}{EI_1}\times\left(\frac{1}{2}\times l\times l\times\frac{2}{3}+\frac{1}{2}\times l\times l\times 1\right)=\frac{5l^2}{3EI_1}$$

$$\delta_{13}=\delta_{31}=\frac{2}{EI_1}\times\left(\frac{1}{2}\times l\times 1\times\frac{2}{3}\right)=\frac{2l}{3EI_1}$$

$$\delta_{23}=\delta_{32}=\frac{2}{EI_1}\times\left(\frac{1}{2}\times l\times l\times\frac{2}{3}\right)=\frac{2l^2}{3EI_1}$$

$$\Delta_{1P1}=-\frac{2}{EI_1}\times\left(\frac{1}{2}\times\frac{1}{2}F_P l\times l\times\frac{2}{3}+\frac{1}{2}\times\frac{1}{2}F_P l\times l\times 1\right)=-\frac{5F_P l^2}{6EI_1}$$

$$\Delta_{2P1}=-\frac{4}{EI_1}\times\left(\frac{1}{2}\times\frac{1}{2}F_P l\times l\times\frac{2}{3}l\right)=-\frac{2F_P l^3}{3EI_1}$$

$$\Delta_{3P1}=-\frac{2}{EI_1}\times\left(\frac{1}{2}\times\frac{1}{2}F_P l\times l\times\frac{2}{3}\right)=-\frac{F_P l^2}{3EI_1}$$

③ 解方程，并作 M 图。

解得

$$\left.\begin{array}{l}X_1=0\\ X_2=\frac{1}{2}F_P\\ X_3=0\end{array}\right\}$$

计算结果中,只有轴力不为零,其值为正,表示与假设方向一致,为压力。

利用弯矩叠加公式,可知对称荷载下对称结构的 M 图为零。

(3) 反对称荷载下对称结构的计算。

根据对称结构简化结论,只考虑反对称力。

① 建立力法典型方程。

$$\delta_{44}X_4 + \Delta_{4P2} = 0$$

② 求解系数和自由项。

分别绘制基本结构在反对称单位力与反对称荷载作用下的弯矩图,如图 5.25(h)、(i) 所示。利用图乘法计算系数和自由项如下。

$$\delta_{44} = \frac{2}{EI_1} \times \left(\frac{l}{2} \times l \times \frac{l}{2} \right) + \frac{4}{EI_2} \times \left(\frac{1}{2} \times \frac{l}{2} \times \frac{l}{2} \times \frac{2}{3} \times \frac{l}{2} \right) = \frac{l^3}{2EI_1} + \frac{l^3}{6EI_2}$$

$$\Delta_{4P2} = \frac{2}{EI_1} \times \left(\frac{1}{2} \times \frac{1}{2} F_P l \times l \times \frac{l}{2} \right) + \frac{2}{EI_2} \times \left(\frac{1}{2} \times F_P l \times \frac{l}{2} \times \frac{2}{3} \times \frac{l}{2} \right) = \frac{F_P l^3}{4EI_1} + \frac{F_P l^3}{6EI_2}$$

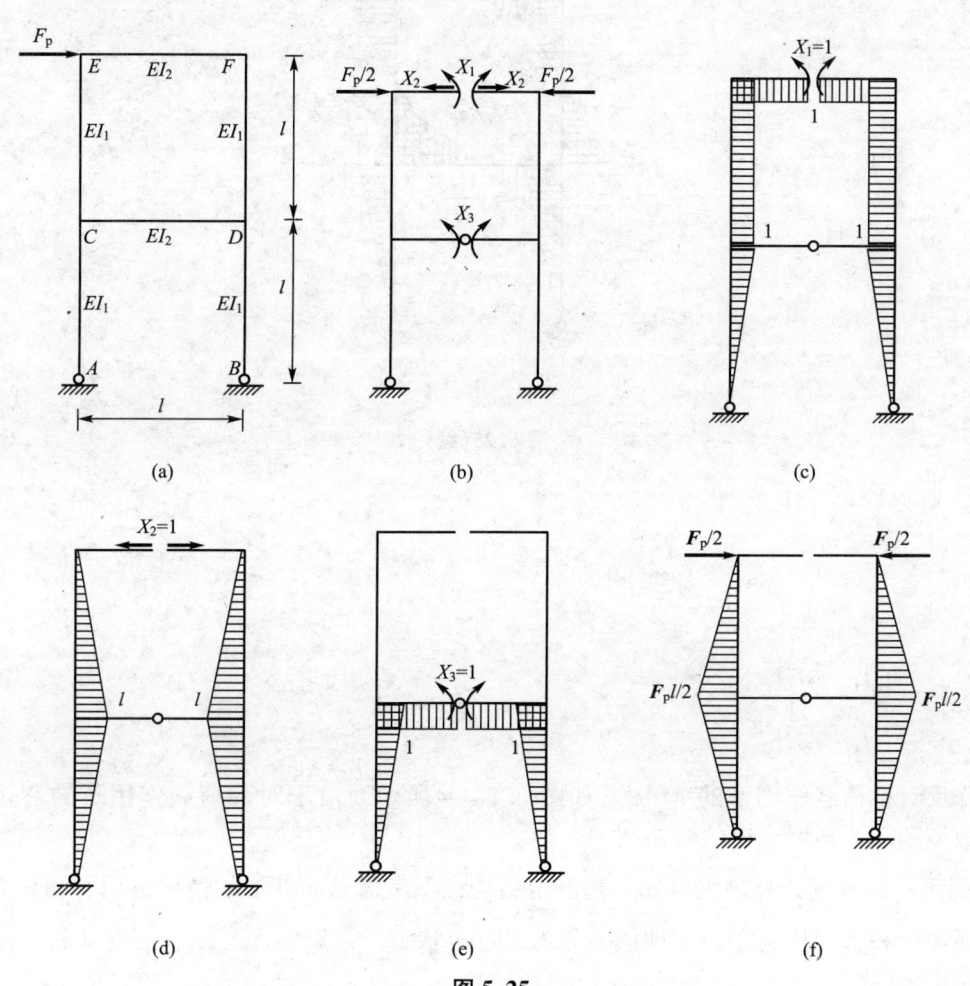

图 5.25

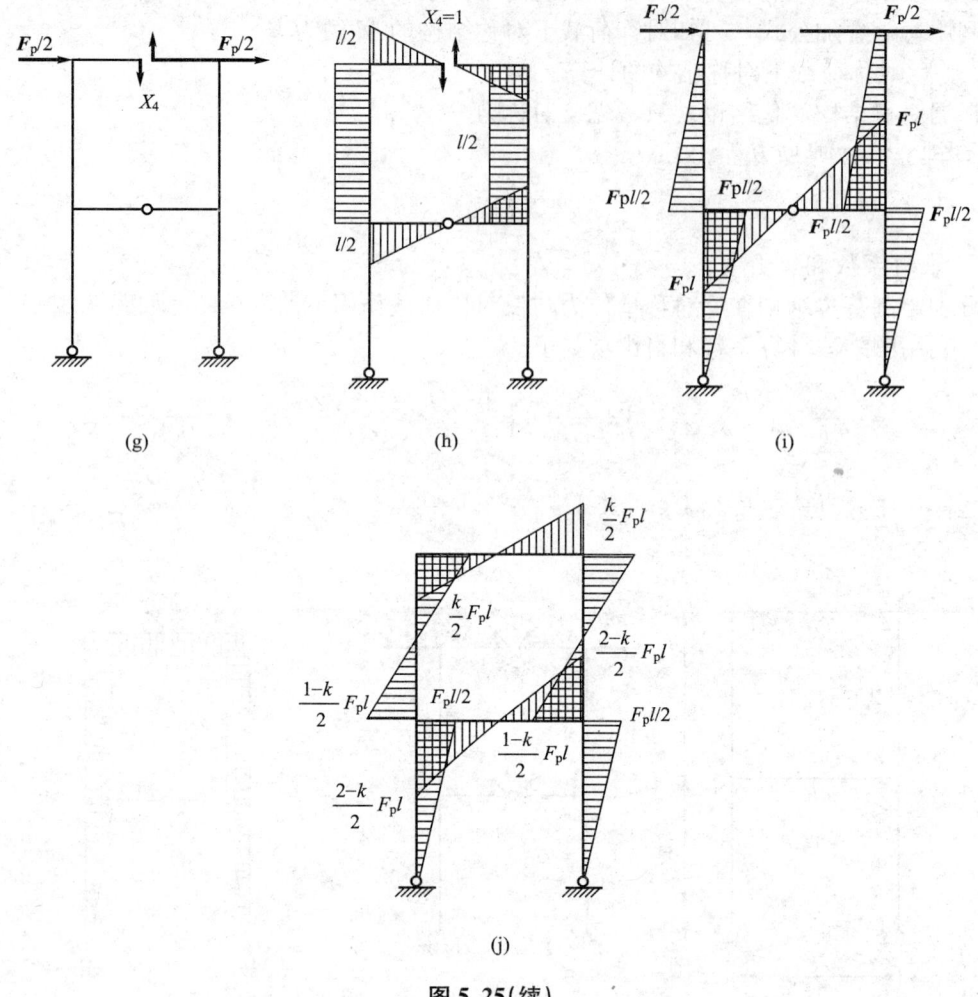

图 5.25(续)

③ 解方程，并作 M 图。

解得
$$X_4 = -kF_P$$

其中，$k = \dfrac{\dfrac{1}{4EI_1} + \dfrac{1}{6EI_2}}{\dfrac{1}{2EI_1} + \dfrac{1}{6EI_2}}$。

作反对称荷载作用下的 M 图，如图 5.25(j)所示。由于对称荷载作用下的弯矩图为零，故该图即为最后求得的弯矩图。

提示：从本题计算过程可知，超静定结构在不考虑轴向变形的情况下，可能只产生轴力，而弯矩和剪力均为零，这种情况称为无弯矩状态。常见的无弯矩状态有 3 种，下面只给出结论。

(1) 一对等值、反向的集中荷载沿直杆轴线作用，则只有该杆有轴力，如图 5.26(a)

所示。

(2) 一集中荷载沿柱轴作用,则只有该柱有轴力,如图 5.26(b)所示。

(3) 无结点线位移的结构,受结点集中荷载的作用,则只产生轴力,如图 5.26(c)所示。

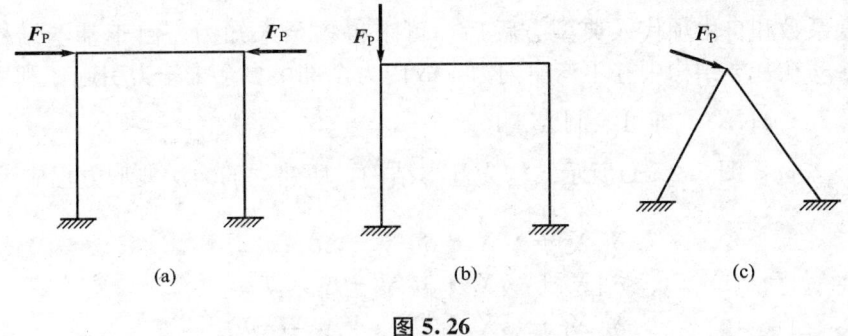

图 5.26

5.5 支座移动和温度改变时的计算

在支座移动、温度改变、材料收缩、制造误差等非荷载因素的影响下,超静定结构由于多余约束的存在会产生内力,这种内力称为自内力。

用力法计算自内力时,基本原理和计算步骤与荷载作用下的情况基本相同。由于力法典型方程中的柔度系数是基本体系的固有特性,不随外界因素而变。自由项则是由非荷载因素产生的。因此,在计算中,应注意自由项的求解。

1. 支座移动时超静定结构计算

下面通过一个例子说明支座移动时超静定结构的计算问题。

图 5.27(a)所示为三次超静定刚架,假设支座 A 向右水平移动 a,向下竖向移动 b 及顺时针转角 θ。在计算该结构内力时,可选择基本体系如图 5.27(b)所示。根据变形协调条件有

$$\Delta_1 = a;\quad \Delta_2 = \theta;\quad \Delta_3 = 0$$

力法方程建立如下。

$$\left.\begin{aligned}\delta_{11}X_1 + \delta_{12}X_2 + \delta_{13}X_3 + \Delta_{1c} &= a \\ \delta_{21}X_1 + \delta_{22}X_2 + \delta_{23}X_3 + \Delta_{2c} &= \theta \\ \delta_{31}X_1 + \delta_{32}X_2 + \delta_{33}X_3 + \Delta_{3c} &= 0\end{aligned}\right\}$$

其中,$\Delta_{ic}(i=1,2,3)$ 表示基本结构由于支座移动引起的沿 X_i 方向上的位移,可根据虚力原理求得。

绘制基本结构在单位力作用下的弯矩及部分支反力图,如图 5.27(c)、(d)、(e)所示。柔度系数的求解与荷载作用下超静定结构求解相同,从略。自由项根据支座位移、相应支反力及公式 $\Delta = -\sum \overline{F}_{Rn} c_n$ 求得。

$$\Delta_{1c}=-(-1)\times b=b$$
$$\Delta_{2c}=-\left(\frac{1}{l}\right)\times b=-\frac{b}{l}$$
$$\Delta_{3c}=-\left(\frac{1}{l}\right)\times b=-\frac{b}{l}$$

将柔度系数和自由项代入典型方程后，可求得多余未知力。由于基本结构是静定结构，支座移动在基本结构中并不产生内力，故内力全部由多余未知力引起。利用公式 $M=\overline{M}_1X_1+\overline{M}_2X_2+\overline{M}_3X_3$，即可绘制 M 图。

提示：若选择图 5.27(f)所示结构为基本结构，所建立的力法典型方程应为

$$\left.\begin{array}{l}\delta_{11}X_1+\delta_{12}X_2+\delta_{13}X_3+\Delta_{1c}=a\\ \delta_{21}X_1+\delta_{22}X_2+\delta_{23}X_3+\Delta_{2c}=\theta\\ \delta_{31}X_1+\delta_{32}X_2+\delta_{33}X_3+\Delta_{3c}=-b\end{array}\right\}$$

在求解自由项时，也应分别令 $X_i=1$，再利用虚力原理求解；显然 $\Delta_{ic}=0$。

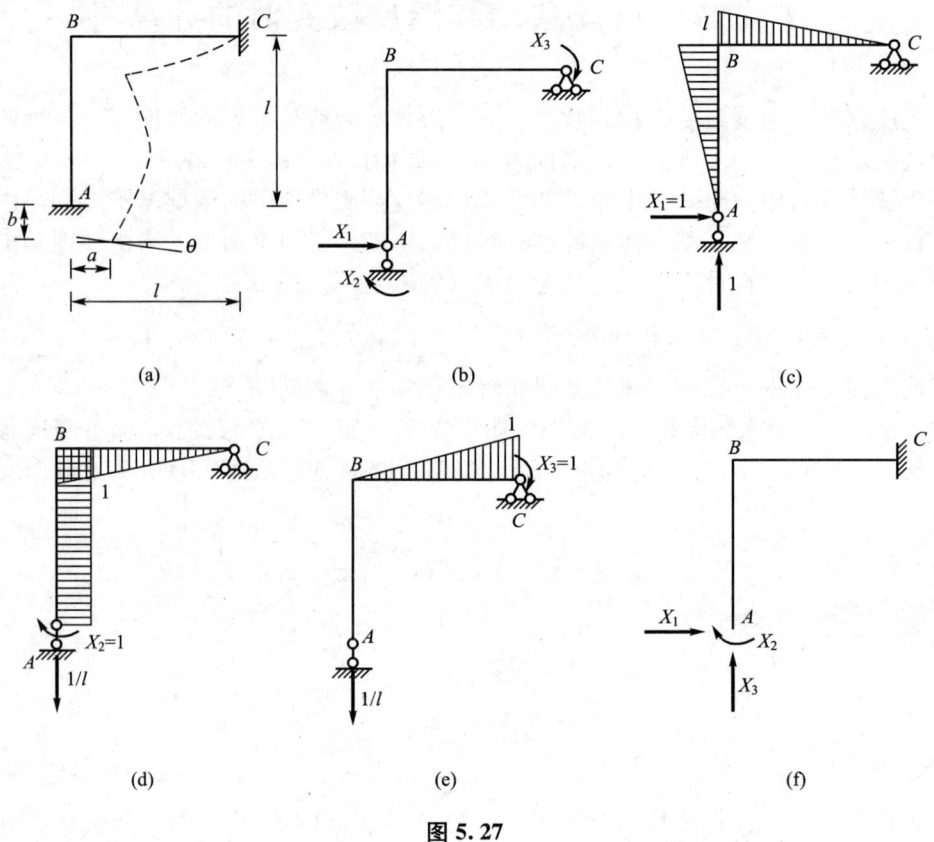

图 5.27

例题 5.9 试作图 5.28(a)所示一次超静定梁的弯矩图，假设支座 B 向下移动 a，梁的跨度为 l，刚度为 EI。

【**解一**】：(1) 选择基本体系如图 5.28(b)所示。

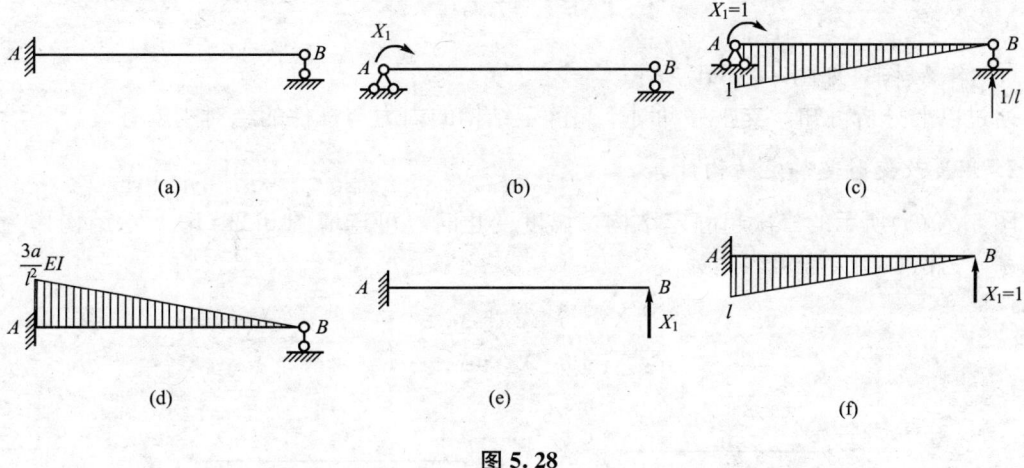

图 5.28

（2）建立力法典型方程。

$$\delta_{11}X_1 + \Delta_{1c} = 0$$

（3）求解柔度系数和自由项。

绘制基本结构在单位力作用下的弯矩及部分支反力图，如图 5.28(c)所示。

$$\delta_{11} = \frac{1}{EI}\left(\frac{1}{2} \times 1 \times l \times \frac{2}{3}\right) = \frac{l}{3EI}$$

$$\Delta_{1c} = -\left(-\frac{1}{l}\right) \times a = \frac{a}{l}$$

（4）解方程，可得

$$X_1 = -\frac{3a}{l^2}EI$$

计算结果中，负值表示实际方向与假设的方向相反。

（5）作 M 图。绘制 M 图，如图 5.28(d)所示。

【解二】：（1）选择基本体系如图 5.28(e)所示。

（2）建立力法典型方程。

$$\delta_{11}X_1 + \Delta_{1c} = -a$$

（3）求解柔度系数和自由项。

绘制基本结构在单位力作用下的弯矩图，如图 5.28(f)所示。

$$\delta_{11} = \frac{1}{EI}\left(\frac{1}{2} \times l \times l \times \frac{2}{3} \times l\right) = \frac{l^3}{3EI}$$

$$\Delta_{1c} = 0$$

（4）解方程，可得

$$X_1 = -\frac{3a}{l^3}EI$$

(5) 作 M 图,如图 5.28(d)所示。

通过以上分析可知,支座移动时,超静定结构的内力与杆件的绝对刚度有关。

2. 温度改变时超静定结构计算

图 5.29(a)所示的二次超静定结构,温度变化时,可选取图 5.29(b)所示结构作为基本体系,力法典型方程可表达为

$$\left.\begin{array}{l}\delta_{11}X_1+\delta_{12}X_2+\Delta_{1t}=0\\ \delta_{21}X_1+\delta_{22}X_2+\Delta_{2t}=0\end{array}\right\}$$

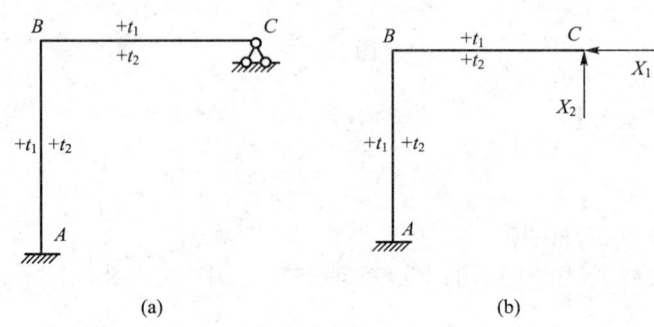

图 5.29

其中,$\Delta_{it}(i=1,2)$ 表示基本结构由于温度变化引起的沿 X_i 方向上的位移,可根据温度变化时静定结构的位移计算公式求得,即

$$\Delta_{it}=\sum\alpha t_0\int\overline{F}_{Ni}\mathrm{d}s+\sum\frac{\alpha\Delta t}{h}\int\overline{M}_i\mathrm{d}s$$

将系数和自由项代入力法典型方程即可求得多余未知力。与支座移动影响类似,温度改变对于作为静定结构的基本体系也不产生内力,利用 $M=\sum\overline{M}_iX_i$,即可绘制 M 图。

例题 5.10 试作图 5.30(a)所示一次超静定刚架的弯矩图,假设刚架内部温度升高 t_2℃,外部升高 t_1℃($t_1<t_2$),杆长都为 l,刚度为 EI。

【解】:(1) 选择基本体系如图 5.30(b)所示。

(2) 建立力法典型方程。

$$\delta_{11}X_1+\Delta_{1t}=0$$

(3) 绘制基本结构在单位力作用下的弯矩及轴力图,如图 5.30(c)所示。

$$\delta_{11}=\frac{1}{EI}\left(\frac{1}{2}\times l\times l\times\frac{2}{3}\times l+l\times l\times l\right)=\frac{4l^3}{3EI}$$

$$t_0=\frac{t_2+t_1}{2};\quad \Delta t=t_2-t_1$$

$$\Delta_{1t}=\sum\alpha t_0\int\overline{F}_{Ni}\mathrm{d}s+\sum\frac{\alpha\Delta t}{h}\int\overline{M}_i\mathrm{d}s=\alpha t_0\times(l\times 1)+\frac{\alpha\Delta t}{h}\left(\frac{1}{2}l^2+l^2\right)$$

$$=\frac{t_2+t_1}{2}\alpha l+\frac{3\alpha l^2(t_2-t_1)}{2h}$$

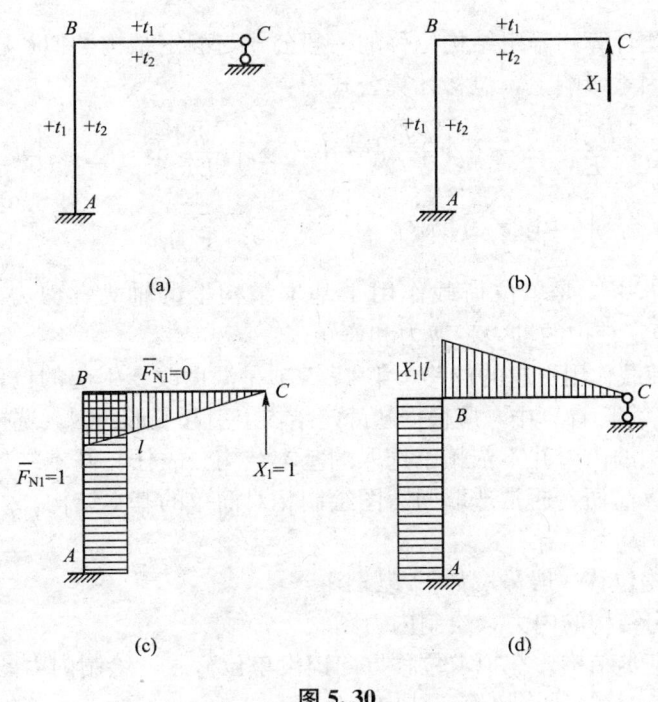

图 5.30

(4) 解方程,可得

$$X_1 = -\frac{3\alpha EI}{8l^2}\left[t_1 + t_2 + \frac{3l(t_2-t_1)}{h}\right]$$

计算结果中,负值表示实际方向与假设的方向相反。

(5) 作 M 图。绘制 M 图,如图 5.30(d)所示。

通过上面例题可知,温度改变时,超静定结构的内力同样与杆件的绝对刚度有关。

5.6 超静定结构位移计算

超静定结构位移,可采用虚设单位荷载的方法进行求解,计算原理与静定结构位移计算相同。由于在荷载作用或支座移动、温度改变、材料收缩、制造误差等非荷载作用下的内力图以及在相应的虚设单位荷载下的内力图均需解算超静定结构才能求得,计算过程比较烦琐。本节主要讨论超静定结构位移计算的简化。

1. 计算原理

1) 荷载作用下位移计算的简化

采用力法计算超静定结构内力时,基本结构在荷载和多余未知力共同作用下,内力和变形均与原结构相同。在荷载作用下超静定结构位移计算,可采用这种思路进行简化。

将用力法计算出的多余未知力与结构上原作用的荷载均视为基本结构上的外载,然后再计算此基本结构的位移。由于基本结构是静定结构,故超静定结构的位移计算简化为静定结构的位移计算。

2) 位移计算公式

利用单位荷载法计算超静定结构位移的一般公式与静定结构类似，在荷载作用、温度变化及支座移动等因素影响下，位移计算公式为：

$$\Delta_k = \sum \int \frac{\overline{F}_N F_N}{EA} ds + \sum \int \frac{k\overline{F}_Q F_Q}{GA} ds + \sum \int \frac{\overline{M}M}{EI} ds + \sum \alpha t_0 \int \overline{F}_N ds + \sum \frac{\alpha \Delta t}{h} \int \overline{M} ds - \sum \overline{F}_{Rn} c_n \tag{5-16}$$

式中，$\overline{F}_N$、$\overline{F}_Q$、$\overline{M}$、$\overline{F}_{Rn}$是单位荷载作用于基本结构上的轴力、剪力、弯矩和支反力；F_N、F_Q、M是超静定结构的轴力、剪力和弯矩。

式中前3项是荷载作用引起的位移，第4、5项是温度改变引起的位移，最后一项是支座移动引起的位移。实际计算中，应根据超静定结构上引起变形的因素选择相应的公式项。

由于超静定结构的内力并不依赖于选取的基本结构，故任一基本结构都可作为虚设单位荷载状态。为计算简便，通常选取内力图绘制相对简单的基本结构。

3) 位移计算步骤

计算超静定结构位移一般采取如下步骤：

(1) 计算超静定结构的内力，绘制内力图。

(2) 选择任一基本结构，在拟求位移方向虚设单位荷载，绘制内力图。

(3) 利用公式(5-16)计算超静定结构的位移。

2. 计算举例

例题 5.11 试求图 5.31(a)所示刚架 B 点的水平位移。

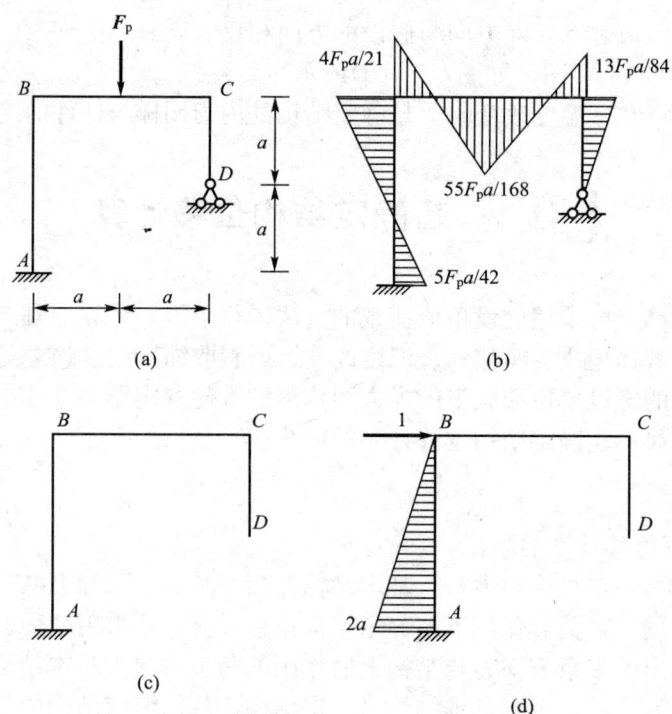

图 5.31

【解】：(1) 绘制超静定结构的内力图，如图 5.31(b)所示(计算过程参见例题 5.2)。

(2) 选择图 5.31(c)所示结构为基本结构，沿拟求位移方向虚设单位荷载，内力图如图 5.31(d)所示。

(3) 利用公式，可得

$$\Delta_{BH} = \sum \int \frac{\overline{M}M}{EI} \mathrm{d}s = \frac{1}{EI} \times \left(\frac{2a}{6}\right) \times \left(-2 \times 2a \times \frac{5F_\mathrm{P}a}{42} + \frac{4F_\mathrm{P}a}{21} \times 2a\right) = -\frac{2F_\mathrm{P}a^3}{63EI}$$

提示：若选择图 5.32(a)所示结构为基本结构，沿拟求位移方向虚设单位荷载，内力图如图 5.32(b)所示，其位移计算过程为

$$\Delta_{BH} = \frac{1}{EI} \times \left[\left(\frac{1}{2} \times a \times a \times \frac{2}{3} \times \frac{13F_\mathrm{P}a}{84}\right) + \frac{a}{6} \times \left(-2 \times \frac{a}{2} \times \frac{55F_\mathrm{P}a}{168} + \frac{4F_\mathrm{P}a}{21} \times \frac{a}{2}\right)\right.$$

$$\left. + \frac{a}{6} \times \left(-2 \times \frac{a}{2} \times \frac{55F_\mathrm{P}a}{168} + 2 \times a \times \frac{13F_\mathrm{P}a}{84} - a \times \frac{55F_\mathrm{P}a}{168} + \frac{a}{2} \times \frac{13F_\mathrm{P}a}{84}\right)\right]$$

$$= -\frac{2F_\mathrm{P}a^3}{63EI}$$

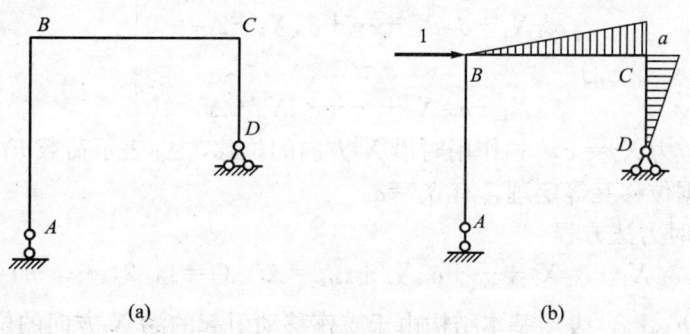

图 5.32

显然，采用这种基本结构计算过程较为复杂。在超静定结构位移计算中，为简化计算应注意选择适当的基本结构。

本 章 小 结

本章主要讨论了如何利用力法求解超静定结构问题。从力法基本原理与典型方程出发，针对荷载、支座移动、温度变化等因素下不同类型的超静定结构，进行了力法计算。同时，考虑到工程实际的结构特点，探讨了对称结构的计算问题。最后，对超静定结构位移计算问题进行了说明。

1. 基本概念

基本概念有超静定结构、超静定次数、力法。

1) 超静定结构

超静定结构是具有多余约束的几何不变体系，无法根据静力平衡条件求解结构的全部

内力。

在荷载作用下，超静定结构的内力与杆件的相对刚度有关；在支座移动或温度变化时，超静定结构的内力与杆件的绝对刚度有关。

2) 超静定次数

超静定次数是超静定结构多余约束的个数，是结构自身的特征，不因去除多余约束的方式不同而变化。对于同一结构，可采用各种不同方式去掉多余约束而得到不同的静定结构。

在去除多余约束的过程中，应注意不能将原结构变成一个几何可变体系；同时应去除包括内部结构的多余约束在内的全部约束。

3) 力法

力法是以多余未知力作为基本未知量，以去掉多余约束后的静定结构作为基本结构，根据基本体系与原超静定结构在去掉多余约束处的变形协调条件，先将未知力求出，然后再由静力平衡条件求解其他支反力和内力。

2. 知识要点

1) 荷载作用下力法方程

$$\left.\begin{array}{l}\delta_{11}X_1+\delta_{12}X_2+\cdots+\delta_{1n}X_n+\Delta_{1P}=0\\ \delta_{21}X_1+\delta_{22}X_2+\cdots+\delta_{2n}X_n+\Delta_{2P}=0\\ \cdots\\ \delta_{n1}X_1+\delta_{n2}X_2+\cdots+\delta_{nn}X_n+\Delta_{nP}=0\end{array}\right\}$$

其中，δ_{ij} 表示单位力 $X_j=1$ 单独作用时沿 X_i 方向的位移，Δ_{iP} 表示荷载 F_P 单独作用时沿 X_i 方向的位移。根据位移互等定理，有 $\delta_{ij}=\delta_{ji}$。

2) 支座移动时力法方程

$$\delta_{i1}X_1+\delta_{i2}X_2+\cdots+\delta_{in}X_n+\Delta_{ic}=\Delta_i \quad (i=1,2,\cdots,n)$$

其中，$\Delta_{ic}=-\sum \overline{F}_{Rni}c_n$，表示基本结构由于支座移动引起的沿 X_i 方向的位移；Δ_i 表示原结构沿 X_i 方向的支座位移。

3) 温度改变时力法方程

$$\delta_{i1}X_1+\delta_{i2}X_2+\cdots+\delta_{in}X_n+\Delta_{it}=0 \quad (i=1,2,\cdots,n)$$

其中，$\Delta_{it}=\sum \alpha t_0 \int \overline{F}_{Ni}\mathrm{d}s+\sum \frac{\alpha \Delta t}{h}\int \overline{M}_i \mathrm{d}s$，表示基本结构由于温度变化引起的沿 X_i 方向的位移。

4) 荷载、支座移动及温度改变时力法方程

$$\delta_{i1}X_1+\delta_{i2}X_2+\cdots+\delta_{in}X_n+\Delta_{iP}+\Delta_{ic}+\Delta_{it}=\Delta_i \quad (i=1,2,\cdots,n)$$

5) 对称结构的计算。

采用对称结构的特征，可以简化计算。简化的目的是使尽可能多的副系数和自由项为零，进而减少未知量的数量或使力法方程组降阶。计算步骤一般为

(1) 选取对称的基本体系，选用对称力或反对称力作为基本未知量。

(2) 将作用于基本体系上的任意荷载分解为对称和反对称荷载。

(3) 在对称荷载作用下，结构的内力与变形是对称的，反对称力必为零，只需计算对称未知力。

(4) 在反对称荷载作用下，结构的内力与变形是反对称的，对称力必为零，只需计算

反对称未知力。

任意荷载也可不分解而直接计算，由于柔度系数的简化，高阶方程组同样得到简化。

6) 超静定结构位移计算。

计算超静定结构位移一般采取如下步骤。

(1) 计算超静定结构的内力，绘制内力图。

(2) 选择任一基本结构，在拟求位移方向虚设单位荷载，绘制内力图。

(3) 利用在荷载作用、温度变化及支座移动等因素影响下的位移计算公式计算超静定结构的位移。

$$\Delta_k = \sum \int \frac{\overline{F}_N F_N}{EA} ds + \sum \int \frac{k \overline{F}_Q F_Q}{GA} ds + \sum \int \frac{\overline{M} M}{EI} ds + \sum \alpha t_0 \int \overline{F}_N ds + \sum \frac{\alpha \Delta t}{h} \int \overline{M} ds - \sum \overline{F}_{Rn} c_n$$

式中，$\overline{F}_N$、$\overline{F}_Q$、$\overline{M}$、$\overline{F}_{Rn}$ 是单位荷载作用于基本结构上的轴力、剪力、弯矩和支反力；F_N、F_Q、M 是超静定结构的轴力、剪力和弯矩。

位移计算中，应注意选择虚设单位荷载的基本结构，通常选取内力图绘制相对简单的基本结构，以便简化计算。

思 考 题

5-1 超静定结构与静定结构有何区别？

5-2 如何确定结构的超静定次数，撤除多余约束的方法有哪些？

5-3 撤除多余约束时应注意些什么问题？

5-4 什么是力法的基本结构、基本体系和基本未知量？

5-5 力法的基本特点是什么？

5-6 力法方程的物理意义是什么？

5-7 为什么力法方程中的主系数恒大于零，而副系数及自由项可为正、负或零？

5-8 什么是对称结构？为什么利用对称性可以使计算得到简化？

5-9 没有荷载作用，超静定结构就没有内力。这一结论适用于什么情况？

5-10 用力法计算超静定结构在温度变化和支座移动时的内力与荷载作用下有何异同？

5-11 计算超静定结构位移时，为什么可以选取不同的基本结构绘制虚设单位荷载的弯矩图？

5-12 超静定结构位移计算的一般公式是什么？各系数的物理意义是什么？

习 题

5-1 试确定图 5.33 所示结构的超静定次数。

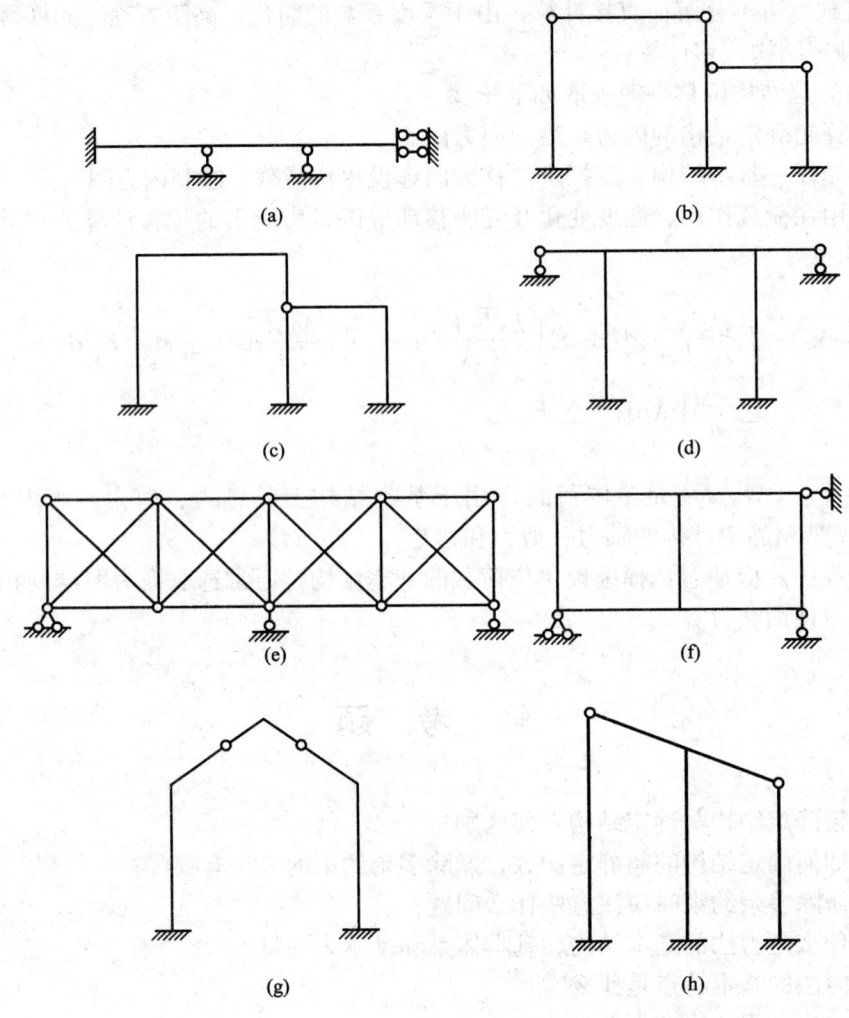

图 5.33

5-2 试用力法计算图 5.34 所示超静定梁。

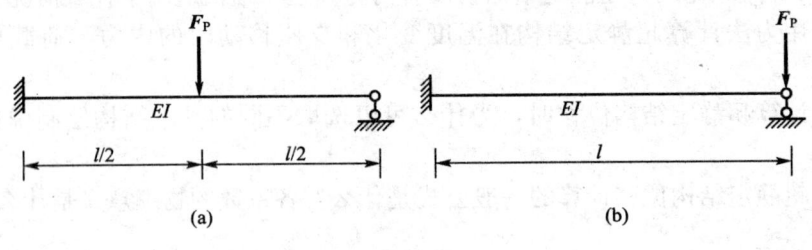

图 5.34

5-3 试用力法计算图 5.35 所示超静定结构。
5-4 试用力法计算图 5.36 所示超静定刚架。

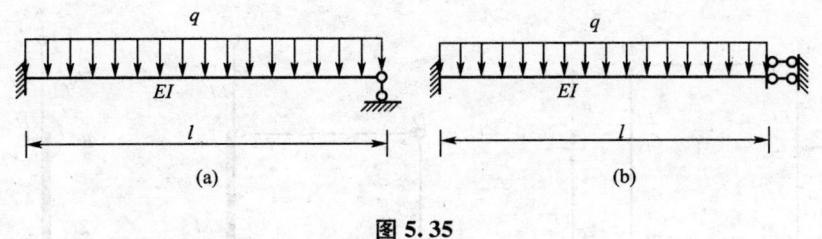

图 5.35

5-5 试用力法计算图 5.37 所示超静定刚架。

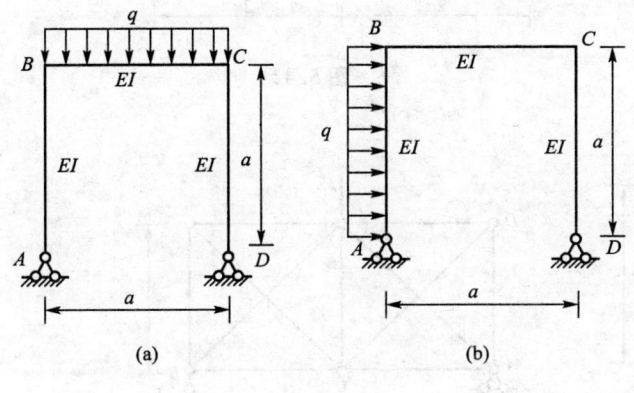

图 5.36

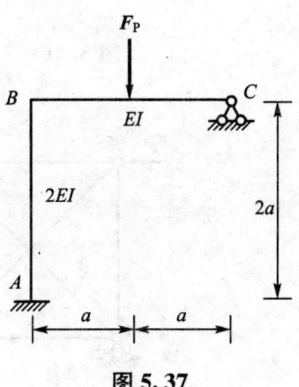

图 5.37

5-6 试用力法计算图 5.38 所示超静定刚架。

5-7 试用力法计算图 5.39 所示超静定刚架，其中 $q=10\mathrm{kN\cdot m}$，$a=4\mathrm{m}$。

5-8 试用力法计算图 5.40 所示超静定刚架。

5-9 试用力法计算图 5.41 所示超静定排架。

5-10 试用力法计算图 5.42 所示超静定排架。

5-11 试用力法计算图 5.43 所示超静定桁架各杆的轴力，假定各杆刚度均为 EA。

5-12 试用力法计算图 5.44 所示超静定桁架各杆的轴力，假定各杆刚度均为 EA。

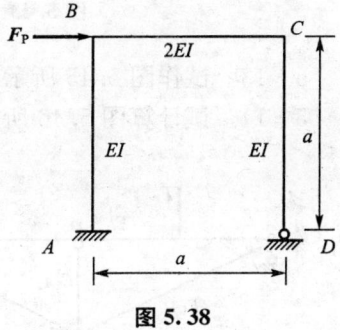

图 5.38

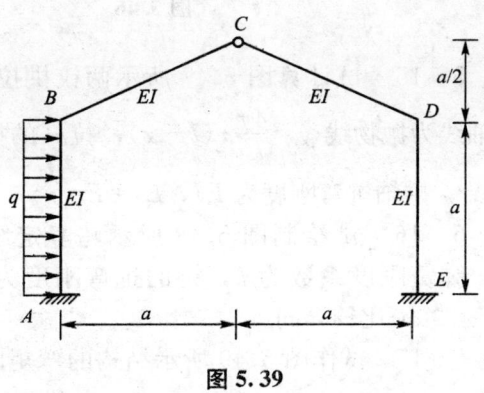

图 5.39

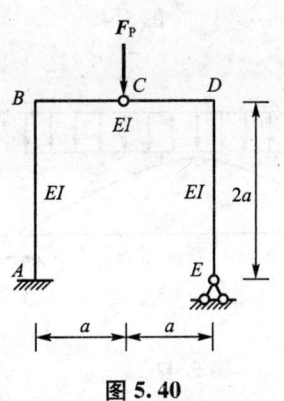

图 5.40

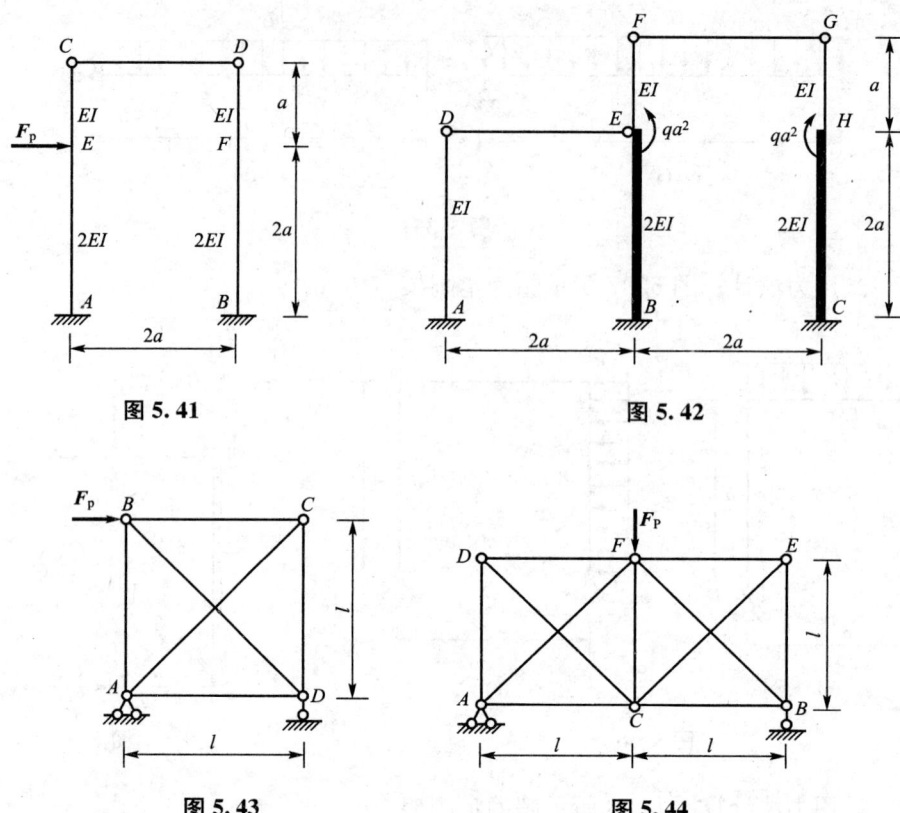

图 5.41   图 5.42

图 5.43   图 5.44

5-13 试作图 5.45 所示结构横梁的弯矩图,并计算各杆的轴力。

5-14 试计算图 5.46 所示组合结构。

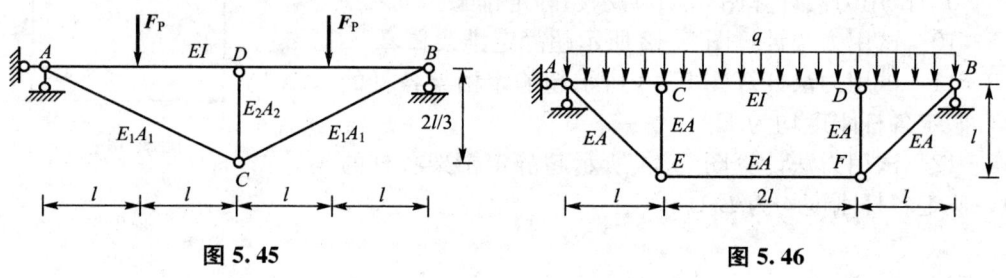

图 5.45   图 5.46

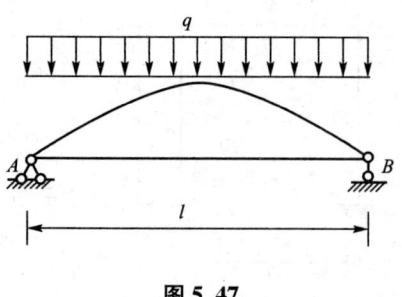

图 5.47

5-15 试计算图 5.47 所示两铰拱拉杆的内力,拱轴线为抛物线 $y=\dfrac{4f}{l^2}x(l-x)$,拉杆的抗拉刚度为 E_1A_1,拱轴抗弯刚度为 EI,$E_1:E=n$。

5-16 试绘制图 5.48 所示超静定结构的弯矩图,弹簧刚度系数为 k,梁的抗弯刚度为 EI;并与题 5-2(b) 比较异同。

5-17 试作图 5.49 所示结构的弯矩图,弹簧刚

度系数 $k=EI/l^3$，各杆件抗弯刚度均为 EI。

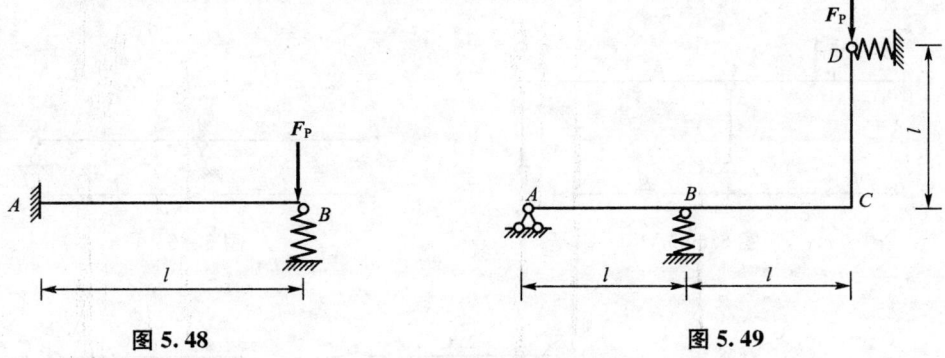

图 5.48　　　　　　　　　　图 5.49

5-18　试用力法绘制图 5.50 所示对称刚架的弯矩图。

5-19　试绘制图 5.51 所示对称刚架的弯矩图。

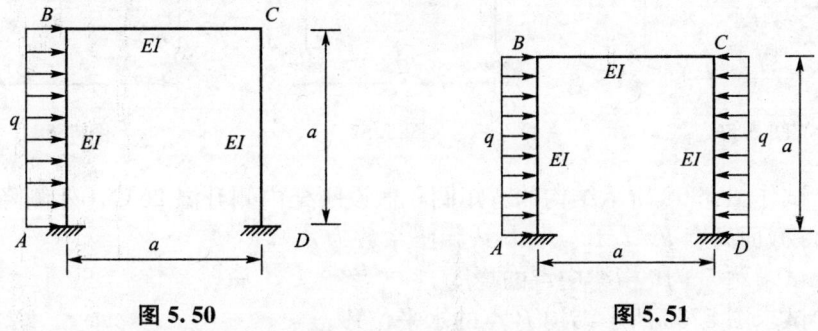

图 5.50　　　　　　　　　　图 5.51

5-20　试绘制图 5.52 所示对称刚架的弯矩图。

5-21　试计算图 5.53 所示对称结构，EI 为常数。

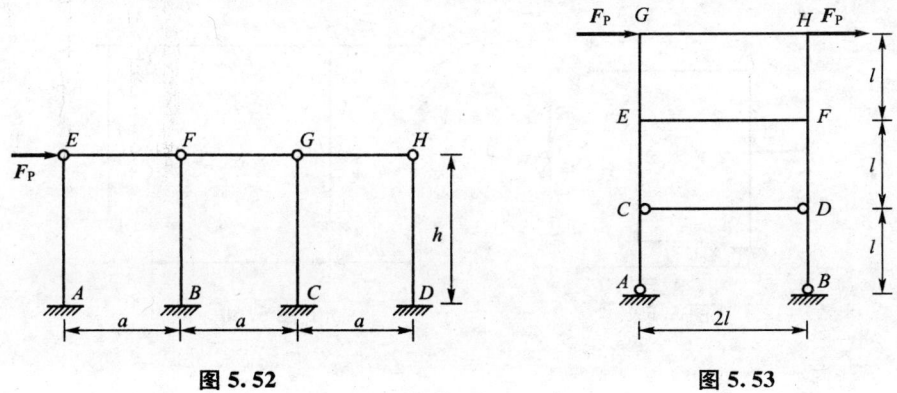

图 5.52　　　　　　　　　　图 5.53

5-22　试绘制图 5.54 所示结构的弯矩图，EI、EA 为常数，且 $EA=3EI/2l^2$。

5-23　试作图 5.55 所示结构的弯矩图，假设支座 C 向上移动 a，EI 为常数。

5-24　试作图 5.56 所示结构的弯矩图，假设支座 C 向下移动 a，支座 A 向下移动 b，顺时针转动 θ，EI 为常数。

5-25 试作图 5.57 所示结构的弯矩图，假设刚架外侧升温 25℃，内侧升温 35℃，EI 为常数，杆件截面高度 $h=l/10$，材料线膨胀系数为 α。

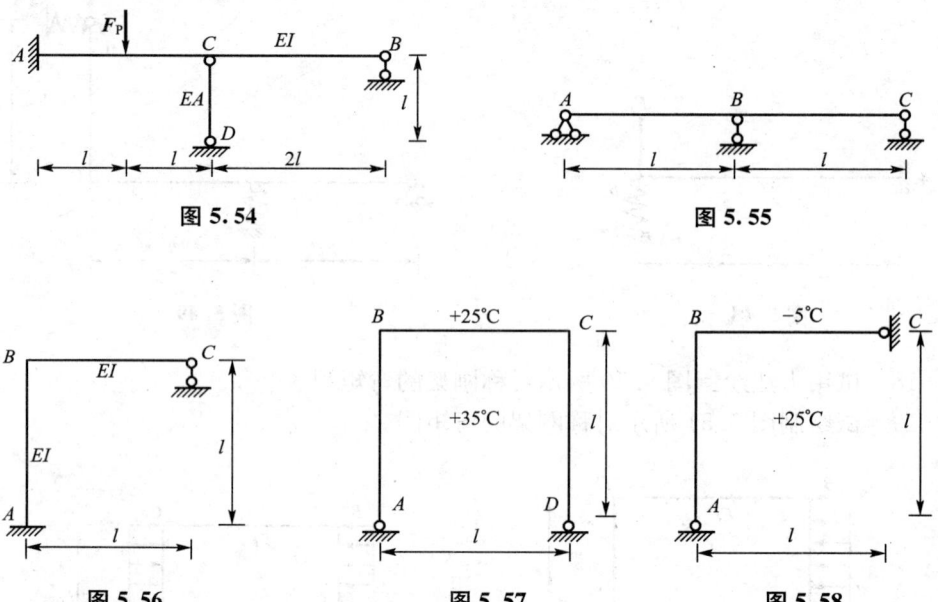

图 5.54   图 5.55

图 5.56   图 5.57   图 5.58

5-26 试作图 5.58 所示结构的弯矩图，假设刚架内侧升温 25℃，外侧降温 5℃，EI 为常数，杆件截面高度 $h=l/10$，材料线膨胀系数为 α。

5-27 试求题 5-19 横梁中点的挠度。

5-28 试求图 5.59 所示结构 B 点的水平位移。

5-29 试求图 5.60 所示结构 D 点的竖向位移，假设支座 C 向下移动 a，支座 A 向下移动 b，顺时针转动 θ，EI 为常数。

5-30 试求题 5-25 中 B 点水平位移。

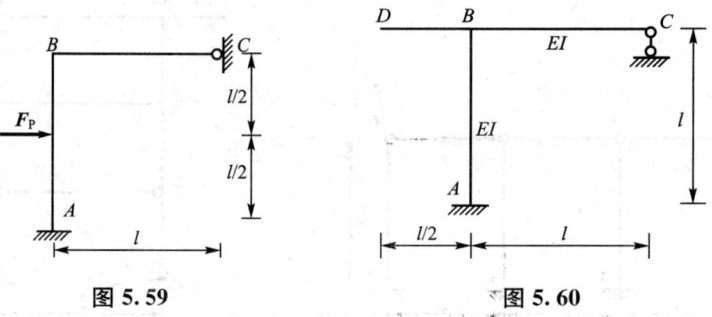

图 5.59   图 5.60

第6章 位 移 法

教学目标

掌握位移法的基本概念
理解等截面杆件的转角位移方程
掌握位移法方程的两种建立方法：直接平衡法和典型方程法
掌握利用对称性简化位移法计算
了解其他因素下的位移法计算

教学要求

知识要点	能力要求	相关知识
转角位移方程	(1) 理解转角位移方程的推导 (2) 利用转角位移方程，能写出杆端弯矩、剪力表达式	力法 图乘法
直接平衡法	(1) 理解直接平衡法的基本思路 (2) 利用直接平衡法，求超静定结构的内力并绘制内力图	转角位移方程 载常数、形常数
典型方程法	(1) 理解典型方程法的基本思路 (2) 利用典型方程法，求超静定结构的内力并绘制内力图	基本体系 典型方程
对称结构的计算	利用对称性，取半结构采用位移法求解内力	对称性
其他因素下的内力计算	(1) 了解支座移动时的位移法计算 (2) 了解温度变化时的位移法计算	直接平衡法 典型方程法

引言

前一章介绍的力法是求解超静定结构的最基本、最古老的方法。自从钢筋混凝土结构问世以来，力法就用来分析各种超静定结构，随着力法的广泛应用，人们发现对于高次超静定结构，采用力法进行计算分析十分烦琐，人们开始探索能不能找到另外一种方法用于求解超静定结构，尤其是用于高次超静定结构。终于在20世纪初以力法为基础，人们发现了另一种求解超静定结构的方法——位移法。

位移法也称变位法或刚度法，是以结点位移作为基本未知量用于求解超静定结构的方法，该方法不仅可用于超静定结构，还可用于静定结构。同时，位移法也为后续章节的学习奠定了基础。

6.1 概述

1. 基本概念

结构的内力与位移之间具有恒定的关系。在力法中，先确保原结构和基本结构受力一致，再建立典型方程从而保证变形一致，即先求力后求位移；而位移法则正好顺序相反，先确保原结构和基本结构变形一致，然后再确保两个结构受力一致，即先求位移后求力。下面以图 6.1 为例来说明位移法的基本思路。

图 6.1(a)所示超静定刚架，不计杆件轴向变形的情况下，在荷载作用下发生了图 6.1(a)中虚线所示变形。由变形协调条件可知，汇交于 B 结点的两杆 BA 及 BC 在 B 结点均无线位移，只有角位移 θ_B。在刚架中，BA 杆的受力与变形与图 6.1(b)所示单跨超静定梁完全相同，BC 杆的受力与变形也与图 6.1(c)所示单跨超静定梁完全相同，而图 6.1(b)、(c)所示的单跨超静定梁应用力法即可求出杆端内力与荷载 P 及 θ_B 的关系式，若 θ_B 为已知量，那么杆端内力可随之求出。由此可知，若将转角 θ_B 作为基本未知量并设法求出，则各杆的内力也随之求出。

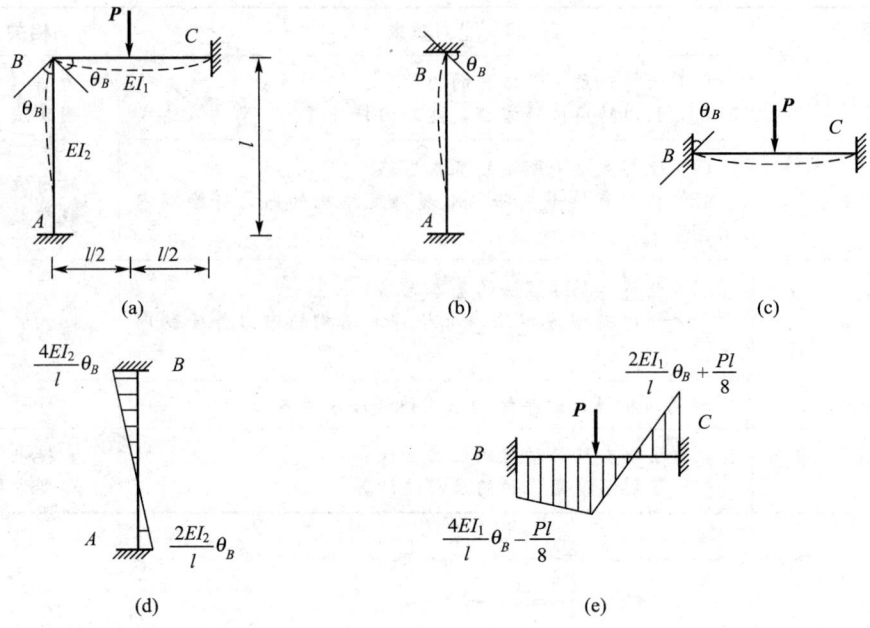

图 6.1

2. 基本思路

由以上分析可以看出，用位移法解题时，存在一个拆、合的过程，即先把原结构"拆"成若干个单跨超静定梁，计算出已知荷载及杆端位移影响下的内力；然后再把这些单跨梁"合"成原结构，利用平衡条件求出 θ_B，这就是位移法的整体思路。下面仍以图 6.1(a)所示刚架为例进一步说明位移法的求解思路。

图 6.1(b)所示单跨超静定梁 AB，可将转角 θ_B 作为支座移动的外因看待，利用力法绘制弯矩图，如图 6.1(d)所示，则

$$M_{BA}=\frac{4EI_2}{l}\theta_B$$

图 6.1(c)所示单跨超静定梁 BC，同样将转角 θ_B 作为支座移动的外因看待，利用力法绘制弯矩图，如图 6.1(e)所示，则

$$M_{BC}=\frac{4EI_1}{l}\theta_B-\frac{Pl}{8}$$

由于结点 B 为刚结点，有

$$M_{BA}=M_{BC}$$

即

$$\frac{4EI_2}{l}\theta_B=\frac{4EI_1}{l}\theta_B-\frac{Pl}{8}$$

从而可求出

$$\theta_B=\frac{\dfrac{Pl}{8}}{\dfrac{4EI_1}{l}-\dfrac{4EI_2}{l}}$$

将转角 θ_B 代入图 6.1(d)、(e)中，即可得到杆 BA、BC 的弯矩图，即为原结构的弯矩图。

由以上可知，应用位移法求解超静定结构，尚需解决以下 3 个问题。
(1) 确定杆件的杆端内力与杆端位移及荷载之间的关系；
(2) 结构上何种结点位移可作为基本未知量；
(3) 如何建立求解未知量的位移法方程。
以后各节将围绕这 3 个问题来说明位移法的解题方法。

6.2 等截面杆件的转角位移方程

1. 转角位移方程

用位移法求解超静定结构时，每根杆件均可看作单跨超静定梁，杆件的杆端力与荷载、杆端位移之间恒具有一定的关系，可用函数进行表达，这种函数表达式称之为转角位移方程，也称为刚度方程。

2. 杆端力和杆端位移符号规定

杆端转角 θ_A 和 θ_B 以顺时针为正；杆两端相对线位移 Δ，以使杆件产生顺时针转动为正；杆端弯矩以顺时针方向为正；杆端剪力以使作用截面产生顺时针转动为正。

其中，需要注意：杆端弯矩的正负号规定和一般的弯矩正负号规定不同。该规定与之前的规定并不冲突，仅仅是为了便于建立位移法基本方程而设立的。

3. 由杆端位移求杆端力

1) 两端为固定端梁

图 6.2(a)为两端固定的等截面杆件，跨度为 l，抗弯刚度 EI 为常数。已知端点 A 和 B 的角位移分别是 θ_A 和 θ_B，两端垂直于杆轴的相对线位移为 Δ，求此时杆端弯矩 M_{AB}、M_{BA} 和杆端剪力 F_{QAB}、F_{QBA}。

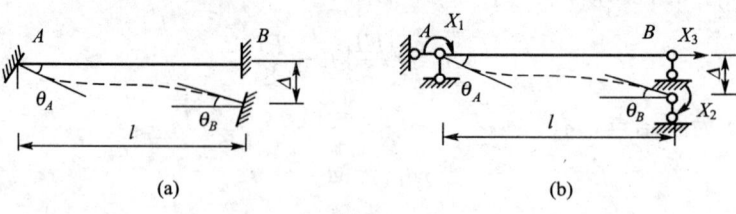

图 6.2

采用力法计算图 6.2(a)所示单跨超静定梁，可取图 6.2(b)为基本体系，由于 X_3 对梁的弯矩无影响，故在计算时可不予考虑，很显然 $M_{AB}=X_1$、$M_{BA}=X_2$。利用叠加原理，图 6.2(b)等于图 6.3(a)、(b)两种情况的叠加，即：$\theta_A = \theta_{A1}+\theta_{A2}$ 和 $\theta_B = \theta_{B1}+\theta_{B2}$。

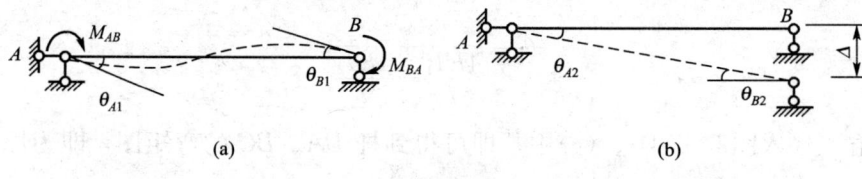

图 6.3

(1) 求杆端弯矩 M_{AB}、M_{BA} 作用下杆端转角 θ_{A1} 和 θ_{B1}。

由图 6.4(a)、(b)图乘可得

$$\theta_{A1}=\frac{1}{EI}\left(\frac{1}{2}M_{AB}\times l\times\frac{2}{3}-\frac{1}{2}M_{BA}\times l\times\frac{1}{3}\right)=\frac{l}{EI}\left(\frac{1}{3}M_{AB}-\frac{1}{6}M_{BA}\right)$$

令 $\dfrac{EI}{l}=i$，i 称为杆 AB 的线刚度，则上式整理为：

$$\theta_{A1}=\frac{1}{3i}M_{AB}-\frac{1}{6i}M_{BA}$$

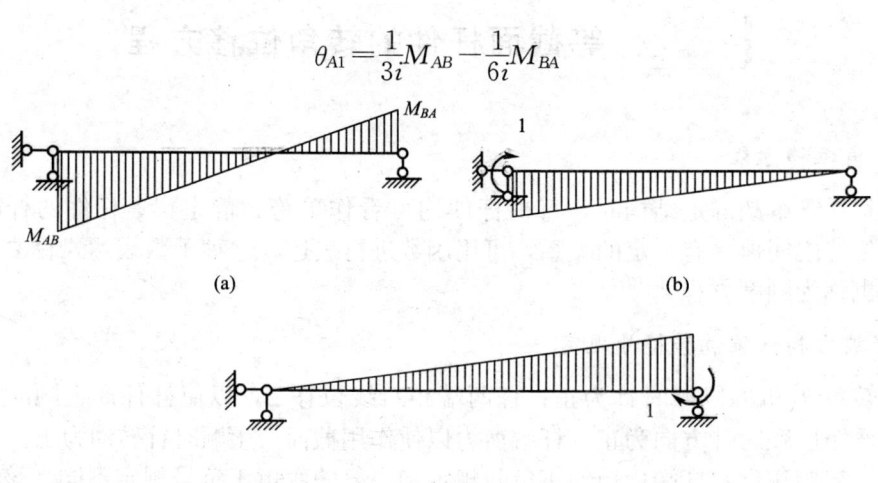

图 6.4

同理由图 6.4(a)、(c)利用图乘法得:

$$\theta_{B1} = -\frac{1}{6i}M_{AB} + \frac{1}{3i}M_{BA}$$

(2) 当杆两端有相对位移 Δ 时:

$$\theta_{A2} = \theta_{B2} = \frac{\Delta}{l}$$

根据叠加原理,杆端转角 θ_A 和 θ_B 为

$$\left.\begin{array}{l}\theta_A = \dfrac{1}{3i}M_{AB} - \dfrac{1}{6i}M_{BA} + \dfrac{\Delta}{l} \\ \theta_B = -\dfrac{1}{6i}M_{AB} + \dfrac{1}{3i}M_{BA} + \dfrac{\Delta}{l}\end{array}\right\} \quad (6-1)$$

式(6-1)整理为

$$\left.\begin{array}{l}M_{AB} = 4i\theta_A + 2i\theta_B - 6i\dfrac{\Delta}{l} \\ M_{BA} = 2i\theta_A + 4i\theta_B - 6i\dfrac{\Delta}{l}\end{array}\right\} \quad (6-2)$$

式(6-2)即为已知杆端位移 θ_A、θ_B 和 Δ 求杆端弯矩的公式,又称为 AB 梁的转角位移方程。

取杆件为研究对象,由平衡条件可以求出杆端剪力为

$$F_{QAB} = F_{QBA} = -\frac{6i}{l}\theta_A - \frac{6i}{l}\theta_B + \frac{12i}{l^2}\Delta \quad (6-3)$$

综合式(6-2)和式(6-3),杆端力可写出矩阵形式。

$$\begin{bmatrix} M_{AB} \\ M_{BA} \\ F_{QAB} \end{bmatrix} = \begin{bmatrix} 4i & 2i & -\dfrac{6i}{l} \\ 2i & 4i & -\dfrac{6i}{l} \\ -\dfrac{6i}{l} & -\dfrac{6i}{l} & \dfrac{12i}{l^2} \end{bmatrix} \begin{bmatrix} \theta_A \\ \theta_B \\ \Delta \end{bmatrix} \quad (6-4)$$

式(6-4)称为弯曲杆件的刚度方程,其中,

$$\begin{bmatrix} 4i & 2i & -\dfrac{6i}{l} \\ 2i & 4i & -\dfrac{6i}{l} \\ -\dfrac{6i}{l} & -\dfrac{6i}{l} & \dfrac{12i}{l^2} \end{bmatrix}$$

称为弯曲杆件的刚度矩阵,矩阵中的系数称为刚度系数。刚度系数是只与杆件的截面形状尺寸和材料性质有关的常数,所以又称为形常数。

2) 一端固定一端铰支梁

如图 6.5(a)所示,可知 $M_{BA} = 0$,代入式(6-1)可得:$M_{AB} = 3i\theta_A - \dfrac{3i}{l}\Delta$

3) 一端固定一端定向支座梁

如图 6.5(b)所示,可知 $\theta_B = 0$,$F_{QAB} = F_{QBA} = 0$,代入式(6-2)、式(6-3)得:$M_{AB} = i\theta_A$,$M_{BA} = -i\theta_A$

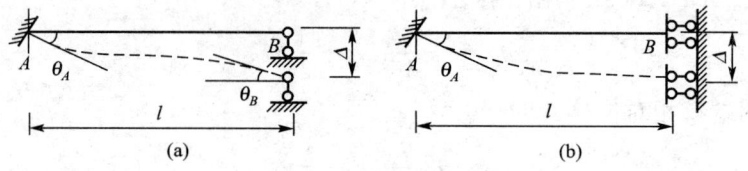

图 6.5

4. 由荷载求杆端力

在等截面杆件中,杆件只承受荷载作用时所求得的杆端力,通常称为固端力,一般包括固端弯矩和固端剪力。固端力的求解仍然可以采用力法,在表 6-1 中列出了常见荷载作用下的固端力。从表 6-1 中可以看出,固端力的大小只与杆件所承受的荷载形式有关,所以,固端力也称为载常数,一般用 M_{AB}^F、M_{BA}^F、F_{QAB}^F、F_{QBA}^F 表示。

表 6-1 等截面直杆的固端弯矩和剪力

序号	简图	固端弯矩	固端剪力
1	集中荷载 F_P,距离 a, b,跨度 l	$M_{AB}^F = -\dfrac{F_P a b^2}{l^2}$ $M_{BA}^F = \dfrac{F_P a^2 b}{l^2}$	$F_{QAB}^F = \dfrac{F_P b^2}{l^2}\left(1+\dfrac{2a}{l}\right)$ $F_{QBA}^F = -\dfrac{F_P a^2}{l^2}\left(1+\dfrac{2b}{l}\right)$
2	均布荷载 q,跨度 l	$M_{AB}^F = -\dfrac{ql^2}{12}$ $M_{BA}^F = \dfrac{ql^2}{12}$	$F_{QAB}^F = \dfrac{ql}{2}$ $F_{QBA}^F = -\dfrac{ql}{2}$
3	三角形分布荷载 q,跨度 l	$M_{AB}^F = -\dfrac{ql^2}{30}$ $M_{BA}^F = \dfrac{ql^2}{20}$	$F_{QAB}^F = \dfrac{3ql}{20}$ $F_{QBA}^F = -\dfrac{7ql}{20}$
4	温度变化 t_1、t_2,$\Delta t = t_1 - t_2$,h 为截面高度	$M_{AB}^F = \dfrac{EI\alpha\Delta t}{h}$ $M_{BA}^F = -\dfrac{EI\alpha\Delta t}{h}$	$F_{QAB}^F = 0$ $F_{QBA}^F = 0$
5	集中荷载 F_P,一端固定一端铰支,距离 a, b	$M_{AB}^F = -\dfrac{F_P b(l^2-b^2)}{2l^2}$	$F_{QAB}^F = \dfrac{F_P b(3l^2-b^2)}{2l^3}$ $F_{QBA}^F = -\dfrac{F_P a^2(3l-a)}{2l^3}$

（续）

序号	简图	固端弯矩	固端剪力
6	(梁AB，均布荷载q，A固定B滑动铰，长l)	$M_{AB}^F = -\dfrac{ql^2}{8}$	$F_{QAB}^F = \dfrac{5ql}{8}$ $F_{QBA}^F = -\dfrac{3ql}{8}$
7	(梁AB，三角形荷载q，A端为0，B端最大，长l)	$M_{AB}^F = -\dfrac{7ql^2}{120}$	$F_{QAB}^F = \dfrac{9ql}{40}$ $F_{QBA}^F = -\dfrac{11ql}{40}$
8	(梁AB，三角形荷载q，A端最大，B端为0，长l)	$M_{AB}^F = -\dfrac{ql^2}{15}$	$F_{QAB}^F = \dfrac{2ql}{5}$ $F_{QBA}^F = -\dfrac{ql}{10}$
9	(梁AB，温度变化 t_1, t_2，$\Delta t = t_1 - t_2$，h为截面高度)	$M_{AB}^F = \dfrac{3EI\alpha\Delta t}{2h}$	$F_{QAB}^F = -\dfrac{3EI\alpha\Delta t}{2hl}$ $F_{QBA}^F = -\dfrac{3EI\alpha\Delta t}{2hl}$
10	(梁AB，集中力 F_P 距A为a，B为定向支座，长l，b=l-a)	$M_{AB}^F = -\dfrac{F_P a(2l-a)}{2l}$ $M_{BA}^F = -\dfrac{F_P a^2}{2l}$	$F_{QAB}^F = F_P$ $F_{QBA}^F = 0$
11	(梁AB，均布荷载q，A固定，B为定向支座，长l)	$M_{AB}^F = -\dfrac{ql^2}{3}$ $M_{BA}^F = -\dfrac{ql^2}{6}$	$F_{QAB}^F = ql$ $F_{QBA}^F = 0$
12	(梁AB，三角形荷载，A端为0，B端最大，B为定向支座，长l)	$M_{AB}^F = -\dfrac{5ql^2}{24}$ $M_{BA}^F = -\dfrac{ql^2}{8}$	$F_{QAB}^F = \dfrac{ql}{2}$ $F_{QBA}^F = 0$

(续)

序号	简图	固端弯矩	固端剪力
13	(三角形分布荷载 q，A 端固定，B 端定向支座，长 l)	$M_{AB}^F = -\dfrac{ql^2}{8}$ $M_{BA}^F = -\dfrac{ql^2}{24}$	$F_{QAB}^F = \dfrac{ql}{2}$ $F_{QBA}^F = 0$
14	(温度变化 t_1、t_2，$\Delta t = t_1 - t_2$，h 为截面高度)	$M_{AB}^F = \dfrac{EI\alpha\Delta t}{h}$ $M_{BA}^F = -\dfrac{EI\alpha\Delta t}{h}$	$F_{QAB}^F = 0$ $F_{QBA}^F = 0$

综上所述，等截面杆件在荷载及杆端位移的共同作用下，利用叠加原理，杆端力一般公式为

$$\left.\begin{aligned}M_{AB} &= 4i\theta_A + 2i\theta_B - \frac{6i}{l}\Delta + M_{AB}^F \\ M_{BA} &= 2i\theta_A + 4i\theta_B - \frac{6i}{l}\Delta + M_{BA}^F \\ F_{QAB} &= -\frac{6i}{l}\theta_A - \frac{6i}{l}\theta_B + \frac{12i}{l^2}\Delta + F_{QAB}^F \\ F_{QBA} &= -\frac{6i}{l}\theta_A - \frac{6i}{l}\theta_B + \frac{12i}{l^2}\Delta + F_{QBA}^F\end{aligned}\right\} \quad (6-5)$$

上式即为转角位移方程的一般形式。

6.3 位移法计算方法——直接平衡法

1. 基本未知量

位移法是以独立的结点位移作为基本未知量，而结点位移包括结点角位移和结点线位移，下面将分别讨论如何确定结点角位移和结点线位移。

1) 结点角位移的确定

结点角位移比较容易确定，根据刚架的性质，同一个刚结点处各杆的转角是相等的，因此每一个刚结点只有一个独立的角位移；在固定端处，转角为零，没有角位移；铰结点和铰支座处，结构容许其自由转动，其角位移是不独立的，不能作为基本未知量，而且，由于铰结点或铰支座处的杆端弯矩等于零，该处的角位移也没有必要作为基本未知量。因此，确定结点角位移的数目时，只要计算刚结点的数目即可，即角位移数等于刚结点数。

图 6.6 所示的刚架有两个刚结点 B、C，故有两个结点角位移 θ_B 和 θ_C。

2) 结点线位移的确定

一般情况下，结点都有线位移，每个结点有两个线位移，为了减少未知量数目，引入与实际相符的两个假设。

（1）忽略轴向力产生的轴向变形，则变形后的曲杆与原直杆等长；

（2）假设结点转角和各杆弦转角 Δ/l 都很小，则变形后的曲杆长度与其弦等长。

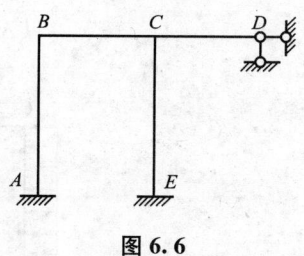

图 6.6

根据以上两个假设，杆件发生弯曲变形后，两个端点距离保持不变或杆长保持不变，从而就减少了结点线位移的数目。

对于比较简单的结构直接采用观察法即可确定结点线位移的数目。如图 6.6 所示，由于各杆不考虑轴向变形，刚结点 B 和 C 在原位置保持不动，因此没有线位移，只有角位移。这种只有结点角位移没有线位移的刚架又称为无侧移刚架，而既有结点角位移又有结点线位移的刚架则称为有侧移刚架。

对于比较复杂的结构，确定结点线位移通常采用"铰化体系法"，具体做法是：

（1）把结构中所有的刚结点、固定端全部改成铰结，则得到一个铰结体系；

（2）对铰结体系进行几何组成分析，若体系几何不变，则无结点线位移；若几何可变或瞬变，则需考虑最少添加几根支座链杆才能保证几何不变，需增加的链杆数即为原结构的结点线位移数。

作铰结体系图时需注意：原结构的链杆支座、铰支座及两平行链杆与杆轴平行的滑动支座不予改变，而两平行链杆与杆轴垂直（或斜交）的滑动支座，只保留一根链杆。此种方法适用于不计轴向变形的受弯直杆结构。

图 6.7(a) 所示的刚架，其铰结体系如图 6.7(b) 所示，它必须在 B、E 结点各增加一根链杆才能成为几何不变体系，所以原结构独立结点线位移的数目为 2 个。

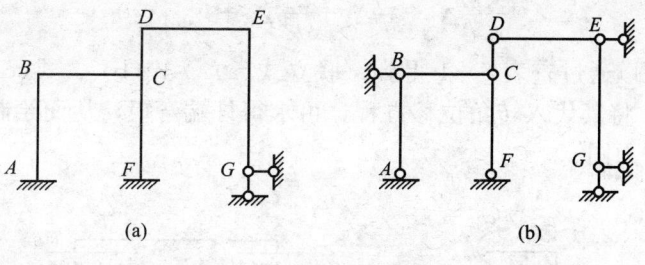

图 6.7

2. 直接平衡方程法

图 6.8(a) 所示的刚架，梁柱的线刚度均为 i，根据位移法分析，基本未知量为 3 个，分别为 C、D 结点的角位移 Δ_1、Δ_2，和柱顶的水平线位移 Δ_3，如图 6.8(b) 所示。

根据转角位移方程(6-5)，我们可以得到

$$M_{CA}=4i\Delta_1-\frac{6i}{l}\Delta_3+M_{CA}^F \quad M_{CD}=4i\Delta_1+2i\Delta_2$$

$$M_{DC}=2i\Delta_1+4i\Delta_2 \quad M_{DB}=4i\Delta_2-\frac{6i}{l}\Delta_3$$

$$F_{QCA} = -\frac{6i}{l}\Delta_1 + \frac{12i}{l^2}\Delta_3 + F_{QCA}^F \quad F_{QDB} = -\frac{6i}{l}\Delta_2 + \frac{12i}{l^2}\Delta_3$$

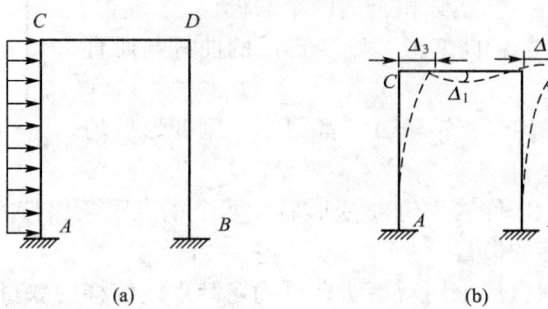

图 6.8

如图 6.9(a)所示，选取刚结点 C 为研究对象，建立平衡方程。
$$\sum M_C = 0 \: : \: M_{CA} + M_{CD} = 0$$

代入整理为：
$$8i\Delta_1 + 2i\Delta_2 - \frac{6i}{l}\Delta_3 + M_{CA}^F = 0 \quad (a)$$

同理，选取刚结点 D 为研究对象，可得：
$$2i\Delta_1 + 8i\Delta_2 - \frac{6i}{l}\Delta_3 = 0 \quad (b)$$

选取柱顶以上横梁 CD 为研究对象，如图 6.9(b)所示。
$$\sum F_x = 0 \quad -F_{QCA} - F_{QDB} = 0$$

代入整理为：
$$-\frac{6i}{l}\Delta_1 - \frac{6i}{l}\Delta_2 + \frac{24i}{l^2}\Delta_3 + F_{QCA}^F = 0 \quad (c)$$

M_{CA}^F 和 F_{QCA}^F 可以通过查表 6-1 得到，联立式(a)、式(b)、式(c)，即可解出基本未知量 Δ_1、Δ_2、Δ_3，将其代入转角位移方程，可求得杆端弯矩，从而绘制结构的弯矩图，进而绘制剪力图和轴力图。

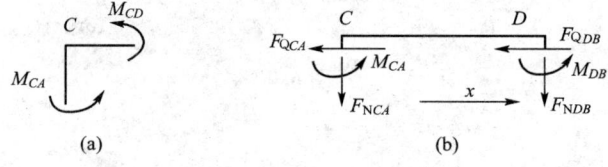

图 6.9

由以上分析可看出：利用位移法求解超静定结构，建立的方程实质上是静力平衡方程。根据转角位移方程，写出各杆件的杆端力表达式，对于结点角位移，建立结点的力矩平衡方程；对于结点线位移，建立截面的投影平衡方程。这些方程称为位移法的基本方程，基本方程的个数等于基本未知量的个数。而这种根据转角位移方程列出位移法基本方程的方法称为直接平衡方程法。

6.4 位移法计算举例

通过上节的讨论,我们将直接平衡法解题的步骤概括如下。
(1) 确定位移法的基本未知量。
(2) 根据转角位移方程列出杆端力表达式。
(3) 根据平衡条件列位移法基本方程。对于每个结点角位移,建立结点的力矩平衡方程:$\sum M_i = 0$;对于结点线位移,建立截面的投影平衡方程:$\sum F_x = 0$ 或 $\sum F_y = 0$。
(4) 联立解方程,求结点位移。
(5) 将结点位移代入杆端力表达式,求出杆端力。
(6) 作内力图。根据杆端弯矩作弯矩图;选取杆件为研究对象,建立平衡方程,求出杆端剪力,从而绘制剪力图;选取结点为研究对象,建立平衡方程,求出杆端轴力,从而绘制轴力图。

例题 6.1 试求图 6.10(a)所示连续梁的弯矩图。$EI_{BC} = 3EI_{AB}$,$q = 20\text{kN/m}$,$P = 60\text{kN}$。

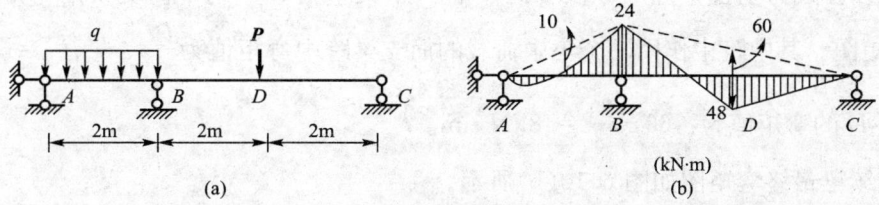

图 6.10

【解】:(1) 确定位移法的基本未知量。
此连续梁只有一个基本未知量,结点 B 的角位移 Δ_1。
(2) 根据转角位移方程列出杆端力表达式。
先求固端弯矩,查表 6-1 得

$$M_{BA}^F = \frac{ql^2}{8} = \frac{20 \times 2^2}{8} = 10 \text{kN} \cdot \text{m}$$

$$M_{BC}^F = -\frac{3Pl}{16} = -\frac{3 \times 60 \times 4}{16} = -45 \text{kN} \cdot \text{m}$$

令 $\dfrac{EI_{AB}}{l_{AB}} = i$,则

$$i_{AB} = i$$

$$i_{BC} = \frac{EI_{BC}}{l_{BC}} = \frac{3EI_{AB}}{2l_{AB}} = \frac{3i}{2}$$

根据转角位移方程

$$M_{BA} = 3i_{BA}\Delta_1 + 10 = 3i\Delta_1 + 10$$

$$M_{BC} = 3i_{BC}\Delta_1 - 45 = \frac{9}{2}i\Delta_1 - 45$$

(3) 根据平衡条件列位移法基本方程。

$\sum M_B = 0$：　　　　$M_{BA} + M_{BC} = 0$　　$3i\Delta_1 + 10 + \dfrac{9}{2}i\Delta_1 - 45 = 0$

(4) 解方程，求结点位移。

解得：　　　　　　　　　　　$\Delta_1 = \dfrac{14}{3i}$

(5) 将结点位移代入杆端弯矩表达式，求出杆端弯矩。

$$M_{BA} = 3i\Delta_1 + 10 = 3i \times \dfrac{14}{3i} + 10 = 24 \text{kN} \cdot \text{m}$$

$$M_{BC} = 4.5i\Delta_1 - 45 = 4.5i \times \dfrac{14}{3i} - 45 = -24 \text{kN} \cdot \text{m}$$

(6) 根据杆端力绘制内力图。

由题意，连续梁 AB 段作用有均布荷载，根据叠加法，将 A、B 两端控制截面弯矩用虚直线连接，再以虚线为基线，叠加该段在均布荷载作用下简支梁的弯矩图，即为 AB 段弯矩图。其中在均布荷载作用下简支梁的跨中弯矩值为 $\dfrac{ql^2}{8} = \dfrac{20 \times 2^2}{8} = 10 \text{kN} \cdot \text{m}$。

同理，连续梁 BC 段在跨中作用一个集中荷载，将 B、C 两端控制截面弯矩用虚直线连接，再以虚线为基线，叠加该段在跨中有一个集中荷载作用下简支梁的弯矩图，即为 BC 段弯矩图。其中跨中作用一个集中荷载的简支梁跨中弯矩值为 $\dfrac{Pl}{4} = \dfrac{60 \times 4}{4} = 60 \text{kN} \cdot \text{m}$。

因而截面 D 的弯矩值为：$60 - \dfrac{24}{2} = 48 \text{kN} \cdot \text{m}$。

该连续梁最终弯矩图如图 6.10(b) 所示。

例题 6.2　试求图 6.11(a) 所示刚架的弯矩图。

【解】：(1) 确定位移法的基本未知量。

此刚架有 2 个刚结点，故有 2 个结点角位移，而经分析，此结构没有结点线位移。故刚架有 2 个基本未知量，结点 B、C 的角位移 Δ_1 和 Δ_2。

(2) 根据转角位移方程列出杆端力表达式。

先求固端弯矩，查表 6-1 得

$$M_{BA}^F = \dfrac{ql^2}{8} = \dfrac{20 \times 4^2}{8} = 40 \text{kN} \cdot \text{m}$$

根据转角位移方程

$$M_{BA} = 3i_{BA}\Delta_1 + 40 = 6i\Delta_1 + 40$$
$$M_{BC} = 4i_{BC}\Delta_1 + 2i_{BC}\Delta_2 = 8i\Delta_1 + 4i\Delta_2$$
$$M_{CB} = 2i_{BC}\Delta_1 + 4i_{BC}\Delta_2 = 4i\Delta_1 + 8i\Delta_2$$
$$M_{BE} = 4i_{BE}\Delta_1 = 4i\Delta_1$$
$$M_{EB} = 2i_{BE}\Delta_1 = 2i\Delta_1$$
$$M_{CD} = 3i_{CD}\Delta_2 = 6i\Delta_2$$
$$M_{CF} = 4i_{CF}\Delta_2 = 4i\Delta_2$$
$$M_{FC} = 2i_{FC}\Delta_2 = 2i\Delta_2$$

(3) 根据平衡条件列位移法基本方程。

$$\sum M_B = 0: \quad M_{BA} + M_{BC} + M_{BE} = 0 \quad 6i\Delta_1 + 40 + 8i\Delta_1 + 4i\Delta_2 + 4i\Delta_1 = 0$$
$$\sum M_C = 0: \quad M_{CB} + M_{CF} + M_{CD} = 0 \quad 4i\Delta_1 + 8i\Delta_2 + 4i\Delta_2 + 6i\Delta_2 = 0$$

整理为
$$9i\Delta_1 + 2i\Delta_2 + 20 = 0$$
$$2i\Delta_1 + 9i\Delta_2 = 0$$

(4) 解方程，求结点位移。

解得：
$$\Delta_1 = -\frac{180}{77i}, \quad \Delta_2 = \frac{40}{77i}$$

(5) 将结点位移代入杆端弯矩表达式，求出杆端弯矩。

$$M_{BA} = 6i\Delta_1 + 40 = -\frac{180 \times 6i}{77i} + 40 = 25.97 \text{kN·m}$$

$$M_{BC} = 8i\Delta_1 + 4i\Delta_2 = -\frac{180 \times 8i}{77i} + \frac{40 \times 4i}{77i} = -16.62 \text{kN·m}$$

$$M_{CB} = 4i\Delta_1 + 8i\Delta_2 = -\frac{180 \times 4i}{77i} + \frac{40 \times 8i}{77i} = -5.194 \text{kN·m}$$

$$M_{BE} = 4i\Delta_1 = -\frac{180 \times 4i}{77i} = -9.35 \text{kN·m}$$

$$M_{EB} = 2i\Delta_1 = -\frac{180 \times 2i}{77i} = -4.675 \text{kN·m}$$

$$M_{CD} = 6i\Delta_2 = \frac{40 \times 6i}{77i} = 3.116 \text{kN·m}$$

$$M_{CF} = 4i\Delta_2 = \frac{40 \times 4i}{77i} = 2.078 \text{kN·m}$$

$$M_{FC} = 2i\Delta_2 = \frac{40 \times 2i}{77i} = 1.039 \text{kN·m}$$

(6) 根据杆端力作弯矩图，如图 6.11(b)所示。

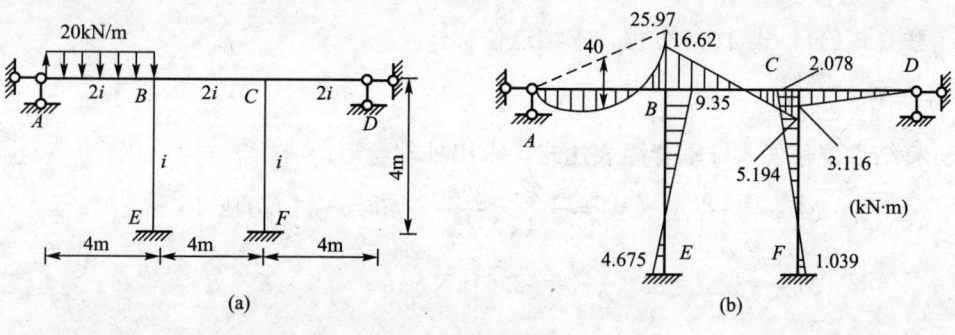

图 6.11

例题 6.3 试求图 6.12(a)所示刚架的弯矩图。各杆杆长、EI 均相同，$q = 20 \text{kN/m}$，$P = 30 \text{kN}$。

【解】：(1) 确定位移法的基本未知量。

此刚架有 1 个刚结点 C，故有 1 个结点角位移；同时此结构有独立的结点线位移，即柱顶的水平位移。所以刚架有 2 个基本未知量：结点 C 的角位移 Δ_1 和柱顶的水平线位移 Δ_2。

(2) 根据转角位移方程列出杆端力表达式。

先求固端弯矩，查表 6-1 得

$$M_{AB}^F = -\frac{ql^2}{8} = -\frac{20 \times 4^2}{8} = -40 \text{kN} \cdot \text{m}$$

令 $i = \dfrac{EI}{4}$，根据转角位移方程

$$M_{AB} = -\frac{3i}{l}\Delta_2 + M_{AB}^F = -\frac{3i}{4}\Delta_2 - 40$$

$$M_{CB} = 3i\Delta_1$$

$$M_{CD} = 4i\Delta_1 - \frac{3i}{2}\Delta_2$$

$$M_{DC} = 2i\Delta_1 - \frac{3i}{2}\Delta_2$$

(3) 根据平衡条件列位移法基本方程。

对于结点 C，$\sum M_C = 0$： $M_{CB} + M_{CD} = 0 \quad 7i\Delta_1 - \dfrac{3i}{2}\Delta_2 = 0$ (a)

选取柱顶以上横梁 BC 为研究对象，如图 6.12(b)所示。

$$\sum F_x = 0 \quad P - F_{QBA} - F_{QCD} = 0$$

选取柱 AB 为研究对象，如图 6.12(c)所示。

$\sum M_A = 0$： $F_{QBA} = -\dfrac{M_{AB}}{l} - \dfrac{ql}{2} = \dfrac{3i}{16}\Delta_2 - 30$

选取柱 CD 为研究对象，如图 6.12(d)所示。

$\sum M_D = 0$： $F_{QCD} = -\dfrac{M_{DC} + M_{CD}}{l} = -\dfrac{3}{2}i\Delta_1 + \dfrac{3}{4}i\Delta_2$

整理可得：$\dfrac{3}{2}i\Delta_1 - \dfrac{15i}{16}\Delta_2 + 60 = 0$ (b)

(4) 联立式(a)、式(b)解方程，求结点位移。

解得：$\Delta_1 = \dfrac{480}{23i}$，$\Delta_2 = \dfrac{2240}{23i}$

(5) 将结点位移代入杆端弯矩表达式，求出杆端弯矩。

$$M_{AB} = -\frac{3i}{4}\Delta_2 - 40 = -\frac{3i}{4} \times \frac{2240}{23i} - 40 = -113.04 \text{kN} \cdot \text{m}$$

$$M_{CB} = 3i\Delta_1 = 3i \times \frac{480}{23i} = 62.61 \text{kN} \cdot \text{m}$$

$$M_{CD} = 4i\Delta_1 - \frac{3i}{2}\Delta_2 = 4i \times \frac{480}{23i} - \frac{3i}{2} \times \frac{2240}{23i} = -62.61 \text{kN} \cdot \text{m}$$

$$M_{DC} = 2i\Delta_1 - \frac{3i}{2}\Delta_2 = 2i \times \frac{480}{23i} - \frac{3i}{2} \times \frac{2240}{23i} = -104.35 \text{kN} \cdot \text{m}$$

(6) 根据杆端力作弯矩图，如图 6.12(f)所示。

(7) 根据弯矩图作剪力图和轴力图。

根据杆端弯矩，选取杆件为研究对象，应用静力平衡条件，建立平衡方程可以求出杆端剪力，然后作剪力图。

代入 Δ_2 得: $\qquad F_{QBA}=\dfrac{3i}{16}\Delta_2-30=\dfrac{3i}{16}\times\dfrac{2240}{23i}-30=-11.74\text{kN}$

选取柱 AB 为研究对象,如图 6.12(c)所示。

$\sum F_x=0$: $\quad ql+F_{QBA}-F_{QAB}=0\quad 80-11.74-F_{QAB}=0\quad$ 则: $F_{QAB}=68.26\text{kN}$

代入 Δ_1、Δ_2 得: $F_{QCD}=-\dfrac{3}{2}i\Delta_1+\dfrac{3}{4}i\Delta_2=-\dfrac{3}{2}i\times\dfrac{480}{23i}+\dfrac{3}{4}i\times\dfrac{2240}{23i}=41.74\text{kN}$

选取柱 CD 为研究对象,如图 6.12(d)所示。

$\sum F_x=0$: $\qquad\qquad\qquad F_{QCD}=F_{QDC}=41.74\text{kN}$

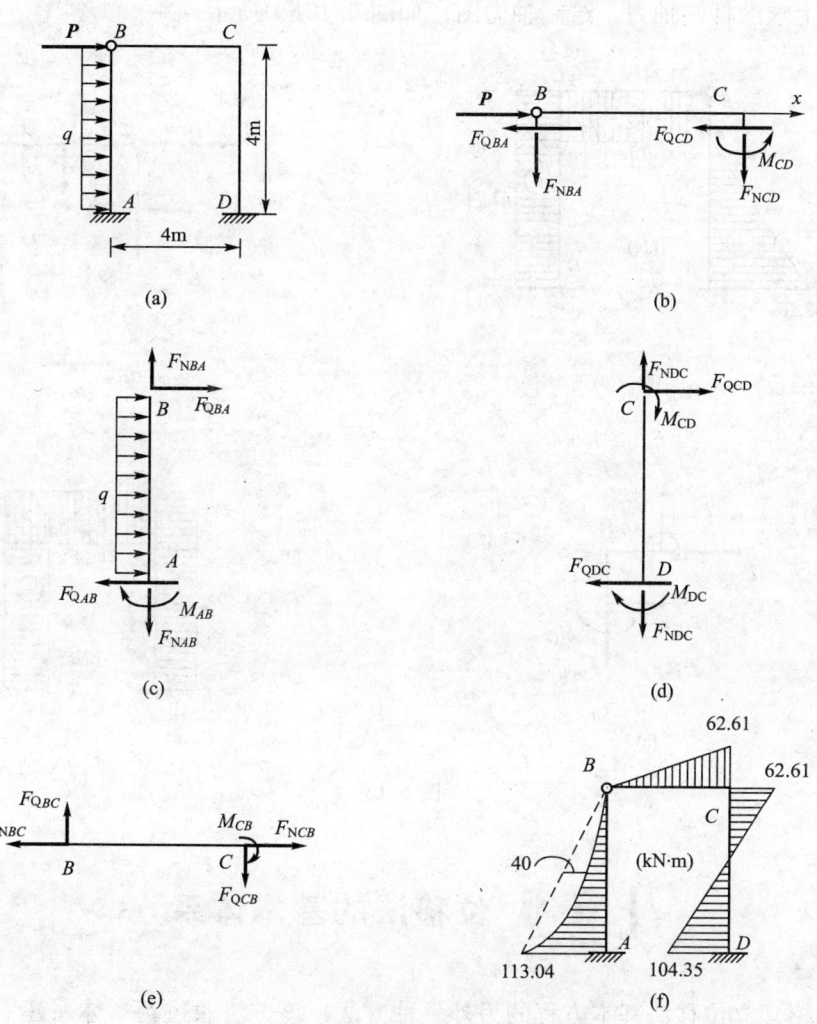

图 6.12

选取柱 BC 为研究对象,如图 6.12(e)所示。

$\sum M_B=0$: $\qquad\qquad F_{QCB}=-\dfrac{M_{CB}}{l}=-\dfrac{62.61}{4}=-15.65\text{kN}$

$\sum F_x=0$: $\qquad\qquad\quad F_{QBC}=F_{QCB}=-15.65\text{kN}$

根据以上所求杆端剪力,绘制剪力图,如图 6.13(a)所示。

根据求出的杆端弯矩和剪力，选取结点为研究对象，应用静力平衡条件，建立平衡方程可以求出杆端轴力，从而绘制轴力图。

选取结点 B 为研究对象，如图 6.13(b) 所示。

$\sum F_x=0$：$\qquad F_{NBC}=F_{QBA}-P=-11.74-30=-41.74\text{kN}$

$\sum F_y=0$：$\qquad\qquad F_{NBA}=-F_{QBC}=15.65\text{kN}$

选取结点 C 为研究对象，如图 6.13(c) 所示。

$\sum F_x=0$：$\qquad\qquad F_{NCB}=-F_{QCD}=-41.74\text{kN}$

$\sum F_y=0$：$\qquad\qquad F_{NCD}=F_{QCB}=-15.65\text{kN}$

根据以上求的杆端轴力，绘制轴力图，如图 6.12(d) 所示。

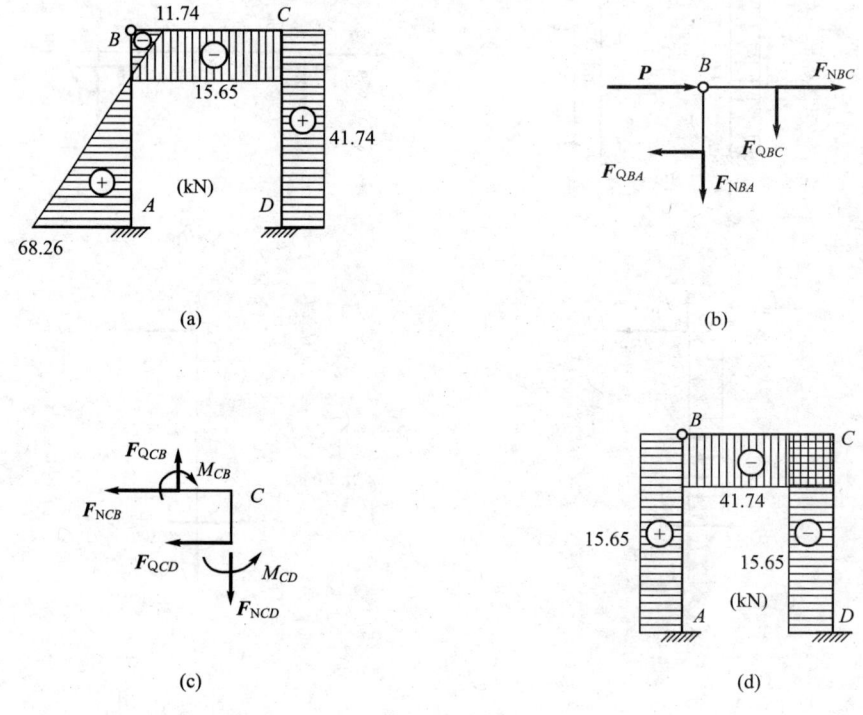

图 6.13

6.5 位移法的基本体系

本节介绍建立位移法基本方程的另外一种方法，该方法通过基本体系建立位移法典型方程，从而对超静定结构求解，称为典型方程法。

1. 基本体系

由第一节中可知，用位移法计算时，首先要把每个杆件都看成一个单跨超静定梁，那么原结构就变成若干个单跨超静定梁的组合体，该组合体称为基本结构。为了使原结构中的杆件变成独立的单跨超静定梁，在刚结点处添加"附加刚臂"阻止刚结点转动但不阻止结点移动；在可能发生线位移的结点处，添加"附加链杆"用来阻止结点线位移但不阻止结点的转动。通过在结点上添加附加约束，原结构就变成了一组单跨超静定梁组成的组合体。附加刚臂用符号"▽"表示，附加链杆用符号"⚊"表示。

基本结构在外荷载和基本未知量共同作用下的体系称为位移法的基本体系。位移法中的基本未知量添加在附加刚臂及附加链杆处，结点角位移用符号"⌒"表示，结点线位移用符号"→"表示。

图 6.14(a)所示结构有 3 个基本未知量，刚结点 C、D 的角位移和横梁 CD 的水平线位移。分别在刚结点 C、D 处添加附加刚臂，在刚结点 D 处添加附加链杆就得到了位移法的基本结构，如图 6.14(b)所示。在基本结构上添加基本未知量和外荷载就形成了位移法的基本体系，如图 6.14(c)所示。

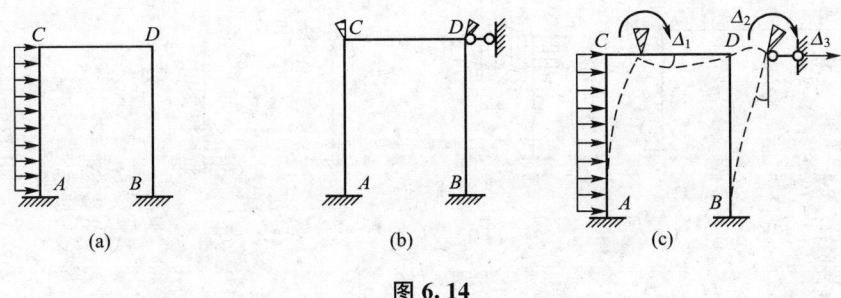

图 6.14

2. 位移法典型方程的推导

图 6.15(a)所示刚架，经分析可知结构有 2 个基本未知量，分别是结点 B 的角位移 Δ_1、柱顶 BC 的水平线位移 Δ_2，分别在刚结点 B 处添加附加刚臂，在刚结点 C 处添加附加链杆就得到了位移法的基本结构，如图 6.15(b)所示。在基本结构上添加基本未知量和外荷载就形成了位移法的基本体系，如图 6.15(c)所示。

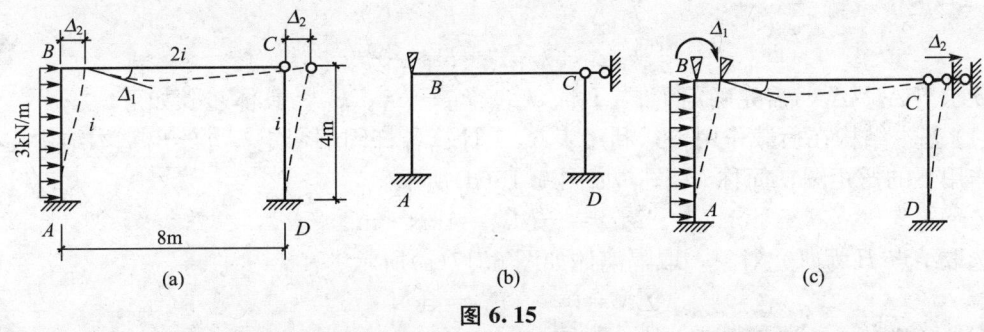

图 6.15

只有基本体系和原结构变形和受力都一致，基本体系才和原结构等效，这样，求解原结构的变形和受力才能通过基本体系来完成。通过图 6.15(a)、(c)可知，基本体系的变形与原结构肯定是相同的，要使它们受力也相同，则要求基本结构在荷载与 Δ_1、Δ_2 的共同作用下，附加约束处的反力矩及反力应为零，因为原结构中并不存在这些约束。设附加刚臂的反力矩为 F_1，附加链杆的反力为 F_2，则

$$\left.\begin{array}{l} F_1=0 \\ F_2=0 \end{array}\right\} \tag{a}$$

设由 Δ_1、Δ_2 及荷载引起的附加刚臂上的反力矩为 F_{11}、F_{12}、F_{1P}，引起的附加链杆上的反力为 F_{21}、F_{22}、F_{2P}，如图 6.16(a)、(b)、(c)所示。

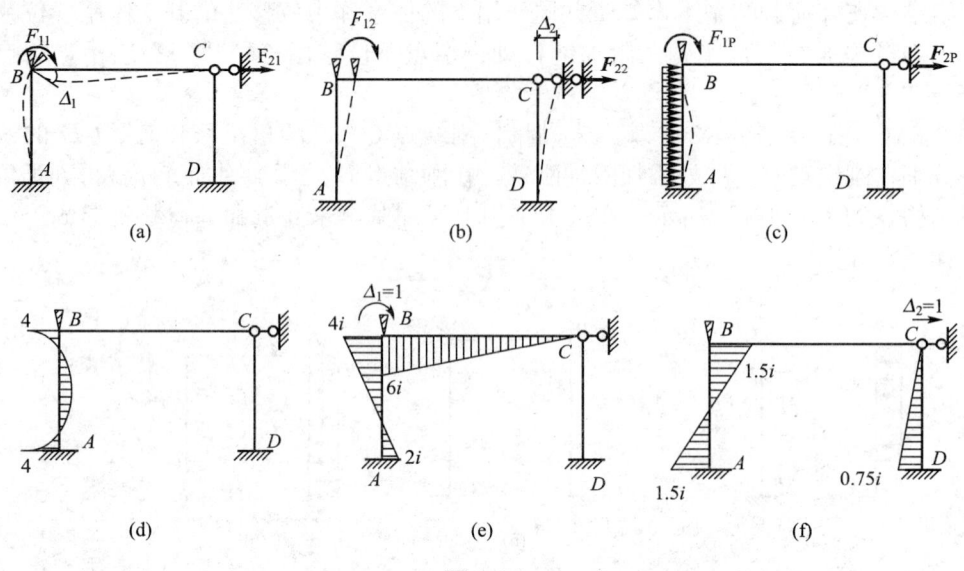

图 6.16

根据叠加原理，(a)式可写为

$$\left.\begin{aligned}F_{11}+F_{12}+F_{1P}=0\\F_{21}+F_{22}+F_{2P}=0\end{aligned}\right\} \quad (b)$$

(b)式中 F 的两个角标含义是：第一个表示反力（或反力矩）所属的附加约束，第二个表示引起反力（或反力矩）的原因。若设 k_{11}、k_{12} 表示 $\Delta_1=1$、$\Delta_2=1$ 时引起的附加刚臂反力矩，k_{21}、k_{22} 表示 $\Delta_1=1$、$\Delta_2=1$ 时引起的附加链杆反力，则(b)式又可写为

$$\left.\begin{aligned}k_{11}\Delta_1+k_{12}\Delta_2+F_{1P}=0\\k_{21}\Delta_1+k_{22}\Delta_2+F_{2P}=0\end{aligned}\right\} \quad (c)$$

欲求出 Δ_1、Δ_2，需先确定 F_{1P}、F_{2P}、k_{11}、k_{12}、k_{21}、k_{22}。具体步骤如下。

(1) 基本结构在荷载作用下，利用表 6-1 计算各杆固端弯矩，并绘出基本结构在荷载单独作用下的弯矩图，简称 M_P 图，如图 6.16(d)所示。

$$M_{BA}=-M_{AB}=4\text{kN}\cdot\text{m}$$

选取结点 B 为研究对象，取隔离体如图 6.17(a)所示。

$$\sum M=0 \quad F_{1P}=4\text{kN}\cdot\text{m}$$

取柱顶横梁 BC 部分为隔离体，如图 6.17(b)所示。利用表 6-1 计算固端剪力。

$$F_{QBA}=-\frac{3\times 4}{2}=-6\text{kN}$$

由 $\sum F_x=0$，可得

$$F_{2P}=-6\text{kN}\cdot\text{m}$$

(2) 基本结构在 $\Delta_1=1$ 作用下，利用表 6-1 计算各杆杆端弯矩，并绘出基本结构在 $\Delta_1=1$ 单独作用下的弯矩图，简称 $\overline{M}_1$ 图，如图 6.16(e)所示。

$$M_{BC}=6i, \quad M_{BA}=4i, \quad M_{AB}=2i$$

选取结点 B 为研究对象，取隔离体如图 6.17(c)，由 $\sum M=0$，可得：$k_{11}=6i+4i=10i$

取柱顶横梁 BC 部分为隔离体，如图 6.17(d)所示，计算固端剪力。

$$F_{QBA}=-\frac{6i}{4}=-1.5i$$

由 $\sum F_x=0$，可得

$$k_{21}=-1.5i$$

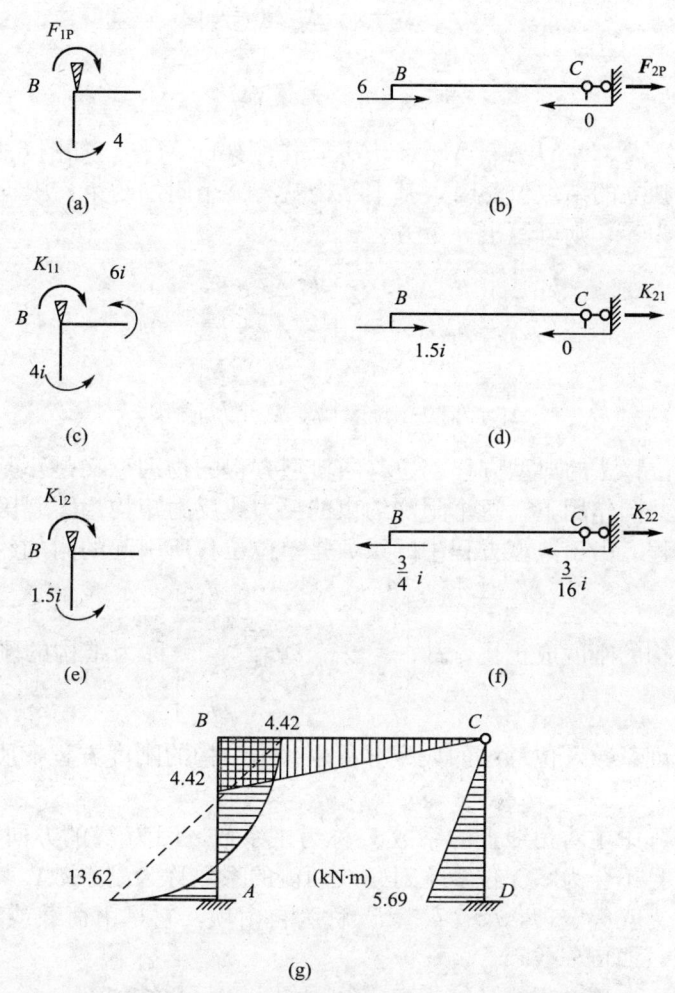

图 6.17

(3) 基本结构在 $\Delta_2=1$ 作用下，利用表 6-1 计算各杆杆端弯矩，并绘出基本结构在 $\Delta_2=1$ 单独作用下的弯矩图，简称 $\overline{M}_2$ 图，如图 6.16(f) 所示。

$$M_{DC}=-0.75i, \quad M_{BA}=-1.5i, \quad M_{AB}=-1.5i$$

选取结点 B 为研究对象，取隔离体如图 6.17(e)，由 $\sum M=0$，可得：$k_{12}=-1.5i$

取柱顶横梁 BC 部分为隔离体如图 6.17(f)所示，计算固端剪力。

$$F_{QBA}=\frac{3i}{4}, \quad F_{QCD}=\frac{3i}{16}$$

由 $\sum F_x=0$，可得

$$k_{22}=\frac{15}{16}i$$

（4）将求得的数值代入式（c）中，整理为

$$\left.\begin{array}{r}10i\Delta_1-1.5i\Delta_2+4=0\\-1.5i\Delta_1+\dfrac{15}{16}i\Delta_2-6=0\end{array}\right\}$$

解方程，求得：

$$\Delta_1=\frac{14}{19i}, \quad \Delta_2=\frac{144}{19i}$$

（5）利用叠加公式 $M=\overline{M}_1\Delta_1+\overline{M}_2\Delta_2+M_P$，作刚架的 M 图，如图 6.17（g）所示。

当结构有 n 个独立的结点位移时，基本结构就有 n 个附加约束，根据每个附加约束的反力或反力矩均应为零，则可写出 n 个方程。

$$\left.\begin{array}{r}k_{11}\Delta_1+k_{12}\Delta_2+\cdots+k_{1n}\Delta_n+F_{1P}=0\\k_{21}\Delta_1+k_{22}\Delta_2+\cdots+k_{2n}\Delta_n+F_{2P}=0\\\cdots\\k_{n1}\Delta_1+k_{n2}\Delta_2+\cdots+k_{nn}\Delta_n+F_{nP}=0\end{array}\right\} \quad (6-6)$$

式（6-6）称为位移法的典型方程。位移法典型方程的物理意义是：基本结构在荷载等外因和各结点位移共同作用下，每个附加约束的反力或反力矩均为零。因此典型方程实质上就是力的平衡方程。由于典型方程中的系数是单位位移所引起的附加约束上的反力或反力矩，因而它与结构的刚度成正比，故 $\begin{bmatrix}k_{11}&k_{12}&\cdots&k_{1n}\\k_{21}&k_{22}&\cdots&k_{2n}\\\cdots&\cdots&\cdots&\cdots\\k_{n1}&k_{n2}&\cdots&k_{nn}\end{bmatrix}$ 称为结构的刚度矩阵，其中的系数称为结构的刚度系数，位移法的典型方程也称为结构的刚度方程，所以位移法又称为刚度法。

结构的刚度矩阵中主对角线上的系数 k_{ii} 称为主系数，因为 k_{ii} 的方向始终与 Δ_i 的方向一致，故恒为正值且不会为零。位于主对角线两侧的系数称为副系数，其值可能为正、或负、或零。根据反力互等定理，$k_{ij}=k_{ji}$。F_{iP} 称为自由项，它是由荷载或其他外因引起的，其值同样可能为正、或负、或零。

综上所述，利用典型方程法计算超静定结构的步骤可总结如下。

（1）确定原结构的基本未知量，在基本未知量处，加上相应的附加约束得到基本体系。

（2）列位移法典型方程。

（3）求系数及自由项。

绘制基本结构在 $\Delta_1=1$，$\Delta_2=1$，$\cdots$，$\Delta_n=1$ 及荷载单独作用下的 $\overline{M}_1$，$\overline{M}_2$，$\cdots$，$\overline{M}_n$ 和 M_P 图，利用平衡条件计算方程的系数和自由项。

（4）解方程，求出基本未知量 Δ_1，Δ_2，$\cdots$，Δ_n。

(5) 应用叠加原理 $M=\sum \overline{M}_i\Delta_i+M_P$，绘制 M 图，进而绘制 F_Q 及 F_N 图。

(6) 取结点及局部杆件进行静力平衡条件的校核。

3. 计算举例

例题 6.4　试采用基本体系典型方程法绘制例题 6.2 刚架的弯矩图。

【解】：(1) 确定位移法的基本未知量和基本体系。

例题 6.2 所示刚架有 2 个刚结点，故有 2 个结点角位移，没有结点线位移。所以刚架有 2 个基本未知量，结点 B、C 的角位移 Δ_1 和 Δ_2。分别在刚结点 B、C 添加附加刚臂，得到了结构的基本体系，如图 6.18(a) 所示。

(2) 列位移法典型方程。

$$k_{11}\Delta_1+k_{12}\Delta_2+F_{1P}=0$$

$$k_{21}\Delta_1+k_{22}\Delta_2+F_{2P}=0$$

(3) 求系数及自由项。

绘制基本结构在荷载及 $\Delta_1=1$、$\Delta_2=1$ 单独作用下的 M_P、$\overline{M}_1$ 和 $\overline{M}_2$ 图，如图 6.18(b)、(c)、(d) 所示。

$$k_{11}=6i+4i+8i=18i$$

$$k_{21}=k_{12}=4i$$

$$k_{22}=6i+4i+8i=18i$$

$$F_{1P}=\frac{ql^2}{8}=\frac{20\times 4^2}{8}=40\text{kN}\cdot\text{m}$$

$$F_{2P}=0$$

(4) 解方程，求出 Δ_1、Δ_2。

将系数和自由项代入典型方程，并整理。

$$9i\Delta_1+2i\Delta_2+20=0$$

$$2i\Delta_1+9i\Delta_2=0$$

解得：
$$\Delta_1=-\frac{180}{77i},\quad \Delta_2=\frac{40}{77i}$$

(5) 应用叠加原理 $M=\sum \overline{M}_i\Delta_i+M_P$，绘制 M 图，如图 6.18(e) 所示。

通过例题可看出：采用直接平衡法和典型方程法建立的位移法基本方程是完全一样的。无论采用直接平衡法还是典型方程法，对于结点角位移，相应的都是结点的力矩平衡方程；对于结点线位移，相应的都是截面的投影平衡方程。不同的是，用典型方程法计算时，是借助于基本体系这个工具，以达到分步、分项写出平衡方程的目的；而直接平衡法则是直接由转角位移方程，写出各杆件的杆端力表达式，从而列出平衡方程。

4. 位移法(典型方程法)和力法比较

力法和位移法是求解超静定结构的两大基本方法，这两种方法都是先选取基本体系，

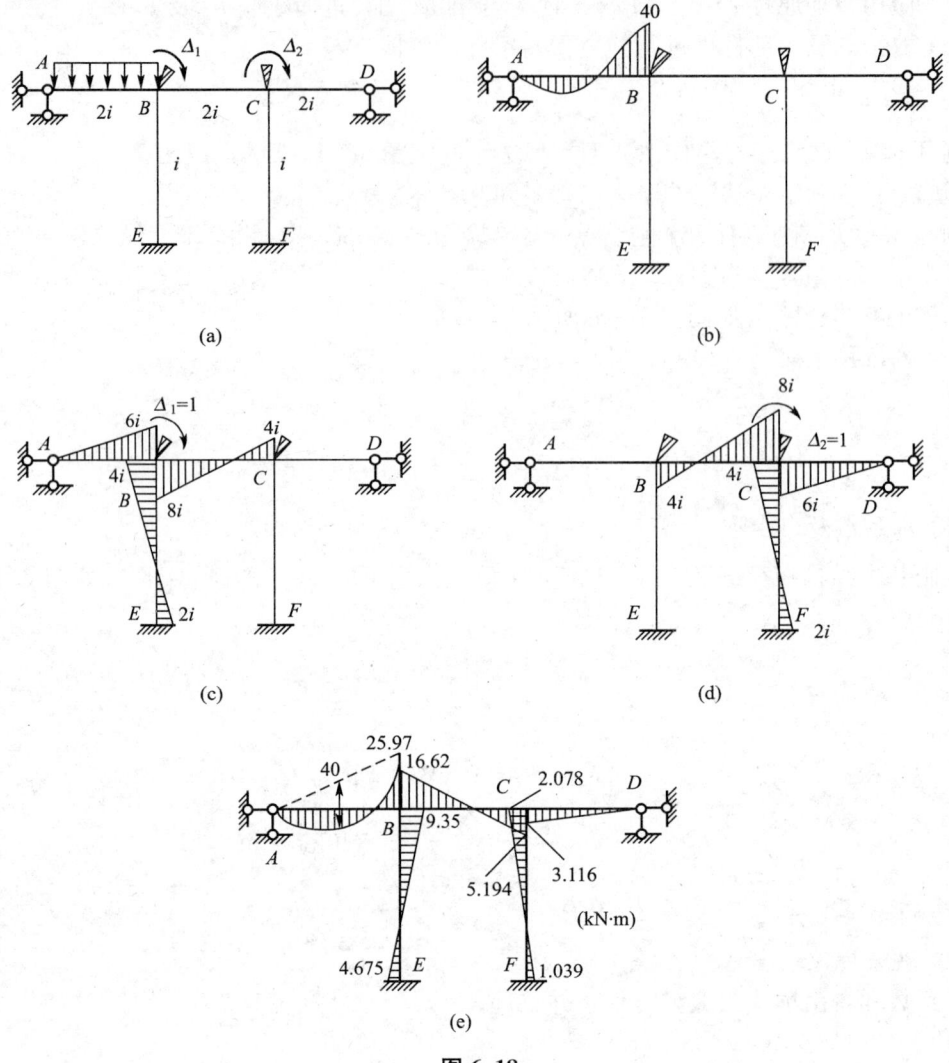

图 6.18

然后让基本体系与原结构受力一致(或变形一致),由此建立求解基本未知量的方程。然而由于在求解过程中所选的基本未知量和基本体系不同,所以力法和位移法有相同之处也有不同之处。下面从 5 个方面展开说明。

1) 求解依据

力法和位移法都是综合应用静力平衡、变形连续及物理关系这三方面的条件,使基本体系与原结构的变形和受力情况一致,从而利用基本体系建立典型方程求解原结构。

2) 基本未知量

位移法的基本未知量是独立的结点位移,基本未知量的数目与结构的超静定次数无关;而力法的基本未知量则是多余未知力,基本未知量的数目等于结构的超静定次数。

3) 基本体系

位移法是以在原结构上施加附加约束后得到的一组单跨超静定梁作为基本体系的。对同一结构,位移法基本体系是唯一的;而力法则是以去掉多余约束后得到的静定结构作为基本体系，同一结构可选取不同的基本体系。

4) 典型方程

(1) 典型方程的物理意义。

位移法典型方程的物理意义是基本结构在荷载等外因和各结点位移共同作用下产生的附加约束中的反力(矩)等于零，实质上是原结构应满足的平衡条件，换言之，方程右端项总为零。而力法典型方程的物理意义则是基本结构在荷载等外因和多余未知力共同作用下产生多余未知力方向的位移等于原结构相应的位移，实质上是位移条件，也就是说，方程右端可能不为零。

(2) 典型方程系数的物理意义。

位移法典型方程系数 k_{ij} 的物理意义是表示基本结构在 $\Delta_j=1$ 作用下产生的第 i 个附加约束中的反力(矩)；而力法典型方程系数 δ_{ij} 的物理意义则是表示基本结构在 $X_j=1$ 作用下产生的第 i 个多余未知力方向的位移。

(3) 典型方程自由项的物理意义。

位移法典型方程自由项 F_{iP} 的物理意义是表示基本结构在荷载作用下产生的第 i 个附加约束中的反力(矩)；而力法典型方程自由项 Δ_{iP} 的物理意义则是表示基本结构在荷载作用下产生的第 i 个多余未知力方向的位移。

5) 应用范围

只要有结点位移，就有位移法基本未知量，所以位移法既可求解超静定结构，也可求解静定结构。只有超静定结构有多余约束，才有力法基本未知量，所以力法只适用于求解超静定结构。

6.6 对称结构的计算

用位移法计算对称结构时，在对称荷载和反对称荷载作用下，可以利用对称轴上的变形和受力特征，取半结构进行计算，以减少基本未知量的个数。若荷载为任意荷载，可分为对称和反对称两组，分别计算后叠加。

1. 半结构简化方法

1) 奇数跨

(1) 对称荷载作用下。

以单跨刚架为例，图 6.19(a)对称轴 C 截面上没有转角和水平位移，但可能产生竖向位移。所以取半结构是把对称轴上的截面切开设置成定向支座，如图 6.19(b)所示。

(2) 反对称荷载作用下。

仍以单跨刚架为例，如图 6.20(a)所示，在对称轴截面上没有竖向位移，但可能产生转角和水平位移。所以取半结构是把对称轴上的截面切开设置成滚轴支座，如图 6.20(b)所示。

2) 偶数跨

(1) 对称荷载作用下。

以两跨刚架为例，如图 6.21(a)所示，在对称轴截面上没有转角和水平位移，同时，

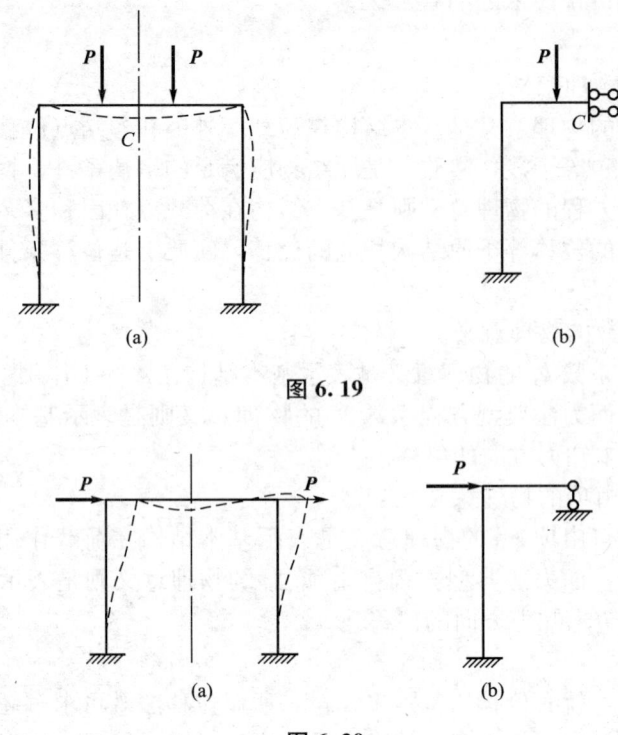

图 6.19

图 6.20

中间立柱没有弯矩和剪力,由于忽略了立柱的轴向变形,该对称轴也不存在竖向位移,所以取半结构,如图 6.21(b)所示。

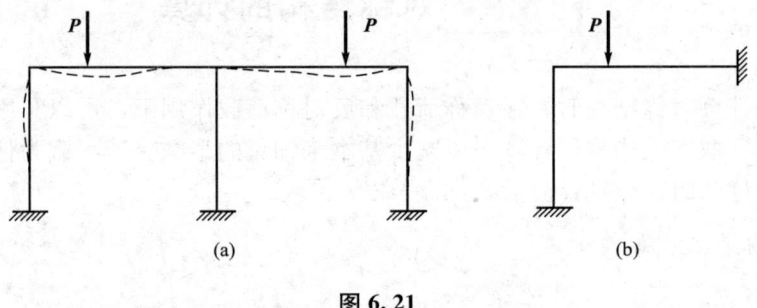

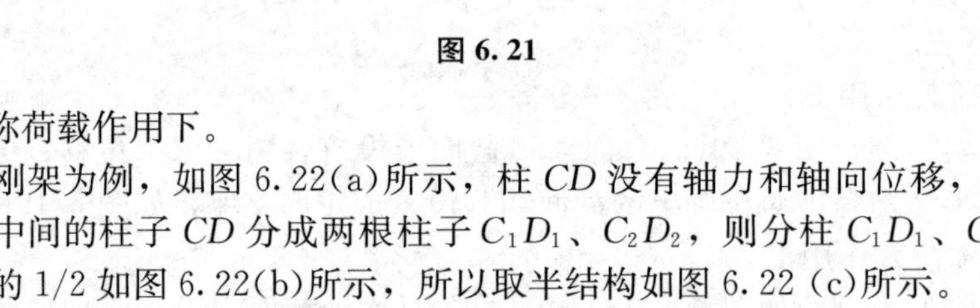

图 6.21

(2) 反对称荷载作用下。

仍以两跨刚架为例,如图 6.22(a)所示,柱 CD 没有轴力和轴向位移,但有弯矩和弯曲变形,可将中间的柱子 CD 分成两根柱子 C_1D_1、C_2D_2,则分柱 C_1D_1、C_2D_2 的抗弯刚度是原柱 CD 的 1/2 如图 6.22(b)所示,所以取半结构如图 6.22(c)所示。

2. 计算举例

例题 6.5 利用对称性绘制图 6.23(a)所示结构的弯矩图。每根杆件的 EI 值都相同且为常数,$q=30\text{kN/m}$。

【解】:(1) 此结构和荷载关于 CD 柱对称,利用对称性,可以取半结构进行简化计算,如图 6.23(b)所示。

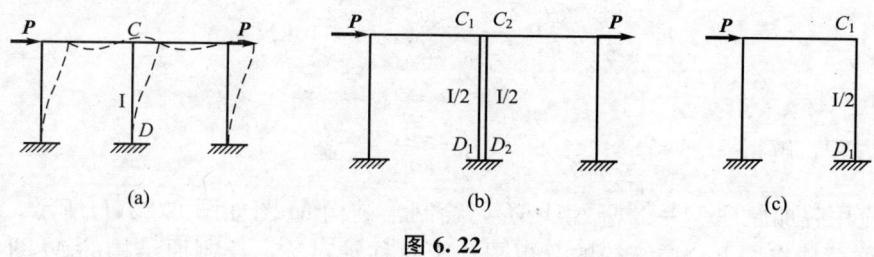

图 6.22

（2）确定基本未知量，在基本未知量处，加上相应的附加约束得到基本体系。

对半结构进行分析，结构只有结点 B 的角位移 Δ_1，其基本体系如图 6.23(c)所示。

（3）列位移法典型方程。

$$k_{11}\Delta_1 + F_{1P} = 0$$

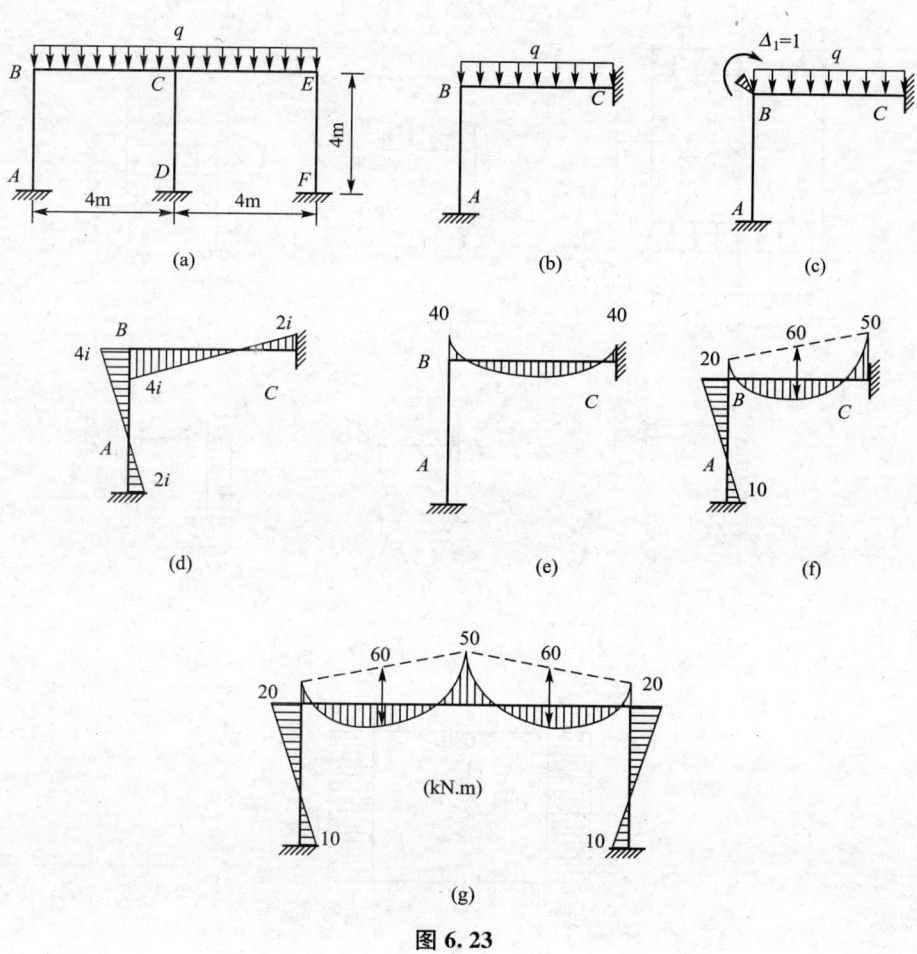

图 6.23

（4）求系数及自由项。

令 $i = \dfrac{EI}{4}$，绘制基本结构在 $\Delta_1 = 1$ 及荷载单独作用下的 $\overline{M}_1$ 和 M_P 图，如图 6.23(d)、(e)所示，利用平衡条件计算方程的系数和自由项。

$$k_{11}=8i, \quad F_{1P}=-\frac{1}{12}qa^2=-40\text{kN}\cdot\text{m}$$

(5) 解方程。

代入方程，解得：
$$\Delta_1=\frac{5}{i}$$

(6) 应用叠加原理 $M=\sum \overline{M}_i\Delta_i+M_P$，绘制半结构 M 图如图 6.23(f)所示，利用对称性，在对称荷载作用下，原结构的弯矩图关于对称轴对称，绘制原结构的 M 图如图 6.23(g)所示。

例题 6.6 利用对称性绘制图 6.24(a)所示结构的弯矩图。每根杆件的 EI 值都相同且为常数。

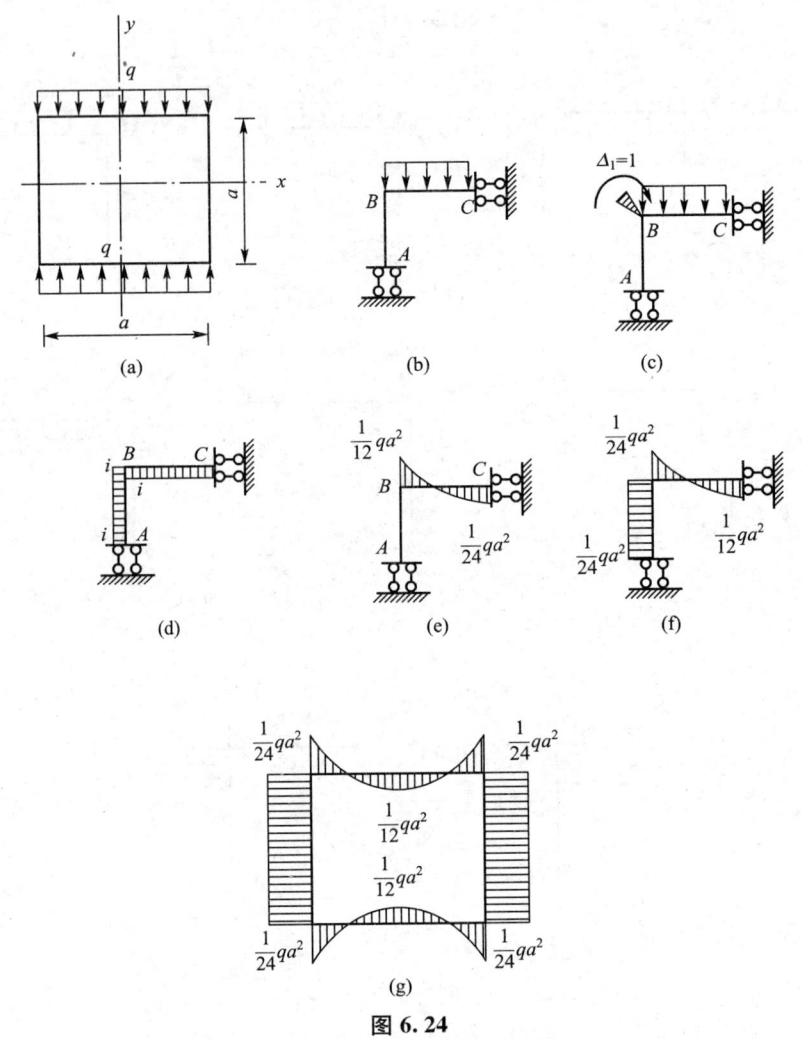

图 6.24

【解】：(1) 此结构是一个封闭闭合框，结构与荷载关于 x、y 轴对称，利用对称性，可以取 1/4 结构进行简化计算，如图 6.24(b)所示。

(2) 确定基本未知量，在基本未知量处，加上相应的附加约束得到基本体系。

对 1/4 结构进行分析，结构只有结点 B 的角位移 Δ_1，其基本体系如图 6.24(c)所示。

(3) 列位移法典型方程。

$$k_{11}\Delta_1 + F_{1P} = 0$$

(4) 求系数及自由项。

令 $i = \dfrac{EI}{a/2}$，绘制基本结构在 $\Delta_1 = 1$ 及荷载单独作用下的 $\overline{M}_1$ 和 M_P 图，如图 6.24(d)、(e)所示，利用平衡条件计算方程的系数和自由项。

$$k_{11} = 2i \qquad F_{1P} = -\dfrac{1}{12}qa^2$$

(5) 解方程。

代入方程，解得：

$$\Delta_1 = \dfrac{qa^2}{24i}$$

(6) 应用叠加原理 $M = \sum \overline{M}_i\Delta_i + M_P$，绘制 $\dfrac{1}{4}$ 结构 M 图如图 6.24(f)所示，然后利用对称性，做出原结构的 M 图如图 6.24(g)所示。

在对称结构计算中，对于半结构，可选用任何适宜的方法进行计算（如位移法、力法），其原则就是优先选用未知量数目较少的方法进行计算。

6.7 支座移动与温度改变时的计算

1. 支座移动时的计算

当支座发生移动时超静定结构的计算，对于位移法求解来说，基本体系和基本未知量没有发生改变，所以基本方程以及作题步骤与荷载作用时一样，不同之处只是固端力一项不同。下面通过例题进一步探讨。

例题 6.7 图 6.25(a)所示连续梁，每根杆件的 EI 值都相同且为常数，当支座 C 向下移动 a 时，求连续梁的弯矩图。

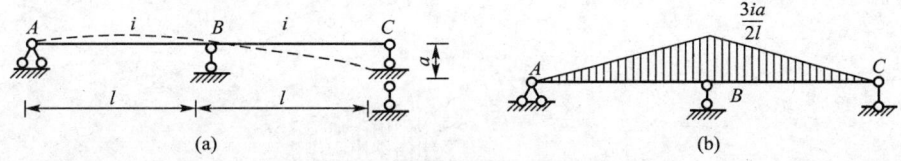

图 6.25

【解】：方法一采用直接平衡法。

(1) 确定位移法的基本未知量。

此连续梁只有 1 个基本未知量，结点 B 的角位移 Δ_1。

(2) 根据转角位移方程列出杆端力表达式。

令 $\dfrac{EI}{l} = i$，可得

$$M_{BA} = 3i\Delta_1$$

$$M_{BC}=3i\Delta_1-\frac{3i}{l}a$$

(3) 根据平衡条件列位移法基本方程。

对于结点 B，$\sum M_B=0$：　　$M_{BA}+M_{BC}=0$　　$3i\Delta_1+3i\Delta_1-\frac{3i}{l}a=0$

(4) 解方程，解得：$\Delta_1=\frac{a}{2l}$。

(5) 将结点位移代入杆端力表达式，求出杆端力。

$$M_{BA}=3i\Delta_1=\frac{3ia}{2l}$$

$$M_{BC}=3i\Delta_1-\frac{3i}{l}a=\frac{3ia}{2l}-\frac{3i}{l}a=-\frac{3ia}{2l}$$

(6) 作弯矩图，如图 6.25(b)所示。

方法二采用典型方程法。

(1) 确定原结构的基本未知量，在基本未知量处，加上相应的附加约束得到基本体系。

此连续梁只有 1 个基本未知量，结点 B 的角位移 Δ_1。其基本体系如图 6.26(a)所示。

(2) 列位移法典型方程。

$$k_{11}\Delta_1+F_{1\Delta}=0$$

其中，$F_{1\Delta}$ 表示基本结构在支座移动单独作用下，在附加约束中产生的约束反力。则上式的物理意义为：基本结构在基本未知量 Δ_1 和支座移动共同作用下，附加约束的约束反力等于零。

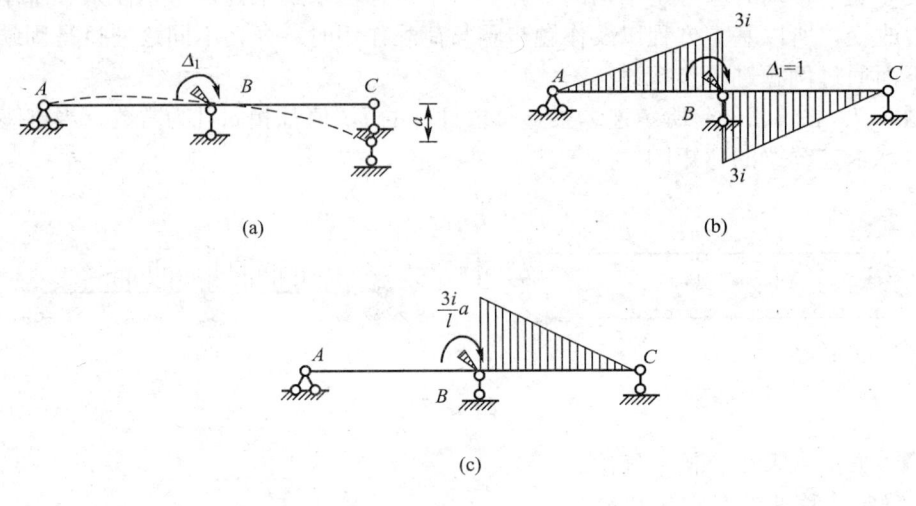

图 6.26

(3) 求系数及自由项。

令 $\frac{EI}{l}=i$，绘制基本结构在 $\Delta_1=1$ 及 C 支座向下移动 a 单独作用下的 $\overline{M}_1$、M_Δ 图，如图 6.26(b)、(c)所示，利用平衡条件计算方程的系数和自由项。

$$k_{11}=6i \qquad F_{1\Delta}=-\frac{3i}{l}a$$

(4) 解方程。

代入方程，解得：$\Delta_1=\dfrac{a}{2l}$

(5) 应用叠加原理 $M=\sum \overline{M}_i\Delta_i+M_\Delta$，绘制结构 M 图如图 6.25(b)所示。

2. 温度改变时的计算

当温度改变时超静定结构的计算，对于位移法求解来说，基本体系和基本未知量也没有发生改变，基本方程以及作题步骤与荷载作用时一样，不同之处仍然是自由项一项不同。此时的自由项是由于温度变化使附加约束产生的约束反力。在温度变化时，杆件内外温差会使杆件产生弯曲变形，从而使得附加约束产生约束反力。同时，温度变化也会使杆件产生轴向变形，这种轴向变形使结点产生已知位移，从而使杆端产生相对横向侧移，从而也会使附加约束产生约束反力。综上所述，温度变化时，典型方程中的自由项或是基本方程中的固端力，包括两部分，分别是由于内外温差产生的自由项或固端力和温度改变产生的轴线变形所产生的自由项或固端力。下面通过例题进一步说明。

例题 6.8　图 6.27(a)所示刚架，当温度发生改变时求刚架的弯矩图。其中，材料的线膨胀系数为 α，各杆 EI 相等且为常数，截面为矩形，截面高度为 $h=l/10$。

【解】：(1) 确定原结构的基本未知量和基本体系。

此刚架只有 1 个基本未知量，结点 B 的角位移 Δ_1。其基本体系如图 6.27(b)所示。

(2) 列位移法典型方程。

$$k_{11}\Delta_1+F_{1t}=0$$

其中：F_{1t} 表示基本结构只在温度变化下，在附加约束中产生的约束反力。

(3) 求系数及自由项。

令 $\dfrac{EI}{l}=i$，绘制基本结构在 $\Delta_1=1$ 的 $\overline{M}_1$ 图，如图 6.27(c)所示，利用平衡条件求得

$$k_{11}=3i+4i=7i$$

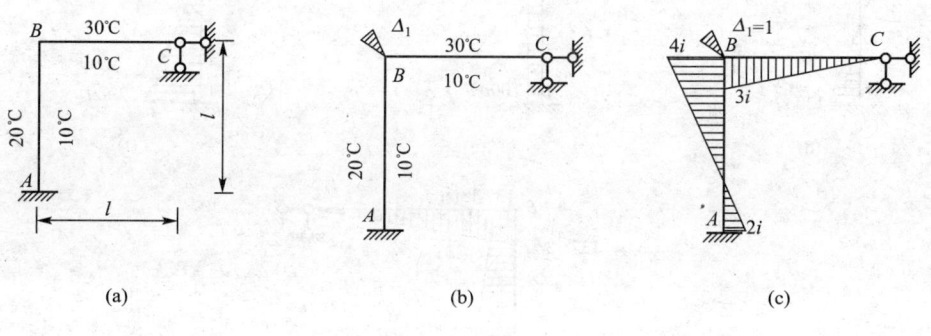

图 6.27

考虑到温度变化时，典型方程中的自由项包括两部分，所以基本结构在温度改变时，可以等效为图 6.28(a)、(b)两种情况的叠加。

图 6.28(a)表示的是平均温度 $t_0 = \frac{t_1+t_2}{2}$ 变化时，此时各杆将伸长或缩短，其值为 $\alpha t_0 l$，则

柱 AB 伸长：$\alpha t_0 l = 15\alpha l$

柱 BC 伸长：$\alpha t_0 l = 20\alpha l$

由此，将使基本结构的各杆两端产生相对位移，根据图 6.28(c)中，可知，各杆两端相对位移是

$$\Delta_{AB} = -20\alpha l$$
$$\Delta_{BC} = 15\alpha l$$

杆端相对线位移将使杆件产生固端弯矩，根据转角位移方程，可得基本结构在平均温度变化时产生的固端弯矩。

$$M^r_{BA} = M^r_{AB} = -\frac{6i}{l}\Delta_{AB} = 120\alpha i$$

$$M^r_{BC} = -\frac{3i}{l}\Delta_{BC} = -45\alpha i$$

根据固端弯矩，绘制平均温度变化时的弯矩图，如图 6.28(d)所示。

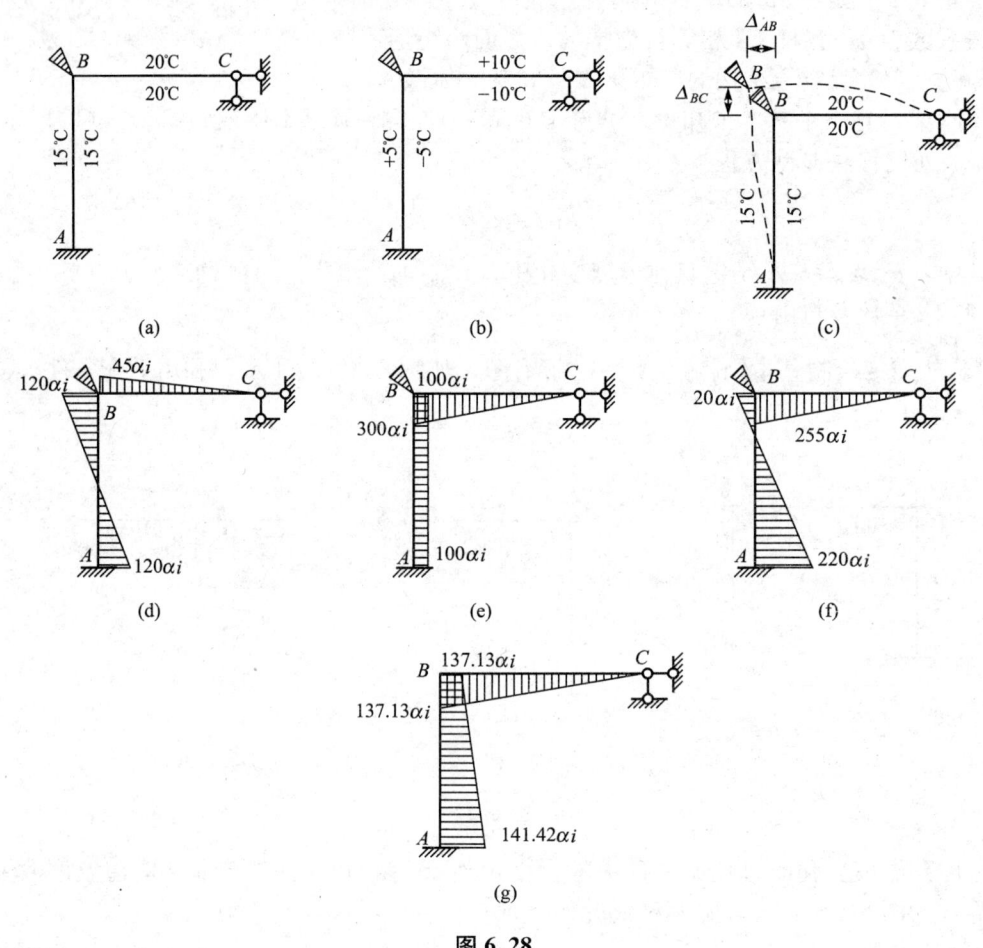

图 6.28

图 6.28(b) 所示为各杆内外层温度变化之差 Δt 时，由于杆伸长或缩短不同，将使杆件产生固端弯矩，其值可查表 6-1 求得。

$$M_{BA}^t = -M_{AB}^t = -\frac{EI\alpha\Delta t}{h} = -\frac{EI\alpha \times 10}{0.1l} = -100\alpha i$$

$$M_{BC}^t = \frac{3EI\alpha\Delta t}{2h} = \frac{3EI\alpha \times 20}{0.1 \times 2l} = 300\alpha i$$

根据固端弯矩，绘制温差变化时的弯矩图，如图 6.28(e) 所示。

叠加两种情况下的固端弯矩值，即可得到基本结构在温度变化下的弯矩图，如图 6.28(f) 所示。

由结点 B 的力矩平衡条件，可求得

$$F_{1t} = 255\alpha i + 20\alpha i = 275\alpha i$$

(4) 解方程。

代入方程

$$7i\Delta_1 + 275\alpha i = 0$$

解得

$$\Delta_1 = -39.29\alpha$$

(5) 应用叠加原理 $M = \sum \overline{M}_i \Delta_i + M_t$，绘制结构 M 图如图 6.28(g) 所示。

本 章 小 结

位移法是超静定结构计算的基本方法之一，许多工程中使用的实用计算方法都是由位移法演变出来的，也是本课程的重点内容之一。

1. 基本概念

基本概念有转角位移方程、形常数、载常数、直接平衡法、位移法典型方程。

1) 转角位移方程

杆件的杆端力与荷载、杆端位移等因素的函数关系式称为转角位移方程，也称为刚度方程。

2) 形常数

弯曲杆件刚度矩阵中的系数称为刚度系数。刚度系数是只与杆件的截面形状尺寸和材料性质有关的常数，所以又称为形常数。

3) 载常数

在等截面直杆中，杆件只承受荷载作用时所求得的杆端力，通常称为固端力，一般包括固端弯矩和固端剪力。固端力的大小只与杆件所承受的荷载形式有关，所以，固端力也称为载常数，一般用 M_{AB}^F、M_{BA}^F、F_{QAB}^F、F_{QBA}^F 表示。

4) 直接平衡法

根据转角位移方程列出位移法基本方程的方法称为直接平衡方程法。

5) 位移法典型方程

位移法典型方程表达为

$$\left.\begin{array}{l}k_{11}\Delta_1+k_{12}\Delta_2+\cdots+k_{1n}\Delta_n+F_{1P}=0\\ k_{21}\Delta_1+k_{22}\Delta_2+\cdots+k_{2n}\Delta_n+F_{2P}=0\\ \cdots\\ k_{n1}\Delta_1+k_{n2}\Delta_2+\cdots+k_{nn}\Delta_n+F_{nP}=0\end{array}\right\}$$

位移法典型方程的物理意义是：基本结构在荷载等外因和各结点位移共同影响下，每个附加联系的反力或反力矩均为零。典型方程实质上就是力的平衡方程。

2. 知识要点

1) 位移法的基本思路

用位移法解题时，存在一个拆、合的过程，即先把原结构"拆"成若干个单跨超静定梁，计算出已知荷载及杆端位移影响下的内力，然后再把这些单跨梁"合"成原结构。

2) 等截面杆件的转角位移方程

（1）正负号规定：杆端转角以顺时针为正，杆两端相对线位移，以使杆件产生顺时针转动为正；杆端弯矩以顺时针方向为正，杆端剪力的规定同以前规定，仍然是以使作用截面产生顺时针转动为正。

（2）梁的转角位移方程

$$\left.\begin{array}{l}M_{AB}=4i\theta_A+2i\theta_B-\dfrac{6i}{l}\Delta+M_{AB}^F\\[6pt] M_{BA}=2i\theta_A+4i\theta_B-\dfrac{6i}{l}\Delta+M_{BA}^F\\[6pt] F_{QAB}=-\dfrac{6i}{l}\theta_A-\dfrac{6i}{l}\theta_B+\dfrac{12i}{l^2}\Delta+F_{QAB}^F\\[6pt] F_{QBA}=-\dfrac{6i}{l}\theta_A-\dfrac{6i}{l}\theta_B+\dfrac{12i}{l^2}\Delta+F_{QBA}^F\end{array}\right\}$$

3) 位移法基本未知量

位移法是以独立的结点位移作为基本未知量，而结点位移包括结点角位移和结点线位移。角位移数等于刚结点数；对于比较简单的结构直接采用观察法即可确定结点线位移的数目，对于比较复杂的结构，确定结点线位移通常可采用"铰化体系法"。

4) 直接平衡法求解步骤

（1）确定位移法的基本未知量。

（2）根据转角位移方程列出杆端力表达式。

（3）根据平衡条件列位移法基本方程。对于每个角位移结点，建立结点的力矩平衡方程：$\sum M_i=0$；对于结点线位移，建立截面的投影平衡方程：$\sum F_x=0$ 或 $\sum F_y=0$。

（4）联立解方程，求结点位移。

（5）将结点位移代入杆端力表达式，求出杆端力。

（6）作内力图。根据杆端弯矩作弯矩图；选取杆件为研究对象，建立平衡方程，求出杆端剪力，从而绘制剪力图；选取结点为研究对象，建立平衡方程，求出杆端轴力，从而绘制轴力图。

5) 典型方程法求解步骤

（1）确定原结构的基本未知量，在基本未知量处，加上相应的附加约束得到基本体系。

(2) 列位移法典型方程。

(3) 求系数及自由项。绘制基本结构在 $\Delta_1=1$，$\Delta_2=1$，…，$\Delta_n=1$ 及荷载单独作用下的 $\overline{M}_1$，$\overline{M}_2$，…，$\overline{M}_n$ 和 M_P 图，利用平衡条件计算方程的系数和自由项。

(4) 解方程，求出 Δ_1，Δ_2，…，Δ_n。

(5) 应用叠加原理 $M=\sum \overline{M}_i\Delta_i+M_P$，绘制 M 图，进而绘制 F_Q 及 F_N 图。

(6) 取结点及局部杆件进行静力平衡条件的校核。

6) 对称结构的计算

用位移法计算对称结构时，在对称荷载和反对称荷载作用下，可以利用对称轴上的变形和受力特征，取半结构进行计算，以减少基本未知量的个数。若荷载为任意荷载，可分为对称和反对称两组，分别计算后叠加。

7) 支座移动时的计算

当支座发生移动时超静定结构的计算，对于位移法求解来说，基本体系和基本未知量没有发生改变，所以基本方程及作题步骤与荷载作用时一样，不同之处只是固端力或自由项一项不同。典型方程中的自由项或基本方程中的固端力是有支座移动位移所产生的。

8) 温度改变时的计算

温度变化时，对于位移法求解来说，基本体系和基本未知量也没有发生改变，基本方程及作题步骤与荷载作用时一样，不同之处仍然是固端力或自由项不同。典型方程中的自由项或基本方程中的固端力，包括两部分，分别是由于内外温差产生的自由项或固端力和温度改变产生的轴线变形所产生的自由项或固端力。

思 考 题

6-1 在位移法中，杆端力和杆端位移的正负号如何规定的？

6-2 什么是形常数、载常数，具有什么特性？

6-3 转角位移方程的一般表达式是什么？

6-4 位移法的基本未知量包括哪些？如何确定，确定的依据是什么？

6-5 为什么铰支座及铰结点处的角位移不作为基本未知量？

6-6 为什么定向支座处的线位移不作为基本未知量？

6-7 直接平衡法的解题步骤是什么？利用直接平衡法建立的方程实质是什么？

6-8 在位移法中，利用基本体系建立的方程称为什么？方程的系数、自由项各代表什么物理意义？

6-9 在位移法中，基本未知量求出后，如何绘制弯矩图、剪力图和轴力图？

6-10 利用基本体系法求解超静定结构，与直接平衡法有什么区别和联系？

6-11 利用力法和位移法的基本体系法求解超静定结构时，有何异同点？

6-12 用位移法计算超静定结构时，由于支座位移和温度变化的作用，与荷载的作用在计算上有什么不同？

6-13 位移法可以用于求解静定结构吗？为什么？

习 题

6-1 确定图 6.29 所示各结构的位移法基本未知量。

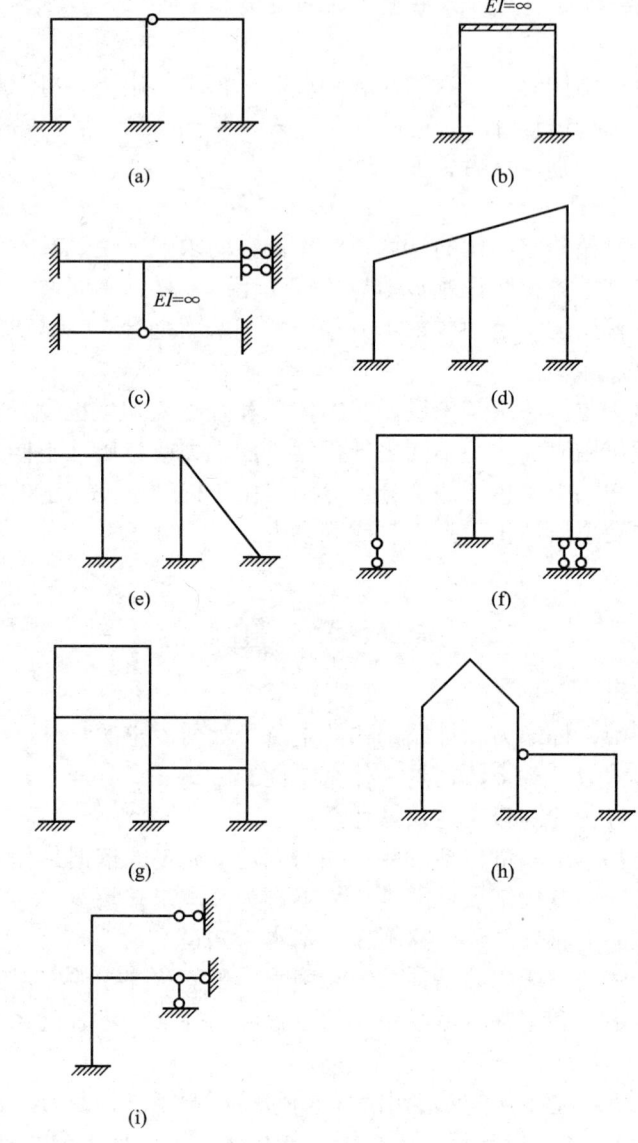

图 6.29

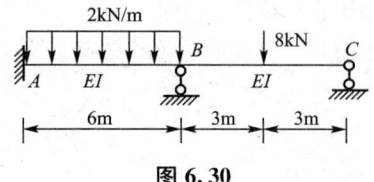

图 6.30

6-2 试用直接平衡法绘制图 6.30 所示连续梁的弯矩图。

6-3 试用直接平衡法绘制图 6.31 所示刚架的弯矩图。

6-4 用基本体系典型方程法绘制图 6.32 所示刚架的弯矩图。

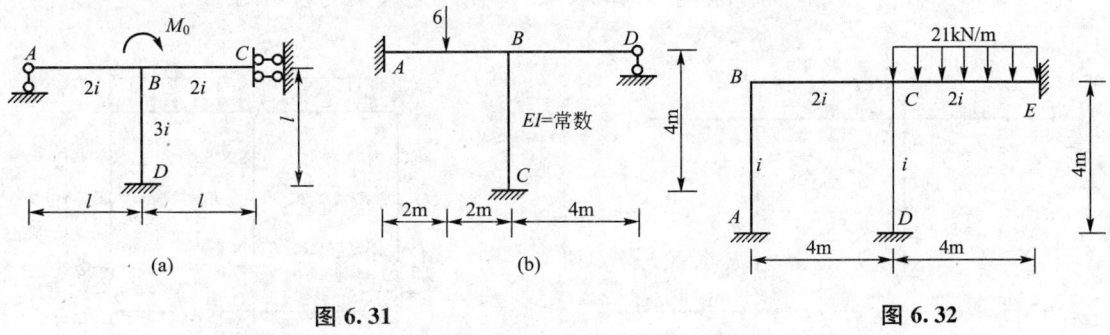

图 6.31　　　　　　　　　图 6.32

6-5 用基本体系典型方程法绘制图 6.33 所示刚架的弯矩图。

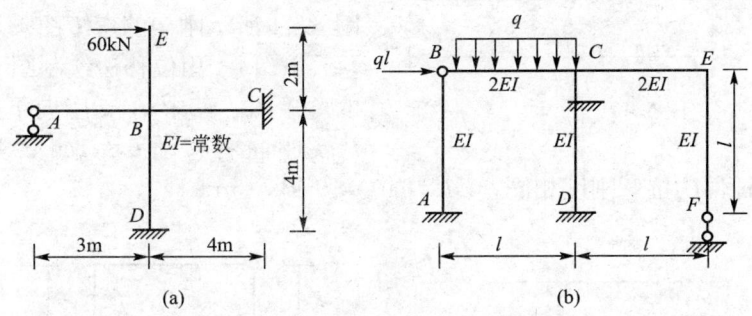

图 6.33

6-6 用基本体系典型方程法绘制图 6.34 所示刚架的弯矩图。各杆 EI 相等且为常数。

6-7 用位移法绘制图 6.35 所示刚架的弯矩图。

6-8 用位移法绘制图 6.36 所示排架的弯矩图，其中 $q=20\text{kN/m}$。

6-9 用位移法绘制图 6.37 所示刚架的弯矩图。

6-10 利用对称性绘制图 6.38 所示刚架的弯矩图。

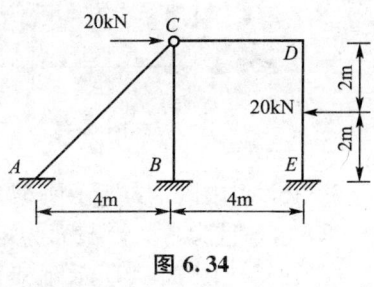

图 6.34

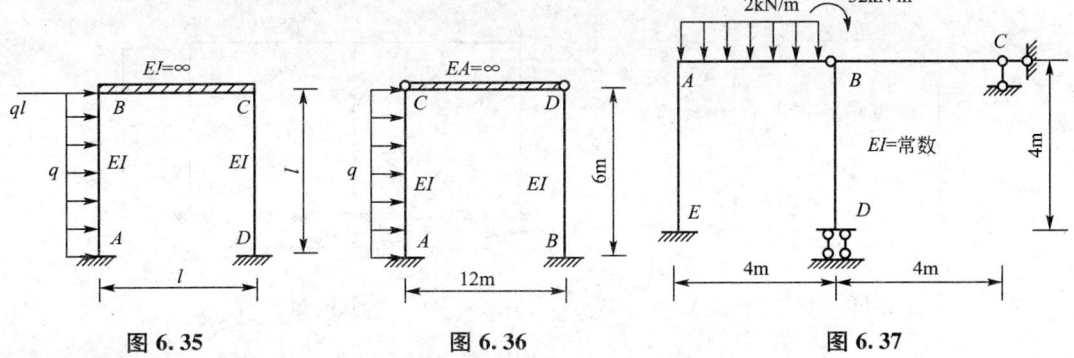

图 6.35　　　　图 6.36　　　　图 6.37

6-11　利用对称性绘制图 6.39 所示刚架的弯矩图。

6-12　试求当 C 支座向下移动 a 时，图 6.40 所示连续梁的弯矩图。

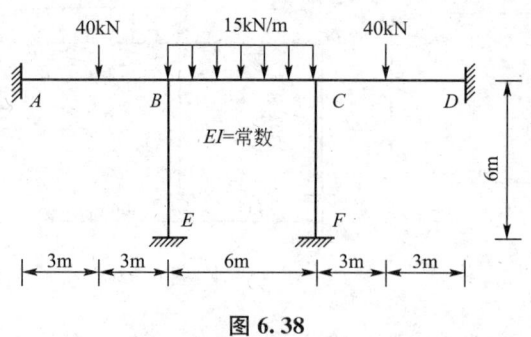

图 6.38

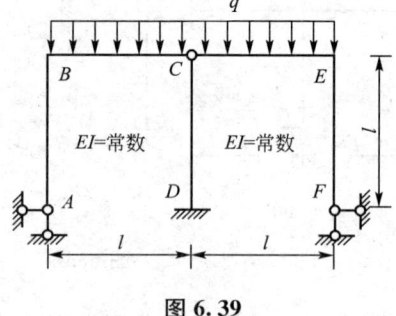

图 6.39

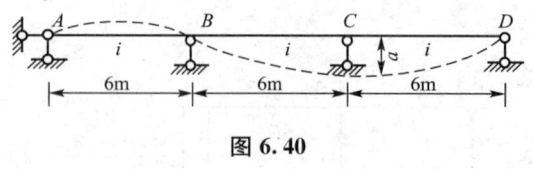

图 6.40

6-13　试求当 C 支座向下移动 a 时，图 6.41 所示刚架的弯矩图。

6-14　用位移法绘制图 6.42 所示刚架的弯矩图。其中 A 支座向下移动 $a=2\text{cm}$，D 支座向右移动 $b=1\text{cm}$，并顺时针转动 $\theta=0.001\text{rad}$，杆件的抗弯刚度相同，$EI=6.0\times10^3\text{kN}\cdot\text{m}^2$。

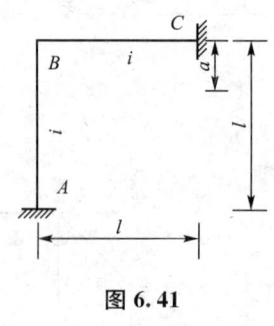

图 6.41

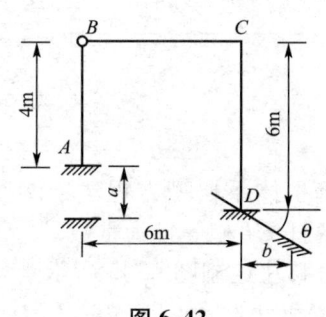

图 6.42

6-15　求图 6.43 所示刚架发生温度变化时的弯矩图。其中材料的线膨胀系数为 α，各杆 EI 相等且为常数，截面为矩形，截面高度为 $h=l/10$。

6-16　求图 6.44 所示刚架发生温度变化时的弯矩图。其中材料的线膨胀系数为 α，各杆 EI 相等且为常数，截面为矩形，截面高度为 $h=l/10$。

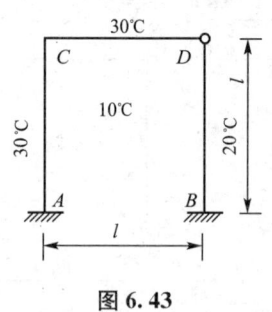

图 6.43

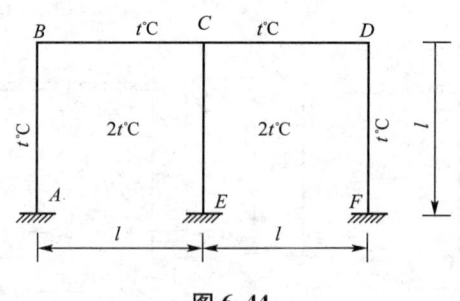

图 6.44

第7章 渐近法与近似法

教学目标

理解刚度系数、传递系数、分配系数、传递弯矩、不平衡力矩的概念
掌握力矩分配法的基本原理及其适用条件
掌握无剪力分配法的基本原理及其适用条件
了解近似计算法的基本假定与计算步骤

教学要求

知识要点	能力要求	相关知识
力矩分配法	(1) 理解刚度系数、传递系数、分配系数的概念 (2) 理解传递弯矩、不平衡力矩的概念 (3) 理解单结点与多结点力矩分配法的基本原理 (4) 熟练掌握单结点与多结点力矩分配法的计算	位移法 杆端弯矩
无剪力分配法	(1) 理解无剪力分配法的适用范围与基本原理 (2) 掌握无剪力分配法的计算	位移法
近似计算方法	了解分层计算法、弯矩二次分配法、反弯点法的基本假定与计算步骤	力矩分配法

引言

现代工程结构中出现了越来越多的超静定结构，其中很多是梁、刚架和桁架等结构的组合形式。力法和位移法作为计算超静定结构的两种基本方法，需要求解联立方程组。如果待求的未知量数目多于3个，计算工作将变得十分困难。为了避免建立与求解联立方程组，在力法和位移法的基础上，发展了许多实用的计算方法。本章重点讨论基于位移法的渐近解法——力矩分配法和无剪力分配法，此外，还简略介绍了3种近似法——分层计算法、弯矩二次分配法和反弯点法。

7.1 力矩分配法的基本原理

力矩分配法的理论基础是位移法，是计算连续梁和无侧移刚架的一种实用计算方法，它采用渐近法求解，不需要建立和求解基本方程，便可直接得到杆端弯矩。该方法运算过

程简单，计算方法有一定规律，便于掌握，适合手算。

1. 正负号规定

在力矩分配法中对杆端转角、杆端弯矩、固端弯矩的正负号规定与位移法相同，即都假定对杆端顺时针转动为正。作用在结点上的约束力矩，也假定顺时针转动为正，而杆端弯矩在结点上表示时逆时针转动为正。

2. 转动刚度 S

转动刚度，也称刚度系数，表示杆端对转动的抵抗能力，在数值上等于使杆端产生单位转角时需要施加的力矩。图 7.1(a) 所示单跨梁，A 端为铰结，B 端为固定端，当 A 端（又称近端）产生单位转角 $\varphi_A=1$ 时，可由位移法中的杆端弯矩公式导出，需要施加的力矩为 $4i$，即转动刚度 $S_{AB}=4i$。若把 A 端改为固定端如图 7.1(d) 所示，当 A 支座发生单位转角 $\varphi_A=1$ 时，引起 A 端的杆端弯矩仍为 $4i$。如图 7.1(b)、(e) 所示，当远端为铰支座时，$S_{AB}=3i$。如图 7.1(c)、(f) 所示，当远端为滑动支座时，$S_{AB}=i$。

由此可以看出，转动刚度 S_{AB} 的数值不但与杆件的线刚度 i 有关，而且与 B 端（又称远端）的支承情况有关。图 7.1 给出了远端为不同支承时转动刚度 S_{AB} 的值，远端的杆端弯矩 M_{BA} 也标在相应的图上。

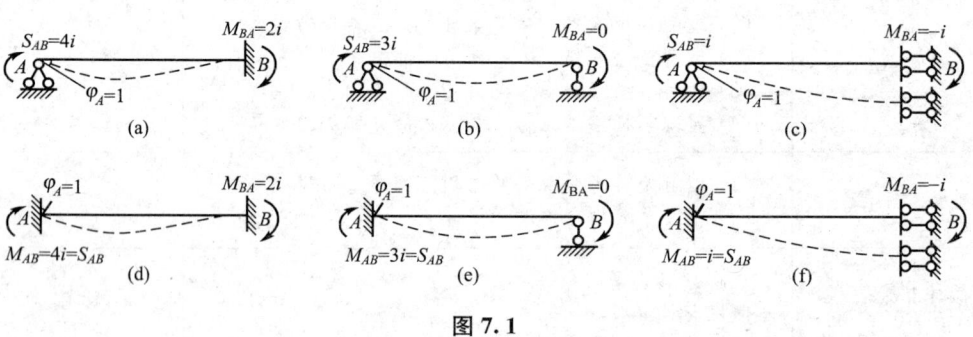

图 7.1

3. 传递系数 C

由图 7.1 知，当近端发生单位转角 $\varphi_A=1$ 时，远端也产生杆端弯矩 M_{BA}，远端杆端弯矩 M_{BA} 与近端杆端弯矩 M_{AB} 之比称为传递系数，即 $C=M_{BA}/M_{AB}$。对于等截面杆件，传递系数 C 与远端的支承情况有关，具体数值如下。

$$\text{远端固定} \quad C=1/2 \tag{7-1}$$

$$\text{远端铰结} \quad C=0 \tag{7-2}$$

$$\text{远端定向} \quad C=-1 \tag{7-3}$$

远端弯矩 $M_{BA}=C_{AB}M_{AB}$，也称为传递弯矩，用 M^C 表示；C_{AB} 称为由 A 端至 B 端的传递系数。

4. 分配系数 μ

图 7.2(a) 所示刚架，A 为刚结点，B、C、D 端分别为固定、定向及铰结。设在结点 A 作用一集中力偶 M，刚架产生图中虚线所示变形，汇交于结点 A 的各杆端产生的转角均为 φ_A，各杆杆端弯矩由转动刚度定义可知

$$M_{AB} = S_{AB}\varphi_A = 4i_{AB}\varphi_A$$
$$M_{AC} = S_{AC}\varphi_A = i_{AC}\varphi_A \quad (7-4)$$
$$M_{AD} = S_{AD}\varphi_A = 3i_{AD}\varphi_A$$

取结点 A 为隔离体，如图 7.2(b) 所示。
由平衡方程 $\sum M_A = 0$ 可得
$$M - M_{AB} - M_{AC} - M_{AD} = 0$$
$$M = M_{AB} + M_{AC} + M_{AD} = (S_{AB} + S_{AC} + S_{AD})\varphi_A$$
$$\varphi_A = M/(S_{AB} + S_{AC} + S_{AD}) = M/\sum_A S \quad (7-5)$$

式中，$\sum_A S$ 表示汇交于结点 A 各杆转动刚度的总和。

将式(7-5)代入式(7-4)，可得

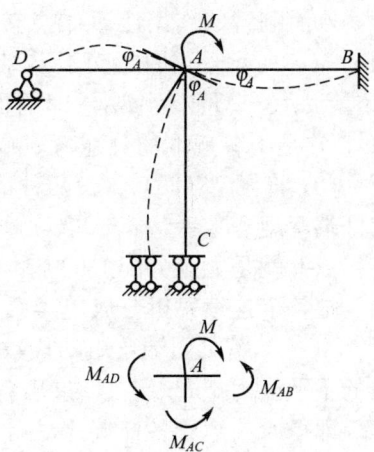

图 7.2

$$\left. \begin{aligned} M_{AB} &= \frac{S_{AB}}{\sum_A S} M = \mu_{AB} M \\ M_{AC} &= \frac{S_{AC}}{\sum_A S} M = \mu_{AC} M \\ M_{AD} &= \frac{S_{AD}}{\sum_A S} M = \mu_{AD} M \end{aligned} \right\} \quad (7-6)$$

式中，μ_{AB}、μ_{AC}、μ_{AD} 称为分配系数，相当于把结点力矩 M 按各杆转动刚度的大小比例分配给各杆的近端，所得的近端弯矩称为分配弯矩，用 M^μ 表示。其中汇交于结点 A 各杆分配系数之和为 1，即 $\sum_j \mu_{Aj} = \mu_{AB} + \mu_{AC} + \mu_{AD} = 1$，$j$ 表示汇交于结点 A 的各杆端标号。远端杆端弯矩 $M_{BA} = M_{AB}/2$；$M_{CA} = -M_{AC}$；$M_{DA} = 0$，是由分配弯矩乘以传递系数而得，即为传递弯矩。

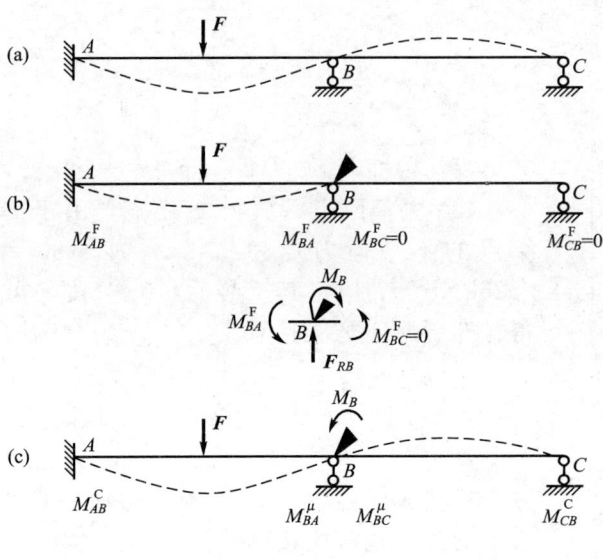

图 7.3

5. 单结点力矩分配法的基本原理

下面以图 7.3(a) 为例说明利用力矩分配法求解杆端弯矩的基本原理。

(1) 设想在 B 结点加上一个刚臂阻止 B 结点转动，如图 7.3(b) 所示。此时只有 AB 跨受荷载作用产生变形，相应的杆端弯矩即为固端弯矩 M_{AB}^F、M_{BA}^F，附加刚臂的反力矩可取 B 结点为隔离体而得：$\sum M_B = 0$，$M_B = M_{BA}^F$。其中，M_B 是汇交于 B 结点各杆固端弯矩代数和，它是未被平衡的各杆固端弯矩的差值，故称为 B 结点上的不平衡力矩，以顺时针方向为正。

(2) 原连续梁 B 结点并无附加刚

臂，取消刚臂的作用让 B 结点转动，就相当于在 B 结点加上一个反向的不平衡力矩，如图 7.3(c)所示。这时汇交于 B 结点的各杆端产生的弯矩分别为：$M_{BA}=\mu_{BA}(-M_B)=M_{BA}^\mu$，$M_{BC}=\mu_{BC}(-M_B)=M_{BC}^\mu$，即前面所述的分配弯矩。在远端产生的杆端弯矩即传递弯矩 M^C，它是由各近端的分配弯矩乘以传递系数得到的。

（3）将图 7.3(b)、(c)两种情况叠加，就得到图 7.3(a)所示连续梁的受力及变形情况，如杆端弯矩 $M_{BA}=M_{BA}^F+M_{BA}^\mu$，$M_{AB}=M_{AB}^F+M_{AB}^C$ 等。

以上就是力矩分配法的基本思路，概括来说：先在刚结点 B 加上附加刚臂阻止其转动，把整个连续梁拆分成单跨梁，求出各单跨梁的固端弯矩 M^F，此时刚臂承受不平衡力矩 M_B（各单跨梁固端弯矩的代数和），然后去掉附加刚臂，即相当于在 B 结点作用一个反向的不平衡力矩 $(-M_B)$，求出各单跨梁杆端的分配弯矩 M^μ 及传递弯矩 M^C，叠加各杆端弯矩即得原连续梁各杆端的最后弯矩。连续梁的 F_Q、F_N 图及支座反力则不难求出。用力矩分配法解题时，不必绘制 7.3(b)、(c)所示图形，而是按一定的格式进行计算，即可十分清晰地说明整个计算过程。

6. 计算举例

例题 7.1 用力矩分配法计算图 7.4(a)所示连续梁的 M 图，EI 为常数。

【解】：（1）计算分配系数 μ。设 $i=EI/24$，则

$$i_{AB}=EI/8=3i, \quad i_{BC}=EI/6=4i$$
$$\mu_{BA}=4\times(3i)/[4\times(3i)+3\times(4i)]=1/2$$
$$\mu_{BC}=3\times(4i)/[4\times(3i)+3\times(4i)]=1/2$$

将分配系数写在 B 结点下方的方框内。

(2) 在 B 结点处加刚臂，计算各杆的固端弯矩 M^F。

$$M_{AB}^F=-\frac{ql^2}{12}=-\frac{12\times 8^2}{12}=-64\text{kN}\cdot\text{m}$$

$$M_{BA}^F=\frac{ql^2}{12}=\frac{12\times 8^2}{12}=64\text{kN}\cdot\text{m}$$

$$M_{BC}^F=-\frac{3Fl}{16}=-\frac{3\times 80\times 6}{16}=-90\text{kN}\cdot\text{m}$$

$$M_{CB}^F=0$$

写在各杆端下方 M^F 一行。

(3) 去掉刚臂，放松 B 结点，由于 B 结点的不平衡力矩为：$M_B=64-90=-26\text{kN}\cdot\text{m}$，应将其反号后进行分配，可得各杆端的分配弯矩 M^μ。

$$M_{BA}^\mu=1/2\times 26=13\text{kN}\cdot\text{m}$$

$$M_{BC}^\mu=1/2\times 26=13\text{kN}\cdot\text{m}$$

写在 B 结点下方 M^μ 一行，并画一横线表示 B 结点已放松获得平衡。

(4) 各杆远端的传递弯矩 M^C 的计算。

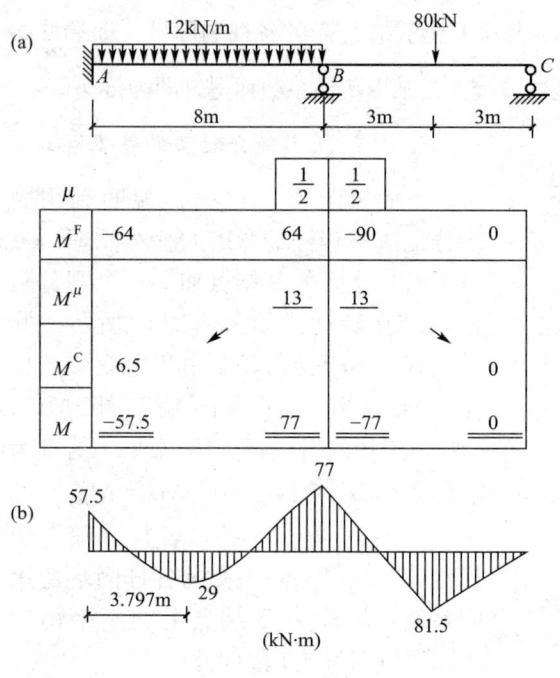

图 7.4

$$M_{AB}^C = 1/2 \times 13 = 6.5 \text{kN} \cdot \text{m}$$
$$M_{CB}^C = 0$$

写在对应的杆端下方 M^C 一行,并用箭头表示弯矩的传递方向。

(5) 最后杆端弯矩的计算。

$$M_{AB} = M_{AB}^F + M_{AB}^C = -64 + 6.5 = -57.5 \text{kN} \cdot \text{m}$$
$$M_{BA} = M_{BA}^F + M_{BA}^\mu = 64 + 13 = 77 \text{kN} \cdot \text{m}$$
$$M_{BC} = M_{BC}^F + M_{BC}^\mu = -90 + 13 = -77 \text{kN} \cdot \text{m}$$
$$M_{CB} = 0$$

将其写在各杆端下方 M 一行,并用双横线表示计算的最后结果。由于在计算分配弯矩时,已使结点保持平衡,故在最后 M 图校核中,利用 $\sum M_B = 0$ 只能校核分配过程有无错误,而对分配系数 μ、固端弯矩 M^F 计算是否有误无法判断,还要进行变形条件的校核。最后弯矩图如图 7.4(b) 所示。

为简单起见,分配弯矩 M^μ 及传递弯矩 M^C 的具体算式可不必另写,而直接写在图 7.4 的表格中即可。

例题 7.2 计算图 7.5(a) 所示刚架的 M 图。

【解】:(1) 计算分配系数 μ。

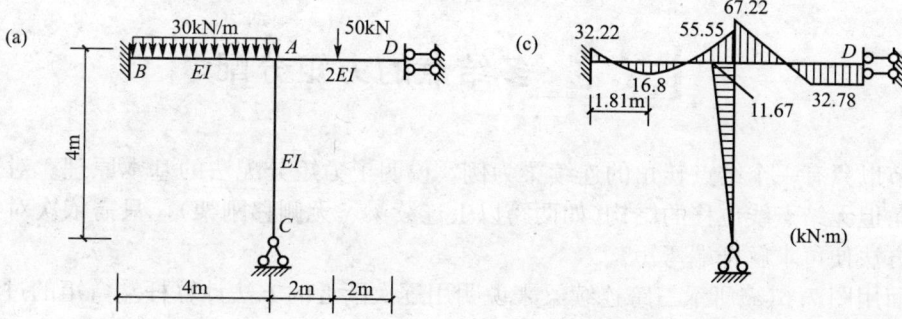

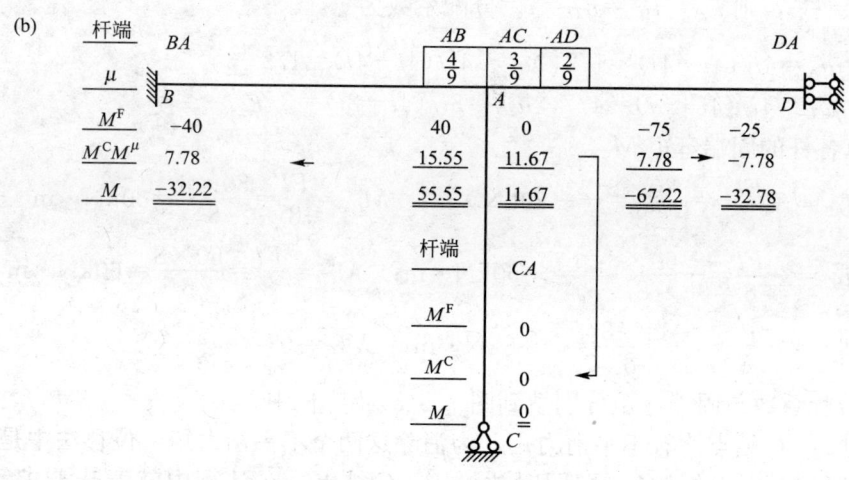

图 7.5

设 $i=EI/4$，$i_{AB}=EI/4=i$，$i_{AC}=EI/4=i$，$i_{AD}=2EI/4=2i$。

$$\mu_{AB}=4i/[4i+3i+1\times(2i)]=4/9$$
$$\mu_{AC}=3i/[4i+3i+1\times(2i)]=3/9$$
$$\mu_{AD}=1\times(2i)/[4i+3i+1\times(2i)]=2/9$$

(2) 在结点 A 处加刚臂，计算固端弯矩 M^F。

$$M_{BA}^F=-\frac{ql^2}{12}=-\frac{30\times 4^2}{12}=-40\text{kN}\cdot\text{m}$$

$$M_{AB}^F=\frac{ql^2}{12}=\frac{30\times 4^2}{12}=40\text{kN}\cdot\text{m}$$

$$M_{AD}^F=-\frac{3Fl}{8}=-\frac{3\times 50\times 4}{8}=-75\text{kN}\cdot\text{m}$$

$$M_{DA}^F=-\frac{Fl}{8}=-\frac{50\times 4}{8}=-25\text{kN}\cdot\text{m}$$

$$M_{AC}^F=M_{CA}^F=0$$

(3) 去掉刚臂，放松结点 A，分配、传递均在图 7.5(b) 上进行。

(4) 绘 M 图，如图 7.5(c) 所示。结点 A 满足 $\sum M_A=55.55+11.67-67.22=0$。

7.2 多结点的力矩分配

上节以只有一个结点转角的连续梁为例，说明了力矩分配法的基本原理。对于有多个结点转角但无结点线位移的结构(如两跨以上连续梁、无侧移刚架)，只需依次对各结点使用上节方法便可求解杆端弯矩。

下面用图 7.6(a) 所示三跨连续梁来说明用逐次渐近的方法计算杆端弯矩的过程。

(1) 首先将 B、C 两结点同时固定，计算分配系数 μ。由于各跨 l 及 EI 均为常数，故线刚度均为 $i=\dfrac{EI}{8}$，则 $i_{AB}=i_{BC}=i_{CD}=i$。分配系数为

B 结点：$\mu_{BA}=4i/(4i+4i)=1/2$，$\mu_{BC}=4i/(4i+4i)=1/2$

C 结点：$\mu_{CB}=4i/(4i+3i)=4/7$，$\mu_{CD}=3i/(4i+3i)=3/7$

(2) 计算各杆的固端弯矩 M^F。

$$M_{AB}^F=-\frac{Fl}{8}=-\frac{80\times 8}{8}=-80\text{kN}\cdot\text{m};\quad M_{BA}^F=\frac{Fl}{8}=\frac{80\times 8}{8}=80\text{kN}\cdot\text{m}$$

$$M_{BC}^F=-\frac{Fl}{8}=-\frac{60\times 8}{8}=-60\text{kN}\cdot\text{m};\quad M_{CB}^F=\frac{Fl}{8}=\frac{60\times 8}{8}=60\text{kN}\cdot\text{m}$$

$$M_{CD}^F=-\frac{ql^2}{8}=-\frac{11\times 8^2}{8}=-88\text{kN}\cdot\text{m};\quad M_{DC}^F=0$$

将以上分配系数与固端弯矩分别填到图 7.6(a) 相应栏中。

(3) 此时 B、C 结点均有不平衡力矩，为消除这两个不平衡力矩，位移法中是令 B、C 同时产生和原结构相同的转角，即同时放松 B、C 结点，在计算中就意味着求解联立方程。而在力矩分配法中，为了避免求解联立方程，依次放松各结点，用逐次渐近的方法使

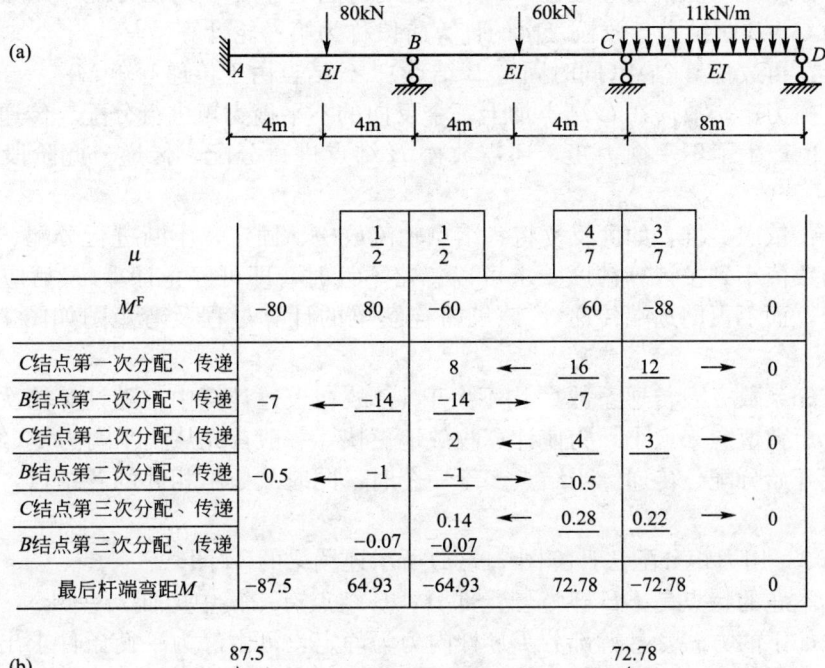

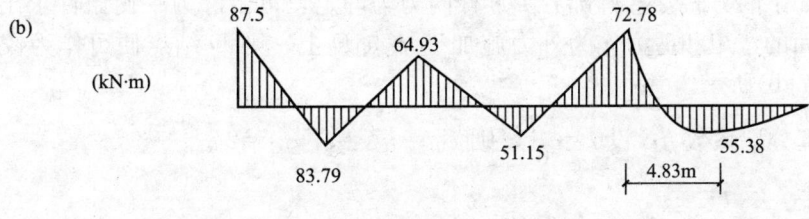

图 7.6

B、C 结点达到平衡位置。

第一步：放松 C 结点（B 结点不放松）。C 结点的不平衡力矩 $M_C = 60 - 88 = -28\text{kN}\cdot\text{m}$，将其反号后分配：

$$M^\mu_{CD} = 28 \times 3/7 = 12\text{kN}\cdot\text{m}, \quad M^\mu_{CB} = 28 \times 4/7 = 16\text{kN}\cdot\text{m}$$

将它们填入图中对应位置，此时，C 结点暂时获得平衡，在分配弯矩下面画一横线来表示（C 结点虽然转动了一个角度，但还未达到最后位置）。分配弯矩向各自远端的传递弯矩为：

$$M^C_{DC} = 0, \quad M^C_{BC} = 1/2 \times 16 = 8\text{kN}\cdot\text{m}$$

此时，B 结点的不平衡力矩除原固端弯矩外，还应再加上由结点 C 传递过来的传递弯矩，即 $M_B = 80 - 60 + 8 = 28\text{kN}\cdot\text{m}$。放松 B 结点的同时固定 C 结点，将上述不平衡力矩反号后进行分配。

$$M^\mu_{BA} = 1/2 \times (-28) = -14\text{kN}\cdot\text{m}, \quad M^\mu_{BC} = 1/2 \times (-28) = -14\text{kN}\cdot\text{m}$$

并同时向远端传递

$$M^C_{AB} = 1/2 \times (-14) = -7\text{kN}\cdot\text{m}, \quad M^C_{CB} = 1/2 \times (-14) = -7\text{kN}\cdot\text{m}$$

将上述数据填入图中相应位置，B 结点此时亦暂时平衡，仍在分配弯矩数值下面画一横线。这种 C、B 两结点各放松一次的计算阶段称为第一轮计算。

第二步：再放松 C 结点（同时固定 B 结点）。C 结点由于传递弯矩 $M_{CB}^C = -7\text{kN} \cdot \text{m}$ 又产生了不平衡力矩，故需在 C 结点加上一个反向的不平衡力矩进行分配、传递。弯矩传递后，B 结点也产生了不平衡力矩，还需放松 B 结点进行分配、传递。此阶段称为第二轮计算。

第三步：依次类推，如此反复将各结点轮流放松、固定，不断进行分配、传递，直到传递弯矩的数值小到按计算精度要求可以忽略不计时，即可停止计算（最后应停止在分配弯矩这一步，而不再向远端传递）。该三跨连续梁的计算过程及弯矩图如图 7.6(a)、(b) 所示。

由于分配系数 μ 及传递系数 C 均不大于 1，故在上述计算中，随计算轮次的增加，分配与传递弯矩数值愈来愈小。为使计算收敛地更快，一般首先从不平衡力矩（绝对值）数值最大的结点开始分配、传递。当结点多于 2 个时，同时放松不相邻的各结点，同样可加快收敛的速度。

例题 7.3 用力矩分配法计算图 7.7(a) 所示连续梁的 M 图。

【**解**】：本题的特点是 DE 杆为悬臂部分；B 结点有一集中力偶 $m = 6\text{kN} \cdot \text{m}$。关于悬臂梁可采取如下的方式：悬臂部分 DE 杆内力为静定，可由静平衡条件求出，若将其去掉，而以截面的弯矩和剪力作为外力施加于结点 D 上，则 D 结点便可作为铰支端进行处理，如图 7.7(b) 所示。

(1) 计算分配系数 μ：设 $i = \dfrac{EI}{6}$，则 $i_{AB} = i_{CD} = i$，$i_{BC} = 2i$。

B 结点：

$$\mu_{BA} = 4i/[4i + 4(2i)] = 1/3, \quad \mu_{BC} = 4(2i)/[4i + 4(2i)] = 2/3$$

C 结点：

$$\mu_{CB} = 4(2i)/[4(2i) + 3i] = 8/11, \quad \mu_{CD} = 3i/[4(2i) + 3i] = 3/11$$

(2) 固端弯矩 M^F。

$$M_{AB}^F = -16 \times 6/8 = -12\text{kN} \cdot \text{m}, \quad M_{BA}^F = 16 \times 6/8 = 12\text{kN} \cdot \text{m}$$
$$M_{BC}^F = -12 \times 6^2/12 = -36\text{kN} \cdot \text{m}, \quad M_{CB}^F = 12 \times 6^2/12 = 36\text{kN} \cdot \text{m}$$
$$M_{CD}^F = 1/2 \times 4 = 2\text{kN} \cdot \text{m}, \quad M_{DC}^F = 4\text{kN} \cdot \text{m}$$

(3) 进行分配、传递。

由于结点 C 的不平衡力矩较结点 B 的大，为加快收敛速度，故先放松结点 C，计算步骤如图 7.7(b) 所示。

结点 B 有集中力偶 m 作用，在计算 B 结点的不平衡力矩时，除了固端弯矩 $M_{BA}^F = 12\text{kN} \cdot \text{m}$，$M_{BC}^F = -36\text{kN} \cdot \text{m}$ 及传递弯矩 $M_{BC}^C = -13.82\text{kN} \cdot \text{m}$ 外，还应加上结点力偶

$$M_B = 12 - 36 - 13.82 - 6 = -43.82\text{kN} \cdot \text{m}$$

将上述不平衡力矩反号后进行分配。分配、传递的过程为 $C \to B \to C \to B \to C \to B \to C \to B$。

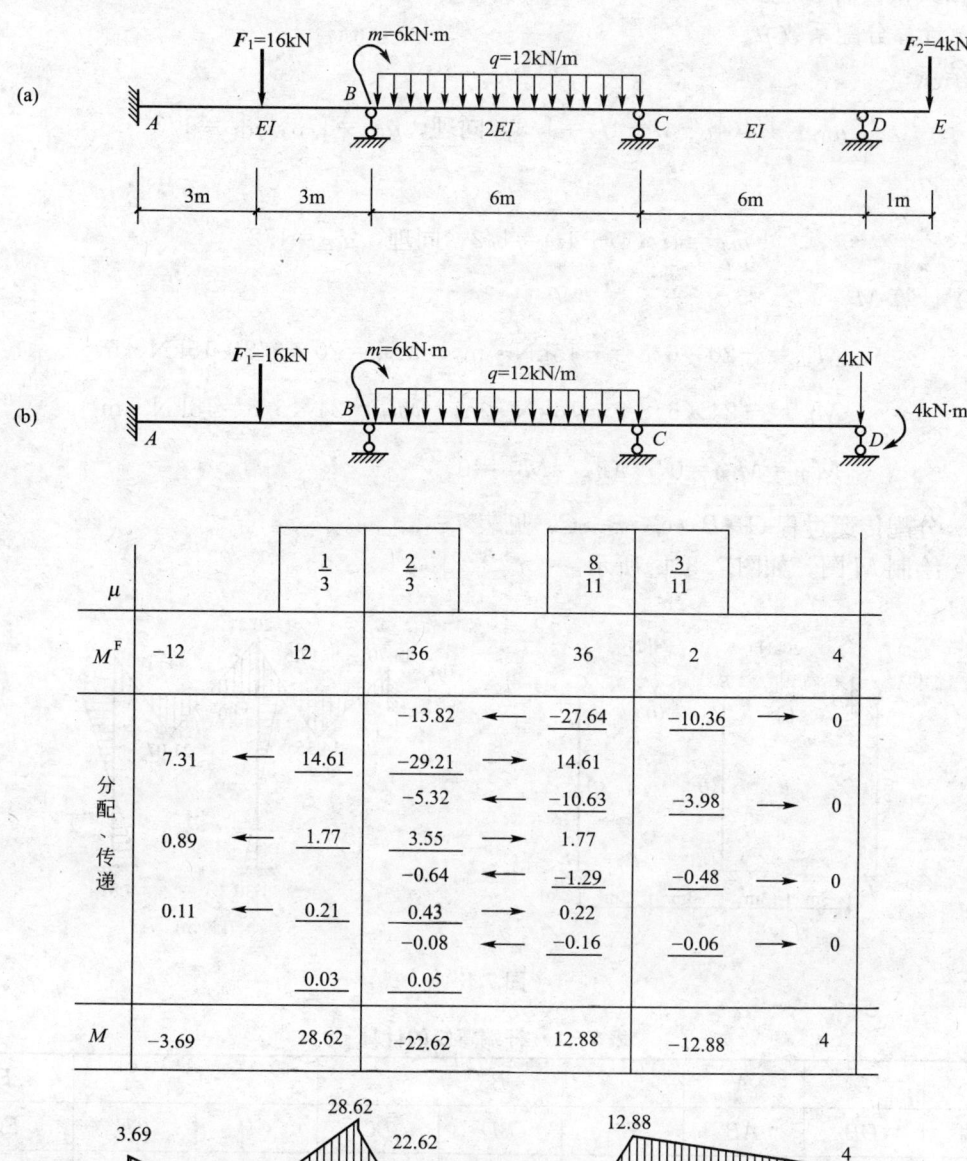

图 7.7

（4）绘制 M 图，如图 7.7(c)所示。

例题 7.4 用力矩分配法作图 7.8(a)所示刚架 M 图。$EI=$ 常数。

【解】：用力矩分配法计算刚架的杆端弯矩时，对于简单的刚架，可直接在计算简图上进行。但当结构杆件比较多时，采用表格的形式比较方便。表格的形式有多种，下面推荐以下的格式供读者参考。

(1) 计算分配系数 μ。

B 结点：
$$\mu_{BA}=4i/(4i+4i+4i)=1/3, \text{同理}, \mu_{BD}=1/3, \mu_{BC}=1/3$$

C 结点：
$$\mu_{CB}=4i/(4i+4i)=1/2, \text{同理}, \mu_{CE}=1/2$$

(2) 计算 M^F。
$$M^F_{AB}=-20\times 6/8=-15\text{kN}\cdot\text{m}, \quad M^F_{BA}=20\times 6/8=15\text{kN}\cdot\text{m}$$
$$M^F_{BC}=-24\times 6/8=-18\text{kN}\cdot\text{m}, \quad M^F_{CB}=24\times 6/8=18\text{kN}\cdot\text{m}$$
$$M^F_{BD}=M^F_{DB}=0, \quad M^F_{CE}=M^F_{EC}=0$$

(3) 分配传递过程 $C\to B\to C\to B\to C$，见表 7-1。

(4) 绘制 M 图，如图 7.8(b) 所示。

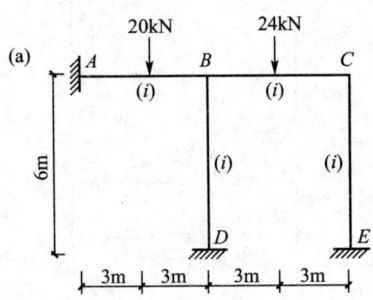
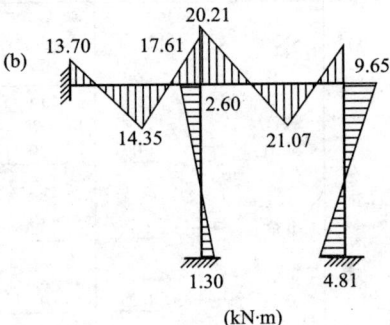

图 7.8

表 7-1 杆端弯矩的计算

结点	D	A	B			C		E
杆端	DB	AB	BA	BD	BC	CB	CE	EC
μ	(固定端)	(固定端)	$\frac{1}{3}$	$\frac{1}{3}$	$\frac{1}{3}$	$\frac{1}{2}$	$\frac{1}{2}$	(固定端)
M^F	0	-15	15	0	-18	18	0	0
分配及传递					-4.5	-9	-9	-4.5
	1.25	1.25	2.5	2.5	2.5	1.25		
					-0.31	-0.63	-0.62	-0.31
	0.05	0.05	0.11	0.10	0.10	0.05		
						-0.02	-0.03	
M	1.30	-13.70	17.61	2.60	-20.21	9.65	-9.65	-4.81

7.3 无剪力分配法

前面两节介绍的力矩分配法适用于连续梁或无结点线位移的刚架,不能直接用于有侧移的刚架。对于某些特殊的有侧移刚架,可采用无剪力分配法进行处理。

1. 应用范围

无剪力分配法适合计算某些特定条件下的有侧移刚架,即刚架是由两类杆件组成:①无侧移杆件,即杆件的两端无相对线位移;②剪力静定杆,即杆的剪力可以通过平衡方程直接确定。如图 7.9(a)所示,柱 AB 两端虽然有相对侧移,但由于支座 C 处无水平反力,故 AB 柱的剪力是静定的,称为剪力静定杆。

2. 计算要点

采用无剪力分配法计算有侧移刚架时,仍采用固定与放松结点的方法。下面以图 7.9(a)所示刚架为例,说明计算要点。

(1) 固定结点 B。只加刚臂阻止结点的转动,而不加链杆阻止结点的移动,如图 7.9(b)所示。对剪力静定杆来说,相当于一端固定、一端滑动的梁,如图 7.9(c)所示。其固端弯矩分别为:

$$M_{AB}^F = -\frac{ql^2}{3}, \quad M_{BA}^F = -\frac{ql^2}{6}$$

结点 B 的不平衡力矩暂时由刚臂承受。

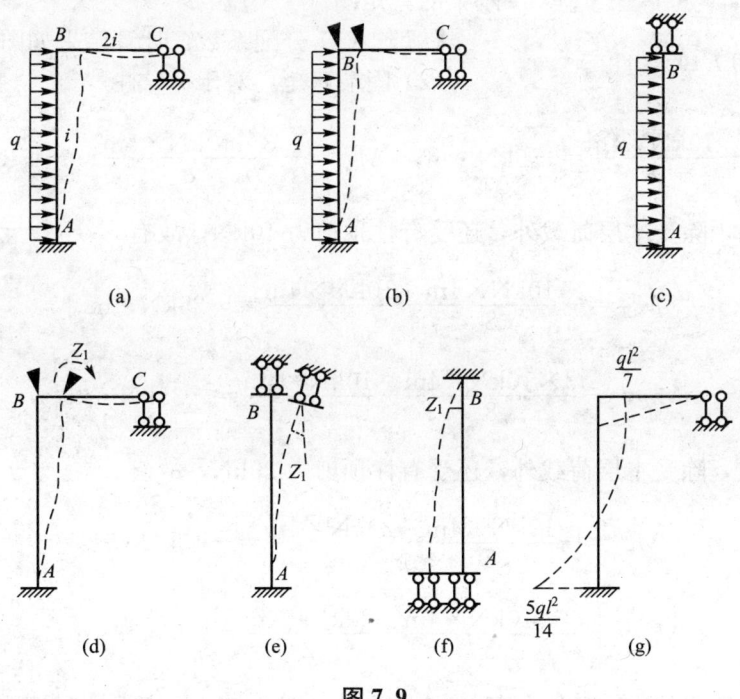

图 7.9

(2) 放松结点 B。为了消除刚臂上的不平衡力矩，需要放松结点 B，进行力矩的分配和传递。此时，结点 B 不仅转动 Z_1 角，同时也发生水平位移，如图 7.9(d)所示。柱 AB 为下端固定上端滑动，当上端转动时，柱的剪力为零因而处于纯弯曲受力状态，如图 7.9(e)所示。这实际上与如图 7.9(f)所示的上端固定下端滑动的柱 AB，当上端转动同样角度时的受力和变形状态完全相同。故可知其刚度系数为 i，而传递系数为 -1。于是，结点 B 的分配系数为

$$\mu_{BA} = \frac{i}{i+3\times 2i} = \frac{1}{7}$$

$$\mu_{BC} = \frac{3\times 2i}{i+3\times 2i} = \frac{6}{7}$$

无剪力分配的计算过程如图 7.10 所示，弯矩图如图 7.9(g)所示。

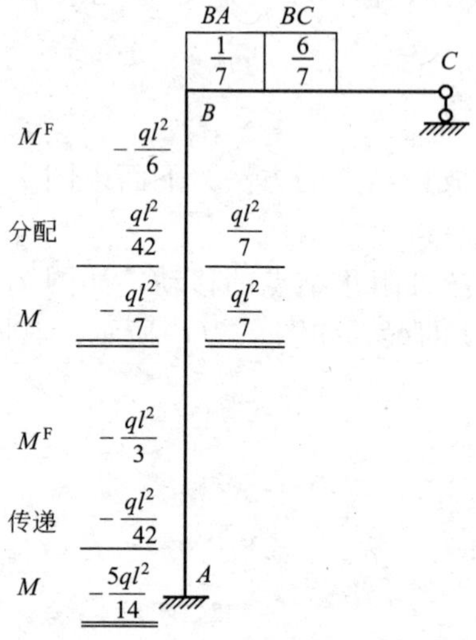

在整个力矩的分配和传递过程中，柱中原有剪力将保持不变而不增加新的剪力，故这种方法称为无剪力力矩分配法，简称无剪力分配法。

该计算方法可以推广到多层刚架的情况。不论有多少层，每一层的柱子均可视为上端滑动下端固定的梁，计算固端弯矩时，除了柱身承受本层荷载外，柱顶还承受剪力，其值等于柱顶以上各层所有水平荷载的代数和。计算时，各柱的刚度系数应取各自的线刚度 i，而传递系数为 -1（指等截面杆）。

例题 7.5 试用无剪力分配法计算图 7.11(a)所示刚架的弯矩图。

【解】：(1) 分配系数：计算结果如图 7.11(b)所示。
(2) 固端弯矩：对于 AC 柱

$$M_{AC}^F = -\frac{10\text{kN}\times 4\text{m}}{8} = -5\text{kN}\cdot\text{m}, \quad M_{CA}^F = -\frac{3\times 10\text{kN}\times 4\text{m}}{8} = -15\text{kN}\cdot\text{m}$$

对于 CE 柱，除受本层荷载外，还受有柱顶剪力 10kN，故有

$$M_{CE}^F = -\frac{10\text{kN}\times 4\text{m}}{8} - \frac{10\text{kN}\times 4\text{m}}{2} = -25\text{kN}\cdot\text{m}$$

$$M_{EC}^F = -\frac{3\times 10\text{kN}\times 4\text{m}}{8} - \frac{10\text{kN}\times 4\text{m}}{2} = -35\text{kN}\cdot\text{m}$$

对于 EG 柱，除受本层荷载外，还受有柱顶剪力 20kN，故有

$$M_{EG}^F = -\frac{10\text{kN}\times 4\text{m}}{8} - \frac{20\text{kN}\times 4\text{m}}{2} = -45\text{kN}\cdot\text{m}$$

$$M_{GE}^F = -\frac{3\times 10\text{kN}\times 4\text{m}}{8} - \frac{20\text{kN}\times 4\text{m}}{2} = -55\text{kN}\cdot\text{m}$$

(3) 力矩分配与传递：具体分配、传递过程如图 7.11(b)所示。结点分配次序为（E、

图 7.10

A)、C、(E、A)。(E、A)表示结点 E 与 A 同时放松与固定。M 图如图 7.11(c)所示。

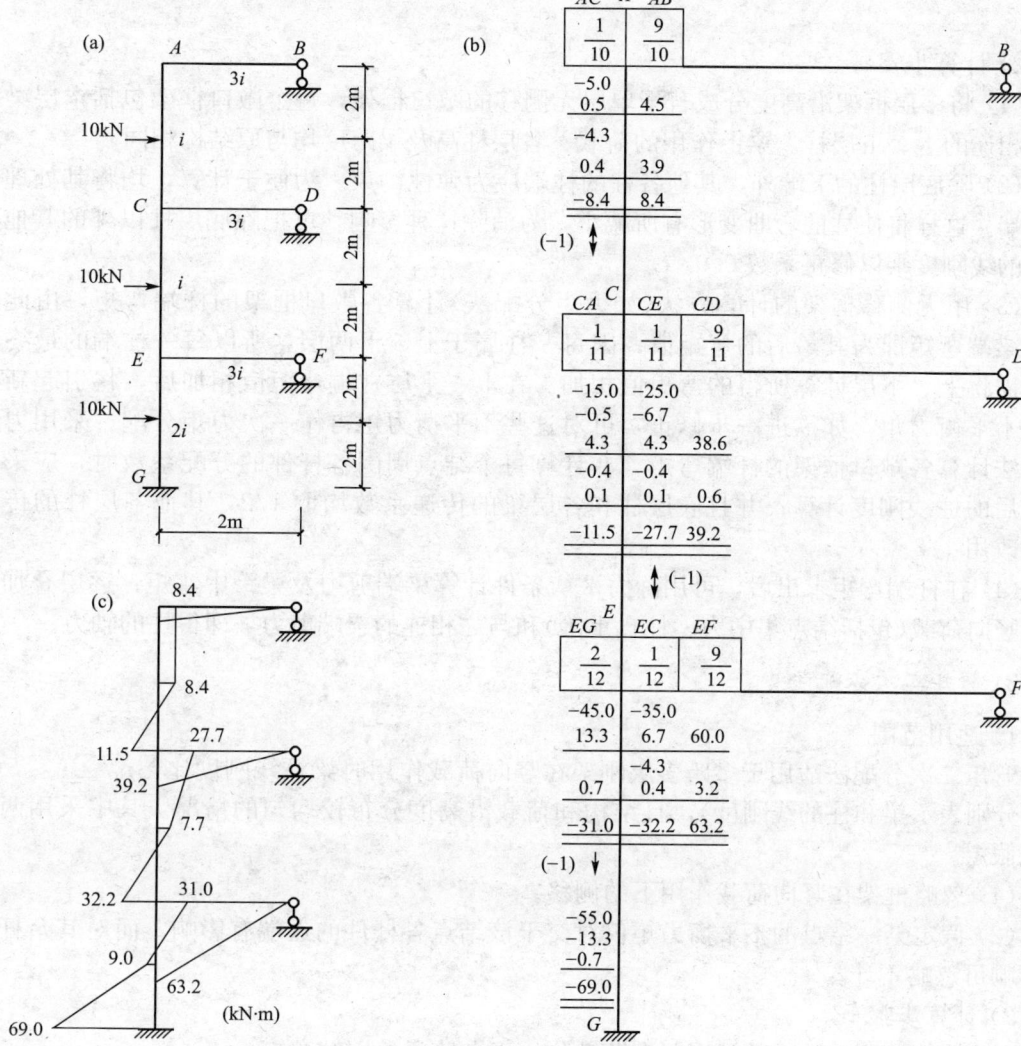

图 7.11

7.4 近似计算简介

用精确法计算多跨多层刚架，常需要大量的计算工作，若不借助于计算机往往无法计算。如果在计算中忽略一些次要影响因素，则可得到各种近似法。近似法以较小的工作量，取得较粗略的解答，可用于结构的初步设计，也可用于对计算结果的合理性进行判断。

1. 分层计算法

1) 适用范围

分层计算法适用于多跨多层刚架在竖向荷载作用时的情况，其中采用两个近似假定。

(1) 忽略侧移的影响，用力矩分配法计算。

(2) 忽略每层梁的竖向荷载对其他各层的影响，把多层刚架分解成多个单层刚架单独计算。

2) 计算步骤

(1) 将多层框架沿高度分成若干单层无侧移的敞口框架，每个敞口框架包括本层梁和与之相连的上、下层柱。梁上作用的荷载、各层柱高及梁跨度均与原结构相同。

(2) 除底层柱的下端外，其他各柱的柱端应为弹性约束。为便于计算，均将其处理为固定端。这样将使柱的弯曲变形有所减小，为消除这种影响，可把除底层柱以外的其他各层柱的线刚度乘以修正系数 0.9。

(3) 用无侧移框架的计算方法(如力矩分配法)计算各敞口框架的杆端弯矩，由此所得的梁端弯矩即为其最后的弯矩值；因每一柱属于上、下两层，所以每一柱端的最终弯矩值需将上、下层计算所得的弯矩值相加。在上、下层柱端弯矩值相加后，将引起新的结点不平衡力矩，如欲进一步修正，可对这些不平衡力矩再作一次力矩分配。采用力矩分配法计算各敞口框架的杆端弯矩，在计算每个结点周围各杆件的分配系数时，应采用修正后的柱线刚度计算；并且底层柱和各层梁的传递系数均取 1/2，其他各层柱的传递系数改用 1/3。

(4) 在杆端弯矩求出后，可用静力平衡条件计算梁端剪力及梁跨中弯矩；逐层叠加柱上的竖向荷载(包括结点集中力、柱自重等)和与之相连的梁端剪力，即得柱的轴力。

2. 弯矩二次分配法

1) 适用范围

弯矩二次分配法适用于多跨多层刚架在竖向荷载作用时梁柱线刚度比 $\sum i_b/\sum i_c \leqslant 5$ (i_b 和 i_c 分别表示梁和柱的线刚度)，且结构和荷载沿高度分布较均匀的情况。其中采用两个近似假定。

(1) 忽略框架在竖向荷载作用下的侧移。

(2) 假定某一结点的不平衡力矩仅对交于该结点各杆件的远端有影响，而对其余杆件的影响可忽略不计。

2) 计算步骤

(1) 计算分配系数，并计算竖向荷载作用下各跨梁的固端弯矩。

(2) 计算框架各结点的不平衡力矩，并对所有结点的不平衡力矩同时进行第一次分配(其间不进行弯矩传递)。

(3) 将所有杆端的分配弯矩同时向其远端传递(对于刚结框架，传递系数均取 1/2)。

(4) 将各结点因传递弯矩而产生的新的不平衡力矩进行第二次分配，使各结点处于平衡状态。至此，整个弯矩分配和传递过程即告结束。

(5) 将各杆端的固端弯矩、分配弯矩和传递弯矩叠加，即得各杆端弯矩。

采用该方法进行力矩分配时，仅对不平衡力矩分配了两次，故称为弯矩二次分配法。

3. 反弯点法

1) 适用范围

反弯点法又可称为剪力分配法，是层数不多的多跨多层刚架在水平结点荷载作用下最常用的近似方法，适用于 $\sum i_b/\sum i_c \geqslant 3$ 的多层规则框架。水平荷载作用时，对框架柱进行受力分析得到的弯矩图为直线分布，各柱均有一个零弯矩点，即反弯点。反弯点一般位于柱中点附近。其中采用3个假定。

(1) 水平荷载为结点荷载，刚架中的横梁简化为刚性梁。
(2) 底层柱的反弯点在2/3柱高度处，其他各层柱的反弯点在柱高度的中点。
(3) 柱的剪力与柱的抗侧移刚度成正比。

2) 计算步骤

(1) 计算柱的剪力：计算某层以上水平荷载之和，按柱的抗侧移刚度分配到该层的每根柱子，即得该柱的剪力。
(2) 计算柱的弯矩：根据柱的剪力及反弯点位置，计算柱的弯矩。
(3) 计算梁的弯矩：梁在边柱处的结点，按结点力矩平衡计算梁端的弯矩。梁在中间柱的结点，按连接到中间柱各梁的线刚度与各梁线刚度之和的比值，计算梁端的弯矩。

本 章 小 结

本章主要介绍了超静定结构计算的渐近法与近似法的基本原理和适用条件。对于超静定结构而言，如果未知量数目在3个以内，采用力法或位移法计算起来比较容易，而像刚架或组合结构此类具有更多未知量的工程结构，很困难或无法用前几章介绍的方法计算，而以逐次渐近的方法来计算杆端弯矩，其计算结果的精度随计算轮次的增多而提高，最后收敛于精确解。

1. 基本概念

基本概念有转动刚度、分配系数、分配弯矩、传递系数、传递弯矩、不平衡力矩。

1) 转动刚度

转动刚度，也称刚度系数，表示杆端对转动的抵抗能力，在数值上等于使杆端产生单位转角时需要施加的力矩。当近端转动时，如果远端为固定端，则 $S=4i$；如果远端为铰支座时，则 $S=3i$；如果远端为滑动支座时，则 $S=i$。

2) 分配系数和分配弯矩

分配系数是汇交于某一结点各杆件的转动刚度与各杆件转动刚度之和的比值，用 μ 表示。用分配系数将结点力矩按比例分配给各杆的近端，所得的近端弯矩称为分配弯矩，用 M^μ 表示。

3) 传递系数和传递弯矩

当近端发生单位转角时，远端会产生杆端弯矩，也称为传递弯矩。远端杆端弯矩与近端杆端弯矩之比称为传递系数，用 C 表示。对于等截面杆件，传递系数 C 与远端的支承情况有关。远端为固定端支座时，$C=1/2$；远端为铰支座时，$C=0$；远端为定向支座时，$C=-1$。

4) 不平衡力矩

当某结点被固定时，附加在刚臂上的反力矩等于汇交于该点的各杆端的固端弯矩的代数和，即各固端弯矩所不能平衡的差值，称为该结点上的不平衡力矩。

2. 知识要点

1) 单结点和多结点的力矩分配法

适用于手算连续梁和无侧移刚架。

力矩分配法的基本思路：①准备工作。求各杆端的转动刚度（刚度系数）、分配系数和传递系数。②固定结点。在某个结点加上附加刚臂阻止结点转动，把整个连续梁拆分成单跨超静定梁，求出各单跨超静定梁的固端弯矩 M^F，得出各结点的不平衡力矩。③放松结点。将不平衡力矩反号乘以分配系数，分配给汇交于该结点的各杆近端，再乘传递系数传至远端，求出各杆端的分配弯矩 M^μ 及传递弯矩 M^C。多结点时，轮流放松各结点，重复以上步骤，直至各结点的传递弯矩小到可以忽略为止。④计算结果。叠加固端弯矩、历次分配弯矩和传递弯矩，得出各杆端最后弯矩后，逐杆绘制 M 图，F_Q、F_N 图及支座反力也不难求出。

2) 无剪力分配法

适用于有侧移刚架（其中只包含无侧移杆和剪力静定杆）的特殊力矩分配法。

无剪力分配法的基本思路：①横梁按近端固定、远端铰支的单跨梁计算固端弯矩，近端转动刚度 $S=3i$，传递系数 $C=0$。②立柱视为上端滑动、下端固定的单跨梁，计算在柱顶以上各层所有水平荷载作用下的固端弯矩，近端转动刚度 $S=i$，传递系数 $C=-1$。③力矩的分配与传递同一般力矩分配法。

3) 近似计算

多层多跨刚架在竖向荷载作用下的分层计算法和弯矩二次分配法，以及水平荷载作用下的反弯点法，是工程中常用的近似方法。在计算中，应注意其适用范围和基本假设。

思 考 题

7-1 力矩分配法中对杆端转角、杆端弯矩、固端弯矩的正负号有何规定？

7-2 什么是刚度系数（转动刚度）？它与哪些因素有关？

7-3 什么是力矩分配系数？为何每一结点的分配系数之和等于1？

7-4 什么是传递弯矩？传递系数如何确定？

7-5 为什么要将结点的不平衡力矩反号进行分配？试说明它所表示的物理意义。

7-6 单结点力矩分配与多结点力矩分配有何异同？单结点和多结点力矩分配法的计算步骤是什么？试说明每一步骤的物理意义。

7-7 在力矩分配法的计算中，为什么结点不平衡力矩会越来越小？

7-8 什么是无剪力分配法？它的适用条件是什么？

7-9 在多层刚架的分层法、弯矩二次分配法和反弯点法中，各引入了哪些近似假设？适用条件是什么？

习 题

7-1 试用力矩分配法计算图 7.12 所示连续梁，并绘制 M 图。

7-2 试用力矩分配法计算图 7.13 所示连续梁，并绘制 M 图。

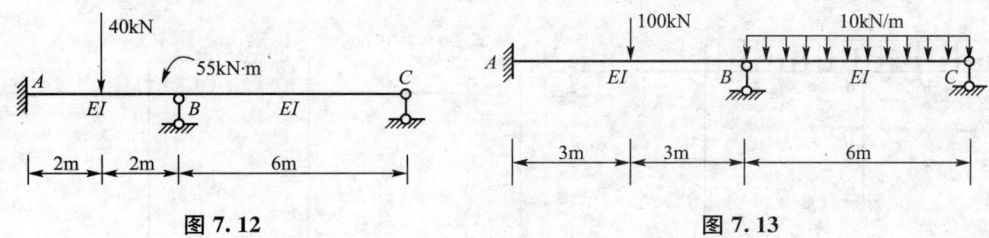

图 7.12　　　　　　　　　图 7.13

7-3 试用力矩分配法计算图 7.14 所示刚架，并绘制 M 图。

7-4 试用力矩分配法计算图 7.15 所示刚架，并绘制 M 图。

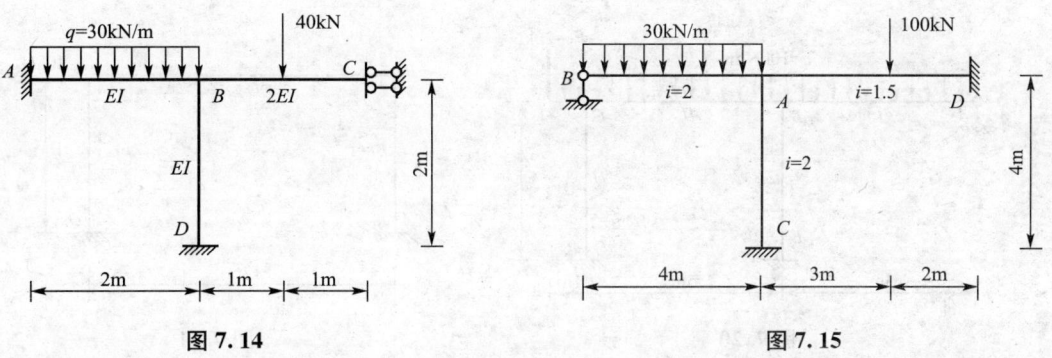

图 7.14　　　　　　　　　图 7.15

7-5 试用力矩分配法计算图 7.16 所示连续梁，并绘制 M 图。

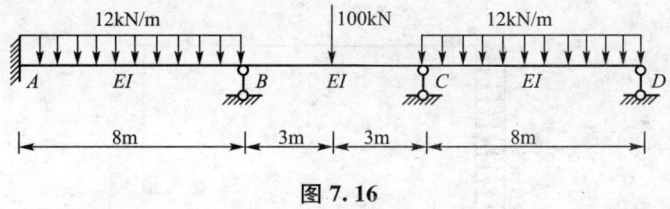

图 7.16

7-6 试用力矩分配法计算图 7.17 所示连续梁，并绘制 M 图。

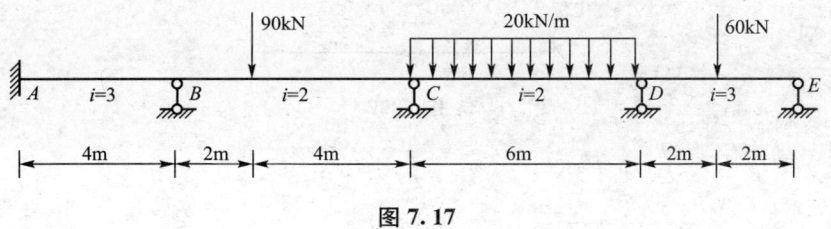

图 7.17

7-7 试用力矩分配法计算图 7.18 所示刚架，并绘制 M 图。

7-8 试用力矩分配法计算图 7.19 所示刚架，并绘制 M 图。设 $EI=$ 常数。

7-9 试用力矩分配法计算图 7.20 所示刚架，并绘制 M 图。

7-10 试用无剪力分配法计算图 7.21 所示刚架,并绘制 M 图。

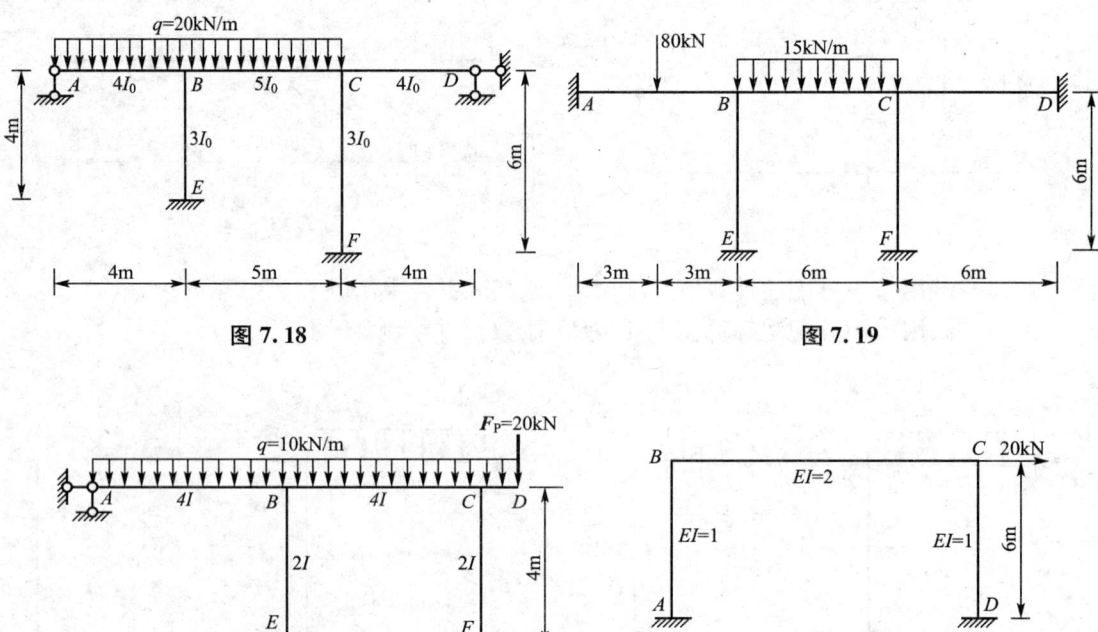

图 7.18

图 7.19

图 7.20

图 7.21

7-11 试用无剪力分配法计算图 7.22 所示刚架,并绘制 M 图。

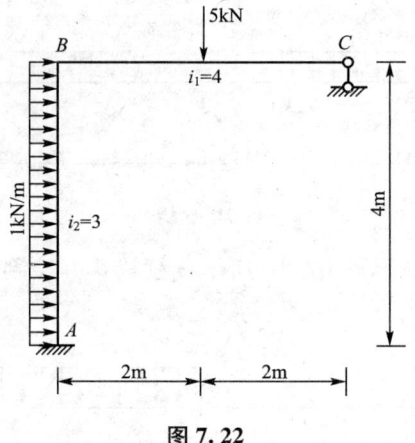

图 7.22

第8章 影 响 线

教学目标

了解影响线的概念
应用静力法绘制静定结构影响线
应用机动法绘制静定梁影响线
了解超静定结构的影响线
利用影响线求荷载的最不利位置
了解连续梁的最不利荷载分布及内力包络图

教学要求

知识要点	能力要求	相关知识
影响线的概念	(1) 了解移动荷载的概念 (2) 了解影响线的概念	固定荷载 移动荷载
静力法绘制影响线	(1) 理解静力法绘制影响线的原理和步骤 (2) 掌握静力法绘制静定结构的影响线	静定结构 静力平衡方程
机动法绘制影响线	(1) 理解机动法绘制影响线的原理和步骤 (2) 掌握机动法绘制静定多跨梁的影响线	虚功原理
超静定结构的影响线	(1) 了解静力法绘制超静定结构影响线的原理和步骤 (2) 了解机动法绘制超静定结构影响线的原理和步骤	超静定结构
荷载的最不利位置	(1) 理解利用影响线计算结构量值的方法 (2) 掌握利用影响线确定荷载最不利位置的方法	集中荷载 分布荷载
简支梁的内力包络图和绝对最大弯矩	(1) 了解简支梁的内力包络图 (2) 了解简支梁绝对最大弯矩的求解	

引言

前面各章讨论了结构在固定荷载作用下的内力计算问题,本章专门讨论结构在移动荷载作用下内力的变化规律。首先介绍移动荷载和影响线的概念,其次介绍利用静力法和机动法绘制静定结构影响线的原理和步骤,介绍超静定结构的影响线,最后讨论影响线的应用。

8.1 概　　述

结构在固定荷载作用下的受力状态通常是不变的,即结构的反力、各截面的内力和位移都是不变的。但实际工程结构在承受固定荷载的同时,还常受到各种移动荷载的作用。所谓移动荷载一般是指荷载的大小和方向不变,而作用位置是在结构上移动的。例如,桥梁上行驶的车辆荷载(图 8.1)、厂房吊车梁上行驶的吊车荷载、房屋楼面上的人群或非固定设备等都是移动荷载。

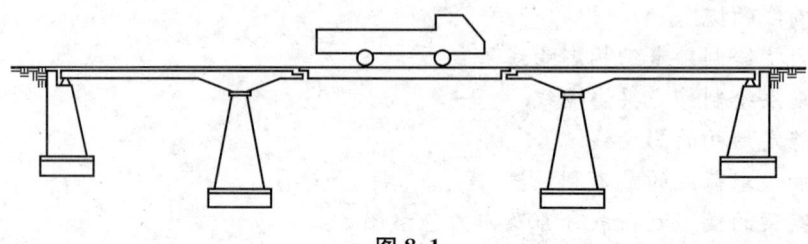

图 8.1

结构在移动荷载作用下,其支座反力、内力和位移等量值都会随着荷载作用点的变动而变化。在结构设计时,我们要以结构在移动荷载作用下产生的某些量值的最大值(称为最大量值)和出现最大量值的荷载作用位置(称为荷载的最不利位置)作为设计依据。本章的主要内容是研究结构的反力、内力随着荷载移动而变化的规律及变化范围,以及确定使结构的反力或内力达到最大值的荷载作用位置。在这里不考虑荷载移动时对结构产生的动力作用,因此仍属于静力计算问题。

工程实际中移动荷载的类型很多,但都具有大小和方向保持不变的特性,我们从中取出典型的单位移动荷载 $F_P=1$,它是各种移动荷载中最简单、最基本的元素。现以单位移动荷载 $F_P=1$ 在简支梁 AB 上移动时对支座反力 F_{RA} 的影响为例(图 8.2),说明影响线的概念。

假定以 A 点为坐标原点,以梁轴线为 x 轴,用 x 表示荷载作用点的横坐标,设反力向上为正,如图 8.2(a)所示。当荷载 $F_P=1$ 作用在梁上任意位置 $x(0\leqslant x\leqslant l)$ 时,取 AB 梁为隔离体,对 B 点取矩 $\sum M_B = F_{RA}l - F_P(l-x)=0$,得

$$F_{RA}=\frac{F_P(l-x)}{l} \quad (0\leqslant x\leqslant l) \tag{a}$$

式(a)表示支座反力与荷载位置参数 x 之间的函数关系,其中比例系数 $\frac{(l-x)}{l}$ 称为 F_{RA} 的影响系数,用 $\overline{F}_{RA}$ 表示,即

$$\overline{F}_{RA}=\frac{(l-x)}{l} \quad (0\leqslant x\leqslant l) \tag{b}$$

式中,$\overline{F}_{RA}$ 在数值上等于当荷载 $F_P=1$ 时引起的支座反力 F_{RA}。因为式(b)是 x 的一次函数,所以 F_{RA} 的影响线应为直线。取 $x=0$ 和 $x=l$,分别得到 $\overline{F}_{RA}=1$ 和 $\overline{F}_{RA}=0$,由这两个点连成直线,便能得到 F_{RA} 的影响线,如图 8.2(b)所示。

由图 8.2(b)的影响线,可直观地看到支座反力的变化规律:当荷载 $F_P=1$ 在 A 点时,$\overline{F}_{RA}=1$;当荷载 $F_P=1$ 在 B 点时,$\overline{F}_{RA}=0$;当荷载 $F_P=1$ 从 A 点向 B 点移动时,支座反力影响系数 $\overline{F}_{RA}$ 则逐渐减小。

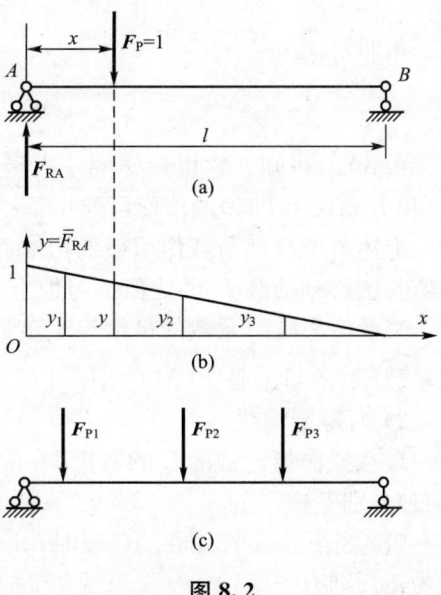

根据支座反力 F_{RA} 的影响线,还可以用来计算在固定位置的实际荷载作用下引起的支座反力 F_{RA}。例如,图 8.2(c)所示的简支梁上有实际荷载 F_{P1}、F_{P2} 和 F_{P3},根据叠加原理求得此时的支座反力 F_{RA} 应为

$$F_{RA}=F_{P1}y_1+F_{P2}y_2+F_{P3}y_3$$

这里的 y_1、y_2 和 y_3 分别为对应荷载 F_{P1}、F_{P2} 和 F_{P3} 位置的影响系数 $\overline{F}_{RA1}$、$\overline{F}_{RA2}$ 和 $\overline{F}_{RA3}$。

综上所述,当单位荷载 $F_P=1$ 作用位置在结构上移动时,表示结构某一量值 Z 变化规律的曲

图 8.2

线,称为 Z 的影响线;它是研究移动荷载作用的基本工具。影响线上任一点的横坐标 x 表示荷载作用位置参数,纵坐标 y 表示荷载作用于此点时 Z 的影响系数 $\overline{Z}$。当影响系数 $\overline{Z}$ 为正值时,绘制在基线的上方;当影响系数 $\overline{Z}$ 为负值时,绘制在基线的下方。因此,只要得到某量值的影响线,就可以利用它来确定荷载的最不利位置,从而求出该量值的最大值。下面先讨论影响线的绘制方法,然后再讨论影响线的应用。

8.2 静力法作静定结构的影响线

绘制静定结构影响线的基本方法有两种,即静力法和机动法。

静力法的基本原理是将单位移动荷载 $F_P=1$ 作用在结构任意位置,用变量 x 表示荷载作用点的位置,然后利用平衡条件,求出所求量值(支座反力或内力)与荷载位置 x 之间的函数关系式,这种关系式称为影响线方程,最后根据影响线方程作出该量值的影响线。

现以简支梁和静定桁架为例,介绍用静力法绘制支座反力与内力影响线的步骤。

1. 简支梁的影响线

简支梁是工程中常见的一种结构形式,应用非常广泛,是组成各种结构的基本构件之一。下面用静力法来绘制简支梁支座反力和内力的影响线。

1) 支座反力影响线

简支梁支座反力 F_{RA} 的影响线已在上一节中求得,如图 8.2(b)所示,现在来讨论支座反力 F_{RB} 的影响线,如图 8.3(a)所示。仍取 A 为坐标原点,将单位移动荷载 $F_P=1$ 放在梁 AB 上任意位置,距 A 点为 x。根据平衡方程 $\sum M_A=0$,可求出支座反力影响系数 $\overline{F}_{RB}=\dfrac{F_{RB}}{F_P}$。

$$\sum M_A = \overline{F}_{RB} l - x = 0$$

由此可得

$$\overline{F}_{RB} = \frac{x}{l} \quad (0 \leqslant x \leqslant l) \tag{a}$$

由式(a)可知，它也是 x 的一次函数，故 F_{RB} 的影响线也是一条直线。利用 A 点($x=0$ 时)和 B 点($x=l$ 时)的值便可绘出 F_{RB} 的影响线，如图 8.3(b)所示。

上述单位移动荷载作用下的影响系数应理解为：在移动荷载 F_P 作用下结构中某指定量值与该移动荷载 F_P 的比值。习惯上以在结构上移动的 $F_P=1$（即量纲一）表示单位移动荷载，某量值影响线系数的量纲等于该量值的量纲与移动荷载量纲之比。因此，支座反力影响系数 $\overline{F}_{RB}$ 的量纲是 $[LMT^{-2}]/[LMT^{-2}]$，即为量纲一的量。

2）弯矩影响线

现在拟作指定截面 C 的弯矩 M_C 的影响线。分成两种情况（$F_P=1$ 作用在截面 C 以左和以右）分别考虑。

(1) 当 $F_P=1$ 作用在 AC 段时，取截面 C 右边为隔离体，并以使梁下侧纤维受拉的弯矩为正，则有

$$M_C = F_{RB} \times b = \overline{F}_{RB} \times F_P \times b = \frac{x}{l} b \quad (0 \leqslant x \leqslant a)$$

由此可见，弯矩 M_C 影响线在 AC 段为一直线，等于 F_{RB} 影响线的 b 倍。当 $x=0$，$M_C=0$；当 $x=a$，$M_C=ab/l$。于是可以绘出当 $F_P=1$ 作用在 AC 段时 M_C 的影响线。

(2) 当 $F_P=1$ 作用在 CB 段时，取截面 C 的左边为隔离体，得

$$M_C = F_{RA} \times a = \overline{F}_{RA} \times F_P \times a = \frac{l-x}{l} a \quad (a \leqslant x \leqslant l)$$

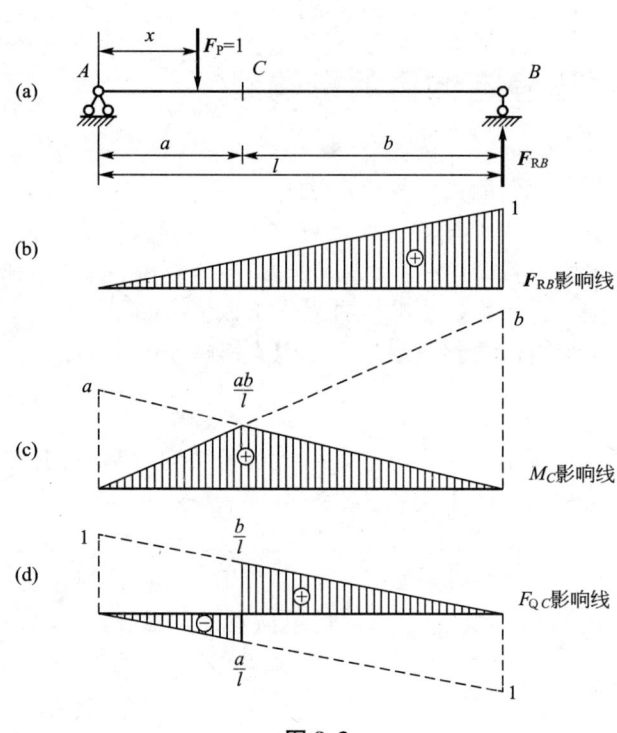

图 8.3

可见，弯矩 M_C 影响线在 CB 段也为一直线。当 $x=a$，$M_C=ab/l$；当 $x=l$，$M_C=0$。于是可以绘出当 $F_P=1$ 作用在 CB 段时 M_C 的影响线。

综上所述，M_C 的影响线分成 AC 和 CB 两段，每一段都是直线，如图 8.3(c)所示。由弯矩 M_C 影响线方程可知，当 $F_P=1$ 作用在 AC 段内时，从 A 点向 C 点移动，弯矩 M_C 逐渐增大；当 $F_P=1$ 作用在 CB 段时，从 C 点向 B 点移动，弯矩 M_C 逐渐减小；且当 $F_P=1$ 作用在 C 点时，弯矩 M_C 达到最大值。弯矩影响系数的单位为 $\overline{M}_C = [M]/[F_P]$，其量纲为长度的量纲，单位为 m。

3）剪力影响线

现在拟作指定截面 C 的剪力

F_{QC} 的影响线，如图 8.3(d)所示。当荷载 $F_P=1$ 作用在截面 C 以左或以右时，剪力 F_{QC} 的影响系数具有不同的表达式，应当分别考虑。

(1) 当 $F_P=1$ 作用在 AC 段时，取截面 C 的右边为隔离体，由 $\sum F_y=0$，得

$$F_{QC}=-F_{RB} \quad (0 \leqslant x \leqslant a)$$

可见，在 AC 段内，F_{QC} 的影响线和 F_{RB} 的影响线相同，但正负号相反。因此，将 F_{RB} 的影响线反号并取 AC 段，即得到 F_{QC} 影响线。这里 C 点的竖距可按比例关系求得为 $-a/l$。

(2) 当 $F_P=1$ 作用在 CB 段时，取截面 C 的左边为隔离体，由 $\sum F_y=0$，得

$$F_{QC}=F_{RA} \quad (a \leqslant x \leqslant l)$$

同理，绘制 F_{RA} 的影响线并取 CB 段，即得到 F_{QC} 影响线。C 点的竖距可按比例关系求得为 b/l。

综上所述，F_{QC} 的影响线分成 AC 和 CB 两段，由两段平行线组成，在 C 点发生突变。由此可知，当 $F_P=1$ 作用在 AC 段内任一点时，截面 C 的剪力为负；当 $F_P=1$ 作用在 CB 段内任一点时，截面 C 的剪力为正；当 $F_P=1$ 从 C 点的左侧移到右侧时，截面 C 点的剪力发生突变，突变值刚好等于 1。这里剪力影响系数的单位为 $\overline{F}_Q=[F_Q]/[F_P]$，其量纲为一。

例题 8.1 试作图 8.4(a)所示伸臂梁的 F_{RA}、F_{RC}、M_B、F_{QD}、F_{QC}^L、F_{QC}^R 的影响线。

【解】：(1) 作支座反力 F_{RA}、F_{RC} 的影响线。

取 A 点为坐标原点，横坐标 x 向右为正，单位移动荷载 $F_P=1$ 作用在梁上任一点 x 时，由平衡方程求得支座反力的影响系数为

$$\left. \begin{array}{l} \overline{F}_{RA}=\dfrac{6-x}{6} \\ \overline{F}_{RC}=\dfrac{x}{6} \end{array} \right\} \quad (0 \leqslant x \leqslant 8)$$

这两个支座反力影响线方程与简支梁的相同，只是荷载 $F_P=1$ 的作用位置 x 的取值范围不同。其中 AC 段内的影响线与简支梁完全相同，再将直线向伸臂梁部分延长，即得出整个影响线，如图 8.4(b)、(c)所示。

(2) 作 M_B 的影响线。

当荷载 $F_P=1$ 作用在截面 B 的左侧时，得

$$M_B = 4 \times F_{RC} = 4 \times \frac{x}{6} = \frac{2x}{3} \quad (0 \leqslant x \leqslant 2)$$

当荷载 $F_P=1$ 作用在截面 B 的右侧时，得

$$M_B = 2 \times F_{RA} = 2 \times \frac{6-x}{6} = \frac{6-x}{3} \quad (2 \leqslant x \leqslant 8)$$

由以上方程即可绘出 M_B 的影响线，如图 8.4(d)所示。

(3) 作 F_{QD} 的影响线。

当荷载 $F_P=1$ 作用在截面 D 的左侧时，取截面 D 的右边为隔离体，得

$$F_{QD}=0 \quad (0 \leqslant x \leqslant 7)$$

当荷载 $F_P=1$ 作用在截面 D 的右侧时，仍取截面 D 的右边为隔离体，得

$$F_{QD}=1 \quad (7\leqslant x\leqslant 8)$$

据此可绘出 F_{QD} 的影响线，如图 8.4(e)所示。

（4）作 F_{QC}^L、F_{QC}^R 的影响线。

当荷载 $F_P=1$ 作用在截面 C 的左侧时，

$$\left.\begin{array}{l}F_{QC}^L=-F_{RC}=-\dfrac{x}{6}\\ F_{QC}^R=0\end{array}\right\} \quad (0\leqslant x\leqslant 6)$$

当荷载 $F_P=1$ 作用在截面 C 的右侧时，

$$\left.\begin{array}{l}F_{QC}^L=F_{RA}=\dfrac{6-x}{6}\\ F_{QC}^R=1\end{array}\right\} \quad (6\leqslant x\leqslant 8)$$

据此可绘出 F_{QC}^L、F_{QC}^R 的影响线，如图 8.4(f)、(g)所示。

2. 静定平面桁架的影响线

对于单跨静定梁式桁架，其支座反力的计算与相应单跨梁相同，故二者的支座反力影响线也完全一样。因此，重点讨论桁架杆件轴力的影响线。桁架通常承受结点荷载，如图 8.5(a)所示，荷载的传递方式与图 8.5(b)所示的梁相同。任一杆的轴力影响线在相邻结点之间为一直线，相关推导过程可参考其他教材。

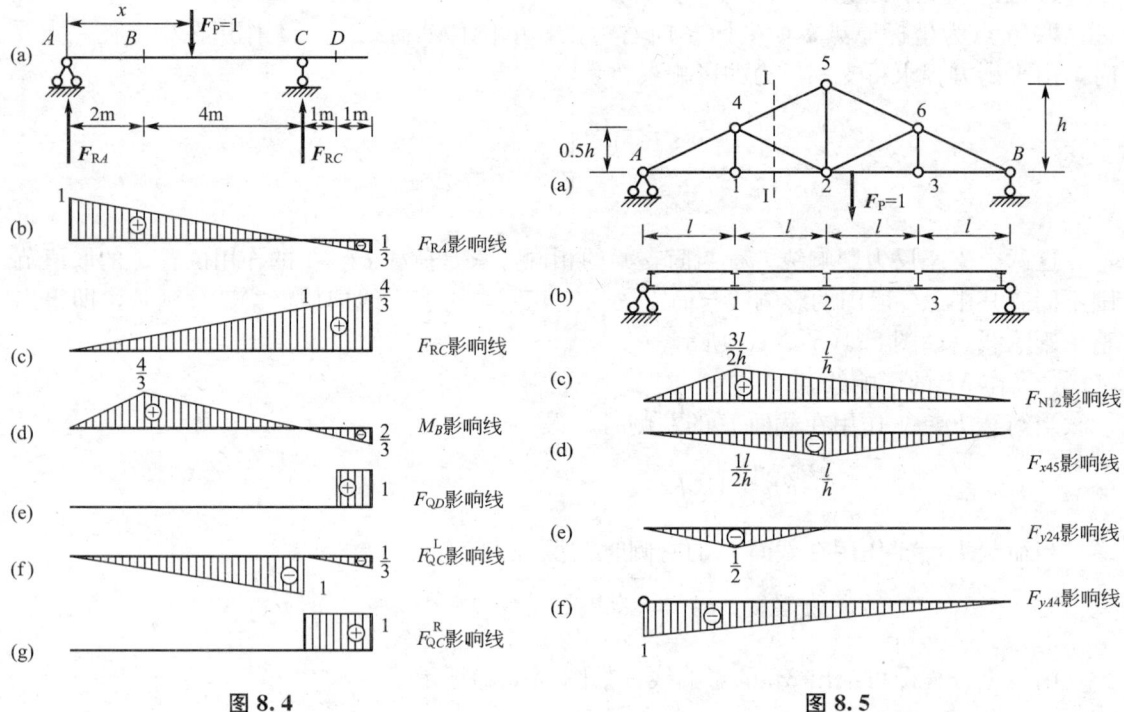

图 8.4　　　　　　　　　　图 8.5

下面以图 8.5(a)所示的桁架为例，用静力法介绍桁架影响线绘制步骤。设单位移动荷载 $F_P=1$ 沿下弦移动。将单位荷载分别作用于 A、1、2、3、B 各点，计算各杆的轴力，用竖距标识再连以直线，即得到其轴力影响线。

1) F_{RA} 和 F_{RB} 的影响线

F_{RA} 和 F_{RB} 的影响线与简支梁相同,此处不再赘述。

2) 下弦杆 1-2 轴力 F_{N12} 的影响线

利用截面法,作截面 Ⅰ-Ⅰ,以结点 4 为力矩中心,用力矩平衡方程 $\sum M_4 = 0$,求 F_{N12}。

(1) 当 $F_P = 1$ 作用在结点 1 左侧,即在结点 A、1 之间移动,取截面 Ⅰ-Ⅰ 右边为隔离体,得

$$F_{RB} \times 3l - F_{N12} \times \frac{1}{2}h = 0$$

$$F_{N12} = \frac{6l}{h} F_{RB} \tag{a}$$

由式(a)可知,在结点 A、1 之间,将反力 F_{RB} 的影响线竖距乘以 $\frac{6l}{h}$,即得到了 F_{N12} 这部分的影响线。这里结点 1 处的竖距为 $\frac{3l}{2h}$。

(2) 当 $F_P = 1$ 作用在结点 2 右侧,即在结点 2、B 之间移动,取截面 Ⅰ-Ⅰ 左边为隔离体,得

$$F_{RA} \times l - F_{N12} \times \frac{h}{2} = 0$$

$$F_{N12} = \frac{2l}{h} F_{RA} \tag{b}$$

同样,在结点 2、B 之间,将反力 F_{RA} 的影响线竖距乘以 $\frac{2l}{h}$,即得到了 F_{N12} 这部分的影响线。这里结点 2 处的竖距为 $\frac{l}{h}$。

(3) 当 $F_P = 1$ 作用在结点 1、2 之间时,F_{N12} 在结点 1 和 2 之间的影响线应为一条直线,只要连接结点 1、2 的竖距即可,如图 8.5(c) 所示。

式(a)和式(b)可以合并为同一个式子,即

$$F_{N12} = \frac{M_4^0}{h/2} \tag{c}$$

式中的 M_4^0 是相应的简支梁 [图 8.5(b)] 结点 4 处截面的弯矩,将其竖距除以力臂 $\frac{h}{2}$ 即得到 F_{N12} 的影响线。

3) 上弦杆 4-5 水平分力 F_{x45} 的影响线

仍取截面 Ⅰ-Ⅰ,以结点 2 为力矩中心,为了方便计算,将该杆的内力在结点 5 分解成水平分力和竖向分力,根据荷载作用位置分 3 种情况讨论,由力矩平衡方程 $\sum M_2 = 0$,求 F_{x45}。

(1) 当 $F_P = 1$ 在结点 A、1 之间移动,取截面 Ⅰ-Ⅰ 右边为隔离体,有

$$F_{RB} \times 2l + F_{x45} \times h = 0$$

得

$$F_{x45} = -\frac{2l}{h} F_{RB} \tag{d}$$

(2) 当 $F_P=1$ 在结点 2、B 之间移动，取截面 I - I 左边为隔离体，有
$$F_{RA} \times 2l + F_{x45} \times h = 0$$
得
$$F_{x45} = -\frac{2l}{h} F_{RA} \tag{e}$$

(3) 当 $F_P=1$ 在结点 1、2 之间移动，根据任一杆的轴力影响线在相邻结点之间为一直线，将结点 1 和 2 处的竖距连以直线，这里这段直线恰好和左边的直线重合。由此便可绘出 F_{x45} 的影响线，如图 8.5(d) 所示，再根据比例关系可得其内力 F_{N45} 的影响线。

同样，上述 F_{x45} 的影响线亦可表示为
$$F_{x45} = -\frac{M_5^0}{h} \tag{f}$$
即将相应的简支梁结点 5 处截面的弯矩影响线除以力臂 h，并反号得到 F_{x45} 的影响线。

4) 斜杆 2 - 4 轴力的竖向分力 F_{y24} 的影响线

现仍用截面 I - I，以结点 A 为矩心，分 3 段考虑。

(1) 当 $F_P=1$ 在结点 A、1 之间移动，取截面 I - I 右边为隔离体，有
$$F_{RB} \times 4l + F_{y24} \times 2l = 0$$
得
$$F_{y24} = -2F_{RB} \tag{g}$$

(2) 当 $F_P=1$ 在结点 2、B 之间移动，取截面 I - I 左边为隔离体，可知杆 2 - 4 为零杆，所以 $F_{y24}=0$。

(3) 当 $F_P=1$ 在结点 1、2 之间移动，将结点 1 和 2 处的竖距连以直线，由此便可绘出 F_{y24} 的影响线，如图 8.5(e) 所示。

5) 斜杆 A - 4 竖向分力 F_{yA4} 的影响线

取结点 A 为隔离体，用结点法求解 F_{yA4}。由于荷载 $F_P=1$ 沿下弦移动，故分别按荷载 $F_P=1$ 在该结点上和不在该结点上两种情况讨论。当 $F_P=1$ 不在结点 A 时，由结点 A 的 $\sum F_y = 0$ 可得
$$F_{yA4} = -F_{RA} \tag{h}$$
当 $F_P=1$ 作用在结点 A 时，由结点 A 的 $\sum F_y = 0$ 可得
$$F_{yA4} = -F_{RA} + 1 = -1 + 1 = 0 \tag{i}$$
据此，按影响线在各结点间应为直线，可绘出竖向分力 F_{yA4} 的影响线，如图 8.5(f) 所示，当 $F_P=1$ 作用在结点 A 时，荷载由支座承担，整个桁架的内力为零。

例题 8.2 试作图 8.6(a) 所示桁架竖杆 dD 的内力影响线，设荷载 $F_P=1$ 沿下弦移动。

【解】：由图可知，竖杆 dD 的内力可以通过结点 d 的平衡条件求得，为此需要先求出斜杆 dh 和 dH 的内力。斜杆 dh 的内力可由结点 h 的平衡条件及截面 I - I 的投影方程联合求得；同理求得斜杆 dH 的内力。

(1) 作斜杆 dh 竖向分力 F_{ydh} 的影响线。

由结点 h 的平衡条件可知，$F_{xdh} = -F_{xDh}$，因此有 $F_{ydh} = -F_{yDh}$ 和 $F_{Ndh} = -F_{NDh}$，即斜杆 dh 和 Dh 内力大小相同，方向相反。取截面 I - I，由 $\sum F_y = 0$，求斜杆 dh 的内力。

当 $F_P=1$ 作用在结点 A、C 之间时，取截面右侧为隔离体，有
$$F_{RG} - F_{ydh} + F_{yDh} = 0$$

可得

$$F_{ydh} = \frac{1}{2} F_{RG}$$

当 $F_P = 1$ 作用在结点 D、G 之间时，取截面左侧为隔离体，得

$$F_{ydh} = -\frac{1}{2} F_{RA}$$

根据以上两式可作出 AC 与 DG 之间的两直线，并将结点 C 与 D 处的竖距以直线连接，便得到了 F_{ydh} 的影响线，如图 8.6(b)所示。

（2）作斜杆 dH 竖向分力 F_{ydH} 的影响线。

按上述方法，取截面Ⅱ—Ⅱ可得，当 $F_P = 1$ 作用在结点 A、D 之间时，

$$F_{ydH} = -\frac{1}{2} F_{RG}$$

当 $F_P = 1$ 作用在结点 E、G 之间时，

$$F_{ydH} = \frac{1}{2} F_{RA}$$

据此可绘出 F_{ydH} 的影响线，如图 8.6(c)所示。

（3）作竖杆 dD 内力 F_{NdD} 的影响线。

由结点 d 的平衡条件，有

$$F_{NdD} = -(F_{ydh} + F_{yDH})$$

本题荷载 $F_P = 1$ 沿下弦移动，故上式对荷载 $F_P = 1$ 在 A、G 之间移动时都适合。因此，只要将 F_{ydh} 和 F_{ydH} 的影响线叠加再反号，即得到 F_{NdD} 的影响线，如图 8.6(d)所示。

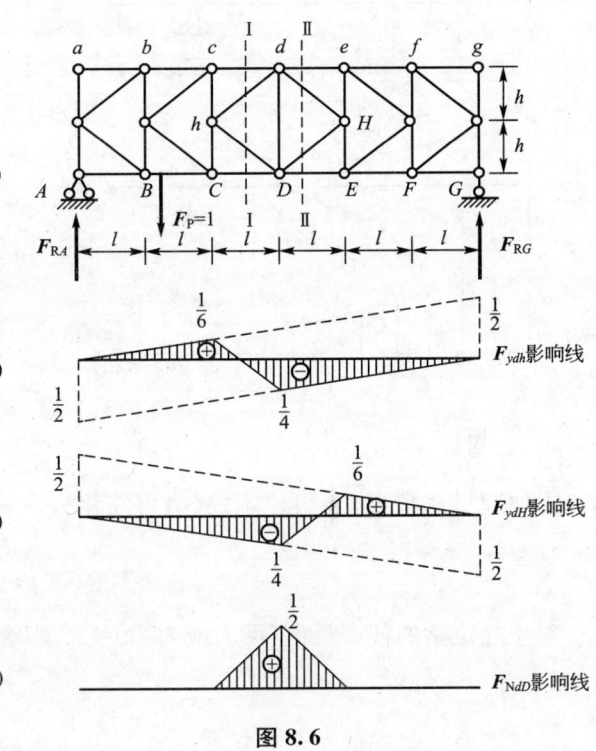

图 8.6

8.3 机动法作静定梁的影响线

机动法作影响线的依据是虚位移原理，即刚体体系在力系作用下处于平衡的必要和充分条件是：体系在任何微小的虚位移中，力系所做的虚功总和为零。即以虚功原理为基础，把作内力或支座反力影响线的静力问题转化为作位移图的几何问题。

现以伸臂梁的支座反力影响线为例，运用虚功原理说明机动法作影响线的原理和步骤。

若要绘制图 8.7(a)所示梁支座 A 的反力 F_{RA} 影响线。首先去掉与它相应的约束，即 A 处的支座链杆，同时代以正向的支座反力 F_{RA}，如图 8.7(b)所示，使结构变成具有一个自由度的几何可变体系；然后给体系以微小虚位移，使梁绕 B 点作微小转动，并用 δ_P 和 δ_A

分别表示与单位荷载 $F_P=1$ 作用点处和梁支座 A 处的虚位移。此时，体系在力 F_P、F_{RA} 和 F_{RB} 的共同作用下处于平衡，故它们所做的虚功总和应为零，列出虚功方程为

$$F_{RA}\times\delta_A + F_P\times\delta_P = 0$$

故

$$\overline{F}_{RA} = -\frac{\delta_P}{\delta_A} \tag{a}$$

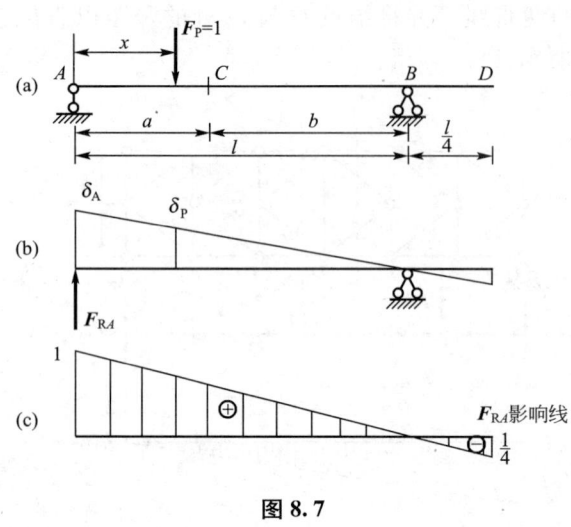

图 8.7

当单位荷载 $F_P=1$ 移动时，δ_P 就是荷载作用点处的竖向虚位移，是荷载位置参数 x 的函数；而位移 δ_A 则是在支座反力 F_{RA} 方向上给定的一个常量，与 x 无关。由式(a)可知，支座反力 F_{RA} 的变化规律与虚位移图 δ_P 相同。因此，式(a)可表示为

$$\overline{F}_{RA} = -\frac{1}{\delta_A}\delta_P(x) \tag{b}$$

由式(b)可知，F_{RA} 的影响线与荷载作用位置的竖向虚位移图 $\delta_P(x)$ 成正比，即可根据虚位移图 δ_P 定出 F_{RA} 的影响线轮廓图。再将虚位移图 δ_P 除以 $-\delta_A$，便可得到 F_{RA} 的影响线，如图 8.7(c)所示。

为了方便起见，常令 $\delta_A=1$，则式(b)可简化为

$$\overline{F}_{RA} = -\delta_P \tag{8-1}$$

对于静定梁的任一量值（反力或内力）$\overline{Z}$，则有

$$\overline{Z} = -\delta_P \tag{8-2}$$

关于影响线竖距的正负号需要注意，当 δ_P 方向与单位荷载 $F_P=1$ 一致时为正值，即向下为正，而由式(8-2)可知 $\overline{Z}$ 与 δ_P 的符号相反。因而可知，当 δ_P 在横坐标上方时，δ_P 为负，而 $\overline{Z}$ 为正；当 δ_P 在横坐标下方时，δ_P 为正，而 $\overline{Z}$ 为负。这恰与影响线中正值的竖标绘在基线的上方相一致。

用机动法绘制影响线的优点体现在不经具体计算就能迅速、快捷地绘出影响线形状，对静定梁来说，还能确定出影响线的竖标，这为设计工作提供了方便。因此，对于某些问题，用机动法处理特别方便。例如，在确定荷载最不利位置时，往往只需要知道影响线的轮廓，而无须求出其数值。另外还能对静力法作出的影响线进行校核。

下面再以图 8.8(a)所示伸臂简支梁截面 C 的弯矩和剪力影响线为例，来进一步说明机动法的应用。

(1) 作截面 C 的弯矩 M_C 影响线。首先撤去截面 C 处与 M_C 相应的抗转约束，即将截面 C 处改为铰结点，同时代以一对正向力偶 M_C，然后使 AC、CB 两刚片沿 M_C 正向发生微小转角虚位移，即刚片 AC 有逆时针向转角 α，刚片 CB 有顺时针向转角 β，如图 8.8(a)所示。该体系的虚功方程为

$$F_P\delta_P + M_C\alpha + M_C\beta = 0$$

得

$$\overline{M}_C = -\frac{\delta_P}{\alpha+\beta}$$

上式中 $\alpha+\beta$ 是 AC 与 CB 两刚片的相对转角。若令 $\alpha+\beta=1$，则所得竖向虚位移图即表示 M_C 的影响线，如图 8.8(b)所示。

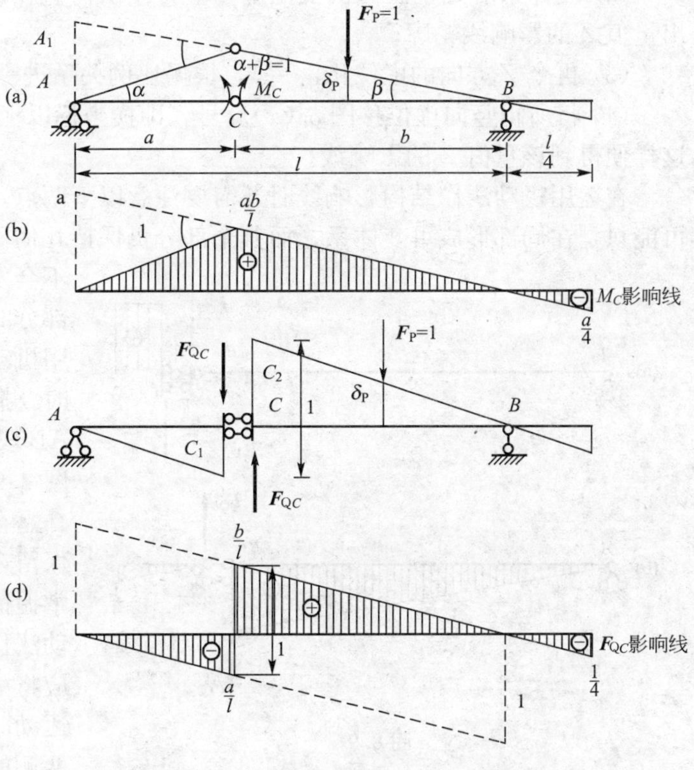

这里需要指出，虚位移 $\alpha+\beta$ 是微小值，所谓令 $\alpha+\beta=1$，并不是说在给体系以虚位移时要使相对转角 $\alpha+\beta$ 等于 1 弧度。因此，在图 8.8(a)中可认为 $AA_1=a(\alpha+\beta)$，然后将此虚位移图的竖标除以 $\alpha+\beta$，以求得 M_C 的影响线，这样便有

$$\frac{AA_1}{(\alpha+\beta)} = \frac{a(\alpha+\beta)}{(\alpha+\beta)} = a$$

图 8.8

可见在图 8.8(b) 中令 $\alpha+\beta=1$ 的目的，实际上只是相当于把图 8.8(a)中的微小虚位移图的竖标除以 $\alpha+\beta$，或者说乘以比例系数 $\frac{1}{\alpha+\beta}$，使虚位移图能更简洁地转化为影响线。

(2) 作剪力 F_{QC} 的影响线。先在所求截面 C 处撤去与 F_{QC} 相应的抗剪约束，即将截面 C 处插入一个滑动铰(这样，此处便不能抵抗剪力，但仍能承受弯矩和轴力)，同时代以一对正向剪力 F_{QC}，如图 8.8(c)所示。然后使此体系沿 F_{QC} 正向发生微小剪切虚位移，则左刚片 AC 可绕结点 A 转动，右刚片 CB 可绕结点 B 转动，但在 C 处间有两根平行链杆相连，故知两刚片间只能作相对的平移，在梁的虚位移中，AC_1 和 C_2B 应为两条平行的直线，CC_1+CC_2 是截面 C 左、右两侧的相对剪切位移。由虚位移原理有

$$F_{QC}(CC_1+CC_2) + F_P\delta_P = 0$$

得

$$\overline{F}_{QC} = -\frac{\delta_P}{CC_1+CC_2}$$

若令 $CC_1+CC_2=1$，则所得虚位移图即表示 F_{QC} 的影响线，如图 8.8(d)所示。

综上所述，机动法作静定梁量值 Z 影响线的步骤如下。

(1) 欲作某量值 Z 的影响线，在原结构上撤去与所求量值 Z 相应的约束，代以未知力 Z；

(2) 使体系沿 Z 的正方向发生虚位移，作出荷载作用点的竖向位移图 $\delta_P(x)$，由此定出量值 Z 的影响线轮廓；

(3) 再令 Z 方向的虚位移 $\delta_Z=1$，根据比例关系进一步定出影响线各竖距值；

(4) 将所得竖向虚位移图 $\delta_P(x)$ 反号，即横坐标以上图形为正，横坐标以下图形为负，这样便得到该量值 Z 的影响线。

在运用机动法作结构影响线时还需要注意以下两点。一是静定结构在撤去一个约束后可能只是在局部形成可变体系，而其余部分仍保持几何不变。几何不变部分在体系运动时不会发生位移，即荷载 $F_P=1$ 作用于该部分时，所求量值始终为零。例如，在用机动法作图 8.7 伸臂梁 F_{QB}^R 的影响线时，撤去相应的抗剪约束后，体系在 AB 段保持几何不变。F_{QB}^R 的影响线如图 8.9(a)所示，与静力法所作的相同。二是在撤去约束和作位移图时，要注意保留未被撤去的约束及其作用，并熟练掌握体系运动的几何特征。例如在用机动法作图 8.7 伸臂梁 F_{QB}^L 的影响线时，应将滑动铰插入 B 支座的左侧。当体系运动时，B 点没有竖向位移，而滑动铰两侧的杆件又必须保持平行，因此，体

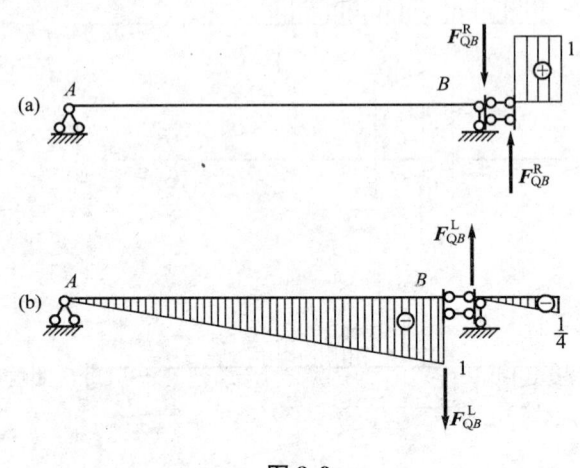

图 8.9

系的刚体运动如图 8.9(b)所示，由此得到 F_{QB}^L 的影响线。

例题 8.3 用机动法作图 8.10(a)所示静定多跨梁 F_{RB}、M_K、F_{QK}、F_{QC}^L 的影响线。

【解】：(1) F_{RB} 的影响线。先撤去 B 处约束，代之以反力 F_{RB}，并使 ABE 绕 A 点向上发生单位虚位移，即 $BB'=1$。根据几何关系，结点 E 处的虚位移 $EE'=1.5$；使 ECF 产生虚位移，同时带动 ECF 绕结点 C 转动，进而又带动 FDG 绕 D 点转动。由比例关系可得：$FF'=1$，$GG'=0.75$。由此可以绘出虚位移图如图 8.10(b)所示，由 $Z=-\delta_P$ 绘出 F_{RB} 的影响线如图 8.10(c)所示。

(2) M_K 的影响线。在截面 K 处插入一铰，铰 K 两侧相对转角为 δ_Z。令 $\delta_Z=1$，截距 $AA'=AK\times\delta_Z=2$，则 K 点的竖距为 $\dfrac{4}{3}$。由几何比例关系，依次求得 E 点、F 点和 D 点的竖距分别为 1、$\dfrac{2}{3}$ 和 $\dfrac{1}{2}$。据此可绘出 M_K 的影响线如图 8.10(d)所示。

(3) F_{QK} 的影响线。在截面 K 处插入一滑动铰，铰 K 左右两侧发生相对平移，相对剪切位移为 δ_Z。令 $\delta_Z=1$，截距 $KK'+KK''=\delta_Z=1$，且满足 $KK'/KK''=1/2$，由此可得，K' 点和 K'' 点的竖距分别为 $\dfrac{1}{3}$ 和 $\dfrac{2}{3}$。再根据几何比例关系，作出附属部分 EF 和 FG 的影响线。由此得到 F_{QK} 的影响线如图 8.10(e)所示。

(4) F_{QC}^L 的影响线。当结点 C 左侧沿 F_{QC}^L 的正方向发生错动时，基本部分 AE 不发生位移，即 F_{QC}^L 的影响线在 AE 段恒等于零。又因支座 C 处截面也不会发生位移，故只能使 C 截面左侧向下发生单位位移，即 EC 杆绕结点 E 转动，得到 F_{QC}^L 在 EC 段的影响线。因为

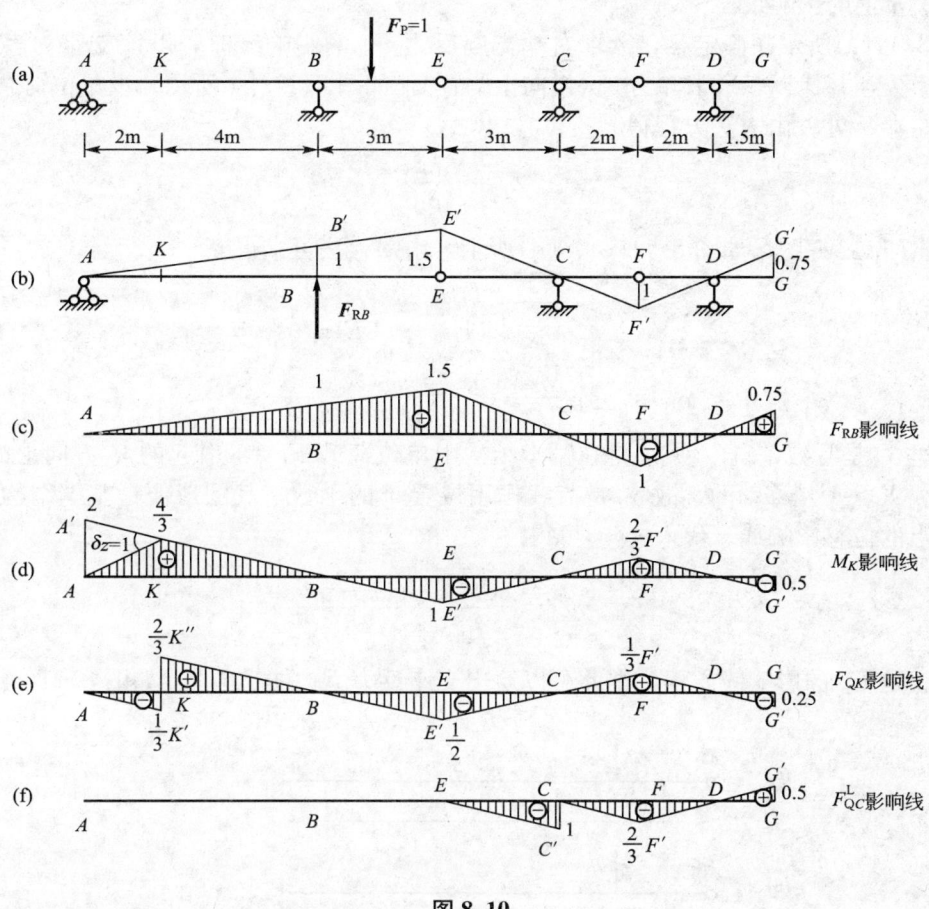

图 8.10

C 截面左侧是以滑动铰相连,两侧发生错动时,左右两边的杆应保持平行,即 CF' 平行于 EC',由此可得 $FF'=2/3$。F_{QC}^L 的影响线如图 8.10(f) 所示。

由此可见,在静定多跨梁中,基本部分的量值(内力或支座反力)影响线是布满全梁的,而附属部分的量值影响线则只在附属部分不为零(基本部分上的影响线恒等于零)。这一结论与静定多跨梁的力学特性(力的局部平衡性)相一致。

8.4 超静定结构的影响线

绘制超静定结构某一量值(支座反力或内力)影响线也有两种基本方法:一种是用力法或位移法直接建立所求量值的影响线方程;另一种是利用超静定结构的虚位移图来作影响线。为了与静定结构影响线的两种方法相对应,这里也将这两种方法分别称为静力法和机动法。下面以一次超静定结构为例来分别说明这两种方法。

1. 静力法作影响线

静力法是通过静力计算求出基本未知量和荷载作用位置 x 函数关系,据此绘出的图形即为该量值的影响线。

图 8.11(a) 所示超静定梁，欲求右端支座反力 F_{By} 的影响线时，以该支座为多余约束而将其撤去，并代以多余未知力 Z_1（设向上为正），如图 8.11(b) 所示。设单位荷载 $F_P=1$ 位于距左端 x 处。由力法方程得

$$Z_1 = -\frac{\delta_{1P}}{\delta_{11}} \tag{a}$$

绘出 $\overline{M}_1$、M_P 图，如图 8.11(c)、(d) 所示，由图乘法可求得

$$\delta_{11} = \sum \int \frac{\overline{M}_1^2 \mathrm{d}s}{EI} = \frac{l^3}{3EI} \tag{b}$$

$$\delta_{1P} = \sum \int \frac{\overline{M}_1 M_P \mathrm{d}s}{EI} = -\frac{x(3l^2 - x^2)}{6EI} \tag{c}$$

这里 δ_{11} 是常数，自由项 δ_{1P} 是在基本结构中单位荷载 $F_P=1$ 引起的 Z_1 方向上的位移。由于荷载 $F_P=1$ 是移动的，故 δ_{1P} 是荷载作用位置 x 的函数，其图形便是基本结构右端沿 Z_1 方向上的位移影响线。代入式(a)可得

$$F_{By} = Z_1 = -\frac{\delta_{1P}}{\delta_{11}} = \frac{x(3l^2 - x^2)}{2l^3} \tag{d}$$

这就是 F_{By} 的影响线方程，据此可以绘出支座反力 F_{By} 的影响线，如图 8.11(e) 所示。

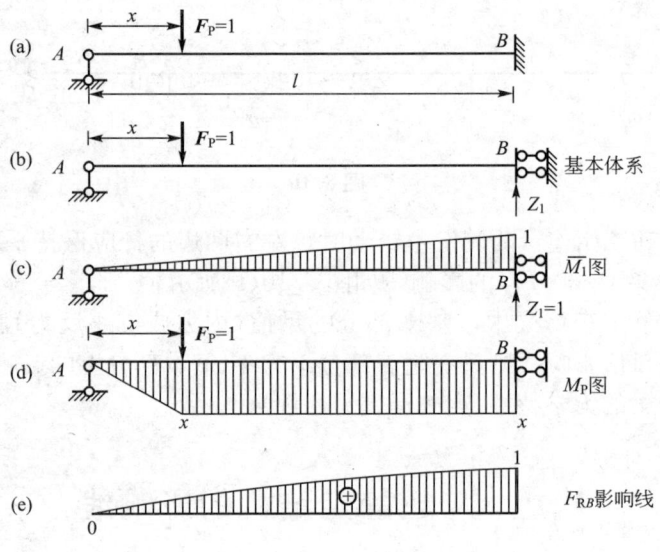

图 8.11

求得支反力影响线之后，梁上任意截面的内力影响线都可以通过静力平衡方程求出。

2. 机动法作影响线

机动法是运用虚位移原理和位移互等定理，在所求约束力方向给出一个强迫位移时，承载杆所发生的挠度曲线即为该约束力的影响线。即通过位移互等定理，把求超静定结构某量值的影响线问题转化为寻求基本结构在固定荷载作用下的位移图问题。

下面仍以图 8.11(a) 所示超静定梁左端支座反力 F_{RA} 的影响线为例，说明机动法作超

静定结构影响线的方法。

与上述静力法一样,撤去与所求约束 F_{RA} 相应的支座约束,并代以多余未知力 Z_1,如图 8.12(a)所示。则力法方程为

$$\delta_{11}Z_1 + \delta_{1P} = 0$$

式中,利用位移互等定理

$$\delta_{1P} = \delta_{P1}$$

则力法方程可写为

$$Z_1 = -\frac{\delta_{P1}}{\delta_{11}} \qquad (e)$$

式中,δ_{1P} 是基本结构在单位荷载 $F_P=1$ 作用下沿 Z_1 方向的位移影响线;而 δ_{P1} 则是基本结构在固定荷载 $Z_1=1$ 作用下沿荷载 $F_P=1$ 方向的位移,由于荷载 $F_P=1$ 是移动的,故 δ_{P1} 就是基本结构在固定荷载 $Z_1=1$ 作用下的竖向位移图,如图 8.12(b)所示。此位移图 δ_{P1} 除以常数 δ_{11} 并反号,便得到 Z_1 的影响线,如图 8.12(e)所示。这就把求超静定结构某量值的影响线,转化为寻求基本结构在固定荷载作用下的位移图。

求位移图 δ_{P1} 时,仍采用图乘法,这里需要注意,$\overline{M}_1$ 图应为实际状态,而 M_P 图则是虚拟状态,分别如图 8.13(c)、(d)所示,故有

$$\delta_{P1} = \sum\int \frac{M_P \overline{M}_1 ds}{EI} = -\frac{x^2(3l-x)}{6EI} \qquad (f)$$

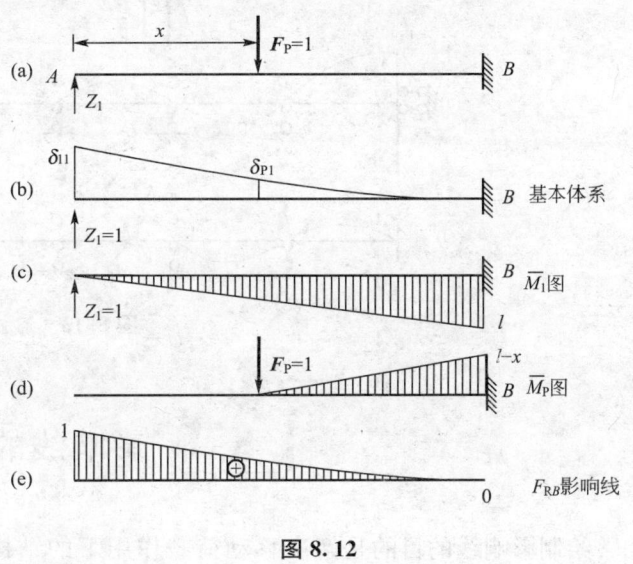

图 8.12

在式(e)中,若假设 $\delta_{11}=1$,则有

$$Z_1 = -\delta_{P1} \qquad (8-3)$$

由式(8-3)可知,此时的竖向位移图就代表 Z_1 的影响线,只是正、负号相反。由于 δ_{P1} 向下为正,故当 δ_{P1} 向上时,Z_1 为正。

可见机动法作超静定结构的影响线与作静定结构影响线是类似的,步骤如下。

(1) 撤去与所求约束力 Z_1 相应的约束;

(2) 使体系沿 Z_1 正方向发生单位位移,作出荷载作用点的竖向位移图,即影响线的形状;

(3) 将位移图 δ_{P1} 除以常数 δ_{11},便确定了影响线的数值;

(4) 横坐标以上图形为正号,横坐标以下图形为负号。

应当指出,这一方法与机动法作静定结构内力(支座反力)影响线虽然类似,但二者也有区别。对于静定结构,撤去一个约束后就会成为一个自由度的几何可变体系,故位移图由刚体位移的直线段组成;而超静定结构撤去一个多余约束后仍为几何不变体系,位移图则是在所求多余未知力作用下的弹性曲线。

对于多次超静定结构,同样可以采用上述机动法来作某一量值(支座反力或内力)的影

响线。例如，图 8.13 为连续梁的几个影响线图形的形状，其中图 8.13(b) 为铰 C 左右有相对转角时的竖向位移图，图 8.13(c)、(d)、(e)、(f) 分别为 M_C、F_{QC}^R、F_{Ay}、M_K 的影响线。

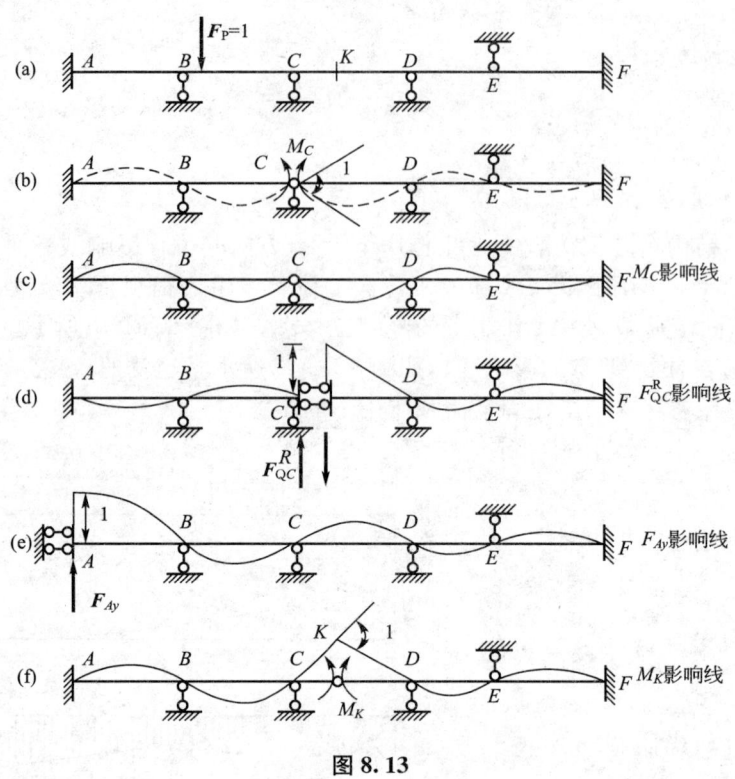

图 8.13

8.5 影响线的应用

绘制影响线的目的是解决移动荷载作用下的结构计算问题，概括起来有以下两个方面：一是当荷载作用位置已知时，利用它来计算出实际移动荷载对结构某一量值的影响量。二是要确定在移动荷载组作用下结构上某量值的最不利荷载作用位置，并据此求出该量值的最大值，作为结构设计的依据。

1. 应用影响线计算量值

影响线描述了单位移动荷载作用下某量值的变化规律，当有移动荷载组或可任意间断布置的分布荷载作用时，上述量值可以根据叠加原理利用影响线求得，下面分集中荷载和分布荷载两种情况讨论。

1) 集中荷载

设结构中某量值 Z 的影响线已绘出，如图 8.14(b) 所示。现有若干竖向集中荷载 F_{P1}，F_{P2}，…，F_{Pn} 作用于已知位置，如图 8.14(a) 所示。与集中荷载相对应的影响线纵标分别为 y_1，y_2，…，y_n，欲求由于这些集中荷载作用所产生的量值 Z 的大小。我们知道，影响

线上的竖标 y_1 代表单位荷载 $F_P=1$ 作用于该处时量值 Z 的大小,若该处作用荷载值不是 1 而是 F_{P1},则产生的量值 Z 应为 $F_{P1} \times y_1$。因此,当有若干个集中荷载作用于结构上时,根据叠加原理可求得所产生的总量值 Z 为

$$Z = F_{P1} \times y_1 + F_{P2} \times y_2 + \cdots + F_{Pn} \times y_n = \sum_{i=1}^{n} F_{Pi} \times y_i \tag{8-4}$$

式中的纵标 y_i 可能为正,或为负,计算时应根据纵坐标的正负具体情况来求各项的代数和。

2) 分布荷载

设结构在 AB 段承受分布荷载 q_x 作用,如图 8.15(a)所示,可将分布荷载沿其长度分成许多微段,则每一微段 $\mathrm{d}x$ 上的荷载 $q_x \mathrm{d}x$ 都可看做是集中荷载,它所引起的量值 $Z = y \cdot q_x \cdot \mathrm{d}x$,因此,在 AB 段承受分布荷载 q_x 作用下量值 Z 为

$$Z = \int_A^B y q_x \mathrm{d}x \tag{8-5}$$

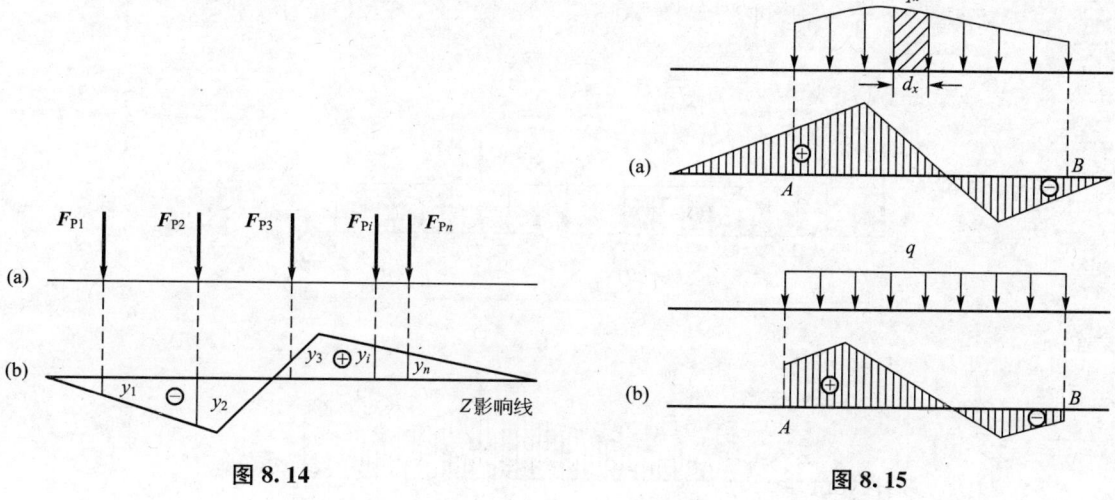

图 8.14 图 8.15

若 q_x 是均布荷载 q,如图 8.15(b)所示,则式(8-5)可改为

$$Z = q \int_A^B y \mathrm{d}x = q A_0 \tag{8-6}$$

式中 A_0 表示影响线在均布荷载作用范围 AB 段内的面积,如图 8.15(b)所示的阴影部分。若在均布荷载作用范围内的影响线既有正区,又有负区,则 A_0 应取正负面积的代数和。

若结构上有多个集中荷载和分布荷载共同作用时,则某一量值 Z 为

$$Z = \sum_{i=1}^{n} F_{Pi} \times y_i + \sum \int q_x y_x \mathrm{d}x \tag{8-7}$$

例题 8.4 试利用影响线求图 8.16(a)所示伸臂梁 M_C 和 F_{QC} 的值。已知 $q = 10 \mathrm{kN/m}$,$F_{P1} = F_{P2} = F_{P3} = 20 \mathrm{kN}$。

【解】:(1) 求弯矩值 M_C。

先作弯矩 M_C 影响线如图 8.16(b)所示,设 A 点为坐标原点,x 向右为正;以 ω_1 表示梁 DB 段的影响线面积。按叠加原理可求得

$$M_C = F_{P1}y_1 + F_{P2}y_2 + F_{P3}y_3 + q\omega_1$$
$$= 20 \times \left(-\frac{6}{8}\right) + 20 \times \frac{3}{8} + 20 \times \frac{15}{8} + 10 \times \left(\frac{1}{2} \times 8 \times \frac{15}{8} - \frac{1}{2} \times 2 \times \frac{6}{8}\right)$$
$$= 97.5 \text{kN} \cdot \text{m}$$

（2）求剪力 F_{QC}。

作出 F_{QC} 的影响线，如图 8.16(c)所示。由于在截面 C 上恰好作用有集中荷载 F_{P3}，则在计算 F_{QC} 影响量时，应分别考虑该截面稍偏左的截面上 F_{QC}^L 之值和稍偏右的截面上 F_{QC}^R 之值。

$$F_{QC}^L = F_{P1}y_1 + F_{P2}y_2 + F_{P3}y_3 + q\omega_1$$
$$= 20 \times \frac{2}{8} + 20 \times \left(-\frac{1}{8}\right) + 20 \times \left(-\frac{5}{8}\right) + 10 \times \frac{1}{2} \times \left[5 \times \left(\frac{-5}{8}\right) + 3 \times \frac{3}{8} + 2 \times \frac{2}{8}\right]$$
$$= -17.5 \text{kN}$$

$$F_{QC}^R = F_{P1}y_1 + F_{P2}y_2 + F_{P3}y_3 + q\omega_1$$
$$= 20 \times \frac{2}{8} + 20 \times \left(-\frac{1}{8}\right) + 20 \times \frac{3}{8} + 10 \times \frac{1}{2} \times \left[5 \times \left(\frac{-5}{8}\right) + 3 \times \frac{3}{8} + 2 \times \frac{2}{8}\right]$$
$$= 2.5 \text{kN}$$

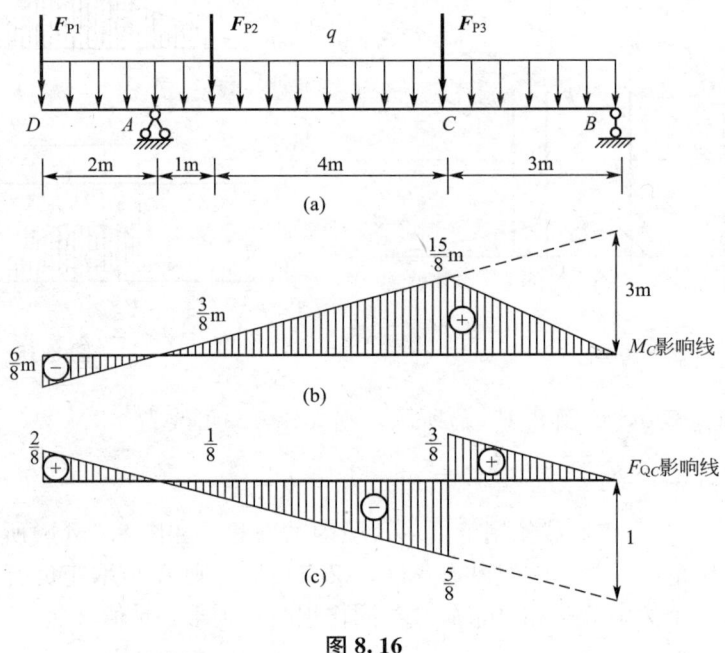

图 8.16

2. 确定荷载的最不利位置

在移动荷载作用下结构上的各种量值均将随荷载的位置变化，而结构设计时必须以各种量值的最大值（包括最大正值和最大负值，最大负值也称最小值）作为设计依据。为此，必须先确定使某一量值发生最大（最小）值的荷载位置，即荷载的最不利位置。

下面分可动均布荷载和移动荷载组两种情况，讨论如何确定荷载的最不利位置。

1) 求可动均布荷载的最不利位置

在工程设计中，一般将楼面活荷载（如人群、货物等）简化为可任意间断布置的均布荷载，即可动均布荷载。由式(8-6)可知，将荷载布满相应影响线的正号区时，产生最大正值，即 Z_{max}；反之，将荷载布满相应影响线的负号区时，产生最大负值，即 Z_{min}。这样，便可利用相应的影响线来确定某一量值 Z 达到最大（最小）值的荷载最不利位置。例如，欲求图 8.17(a)所示的多跨静定梁在均布活载作用下截面 E 的最大正弯矩和最大负弯矩，M_E 影响线图形如图 8.17(b)所示，则均布活载的最不利布置应分别如图 8.17(c)、(d)所示。

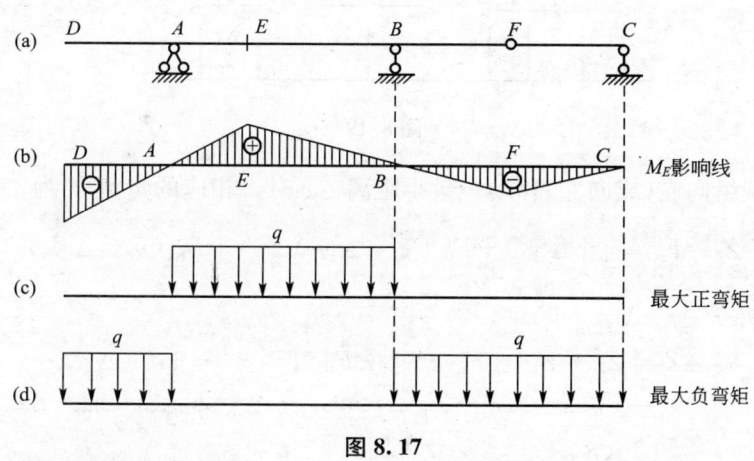

图 8.17

2) 求移动荷载组的最不利位置

对于单个集中荷载 F_P 的情况，可直接利用某一量值 Z 的影响线确定荷载的最不利位置，只需将 F_P 置于量值 Z 影响线的最大正、负竖标之处即可，如图 8.18 所示。

对于移动荷载组作用的情况（如吊车荷载、车辆荷载等），荷载的最不利位置就很难凭直观确定了。根据荷载的最不利位置的定义可知，当荷载组移动到该位置时，所求量值 Z 达到最大值，因而荷载组从该位置不论向左还是向右移动到相邻位置时，Z 值均将减小。因此，可以从荷载组的移动使量值 Z 的增量 ΔZ 为负值这个特点出发，来研究最不利荷载位置。

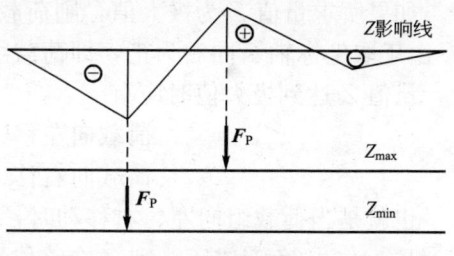

图 8.18

下面以多边形影响线为例，说明荷载临界位置的特点及其判定原则。

设结构上某量值 Z 的影响线如图 8.19(a)所示，为一多边形。各段直线的倾角分别为 $\alpha_1, \alpha_2, \cdots, \alpha_n$。取坐标轴 x 向右为正，y 向上为正，倾角 α 的正负由多边形线段所在直线的斜率决定，其中 α_1 和 α_2 为正，α_n 为负。现有一组移动荷载处在图 8.19(b)所示位置，所产生的量值以 Z_1 表示。各边区间内荷载的合力分别用 $F_{R1}, F_{R2}, \cdots, F_{Rn}$ 表示；$\bar{y}_1, \bar{y}_2, \cdots, \bar{y}_n$ 分别表示各段荷载合力 $F_{R1}, F_{R2}, \cdots, F_{Rn}$ 对应的影响系数。根据叠加原理，并按各边区间内荷载合力来计算，则量值 Z_1 为

$$Z_1 = F_{R1}\bar{y}_1 + F_{R2}\bar{y}_2 + \cdots + F_{Rn}\bar{y}_n$$

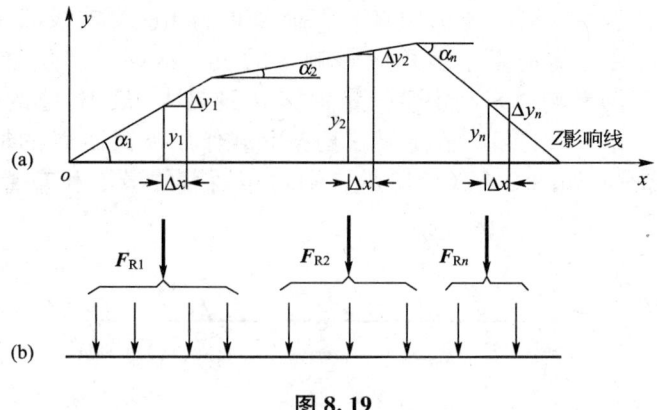

图 8.19

当整个荷载组向右（或向左）移动一微小距离 Δx 时，相应的量值 Z_2 为

$$Z_2 = F_{R1}(\bar{y}_1 + \Delta \bar{y}_1) + F_{R2}(\bar{y}_2 + \Delta \bar{y}_2) + \cdots + F_{Rn}(\bar{y}_n + \Delta \bar{y}_n)$$

故量值 Z 的增量为

$$\begin{aligned}\Delta Z = Z_2 - Z_1 &= F_{R1}\Delta \bar{y}_1 + F_{R2}\Delta \bar{y}_2 + \cdots + F_{Rn}\Delta \bar{y}_n \\ &= F_{R1}\Delta x \tan\alpha_1 + F_{R2}\Delta x \tan\alpha_2 + \cdots + F_{Rn}\Delta x \tan\alpha_n \\ &= \sum_{i=1}^{n} F_{Ri}\Delta x \tan\alpha_i\end{aligned}$$

因荷载组各荷载之间的距离保持不变，故移动量 Δx 为常数，上式写成变化率的形式。

$$\frac{\Delta Z}{\Delta x} = \sum_{i=1}^{n} F_{Ri}\tan\alpha_i \qquad (8-8)$$

如果所求量值 Z 为极大值，则荷载组自该作用位置向右或向左移动时，均将使 $\Delta Z < 0$；由于取坐标轴 x 向右为正，即荷载组向右移动时有 $\Delta x > 0$；向左移动时有 $\Delta x < 0$。因此，量值 Z 达到极大值时应有

$$\left.\begin{aligned}\text{荷载向左移}(\Delta x < 0), \sum F_{Ri}\tan\alpha_i \geq 0 \\ \text{荷载向右移}(\Delta x > 0), \sum F_{Ri}\tan\alpha_i \leq 0\end{aligned}\right\} \qquad (8-9a)$$

也就是当荷载组向左、右移动时，$\sum F_{Ri}\tan\alpha_i$ 由正变成负，Z 才可能为极大值。当然，若 $\sum F_{Ri}\tan\alpha_i$ 由负变成正，则 Z 在该位置为极小值，即量值 Z 达到极小值时应有

$$\left.\begin{aligned}\text{荷载向左移}(\Delta x < 0), \sum F_{Ri}\tan\alpha_i \leq 0 \\ \text{荷载向右移}(\Delta x > 0), \sum F_{Ri}\tan\alpha_i \geq 0\end{aligned}\right\} \qquad (8-9b)$$

总之，荷载组向左、右移动微小距离时，$\sum F_{Ri}\tan\alpha_i$ 变号，Z 才有可能为最大（最小）值。

在什么样的情况下，$\frac{\Delta Z}{\Delta x}$ 才可能改变符号呢？式(8-8)中 $\tan\alpha_i$ 是影响线各直线段的斜率，它们是已知的常量，并不会随着荷载作用位置而改变。因此，当荷载组向右或向左移动微小距离时，欲使 $\sum F_{Ri}\tan\alpha_i$ 变号，就必须是各段上的合力 F_{Ri} 的数值发生改变，显然只有当某一个集中荷载正好处于影响线的某一个顶点（转折点）处时才有可能。因为当荷载组

右移 Δx 时,这个荷载应作为顶点右边直线段上的荷载而计入右端合力中;左移 Δx 时,则应作为顶点左边的荷载而计入左端合力中。但并非任何一个集中荷载位于影响线顶点时都能使 $\sum F_{Ri} \tan\alpha_i$ 变号。我们把能使 $\sum F_{Ri} \tan\alpha_i$ 改变符号的集中荷载称为临界荷载,用 F_{Pcr} 表示,此时的荷载位置称为临界位置,而式(8-9)为临界位置的判别式。

综上所述,确定荷载最不利位置的步骤如下。

(1) 从移动荷载组中选定一个集中荷载,将其置于影响线的某一顶点上。

(2) 令此集中荷载向左或者向右移动,计算相应的 $\sum F_{Ri}\tan\alpha_i$,看其是否变号。如果 $\sum F_{Ri}\tan\alpha_i$ 不变号,则说明荷载位置不是临界位置,应调换一个荷载置于顶点再行试算,直至使 $\sum F_{Ri}\tan\alpha_i$ 变号(包括由正、负号变为零或由零变为正、负号)为止,则此荷载位置为临界位置。

(3) 在一般情况下,满足判别式(8-9)的临界位置可能不止一个,这就需要分别求出与各临界位置相应的 Z 极值,再从中选取最大(最小)值,而其相应的荷载作用位置即为荷载的最不利位置。

为了减少试算次数,宜事先大致估计荷载的最不利位置。一般采用的方法是将荷载组中数值较大且较为密集的这部分荷载置于影响线纵标最大值附近,同时注意位于同符号影响线范围内的荷载应尽量多排列,这样才能产生最大(最小)的量值,以便较快确定出荷载的最不利位置。

例题 8.5 试求图 8.20(a)所示简支梁在列车荷载作用下截面 K 的最大弯矩。

【解】:先作出 M_K 的影响线如图 8.20(b)所示,根据判别式(8-9),通过试算来确定临界荷载位置。

(1) 列车由右向左开行的情况。

将轮 4 置于 D 点试算 [图 8.20(c)]。此时在影响线范围内的均布荷载为 92kN/m,占有长度为 5m,可用其合力代替,则

向左移:$\sum F_{Ri}\tan\alpha_i = \left[220 \times \dfrac{5}{8} + 220 \times 3 \times \dfrac{1}{8} + (220 + 92 \times 5) \times \left(-\dfrac{3}{8}\right)\right] < 0$

向右移:$\sum F_{Ri}\tan\alpha_i = \left[220 \times \dfrac{5}{8} + 220 \times 2 \times \dfrac{1}{8} + (220 \times 2 + 92 \times 5) \times \left(-\dfrac{3}{8}\right)\right] < 0$

$\sum F_{Ri}\tan\alpha_i$ 没有变号,说明轮 4 在 D 点不是临界位置。同时由左移时 $\sum F_{Ri}\tan\alpha_i < 0$ 可知,$\Delta Z = \Delta x \sum F_{Ri}\tan\alpha_i > 0$,表明量值 Z 在增大,故应继续向左开行。

将轮 2 置于 C 点试算 [图 8.20(d)],此时均布荷载在影响线范围内长度为 6m,则有

向左移:$\sum F_{Ri}\tan\alpha_i = \left[220 \times 2 \times \dfrac{5}{8} + 220 \times 2 \times \dfrac{1}{8} + (220 + 92 \times 6) \times \left(-\dfrac{3}{8}\right)\right] > 0$

向右移:$\sum F_{Ri}\tan\alpha_i = \left[220 \times \dfrac{5}{8} + 220 \times 3 \times \dfrac{1}{8} + (220 + 92 \times 6) \times \left(-\dfrac{3}{8}\right)\right] < 0$

$\sum F_{Ri}\tan\alpha_i$ 变号,即轮 2 位于 C 点时为临界位置。相应的 M_K 值为

$$\begin{aligned}M_K &= \sum F_{Ri} y_i + q\omega \\ &= 220 \times \dfrac{2.5}{4} \times 2.5 + 220 \times 2.5 + 220 \times \left(\dfrac{1.5}{4} \times 0.5 + 2.5\right) + \\ &\quad 220 \times \left(\dfrac{3}{4} \times 0.5 + 2.5\right) + 220 \times \dfrac{7.5}{8} \times 3 + 92 \times \dfrac{1}{2} \times 6 \times \dfrac{6}{8} \times 3 \\ &= 3357 \text{kN} \cdot \text{m}\end{aligned}$$

经继续试算可证明,列车再向左开行时并无其他临界位置。

(2) 列车掉头由左向右开行的情况。

将轮 4 置于 D 点试算 [图 8.20(e)],则有

向左移:$\sum F_{Ri}\tan\alpha_i = \left[(92\times 4)\times\dfrac{5}{8}+(220\times 2+92\times 1)\times\dfrac{1}{8}+(220\times 3)\times\left(-\dfrac{3}{8}\right)\right] > 0$

向右移:$\sum F_{Ri}\tan\alpha_i = \left[(92\times 4)\times\dfrac{5}{8}+(220+92\times 1)\times\dfrac{1}{8}+(220\times 4)\times\left(-\dfrac{3}{8}\right)\right] < 0$

表明判别式变号,故知这也是一个临界位置,相应的 M_K 值为

$$\begin{aligned}M_K &= \sum F_{Ri}y_i + q\omega \\ &= 92\times\left(\dfrac{4\times 2.5}{2}\right)+92\times\dfrac{1}{2}\times\left[2.5+\left(2.5+0.5\times\dfrac{1}{4}\right)\right]+220\times\dfrac{3.5\times 3}{8}+ \\ &\quad 220\times\dfrac{5\times 3}{8}+220\times\dfrac{6.5\times 3}{8}+220\times 3+220\times\left(2.5+\dfrac{2.5\times 0.5}{4}\right) \\ &= 3212 \text{kN}\cdot\text{m}\end{aligned}$$

继续试算可证明,当列车向右开行时仅此一个临界位置。

(3) 比较以上两种情况下 M_K 的极值,可知图 8.22(d)所示的荷载位置为最不利位置,并得到截面 K 的最大弯矩为 $M_K = 3357$ kN·m。

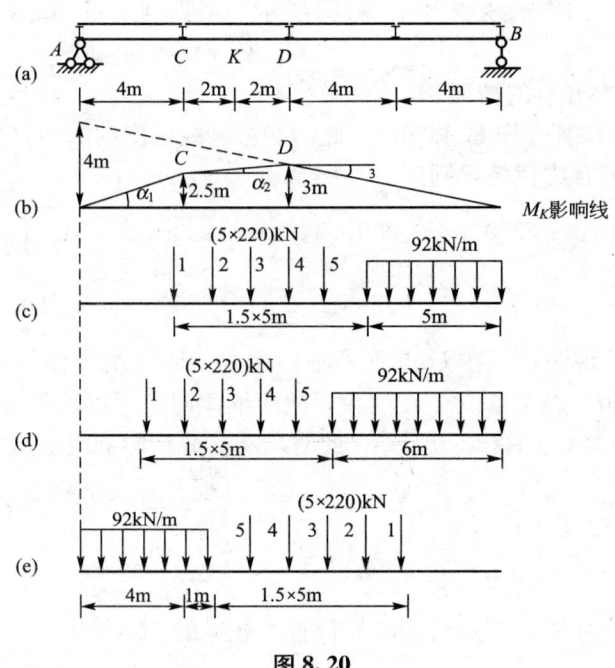

图 8.20

3. 简支梁的内力包络图和绝对最大弯矩

在设计承受移动荷载的结构时,必须求出每一个截面内力的最大值(最大正值和最大负值),从而为设计提供依据。用确定荷载的最不利位置进而求某量值最大值的方法,可

以求出简支梁上任一指定截面的最大内力值。如果将结构各截面内力的最大值按同一比例标在图上连成曲线,则这种曲线图形就称为内力包络图。包络图表示各截面内力变化的上、下限,在结构设计中非常重要。弯矩包络图中最大的竖距称为绝对最大弯矩。下面以简支梁为例,对内力包络图和绝对最大弯矩进行讨论。

1) 简支梁的内力包络图

在实际工程设计中,结构一般处于恒载和活载的共同作用下。对于活载通常需乘以规定的动力系数以反映荷载的动力影响。在绘制内力包络图时,一般是将结构杆件分成若干等分,对每一等分点所在截面,按确定荷载的最不利位置进而求某量值最大值的方法,求出其内力的上、下限值,最后再连成曲线。现以简支吊车梁为例介绍内力包络图的绘制方法。

图 8.21(a)所示一跨度为 16m 的吊车简支梁,承受图示两台同吨位的吊车荷载,吊车轮压为 $F_{P1}=F_{P2}=F_{P3}=F_{P4}=300$kN,取动力系数为 1.1,吊车梁自重 $q=15$kN/m。为求作内力包络图,可取梁的 8 等分点进行计算。利用对称性,只需计算梁的左半部分即可。图 8.21(b)~(f)所示分别为 A 至 4 截面上剪力最不利状态,其对应的最不利值与相应的恒载剪力值之和即为截面的最大剪力。为清楚起见,将全部计算进行列表,详见表 8-1。

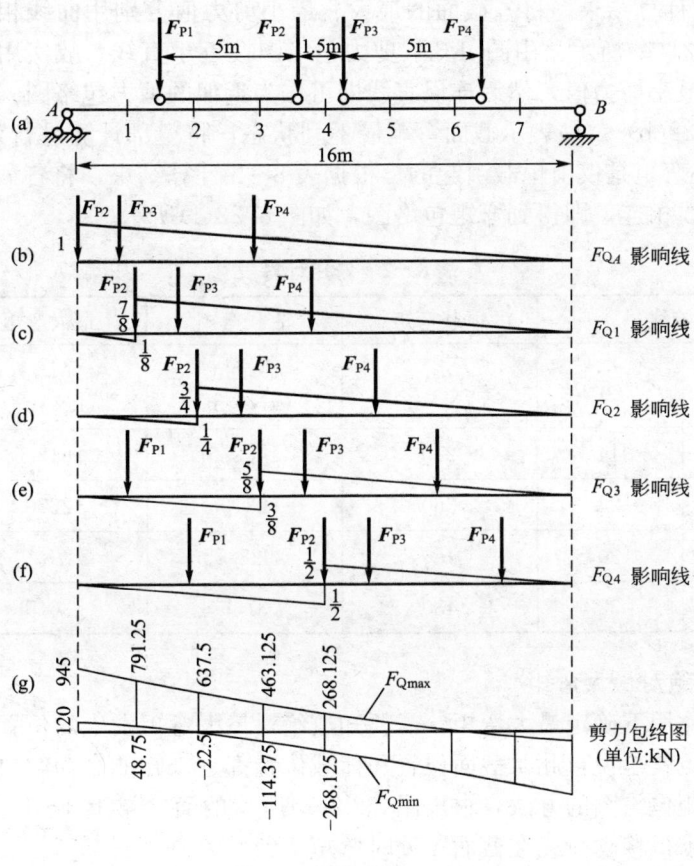

图 8.21

表 8-1 剪力计算表

截面	影响线			恒载剪力	活载剪力	最大剪力	最小剪力
	l	ω	$\Sigma\omega$	$q\omega$ (kN)	$1.1\times\Sigma F_Q$ (kN)	F_{Qmax} (kN)	F_{Qmin} (kN)
A	16	+8	+8	120	825 0	945	120
1	14 2	+6.125 −0.125	+6	90	701.25 −41.25	791.25	48.75
2	12 4	+4.5 −0.5	4	60	577.5 −82.5	637.5	−22.5
3	10 6	+3.125 −1.125	2	30	433.125 −144.375	463.125	−114.375
4	8 8	+2 −2	0	0	268.125 −268.125	268.125	−268.125

根据表 8-1 计算结果,将各截面的最大、最小剪力值分别用曲线相连,即得到剪力包络图,如图 8.21(g)所示。由图可知,剪力包络图接近于直线。故实用上只需求出两端和跨中的最大、最小剪力值,然后连以直线即可作为近似的剪力包络图。

同理,图 8.22(b)~(e)表示截面弯矩最不利状态,将全部计算进行列表,详见表 8-2,其中截面最小弯矩是仅由恒载引起的。根据表 8-2 计算结果,将各截面的最大、最小弯矩值分别用曲线相连,即得到弯矩包络图,如图 8.22(f)所示。

表 8-2 弯矩计算表

截面	影响线		恒载弯矩	活载弯矩	最大弯矩	最小弯矩
	l	ω	$q\omega$ (kN·m)	$\mu\cdot\Sigma M$ (kN·m)	M_{max} (kN·m)	M_{min} (kN·m)
1	16	14	210	1402.5	1612.5	210
2	16	24	360	2310	2670	360
3	16	30	450	2928.75	3378.75	450
4	16	32	480	3135	3615	480

2) 简支梁的绝对最大弯矩

在移动荷载作用下确定最大弯矩,需要知道绝对最大弯矩发生的位置和相应的最不利荷载作用位置。也就是说,此时截面位置和荷载位置都是未知的。为解决上述问题,我们可以按照绘制弯矩包络图的方法,求出图 8.22(a)所示的简支梁上 1~8 截面的最大弯矩,然后加以比较,求得移动荷载在截面 4 处时弯矩达到最大值。

当梁上作用的移动荷载都是集中荷载时,问题可以简化。我们知道,梁在集中荷载组作用下,无论荷载在何位置,弯矩图的顶点总是在集中荷载作用点。因此可以断定,绝对

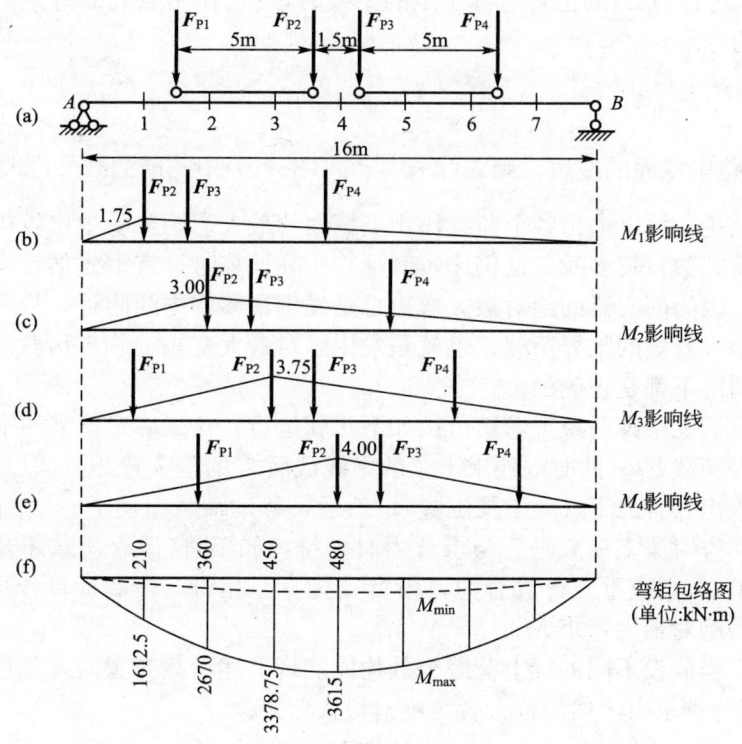

图 8.22

最大弯矩必定发生在某一集中荷载作用点的截面。剩下的问题只是确定它究竟发生在哪一个荷载的作用点及该点位置。为此,可采取以下办法来解决。

设简支梁上作用有移动荷载组如图 8.23 所示,试取某一集中荷载 F_{Pcr},研究它的作用点的弯矩何时成为最大,以 x 表示 F_{Pcr} 与左支座 A 的距离,梁上荷载的合力 F_R 至 F_{Pcr} 的作用线之间距离为 a。由 $\sum M_B=0$,得

$$F_{RA}=F_R\frac{l-x-a}{l}$$

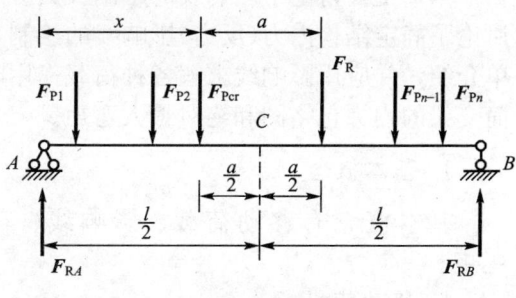

F_{Pcr} 作用点的弯矩 M 为

$$M=F_{RA}x-M_{cr}=F_R\left(\frac{l-x-a}{l}\right)x-M_{cr}$$

图 8.23

式中 M_{cr} 表示 F_{Pcr} 左边的荷载对 F_{Pcr} 作用点的力矩总和,它是一个与 x 无关的常数。M 取得极值的条件是

$$\frac{dM}{dx}=\frac{F_R(l-2x-a)}{l}=0$$

可得

$$x=\frac{l}{2}-\frac{a}{2} \tag{8-10}$$

这表明，当F_{Pcr}与合力F_R的位置对称于梁的中线时，F_{Pcr}作用点处的弯矩达到最大值。此时最大弯矩值为

$$M_{max} = \frac{F_R}{l}\left(\frac{l}{2}-\frac{a}{2}\right)^2 - M_{cr} \tag{8-11}$$

若合力F_R位于跨中截面的左边，则式(8-9)、式(8-10)中$\frac{a}{2}$前的减号应改为加号。

利用上述结论，可以求出各个荷载作用点截面的最大弯矩，从中比较得出绝对最大弯矩。不过，当荷载数目较多时，这仍比较麻烦。实际计算时，宜事先估计发生绝对最大弯矩的临界荷载。因为简支梁的绝对最大弯矩总是发生在梁的中线附近，故可设想，使梁的中线截面产生最大弯矩的临界荷载，也就是发生绝对最大弯矩的临界荷载。经验表明，这种设想在通常情况下都是正确的。

据此，计算简支梁绝对最大弯矩可按如下步骤进行：首先确定使梁的中线截面C发生最大弯矩的临界荷载F_{Pcr}（此时顺便求出梁的中线截面C的最大弯矩）；其次，应假设梁上荷载的个数并求出其合力F_R（大小及位置）；然后，移动荷载组使F_{Pcr}与F_R对称于梁的中点，此时应注意查对梁上荷载是否与求合力时相符，如不符（即有荷载离开梁上或有新的荷载作用到梁上），则应重新计算合力，再行安排直至相符；最后计算作用点F_{Pcr}截面的弯矩，通常即为绝对最大弯矩M_{max}。

需要注意，当假设不同的梁上荷载个数均能实现上述荷载布置时，则应将不同情况下F_{Pcr}截面的弯矩分别求出，然后选大者为绝对最大弯矩。

本 章 小 结

本章主要讨论了影响线的绘制及其应用。从影响线的概念入手，应用静力法和机动法讨论了静定结构内力（反力）影响线的绘制，同时对超静定结构影响线的绘制方法进行了简单介绍，并应用影响线求解各种荷载作用时的量值和确定荷载的最不利位置，最后讨论了简支梁的内力包络图和绝对最大弯矩。

1. 基本概念

基本概念有移动荷载、影响线、荷载的最不利位置、内力包络图、绝对最大弯矩。

1）移动荷载

移动荷载一般是指荷载的大小和方向不变，而作用位置是在结构上移动的。结构在移动荷载作用下，其支座反力、内力和位移等量值都会随着荷载作用点的变动而变化。

2）影响线

影响线是描述单位移动荷载在结构不同位置作用时，结构某一量值（内力或反力）变化的规律，即影响系数与荷载位置的关系曲线。影响线的横坐标表示荷载作用位置参数，纵坐标表示荷载作用于此点时所求量值的大小。

3）荷载的最不利位置

当移动荷载作用于结构上某个位置时，使结构某量值达到最大值（包括最大正值和最大负值，最大负值也称最小值），则此荷载位置称为荷载的最不利位置。

4) 内力包络图

连接结构各截面内力最大值（正的和负的最大）的曲线称为内力包络图。

5) 绝对最大弯矩

弯矩包络图中最大的竖距称为绝对最大弯矩，它表示在一定移动荷载作用下梁内可能出现的弯矩最大值。

2. 知识要点

1) 静力法作影响线

静力法作影响线是利用结构的平衡条件求出所求量值的影响线方程，然后作出该量值的影响线。具体步骤如下。

(1) 选定坐标系，将单位移动荷载放在结构任意位置，用变量 x 表示荷载作用点的位置；

(2) 选取隔离体，建立平衡方程，求出所求量值与荷载位置 x 之间的函数关系式；

(3) 根据影响线方程绘出函数图形，即影响线。

2) 机动法作影响线

机动法作影响线以虚功原理为基础，把作内力（反力）影响线的静力问题转化为作位移图的几何问题。机动法作静定梁量值 Z 影响线的步骤如下。

(1) 欲作某量值 Z 的影响线，在原结构上撤去与所求量值 Z 相应的约束，代以未知力 Z；

(2) 使体系沿量值 Z 的正方向发生虚位移，作出荷载作用点的竖向位移图 $\delta_P(x)$；

(3) 再令 Z 方向的虚位移 $\delta_Z=1$，根据比例关系进一步定出影响线各竖距值；

(4) 将所得竖向虚位移图 $\delta_P(x)$ 反号，横坐标以上图形为正，横坐标以下图形为负，即为量值 Z 的影响线。

3) 超静定结构影响线

本章还介绍了绘制超静定结构内力（反力）的影响线方法，一种是用力法和位移法直接建立所求量值的影响线方程；另一种是运用虚位移原理和位移互等定理，使在所求约束力方向给出一个强迫位移时，承载杆所发生的挠度曲线即为该约束力的影响线。

4) 应用影响线计算量值

当结构上有多个集中荷载和分布荷载共同作用时，根据影响线的定义和叠加原理，计算总量值 Z 的一般公式为

$$Z = \sum_{i=1}^{n} F_{Pi} \times y_i + \sum \int q_x y_x d_x$$

思 考 题

8-1 为什么计算移动荷载对结构的影响时要引入影响线的概念？

8-2 影响线的应用条件是什么？影响线的物理意义是什么？

8-3 影响线横、纵坐标的物理意义是什么？各物理量影响线竖标的量纲是什么？

8-4 影响线与内力图的区别是什么？试以弯矩影响线和弯矩图为例进行比较。

8-5 简支梁某截面 C 剪力影响线在截面左右两边为什么是平行直线？其竖标在 C 点为什么有突变，突变值的物理意义是什么？

8-6 桁架轴力影响线有什么特点？为什么求桁架影响线时要注意区分上弦承载还是下弦承载？什么情况下两种承载方式的影响线彼此相同？

8-7 如何以机动法绘制移动单位力偶作用下的静定梁内力、反力影响线？

8-8 "超静定结构内力影响线一定是曲线。"这种说法对吗？为什么？

8-9 有突变的 F_Q 影响线，能用临界荷载判别公式吗？

8-10 移动荷载含有定长均布荷载时如何确定荷载最不利位置？

习 题

8-1 试用静力法绘制图 8.24 所示结构中指定量值的影响线。

(a) F_{yA}、M_A、F_{QC}、M_C 的影响线。

(b) F_{xB}（方向朝左为正）、M_C（左侧受拉为正）的影响线。

(c) F_{QA}^L、F_{QA}^R、F_{QC}、M_C 的影响线。

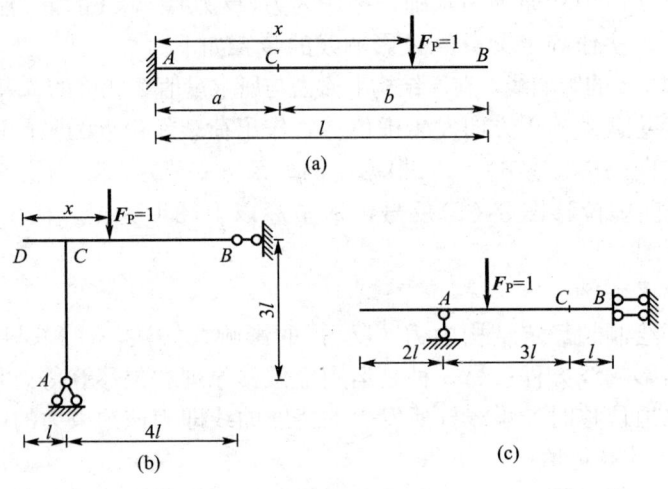

图 8.24

8-2 试用静力法绘制图 8.25 所示结构中 F_{yA}、F_{QB}、F_{RC}、M_E、F_{QF} 的影响线。

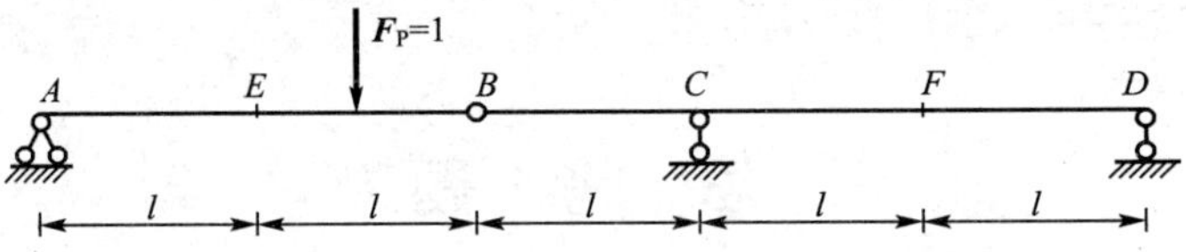

图 8.25

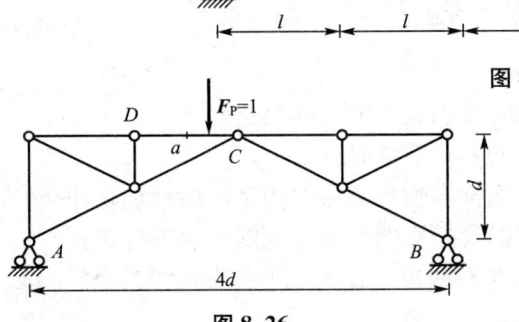

图 8.26

8-3 试用静力法作图 8.26 所示桁架支座水平反力 F_{xA}（设向右为正）和 a 杆轴力的影响线。

8-4 试求图 8.27 所示结构支座反力 Y_A、轴力 N_{DC} 的影响线，设荷载 $F_P=1$ 在 AB

杆上移动。

8-5 作图 8.28 所示桁架指定杆件 1、2 的内力影响线，设荷载 $F_P=1$ 在上弦移动。

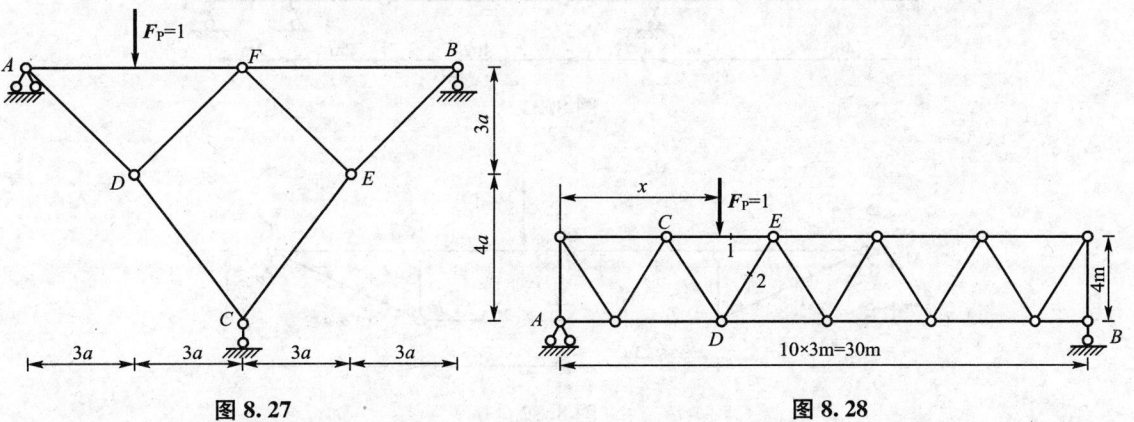

图 8.27　　　　　　图 8.28

8-6 试用机动法绘制图 8.29 所示结构中指定量值的影响线。
(a) 单位移动力偶 $M=1$ 作用，F_{Ay}、M_C 的影响线。
(b) F_{RA}、M_G、M_H、F_{QH} 的影响线。
(c) F_{RA}、F_{QB}^L、M_D 的影响线。

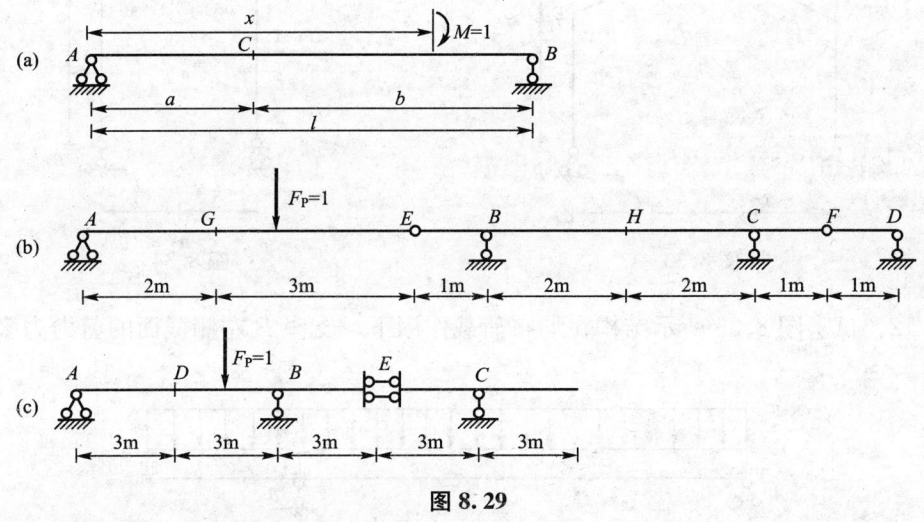

图 8.29

8-7 试用机动法绘制图 8.30 所示 C 截面弯矩 M_C 和剪力 F_{QC} 的影响线，设荷载 $F_P=1$ 在 EF 杆上移动。

8-8 试作图 8.31 所示多跨静定梁 F_{QC}^L 和 F_{QC}^R 的影响线。

8-9 试作图 8.32 所示组合结构 F_{N1}、F_{N2}、M_C、F_{QC}^L 的影响线。

8-10 试作图 8.33 所示门式刚架

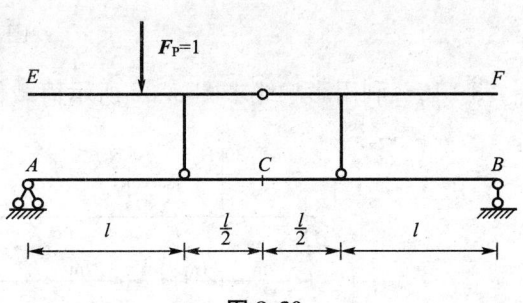

图 8.30

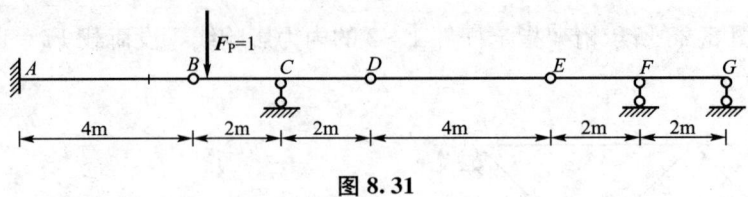

图 8.31

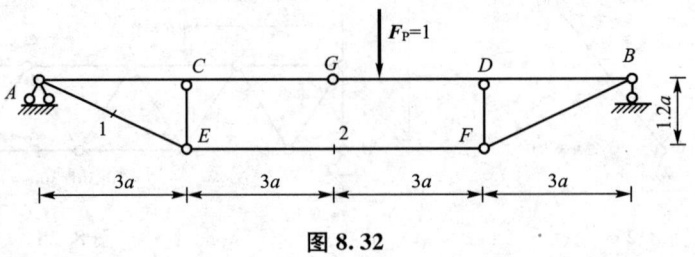

图 8.32

M_D、F_{QDC} 的影响线。

8-11 试作图 8.34 所示刚架 M_C、F_{QC} 的影响线，设单位水平荷载沿柱高方向移动。

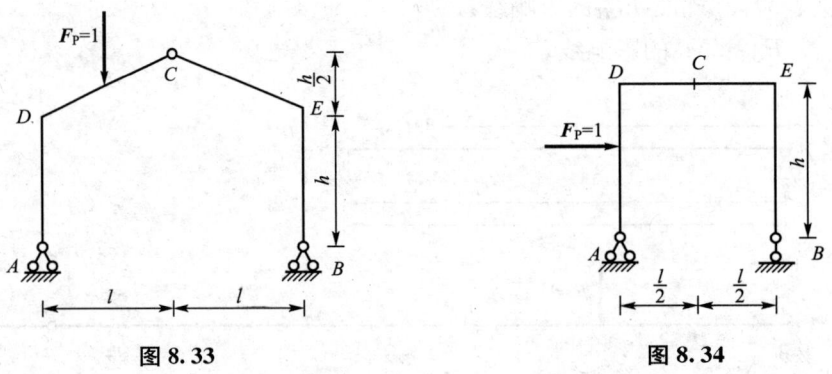

图 8.33　　　　　　　　图 8.34

8-12 试求图 8.35 所示结构在均布荷载作用下，支座 B 左侧截面的剪力为多少？

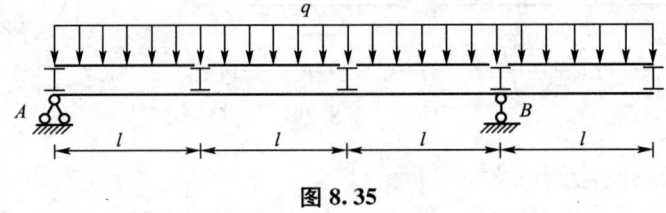

图 8.35

8-13 利用影响线求图 8.36 所示荷载作用下 F_{RB}、M_F 的值。

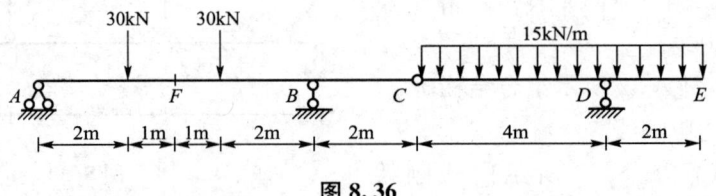

图 8.36

8-14　作图 8.37 所示结构 BC 杆轴力 F_{NBC} 和 K 截面剪力 F_{QK} 的影响线，并利用影响线求 F_{NBC} 与 F_{QK} 的值。设荷载 $F_P=1$ 沿 AB 及 CD 移动。

8-15　图 8.38 所示结构，受集中移动荷载组作用，试求 F_{RB} 的最不利荷载位置及最大影响量。

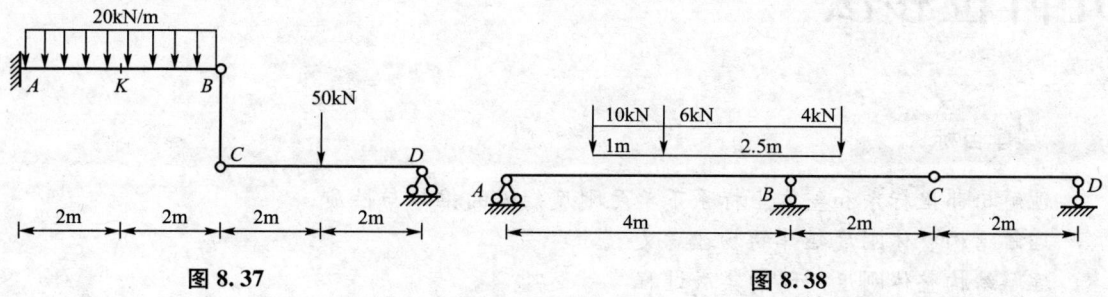

图 8.37　　　　　图 8.38

8-16　图 8.39(b) 为某量值 Z 的影响线，在图 8.39(a) 所示的移动荷载组作用下，试求荷载最不利位置和 Z 的最大值。

8-17　两台吊车如图 8.40 所示，试求吊车梁的 M_C、F_{QC} 的荷载最不利位置，并计算其最大值。

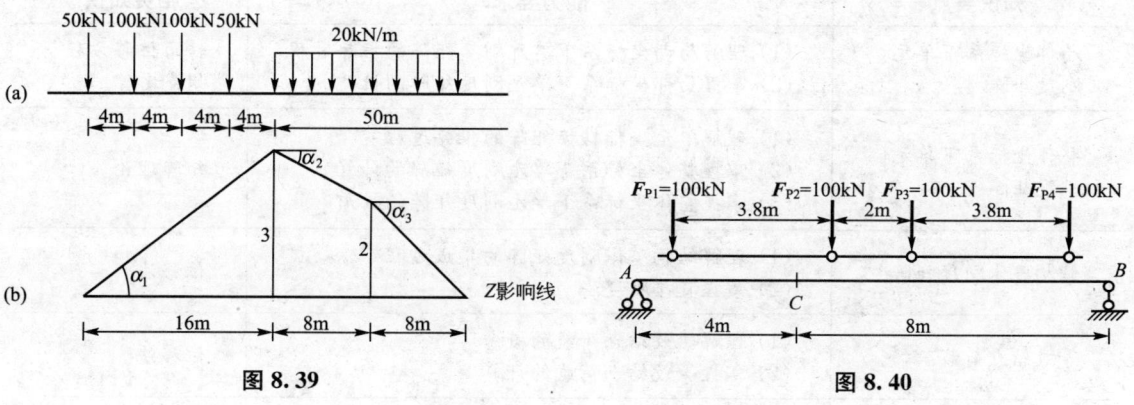

图 8.39　　　　　图 8.40

8-18　求图 8.41 所示简支梁的绝对最大弯矩，并与跨中截面最大弯矩比较。

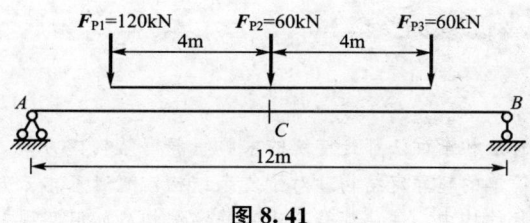

图 8.41

第9章 矩阵位移法

> **教学目标**

理解局部坐标系和整体坐标系下单元刚度矩阵的推导与性质
理解结构整体刚度矩阵的物理意义
理解结构整体刚度矩阵的集成过程
理解等效结点荷载的集成过程
掌握应用矩阵位移法计算连续梁与刚架内力的方法

> **教学要求**

知识要点	能力要求	相关知识
局部坐标系下单元刚度矩阵	(1) 理解局部坐标系下单元刚度矩阵的推导过程 (2) 掌握局部坐标系下单元刚度矩阵的性质	转角位移方程 胡克定律
整体坐标系下单元刚度矩阵	(1) 理解单元坐标转换矩阵的推导过程 (2) 掌握整体坐标系下单元刚度矩阵的计算 (3) 掌握整体坐标系下单元刚度矩阵的性质	矩阵理论
结构整体刚度矩阵	(1) 理解结构整体刚度矩阵的集成过程 (2) 掌握直接刚度法	位移法
等效结点荷载	(1) 理解等效结点荷载的概念 (2) 掌握等效结点荷载的计算	位移法
利用矩阵位移法求解结构内力	掌握应用矩阵位移法计算连续梁与刚架内力的方法	位移法

> **引言**

前几章介绍的力法、位移法和渐近法都是传统的求解超静定结构内力的方法,它们是建立在手算基础上的,因而只能局限于较简单的超静定结构。对于复杂结构,随着基本未知量数目的增加,采用手算将极为冗繁和困难。而在实际结构中,往往都是高次超静定结构,如何实现对高次超静定结构的内力计算呢?

随着计算机的问世及其广泛应用,世界发生了巨大的变化,结构力学能否借助计算机强大的计算功能,使快速精确地计算大型复杂超静定结构的内力成为可能呢?基于此,在20世纪60年代以电算为基础的结构矩阵分析迅速发展起来,本章所讨论的矩阵位移法就是以位移法为理论基础,以矩阵为表现形式,以计算机为运算工具的一种结构内力分析方法。

9.1 概述

矩阵位移法是以结构位移为基本未知量,借助矩阵进行分析,并采用计算机解决各种杆件结构受力、变形等问题的计算方法。该方法以位移法为理论基础,与位移法的基本原理相同,不同之处在于表达形式不同,矩阵位移法采用矩阵的表现形式。矩阵位移法在结构分析的过程中运用了线性代数中的矩阵理论。目前,应用矩阵位移法编制的结构分析软件,已在结构设计中得到了广泛的应用。

1. 基本思路

矩阵位移法又称为杆件有限元法,讨论的范围仅仅局限于一维问题,即只针对杆件结构。它的主要解题思路是:首先将结构离散成为有限个独立的单元,进行单元分析,建立单元杆端力与单元杆端位移之间的关系式——单元刚度方程;然后利用结构的变形连续条件和平衡条件将各单元组合成整体,进行整体分析,建立结点力与结点位移之间的关系式——整体刚度方程;最后求得结构的位移和内力。

2. 基本概念

(1) 结构的离散化。所谓结构离散化,是把结构假想地划分成若干个相互分离的有限个独立杆件,其中每个独立的杆件称为单元,用字母 e 表示,单元与单元之间用结点连接。用离散化的单元集合体来代替原结构,其目的是简化问题,以便于进行单元分析。通常用①,②…表示单元编号,用 1,2…表示结点编号。

对于等截面直杆,杆件结构中每根杆件都可以作为一个或几个单元。对于等截面直杆所组成的杆件结构,只要确定一个结构的所有结点,则各个单元也就随之确定。根据杆件连接的方式,可以将构造结点,如转折点、汇交点、支承点和截面的突变点取为结点,如图 9.1(a)所示。在有些情况下,非构造点,如集中力作用点,也可作为结点处理。图 9.1(b)所示连续梁,荷载作用点 4 也取为结点,共有 4 个结点,该梁可划分为 3 个单元。若将荷载转化为等效结点荷载进行处理,梁有 3 个结点,划分为 2 个单元,如图 9.1(c)所示。比较两种处理方法,第一种方法增加了结点和单元数目,也就增加了计算工作量,一般不采用该划分方法。

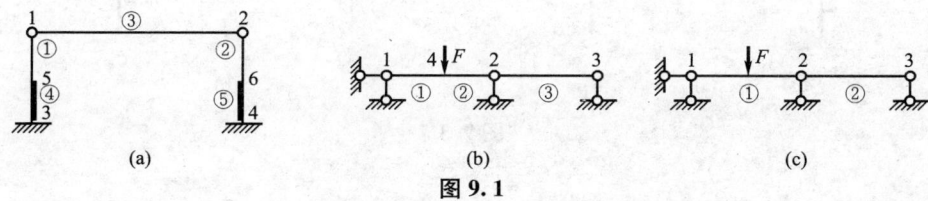

图 9.1

对于曲杆或变截面杆,在结构离散化时,可将其划分若干段,视为折杆或阶梯形截面来处理,而每一段简化为一个等效等截面直杆单元,计算精度取决于划分单元的多少,如图 9.2 所示。

(2) 局部坐标系。局部坐标系,也称为单元坐标系,在杆单元中,局部坐标系 x 轴与杆轴重合,坐标原点放在单元的某一端 1 点(始端)上,从 1 端指向单元另一端 2 端(终端)

的方向为 x 轴正向，自 x 轴顺时针旋转 $90°$ 的方向为 y 轴正向，用符号 $\bar{x}o\bar{y}$ 表示单元坐标系，其中字母 $\bar{x}$、$\bar{y}$ 上面都划上一横线作为局部坐标系的标志。局部坐标系用来描述单元的变形和杆端力，每个单元都有各自独立的局部坐标系，方向一般不同。

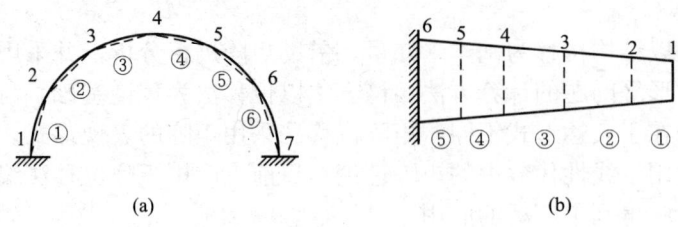

图 9.2

（3）整体坐标系。整体坐标系不随单元方向变化而变化，用来描述结构整体的变形和受力。在一个结构中，整体坐标系只有唯一的一个，用符号 xoy 表示。

（4）杆端力。作用在单元两端的力称为杆端力。在平面杆件结构中，一般情况下，单元每端有 3 个杆端力分量，即轴力、剪力、弯矩。

单元 e 的杆端力向量表示如下。

$$\overline{\boldsymbol{F}}^e = \{\overline{F}_{(1)} \quad \overline{F}_{(2)} \quad \overline{F}_{(3)} \quad \overline{F}_{(4)} \quad \overline{F}_{(5)} \quad \overline{F}_{(6)}\}^{eT} = \{\overline{F}_{x1} \quad \overline{F}_{y1} \quad \overline{M}_1 \quad \overline{F}_{x2} \quad \overline{F}_{y2} \quad \overline{M}_2\}^{eT}$$

杆端力向量中的元素就是传统意义上的内力，即分别为单元始端截面的轴力、剪力、弯矩和终端截面的轴力、剪力、弯矩，只是正负号规定不尽相同。前面章节中内力的符号规定是轴力以拉力为正，剪力以绕杆端截面顺时针转为正，弯矩以下侧受拉为正。而杆端力向量中轴力、剪力以与单元坐标的方向一致为正，弯矩以绕杆端截面顺时针转为正，图 9.3（a）所示的杆端力都为正。

（5）杆端位移。单元在杆端力作用下会产生变形，该变形会使单元产生位移，单元两端点的位移称为杆端位移。在平面杆件结构中，一般情况下，单元每端有 3 个位移分量，即轴向位移 $\bar{u}$、竖向位移 $\bar{v}$ 和转角 $\bar{\theta}$。杆端位移的符号规定与坐标轴的正向一致时为正，其中转角以顺时针方向为正，图 9.3（b）所示的杆端位移皆为正。单元杆端 e 的位移向量表示如下。

$$\overline{\boldsymbol{\Delta}}^e = \{\overline{\Delta}_{(1)} \quad \overline{\Delta}_{(2)} \quad \overline{\Delta}_{(3)} \quad \overline{\Delta}_{(4)} \quad \overline{\Delta}_{(5)} \quad \overline{\Delta}_{(6)}\}^{eT} = \{\bar{u}_1 \quad \bar{v}_1 \quad \bar{\theta}_1 \quad \bar{u}_2 \quad \bar{v}_2 \quad \bar{\theta}_2\}^{eT}$$

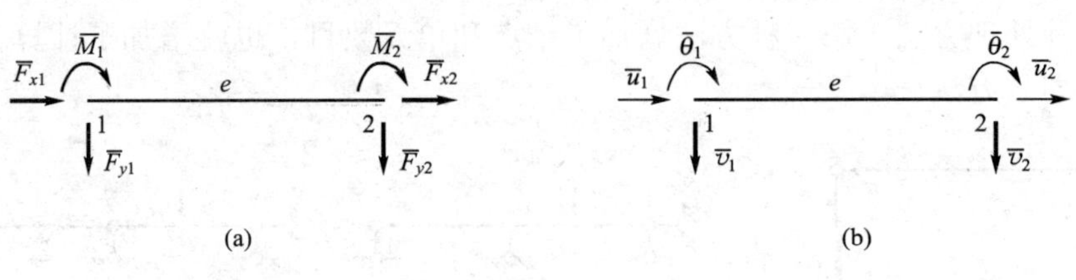

图 9.3

9.2 局部坐标系下单元刚度矩阵

1. 一般单元的刚度方程

本书所讨论的问题仅限于线性变形体系的范畴，不必考虑轴向变形和弯曲变形的相互影响，故可以应用叠加原理。设单元 e 杆端位移分量是已知的，如图 9.4 所示。根据胡克定律和转角位移方程先确定当杆端位移的某一分量等于 1、而其余分量均等于零时杆端力的各个分量，然后应用叠加原理即可建立杆端力和杆端位移之间的关系。

单元在任意杆端位移情况下各杆端力分量分别为

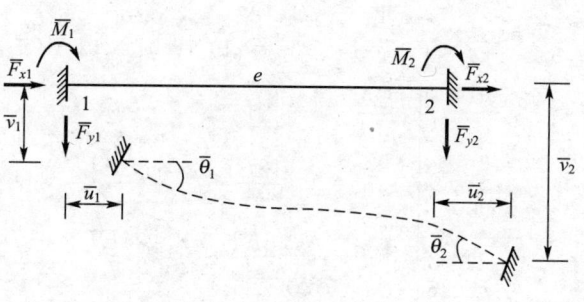

图 9.4

由胡克定律 $N = \dfrac{EA}{l}\Delta l$，得

$$\overline{F}_{x1}^e = \dfrac{EA}{l}\overline{u}_1^e - \dfrac{EA}{l}\overline{u}_2^e$$

$$\overline{F}_{x2}^e = -\dfrac{EA}{l}\overline{u}_1^e + \dfrac{EA}{l}\overline{u}_2^e$$

(9-1)

由转角位移方程，得

$$\overline{M}_1^e = \dfrac{4EI}{l}\overline{\theta}_1^e + \dfrac{2EI}{l}\overline{\theta}_2^e + \dfrac{6EI}{l^2}(\overline{v}_1^e - \overline{v}_2^e)$$

$$\overline{M}_2^e = \dfrac{2EI}{l}\overline{\theta}_1^e + \dfrac{4EI}{l}\overline{\theta}_2^e + \dfrac{6EI}{l^2}(\overline{v}_1^e - \overline{v}_2^e)$$

$$\overline{F}_{y1}^e = \dfrac{6EI}{l^2}(\overline{\theta}_1^e + \overline{\theta}_2^e) + \dfrac{12EI}{l^3}(\overline{v}_1^e - \overline{v}_2^e)$$

$$\overline{F}_{y2}^e = -\dfrac{6EI}{l^2}(\overline{\theta}_1^e + \overline{\theta}_2^e) - \dfrac{12EI}{l^3}(\overline{v}_1^e - \overline{v}_2^e)$$

(9-2)

式(9-1)、式(9-2)即为局部坐标系下平面刚架一般单元的单元刚度方程，写成矩阵形式则有

$$\begin{bmatrix} \overline{F}_{x1} \\ \overline{F}_{y1} \\ \overline{M}_1 \\ \overline{F}_{x2} \\ \overline{F}_{y2} \\ \overline{M}_2 \end{bmatrix}^e = \begin{bmatrix} \dfrac{EA}{l} & 0 & 0 & -\dfrac{EA}{l} & 0 & 0 \\ 0 & \dfrac{12EI}{l^3} & \dfrac{6EI}{l^2} & 0 & -\dfrac{12EI}{l^3} & \dfrac{6EI}{l^2} \\ 0 & \dfrac{6EI}{l^2} & \dfrac{4EI}{l} & 0 & -\dfrac{6EI}{l^2} & \dfrac{2EI}{l} \\ -\dfrac{EA}{l} & 0 & 0 & \dfrac{EA}{l} & 0 & 0 \\ 0 & -\dfrac{12EI}{l^3} & -\dfrac{6EI}{l^2} & 0 & \dfrac{12EI}{l^3} & -\dfrac{6EI}{l^2} \\ 0 & \dfrac{6EI}{l^2} & \dfrac{2EI}{l} & 0 & -\dfrac{6EI}{l^2} & \dfrac{4EI}{l} \end{bmatrix} \begin{bmatrix} \overline{u}_1 \\ \overline{v}_1 \\ \overline{\theta}_1 \\ \overline{u}_2 \\ \overline{v}_2 \\ \overline{\theta}_2 \end{bmatrix}^e$$

(9-3)

若令

$$\bar{k}^e = \begin{array}{c} \\ 1 \\ 2 \\ 3 \\ 4 \\ 5 \\ 6 \end{array} \begin{array}{c} 1 \\ (\bar{u}_1=1) \end{array} \begin{array}{c} 2 \\ (\bar{v}_1=1) \end{array} \begin{array}{c} 3 \\ (\bar{\theta}_1=1) \end{array} \begin{array}{c} 4 \\ (\bar{u}_2=1) \end{array} \begin{array}{c} 5 \\ (\bar{v}_2=1) \end{array} \begin{array}{c} 6 \\ (\bar{\theta}_2=1) \end{array}$$

$$\bar{k}^e = \begin{bmatrix} \dfrac{EA}{l} & 0 & 0 & -\dfrac{EA}{l} & 0 & 0 \\ 0 & \dfrac{12EI}{l^3} & \dfrac{6EI}{l^2} & 0 & -\dfrac{12EI}{l^3} & \dfrac{6EI}{l^2} \\ 0 & \dfrac{6EI}{l^2} & \dfrac{4EI}{l} & 0 & -\dfrac{6EI}{l^2} & \dfrac{2EI}{l} \\ -\dfrac{EA}{l} & 0 & 0 & \dfrac{EA}{l} & 0 & 0 \\ 0 & -\dfrac{12EI}{l^3} & -\dfrac{6EI}{l^2} & 0 & \dfrac{12EI}{l^3} & -\dfrac{6EI}{l^2} \\ 0 & \dfrac{6EI}{l^2} & \dfrac{2EI}{l} & 0 & -\dfrac{6EI}{l^2} & \dfrac{4EI}{l} \end{bmatrix}^e \quad (9-4)$$

则，式(9-3)可简写成

$$\bar{F}^e = \bar{k}^e \bar{\Delta}^e \quad (9-5)$$

式中，$\bar{k}^e$ 称为局部坐标系中的单元刚度矩阵。其行数等于单元杆端力向量的分量数，列数等于单元杆端位移向量的分量数。由于这两个向量的分量数相等，所以，单元刚度矩阵 $\bar{k}^e$ 是一个方阵。

2. 一般单元刚度矩阵的性质

1) 单元刚度系数的意义

单元刚度矩阵中的每个元素称为单元刚度系数 k_{ij}，其物理意义表示由单位杆端位移引起的杆端力。如第 i 行第 j 列元素 k_{ij} 代表当第 j 个杆端位移分量等于1(其他位移分量为零)时引起的第 i 个杆端力分量的值。$\bar{k}^e$ 中第 j 列元素代表当第 j 个杆端位移分量等于1(其他位移分量为零)时引起的6个杆端力分量的值。为了方便理解，在式(9-4)中，$\bar{k}^e$ 每一列的上方都标明了对应的单位位移分量。

2) 单元刚度矩阵是对称矩阵

单元刚度矩阵中位于对角线两侧对称位置的两个元素是相等的，即

$$\bar{k}^e_{ij} = \bar{k}^e_{ji}$$

根据反力互等定理可得此结论。

3) 单元刚度矩阵是奇异矩阵

由于单元刚度矩阵的第二行和第5行对应元素反号，该矩阵的行列式等于零，故单元刚度矩阵是奇异的，它不存在逆矩阵。

根据这一性质，若已知单元杆端位移 $\bar{\Delta}^e$，可由式(9-3)确定单元杆端力 $\bar{F}^e$；但若杆端力 $\bar{F}^e$ 已知时，由式(9-3)却不能唯一确定杆端位移 $\bar{\Delta}^e$，$\bar{\Delta}^e$ 可能无解，如有解，则为非唯一解。这是因为在一般单元的杆端位移中，除了由杆端力产生的弹性位移外，还包含有刚体位移，而刚体位移由单元本身是无法确定的。

对于有约束的单元，如连续梁单元，当约束使单元成为几何不变体系时，单元不会产生刚体位移，其单元刚度矩阵是非奇异的；反之，若体系为几何可变体系，则其单元刚度矩阵是奇异的。

3. 特殊单元的刚度矩阵

式(9-3)是一般单元的刚度矩阵，其中 6 个杆端位移可以为任意值。在实际结构中，还有一些特殊单元，单元的某些杆端位移的值已确定为零，而不能为任意值。常见的是平面桁架中的杆件单元和连续梁的杆件单元。

1) 平面桁架单元刚度矩阵

对于平面桁架中的杆件，其两端仅有轴力，而剪力和弯矩均为零，杆件只产生拉压变形，所以平面桁架单元杆端位移如图 9.5 所示。

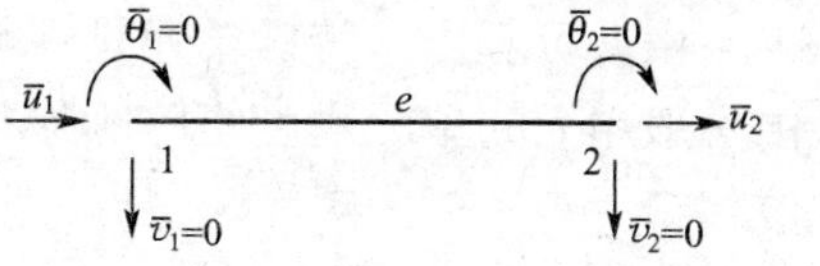

则该单元的刚度方程可表示为

图 9.5

$$\begin{bmatrix} \overline{F}_{x1} \\ \overline{F}_{x2} \end{bmatrix}^e = \begin{bmatrix} \dfrac{EA}{l} & -\dfrac{EA}{l} \\ -\dfrac{EA}{l} & \dfrac{EA}{l} \end{bmatrix}^e \begin{bmatrix} \overline{u}_1 \\ \overline{u}_2 \end{bmatrix}^e$$

或

$$\overline{F}^e = \overline{k}^e \overline{\Delta}^e$$

其中，单元刚度矩阵为

$$\overline{k}^e = \begin{bmatrix} \dfrac{EA}{l} & -\dfrac{EA}{l} \\ -\dfrac{EA}{l} & \dfrac{EA}{l} \end{bmatrix}^e \tag{9-6}$$

由于平面桁架每个结点的位移分量有两个，为了坐标变换的需要，常将式(9-6)添加零元素，扩展为 4×4 单元刚度矩阵。

$$\overline{k}^e = \begin{bmatrix} \dfrac{EA}{l} & 0 & -\dfrac{EA}{l} & 0 \\ 0 & 0 & 0 & 0 \\ -\dfrac{EA}{l} & 0 & \dfrac{EA}{l} & 0 \\ 0 & 0 & 0 & 0 \end{bmatrix}^e \tag{9-7}$$

2) 连续梁单元刚度矩阵

若不计轴向变形，连续梁每个结点既无水平位移，也无竖向位移。因此，其单元杆端位移如图 9.6 所示。

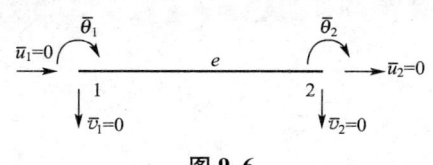

图 9.6

该单元的刚度方程可表示为

$$\begin{bmatrix} \overline{M}_1 \\ \overline{M}_2 \end{bmatrix}^e = \begin{bmatrix} \dfrac{4EI}{l} & \dfrac{2EI}{l} \\ \dfrac{2EI}{l} & \dfrac{4EI}{l} \end{bmatrix}^e \begin{bmatrix} \overline{\theta}_1 \\ \overline{\theta}_2 \end{bmatrix}^e \tag{9-8}$$

其单元刚度矩阵为

$$\overline{k}^e = \begin{bmatrix} \dfrac{4EI}{l} & \dfrac{2EI}{l} \\ \dfrac{2EI}{l} & \dfrac{4EI}{l} \end{bmatrix}^e \tag{9-9}$$

由此可看出：特殊单元是一般单元的一种特殊情况，因而特殊单元的单元刚度矩阵可由一般单元的单元刚度矩阵删除与零杆端位移对应的行和列得到。例如，连续梁单元杆端位移 $\overline{u}_1^e = \overline{v}_1^e = \overline{u}_2^e = \overline{v}_2^e = 0$，从一般单元刚度矩阵中，划去零位移分量所在的行和列，即 1、2、4、5 行和列，便得到连续梁单元刚度矩阵；同样划去 2、3、5、6 行和列（$\overline{v}_1^e = \overline{\theta}_1^e = \overline{v}_2^e = \overline{\theta}_2^e = 0$），即得到平面桁架单元刚度矩阵。

9.3 整体坐标系下单元刚度矩阵

上一节主要探讨在局部坐标系上如何建立单元刚度矩阵，从而使得结构的各单元刚度矩阵具有简单统一的表达形式。但在实际结构中，各单元的方向往往是不同的。为了进行结构的整体分析，必须选用统一的坐标系，即整体坐标系也称为结构坐标系。

平面刚架单元 e 如图 9.7 所示，设局部坐标系 $\overline{x}$ 轴与整体坐标系 x 轴之间的夹角为 α，其方向规定由 x 轴至 $\overline{x}$ 以顺时针转向为正。设在整体坐标下杆端力和杆端位移向量分别为

$$\boldsymbol{F}^e = \{F_{x1} \quad F_{y1} \quad M_1 \quad F_{x2} \quad F_{y2} \quad M_2\}^{eT} \tag{9-10}$$

$$\boldsymbol{\Delta}^e = \{u_1 \quad v_1 \quad \theta_1 \quad u_2 \quad v_2 \quad \theta_2\}^{eT} \tag{9-11}$$

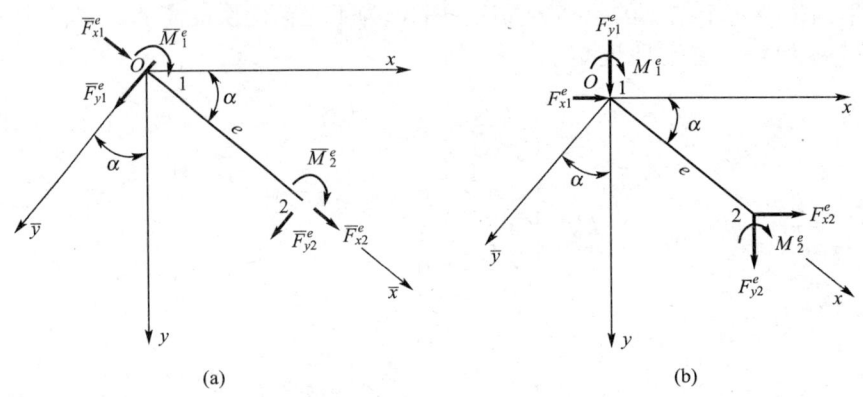

图 9.7

1. 单元坐标转换矩阵

首先讨论单元杆端力在两个坐标之间的变换关系，由图 9.7 可得

$$\left.\begin{aligned}\overline{F}_{x1}^e &= F_{x1}^e\cos\alpha + F_{y1}^e\sin\alpha \\ \overline{F}_{y1}^e &= -F_{x1}^e\sin\alpha + F_{y1}^e\cos\alpha \\ \overline{M}_1^e &= M_1^e \\ \overline{F}_{x2}^e &= F_{x2}^e\cos\alpha + F_{y2}^e\sin\alpha \\ \overline{F}_{y2}^e &= -F_{x2}^e\sin\alpha + F_{y2}^e\cos\alpha \\ \overline{M}_2^e &= M_2^e\end{aligned}\right\} \quad (9-12)$$

将式(9-12)写成矩阵形式为

$$\begin{bmatrix}\overline{F}_{x1} \\ \overline{F}_{y1} \\ \overline{M}_1 \\ \overline{F}_{x2} \\ \overline{F}_{y2} \\ \overline{M}_2\end{bmatrix}^e = \begin{bmatrix}\cos\alpha & \sin\alpha & 0 & 0 & 0 & 0 \\ -\sin\alpha & \cos\alpha & 0 & 0 & 0 & 0 \\ 0 & 0 & 1 & 0 & 0 & 0 \\ 0 & 0 & 0 & \cos\alpha & \sin\alpha & 0 \\ 0 & 0 & 0 & -\sin\alpha & \cos\alpha & 0 \\ 0 & 0 & 0 & 0 & 0 & 1\end{bmatrix}^e \begin{bmatrix}F_{x1} \\ F_{y1} \\ M_1 \\ F_{x2} \\ F_{y2} \\ M_2\end{bmatrix}^e \quad (9-13)$$

或简写为

$$\overline{\boldsymbol{F}}^e = \boldsymbol{T}\boldsymbol{F}^e \quad (9-14)$$

其中,

$$\boldsymbol{T} = \begin{bmatrix}\cos\alpha & \sin\alpha & 0 & 0 & 0 & 0 \\ -\sin\alpha & \cos\alpha & 0 & 0 & 0 & 0 \\ 0 & 0 & 1 & 0 & 0 & 0 \\ 0 & 0 & 0 & \cos\alpha & \sin\alpha & 0 \\ 0 & 0 & 0 & -\sin\alpha & \cos\alpha & 0 \\ 0 & 0 & 0 & 0 & 0 & 1\end{bmatrix}^e \quad (9-15)$$

式(9-15)称为单元坐标变换矩阵。可以证明,坐标变换矩阵 $\boldsymbol{T}$ 为一正交矩阵。根据正交矩阵的性质可知,其逆矩阵等于转置矩阵,即

$$\boldsymbol{T}^{-1} = \boldsymbol{T}^{\mathrm{T}} \quad \text{或} \quad \boldsymbol{T}^{\mathrm{T}}\boldsymbol{T} = \boldsymbol{T}\boldsymbol{T}^{\mathrm{T}} = \boldsymbol{I} \quad (9-16)$$

因此,式(9-14)的逆转换式为

$$\boldsymbol{F}^e = \boldsymbol{T}^{\mathrm{T}} \overline{\boldsymbol{F}}^e \quad (9-17)$$

同理,可以求得单元杆端位移在两个坐标之间的变换关系,即

$$\overline{\boldsymbol{\Delta}}^e = \boldsymbol{T}\boldsymbol{\Delta}^e, \quad \boldsymbol{\Delta}^e = \boldsymbol{T}^{\mathrm{T}}\overline{\boldsymbol{\Delta}}^e \quad (9-18)$$

2. 整体坐标系中的单元刚度矩阵

确定了单元杆端力和杆端位移在两个坐标系之间的变换关系,便可求出单元刚度矩阵在两个坐标系之间的变换关系。

单元 e 在局部坐标系中的单元刚度方程为

$$\overline{\boldsymbol{F}}^e = \overline{\boldsymbol{k}}^e \overline{\boldsymbol{\Delta}}^e$$

将式(9-14)和式(9-18)代入上式,则有

$$TF^e = \bar{k}^e T \Delta^e$$

两边同时左乘 T^T，并引入式(9-16)，得

$$F^e = T^T \bar{k}^e T \Delta^e$$

令

$$k^e = T^T \bar{k}^e T \tag{9-19}$$

则单元 e 在整体坐标中的单元刚度方程为

$$F^e = k^e \Delta^e \tag{9-20}$$

其中，式(9-19)中 k^e 为整体坐标系的单元刚度矩阵，该式反映了在两个坐标系之间单元刚度矩阵的变换关系。只要求出单元坐标变换矩阵 T 就可由局部坐标系的单元刚度矩阵 $\bar{k}^e$ 计算出整体坐标系的单元刚度矩阵 k^e。

由式(9-19)不难看出，两个坐标系中的单元刚度矩阵 k^e 和 $\bar{k}^e$ 同阶，且具有类似的性质。

9.4 结构的整体刚度矩阵

无论是在局部坐标系下还是在整体坐标系下，单元刚度矩阵都表示单元杆端力与杆端位移在相应的坐标系下的物理关系。同样，对于一个线性结构，在外荷载作用下时，必然也对应着一个唯一的位移，反之亦然。所以，作用在结构上的荷载与结构的结点位移，也存在一一对应的关系，可采用结构的整体刚度方程来表示。

结构的整体刚度方程反映了结点荷载和结构位移之间的关系，其实质就是位移法的基本方程。它们之间的区别仅在于建立方程的方法不同。

在单元分析的基础上，将离散的单元组合成原结构，即根据结构的几何条件和平衡条件建立结点荷载和结点位移的关系，从而解出结构的结点位移和各杆的内力，这一步骤称为整体分析。整体分析的主要目的是建立结构的整体刚度方程，形成结构的整体刚度矩阵。具体做法有两种：一种是传统位移法，另一种是直接刚度法（即刚度集成法或单元集成法），即在结构整体坐标系下将单元刚度矩阵按一定规则集成整体刚度矩阵，从而建立整体刚度方程。

1. 连续梁的整体刚度矩阵

1) 传统位移法

连续梁如图 9.8(a)所示，利用位移法求解，其基本体系如图 9.8(b)所示。位移法的基本未知量为结点转角 Δ_1、Δ_2、Δ_3，即组成整体结构的结点位移向量 Δ。

$$\Delta = \{\Delta_1 \quad \Delta_2 \quad \Delta_3\}^T$$

与结点转角 Δ_1、Δ_2、Δ_3 对应的结点力是附加约束的力偶 F_1、F_2、F_3，即组成整体结构的结点力向量 F。

$$F = \{F_1 \quad F_2 \quad F_3\}^T$$

在传统位移法中，我们一般分别考虑每个结点转角 Δ_1、Δ_2、Δ_3 单独引起结点力偶，如图 9.9 所示。然后利用叠加法，叠加每一种情况，即得到了结点力偶 F_1、F_2、F_3。

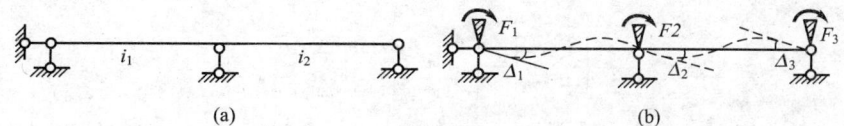

图 9.8

$$F_1 = 4i_1\Delta_1 + 2i_1\Delta_2 + 0$$
$$F_2 = 2i_1\Delta_1 + (4i_1+4i_2)\Delta_2 + 2i_2\Delta_3$$
$$F_3 = 0 + 2i_2\Delta_2 + 4i_2\Delta_3$$

即

$$\begin{bmatrix} F_1 \\ F_2 \\ F_3 \end{bmatrix} = \begin{bmatrix} 4i_1 & 2i_1 & 0 \\ 2i_1 & 4i_1+4i_2 & 2i_2 \\ 0 & 2i_2 & 4i_2 \end{bmatrix} \begin{bmatrix} \Delta_1 \\ \Delta_2 \\ \Delta_3 \end{bmatrix} \quad (9-21)$$

记为

$$\boldsymbol{F} = \boldsymbol{K}\boldsymbol{\Delta} \quad (9-22)$$

其中,

$$\boldsymbol{K} = \begin{bmatrix} 4i_1 & 2i_1 & 0 \\ 2i_1 & 4i_1+4i_2 & 2i_2 \\ 0 & 2i_2 & 4i_2 \end{bmatrix}$$

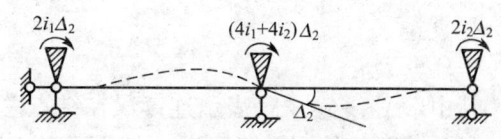

(a) Δ_1 引起的结点力矩

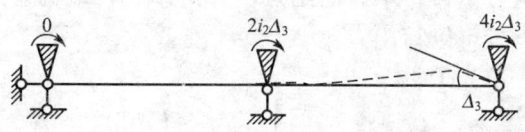

(b) Δ_2 引起的结点力矩

式(9-21)和式(9-22)称为连续梁的整体刚度方程,$\boldsymbol{K}$ 称为整体刚度矩阵,简称整刚。

(c) Δ_3 引起的结点力矩

图 9.9

2) 直接刚度法

采用直接刚度法求 $\boldsymbol{F}$ 时,分别考虑每个单元对 $\boldsymbol{F}$ 的单独贡献,然后再进行叠加。整体刚度矩阵由单元直接集成,所以直接刚度法又称为单元集成法。

为了便于理解直接刚度法,仍采用图 9.8(a)所示的两跨连续梁为例。我们将连续梁分解成两个独立的单元①、②,如图 9.10 所示。图中有两种编码,一种是在整体结构中的统一编码,称为总码,如图 9.10(a)所示的结点总码 1、2、3,总码在整体分析中使用,通常只对有结点位移的结点依次编码,对于无结点位移的结点,其总码均编号为 0;另一种是单元分析中的编码,称为局部码,为了与总码区分,一般局部码数字加括号,如图 9.10(b)所示。

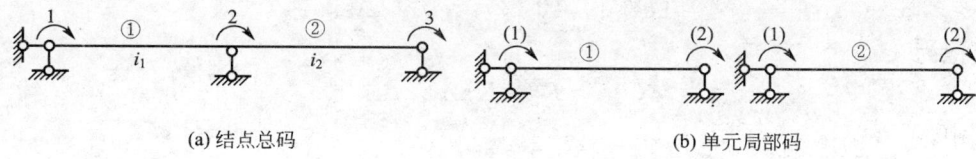

(a) 结点总码 (b) 单元局部码

图 9.10

欲求图 9.10(a)所示的两跨连续梁的整体刚度矩阵。首先,分别写出单元①、②的单元刚度方程,如下。

单元①：

$$\begin{bmatrix} F_{(1)}^{①} \\ F_{(2)}^{①} \end{bmatrix} = \begin{bmatrix} 4i_1 & 2i_1 \\ 2i_1 & 4i_1 \end{bmatrix} \begin{bmatrix} \Delta_{(1)}^{①} \\ \Delta_{(2)}^{①} \end{bmatrix}$$

单元②：

$$\begin{bmatrix} F_{(1)}^{②} \\ F_{(2)}^{②} \end{bmatrix} = \begin{bmatrix} 4i_2 & 2i_2 \\ 2i_2 & 4i_2 \end{bmatrix} \begin{bmatrix} \Delta_{(1)}^{②} \\ \Delta_{(2)}^{②} \end{bmatrix}$$

其中，$F_{(1)}^{①}$、$F_{(2)}^{①}$ 表示单元①在杆端(1)、(2)产生的杆端力矩，$\Delta_{(1)}^{①}$、$\Delta_{(2)}^{①}$ 表示单元①在杆端(1)、(2)产生的杆端转角。

将离散的单元集合成整体，此时应满足变形协调条件，即

$$\Delta_{(1)}^{①} = \Delta_1$$

$$\Delta_{(2)}^{①} = \Delta_{(1)}^{②} = \Delta_2$$

$$\Delta_{(2)}^{②} = \Delta_3$$

其中，Δ_1、Δ_2、Δ_3 表示连续梁在结点总码1、2、3的结点转角。

因此，在整体刚度矩阵中，各单元对 F 的贡献，可以用各个结点发生位移时的各单元杆端力表示，即将单元的单元刚度方程中用局部码表示的(1)、(2)端的角位移改用整体码的结点位移表示，而结点位移对单元杆端力影响为零的用零元素填充，因此，各单元对 F 的贡献可以写出。

单元①：

$$\begin{bmatrix} F_{(1)}^{①} \\ F_{(2)}^{①} \\ 0 \end{bmatrix} = \begin{bmatrix} 4i_1 & 2i_1 & 0 \\ 2i_1 & 4i_1 & 0 \\ 0 & 0 & 0 \end{bmatrix} \begin{bmatrix} \Delta_1 \\ \Delta_2 \\ \Delta_3 \end{bmatrix}$$

可记为

$$\boldsymbol{F}^{①} = \boldsymbol{K}^{①} \boldsymbol{\Delta} \qquad (9-23)$$

其中，

$$\boldsymbol{K}^{①} = \begin{bmatrix} 4i_1 & 2i_1 & 0 \\ 2i_1 & 4i_1 & 0 \\ 0 & 0 & 0 \end{bmatrix}, \text{称为单元①的贡献矩阵。}$$

单元②：

$$\begin{bmatrix} 0 \\ F_{(1)}^{②} \\ F_{(2)}^{②} \end{bmatrix} = \begin{bmatrix} 0 & 0 & 0 \\ 0 & 4i_2 & 2i_2 \\ 0 & 2i_2 & 4i_2 \end{bmatrix} \begin{bmatrix} \Delta_1 \\ \Delta_2 \\ \Delta_3 \end{bmatrix}$$

可记为

$$\boldsymbol{F}^{②} = \boldsymbol{K}^{②} \boldsymbol{\Delta} \qquad (9-24)$$

其中，

$$\boldsymbol{K}^{②} = \begin{bmatrix} 0 & 0 & 0 \\ 0 & 4i_2 & 2i_2 \\ 0 & 2i_2 & 4i_2 \end{bmatrix}, \text{称为单元②的贡献矩阵。}$$

在各个结点，每个单元的杆端力和各结点力应满足平衡条件。

对于结点 1：$F_1 = F_{(1)}^{①}$

对于结点 2：$F_2 = F_{(2)}^{①} + F_{(1)}^{②}$

对于结点 3：$F_3 = F_{(2)}^{②}$

因此，用结点力列阵表示各结点的平衡条件如下。

$$\begin{bmatrix} F_1 \\ F_2 \\ F_3 \end{bmatrix} = \begin{bmatrix} F_{(1)}^{①} \\ F_{(2)}^{①} \\ 0 \end{bmatrix} + \begin{bmatrix} 0 \\ F_{(1)}^{②} \\ F_{(2)}^{②} \end{bmatrix}$$

即

$$F = F^{①} + F^{②}$$

将式(9-23)和式(9-24)代入上式可得

$$F = (K^{①} + K^{②})\Delta \tag{9-25}$$

令 $K = K^{①} + K^{②}$，上式即为：$F = K\Delta$，称为结构的整体刚度方程，由此可看出，整体刚度矩阵等于各单元贡献矩阵之和，即：$K = \sum_e K^e$。

具体到连续梁的例子，可得整体刚度方程为

$$\begin{bmatrix} F_1 \\ F_2 \\ F_3 \end{bmatrix} = \begin{bmatrix} 4i_1 & 2i_1 & 0 \\ 2i_1 & 4i_1 + 4i_2 & 2i_2 \\ 0 & 2i_2 & 4i_2 \end{bmatrix} \begin{bmatrix} \Delta_1 \\ \Delta_2 \\ \Delta_3 \end{bmatrix}$$

该结果与传统位移法所得相同，说明两种方法殊途同归。

直接刚度法求整体刚度矩阵的步骤可表示为

$$k^e \xrightarrow{\text{I}} K^e \xrightarrow{\text{II}} K$$

第一步：由单元刚度矩阵 k^e 求单元贡献矩阵 K^e，其做法就是将 k^e 中的元素加零元素构成 K^e；第二步：叠加各单元贡献矩阵 K^e，可得整体刚度矩阵 K。

3) 利用单元定位向量由 k^e 求 K^e

根据前面讨论，可知 K^e 是由 k^e 的元素加上零元素重新排列而成的矩阵。下面讨论由单元定位向量确定单元贡献矩阵的方法。

首先，注意每个单元的结点位移分量的局部码和结点总码之间的对应关系。定义由单元的结点位移总码组成的向量称为单元定位向量，记为 λ^e，根据定位向量很容易了解单元位移分量的局部编号与结点位移总体编号的对应关系，有利于确定单元刚度矩阵中的刚度系数在整体刚度矩阵中的位置。因而，单元定位向量也称为单元换码向量。图 9.10 所示的连续梁的单元①、②，其总码和局部码的对应关系及单元定位向量见表 9-1。

表 9-1 编码对应关系

单元	对应关系 局部码→总码	单元定位向量 λ^e
①	(1)→1 (2)→2	$\lambda^{①} = \begin{bmatrix} 1 \\ 2 \end{bmatrix}$
②	(1)→2 (2)→3	$\lambda^{②} = \begin{bmatrix} 2 \\ 3 \end{bmatrix}$

其次，注意单元刚度矩阵 k^e 和单元贡献矩阵 K^e 中元素的排列方式。在 k^e 中，元素按照局部码排列，或者说，元素按照局部码"对号入座"；在 K^e 中，元素按照总码排列，或者说，元素按照总码"对号入座"。

为了根据单元刚度矩阵求得单元贡献矩阵，一般采用"换码重排座"的做法，其做法可以分换码和重排座两步走，具体做法见表 9-2。

表 9-2 换码重排座步骤

步骤	单元刚度矩阵 k^e	单元贡献矩阵 K^e	
换码	元素的原行码 (i)	换成新行码 λ_i	$(i) \to \lambda_i$
	元素的原列码 (j)	换成新列码 λ_j	$(j) \to \lambda_j$
重排座	原排在 (i) 行 (j) 列的元素	改排在 λ_i 行 λ_j 列	$k^e_{(i)(j)} \to K^e_{\lambda_i \lambda_j}$

其中，换码和重排座，都是根据单元定位向量进行的。

根据换码重排座做法，重新求单元①、②的贡献矩阵，具体步骤列在表 9-3 中。

表 9-3 单元贡献矩阵

单元	单元刚度矩阵 k^e	单元定位向量 λ^e	单元贡献矩阵 K^e
①	$\begin{array}{c} \quad (1) \ (2) \\ (1) \\ (2) \end{array} \begin{bmatrix} 4i_1 & 2i_1 \\ 2i_1 & 4i_1 \end{bmatrix}$	$\lambda^{①} = \begin{bmatrix} 1 \\ 2 \end{bmatrix}$	$\begin{array}{c} \quad\quad (1)\ (2) \\ \quad\quad \downarrow\ \downarrow \\ \quad\quad 1\ \ 2\ \ 3 \\ (1)\to 1 \\ (2)\to 2 \\ \quad\ \ 3 \end{array} \begin{bmatrix} 4i_1 & 2i_1 & 0 \\ 2i_1 & 4i_1 & 0 \\ 0 & 0 & 0 \end{bmatrix}$
②	$\begin{array}{c} \quad (1) \ (2) \\ (1) \\ (2) \end{array} \begin{bmatrix} 4i_2 & 2i_2 \\ 2i_2 & 4i_2 \end{bmatrix}$	$\lambda^{②} = \begin{bmatrix} 2 \\ 3 \end{bmatrix}$	$\begin{array}{c} \quad\quad (1)\ (2) \\ \quad\quad \downarrow\ \downarrow \\ \quad\quad 1\ \ 2\ \ 3 \\ \quad\ \ 1 \\ (1)\to 2 \\ (2)\to 3 \end{array} \begin{bmatrix} 0 & 0 & 0 \\ 0 & 4i_2 & 2i_2 \\ 0 & 2i_2 & 4i_2 \end{bmatrix}$

由此看出，由 k^e 求 K^e 的关键就是 k^e 中的元素如何在 K^e 中定位的问题，定位原则就是

$$k^e_{(i)(j)} \to K^e_{\lambda_i \lambda_j}$$

即根据单元定位向量 λ^e 将元素 $k^e_{(i)(j)}$ 放在 K^e 中 λ_i 行 λ_j 的位置上。

4）利用直接刚度法求整体单元刚度的具体实施方案

前面我们得到直接刚度法的两个步骤 $k^e \xrightarrow{\text{I}} K^e \xrightarrow{\text{II}} K$，然而在利用直接刚度法求整体刚度的实施方案中，将两步走合成一步，采用"边定位边累加"的办法，由 k^e 直接求 K，这样做可以使得计算更加简洁。具体步骤如图 9.11 所示。

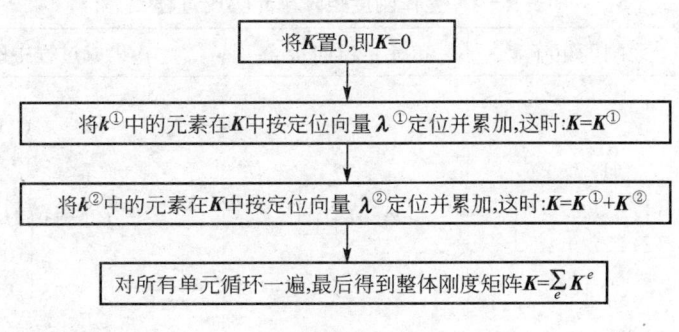

图 9.11

5) 整体刚度矩阵的性质

(1) 整体刚度矩阵系数的物理意义：K 中元素 k_{ij} 称为整体刚度系数，表示当第 j 个结点位移分量 $\Delta_j = 1$，其他结点位移分量为零时，所产生的第 i 个结点力 F_i。

(2) K 是一个对称方阵。

(3) K 是非奇异性矩阵。由于已考虑支承边界条件，结构不可能发生刚体位移，因此整体刚度矩阵是一个非奇异矩阵，故根据整体刚度方程在已知杆端力时可求解相对应的结点位移。

例题 9.1 试求图 9.12(a)所示连续梁的整体刚度矩阵。

【解】：(1) 结点位移分量和总码。

如图 9.12(b)所示，此连续梁有 3 个结点位移分量，即转角 Δ_1、Δ_2、Δ_3，其总码分别为 1、2、3，则整体刚度矩阵为一个 3×3 矩阵。其单元编码、结点总码如图 9.12(c)所示。

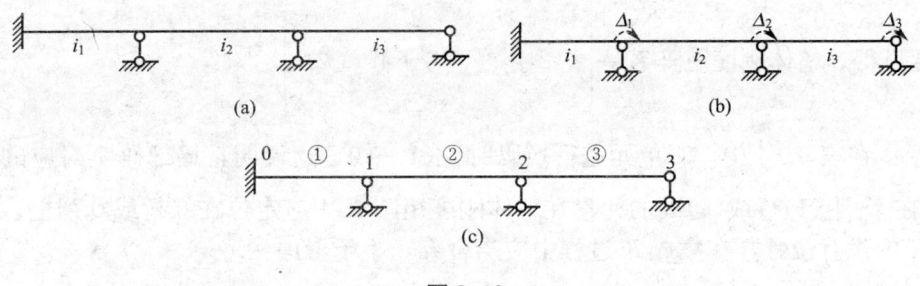

图 9.12

(2) 各单元的定位向量。

单元①、②、③的定位向量分别为

$$\lambda^① = \begin{bmatrix} 0 \\ 1 \end{bmatrix} \quad \lambda^② = \begin{bmatrix} 1 \\ 2 \end{bmatrix} \quad \lambda^③ = \begin{bmatrix} 2 \\ 3 \end{bmatrix}$$

(3) 整体刚度矩阵单元集成过程。

根据直接刚度法的具体实施方案，按照单元①、②、③的次序进行边定位边叠加，可得整体刚度矩阵，其具体步骤见表 9-4。

表 9-4 整体刚度矩阵单元集成过程

单元	单元刚度矩阵 k^e	单元定位向量 λ^e	集成过程中的阶段结果
①	$\begin{array}{c}\;(1)\;\;(2)\\(1)\\(2)\end{array}\begin{bmatrix}4i_1 & 2i_1\\2i_1 & 4i_1\end{bmatrix}$	$\lambda^① = \begin{bmatrix}0\\1\end{bmatrix}$	$(2)\rightarrow\begin{array}{c}\;\;\;\;\;\;\;\;\;\;\downarrow^{(2)}\\\;\;\;1\;\;\;\;\;2\;\;\;\;3\\1\\2\\3\end{array}\begin{bmatrix}4i_1 & 0 & 0\\0 & 0 & 0\\0 & 0 & 0\end{bmatrix}$
②	$\begin{array}{c}\;(1)\;\;(2)\\(1)\\(2)\end{array}\begin{bmatrix}4i_2 & 2i_2\\2i_2 & 4i_2\end{bmatrix}$	$\lambda^② = \begin{bmatrix}1\\2\end{bmatrix}$	$\begin{array}{c}\;\;\;\;\;\;\;\;\;\downarrow^{(1)}\;\;\;\;\;\downarrow^{(2)}\\\;\;\;\;\;\;\;\;1\;\;\;\;\;\;\;2\;\;\;\;\;3\\(1)\rightarrow 1\\(2)\rightarrow 2\\3\end{array}\begin{bmatrix}4i_1+4i_2 & 2i_2 & 0\\2i_2 & 4i_2 & 0\\0 & 0 & 0\end{bmatrix}$
③	$\begin{array}{c}\;(1)\;\;(2)\\(1)\\(2)\end{array}\begin{bmatrix}4i_3 & 2i_3\\2i_3 & 4i_3\end{bmatrix}$	$\lambda^③ = \begin{bmatrix}2\\3\end{bmatrix}$	$\begin{array}{c}\;\;\;\;\;\;\;\;\;\;\;\;\;\;\;\;\;\downarrow^{(1)}\;\;\;\;\;\downarrow^{(2)}\\\;\;\;\;\;\;\;\;\;\;\;\;1\;\;\;\;\;\;\;\;2\;\;\;\;\;\;\;3\\1\\(1)\rightarrow 2\\(2)\rightarrow 3\end{array}\begin{bmatrix}4i_1+4i_2 & 2i_2 & 0\\2i_2 & 4i_2+4i_3 & 2i_3\\0 & 2i_3 & 4i_3\end{bmatrix}$

由此可得，整体刚度矩阵 $K = \begin{bmatrix} 4i_1+4i_2 & 2i_2 & 0 \\ 2i_2 & 4i_2+4i_3 & 2i_3 \\ 0 & 2i_3 & 4i_3 \end{bmatrix}$

📖 提示：在表 9-4 中，①单元进行换码时，(1)→0，这说明，局部码 1 对应的总码是 0，表明在 $k^①$ 中(1)行或(1)列的元素在整体刚度矩阵 K 中应定位在 0 行或 0 列上，即表明它们在 K 中没有位置，在集成 K 过程中应当舍弃，不予考虑。

2. 刚架的整体刚度矩阵

刚架的整体分析与连续梁相比，基本思路相同，仍然可以采用直接刚度法，"边定位边累加"。但相比连续梁而言，情况复杂一些，这主要表现在：

(1) 刚架中每个结点位移分量增加到 3 个：角位移和两个方向的线位移；
(2) 各杆方向不尽相同，在整体分析中采用整体坐标系，故要进行坐标变换；
(3) 一般情况下要考虑刚架各杆的轴向变形，而忽略杆件轴线变形的情况则作为特例来处理，本章中将不再赘述；
(4) 刚架中除了刚结点，还要考虑铰结点等其他情况。

1) 结构位移分量的统一编码——总码

位移分量编号的原则是：

(1) 在平面刚架体系的单元中，一个结点一般包含 3 个分量，每一个结点的位移分量编号按水平位移、竖向位移、转角的顺序进行编制，然后按结点顺序依次进行编号。

(2) 对于有些结点由于存在支座约束，未知的结点位移将不足 3 个，此时已知为零的支座结点位移分量不作为基本未知量，仅对未知位移分量按顺序进行编号，已知为零的位移分量编号为 0。

(3) 对于铰结点或组合结点，结点的未知位移总数目将超过 3 个，因而，对于同一个结点必须采用不同的结点编码，用来区分不同的杆端位移；对于不同结点编码的结点位移分量，若具有相同的杆端位移分量，则采用相同的结点位移分量编码。

例题 9.2 刚架的单元编码如图 9.13(a)、(b)所示，试对其进行结点和结点位移分量编码。

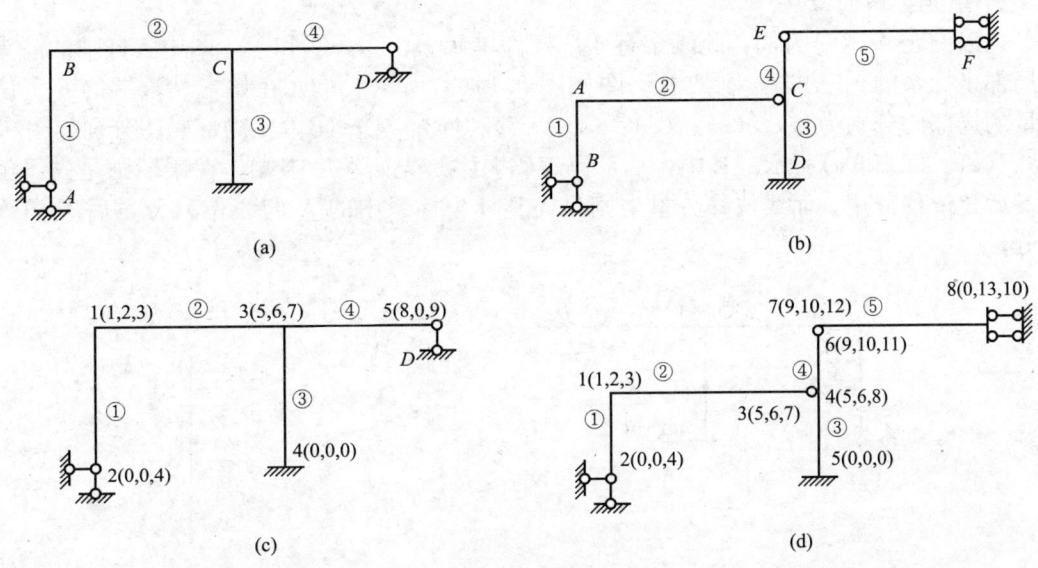

图 9.13

【解】：(1) 根据图 9.13(a)所示刚架的单元编码对结点进行编码。结点 1 是刚结点，有 3 个结点位移分量，因而其结点位移分量编码是(1, 2, 3)；结点 2 是固定铰支座，杆端的水平和竖向位移分量已知为零，因而结点 2 的位移分量编码是(0, 0, 4)；结点 3 仍是刚结点，因而其结点位移分量编码是(5, 6, 7)；结点 4 是固定支座，对应的 3 个位移分量已知为零，故该处结点的位移编号皆为(0, 0, 0)；结点 5 有一个可动铰支座，竖向位移必然为零，所以其位移分量的编码是(8, 0, 9)。综上，结点位移编码如图 9.13(c)所示。

(2) 根据图 9.13(b)所示刚架的单元编码对结点进行编码。结点 1 是刚结点，有 3 个结点位移分量，因而其结点位移分量编码是(1, 2, 3)；结点 2 是固定铰支座，其位移分量编码是(0, 0, 4)。

结点 C 是一个组合结点，具有相同的线位移，但是 CA 杆端的角位移与 CE 和 CD 杆端的角位移不相同，CE 和 CD 的杆端角位移相同，因而结点 C 的位移分量共有 4 个，即为结点 C 的水平位移、竖向位移、CA 杆端的角位移、CE 或 CD 的杆端角位移，故对于结点 C 必须采用不同结点编码，将其编码为 3、4。结点 3 的位移分量编码是(5, 6, 7)；由于结点 3、4 的水平和竖向位移都相同,按照相同位移取同一编号的原则,故两个结点的第一个和第二个位移分量,都应采取相同的结点位移编号,第 3 位移分量是不同的,所以编号应该区别开来,结点 4 的位移分量编码是(5,6,8)。

结点 5 是固定支座,对应的 3 个位移分量已知为零,故该处结点的位移编号皆为 (0,0,0)。结点 E 是一个铰结点,由于铰结点的特点,EC 和 EF 杆端的角位移不相同,因此,结点 E 具有 4 个位移分量,应该采用不同的结点编码,即为结点 6、7。结点 6 的位移分量编码是(9,10,11);由于结点 6、7 具有相同的线位移,不同的角位移,因而,结点 7 的位移分量编码是(9,10,12)。结点 8 是一个定向支座,其水平线位移和角位移已知为零,因而其位移分量编码是(0,13,0)。综上,结点位移编码如图 9.13(d)所示。

2) 单元定位向量

仍以例题 9.2(a)为例,此刚架有 4 个杆件单元①、②、③和④。图中各杆轴的箭头表示局部坐标系的 $\bar{x}$ 正方向,刚架总码图如图 9.14(a)所示。单元在始端、末端的 6 个位移分量的局部码分别为(1)、(2)、(3)、(4)、(5)和(6),①~④单元局部码图分别如图 9.14(b)、(c)、(d)和(e)所示。其中,局部码编码顺序是先始端后末端,在某端则是先线位移分量后角位移分量,而线位移分量中则是先整体坐标系中的 X 向线位移分量后 Y 向线位移分量。

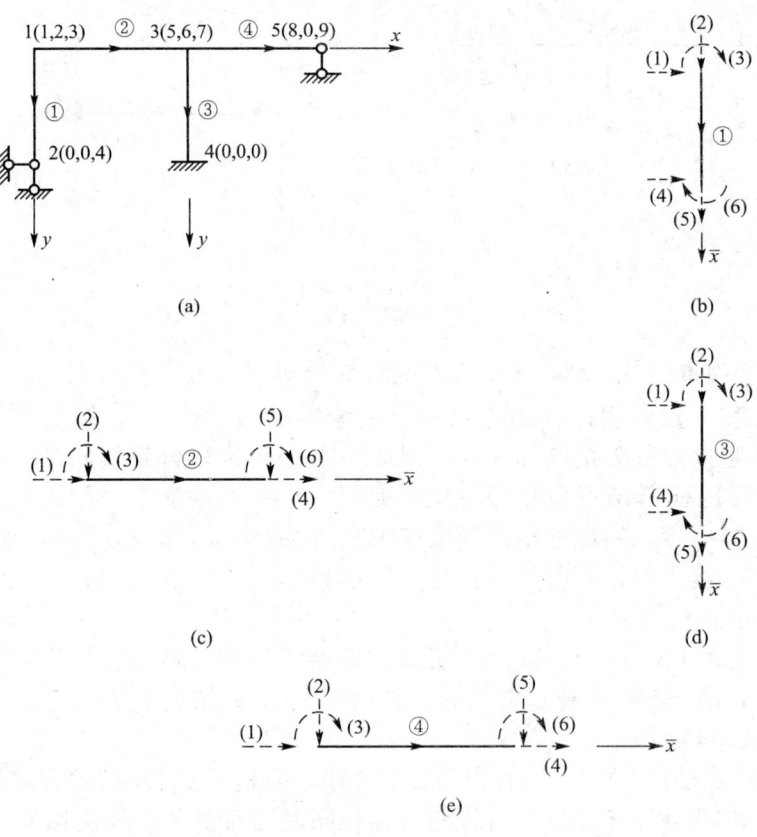

图 9.14

对于单元①、②、③和④局部码和总码之间的对应关系以及定位向量列在表9-5中。

3) 整体刚度矩阵的集成

这个过程和连续梁基本相同，仍然是在利用直接刚度法求整体刚度矩阵，"边定位边累加"的办法，其不同之处在于：在整体刚度矩阵集成之前，要将局部坐标系下的单元刚度矩阵转换为整体坐标系下的单元刚度矩阵。具体做法通过例题9.3进一步说明。

表9-5 编码对应关系

单元①		单元②	
局部码→总码	单元定位向量 λ^e	局部码→总码	单元定位向量 λ^e
(1)→1 (2)→2 (3)→3 (4)→0 (5)→0 (6)→4	$\lambda^① = \begin{bmatrix} 1 \\ 2 \\ 3 \\ 0 \\ 0 \\ 4 \end{bmatrix}$	(1)→1 (2)→2 (3)→3 (4)→5 (5)→6 (6)→7	$\lambda^② = \begin{bmatrix} 1 \\ 2 \\ 3 \\ 5 \\ 6 \\ 7 \end{bmatrix}$
单元③		单元④	
局部码→总码	单元定位向量 λ^e	局部码→总码	单元定位向量 λ^e
(1)→5 (2)→6 (3)→7 (4)→0 (5)→0 (6)→0	$\lambda^③ = \begin{bmatrix} 5 \\ 6 \\ 7 \\ 0 \\ 0 \\ 0 \end{bmatrix}$	(1)→5 (2)→6 (3)→7 (4)→8 (5)→0 (6)→9	$\lambda^④ = \begin{bmatrix} 5 \\ 6 \\ 7 \\ 8 \\ 0 \\ 9 \end{bmatrix}$

例题9.3 试计算如图9.15(a)所示平面刚架的整体刚度矩阵。设各杆均为矩形截面，截面尺寸相同，抗弯刚度为 EI，抗拉刚度为 EA。

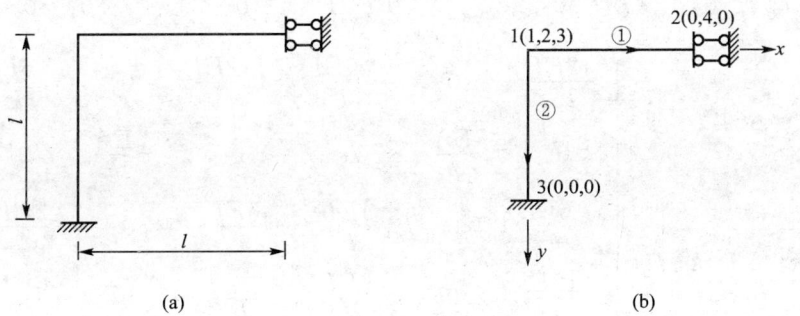

图 9.15

【解】：(1) 对图9.15(a)所示刚架进行单元、结点和位移分量编码，如图9.15(b)所示。由式(9-3)求局部坐标系的各单元刚度矩阵。

$$\bar{k}^{①}=\bar{k}^{②}=\begin{bmatrix} \dfrac{EA}{l} & 0 & 0 & -\dfrac{EA}{l} & 0 & 0 \\ 0 & \dfrac{12EI}{l^3} & \dfrac{6EI}{l^2} & 0 & -\dfrac{12EI}{l^3} & \dfrac{6EI}{l^2} \\ 0 & \dfrac{6EI}{l^2} & \dfrac{4EI}{l} & 0 & -\dfrac{6EI}{l^2} & \dfrac{2EI}{l} \\ -\dfrac{EA}{l} & 0 & 0 & \dfrac{EA}{l} & 0 & 0 \\ 0 & -\dfrac{12EI}{l^3} & -\dfrac{6EI}{l^2} & 0 & \dfrac{12EI}{l^3} & -\dfrac{6EI}{l^2} \\ 0 & \dfrac{6EI}{l^2} & \dfrac{2EI}{l} & 0 & -\dfrac{6EI}{l^2} & \dfrac{4EI}{l} \end{bmatrix}$$

(2) 由式(9-19)求整体坐标系下各单元刚度矩阵。

单元①：$\alpha=0°$，$\cos\alpha=1$，$\sin\alpha=0$

$$T=\begin{bmatrix} \cos\alpha & \sin\alpha & 0 & 0 & 0 & 0 \\ -\sin\alpha & \cos\alpha & 0 & 0 & 0 & 0 \\ 0 & 0 & 1 & 0 & 0 & 0 \\ 0 & 0 & 0 & \cos\alpha & \sin\alpha & 0 \\ 0 & 0 & 0 & -\sin\alpha & \cos\alpha & 0 \\ 0 & 0 & 0 & 0 & 0 & 1 \end{bmatrix}=\begin{bmatrix} 1 & 0 & 0 & 0 & 0 & 0 \\ 0 & 1 & 0 & 0 & 0 & 0 \\ 0 & 0 & 1 & 0 & 0 & 0 \\ 0 & 0 & 0 & 1 & 0 & 0 \\ 0 & 0 & 0 & 0 & 1 & 0 \\ 0 & 0 & 0 & 0 & 0 & 0 \end{bmatrix}=I$$

则 $\quad k^{①}=T^{T}\bar{k}^{①}T=I^{T}\bar{k}^{①}I=\bar{k}^{①}$

单元②：$\alpha=90°$，$\cos\alpha=0$，$\sin\alpha=1$

$$T=\begin{bmatrix} \cos\alpha & \sin\alpha & 0 & 0 & 0 & 0 \\ -\sin\alpha & \cos\alpha & 0 & 0 & 0 & 0 \\ 0 & 0 & 1 & 0 & 0 & 0 \\ 0 & 0 & 0 & \cos\alpha & \sin\alpha & 0 \\ 0 & 0 & 0 & -\sin\alpha & \cos\alpha & 0 \\ 0 & 0 & 0 & 0 & 0 & 1 \end{bmatrix}=\begin{bmatrix} 0 & 1 & 0 & 0 & 0 & 0 \\ -1 & 0 & 0 & 0 & 0 & 0 \\ 0 & 0 & 1 & 0 & 0 & 0 \\ 0 & 0 & 0 & 0 & 1 & 0 \\ 0 & 0 & 0 & -1 & 0 & 0 \\ 0 & 0 & 0 & 0 & 0 & 1 \end{bmatrix}$$

$$k^{②}=T^{T}\bar{k}^{②}T=\begin{bmatrix} \dfrac{12EI}{l^3} & 0 & -\dfrac{6EI}{l^2} & -\dfrac{12EI}{l^3} & 0 & -\dfrac{6EI}{l^2} \\ 0 & \dfrac{EA}{l} & 0 & 0 & -\dfrac{EA}{l} & 0 \\ -\dfrac{6EI}{l^2} & 0 & \dfrac{4EI}{l} & \dfrac{6EI}{l^2} & 0 & \dfrac{2EI}{l} \\ -\dfrac{12EI}{l^3} & 0 & \dfrac{6EI}{l^2} & \dfrac{12EI}{l^3} & 0 & \dfrac{6EI}{l^2} \\ 0 & -\dfrac{EA}{l} & 0 & 0 & \dfrac{EA}{l} & 0 \\ -\dfrac{6EI}{l^2} & 0 & \dfrac{2EI}{l} & \dfrac{6EI}{l^2} & 0 & \dfrac{4EI}{l} \end{bmatrix}$$

(3) 单元定位向量见表 9-6。

表 9-6 编码对应关系

单元①		单元②	
局部码→总码	单元定位向量 λ^e	局部码→总码	单元定位向量 λ^e
(1)→1 (2)→2 (3)→3 (4)→0 (5)→4 (6)→0	$\lambda^{①} = \begin{bmatrix} 1 \\ 2 \\ 3 \\ 0 \\ 4 \\ 0 \end{bmatrix}$	(1)→1 (2)→2 (3)→3 (4)→0 (5)→0 (6)→0	$\lambda^{②} = \begin{bmatrix} 1 \\ 2 \\ 3 \\ 0 \\ 0 \\ 0 \end{bmatrix}$

(4) 整体刚度矩阵的集成。

根据总码数目可知 K 是一个 4×4 阶的矩阵。根据直接刚度法的具体实施方案，按照单元①、②的次序进行"边定位边累加"，得到结构的整体刚度矩阵，其具体步骤见表 9-7。

表 9-7 整体刚度矩阵的集成过程

单元	①
整体坐标系下的单元刚度矩阵 k^e	$\begin{array}{c} \quad\quad (1)\quad\quad (2)\quad\quad (3)\quad\quad (4)\quad\quad (5)\quad\quad (6) \\ \begin{array}{c}(1)\\(2)\\(3)\\(4)\\(5)\\(6)\end{array} \begin{bmatrix} \dfrac{EA}{l} & 0 & 0 & -\dfrac{EA}{l} & 0 & 0 \\ 0 & \dfrac{12EI}{l^3} & \dfrac{6EI}{l^2} & 0 & -\dfrac{12EI}{l^3} & \dfrac{6EI}{l^2} \\ 0 & \dfrac{6EI}{l^2} & \dfrac{4EI}{l} & 0 & -\dfrac{6EI}{l^2} & \dfrac{2EI}{l} \\ -\dfrac{EA}{l} & 0 & 0 & \dfrac{EA}{l} & 0 & 0 \\ 0 & -\dfrac{12EI}{l^3} & -\dfrac{6EI}{l^2} & 0 & \dfrac{12EI}{l^3} & -\dfrac{6EI}{l^2} \\ 0 & \dfrac{6EI}{l^2} & \dfrac{2EI}{l} & 0 & -\dfrac{6EI}{l^2} & \dfrac{4EI}{l} \end{bmatrix} \end{array}$
单元定位向量 λ^e	$\lambda^{①} = \begin{bmatrix} 1 \\ 2 \\ 3 \\ 0 \\ 4 \\ 0 \end{bmatrix}$

(续)

单元	①			
集成过程中的阶段结果	$\begin{array}{c} \quad\quad (1)\quad (2)\quad (3)\quad (5) \\ \quad\quad \downarrow \quad\ \downarrow \quad\ \downarrow \quad\ \downarrow \\ \quad\quad\ 1 \quad\ \ 2 \quad\ \ 3 \quad\ \ 4 \\ (1)\to 1 \\ (2)\to 2 \\ (3)\to 3 \\ (5)\to 4 \end{array} \begin{bmatrix} \dfrac{EA}{l} & 0 & 0 & 0 \\ 0 & \dfrac{12EI}{l^3} & \dfrac{6EI}{l^2} & -\dfrac{12EI}{l^3} \\ 0 & \dfrac{6EI}{l^2} & \dfrac{4EI}{l} & -\dfrac{6EI}{l^2} \\ 0 & -\dfrac{12EI}{l^3} & -\dfrac{6EI}{l^2} & \dfrac{12EI}{l^3} \end{bmatrix}$			

单元	②
整体坐标系下的单元刚度矩阵 k^e	$\begin{array}{c} \quad\ \ (1)\quad\ \ (2)\quad\ \ (3)\quad\ \ (4)\quad\ \ (5)\quad\ \ (6) \\ (1) \\ (2) \\ (3) \\ (4) \\ (5) \\ (6) \end{array} \begin{bmatrix} \dfrac{12EI}{l^3} & 0 & -\dfrac{6EI}{l^2} & -\dfrac{12EI}{l^3} & 0 & -\dfrac{6EI}{l^2} \\ 0 & \dfrac{EA}{l} & 0 & 0 & -\dfrac{EA}{l} & 0 \\ -\dfrac{6EI}{l^2} & 0 & \dfrac{4EI}{l} & \dfrac{6EI}{l^2} & 0 & \dfrac{2EI}{l} \\ -\dfrac{12EI}{l^3} & 0 & \dfrac{6EI}{l^2} & \dfrac{12EI}{l^3} & 0 & \dfrac{6EI}{l^2} \\ 0 & -\dfrac{EA}{l} & 0 & 0 & \dfrac{EA}{l} & 0 \\ -\dfrac{6EI}{l^2} & 0 & \dfrac{2EI}{l} & \dfrac{6EI}{l^2} & 0 & \dfrac{4EI}{l} \end{bmatrix}$
单元定位向量 λ^e	$\lambda^{②}=\begin{bmatrix} 1 \\ 2 \\ 3 \\ 0 \\ 0 \\ 0 \end{bmatrix}$
集成过程中的阶段结果	$\begin{array}{c} \quad\quad (1)\quad\quad (2)\quad\quad (3)\quad\quad \\ \quad\quad \downarrow \quad\quad\ \downarrow \quad\quad\ \downarrow \quad\quad\ \downarrow \\ \quad\quad\ 1 \quad\quad\ 2 \quad\quad\ 3 \quad\quad\ 4 \\ (1)\to 1 \\ (2)\to 2 \\ (3)\to 3 \\ \to 4 \end{array} \begin{bmatrix} \dfrac{EA}{l}+\dfrac{12EI}{l^3} & 0 & -\dfrac{6EI}{l^2} & 0 \\ 0 & \dfrac{12EI}{l^3}+\dfrac{EA}{l} & \dfrac{6EI}{l^2} & -\dfrac{12EI}{l^3} \\ -\dfrac{6EI}{l^2} & \dfrac{6EI}{l^2} & \dfrac{4EI}{l}+\dfrac{4EI}{l} & -\dfrac{6EI}{l^2} \\ 0 & -\dfrac{12EI}{l^3} & -\dfrac{6EI}{l^2} & \dfrac{12EI}{l^2} \end{bmatrix}$

提示： 在表 9-7 中，①单元进行换码时，(4)→0 和(6)→0，表明在 $k^{①}$ 中(4)行或(4)列和(6)行或(6)列的元素在结构整体刚度矩阵 K 中应定位在 0 行或 0 列上，即表明它们在 K 中没有位置，在集成 K 过程中应当舍弃，不予考虑。对于②单元 $k^{②}$ 中(4)、(5)、(6)各行各列元素在 K 中也没有位置，在集成的时候应舍弃。

则结构整体刚度矩阵 $K=\begin{bmatrix} \dfrac{EA}{l}+\dfrac{12EI}{l^3} & 0 & -\dfrac{6EI}{l^2} & 0 \\ 0 & \dfrac{12EI}{l^3}+\dfrac{EA}{l} & \dfrac{6EI}{l^2} & -\dfrac{12EI}{l^3} \\ -\dfrac{6EI}{l^2} & \dfrac{6EI}{l^2} & \dfrac{4EI}{l}+\dfrac{4EI}{l} & -\dfrac{6EI}{l^2} \\ 0 & -\dfrac{12EI}{l^3} & -\dfrac{6EI}{l^2} & \dfrac{12EI}{l^3} \end{bmatrix}$

9.5 等效结点荷载

1. 等效结点荷载的概念

荷载按其作用位置不同，可分为结点荷载和非结点荷载。而采用矩阵位移法分析时，往往以只承受结点荷载为前提。但在实际工程中，结构大多受到非结点荷载的作用，这样就需对非结点荷载进行处理，将其转换为等效结点荷载，然后才能按结点荷载建立的方程求解。

荷载等效的原则是不改变结构的结点位移情况，即结构在原荷载与等效结点荷载作用下产生相同的结点位移。或说是原荷载与等效结点荷载 P 在位移法基本体系中产生相同的结点约束反力 F_P，即：$P=-F_P$。

2. 位移法基本方程

前面推导的结构刚度方程 $F=K\Delta$，它是根据原结构的位移法基本体系建立的，表示由结点位移 Δ 推算结点力 F（即在基本体系的附加约束中引起的约束反力）的关系式。它只反映了结构的刚度性质，不涉及结构上的实际荷载，并不是用以分析原结构的位移法方程。

而位移法基本方程的推导是考虑了位移法基本体系的两种状态：一是只有荷载单独作用下，结点位移为零，此时在基本结构中引起的结点约束力，记为 F_P；二是只有结点位移单独作用下，荷载为零，此时在基本结构中引起的结点约束力为 F。

由于基本体系附加约束中的总反力必等于零，位移法基本方程可表示为

$$F_P+F=0$$

根据 $F=K\Delta$ 和 $P=-F_P$，最终位移法基本方程变为

$$K\Delta=P \tag{9-26}$$

3. 等效结点荷载的转换

根据荷载等效的原则，可以根据以下 4 个步骤完成非结点荷载向结点荷载的转换。

（1）在单元两端加上 6 个附加约束，成为两端固定梁，求出给定荷载作用下 6 个固端约束力，它们组成固端约束反力向量 $\overline{\boldsymbol{F}}_P^e$。其中固端约束反力方向与整体坐标一致为正。表 9-8 中给出了常见荷载所引起的固端约束反力。

（2）将各附加约束上的约束反力反号作用在结构的结点上，也就是将 $\overline{\boldsymbol{F}}_P^e$ 反号就得到局部坐标系下单元等效结点荷载 $\overline{\boldsymbol{P}}^e$，即：$\overline{\boldsymbol{P}}^e = -\overline{\boldsymbol{F}}_P^e$。

（3）利用坐标转换公式，得到整体坐标系下的 $\boldsymbol{P}^e$，即：$\boldsymbol{P}^e = \boldsymbol{T}^T \overline{\boldsymbol{P}}^e$

（4）依次将每个单元的等效结点荷载 $\boldsymbol{P}^e$ 中的元素按照单元定位向量"边定位边累加"的办法，最终得到整个结构的等效结点荷载 $\boldsymbol{P}$。

表 9-8 单元固端约束反力（局部坐标系）

序号	简图		始端(1)	终端(2)
1	(集中力 F_P)	$\overline{F}_{xP}$	0	0
		$\overline{F}_{yP}$	$-F_P \dfrac{b^2}{l^2}\left(1+2\dfrac{a}{l}\right)$	$-F_P \dfrac{a^2}{l^2}\left(1+2\dfrac{b}{l}\right)$
		$\overline{M}_P$	$-F_P \dfrac{ab^2}{l^2}$	$F_P \dfrac{a^2 b}{l^2}$
2	(均布荷载 q)	$\overline{F}_{xP}$	0	0
		$\overline{F}_{yP}$	$-qa\left(1-\dfrac{a^2}{l^2}+\dfrac{a^3}{2l^3}\right)$	$-q\dfrac{a^2}{l^2}\left(1-\dfrac{a}{2l}\right)$
		$\overline{M}_P$	$-\dfrac{qa^2}{12}\left(6-8\dfrac{a}{l}+3\dfrac{a^2}{l^2}\right)$	$\dfrac{qa^3}{12l}\left(4-3\dfrac{a}{l}\right)$
3	(集中力偶 M)	$\overline{F}_{xP}$	0	0
		$\overline{F}_{yP}$	$\dfrac{6Mab}{l^3}$	$-\dfrac{6Mab}{l^3}$
		$\overline{M}_P$	$M\dfrac{b}{l}\left(2-3\dfrac{b}{l}\right)$	$M\dfrac{a}{l}\left(2-3\dfrac{a}{l}\right)$
4	(三角形荷载 q)	$\overline{F}_{xP}$	0	0
		$\overline{F}_{yP}$	$-q\dfrac{a}{4}\left(2-3\dfrac{a^2}{l^2}+1.6\dfrac{a^3}{l^3}\right)$	$-q\dfrac{a^3}{4l^2}\left(3-1.6\dfrac{a}{l}\right)$
		$\overline{M}_P$	$-q\dfrac{a^2}{6}\left(2-3\dfrac{a}{l}+1.2\dfrac{a^2}{l^2}\right)$	$q\dfrac{a^3}{4l}\left(1-0.8\dfrac{a}{l}\right)$
5	(轴向力 F_P)	$\overline{F}_{xP}$	$-F_P \dfrac{b}{l}$	$-F_P \dfrac{a}{l}$
		$\overline{F}_{yP}$	0	0
		$\overline{M}_P$	0	0

(续)

序号	简图		始端(1)	终端(2)
6	(图：分布荷载 q 从 1 端向 x 方向，长度 a，总长 l)	$\overline{F}_{xP}$	$-qa\left(1-0.5\dfrac{a}{l}\right)$	$-0.5q\dfrac{a^2}{l}$
		$\overline{F}_{yP}$	0	0
		$\overline{M}_P$		
7	(图：均布荷载 q 向下，长度 a，总长 l)	$\overline{F}_{xP}$	0	0
		$\overline{F}_{yP}$	$q\dfrac{a^2}{l^2}\left(\dfrac{a}{l}+3\dfrac{b}{l}\right)$	$-q\dfrac{a^2}{l^2}\left(\dfrac{a}{l}+3\dfrac{b}{l}\right)$
		$\overline{M}_P$	$-q\dfrac{ab^2}{l^2}$	$q\dfrac{ba^2}{l^2}$

4. 综合结点荷载

若结构既受到非结点荷载作用，又受到结点荷载作用，则结构总的结点荷载向量称为综合结点荷载向量。将等效结点荷载与原结点荷载叠加可得综合结点荷载。

例题 9.4 刚架的单元编码、结点编码、结点位移分量总码如图 9.16 所示，试写出该平面刚架的综合结点荷载向量。

【解】：该刚架既受到非结点荷载作用，又受到结点荷载作用，因而，可先求出刚架在非结点荷载作用下的等效结点荷载，再与原结点的实际荷载相叠加，就得到了综合结点荷载。

（1）求非结点荷载作用下的等效结点荷载。

① 求局部坐标系的单元等效荷载 $\overline{F}_P$。

对于单元①：由于杆件没有受到荷载，因而，$\overline{F}_P^① = \{0\ 0\ 0\ 0\ 0\ 0\}^T$。

得局部坐标系等效结点荷载为

$$\overline{P}^① = -\overline{F}_P^① = \{0\ \ 0\ \ 0\ \ 0\ \ 0\ \ 0\}^T$$

对于单元②：根据表 9-8，单元固端力为

$\overline{F}_{xP1} = 0$

$\overline{F}_{yP1} = -F_P \dfrac{b^2}{l^2}\left(1+2\dfrac{a}{l}\right) = -8\times\dfrac{2.5^2}{5^2}\left(1+2\times\dfrac{2.5}{5}\right) = -4\text{kN}$

$\overline{M}_{P1} = -F_P \dfrac{ab^2}{l^2} = -8\times\dfrac{2.5\times 2.5^2}{5^2} = -5\text{kN}\cdot\text{m}$

$\overline{F}_{xP2} = 0$

$\overline{F}_{yP2} = -F_P \dfrac{a^2}{l^2}\left(1+2\dfrac{b}{l}\right) = -8\times\dfrac{2.5^2}{5^2}\left(1+2\times\dfrac{2.5}{5}\right) = -4\text{kN}$

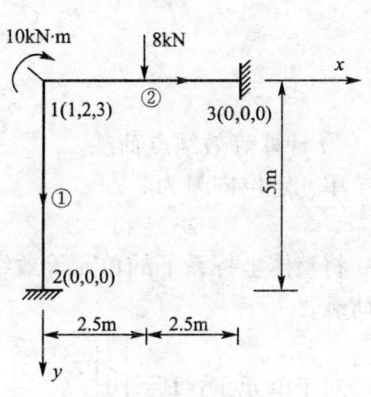

图 9.16

$$\overline{M}_{P2} = F_P \frac{a^2 b}{l^2} = 8 \times \frac{2.5^2 \times 2.5}{5^2} = 5 \text{kN} \cdot \text{m}$$

则

$$\overline{\boldsymbol{F}}_P^{②} = \{0 \quad -4 \quad -5 \quad 0 \quad -4 \quad 5\}^T$$

得局部坐标系等效结点荷载为

$$\overline{\boldsymbol{P}}^{②} = -\overline{\boldsymbol{F}}_P^{②} = \{0 \quad 4 \quad 5 \quad 0 \quad 4 \quad -5\}^T$$

② 求整体坐标系下的单元等效结点荷载。

对于单元①：$\alpha = 90°$，得

$$\boldsymbol{P}^{①} = \boldsymbol{T}^T \overline{\boldsymbol{P}}^{①} = \begin{bmatrix} 0 & -1 & 0 & 0 & 0 & 0 \\ 1 & 0 & 0 & 0 & 0 & 0 \\ 0 & 0 & 1 & 0 & 0 & 0 \\ 0 & 0 & 0 & 0 & -1 & 0 \\ 0 & 0 & 0 & 1 & 0 & 0 \\ 0 & 0 & 0 & 0 & 0 & 1 \end{bmatrix} \begin{bmatrix} 0 \\ 0 \\ 0 \\ 0 \\ 0 \\ 0 \end{bmatrix} = \begin{bmatrix} 0 \\ 0 \\ 0 \\ 0 \\ 0 \\ 0 \end{bmatrix}$$

对于单元②：$\alpha = 0°$，得

$$\boldsymbol{P}^{②} = \overline{\boldsymbol{P}}^{②} = \begin{bmatrix} 0 \\ 4 \\ 5 \\ 0 \\ 4 \\ -5 \end{bmatrix}$$

③ 计算等效结点荷载。

单元定位向量为

$$\boldsymbol{\lambda}^{①} = \{1 \quad 2 \quad 3 \quad 0 \quad 0 \quad 0\}^T \quad \boldsymbol{\lambda}^{②} = \{1 \quad 2 \quad 3 \quad 0 \quad 0 \quad 0\}^T$$

将整体坐标系下的单元等效结点荷载按单元定位向量"边定位边累加"成结构等效结点荷载。

对于单元①：$\boldsymbol{P} = \begin{bmatrix} 0 \\ 0 \\ 0 \end{bmatrix}$

对于单元②：$\boldsymbol{P} = \begin{bmatrix} 0+0 \\ 0+4 \\ 0+5 \end{bmatrix} = \begin{bmatrix} 0 \\ 4 \\ 5 \end{bmatrix}$

最终，结构等效结点荷载 $\boldsymbol{P} = \begin{bmatrix} 0 \text{kN} \\ 4 \text{kN} \\ 5 \text{kN} \cdot \text{m} \end{bmatrix}$。

(2) 综合结点荷载。

综合结点荷载等于等效结点荷载与原结点荷载叠加，刚架仅仅在1结点受到一个顺时针力偶，$m = 10 \text{kN} \cdot \text{m}$，因而其原结构的结点荷载为 $\begin{bmatrix} 0 \text{kN} \\ 0 \text{kN} \\ 10 \text{kN} \cdot \text{m} \end{bmatrix}$，则有

$$P = \begin{bmatrix} 0 \\ 4 \\ 5 \end{bmatrix} + \begin{bmatrix} 0 \\ 0 \\ 10 \end{bmatrix} = \begin{bmatrix} 0\text{kN} \\ 4\text{kN} \\ 15\text{kN} \cdot \text{m} \end{bmatrix}$$

9.6 矩阵位移法计算举例

通过上述各节的讨论，矩阵位移法的计算步骤可归纳如下。

(1) 结构离散化，将结构的结点、单元、结点位移进行编码，选择结构整体坐标系和各单元局部坐标系。

(2) 形成局部坐标系下的各单元刚度矩阵 $\bar{k}^e$。

(3) 根据坐标变换公式，计算整体坐标系下的单元刚度矩阵 $k^e = T^T \bar{k}^e T$。

(4) 应用直接刚度法，集成结构整体刚度矩阵 K。

(5) 计算等效结点荷载 P，具体步骤：首先求局部坐标系下的单元等效结点荷载 $\bar{P}^e$；其次求整体坐标系下的单元等效结点荷载 $P^e = T^T \bar{P}^e$；然后应用直接刚度法，集成等效结点荷载 P。

(6) 求解整体刚度方程 $K\Delta = P$，解得结点位移 Δ。

(7) 计算局部坐标系下的各单元的杆端力 $\bar{F}^e = \bar{k}^e T \Delta^e + \bar{F}_P^e$，并绘制结构的内力图。

例题 9.5 绘制图 9.17(a)所示结构弯矩图，各杆 $EI =$ 常数，$P = ql$。

【解】：(1) 结构离散化，将结构的单元、结点位移进行编码。

对于连续梁，结点 1 为固定铰支座，所以 1 结点的水平、竖向位移分量已知为零，故结点 1 的位移分量编码为(0，0，1)；由于不考虑杆件的轴向变形，因而结点 2 的水平、竖向位移分量也已知为零，因而其位移分量编码为(0，0，2)；同理，结点 3 的位移分量编码为(0，0，3)。结点位移总码如图 9.17(b)所示。

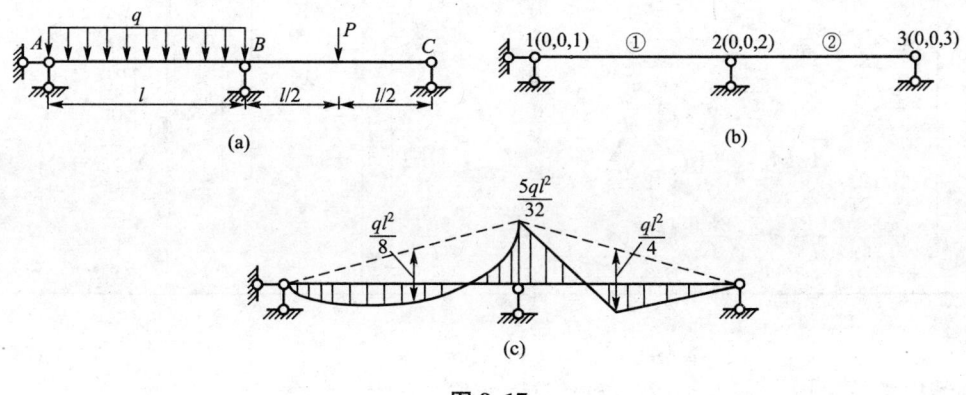

图 9.17

(2) 根据单元的定位向量，应用直接刚度法，集成结构整体刚度矩阵 K。

单元①、②的定位向量分别为

$$\boldsymbol{\lambda}^{①} = \begin{bmatrix} 0 \\ 0 \\ 1 \\ 0 \\ 0 \\ 2 \end{bmatrix} \qquad \boldsymbol{\lambda}^{②} = \begin{bmatrix} 0 \\ 0 \\ 2 \\ 0 \\ 0 \\ 3 \end{bmatrix}$$

令 $i = \dfrac{EI}{l}$，根据直接刚度法的具体实施方案，按照单元①、②次序进行边定位边叠加，得到结构的整体刚度矩阵，其具体过程见表 9-9。

表 9-9 整体刚度矩阵集成过程

单元	单元刚度矩阵 $\boldsymbol{k}^e$	单元定位向量 $\boldsymbol{\lambda}^e$	集成过程中的阶段结果
①	$\begin{bmatrix} \dfrac{EA}{l} & 0 & 0 & -\dfrac{EA}{l} & 0 & 0 \\ 0 & \dfrac{12EI}{l^3} & \dfrac{6EI}{l^2} & 0 & -\dfrac{12EI}{l^3} & \dfrac{6EI}{l^2} \\ 0 & \dfrac{6EI}{l^2} & \dfrac{4EI}{l} & 0 & -\dfrac{6EI}{l^2} & \dfrac{2EI}{l} \\ -\dfrac{EA}{l} & 0 & 0 & \dfrac{EA}{l} & 0 & 0 \\ 0 & -\dfrac{12EI}{l^3} & -\dfrac{6EI}{l^2} & 0 & \dfrac{12EI}{l^3} & -\dfrac{6EI}{l^2} \\ 0 & \dfrac{6EI}{l^2} & \dfrac{2EI}{l} & 0 & -\dfrac{6EI}{l^2} & \dfrac{4EI}{l} \end{bmatrix}$	$\boldsymbol{\lambda}^{①} = \begin{bmatrix} 0 \\ 0 \\ 1 \\ 0 \\ 0 \\ 2 \end{bmatrix}$	$\begin{bmatrix} 4i & 2i & 0 \\ 2i & 4i & 0 \\ 0 & 0 & 0 \end{bmatrix}$
②	$\begin{bmatrix} \dfrac{EA}{l} & 0 & 0 & -\dfrac{EA}{l} & 0 & 0 \\ 0 & \dfrac{12EI}{l^3} & \dfrac{6EI}{l^2} & 0 & -\dfrac{12EI}{l^3} & \dfrac{6EI}{l^2} \\ 0 & \dfrac{6EI}{l^2} & \dfrac{4EI}{l} & 0 & -\dfrac{6EI}{l^2} & \dfrac{2EI}{l} \\ -\dfrac{EA}{l} & 0 & 0 & \dfrac{EA}{l} & 0 & 0 \\ 0 & -\dfrac{12EI}{l^3} & -\dfrac{6EI}{l^2} & 0 & \dfrac{12EI}{l^3} & -\dfrac{6EI}{l^2} \\ 0 & \dfrac{6EI}{l^2} & \dfrac{2EI}{l} & 0 & -\dfrac{6EI}{l^2} & \dfrac{4EI}{l} \end{bmatrix}$	$\boldsymbol{\lambda}^{②} = \begin{bmatrix} 0 \\ 0 \\ 2 \\ 0 \\ 0 \\ 3 \end{bmatrix}$	$\begin{bmatrix} 4i & 2i & 0 \\ 2i & 4i+4i & 2i \\ 0 & 2i & 4i \end{bmatrix}$

则结构整体刚度矩阵 $\boldsymbol{K} = \begin{bmatrix} 4i & 2i & 0 \\ 2i & 8i & 2i \\ 0 & 2i & 4i \end{bmatrix}$。

(3) 计算等效结点荷载 $\boldsymbol{P}$。

查表 9-8 得单元①、②固端力为

$$\overline{\boldsymbol{F}}_P^{①} = \left\{ 0 \quad -\frac{ql}{2} \quad -\frac{ql^2}{12} \quad 0 \quad -\frac{ql}{2} \quad \frac{ql^2}{12} \right\}^T$$

$$\overline{\boldsymbol{F}}_P^{②} = \left\{ 0 \quad -\frac{ql}{2} \quad -\frac{ql^2}{8} \quad 0 \quad -\frac{ql}{2} \quad \frac{ql^2}{8} \right\}^T$$

局部坐标系等效结点荷载为

$$\overline{\boldsymbol{P}}^{①} = -\overline{\boldsymbol{F}}_P^{①} = \left\{ 0 \quad \frac{ql}{2} \quad \frac{ql^2}{12} \quad 0 \quad \frac{ql}{2} \quad -\frac{ql^2}{12} \right\}^T$$

$$\overline{\boldsymbol{P}}^{②} = -\overline{\boldsymbol{F}}_P^{②} = \left\{ 0 \quad \frac{ql}{2} \quad \frac{ql^2}{8} \quad 0 \quad \frac{ql}{2} \quad -\frac{ql^2}{8} \right\}^T$$

对于单元①、②：$\alpha = 0$，则整体坐标系下的单元等效结点荷载为

$$\boldsymbol{P}^{①} = \overline{\boldsymbol{P}}^{①} = \left\{ 0 \quad \frac{ql}{2} \quad \frac{ql^2}{12} \quad 0 \quad \frac{ql}{2} \quad -\frac{ql^2}{12} \right\}^T$$

$$\boldsymbol{P}^{②} = \overline{\boldsymbol{P}}^{②} = \left\{ 0 \quad \frac{ql}{2} \quad \frac{ql^2}{8} \quad 0 \quad \frac{ql}{2} \quad -\frac{ql^2}{8} \right\}^T$$

将单元等效结点荷载按单元定位向量"边定位边累加"成结构等效结点荷载。

单元①：$\boldsymbol{P} = \begin{bmatrix} \dfrac{ql^2}{12} \\ -\dfrac{ql^2}{12} \\ 0 \end{bmatrix}$

单元②：$\boldsymbol{P} = \begin{bmatrix} \dfrac{ql^2}{12} \\ -\dfrac{ql^2}{12} + \dfrac{ql^2}{8} \\ 0 - \dfrac{ql^2}{8} \end{bmatrix} = \begin{bmatrix} \dfrac{ql^2}{12} \\ \dfrac{ql^2}{24} \\ -\dfrac{ql^2}{8} \end{bmatrix}$

最终，结构等效结点荷载 $\boldsymbol{P} = \begin{bmatrix} \dfrac{ql^2}{12} \\ \dfrac{ql^2}{24} \\ -\dfrac{ql^2}{8} \end{bmatrix}$。

(4) 解结构刚度方程。

则结构的刚度方程为

$$\begin{bmatrix} 4i & 2i & 0 \\ 2i & 8i & 2i \\ 0 & 2i & 4i \end{bmatrix} \begin{bmatrix} \theta_1 \\ \theta_2 \\ \theta_3 \end{bmatrix} = \begin{bmatrix} \dfrac{ql^2}{12} \\ \dfrac{ql^2}{24} \\ -\dfrac{ql^2}{8} \end{bmatrix}$$

解方程，解得

$$\begin{bmatrix} \theta_1 \\ \theta_2 \\ \theta_3 \end{bmatrix} = \begin{bmatrix} 3/192 \\ 1/96 \\ -7/192 \end{bmatrix} \times \frac{ql^2}{i}$$

(5) 根据 $\overline{\boldsymbol{F}}^e = \overline{\boldsymbol{k}}^e \boldsymbol{T} \boldsymbol{\Delta}^e + \overline{\boldsymbol{F}}_P^e$ 公式计算局部坐标系下的各单元的杆端力。

单元①、②的杆端位移为

$$\boldsymbol{\Delta}^{①} = \begin{bmatrix} 0 \\ 0 \\ 3/192 \\ 0 \\ 0 \\ 1/96 \end{bmatrix} \times \frac{ql^2}{i} \qquad \boldsymbol{\Delta}^{②} = \begin{bmatrix} 0 \\ 0 \\ 1/96 \\ 0 \\ 0 \\ -7/192 \end{bmatrix} \times \frac{ql^2}{i}$$

计算各单元的杆端力。

$$\begin{bmatrix} \overline{F}_{x1} \\ \overline{F}_{y1} \\ \overline{M}_1 \\ \overline{F}_{x2} \\ \overline{F}_{y2} \\ \overline{M}_2 \end{bmatrix}^{①} = \begin{bmatrix} \frac{EA}{l} & 0 & 0 & -\frac{EA}{l} & 0 & 0 \\ 0 & \frac{12EI}{l^3} & \frac{6EI}{l^2} & 0 & -\frac{12EI}{l^3} & \frac{6EI}{l^2} \\ 0 & \frac{6EI}{l^2} & \frac{4EI}{l} & 0 & -\frac{6EI}{l^2} & \frac{2EI}{l} \\ -\frac{EA}{l} & 0 & 0 & \frac{EA}{l} & 0 & 0 \\ 0 & -\frac{12EI}{l^3} & -\frac{6EI}{l^2} & 0 & \frac{12EI}{l^3} & -\frac{6EI}{l^2} \\ 0 & \frac{6EI}{l^2} & \frac{2EI}{l} & 0 & -\frac{6EI}{l^2} & \frac{4EI}{l} \end{bmatrix} \begin{bmatrix} 0 \\ 0 \\ 3/192 \\ 0 \\ 0 \\ 1/96 \end{bmatrix}$$

$$\times \frac{ql^2}{i} + \begin{bmatrix} 0 \\ -\frac{ql}{2} \\ -\frac{ql^2}{12} \\ 0 \\ -\frac{ql}{2} \\ \frac{ql^2}{12} \end{bmatrix} = \begin{bmatrix} 0 \\ -\frac{11ql}{32} \\ 0 \\ 0 \\ -\frac{21ql}{32} \\ \frac{5ql^2}{32} \end{bmatrix}$$

$$\begin{bmatrix} \overline{F}_{x1} \\ \overline{F}_{y1} \\ \overline{M}_1 \\ \overline{F}_{x2} \\ \overline{F}_{y2} \\ \overline{M}_2 \end{bmatrix}^{②} = \begin{bmatrix} \frac{EA}{l} & 0 & 0 & -\frac{EA}{l} & 0 & 0 \\ 0 & \frac{12EI}{l^3} & \frac{6EI}{l^2} & 0 & -\frac{12EI}{l^3} & \frac{6EI}{l^2} \\ 0 & \frac{6EI}{l^2} & \frac{4EI}{l} & 0 & -\frac{6EI}{l^2} & \frac{2EI}{l} \\ -\frac{EA}{l} & 0 & 0 & \frac{EA}{l} & 0 & 0 \\ 0 & -\frac{12EI}{l^3} & -\frac{6EI}{l^2} & 0 & \frac{12EI}{l^3} & -\frac{6EI}{l^2} \\ 0 & \frac{6EI}{l^2} & \frac{2EI}{l} & 0 & -\frac{6EI}{l^2} & \frac{4EI}{l} \end{bmatrix} \begin{bmatrix} 0 \\ 0 \\ 1/96 \\ 0 \\ 0 \\ -7/192 \end{bmatrix}$$

$$\times \frac{ql^2}{i} + \begin{bmatrix} 0 \\ -\dfrac{ql}{2} \\ -\dfrac{ql^2}{8} \\ 0 \\ -\dfrac{ql}{2} \\ \dfrac{ql^2}{8} \end{bmatrix} = \begin{bmatrix} 0 \\ -\dfrac{21ql}{32} \\ -\dfrac{5ql^2}{32} \\ 0 \\ -\dfrac{11ql}{32} \\ 0 \end{bmatrix}$$

根据杆端力，利用叠加法绘制连续梁的弯矩图，如图 9.17(c)所示。

例题 9.6 计算图 9.18(a)所示刚架杆端力并绘制内力图。各杆 EA、EI 相同，$EA = 1.5 \times 10^7 \text{kN}$，$EI = 1.26 \times 10^6 \text{kN} \cdot \text{m}$。

【解】：(1) 结构离散化，将结构的结点、单元、结点位移进行编码。

对单元和结点编号，选定单元局部坐标系和整体坐标系，如图 9.18(b)所示。

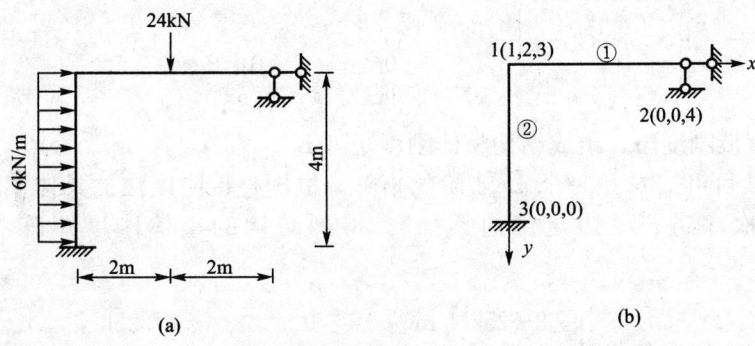

图 9.18

对于单元①和②：

$$i = \frac{EI}{l} = \frac{126 \times 10^4}{4} = 31.5 \times 10^4 \text{kN} \cdot \text{m}, \quad \frac{EA}{l} = \frac{1.5 \times 10^7}{4} = 375 \times 10^4 \text{kN/m}$$

$2i = 63 \times 10^4 \text{kN} \cdot \text{m}$，$4i = 126 \times 10^4 \text{kN} \cdot \text{m}$，$\dfrac{6i}{l} = 47.25 \times 10^4 \text{kN}$，$\dfrac{12i}{l^2} = 23.625 \times 10^4 \text{kN}$

(2) 求局部坐标系的各单元刚度矩阵 $\bar{\boldsymbol{k}}^e$。

$$\bar{\boldsymbol{k}}^① = \bar{\boldsymbol{k}}^② = \begin{bmatrix} 375 & 0 & 0 & -375 & 0 & 0 \\ 0 & 23.625 & 47.25 & 0 & -23.625 & 47.25 \\ 0 & 47.25 & 126 & 0 & -47.25 & 63 \\ -375 & 0 & 0 & 375 & 0 & 0 \\ 0 & -23.625 & -47.25 & 0 & 23.625 & -47.25 \\ 0 & 47.25 & 63 & 0 & -47.25 & 126 \end{bmatrix} \times 10^4$$

(3) 根据坐标变换公式，计算整体坐标系下的单元刚度矩阵 $k^e = T^T \bar{k}^e T$。

单元①：$\alpha = 0°$，$\cos\alpha = 1$，$\sin\alpha = 0$，即 $T = I$，则

$$k^① = \bar{k}^①$$

单元②：$\alpha = 90°$，$\sin\alpha = 1$，$\cos\alpha = 0$

$$T = \begin{bmatrix} 0 & 1 & 0 & 0 & 0 & 0 \\ -1 & 0 & 0 & 0 & 0 & 0 \\ 0 & 0 & 1 & 0 & 0 & 0 \\ 0 & 0 & 0 & 0 & 1 & 0 \\ 0 & 0 & 0 & -1 & 0 & 0 \\ 0 & 0 & 0 & 0 & 0 & 1 \end{bmatrix}$$

$$k^② = T^T \bar{k}^② T = \begin{bmatrix} 23.625 & 0 & -47.25 & -23.625 & 0 & -47.25 \\ 0 & 375 & 0 & 0 & -375 & 0 \\ -47.25 & 0 & 126 & 47.25 & 0 & 63 \\ -23.625 & 0 & 47.25 & 23.625 & 0 & 47.25 \\ 0 & -375 & 0 & 0 & 375 & 0 \\ -47.25 & 0 & 63 & 47.25 & 0 & 126 \end{bmatrix} \times 10^4$$

(4) 应用直接刚度法，集成结构整体刚度矩阵 K。

根据总码数目可知 K 是一个 4×4 阶的矩阵。根据直接刚度法的具体实施方案，按照单元①、②的次序进行"边定位边累加"，得到结构的整体刚度矩阵，其具体步骤见表 9-10。

则结构整体刚度矩阵 $K = \begin{bmatrix} 398.625\text{kN/m} & 0 & -47.25\text{kN} & 0 \\ 0 & 398.625\text{kN/m} & 47.25\text{kN} & 47.25\text{kN} \\ -47.25\text{kN} & 47.25\text{kN} & 252\text{kN}\cdot\text{m} & 63\text{kN}\cdot\text{m} \\ 0 & 47.25\text{kN} & 63\text{kN}\cdot\text{m} & 126\text{kN}\cdot\text{m} \end{bmatrix} \times 10^4$

(5) 计算等效结点荷载 P。

首先，求局部坐标系下的单元等效结点荷载 $\bar{P}^e$。

单元①：查表得单元固端力为

$$\bar{F}_{xP1} = 0$$

$$\bar{F}_{yP1} = -F_P \frac{b^2}{l^2}\left(1 + 2\frac{a}{l}\right) = -24 \times \frac{2^2}{4^2}\left(1 + 2 \times \frac{2}{4}\right) = -12\text{kN}$$

$$\bar{M}_{P1} = -F_P \frac{ab^2}{l^2} = -24 \times \frac{2 \times 2^2}{4^2} = -12\text{kN}\cdot\text{m}$$

$$\bar{F}_{xP2} = 0$$

$$\bar{F}_{yP2} = -F_P \frac{a^2}{l^2}\left(1 + 2\frac{b}{l}\right) = -24 \times \frac{2^2}{4^2}\left(1 + 2 \times \frac{2}{4}\right) = -12\text{kN}$$

$$\bar{M}_{P2} = F_P \frac{a^2 b}{l^2} = 24 \times \frac{2^2 \times 2}{4^2} = 12\text{kN}\cdot\text{m}$$

表 9-10　整体刚度集成过程

单元	整体坐标系下的单元刚度矩阵 k^e	单元定位向量 λ^e	集成过程中的阶段结果
①	$\begin{bmatrix} 375 & 0 & 0 & -375 & 0 & 0 \\ 0 & 23.625 & 47.25 & 0 & -23.625 & 47.25 \\ 0 & 47.25 & 126 & 0 & -47.25 & 63 \\ -375 & 0 & 0 & 375 & 0 & 0 \\ 0 & -23.625 & -47.25 & 0 & 23.625 & -47.25 \\ 0 & 47.25 & 63 & 0 & -47.25 & 126 \end{bmatrix} \times 10^4$	$\lambda^{①} = \begin{bmatrix} 1 \\ 2 \\ 3 \\ 0 \\ 0 \\ 4 \end{bmatrix}$	$\begin{bmatrix} 375 & 0 & 0 & 0 \\ 0 & 23.625 & 47.25 & 47.25 \\ 0 & 47.25 & 126 & 63 \\ 0 & 47.25 & 63 & 126 \end{bmatrix} \times 10^4$
②	$\begin{bmatrix} 23.625 & 0 & -47.25 & -23.625 & 0 & -47.25 \\ 0 & 375 & 0 & 0 & -375 & 0 \\ -47.25 & 0 & 126 & 47.25 & 0 & 63 \\ -23.625 & 0 & 47.25 & 23.625 & 0 & 47.25 \\ 0 & -375 & 0 & 0 & 375 & 0 \\ -47.25 & 0 & 63 & 47.25 & 0 & 126 \end{bmatrix} \times 10^4$	$\lambda^{②} = \begin{bmatrix} 1 \\ 2 \\ 3 \\ 0 \\ 0 \\ 0 \end{bmatrix}$	$\begin{bmatrix} 375+23.625 & 0+0 & 0-47.25 & 0 \\ 0+0 & 23.625+375 & 47.25+0 & 47.25 \\ 0-47.25 & 47.25+0 & 126+126 & 63 \\ 0 & 47.25 & 63 & 126 \end{bmatrix} \times 10^4$

则

$$\overline{\boldsymbol{F}}_{\mathrm{P}}^{①} = \{0 \quad -12 \quad -12 \quad 0 \quad -12 \quad 12\}^{\mathrm{T}}$$

则局部坐标系等效结点荷载为

$$\overline{\boldsymbol{P}}^{①} = -\overline{\boldsymbol{F}}_{\mathrm{P}}^{①} = \{0 \quad 12 \quad 12 \quad 0 \quad 12 \quad -12\}^{\mathrm{T}}$$

单元②：查表得单元固端力为

$$\overline{F}_{y\mathrm{P1}} = 0$$

$$\overline{F}_{x\mathrm{P1}} = -qa\left(1 - \frac{a^2}{l^2} + \frac{a^3}{2l^3}\right) = -(-6) \times 4 \left(1 - \frac{4^2}{4^2} + \frac{4^3}{2 \times 4^3}\right) = 12\mathrm{kN}$$

$$\overline{M}_{\mathrm{P1}} = -\frac{qa^2}{12}\left(6 - 8\frac{a}{l} + 3\frac{a^2}{l^2}\right) = -\frac{(-6) \times 4^2}{12}\left(6 - 8\frac{4}{4} + 3\frac{4^2}{4^2}\right) = 8\mathrm{kN \cdot m}$$

$$\overline{F}_{x\mathrm{P2}} = 0$$

$$\overline{F}_{y\mathrm{P2}} = -q\frac{a^3}{l^2}\left(1 - \frac{a}{2l}\right) = -(-6)\frac{4^3}{4^2}\left(1 - \frac{4}{2 \times 4}\right) = 12\mathrm{kN}$$

$$\overline{M}_{\mathrm{P2}} = \frac{qa^3}{12l}\left(4 - 3\frac{a}{l}\right) = \frac{(-6) \times 4^3}{12 \times 4}\left(4 - 3\frac{4}{4}\right) = -8\mathrm{kN \cdot m}$$

则

$$\overline{\boldsymbol{F}}_{\mathrm{P}}^{②} = \{0 \quad 12 \quad 8 \quad 0 \quad 12 \quad -8\}^{\mathrm{T}}$$

则局部坐标系等效结点荷载为

$$\overline{\boldsymbol{P}}^{②} = -\overline{\boldsymbol{F}}_{\mathrm{P}}^{②} = \{0 \quad -12 \quad -8 \quad 0 \quad -12 \quad 8\}^{\mathrm{T}}$$

其次，求整体坐标系下的单元等效结点荷载 $\boldsymbol{P}^e = \boldsymbol{T}^{\mathrm{T}} \overline{\boldsymbol{P}}^e$。

单元①：$\alpha = 0°$，得

$$\boldsymbol{P}^{①} = \overline{\boldsymbol{P}}^{①} = \{0 \quad 12 \quad 12 \quad 0 \quad 12 \quad -12\}^{\mathrm{T}}$$

单元②：$\alpha = 90°$，得

$$\boldsymbol{P}^{②} = \boldsymbol{T}^{\mathrm{T}} \overline{\boldsymbol{P}}^{②} = \begin{bmatrix} 0 & -1 & 0 & 0 & 0 & 0 \\ 1 & 0 & 0 & 0 & 0 & 0 \\ 0 & 0 & 1 & 0 & 0 & 0 \\ 0 & 0 & 0 & 0 & -1 & 0 \\ 0 & 0 & 0 & 1 & 0 & 0 \\ 0 & 0 & 0 & 0 & 0 & 1 \end{bmatrix} \begin{bmatrix} 0 \\ -12 \\ -8 \\ 0 \\ -12 \\ 8 \end{bmatrix} = \begin{bmatrix} 12 \\ 0 \\ -8 \\ 12 \\ 0 \\ 8 \end{bmatrix}$$

最后，应用直接刚度法，集成结构结点等效结点荷载 $\boldsymbol{P}$。

单元定位向量为

$$\boldsymbol{\lambda}^{①} = \{1 \quad 2 \quad 3 \quad 0 \quad 0 \quad 4\}^{\mathrm{T}} \quad \boldsymbol{\lambda}^{②} = \{1 \quad 2 \quad 3 \quad 0 \quad 0 \quad 0\}^{\mathrm{T}}$$

将整体坐标系下的单元等效结点荷载按单元定位向量"边定位边累加"成结构等效结点荷载。

单元①：$\boldsymbol{P} = \begin{bmatrix} 0 \\ 12 \\ 12 \\ -12 \end{bmatrix}$

单元②：$P = \begin{bmatrix} 0+12 \\ 12+0 \\ 12-8 \\ -12 \end{bmatrix} = \begin{bmatrix} 12 \\ 12 \\ 4 \\ -12 \end{bmatrix}$

最终，结构等效结点荷载 $P = \begin{bmatrix} 12\text{kN} \\ 12\text{kN} \\ 4\text{kN}\cdot\text{m} \\ -12\text{kN}\cdot\text{m} \end{bmatrix}$

(6) 求解结构刚度方程 $K\Delta = P$，解得结点位移 Δ。

则结构的刚度方程为

$$\begin{bmatrix} 398.625\text{kN/m} & 0 & -47.25\text{kN} & 0 \\ 0 & 398.625\text{kN/m} & 47.25\text{kN} & 47.25\text{kN} \\ -47.25\text{kN} & 47.25\text{kN} & 252\text{kN}\cdot\text{m} & 63\text{kN}\cdot\text{m} \\ 0 & 47.25\text{kN} & 63\text{kN}\cdot\text{m} & 126\text{kN}\cdot\text{m} \end{bmatrix} \times 10^4 \begin{bmatrix} u_1 \\ v_1 \\ \theta_1 \\ \theta_2 \end{bmatrix} = \begin{bmatrix} 12\text{kN} \\ 12\text{kN} \\ 4\text{kN}\cdot\text{m} \\ -12\text{kN}\cdot\text{m} \end{bmatrix}$$

解方程，解得

$$\begin{bmatrix} u_1 \\ v_1 \\ \theta_1 \\ \theta_2 \end{bmatrix} = \begin{bmatrix} 0.035879 \\ 0.040296 \\ 0.048722 \\ -0.13471 \end{bmatrix} \times 10^{-4}$$

(7) 根据 $\overline{F}^e = \overline{k}^e T^e \Delta^e + \overline{F}_P^e$ 计算局部坐标系下的各单元的杆端力。

单元①、②的杆端位移为

$$\Delta^{①} = \begin{bmatrix} 0.035879 \\ 0.040296 \\ 0.048722 \\ 0 \\ 0 \\ -0.13471 \end{bmatrix} \times 10^{-4} \quad \Delta^{②} = \begin{bmatrix} 0.035879 \\ 0.040296 \\ 0.048722 \\ 0 \\ 0 \\ 0 \end{bmatrix} \times 10^{-4}$$

$$\begin{bmatrix} F_{x1} \\ F_{y1} \\ M_1 \\ F_{x2} \\ F_{y2} \\ M_2 \end{bmatrix}^{①} = \begin{bmatrix} 375 & 0 & 0 & -375 & 0 & 0 \\ 0 & 23.625 & 47.25 & 0 & -23.625 & 47.25 \\ 0 & 47.25 & 126 & 0 & -47.25 & 63 \\ -375 & 0 & 0 & 375 & 0 & 0 \\ 0 & -23.625 & -47.25 & 0 & 23.625 & -47.25 \\ 0 & 47.25 & 63 & 0 & -47.25 & 126 \end{bmatrix} \times 10^4 \times$$

$$\begin{bmatrix} 0.035879 \\ 0.040296 \\ 0.048722 \\ 0 \\ 0 \\ -0.13471 \end{bmatrix} \times 10^{-4} + \begin{bmatrix} 0 \\ -12 \\ -12 \\ 0 \\ -12 \\ 12 \end{bmatrix} = \begin{bmatrix} 13.45 \\ -15.11 \\ -12.44 \\ -13.45 \\ -8.89 \\ 0 \end{bmatrix}$$

$$\begin{bmatrix} F_{x1} \\ F_{y1} \\ M_1 \\ F_{x2} \\ F_{y2} \\ M_2 \end{bmatrix}^{②} = \begin{bmatrix} 375 & 0 & 0 & -375 & 0 & 0 \\ 0 & 23.625 & 47.25 & 0 & -23.625 & 47.25 \\ 0 & 47.25 & 126 & 0 & -47.25 & 63 \\ -375 & 0 & 0 & 375 & 0 & 0 \\ 0 & -23.625 & -47.25 & 0 & 23.625 & -47.25 \\ 0 & 47.25 & 63 & 0 & -47.25 & 126 \end{bmatrix} \times 10^4 \times$$

$$\begin{bmatrix} 0 & 1 & 0 & 0 & 0 & 0 \\ -1 & 0 & 0 & 0 & 0 & 0 \\ 0 & 0 & 1 & 0 & 0 & 0 \\ 0 & 0 & 0 & 0 & 1 & 0 \\ 0 & 0 & 0 & -1 & 0 & 0 \\ 0 & 0 & 0 & 0 & 0 & 1 \end{bmatrix} \begin{bmatrix} 0.035879 \\ 0.040296 \\ 0.048722 \\ 0 \\ 0 \\ 0 \end{bmatrix} 10^{-4} + \begin{bmatrix} 0 \\ 12 \\ 8 \\ 0 \\ 12 \\ -8 \end{bmatrix} = \begin{bmatrix} 15.11 \\ 13.45 \\ 12.44 \\ -15.11 \\ 10.55 \\ -6.63 \end{bmatrix}$$

（8）作内力图，M 图如图 9.19(a) 所示，F_Q 图如图 9.19(b) 所示，F_N 图如图 9.19(c) 所示。

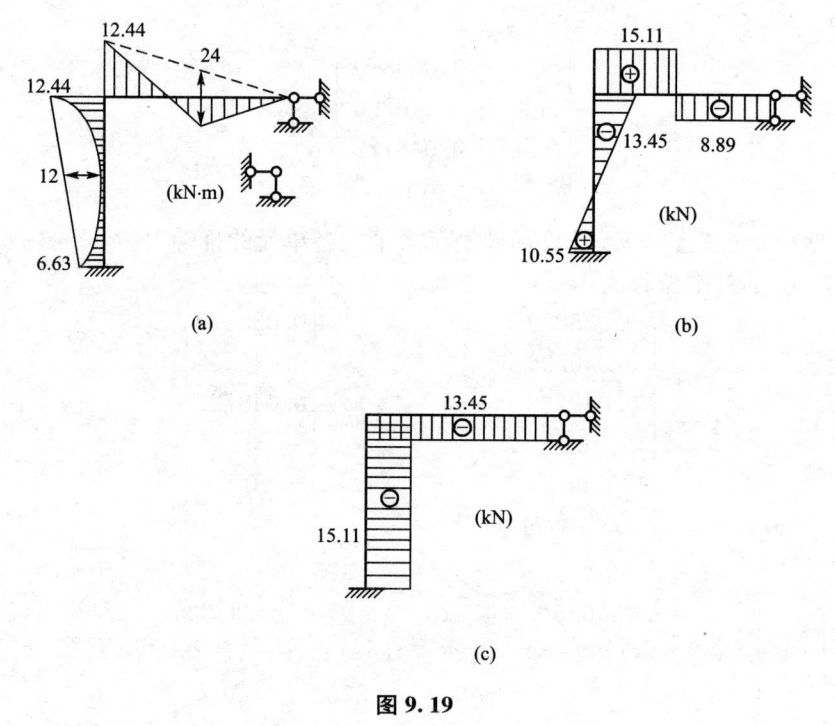

图 9.19

本 章 小 结

矩阵位移法是新的计算工具与传统力学原理相结合的产物，是结构矩阵分析中占主导地位的方法。该方法既可以用于分析梁、刚架、桁架等平面和空间结构，又可以用于分析板、壳和弹性力学问题，具有普遍性。

1. 基本概念

基本概念有结构的离散化、单元杆端力向量、单元杆端位移向量、局部坐标系的单元刚度矩阵、单元坐标变换矩阵、单元定位向量、等效结点荷载。

1) 结构的离散化

所谓结构离散化，是把结构假想地划分成若干个相互分离的有限个独立杆件，其中每个独立的杆件称为单元。用这样离散化的单元集合体来代替原结构，其目的是为了将问题简化和便于进行单元分析。

2) 单元杆端力向量

$$\overline{\boldsymbol{F}}^e = \{\overline{F}_{x1} \quad \overline{F}_{y1} \quad \overline{M}_1 \quad \overline{F}_{x2} \quad \overline{F}_{y2} \quad \overline{M}_2\}^{eT}$$

3) 单元杆端位移向量

$$\overline{\boldsymbol{\Delta}}^e = \{\overline{u}_1 \quad \overline{v}_1 \quad \overline{\theta}_1 \quad \overline{u}_2 \quad \overline{v}_2 \quad \overline{\theta}_2\}^{eT}$$

4) 局部坐标系的单元刚度矩阵

一般单元在局部坐标系中的单元刚度矩阵

$$\overline{\boldsymbol{k}}^e = \begin{bmatrix} \dfrac{EA}{l} & 0 & 0 & -\dfrac{EA}{l} & 0 & 0 \\ 0 & \dfrac{12EI}{l^3} & \dfrac{6EI}{l^2} & 0 & -\dfrac{12EI}{l^3} & \dfrac{6EI}{l^2} \\ 0 & \dfrac{6EI}{l^2} & \dfrac{4EI}{l} & 0 & -\dfrac{6EI}{l^2} & \dfrac{2EI}{l} \\ -\dfrac{EA}{l} & 0 & 0 & \dfrac{EA}{l} & 0 & 0 \\ 0 & -\dfrac{12EI}{l^3} & -\dfrac{6EI}{l^2} & 0 & \dfrac{12EI}{l^3} & -\dfrac{6EI}{l^2} \\ 0 & \dfrac{6EI}{l^2} & \dfrac{2EI}{l} & 0 & -\dfrac{6EI}{l^2} & \dfrac{4EI}{l} \end{bmatrix}^e$$

平面桁架在局部坐标系中的单元刚度矩阵

$$\overline{\boldsymbol{k}}^e = \begin{bmatrix} \dfrac{EA}{l} & -\dfrac{EA}{l} \\ -\dfrac{EA}{l} & \dfrac{EA}{l} \end{bmatrix}^e$$

连续梁在局部坐标系中的单元刚度矩阵

$$\overline{\boldsymbol{k}}^e = \begin{bmatrix} \dfrac{4EI}{l} & \dfrac{2EI}{l} \\ \dfrac{2EI}{l} & \dfrac{4EI}{l} \end{bmatrix}^e$$

5) 单元坐标变换矩阵

单元坐标变换矩阵

$$\boldsymbol{T} = \begin{bmatrix} \cos\alpha & \sin\alpha & 0 & 0 & 0 & 0 \\ -\sin\alpha & \cos\alpha & 0 & 0 & 0 & 0 \\ 0 & 0 & 1 & 0 & 0 & 0 \\ 0 & 0 & 0 & \cos\alpha & \sin\alpha & 0 \\ 0 & 0 & 0 & -\sin\alpha & \cos\alpha & 0 \\ 0 & 0 & 0 & 0 & 0 & 1 \end{bmatrix}^e$$

6) 单元定位向量

由单元的结点位移总码组成的向量称为单元定位向量，记为 λ^e。

7) 等效结点荷载

荷载等效的原则是不改变结构的结点位移情况，即结构在原荷载与等效结点荷载作用下产生相同的结点位移。或说是原荷载与等效结点荷载 P 在位移法基本体系中产生相同的结点约束反力 F_P，即：$P = -F_P$。

2. 知识要点

1) 一般单元刚度矩阵的性质

(1) 单元刚度矩阵系数的意义：单元刚度矩阵中的每个元素称为单元刚度系数 k_{ij}，其物理意义表示由单位杆端位移引起的杆端力。

(2) 单元刚度矩阵是对称矩阵。

(3) 单元刚度矩阵是奇异矩阵。

2) 整体坐标系的单元刚度矩阵

$$k^e = T^T \bar{k}^e T$$

3) 直接刚度法的步骤

首先，将 K 置 0，即 $K=0$；其次，将 $k^{①}$ 中的元素在 K 中按定位向量 $\lambda^{①}$ 定位并累加，这时：$K=K^{①}$；然后将 $k^{②}$ 中的元素在 K 中按定位向量 $\lambda^{②}$ 定位并累加，这时：$K=K^{①}+K^{②}$，对所有单元循环一遍；最后得到结构整体刚度矩阵 $K = \sum_e K^e$。

4) 等效结点荷载的转换

根据荷载等效的原则，可以根据以下 4 个步骤完成非结点荷载向结点荷载的转换。

(1) 在单元两端加上 6 个附加约束，成为两端固定梁，求出给定荷载作用下 6 个固端约束力，它们组成固端约束反力向量 $\bar{F}_P^e$。

(2) 将各附加约束上的约束反力反号作用在结构的结点上，也就是将 $\bar{F}_P^e$ 反号就得到局部坐标系下单元等效结点荷载 $\bar{P}^e$，即：$\bar{P}^e = -\bar{F}_P^e$。

(3) 利用坐标转换公式，得到整体坐标系下的 P^e，即：$P^e = T^T \bar{P}^e$。

(4) 依次将每个单元的等效结点荷载 P^e 中的元素按照单元定位向量"边定位边累加"的办法，最终得到整个结构的等效结点荷载 P。

5) 矩阵位移法的计算步骤

(1) 结构离散化，将结构的结点、单元、结点位移进行编码，选择结构整体坐标系和各单元局部坐标系。

(2) 形成局部坐标系下的各单元刚度矩阵 $\bar{k}^e$。

(3) 根据坐标变换公式，计算整体坐标系下的单元刚度矩阵 $k^e = T^T \bar{k}^e T$。

(4) 应用直接刚度法，集成结构整体刚度矩阵 K。

(5) 计算等效结点荷载 P。

(6) 求解整体刚度方程 $K\Delta = P$，解得结点位移 Δ。

(7) 计算局部坐标系下的各单元的杆端力 $\bar{F}^e = \bar{k}^e T \Delta^e + \bar{F}_P^e$，并绘制结构的内力图。

思 考 题

9-1 矩阵位移法的基本思路是什么？与位移法的区别是什么？

9-2 如何将一个结构离散化？

9-3 单元的局部坐标系的正方向是如何确定的？杆端位移和杆端力的正负号如何规定的？与位移法有区别吗？

9-4 一般杆件的单元刚度矩阵各元素的物理意义是什么？每行每列各元素代表什么物理意义？

9-5 一般杆件的单元刚度矩阵具有哪些性质？

9-6 为什么一般杆件的单元刚度矩阵是奇异矩阵？

9-7 单元坐标转换矩阵中的角度 α 是如何规定的？

9-8 直接刚度法的概念是什么？

9-9 直接刚度法形成整体刚度矩阵时，结构的平衡条件和变形协调条件是如何满足的？

9-10 什么是局部码和总码，作用是什么？

9-11 什么是单元定位向量，如何形成单元定位向量？

9-12 结构整体刚度矩阵具有哪些性质？

9-13 刚架结构中如果有铰结点或者组合结点如何考虑？

9-14 在矩阵位移法中，为何要将非结点荷载化为等效结点荷载？

9-15 如何计算单元等效结点荷载？

习 题

9-1 试求图 9.20 所示连续梁的整体刚度矩阵。

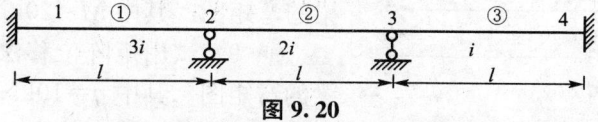

图 9.20

9-2 试对图 9.21 所示刚架进行单元、结点位移分量统一编码。

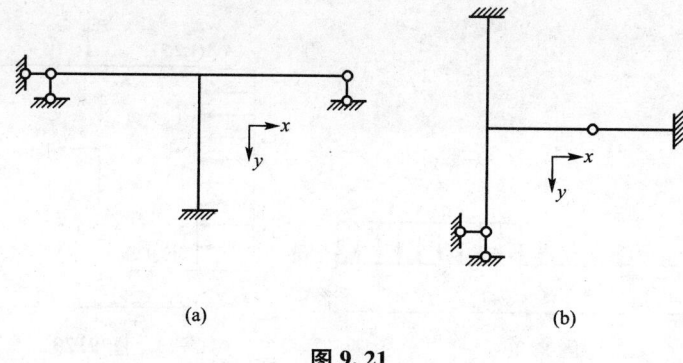

图 9.21

9-3 试对图9.22所示刚架进行单元、结点位移分量统一编码,并写出各单元的定位向量。

9-4 试求图9.23所示刚架的整体刚度矩阵,其中每根杆的长度 l、EI、EA 都相同,且为常数。

9-5 试写出图9.24所示连续梁的等效结点荷载。

9-6 试求图9.25所示刚架的等效结点荷载。

9-7 试求图9.26所示刚架的等效结点荷载。

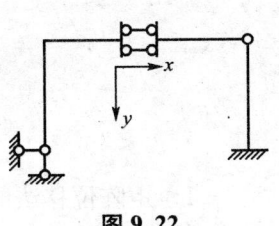

图 9.22

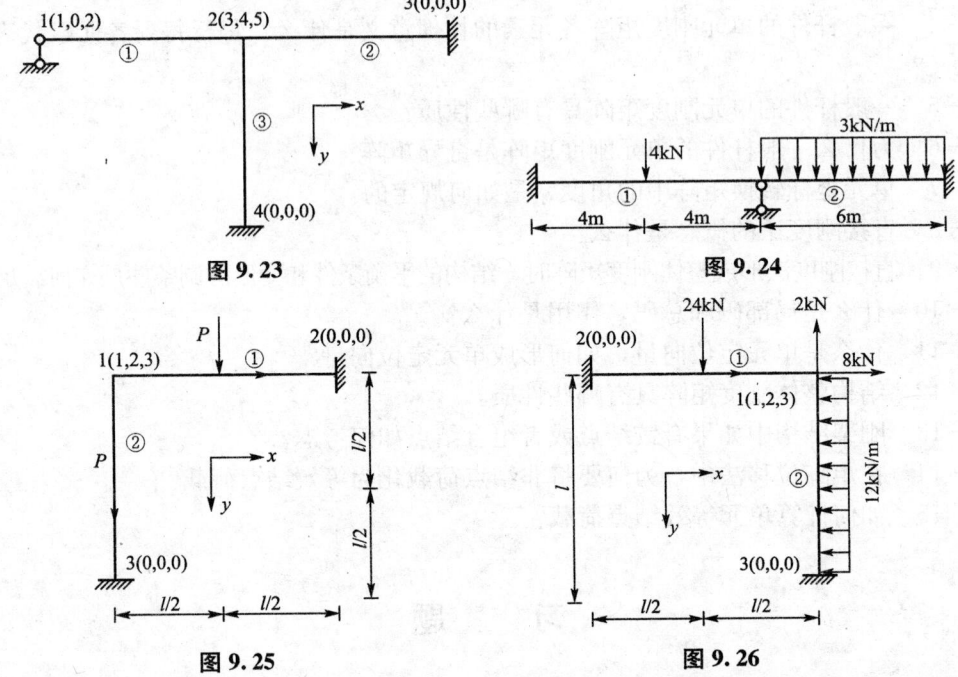

9-8 试用矩阵位移法求图9.27所示连续梁的弯矩图。其中 $M=20$kN·m,$l=6$m。

9-9 试用矩阵位移法求图9.28所示连续梁的弯矩图。其中 $q=10$kN/m,$l=6$m。

9-10 试用矩阵位移法求图9.29所示刚架的弯矩图。其中:各杆截面尺寸相同,$EA=1440\times10^4$kN,$EI=120\times10^4$kN·m^2,$P=30$kN,$q=10$kN/m,$l=6$m。

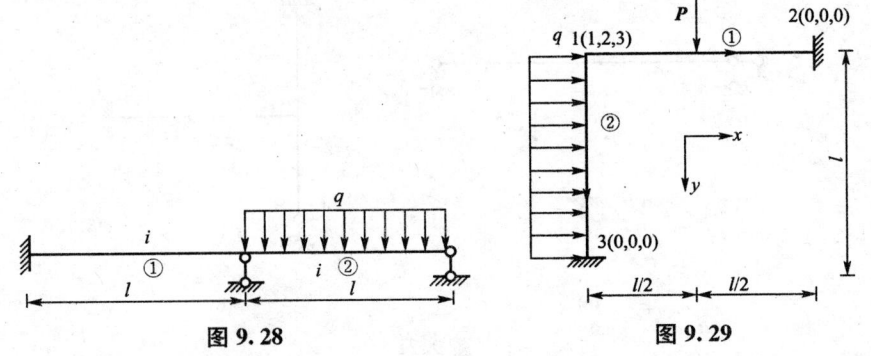

9-11 试用矩阵位移法求图 9.30 所示刚架的内力图。各杆均为矩形截面，立柱 $b_1 \times h_1 = 0.5\text{m} \times 1\text{m}$；梁 $b_2 \times h_2 = 0.5\text{m} \times 1.26\text{m}$；梁柱材料的弹性模量相同，设 $E=1$。其中，$q=1\text{kN/m}$，$l=6\text{m}$。

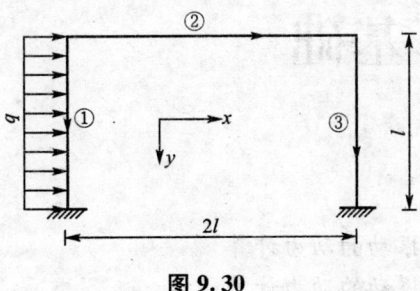

图 9.30

第 10 章
结构动力计算基础

教学目标

掌握单自由度体系自由振动的动力计算
掌握单自由度体系强迫振动的动力计算
掌握考虑阻尼时自由振动自振圆频率及阻尼比的计算
了解阻尼对强迫振动动力系数的影响
掌握两个自由度体系自由振动的动力计算
掌握两个自由度体系在简谐荷载作用下的动力计算

教学要求

知识要点	能力要求	相关知识
动力计算基本概念	(1) 了解动荷载及其分类 (2) 了解结构动力计算的目的及其特点 (3) 掌握动力自由度的计算及其简化方法	自由度
单自由度体系自由振动	(1) 掌握自由振动微分方程的推导 (2) 掌握结构自振周期的计算	微分方程
单自由度体系强迫振动	(1) 掌握单自由度体系强迫振动微分方程的建立 (2) 掌握简谐荷载作用下强迫振动的动力计算 (3) 了解一般荷载作用下强迫振动的动力反应	微分方程
阻尼对振动的影响	(1) 掌握考虑阻尼自由振动的自振圆频率及阻尼比的计算 (2) 了解考虑阻尼的强迫振动的计算分析	简谐荷载 突加荷载
两个自由度体系的自由振动	(1) 掌握两个自由度体系自由振动微分方程的推导 (2) 掌握两个自由度体系自由振动的动力特性计算 (3) 了解两个自由度体系主振型的正交性	刚度法 柔度法
两个自由度体系的强迫振动	掌握两个自由度体系在简谐荷载作用下强迫振动的动力特性计算	刚度法 柔度法

引言

在结构的计算分析中,除了静力问题外,还存在着大量的动力问题。例如,地震作用下建筑结构、桥梁、大坝的震动;风荷载作用下大型桥梁、高层结构的振动;大型机器转动产生不平衡力引起的基础振动;车辆行驶中由于路面不平整引起的车辆振动及车辆引起的路面振动;爆炸荷载作用下防护工程的冲击动力反应等。可见，结构动力学的内容十分丰富，涉及面也非常广，其研究对象遍及土木、机械、运输、航空和航天等工程领域。

前面各章节讨论了结构在静力荷载作用下的结构计算问题，本章专门讨论结构在动荷载作用下的结构计算问题。首先介绍结构动力计算的基本概念，再讨论单自由度体系的振动问题，然后分析阻尼对振动的影响，最后讨论两个自由度体系的振动问题。

10.1 概述

1. 结构动力计算的目的

结构动力学是研究工程结构的动力特性及其在动荷载作用下的动力反应分析原理和方法的一门理论和技术学科，该学科的目的是为改善工程结构体系在动力环境中的安全性和可靠性提供坚实的理论基础，为结构动力可靠性设计、保证结构的经济与安全以及结构健康诊断提供科学依据。结构动力分析的主要内容是确定动荷载作用下结构的内力和变形，并通过动力分析确定结构的动力特性。

2. 动荷载及其分类

1) 动荷载的定义

如果作用在结构上的荷载的大小、方向和作用点随时间变化，使得受荷物体运动加速度所引起的惯性力与荷载相比大到不可忽视时，则把这种荷载称为动荷载。例如，地震荷载、公路汽车荷载、机器设备振动荷载、风荷载等。

2) 动荷载的分类

根据动荷载随时间变化的规律，常按以下方法分类。

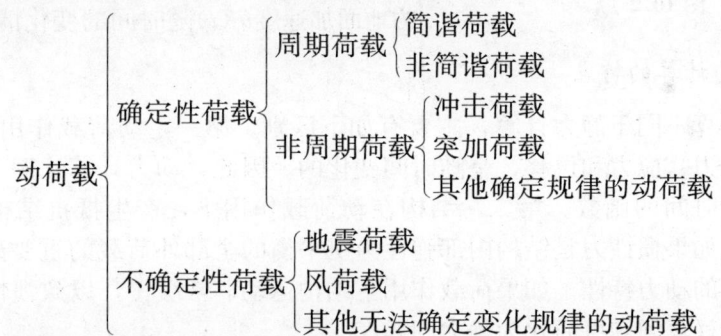

下面介绍工程实际中经常遇到的几类动荷载。

（1）确定性荷载。

这类荷载的变化规律可用关于时间的确定性函数来表达。

图 10.1(a)所示的动荷载为简谐荷载。这类荷载是周期荷载中最简单也最重要的一种，可用正弦或余弦函数来表示。如安装在结构上的匀速旋转的机器，由于质量有偏心而引起的离心力，属于这一类荷载。

图 10.1(b)所示的动荷载为非简谐周期荷载。这类荷载随时间作周期性变化，是时间 t 的周期函数，但不能简单地用简谐函数来表示。例如匀速行驶时船舶螺旋桨产生的作用

于船体的推力,平稳情况下波浪对堤坝的动水压力等,属于此类荷载。

图 10.1(c) 所示的动荷载为冲击荷载。这类荷载是指短时间内作用在结构上的荷载,其值也在短时间内急剧变化。冲击波或爆炸是冲击荷载的典型来源。

图 10.1(d) 所示的动荷载为突加荷载。这类荷载以某一恒载突然施加于结构上,并在一定时间内保持不变。吊车制动力对厂房的水平作用是典型的突加荷载。

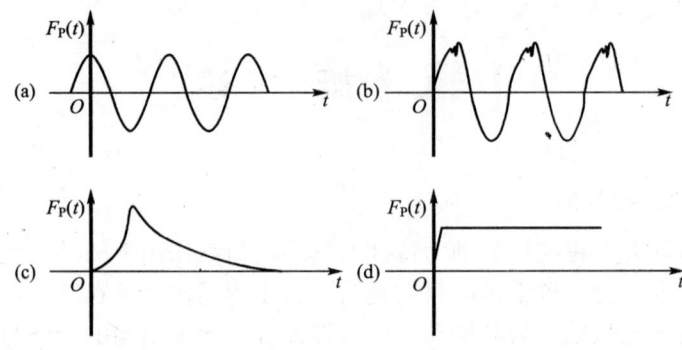

图 10.1

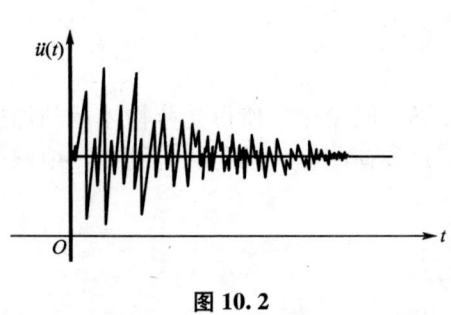

图 10.2

(2) 非确定性荷载。

非确定性荷载随时间的变化规律是一种随机过程,预先是不确定的或不确知的,即在任一时刻的荷载大小为随机量,也称随机荷载。地震荷载和脉动风压是随机荷载的典型例子,它们不仅随时间作复杂变化,而且不同时间出现的两次荷载不会重现同一波形,故需用概率的方法分析这种非重现性荷载以保证结构的安全。图 10.2 所示为地震时记录的地面加速度 $\ddot{u}(t)$ 随时间的变化情况。

3. 结构动力计算的特点

结构动力计算不同于静力计算,主要有如下区别。第一,动荷载作用下的结构反应,也即所产生的内力、应力和位移,是随时间变化的。因此,动力计算比静力计算复杂,其计算结果是关于时间的函数。第二,结构在动荷载作用下,产生抵抗结构加速度的惯性力。一般来说,如果惯性力是结构内部弹性力所平衡的全部外荷载的重要部分,则在计算时必须考虑结构的动力特性。如果荷载作用下结构运动非常缓慢,以致惯性力小到可以忽略不计,则结构计算问题可简化为静力问题。

4. 结构动力计算中体系的自由度

与静力计算一样,在动力计算中也要事先选取合理的计算简图。虽然两者选取的原则基本相同,但由于惯性力的影响,在计算简图中必须考虑质量分布情况及其在运动过程中可能产生的位移,即运动过程中结构的自由度问题。

1) 动力自由度的概念

在动力计算中,一个体系的自由度是指为了确定运动过程中任一时刻全部质量的位置所需的独立几何参数的数目。自由度为 1 的体系称为单自由度体系;自由度为有限值的体系称为有限自由度体系；质量连续分布的体系称为无限自由度体系。

2) 自由度的简化

由于实际结构的质量都是连续分布的，因此，任何一个实际结构都具有无限个自由度。但是，若在实际工程中完全按无限自由度体系去计算，不仅计算非常困难复杂，而且往往也是不必要的。所以，通常是略去一些次要因素，设法将无限自由度问题转化为有限自由度问题，从而使计算得到简化。常用的简化方法有下列3种。

(1) 集中质量法。

所谓集中质量法，是将体系连续分布的质量按一定规则集中到某个或某些位置上，使其余位置上不再存在质量的近似处理方法，这样就可以把无限自由度问题简化为有限自由度问题。

图10.3(a)所示为高架水塔，高架部分质量远小于顶部水池的质量，可将水池和高架的质量集中于顶部，简化为带一个集中质量的悬臂梁，如图10.3(b)所示，确定该质量位置只需要一个独立参数 x，故它属于单自由度体系。

图10.4(a)所示为一简支梁，梁上放有两个重物。当简支梁本身质量远小于重物质量时，可取图10.4(b)所示的计算简图，确定该质量位置需要两个独立参数 y_1 和 y_2，故为两个自由度体系。

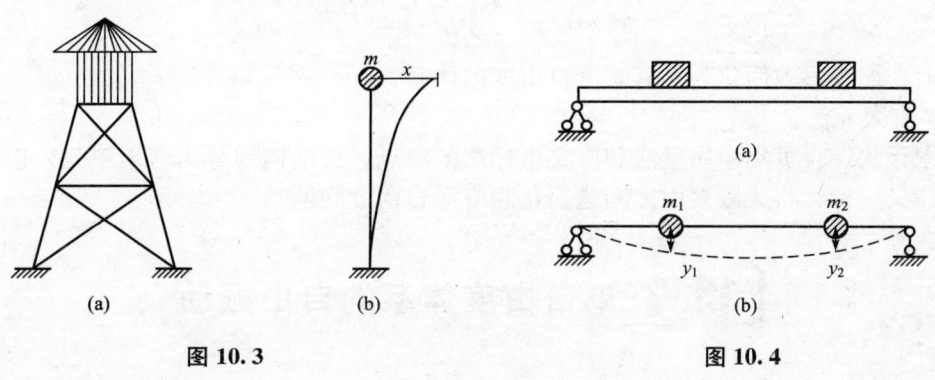

图 10.3　　　　　　　　　　图 10.4

图10.5(a)所示为一块形基础，计算时可简化为一刚性质块。当考虑平面内的振动时，共有3个自由度，即水平位移 x、竖向位移 y 和角位移 φ，如图10.5(b)所示。当仅考虑平面内的竖向振动时，只有一个自由度，即竖向位移 y，如图10.5(c)所示。

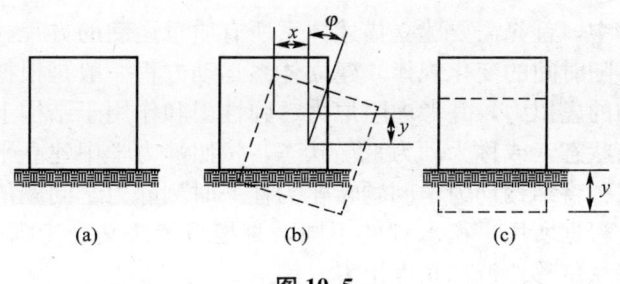

图 10.5

需要指出，体系的自由度个数与该体系是否超静定，或者超静定次数没有关系。此外，自由度的个数与集中质量的个数也并不一定相等，图10.5(b)所示体系虽然只有一个

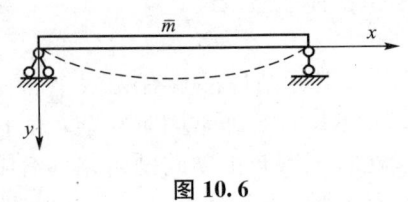

图 10.6

集中质量，但它具有 3 个自由度。

(2) 广义坐标法。

所谓广义坐标法，是通过对体系运动的位移形态从数学的角度施加一定内在约束，从而使体系的运动由无限自由度转化为有限自由度。对于具有连续分布质量，且具有简单结构形式的体系可采用广义坐标法。

图 10.6 所示的简支梁，设在时刻 t 任一截面 x 的位移为 $y(x,t)$，则挠度曲线可用三角级数来表示。

$$y(x,t) = \sum_{i=1}^{\infty} a_i(t) \sin \frac{i\pi x}{l} \tag{10-1a}$$

其中，$\sin \dfrac{i\pi x}{l}$ 为满足位移边界条件的一组位移函数，称为形状函数；$a_i(t)$ 是一组待定参数，称为广义坐标。

对于具有连续分布质量的结构，根据位移边界条件选定形状函数，则梁的位移曲线 $y(x,t)$ 可由无限多个广义坐标 $a_1(t)$，$a_2(t)$，$a_3(t)$，…，$a_n(t)$ 所确定。因此，简支梁具有无限自由度。在简化计算中，通常只取级数的前有限项，即能满足精度要求

$$y(x,t) = \sum_{i=1}^{k} a_i(t) \sin \frac{i\pi x}{l} \tag{10-1b}$$

此时，简支梁被简化为具有 k 个自由度的体系。

(3) 有限元法。

有限元法综合了集中质量法和广义坐标法的特点，将结构划分为若干单元，以结点位移作为广义坐标，将无限自由度问题简化为有限自由度问题。

10.2 单自由度体系的自由振动

单自由度体系的动力计算是多自由度体系动力计算的基础，而且很多工程实际的动力问题常可简化为单自由度体系进行计算。因此，单自由度体系的动力计算是本章的重要内容。

1. 自由振动微分方程的建立

在结构动力计算中，首先需要建立描述体系所有质量运动的方程，该方程的解答给出了各自由度方向位移随时间的变化规律。建立体系运动方程一般是根据达朗贝尔原理，引入惯性力，作为附加的虚拟力，并考虑阻尼力、弹性力和作用于结构上的动荷载，使体系处于一种假想的平衡状态，或称为动力平衡状态，按照静力学中建立平衡方程的思路，直接列出运动方程。这种将结构动力学问题转化为任一时刻静力学问题的方法，称为直接平衡法，又称动静法。根据所用平衡方程的不同，直接平衡法又分为刚度法（从力系平衡的角度出发）和柔度法（从位移协调的角度出发）。

现以悬臂立柱为例，讨论单自由度体系的自由振动微分方程的建立。

图 10.7(a) 所示的悬臂立柱在顶端有一集中质量为 m 的重物。设柱本身的质量远小于重物，可忽略不计。因此，体系只有一个自由度。

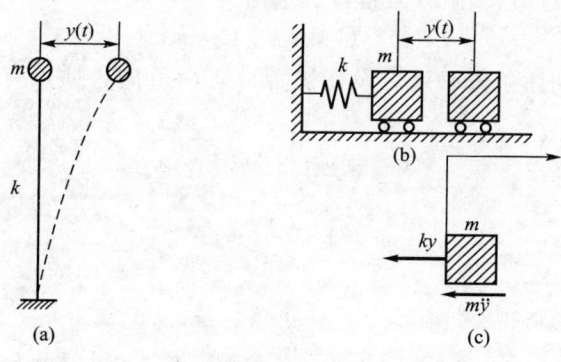

图 10.7

如果集中质量 m 在外界的干扰下，离开了静力平衡位置，干扰消失后，由于立柱弹性力的作用，集中质量 m 沿水平方向作自由振动。在任一时刻 t，质量 m 的水平位移为 $y(t)$，以水平向右为正。如果不计体系阻尼的影响，单自由度体系可用图 10.7(b)所示的弹簧模型来表示，立柱对质量 m 的弹性力改由弹簧提供。因此，弹簧的刚度系数 k（使弹簧伸长单位长度时所需施加的拉力）应与立柱的刚度系数（使柱顶产生单位水平位移时在柱顶所需施加的水平力）相等。

下面介绍如何建立自由振动的微分方程。以静力平衡位置为原点，取质量 m 在振动中的位置 y 时的状态作为隔离体，如图 10.7(c)所示。在任一时刻 t，隔离体所受的力有弹性力 $-ky(t)$，与位移 y 的方向相反；惯性力 $-m\ddot{y}(t)$，与加速度 $\ddot{y}$ 的方向相反。根据达朗贝尔原理，可列出平衡方程如下。

$$m\ddot{y} + ky = 0 \tag{10-2}$$

这是从力系平衡角度建立的单自由度体系的自由振动微分方程，该方法即为刚度法。

另一方面，自由振动微分方程还可以从位移协调的角度来建立。取图 10.7(a)整体结构为研究对象，用 F_I 表示惯性力：$F_I = -m\ddot{y}$；用 δ 表示立柱的柔度系数（在单位水平力作用下柱顶质量 m 沿水平方向产生的静力位移），其值与刚度系数 k 互为倒数。

$$\delta = \frac{1}{k} \tag{10-3a}$$

则质量 m 的位移为

$$y = F_I \delta = (-m\ddot{y})\delta \tag{10-3b}$$

式(10-3b)表明：质量 m 在运动过程中任一时刻的位移等于在惯性力作用下的静力位移。

将式(10-3a)代入式(10-3b)，整理后仍得到式(10-2)。这种从位移协调角度建立微分方程的方法称为柔度法。

2. 自由振动微分方程的解

单自由度体系的自由振动微分方程(10-2)可改写为

$$\ddot{y} + \omega^2 y = 0 \tag{10-4}$$

其中，

$$\omega = \sqrt{\frac{k}{m}} \tag{10-5}$$

式(10-4)是一个二阶齐次微分方程，其通解为
$$y(t)=C_1\sin\omega t+C_2\cos\omega t \quad (10-6)$$
其中系数 C_1 和 C_2 可由初始条件确定。设在初始时刻 $t=0$ 时，质点有初始位移 y_0 和初始速度 v_0，即
$$y(0)=y_0, \quad \dot{y}(0)=v_0$$
由此可得
$$C_1=\frac{v_0}{\omega}, \quad C_2=y_0$$
将上式代入式(10-6)，可得
$$y(t)=y_0\cos\omega t+\frac{v_0}{\omega}\sin\omega t \quad (10-7)$$

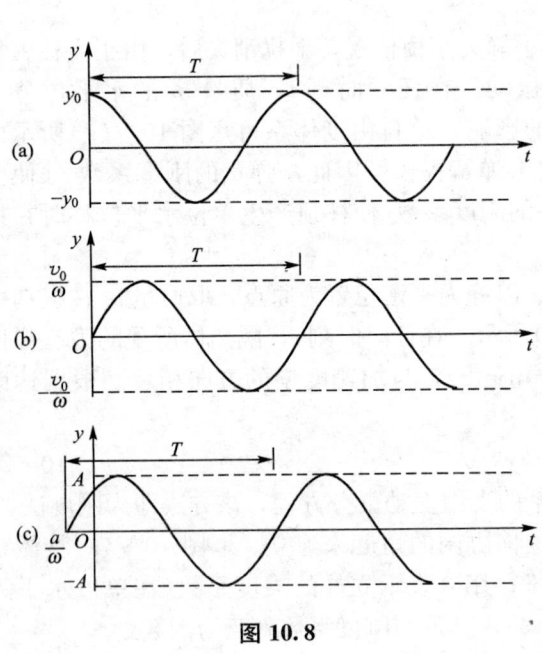

图 10.8

由上式可看出，自由振动由两部分组成：一部分是单独由初始位移 y_0（没有初始速度）引起的，质点按 $y_0\cos\omega t$ 的规律振动，如图 10.8(a)所示；另一部分是单独由初始速度（没有初始位移）引起的，质点按 $\frac{v_0}{\omega}\sin\omega t$ 的规律振动，如图 10.8(b)所示。

若令 $y_0=A\sin\alpha$，$\frac{v_0}{\omega}=A\cos\alpha$
则有
$$A=\sqrt{y_0^2+\left(\frac{v_0}{\omega}\right)^2}, \quad \alpha=\tan^{-1}\frac{y_0\omega}{v_0} \quad (10-8)$$

则式(10-7)可改写为
$$y(t)=A\sin(\omega t+\alpha) \quad (10-9)$$

其图形如图 10.8(c)所示，其中 A 表示质点振动的最大位移，称为振幅，α 称为初始相位角。

3. 结构的自振周期

式(10-9)的右侧为周期函数，若给时间 t 一个增量 $T=\frac{2\pi}{\omega}$，则位移 $y(t)$ 的数值不变，即在自由振动过程中，质点每隔时间 T 便回到原来的位置，T 称为结构的自振周期。其常用单位为 s。

$$T=\frac{2\pi}{\omega} \quad (10-10)$$

自振周期的倒数称为频率，记作 f。频率 f 表示单位时间内的振动次数，其常用单位为 s^{-1} 或 Hz。

$$f=\frac{1}{T}=\frac{\omega}{2\pi} \quad (10-11)$$

由式(10-11)可得

$$\omega = \frac{2\pi}{T} = 2\pi f \tag{10-12}$$

式中，ω 表示在 2π 个单位时间内的振动次数，称为圆频率或角频率。

自振周期计算公式有以下 4 种形式。

(1) 将式(10-5)代入式(10-10)，得

$$T = 2\pi \sqrt{\frac{m}{k}} \tag{10-13a}$$

(2) 将 $1/k = \delta$ 代入上式，得

$$T = 2\pi \sqrt{m\delta} \tag{10-13b}$$

(3) 将 $m = W/g$ 代入上式，得

$$T = 2\pi \sqrt{\frac{W\delta}{g}} \tag{10-13c}$$

(4) 令 $W\delta = \Delta_{st}$，代入上式，得

$$T = 2\pi \sqrt{\frac{\Delta_{st}}{g}} \tag{10-13d}$$

其中 δ 是沿质点振动方向的结构柔度系数，$\Delta_{st} = W\delta$ 表示在质点沿振动方向施加数值为 W 的荷载时，质点沿振动方向所产生的静力位移。

同样，利用式(10-12)，可得出圆频率的计算公式如下。

$$\omega = \sqrt{\frac{k}{m}} = \frac{1}{\sqrt{m\delta}} = \sqrt{\frac{g}{W\delta}} = \sqrt{\frac{g}{\Delta_{st}}} \tag{10-14}$$

结构自振周期具有如下性质。

(1) 自振周期仅与结构的质量和刚度有关，与外界的干扰因素无关。干扰力的大小只影响振幅的大小，而不影响结构自振周期的大小。

(2) 自振周期与质量的平方根成正比，质量越大，则周期越长；自振周期与刚度的平方根成反比，刚度越大，则周期越短。

(3) 自振周期反映着结构固有的动力特性，是结构动力性能的重要参数。两个外表看似相近的结构，若其自振周期相差很大，则动力性能也相差很大；相反，两个外表看似差异很大的结构，若其自振周期相近，则动力性能基本一致。

例题 10.1 图 10.9 所示 3 种不同支承情况的梁，其跨度都为 l，且 EI 也相同，跨中有一集中质量 m。梁的自重忽略不计，试比较三者的自振圆频率。

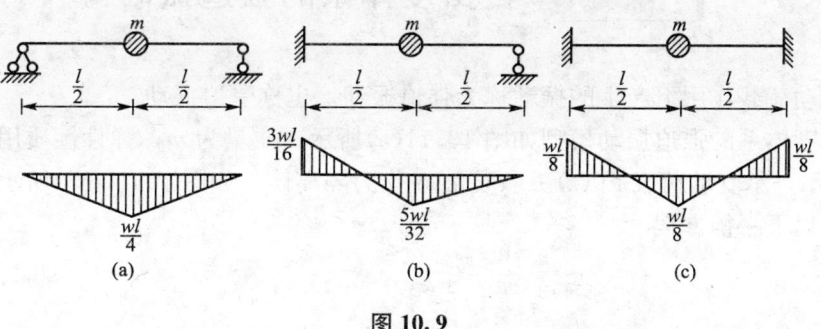

图 10.9

【解】：由式(10-14)可知，在计算单自由度结构的自振圆频率时，需要先求出该结构的静力位移。根据图 10.9 所示的弯矩图，可求得 3 种不同支承情况下的静力位移分别为

$$\Delta_{\text{st1}}=\frac{Wl^3}{48EI}, \quad \Delta_{\text{st2}}=\frac{7Wl^3}{768EI}, \quad \Delta_{\text{st3}}=\frac{Wl^3}{192EI}$$

可得

$$\omega_1=\sqrt{\frac{g}{\Delta_{\text{st1}}}}=\sqrt{\frac{48EI}{ml^3}}, \quad \omega_2=\sqrt{\frac{g}{\Delta_{\text{st2}}}}=\sqrt{\frac{768EI}{7ml^3}}, \quad \omega_3=\sqrt{\frac{g}{\Delta_{\text{st3}}}}=\sqrt{\frac{192EI}{ml^3}}$$

据此可得

$$\omega_1:\omega_2:\omega_3=1:1.51:2$$

该例说明结构刚度越大，其自振圆频率越大。

例题 10.2 试求图 10.10(a)所示排架的水平自振圆频率。设两横梁为无限刚性，质量均为 m，边柱和中柱的刚度分别为 EI 和 $2EI$，质量忽略不计。

【解】：由于横梁无限刚性，故柱子的水平位移相同，而横梁所受的水平力等于各柱顶剪力之和。因此，可以将排架柱视为 3 个并联的弹簧，分析模型如图 10.10(b)所示。

由 $k=\dfrac{1}{\delta}$，利用图乘法可求得，排架边柱的侧移刚度系数 $k_1=k_3=\dfrac{3EI}{l^3}$，中柱的侧移刚度系数 $k_2=\dfrac{6EI}{l^3}$，因此排架的侧移刚度系数为

$$k=k_1+k_2+k_3=\frac{12EI}{l^3}$$

$$\omega=\sqrt{\frac{k}{2m}}=\sqrt{\frac{6EI}{ml^3}}$$

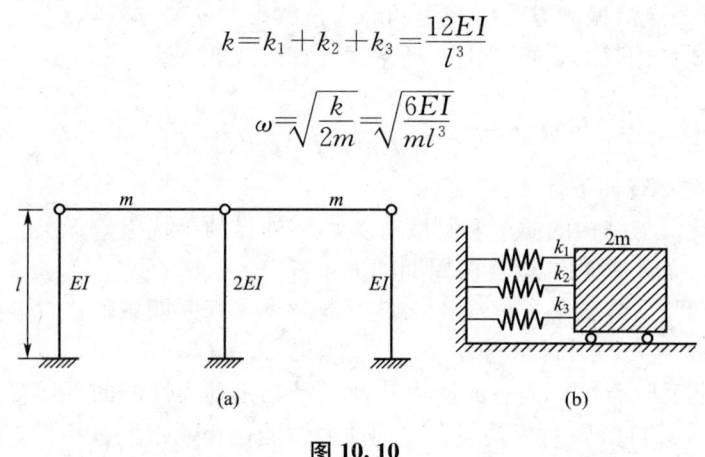

图 10.10

10.3 单自由度体系的强迫振动

结构在动荷载作用下产生的振动称为强迫振动，也称受迫振动。

单自由度体系的强迫振动模型如图 10.11(a)所示，质量为 m，弹性性质用刚度系数为 k 的弹簧表示，承受动荷载 $F_P(t)$。取质量 m 作为隔离体，如图 10.11(b)所示。由达朗贝尔原理可得以下平衡方程

$$m\ddot{y}+ky=F_P(t) \tag{10-15a}$$

或写成

$$\ddot{y}+\omega^2 y=\frac{F_P(t)}{m} \qquad (10-15b)$$

其中，$\omega=\sqrt{\dfrac{k}{m}}$。

式(10-15b)就是单自由度体系强迫振动的微分方程。

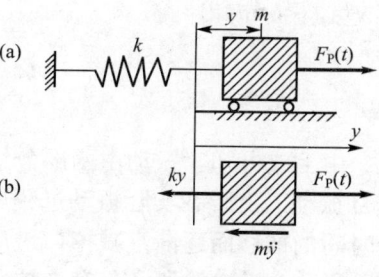

图 10.11

下面讨论几种常见动荷载作用时的强迫振动。

1. 简谐荷载

简谐荷载是较为常见的动荷载，设体系承受如下的简谐荷载。

$$F_P(t)=F_P\sin\theta t \qquad (a)$$

其中，θ 是简谐荷载的圆频率，F_P 是荷载的最大值，称为幅值。将式(a)代入式(10-15b)，即得振动微分方程如下。

$$\ddot{y}+\omega^2 y=\frac{F_P}{m}\sin\theta t \qquad (b)$$

设方程特解为

$$y(t)=A\sin\theta t \qquad (c)$$

将式(c)代入式(b)，可得

$$(-\theta^2+\omega^2)A\sin\theta t=\frac{F_P}{m}\sin\theta t$$

整理可得

$$A=\frac{F_P}{m(\omega^2-\theta^2)}$$

故特解为

$$y(t)=\frac{F_P}{m\omega^2\left(1-\dfrac{\theta^2}{\omega^2}\right)}\sin\theta t \qquad (d)$$

令

$$y_{st}=\frac{F_P}{m\omega^2}=F_P\delta \qquad (e)$$

则 y_{st} 可称为最大位移，代表将荷载的最大值 F_P 作为静力荷载作用于结构上所产生的静力位移，特解(d)可写为

$$y(t)=\frac{y_{st}\sin\theta t}{\left(1-\dfrac{\theta^2}{\omega^2}\right)} \qquad (f)$$

微分方程的齐次解已在上节求出，故得通解如下。

$$y(t)=C_1\sin\omega t+C_2\cos\omega t+\frac{y_{st}\sin\theta t}{\left(1-\dfrac{\theta^2}{\omega^2}\right)} \qquad (g)$$

积分常数 C_1 和 C_2 可由初始条件求出。设 $t=0$ 时初始位移和初始速度均为零，则得

$$C_1=-y_{st}\frac{\theta/\omega}{\left(1-\dfrac{\theta^2}{\omega^2}\right)}, \quad C_2=0$$

代入式(g)，可得

$$y(t)=\frac{y_{st}}{\left(1-\frac{\theta^2}{\omega^2}\right)}\left(\sin\theta t-\frac{\theta}{\omega}\sin\omega t\right) \quad (10-16)$$

由上式可知，振动由两部分组成：第一部分按荷载频率 θ 振动，第二部分按自振圆频率 ω 振动。由于在实际振动过程中存在阻尼力，因此按自振圆频率振动的那一部分将会随着时间的推移而逐渐衰减掉，最后只剩下按荷载频率振动的那一部分。两种振动同时存在的阶段称为过渡阶段；仅存在按荷载频率振动的阶段称为平稳阶段，此时，它的振幅和频率都是恒定的，因而称为稳态强迫振动。通常过渡阶段延续的时间较短，在实际问题中平稳阶段的振动较为重要。

仅考虑平稳阶段振动情况下，任一时刻的位移为

$$y(t)=y_{st}\frac{\omega^2}{(\omega^2-\theta^2)}\sin\theta t$$

最大动力位移为

$$[y(t)]_{max}=y_{st}\frac{\omega^2}{(\omega^2-\theta^2)}$$

最大动力位移与最大静力位移的比值称为动力系数，用 β 表示，即

$$\beta=\frac{[y(t)]_{max}}{y_{st}}=\frac{1}{\left(1-\frac{\theta^2}{\omega^2}\right)} \quad (10-17)$$

由上式可知，动力系数 β 随频率比值 $\frac{\theta}{\omega}$ 变化，$|\beta|$ 与 $\frac{\theta}{\omega}$ 的变化关系如图 10.12 所示。

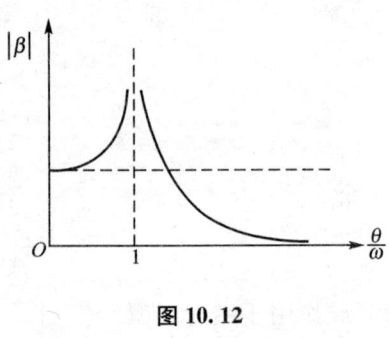

图 10.12

当 $\theta\ll\omega$ 时，动力系数 $\beta\approx 1$。这时，与结构的自振圆频率相比，频率很低的简谐荷载的数值虽随时间变化，但变化得非常慢。通常当 $\frac{\theta}{\omega}<\frac{1}{5}$ 时，即可认为 $\beta=1$，此时可将荷载当作静力荷载处理。

当 $\theta\gg\omega$ 时，动力系数 $\beta\ll 1$，即 $[y(t)]_{max}\ll y_{st}$，表明当荷载频率远大于结构自振圆频率时，动力位移将远小于简谐荷载振幅 F 所产生的静力位移。由图 10.12 可见，当 $\frac{\theta}{\omega}>1$ 时，$|\beta|$ 随着 $\frac{\theta}{\omega}$ 的增大而减小。

当 $\theta\approx\omega$ 时，$|\beta|\to\infty$。表明当荷载频率接近于结构自振圆频率时，振幅会迅速增大，并趋向无限大，这种现象称为共振。而实际上由于阻尼力的存在，共振时不会出现振幅为无限大的情况，但可能会出现共振时的振幅比静力位移大很多倍的情况。因此，在工程结构设计时应尽量避免发生共振，一般应避开 $0.75<\frac{\theta}{\omega}<1.25$ 这个共振区段。

在简谐荷载作用下，结构内力也存在类似的情况，随 $\frac{\theta}{\omega}$ 的变化而变化。

例题 10.3 设有一简支钢梁如图 10.13 所示，跨度 $l=$ 6m，采用 I28b 型工字钢，刚度 $EI=1.57\times 10^8 \text{kN}\cdot\text{cm}^2$，

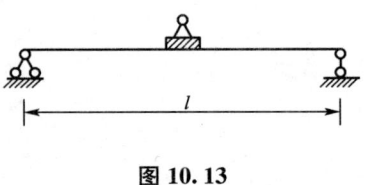

图 10.13

截面系数 $W=534\text{cm}^3$。在跨度中点有一电动机，其重量 $G=40\text{kN}$，转速 $n=250\text{r/min}$。由于具有偏心，转动时产生离心力 $F_P=10\text{kN}$，离心力的竖向分力为 $F_P\sin\theta t$。忽略梁本身的质量，试求钢梁在上述竖向简谐荷载作用下强迫振动的动力系数和最大正应力。

【解】：(1) 简支钢梁的自振圆频率。

$$\omega = \sqrt{\frac{g}{\Delta_{\text{st}}}} = \sqrt{\frac{48EIg}{Gl^3}} = \sqrt{\frac{48 \times 1.57 \times 10^8 \times 980}{40 \times 600^3}} = 29.24\text{s}^{-1}$$

(2) 荷载的频率。

$$\theta = \frac{2\pi n}{60} = 2 \times 3.1416 \times \frac{250}{60} = 26.18\text{s}^{-1}$$

(3) 动力系数 β。

$$\beta = \frac{1}{\left(1-\dfrac{\theta^2}{\omega^2}\right)} = \frac{1}{1-\left(\dfrac{26.18}{29.24}\right)^2} = 5.04$$

(4) 最大正应力。

$$\sigma_{\max} = \frac{Gl}{4W} + \beta\frac{F_P l}{4W} = \frac{(G+\beta F_P)l}{4W} = \frac{(40\text{kN}+5.04\times 10\text{kN})\times 600\text{cm}}{4\times 534\text{cm}^3} = 25.39\text{kN/cm}^2$$

式中，第一项是电动机重量 G 产生的正应力，第二项是动荷载 $F_P\sin\theta t$ 产生的最大正应力。

2. 一般动荷载

以上讨论了简谐荷载作用下，单自由度体系的振动情况。但实际动荷载的形式多样且更加复杂。下面在讨论瞬时冲量的动力计算的基础上，讨论在一般动荷载 $F_P(t)$ 作用下的动力计算问题。

所谓瞬时冲量是指动荷载 $F_P(t)$ 在极短的时间内产生的冲量。设质点 m 开始处于静止状态，从 $t=0$ 时刻开始，受到瞬时冲量 S 作用。如图 10.14(a) 所示，在 Δt 时间内作用荷载 F_P，其冲量 $S=F_P\Delta t$。质点 m 在冲量 S 作用下获得初始速度 v_0，此时冲量 S 全部转移给质点，使其增加动量，故 $S=mv_0$。

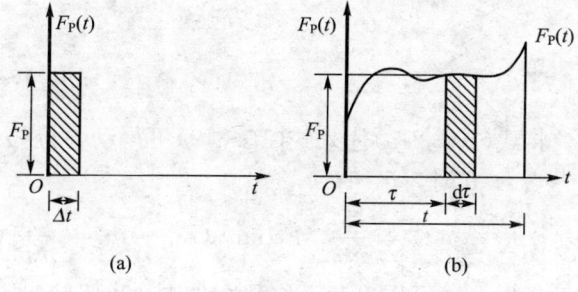

图 10.14

但当质点获得初始速度 v_0 时，初始位移仍为零。将 $y_0=0$ 和 $v_0=\dfrac{S}{m}$ 代入式(10-7)，即得 $t=0$ 时在瞬时冲量 S 作用下所引起的质点 m 的位移方程。

$$y(t) = \frac{S}{m\omega}\sin\omega t \tag{10-18a}$$

如果在 $t=\tau$ 时在质点上作用瞬时冲量 S，则在以后任一时刻 $t(t>\tau)$ 的位移方程为：

$$y(t) = \frac{S}{m\omega}\sin\omega(t-\tau) \tag{10-18b}$$

对于图 10.14(b) 所示的一般动荷载 $F_P(t)$，其动力计算可先将时间划分为若干个微小区段，每段内的 $F_P(t)$ 值视为常量，整个过程可看做由一系列瞬时冲量所组成。时刻 $t=\tau$ 作用的荷载为 $F_P(\tau)$，此荷载在微分时段 $d\tau$ 内产生的冲量为 $dS=F_P(\tau)d\tau$。根据式(10-18b)，此微分冲量引起的位移方程如下。

$$dy = \frac{F_P(\tau)d\tau}{m\omega}\sin\omega(t-\tau) \qquad (t>\tau)$$

对加载过程中产生的所有微分冲量进行叠加,即对上式进行积分,可得

$$y(t) = \frac{1}{m\omega}\int_0^t F_P(\tau)\sin\omega(t-\tau)d\tau \qquad (10-19)$$

式(10-19)称为杜哈梅积分,这就是初始处于静止状态的单自由度体系在一般动荷载$F_P(t)$作用下的位移公式。如体系初始位移y_0和初始速度v_0不为零,则总位移方程应为

$$y(t) = y_0\cos\omega t + \frac{v_0}{\omega}\sin\omega t + \frac{1}{m\omega}\int_0^t F_P\sin\omega(t-\tau)d\tau \qquad (10-20)$$

下面应用式(10-20)研究几种特殊动荷载的动力反应。

1) 突加荷载

设体系原处于静止状态,受到突加荷载作用,其表示式为

$$F_P(t) = \begin{cases} 0 & (t<0) \\ F_{P0} & (t>0) \end{cases} \qquad (10-21a)$$

其变化规律如图10.15(a)所示。这是一个阶梯形曲线,在$t=0$处,曲线有间断点。

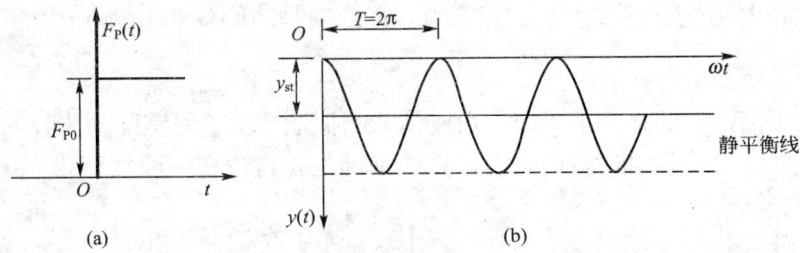

图 10.15

将式(10-21a)代入式(10-19)可得动力位移。

当$t>0$时,

$$y(t) = \frac{1}{m\omega}\int_0^t F_{P0}\sin\omega(t-\tau)d\tau = \frac{F_{P0}}{m\omega^2}(1-\cos\omega t) = y_{st}(1-\cos\omega t) \qquad (10-21b)$$

根据上式可作出动力位移图如图10.15(b)所示。由图中看出,当$t>0$时,质点是围绕其静力平衡位置$y=y_{st}$作简谐运动,动力系数为

$$\beta = \frac{[y(t)]_{max}}{y_{st}} = 2 \qquad (10-21c)$$

由此看出,结构在突加荷载作用下,最大动力位移是相应静力位移的2倍。

2) 短时荷载

短时荷载是指在短时间内作用于结构上的荷载,可表示为

$$F_P(t) = \begin{cases} 0 & (t<0) \\ F_{P0} & (0<t<t_0) \\ 0 & (t>t_0) \end{cases} \qquad (10-22a)$$

F_P-t曲线如图10.16所示。

当$0 \leqslant t \leqslant t_0$时,荷载情况与突加荷载相同,可知:

$$y(t)=y_{st}(1-\cos\omega t) \qquad (10-22b)$$

当 $t>t_0$ 时,无荷载作用,可以认为在 $t=t_0$ 时,又有一个大小相等但方向相反的突加荷载加入,这样,仍可利用上述突加荷载作用下的计算结果,可得

$$y(t)=y_{st}(1-\cos\omega t)-y_{st}[1-\cos\omega(t-t_0)]$$
$$=2y_{st}\sin\frac{\omega t_0}{2}\sin\omega\left(t-\frac{t_0}{2}\right) \qquad (10-22c)$$

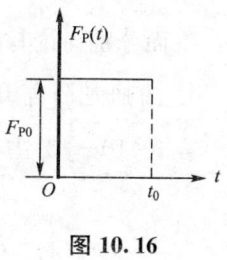

图 10.16

10.4 阻尼对振动的影响

图 10.17(a)、(b)分别表示一钢筋混凝土板和一钢结构梁在自由振动试验中所得曲线的大致形状。试验曲线表明,结构在自由振动时的振幅随着时间逐渐减小,直到最后振幅为零,即振动停止,这就表明在振动过程中要产生能量的损耗。这种现象称为自由振动的衰减。由此可见,无阻尼振动只是一种理想化的情况,实际结构的振动都不可避免地会受到阻尼的作用,从而使体系振动逐渐衰减而不能无限延伸。

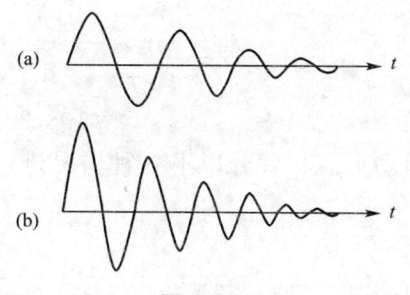

图 10.17

振动中的阻尼有多种来源,例如振动过程中结构与支承之间的摩擦,结构周围介质的阻力,材料内摩擦等。通常将各种能量耗散的因素统称为阻尼。阻尼是结构的一个重要动力特性。在动力计算中,引入一个反映能量耗散的力,称之为阻尼力。

根据不同的耗能机理提出的阻尼理论有不同的阻尼力假设,通常有以下 3 种情况。

(1)粘滞阻尼。当系统在粘滞性液体中以不大的速度运动时,它所受到的阻尼力大小与位移速度成正比,而方向和速度的方向相反。

(2)滞变阻尼。它能较好地反映材料内摩擦的耗能机理,认为在简谐振动中,阻尼力与位移成正比,但其相位比位移超前 90°。

(3)摩擦阻尼。在振动过程中,一般认为摩擦阻尼力的大小保持不变,但其方向始终与速度方向相反。

在上述几种阻尼力中,粘滞阻尼力的分析比较常用,其他类型的阻尼力也可转化为等效粘滞阻尼力来分析。下面只对粘滞阻尼力的情形加以讨论。

当考虑阻尼力时,单自由度体系的振动模型如图 10.18(a)所示,体系的质量为 m,承受动荷载 $F_P(t)$ 作用。体系的弹性性质用刚度系数为 k 的弹簧表示,阻尼性质用阻尼减震器表示,阻尼系数为 c。取质量 m 为隔离体,如图 10.18(b)所示,根据达朗贝尔原理,可得以下平衡方程。

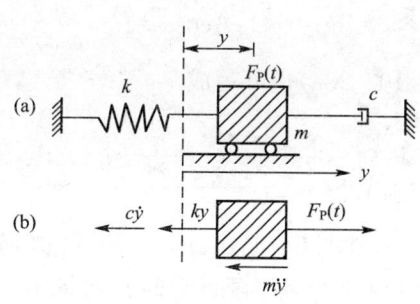

图 10.18

$$m\ddot{y}+c\dot{y}+ky=F_P(t) \tag{10-23}$$

下面分别讨论有阻尼的自由振动和强迫振动。

1. 有阻尼的自由振动

在式(10-23)中令 $F_P(t)=0$,即为自由振动的方程,它可改写为

$$\ddot{y}+2\xi\omega\dot{y}+\omega^2 y=0 \tag{10-24}$$

其中,

$$\omega=\sqrt{\frac{k}{m}},\quad \xi=\frac{c}{2m\omega} \tag{10-25}$$

式中,ω 为体系的自振圆频率;ξ 为体系的阻尼比。

式(10-24)是二阶常系数齐次微分方程,设其解为如下形式。

$$y(t)=Ce^{\lambda t}$$

则 λ 由下列特征方程所确定。

$$\lambda^2+2\xi\omega\lambda+\omega^2=0$$

有两个根,即

$$\lambda_{1,2}=\omega(-\xi\pm\sqrt{\xi^2-1}) \tag{10-26}$$

根据 $\xi<1$、$\xi=1$、$\xi>1$ 这3种情况,可得出3种运动形态,现分以下3种情况进行讨论。

1) $\xi<1$ 时(低阻尼情况)

令 $\omega_r=\omega\sqrt{1-\xi^2}$,$\omega_r$ 称为有阻尼自由振动的圆频率。

则 λ_1 和 λ_2 为两个共轭复数,它们分别为

$$\lambda_{1,2}=-\xi\omega\pm i\omega_r$$

此时,微分方程(10-24)的一般解为

$$y(t)=e^{-\xi\omega t}(C_1\cos\omega_r t+C_2\sin\omega_r t) \tag{10-27}$$

引入初始条件,可确定积分常数 C_1、C_2,设 $t=0$ 时,$y(0)=y_0$,$\dot{y}(0)=v_0$ 则得

$$C_1=y_0,\quad C_2=\frac{v_0+\xi\omega y_0}{\omega_r}$$

将其代入式(10-27),可得

$$y(t)=e^{-\xi\omega t}\left(y_0\cos\omega_r t+\frac{v_0+\xi\omega y_0}{\omega_r}\sin\omega_r t\right) \tag{10-28a}$$

若令 $A\sin\varphi=y_0$,$A\cos\varphi=\dfrac{v_0+\xi\omega y_0}{\omega_r}$

式(10-28a)也可写成

$$y(t)=Ae^{-\xi\omega t}\sin(\omega_r t+\varphi) \tag{10-28b}$$

其中 $A=\sqrt{y_0^2+\dfrac{(v_0+\omega\xi y_0)^2}{\omega_r^2}}$,$\tan\varphi=\dfrac{y_0\omega_r}{v_0+\xi\omega y_0}$,这里 φ 称为有阻尼的初相角。

由式(10-28a)或式(10-28b)可得到低阻尼体系自由振动时的 $y-t$ 曲线,如图10.19所示。这是一条逐渐衰减的波动曲线。

根据上述计算分析,对低阻尼的自由振动情况作如下讨论。

首先讨论阻尼对自振圆频率的影响。有阻尼与无阻尼的自振圆频率 ω_r 和 ω 之间满足关

系式 $\omega_r = \omega\sqrt{1-\xi^2}$。由此可知，在 $\xi<1$ 的低阻尼情况下，ω_r 恒小于 ω，而且 ω_r 随 ξ 值的增大而减小。如果 $\xi<0.2$，则 $0.96<\dfrac{\omega_r}{\omega}<1$，即有阻尼与无阻尼的自振圆频率非常相近。而结构实测表明：钢结构的阻尼比一般在 $0.01\sim0.02$ 之间，钢筋混凝土结构的阻尼比一般在 $0.03\sim0.08$ 之间。因此，在实际工程结构动力计算时，通常不计阻尼对自振圆频率的影响，即 $\omega_r=\omega$。

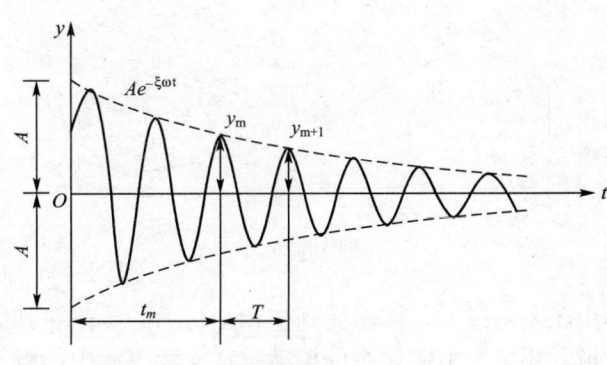

图 10.19

其次讨论阻尼对振幅的影响。由式(10-28b)可知，低阻尼振动的振幅为 $Ae^{-\xi\omega t}$，由于阻尼的影响，振幅随时间而逐渐衰减。若用 A_m 表示某一时刻的振幅，A_{m+1} 表示经过一个周期 $T\left(T=\dfrac{2\pi}{\omega_r}\right)$ 后的振幅，则相邻两个振幅 A_{m+1} 与 A_m 的比值为

$$\dfrac{A_{m+1}}{A_m}=\dfrac{e^{-\xi\omega(t_m+T)}}{e^{-\xi\omega t_m}}=e^{-\xi\omega T} \tag{10-29a}$$

可见振幅是按 $e^{-\xi\omega T}$ 的几何级数递减的；且 ξ 值愈大，振幅衰减速度愈快。将上式等号两边取对数，可得

$$\ln\dfrac{A_m}{A_{m+1}}=\xi\omega T=\xi\omega\dfrac{2\pi}{\omega_r}\approx 2\pi\xi \tag{10-29b}$$

因此，

$$\xi\approx\dfrac{1}{2\pi}\ln\dfrac{A_m}{A_{m+1}}=\dfrac{1}{2\pi}\delta \tag{10-30a}$$

这里 $\delta=\ln\dfrac{A_m}{A_{m+1}}$ 称为振幅的对数递减率。

在有阻尼的振动问题中，阻尼比 ξ 是一个极为重要的参数。为了获得更高精度的阻尼比，通常量测相隔 n 个周期的两个振幅 A_m 和 A_{m+n}，其中 $A_{m+n}=e^{-\xi\omega(t_m+nT)}$。同样可得

$$\xi=\dfrac{1}{2n\pi}\dfrac{\omega_r}{\omega}\ln\left(\dfrac{A_m}{A_{m+n}}\right)\approx\dfrac{1}{2n\pi}\ln\left(\dfrac{A_m}{A_{m+n}}\right) \tag{10-30b}$$

2) $\xi=1$ 时（临界阻尼情况）

此时由式(10-26)可得

$$\lambda=-\omega$$

因此，微分方程(10-24)的解为

$$y(t)=(C_1+C_2 t)e^{-\omega t} \tag{10-31}$$

再引入初始条件，得

$$y(t)=[y_0(1+\omega t)+v_0 t]e^{-\omega t} \tag{10-32}$$

其 y-t 曲线如图 10.20 所示。这条曲线表明体系的运动呈衰减趋势，但不具有波动性质。

3) $\xi>1$ 时（超阻尼情况）

此时，特征根 λ_1 和 λ_2 为两个负实数。微分方程(10-24)的通解为

$$y(t)=(C_1 sh\omega_r t+C_2 ch\omega_r t)e^{-\xi\omega t} \tag{10-33}$$

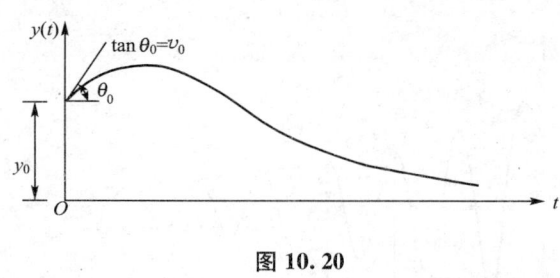

图 10.20

利用初始条件可求得 $C_1 = \dfrac{\xi\omega y_0 + v_0}{\omega_r}$，$C_2 = y_0$，代入上式可得

$$y(t) = \left[\dfrac{\xi\omega y_0 + v_0}{\omega_r}\text{sh}\omega_r t + y_0\text{ch}\omega_r t\right]e^{-\xi\omega t} \tag{10-34}$$

式(10-34)所表示的运动是按指数规律衰减的非周期性运动。即这种情况下，由于阻尼过大，体系受到初始干扰后的能量在其恢复平衡位置的过程中全部消耗于克服阻尼，不足以引起体系的振动。在实际工程中一般不会发生 $\xi > 1$ 的情况。

综上所述：当 $\xi < 1$ 时，考虑阻尼的体系在自由振动时表现出衰减的振动形式。而当阻尼增大到 $\xi = 1$ 时，体系就不再表现出振动的形式，这时的阻尼系数称为临界阻尼系数，用 c_{cr} 表示。在式(10-25)中令 $\xi = 1$，即得临界阻尼系数为

$$c_{cr} = 2m\omega = 2\sqrt{mk} \tag{10-35}$$

由式(10-25)和式(10-35)可导出阻尼比为

$$\xi = \dfrac{c}{c_{cr}} \tag{10-36}$$

阻尼比 ξ 为一无量纲数，等于实际阻尼系数 c 与临界阻尼系数 c_{cr} 的比值。阻尼比的大小是反映阻尼情况的基本参数，它的数值可以通过实测得到。例如，在低阻尼体系中，如果测得了两个振幅值 A_m 和 A_{m+n}，则由式(10-30b)可推算出 ξ 值，再由(10-25)可确定阻尼系数。

2. 有阻尼的强迫振动

考虑阻尼（$\xi < 1$）的体系承受一般动荷载 $F_P(t)$ 时，其位移公式也可以表示为杜哈梅积分形式，与无阻尼体系的式(10-19)相似，其推导过程说明如下。

由式(10-28a)可知，单独由初始速度 v_0（初始位移 y_0 为零）所引起的振动为

$$y(t) = e^{-\xi\omega t}\dfrac{v_0}{\omega_r}\sin\omega_r t$$

由于冲量 $S = mv_0$，故在初始时刻由冲量 S 引起的振动为

$$y(t) = e^{-\xi\omega t}\dfrac{S}{m\omega_r}\sin\omega_r t$$

一般动荷载 $F_P(t)$ 的加载过程可看成由一系列瞬时冲量所组成。在 $t = \tau$ 到 $t = \tau + d\tau$ 时间段内荷载的微分冲量为 $dS = F_P(\tau)d\tau$，此微分冲量引起如下的位移为

$$dy(t) = \dfrac{F_P(\tau)d\tau}{m\omega_r}e^{-\xi\omega(t-\tau)}\sin\omega_r(t-\tau) \quad (t > \tau)$$

对上式进行积分，即得到一般动荷载作用下的位移方程为

$$y(t) = \dfrac{1}{m\omega_r}\int_0^t F_P(\tau)e^{-\xi\omega(t-\tau)}\sin\omega_r(t-\tau)d\tau \tag{10-37}$$

式(10-37)即为开始处于静止状态的单自由度体系在一般动荷载 $F_P(t)$ 作用下引起的有阻尼强迫振动的位移公式。

如果还有初始位移 y_0 和初始速度 v_0，则总位移为

$$y(t)=e^{-\xi\omega t}\left(y_0\cos\omega_r t+\frac{v_0+\xi\omega y_0}{\omega_r}\sin\omega_r t\right)+$$
$$\frac{1}{m\omega_r}\int_0^t F_P(\tau)e^{-\xi\omega(t-\tau)}\sin\omega_r(t-\tau)\mathrm{d}\tau \tag{10-38}$$

由于阻尼的存在，上式中由初始条件所引起的自由振动部分将随时间衰减而消失。
下面讨论突加荷载和简谐荷载两种情形。

1）突加荷载

将突加荷载 F_{P0} 代入式(10-37)，可得动力位移如下：当 $t>0$ 时，

$$y(t)=\frac{F_{P0}}{m\omega^2}\left[1-e^{-\xi\omega t}\left(\cos\omega_r t-\frac{\xi\omega}{\omega_r}\sin\omega_r t\right)\right] \tag{10-39}$$

此式与无阻尼体系的式(10-21b)相对应，表明质点动力位移由荷载引起的静力位移和以静力平衡位置为中心的含有简谐因子的衰减振动两部分组成。

根据式(10-39)可画出动力位移图如图10.21所示。由图可知，具有阻尼的体系在突加荷载作用下，最初所引起的最大位移可能接近静力位移 y_{st} 的 2 倍，然后经过衰减振动，最后停留在静力平衡位置上。

2）简谐荷载

将简谐荷载 $F_P\sin\theta t$ 代入式(10-23)中，即可得简谐荷载作用下有阻尼体系的振动微分方程。

$$\ddot{y}+2\xi\omega\dot{y}+\omega^2 y=\frac{F_P}{m}\sin\theta t \tag{10-40}$$

设式(10-40)的特解为

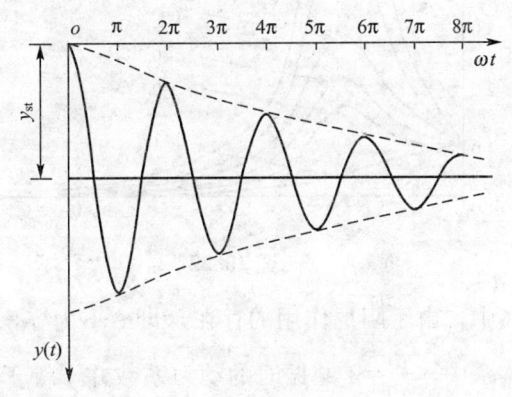

图 10.21

$$y=A\sin\theta t+B\cos\theta t$$

代入式(10-40)，可得

$$A=\frac{F_P}{m}\frac{\omega^2-\theta^2}{(\omega^2-\theta^2)^2+4\omega^2\theta^2\xi^2},\quad B=\frac{F_P}{m}\frac{-2\xi\omega\theta}{(\omega^2-\theta^2)^2+4\omega^2\theta^2\xi^2}$$

叠加方程的齐次解，即得方程的全解为：

$$y(t)=\{e^{-\xi\omega t}(C_1\cos\omega_r t+C_2\sin\omega_r t)\}+\{A\sin\theta t+B\cos\theta t\} \tag{10-41}$$

其中，两个常数 C_1 和 C_2 由初始条件确定。

式(10-41)右边的两个大括号表示体系的振动分别由两个不同频率(ω_r 和 θ)的振动组成。由于阻尼作用，振动频率为 ω_r 的第一部分将逐渐衰减而消失。振动频率为 θ 的第二部分由于受到荷载的周期影响而不衰减，这部分振动称为稳态振动。

下面讨论稳态振动。任意时刻的动力位移可改用下式来表示。

$$y(t)=y_P\sin(\theta t-\alpha) \tag{10-42a}$$

其中，

$$y_P=y_{st}\left[\left(1-\frac{\theta^2}{\omega^2}\right)^2+4\xi^2\frac{\theta^2}{\omega^2}\right]^{-1/2},\quad \alpha=\tan^{-1}\frac{2\xi\left(\frac{\theta}{\omega}\right)}{1-\left(\frac{\theta}{\omega}\right)^2} \tag{10-42b}$$

这里 y_P 表示振幅，y_{st} 表示荷载最大值 F_P 作用下静力位移。由此可求得动力系数 β。

$$\beta = \frac{y_P}{y_{st}} = \left[\left(1-\frac{\theta^2}{\omega^2}\right)^2 + 4\xi^2\frac{\theta^2}{\omega^2}\right]^{-1/2} \quad (10-43)$$

上式表明，动力系数 β 不仅与频率比值 $\frac{\theta}{\omega}$ 有关，而且与阻尼比 ξ 有关。对于不同的 ξ 值，可画出相应的 β 与 $\frac{\theta}{\omega}$ 之间的关系曲线，如图 10.22 所示。

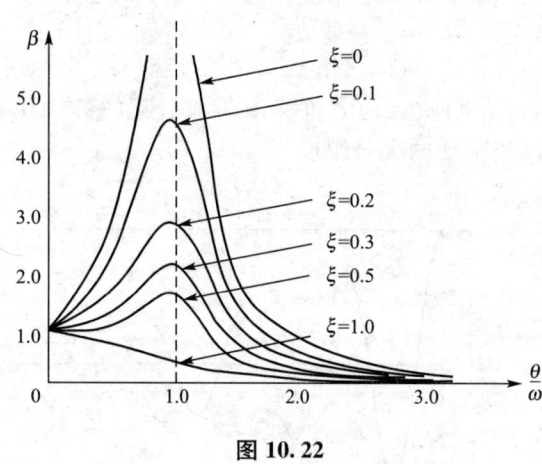

图 10.22

综合以上的分析可知，简谐荷载作用下考虑阻尼的稳态振动有以下几个特点。

(1) 阻尼对简谐荷载作用下的动力系数影响较大。对于相同的频率比值，动力系数 β 随着阻尼比 ξ 值的增大而减小，特别是在 $\frac{\theta}{\omega}=1$ 附近，β 峰值下降最为显著。

(2) 在 $\frac{\theta}{\omega}=1$ 的共振情况下，动力系数可由式(10-43)求得

$$\beta = \frac{1}{2\xi} \quad (10-44)$$

式中，由于阻尼作用的存在，即 ξ 不为零，可知共振时动力系数总是一个有限值。在阻尼体系中，$\frac{\theta}{\omega}=1$ 共振时的动力系数并不等于最大的动力系数 β_{max}，但二者的数值比较接近。由式(10-43)，通过求极值的方法可以求得动力系数的最大值。

$$\beta_{max} = \frac{1}{2\xi\sqrt{1-\xi^2}} \quad (10-45)$$

在实际工程中 ξ 值一般都比较小，因此可以近似地利用式(10-44)计算动力系数最大值。

(3) 由式(10-42a)可知，考虑阻尼时，体系的位移比荷载滞后一个相位角 α。α 值可由式(10-42b)求出。下面结合体系的受力特点讨论 3 个典型相位角的情况。

当 $\frac{\theta}{\omega} \to \infty$，即 $\theta \gg \omega$ 时，$\alpha \to \pi$，说明 $y(t)$ 与 $F_P(t)$ 趋于反向。此时荷载频率很大，体系振动很快，因此弹性力和阻尼力相对较小，动荷载主要与惯性力平衡。

当 $\frac{\theta}{\omega} \to 0$，即 $\theta \ll \omega$ 时，$\alpha \to 0$，说明 $y(t)$ 与 $F_P(t)$ 趋于同向。此时荷载频率很小，体系振动很慢，因此惯性力和阻尼力都很小，动荷载主要与弹性力平衡。

当 $\frac{\theta}{\omega} \to 1$，即 ($\theta \approx \omega$) 时，$\alpha \to \frac{\pi}{2}$，当荷载值为最大时，位移和加速度接近于零，因而弹性力和惯性力也都接近于零，这时动荷载主要由阻尼力相平衡。由此可见，在共振情况下，阻尼力起着重要作用，它的影响不容忽略。

10.5 两个自由度体系的自由振动

在工程实际中,许多结构的振动问题可以简化成单自由度体系进行计算。但也有不少问题,如高层房屋的水平振动、不等高排架的振动、拱坝和水闸的振动等,则须按多自由度体系进行计算,才能满足工程实际的精度要求。

本节只讨论两个自由度体系的自由振动问题,求解方法有两种:柔度法和刚度法。

1. 柔度法

设振动体系如图 10.23(a)所示,两个集中质量分别 m_1 和 m_2,即为一具有两个自由度的体系,现按柔度法推导无阻尼自由振动微分方程。根据达朗贝尔原理,可列出运动方程如下。

$$\left. \begin{array}{l} y_1(t) = -m_1 \ddot{y}_1(t)\delta_{11} - m_2 \ddot{y}_2(t)\delta_{12} \\ y_2(t) = -m_1 \ddot{y}_1(t)\delta_{21} - m_2 \ddot{y}_2(t)\delta_{22} \end{array} \right\} \tag{10-46}$$

式中,δ_{ij} 为体系的柔度系数,它的物理意义如图 10.23(b)、(c)所示。

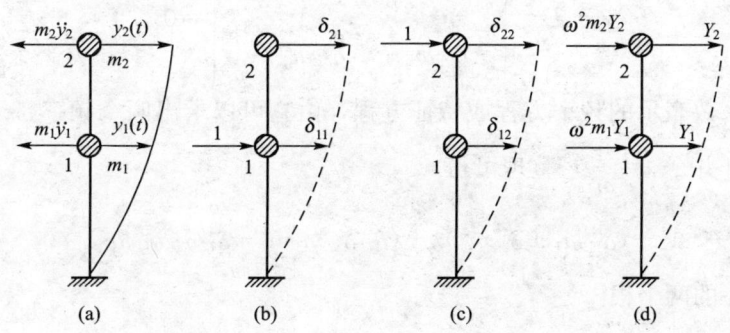

图 10.23

下面求微分方程(10-46)的解,假设两质点的运动方程为同频率、同相位的简谐振动,则 m_1 和 m_2 的动力位移可表达为

$$\left. \begin{array}{l} y_1(t) = Y_1 \sin(\omega t + \alpha) \\ y_2(t) = Y_2 \sin(\omega t + \alpha) \end{array} \right\} \tag{a}$$

式中 Y_1 和 Y_2 分别为 m_1 和 m_2 的位移幅值,ω 为体系的自振圆频率,α 为体系的相位角。

由式(a)可知,两质点的位移在数值上随时间而变化,但二者的比值始终保持不变,即

$$\frac{y_1(t)}{y_2(t)} = \frac{Y_1}{Y_2} = 常数$$

体系中质点位移形状保持不变的振动形式称为主振型或振型。

由式(a)可知,两质点的惯性力为

$$\left.\begin{array}{l}-m_1\ddot{y}_1(t)=m_1\omega^2 Y_1\sin(\omega t+\alpha)\\ -m_2\ddot{y}_2(t)=m_2\omega^2 Y_2\sin(\omega t+\alpha)\end{array}\right\} \qquad (b)$$

因此，两个质点惯性力的幅值为 $\omega^2 m_1 Y_1$、$\omega^2 m_2 Y_2$。

将式(a)和式(b)代入式(10-46)，得

$$\left.\begin{array}{l}Y_1=(\omega^2 m_1 Y_1)\delta_{11}+(\omega^2 m_2 Y_2)\delta_{12}\\ Y_2=(\omega^2 m_1 Y_1)\delta_{21}+(\omega^2 m_2 Y_2)\delta_{22}\end{array}\right\} \qquad (10\text{-}47\mathrm{a})$$

上式表明，主振型的位移幅值(Y_1、Y_2)就是体系在此主振型惯性力幅值($\omega^2 m_1 Y_1$、$\omega^2 m_2 Y_2$)作用下所引起的静力位移，如图10.23(d)所示。

式(10-47a)还可写成

$$\left.\begin{array}{l}\left(\delta_{11}m_1-\dfrac{1}{\omega^2}\right)Y_1+\delta_{12}m_2 Y_2=0\\ \delta_{21}m_1 Y_1+\left(\delta_{22}m_2-\dfrac{1}{\omega^2}\right)Y_2=0\end{array}\right\} \qquad (10\text{-}47\mathrm{b})$$

上式是关于振幅 Y_1 和 Y_2 的齐次线性方程组，称为振型方程或特征量向量方程，显然 $Y_1=Y_2=0$ 是方程的一组解，但它对应于没有发生振动的静止状态。为使方程组(10-47b)有非零解，应使其系数行列式为零，即

$$D=\begin{vmatrix}\delta_{11}m_1-\dfrac{1}{\omega^2} & \delta_{12}m_2 \\ \delta_{21}m_1 & \delta_{22}m_2-\dfrac{1}{\omega^2}\end{vmatrix}=0$$

这就是用柔度系数表示的频率方程或特征方程，由它可以求出两个频率 ω_1 和 ω_2。

将上式展开并令 $\lambda=\dfrac{1}{\omega^2}$，整理可得

$$\lambda^2-(\delta_{11}m_1+\delta_{22}m_2)\lambda+(\delta_{11}\delta_{22}m_1 m_2-\delta_{12}\delta_{21}m_1 m_2)=0$$

由此可以解出 λ 的两个根

$$\lambda_{1,2}=\dfrac{(\delta_{11}m_1+\delta_{22}m_2)\pm\sqrt{(\delta_{11}m_1+\delta_{22}m_2)^2-4(\delta_{11}\delta_{22}-\delta_{12}\delta_{21})m_1 m_2}}{2} \qquad (10\text{-}48)$$

于是求得圆频率的两个值为

$$\omega_1=\dfrac{1}{\sqrt{\lambda_1}},\quad \omega_2=\dfrac{1}{\sqrt{\lambda_2}}$$

其中较小的圆频率 ω_1 称为第一圆频率或基本圆频率，其对应的振型称为第一振型或基本振型；而 ω_2 称为第二圆频率。由此可见，两个自由度的体系共有两个自振圆频率。

求出自振圆频率 ω_1 和 ω_2 之后，再来确定它们各自相应的振型。由于行列式 $D=0$，振型方程(10-47b)中的两个方程是线性相关的，实际上只有一个独立方程，因此只能利用其中的一式求得振幅 Y_1 与 Y_2 之间的比值。

将 $\omega=\omega_1$ 代入式(10-47b)，由其中第一式得

$$\dfrac{Y_{11}}{Y_{21}}=-\dfrac{\delta_{12}m_2}{\delta_{11}m_1-\dfrac{1}{\omega_1^2}} \qquad (10\text{-}49\mathrm{a})$$

式中，Y_{11}和Y_{21}分别表示第一振型中质点1和2的振幅，如图10.24(a)所示。

同样，将$\omega=\omega_2$代入式(10-47b)，可求出另一比值

$$\frac{Y_{12}}{Y_{22}}=-\frac{\delta_{12}m_2}{\delta_{11}m_1-\frac{1}{\omega_2^2}} \quad (10-49b)$$

式中，Y_{12}和Y_{22}分别表示第二振型中质点1和2的振幅，如图10.24(b)所示。

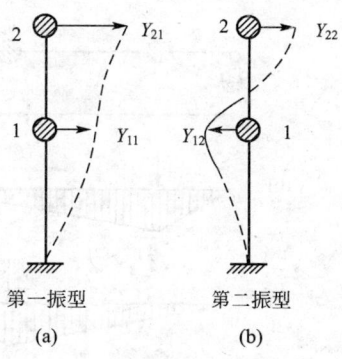

图 10.24

在一般情况下，两个自由度体系的自由振动可看成是两种频率及其主振型的组合振动，即

$$\left.\begin{array}{l}y_1(t)=A_1Y_{11}\sin(\omega_1 t+\alpha_1)+A_2Y_{12}\sin(\omega_2 t+\alpha_2)\\ y_2(t)=A_1Y_{21}\sin(\omega_1 t+\alpha_1)+A_2Y_{22}\sin(\omega_2 t+\alpha_2)\end{array}\right\} \quad (10-50)$$

这就是微分方程(10-46)的全解，其中两对待定常数A_1、α_1和A_2、α_2可由两个质点的初始位移和初始速度共4个初始条件确定。

通过以上的分析，可得到以下结论。

(1) 多自由度体系自振圆频率及主振型的个数与体系的自由度相等。

(2) 多自由度体系的自振圆频率和主振型也是体系本身的固有性质，而与初始条件和外部荷载无关。

(3) 多自由度体系的自由振动可以看做是不同自振圆频率对应的主振型的线性组合；或者说体系的自由振动可分解为按各自振圆频率下主振型进行的简谐振动。一般情况下，由式(10-50)确定的体系的自由振动不再是简谐振动。只有在体系的初始位移和初始速度与某个主振型相一致的前提下，体系才会完全按照该主振型作简谐振动。

例题 10.4 如图10.25(a)所示等截面简支梁上有两个相同的集中质量m，试求体系的自振圆频率和主振型。

【解】：(1) 求柔度系数。作$\overline{M}_1$、$\overline{M}_2$图，如图10.25(b)、(c)所示。由图乘法求得

$$\delta_{11}=\delta_{22}=\frac{3l^3}{4EI}, \quad \delta_{12}=\delta_{21}=\frac{7l^3}{12EI}$$

(2) 求频率。由式(10-48)可得

$$\lambda_1=(\delta_{11}+\delta_{12})m=\frac{4ml^3}{3EI}, \quad \lambda_2=(\delta_{11}-\delta_{12})m=\frac{ml^3}{6EI}$$

从而求得两个自振圆频率如下。

$$\omega_1=\frac{1}{\sqrt{\lambda_1}}=0.866\sqrt{\frac{EI}{ml^3}}, \quad \omega_2=\frac{1}{\sqrt{\lambda_2}}=2.449\sqrt{\frac{EI}{ml^3}}$$

(3) 分析振型。由式(10-49a)和式(10-49b)，得

$$\frac{Y_{11}}{Y_{21}}=\frac{1}{1}, \quad \frac{Y_{12}}{Y_{22}}=-\frac{1}{1}$$

第一个主振型是对称的，如图10.26(a)所示；第二个主振型是反对称的，如图10.26(b)所示。主振型是对称和反对称的，这就是对称体系振动的一般规律。

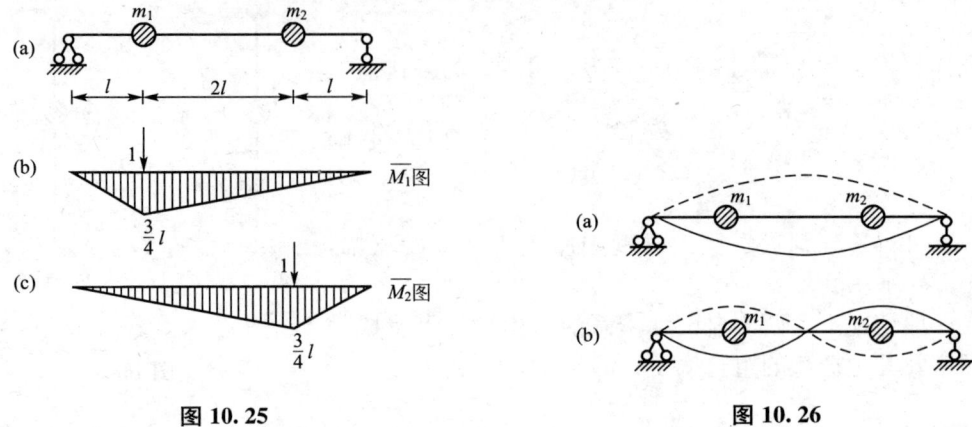

图 10.25　　　　　　　　　　图 10.26

2. 刚度法

刚度法是根据达朗贝尔原理，由隔离体的动力平衡条件建立体系的运动微分方程。现仍以图 10.27(a)所示两个自由度的体系为例介绍其求解过程。

取体系的集中质量 m_1 和 m_2 作隔离体，可列出平衡方程

$$\left.\begin{array}{r}m_1\ddot{y}_1+r_1=0\\ m_2\ddot{y}_2+r_2=0\end{array}\right\} \qquad (a)$$

式中，弹性力 r_1 和 r_2 是质量 m_1 和 m_2 与体系之间的相互作用力。图 10.27(b)中的 r_1、r_2 表示质点受到的力，图 10.27(c)中的 r_1、r_2 表示体系所受的力，二者的大小相等、方向相反。根据叠加原理，图 10.27(c)中体系所受的力 r_1、r_2 与体系的位移 y_1、y_2 之间应满足刚度方程

$$\left.\begin{array}{r}r_1=k_{11}y_1+k_{12}y_2\\ r_2=k_{21}y_1+k_{22}y_2\end{array}\right\} \qquad (b)$$

其中，k_{ij} 是结构的刚度系数，它的物理意义如图 10.27(d)所示。

将式(b)代入式(a)，可得

$$\left.\begin{array}{r}m_1\ddot{y}_1(t)+k_{11}y_1(t)+k_{12}y_2(t)=0\\ m_2\ddot{y}_2(t)+k_{21}y_1(t)+k_{22}y_2(t)=0\end{array}\right\} \qquad (10-51)$$

这就是按刚度法建立的两个自由度无阻尼体系的自由振动微分方程。

下面求微分方程(10-51)的解。仍设特解为

$$\left.\begin{array}{r}y_1(t)=Y_1\sin(\omega t+\alpha)\\ y_2(t)=Y_2\sin(\omega t+\alpha)\end{array}\right\} \qquad (c)$$

将式(c)代入式(10-51)，得

$$\left.\begin{array}{r}(k_{11}-\omega^2 m_1)Y_1+k_{12}Y_2=0\\ k_{21}Y_1+(k_{22}-\omega^2 m_2)Y_2=0\end{array}\right\} \qquad (10-52)$$

式(10-52)即为用刚度系数表达的振型方程，它仍是一组关于振幅 Y_1 和 Y_2 的齐次线性方程组。为使方程组(10-52)有非零解，则其系数行列式必须为零，即

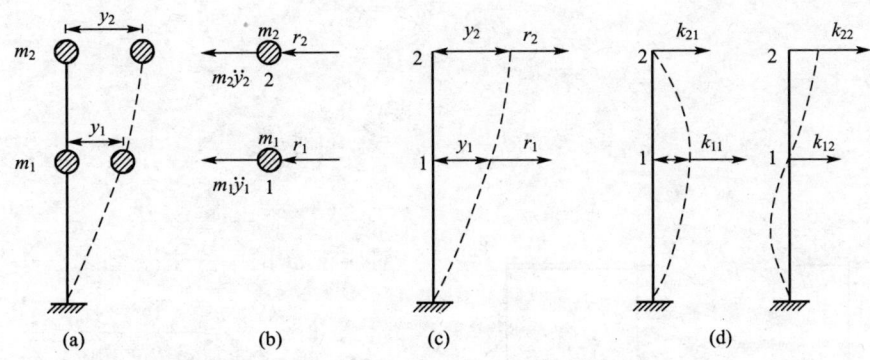

图 10.27

$$D=\begin{vmatrix} k_{11}-\omega^2 m_1 & k_{12} \\ k_{21} & k_{22}-\omega^2 m_2 \end{vmatrix}=0 \quad (10-53)$$

式(10-53)称为体系的频率方程,由此可以解出体系的自振圆频率 ω_1 和 ω_2。将 ω_1 和 ω_2 分别代入振型方程(10-52),即可求得相应的振型。

$$\frac{Y_{11}}{Y_{21}}=-\frac{k_{12}}{k_{11}-\omega_1^2 m_1} \quad (10-54a)$$

$$\frac{Y_{12}}{Y_{22}}=-\frac{k_{12}}{k_{11}-\omega_2^2 m_1} \quad (10-54b)$$

例题 10.5 图 10.28(a)所示两层刚架,其横梁为无限刚性。设质量集中在楼层上,第一、二层质量分别为 $2m$、m,层间侧移刚度 $k_1=2k_2=2k$。试求刚架水平振动时的自振圆频率和主振型。

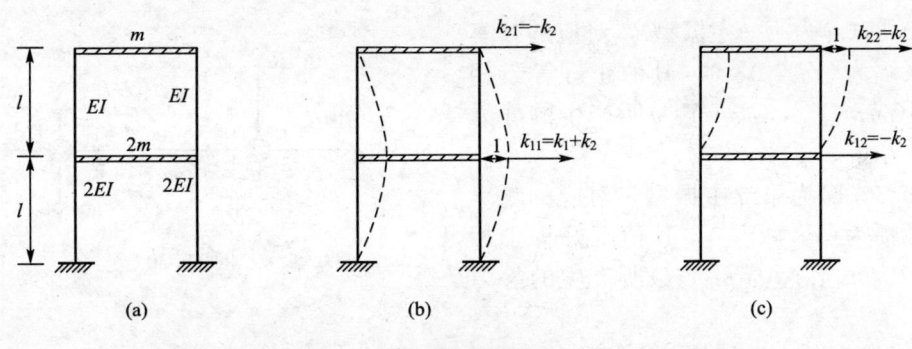

图 10.28

【解】:(1)计算刚架的刚度系数。

由图 10.28(b)和(c)可求出结构的刚度系数如下。

$$k_{11}=k_1+k_2=3k, \quad k_{22}=k, \quad k_{21}=k_{12}=-k$$

(2)求刚架的自振圆频率。

将刚度系数代入式(10-53),展开后整理得

$$(3k-\omega^2 \cdot 2m)(k-\omega^2 \cdot m)-k^2=0$$

由此求得

$$\omega_1^2 = \frac{k}{2m}, \quad \omega_2^2 = 2\frac{k}{m}$$

两个频率为

$$\omega_1 = 0.707\sqrt{\frac{k}{m}}, \quad \omega_2 = 1.414\sqrt{\frac{k}{m}}$$

（3）求主振型。

对应于 ω_1 的第一主振型：

$$\frac{Y_{11}}{Y_{21}} = \frac{k_{12}}{\omega_1^2 m_1 - k_{11}} = \frac{1}{2}$$

对应于 ω_2 的第二主振型：

$$\frac{Y_{12}}{Y_{22}} = \frac{k_{12}}{\omega_2^2 m_1 - k_{11}} = -1$$

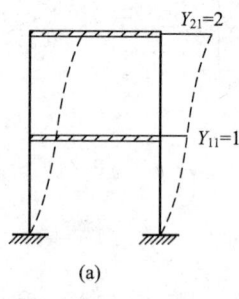 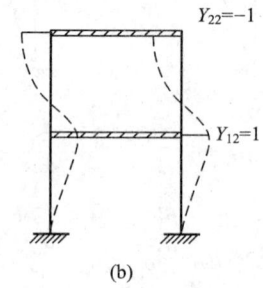

图 10.29

两个主振型的大致形状如图 10.29(a) 和 (b) 所示。

3. 主振型的正交性

在两个自由度体系的自由振动分析中已知，该体系具有两个自振圆频率，而这些自振圆频率又有对应的主振型。利用功的互等原理可以证明各主振型之间具有正交的特性，利用正交特性，可以简化多自由度体系的振动计算问题。因此正交特性在动力分析中非常有用，现以图 10.30 所示体系的两个主振型为例来说明。

图 10.30(a) 为第一主振型，对应的频率为 ω_1，振幅为 (Y_{11}, Y_{21})，其值正好等于相应惯性力 $(\omega_1^2 m_1 Y_{11}, \omega_1^2 m_2 Y_{21})$ 所产生的静力位移。

图 10.30(b) 为第二主振型，对应的频率为 ω_2，振幅为 (Y_{12}, Y_{22})，其值正好等于相应惯性力 $(\omega_2^2 m_1 Y_{12}, \omega_2^2 m_2 Y_{22})$ 所产生的静力位移。

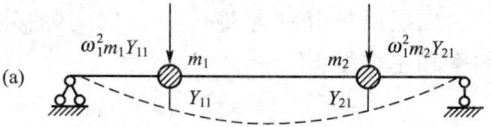

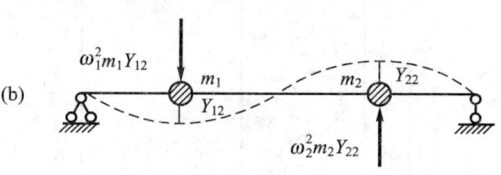

图 10.30

对上述两种静力平衡状态应用功的互等定理，可得

$$(\omega_1^2 m_1 Y_{11})Y_{12} + (\omega_1^2 m_2 Y_{21})Y_{22} = (\omega_2^2 m_1 Y_{12})Y_{11} + (\omega_2^2 m_2 Y_{22})Y_{21}$$

移项后，可得

$$(\omega_1^2 - \omega_2^2)(m_1 Y_{11} Y_{12} + m_2 Y_{21} Y_{22}) = 0$$

如果 $\omega_1 \neq \omega_2$，则有

$$m_1 Y_{11} Y_{12} + m_2 Y_{21} Y_{22} = 0$$

上式表明两个主振型之间存在正交关系。

10.6 两个自由度体系的强迫振动

与单自由度一样，在动荷载作用下，多自由度体系的强迫振动也存在自由振动与强迫振动共存的初始阶段。但是由于阻尼的存在，不久便进入平稳阶段。因为在非共振区，阻尼对平稳阶段纯稳态响应影响不大。本节仅对两个自由度体系在简谐荷载下的强迫振动稳态响应进行讨论。

1. 柔度法

图 10.31(a)所示两个自由度的体系受到简谐荷载 $F_P(t)=F_P\sin\theta t$ 作用，在任一时刻 t，质点 m_1、m_2 的位移 y_1 和 y_2，可由体系在惯性力$-m_1\ddot{y}_1$ 和$-m_2\ddot{y}_2$ 和动荷载共同作用下的位移，通过叠加写出，如图 10.31(b)所示。

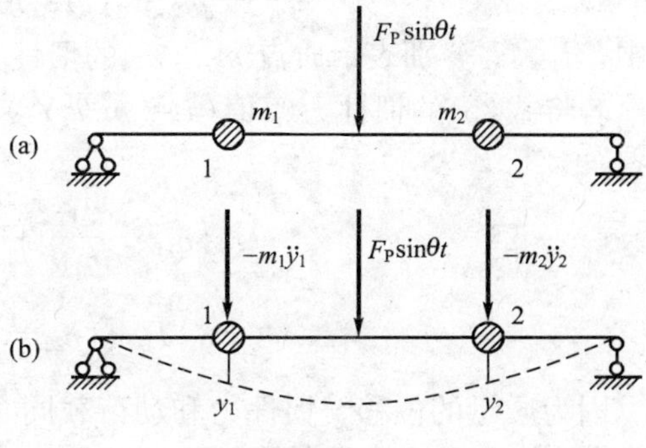

$$\left.\begin{array}{l}y_1=(-m_1\ddot{y}_1)\delta_{11}+(-m_2\ddot{y}_2)\delta_{12}+\Delta_{1P}\sin\theta t\\ y_2=(-m_1\ddot{y}_1)\delta_{21}+(-m_2\ddot{y}_2)\delta_{22}+\Delta_{2P}\sin\theta t\end{array}\right\} \quad (10-55a)$$

图 10.31

式中，Δ_{1P}、Δ_{2P} 表示简谐荷载的幅值在质点 1、2 处引起的静力位移。

式(10-55a)也可以写为

$$\left.\begin{array}{l}y_1+m_1\ddot{y}_1\delta_{11}+m_2\ddot{y}_2\delta_{12}=\Delta_{1P}\sin\theta t\\ y_2+m_1\ddot{y}_1\delta_{21}+m_2\ddot{y}_2\delta_{22}=\Delta_{2P}\sin\theta t\end{array}\right\} \quad (10-55b)$$

体系达到平稳阶段，则质点 m_1、m_2 按简谐荷载的频率 θ 作同步简谐振动，即

$$\left.\begin{array}{l}y_1(t)=Y_1\sin\theta t\\ y_2(t)=Y_2\sin\theta t\end{array}\right\}$$

将上式代入式(10-55b)，得

$$\left.\begin{array}{l}(m_1\theta^2\delta_{11}-1)Y_1+m_2\theta^2\delta_{12}Y_2+\Delta_{1P}=0\\ m_1\theta^2\delta_{21}Y_1+(m_2\theta^2\delta_{22}-1)Y_2+\Delta_{2P}=0\end{array}\right\} \quad (10-56)$$

由此可解得各质点在纯受迫振动中位移幅值为

$$Y_1=\frac{D_1}{D_0},\quad Y_2=\frac{D_2}{D_0} \quad (10-57)$$

式中，

$$\left.\begin{array}{l}D_0=\begin{vmatrix}(m_1\theta^2\delta_{11}-1) & m_2\theta^2\delta_{12}\\ m_1\theta^2\delta_{21} & (m_2\theta^2\delta_{22}-1)\end{vmatrix}\\ D_1=\begin{vmatrix}-\Delta_{1P} & m_2\theta^2\delta_{12}\\ -\Delta_{2P} & (m_2\theta^2\delta_{22}-1)\end{vmatrix}\\ D_2=\begin{vmatrix}(m_1\theta^2\delta_{11}-1) & (-\Delta_{1P})\\ m_1\theta^2\delta_{21} & (-\Delta_{2P})\end{vmatrix}\end{array}\right\} \quad (10-58)$$

式(10-58)中的 D_0 与自由振动中的行列式 D 具有相同的形式，只是 D 中的 ω 换成了 D_0 中

的 θ。因此，当荷载频率 θ 与任一个自振圆频率 ω_1、ω_2 相等时，则 $D_0=0$。当 D_1、D_2 不全为零时，位移幅值将趋于无穷大，即出现共振现象。

在求得位移幅值 Y_1、Y_2 后，即可计算体系各质点的动力位移和惯性力。

动力位移：

$$\left.\begin{array}{l} y_1(t)=Y_1\sin\theta t \\ y_2(t)=Y_2\sin\theta t \end{array}\right\} \tag{a}$$

惯性力：

$$\left.\begin{array}{l} -m_1\ddot{y}_1(t)=m_1\theta^2 Y_1\sin\theta t=I_1\sin\theta t \\ -m_2\ddot{y}_2(t)=m_2\theta^2 Y_2\sin\theta t=I_2\sin\theta t \end{array}\right\} \tag{b}$$

式中，I_1、I_2 分别表示质点 m_1、m_2 的惯性力幅值。

若将式(b)的惯性力幅值($I_i=m_i\theta^2 Y_i$)代入式(10-56)，可得到关于惯性力幅值的方程组。

$$\left.\begin{array}{l} \left(\delta_{11}-\dfrac{1}{m_1\theta^2}\right)I_1+\delta_{12}I_2+\Delta_{1P}=0 \\ \delta_{21}I_1+\left(\delta_{22}-\dfrac{1}{m_2\theta^2}\right)I_2+\Delta_{2P}=0 \end{array}\right\} \tag{10-59}$$

因为质量的位移、惯性力和动荷载同时达到幅值，所以，体系的动内力幅值可在各质点的惯性力幅值和动荷载幅值同时作用下，按静力分析方法求得。显然在与静内力叠加时应考虑动内力有正负号的变化。动内力幅值(如任一截面的弯矩幅值)可由下式求出。

$$M(t)_{\max}=\overline{M}_1 I_1+\overline{M}_2 I_2+M_P$$

式中，$\overline{M}_1$、$\overline{M}_2$ 分别为单位惯性力 $I_1=1$、$I_2=1$ 作用时，任一截面的弯矩值；M_P 为动荷载幅值作用下同一截面的弯矩值。

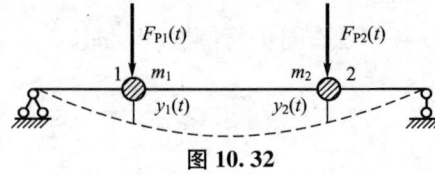

图 10.32

2. 刚度法

设两个自由度的体系如图 10.32 所示，质点 m_1、m_2 分别受简谐荷载 $F_{P1}(t)=F_{P1}\sin\theta t$、$F_{P2}(t)=F_{P2}\sin\theta t$ 的作用，其动力平衡方程为：

$$\left.\begin{array}{l} m_1\ddot{y}_1(t)+k_{11}y_1(t)+k_{12}y_2(t)=F_{P1}\sin\theta t \\ m_2\ddot{y}_2(t)+k_{21}y_1(t)+k_{22}y_2(t)=F_{P2}\sin\theta t \end{array}\right\} \tag{10-60}$$

体系在简谐荷载作用下，达到稳态振动阶段，则质点 m_1、m_2 也作简谐振动。

$$\left.\begin{array}{l} y_1(t)=Y_1\sin\theta t \\ y_2(t)=Y_2\sin\theta t \end{array}\right\}$$

将上式代入式(10-60)，得：

$$\left.\begin{array}{l} (k_{11}-\theta^2 m_1)Y_1+k_{12}Y_2=F_{P1} \\ k_{21}Y_1+(k_{22}-\theta^2 m_2)Y_2=F_{P2} \end{array}\right\} \tag{10-61}$$

上式称为质点位移振幅方程，可解得质点位移的幅值为

$$Y_1=\dfrac{D_1}{D_0}, \qquad Y_2=\dfrac{D_2}{D_0} \tag{10-62a}$$

式中，

$$D_0 = (k_{11} - \theta^2 m_1)(k_{22} - \theta^2 m_2) - k_{12}k_{21}$$
$$D_1 = (k_{22} - \theta^2 m_2)F_{P1} - k_{12}F_{P2}$$
$$D_2 = (k_{11} - \theta^2 m_1)F_{P2} - k_{21}F_{P1}$$
(10-62b)

位移振幅求得后，即可得任意时刻 t 体系的稳态解答。

应当注意，式(10-61)用刚度系数表达的质点位移振幅方程，仅适用于简谐集中荷载直接作用于质量上的情况。当有简谐分布荷载作用时则需先化为作用于质量处的等效集中动荷载，或者采用柔度法求解。

例题 10.6 图 10.33(a)所示体系有集中质量 $m_1 = m$，$m_2 = 2m$，横梁上作用有简谐均布荷载 $F_P(t) = q\sin\theta t$，其中 $\theta = 3\sqrt{\dfrac{EI}{ml^3}}$。试求质量的最大动力位移，并绘制最大动力弯矩图。

【解】：本题为静定结构，采用柔度法求解比较方便。

(1) 求柔度系数。

作出 $\overline{M}_1$、$\overline{M}_2$ 及 M_P 图如图 10.33(b)、(c)、(d)所示。由图乘法求得

$$\delta_{11} = \frac{l^3}{8EI}, \quad \delta_{22} = \frac{l^3}{48EI}, \quad \delta_{12} = \delta_{21} = \frac{l^3}{32EI}$$

$$\Delta_{1P} = \frac{ql^4}{48EI}, \quad \Delta_{2P} = \frac{5ql^4}{384EI}$$

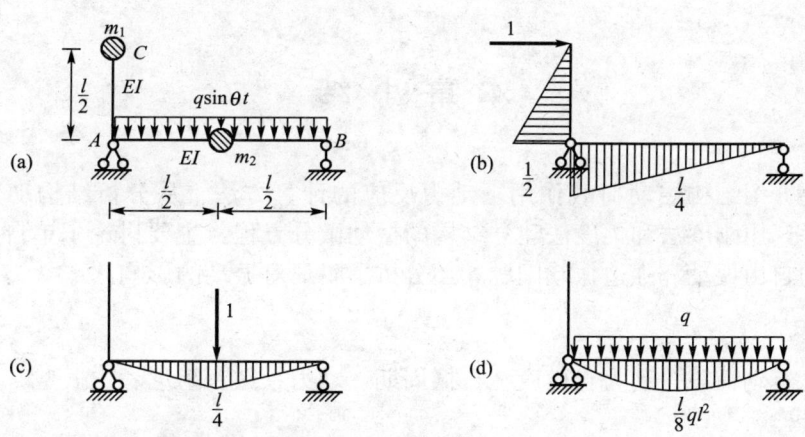

图 10.33

(2) 计算 D_0、D_1、D_2。

将柔度系数、静力位移以及各质量值代入式(10-58)，已知 $\theta = 3\sqrt{\dfrac{EI}{ml^3}}$，可得

$$D_0 = -0.236, \quad D_1 = 0.020\frac{ql^4}{EI}, \quad D_2 = 0.004\frac{ql^4}{EI}$$

(3) 位移幅值 Y_1、Y_2。

$$Y_1 = \frac{D_1}{D_0} = -0.086\frac{ql^4}{EI}, \quad Y_2 = \frac{D_2}{D_0} = -0.018\frac{ql^4}{EI}$$

(4) 计算惯性力幅值。

$$I_1 = m_1\theta^2 Y_1 = -0.774ql, \quad I_2 = m_2\theta^2 Y_2 = -0.322ql$$

(5) 计算梁的最大动力弯矩，将求得的最大惯性力 I_1、I_2 和动荷载幅值 q 同时作用于结构，如图 10.34(a)所示，即可求得梁的最大动力弯矩图。当动荷载幅值向上作用时最大动力弯矩如图 10.34(b)所示；而向下作用时最大动力弯矩如图 10.34(c)所示。

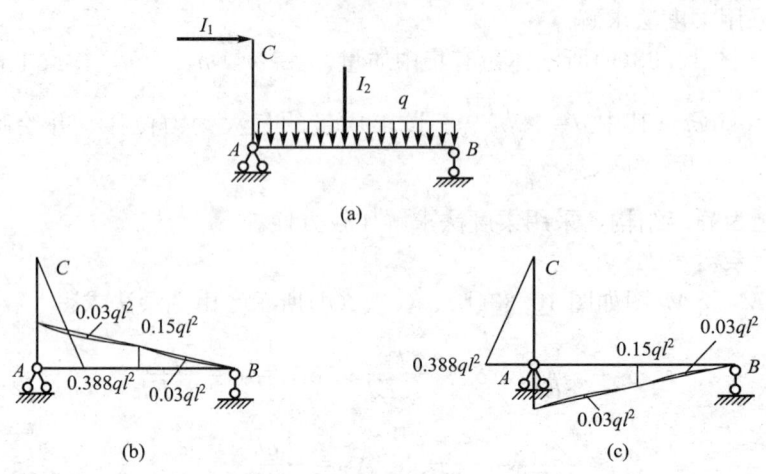

图 10.34

本 章 小 结

本章主要介绍结构在动荷载作用下动力反应的计算方法。从分析结构动力计算的目的、特点入手，用刚度法和柔度法建立结构的振动微分方程，主要讨论了单自由度和两个自由度体系的自由振动和强迫振动问题，还分析了阻尼对振动的影响。

1. 基本概念

基本概念有动荷载、动力自由度、自振周期、动力系数、阻尼、主振型。

1) 动荷载

动荷载是指作用在结构上大小、方向和作用点随时间变化，并能使结构产生不可忽视的惯性力的荷载。

2) 动力自由度

动力自由度是指在振动过程的任一时刻，确定体系全部质量所需的独立参数的个数。

3) 自振周期

自振周期是指在自由振动过程中，质点完成一次自由振动所需的时间。

4) 动力系数

动力系数是指对于承受一组按相同规律变化的动荷载的体系，引起体系量值（如位移、内力）的最大动力效应与动荷载的最大值所产生该量值的静力效应的比值的绝对值。

5) 阻尼

通常将各种能量耗散的因素统称为阻尼。阻尼是结构的一个重要动力特性。在动力计算中，引入一个反映能量耗散的力，称之为阻尼力。

6) 主振型

振型是体系上所有质量按相同频率作自由振动时的振动形状。它仅与体系的质量和刚度的大小及分布有关，与外界因素无关。

2. 知识要点

1) 单自由度体系的无阻尼自由振动

（1）自由振动的微分方程

$$\ddot{y}(t)+\omega^2 y(t)=0$$

ω 为圆频率，其计算公式为

$$\omega=\sqrt{\frac{k}{m}}=\frac{1}{\sqrt{m\delta}}=\sqrt{\frac{g}{W\delta}}=\sqrt{\frac{g}{\Delta_{st}}}$$

（2）自由振动微分方程的解

$$y(t)=y_0\cos\omega t+\frac{v_0}{\omega}\sin\omega t$$

或者

$$y(t)=A\sin(\omega t+\alpha)$$

$$A=\sqrt{y_0^2+\left(\frac{v_0}{\omega}\right)^2}, \quad \alpha=\tan^{-1}\frac{y_0\omega}{v_0}$$

（3）结构的自振周期

体系自由振动的动力位移为一个周期函数，其周期为

$$T=\frac{2\pi}{\omega}$$

自振周期的倒数称为频率，记作 f，

$$f=\frac{1}{T}=\frac{\omega}{2\pi}$$

2) 单自由度体系的强迫振动

（1）强迫振动的微分方程

$$\ddot{y}+\omega^2 y=\frac{F_p(t)}{m}$$

（2）简谐荷载作用下强迫振动微分方程的解

$$y(t)=\frac{y_{st}}{\left(1-\frac{\theta^2}{\omega^2}\right)}\left(\sin\theta t-\frac{\theta}{\omega}\sin\omega t\right)$$

(3) 一般动荷载作用下强迫振动微分方程的解

$$y(t) = y_0\cos\omega t + \frac{v_0}{\omega}\sin\omega t + \frac{1}{m\omega}\int_0^t F_P(\tau)\sin\omega(t-\tau)\mathrm{d}\tau$$

3) 单自由度体系的有阻尼自由振动

有阻尼自由振动的微分方程

$$\ddot{y} + 2\xi\omega\dot{y} + \omega^2 y = 0$$

4) 单自由度体系的有阻尼强迫振动

有阻尼强迫振动的微分方程的解

$$y(t) = e^{-\xi\omega t}\left(y_0\cos\omega_r t + \frac{v_0 + \xi\omega y_0}{\omega_r}\sin\omega_r t\right) + \frac{1}{m\omega_r}\int_0^t F_P(\tau)e^{-\xi\omega(t-\tau)}\sin\omega_r(t-\tau)\mathrm{d}\tau$$

5) 两个自由度体系的无阻尼自由振动

方程	柔度法	刚度法
运动方程	$\left.\begin{array}{l}y_1(t) = -m_1\ddot{y}_1(t)\delta_{11} - m_2\ddot{y}_2(t)\delta_{12}\\ y_2(t) = -m_1\ddot{y}_1(t)\delta_{21} - m_2\ddot{y}_2(t)\delta_{22}\end{array}\right\}$	$\left.\begin{array}{l}m_1\ddot{y}_1(t) + k_{11}y_1(t) + k_{12}y_2(t) = 0\\ m_2\ddot{y}_2(t) + k_{21}y_1(t) + k_{22}y_2(t) = 0\end{array}\right\}$
稳态解	$\left.\begin{array}{l}y_1(t) = Y_1\sin(\omega t + \alpha)\\ y_2(t) = Y_2\sin(\omega t + \alpha)\end{array}\right\}$	
振型方程	$\left.\begin{array}{l}\left(\delta_{11}m_1 - \dfrac{1}{\omega^2}\right)Y_1 + \delta_{12}m_2 Y_2 = 0\\ \delta_{21}m_1 Y_1 + \left(\delta_{22}m_2 - \dfrac{1}{\omega^2}\right)Y_2 = 0\end{array}\right\}$	$\left.\begin{array}{l}(k_{11} - \omega^2 m_1)Y_1 + k_{12}Y_2 = 0\\ k_{21}Y_1 + (k_{22} - \omega^2 m_2)Y_2 = 0\end{array}\right\}$
频率方程	$D = \begin{vmatrix} \delta_{11}m_1 - \dfrac{1}{\omega^2} & \delta_{12}m_2 \\ \delta_{21}m_1 & \delta_{22}m_2 - \dfrac{1}{\omega^2} \end{vmatrix} = 0$	$D = \begin{vmatrix} k_{11} - \omega^2 m_1 & k_{12} \\ k_{21} & k_{22} - \omega^2 m_2 \end{vmatrix} = 0$
第一振型	$\dfrac{Y_{11}}{Y_{21}} = -\dfrac{\delta_{12}m_2}{\delta_{11}m_1 - \dfrac{1}{\omega_1^2}}$	$\dfrac{Y_{11}}{Y_{21}} = -\dfrac{k_{12}}{k_{11} - \omega_1^2 m_1}$
第二振型	$\dfrac{Y_{12}}{Y_{22}} = -\dfrac{\delta_{12}m_2}{\delta_{11}m_1 - \dfrac{1}{\omega_2^2}}$	$\dfrac{Y_{12}}{Y_{22}} = -\dfrac{k_{12}}{k_{11} - \omega_2^2 m_1}$

6) 两个自由度体系在简谐荷载下的强迫振动

方程	柔度法	刚度法
运动方程	$\left.\begin{array}{l}y_1=(-m_1\ddot{y}_1)\delta_{11}+(-m_2\ddot{y}_2)\delta_{12}+\Delta_{1P}\sin\theta t\\ y_2=(-m_1\ddot{y}_1)\delta_{21}+(-m_2\ddot{y}_2)\delta_{22}+\Delta_{2P}\sin\theta t\end{array}\right\}$	$\left.\begin{array}{l}m_1\ddot{y}_1(t)+k_{11}y_1(t)+k_{12}y_2(t)=0\\ m_2\ddot{y}_2(t)+k_{21}y_1(t)+k_{22}y_2(t)=0\end{array}\right\}$
稳态解	$\left.\begin{array}{l}y_1(t)=Y_1\sin\theta t\\ y_2(t)=Y_2\sin\theta t\end{array}\right\}$	
位移振幅方程	$\left.\begin{array}{l}(m_1\theta^2\delta_{11}-1)Y_1+m_2\theta^2\delta_{12}Y_2+\Delta_{1P}=0\\ m_1\theta^2\delta_{21}Y_1+(m_2\theta^2\delta_{22}-1)Y_2+\Delta_{2P}=0\end{array}\right\}$	$\left.\begin{array}{l}(k_{11}-\theta^2 m_1)Y_1+k_{12}Y_2=F_{P1}\\ k_{21}Y_1+(k_{22}-\theta^2 m_2)Y_2=F_{P2}\end{array}\right\}$
位移幅值	$Y_1=D_1/D_0,\quad Y_2=D_2/D_0$ 其中, $D_0=\begin{vmatrix}(m_1\theta^2\delta_{11}-1) & m_2\theta^2\delta_{12}\\ m_1\theta^2\delta_{21} & (m_2\theta^2\delta_{22}-1)\end{vmatrix}$ $D_1=\begin{vmatrix}-\Delta_{1P} & m_2\theta^2\delta_{12}\\ -\Delta_{2P} & (m_2\theta^2\delta_{22}-1)\end{vmatrix}$ $D_2=\begin{vmatrix}(m_1\theta^2\delta_{11}-1) & (-\Delta_{1P})\\ m_1\theta^2\delta_{21} & (-\Delta_{2P})\end{vmatrix}$	$Y_1=D_1/D_0,\quad Y_2=D_2/D_0$ 其中: $\left.\begin{array}{l}D_0=(k_{11}-\theta^2 m_1)(k_{22}-\theta^2 m_2)-k_{12}k_{21}\\ D_1=(k_{22}-\theta^2 m_2)F_{P1}-k_{12}F_{P2}\\ D_2=(k_{11}-\theta^2 m_1)F_{P2}-k_{21}F_{P1}\end{array}\right\}$

思 考 题

10-1　结构动力计算与静力计算的主要区别是什么？

10-2　什么是体系的动力自由度？它与几何构造分析中体系的自由度之间有何异同？如何确定体系的动力自由度？

10-3　采用集中质量法、广义坐标法和有限元法都可使无限自由度体系简化为有限自由度，他们采用的方法有何不同？

10-4　什么叫动力系数？单自由度体系当动荷载不作用在质量上时，应如何建立运动方程？

10-5　刚度法与柔度法建立的体系运动方程之间有何联系？各在什么情况下使用方便？

10-6　结构的动力特性一般指什么？

10-7　为什么说结构的自振圆频率是结构的重要动力特性，它与哪些量有关，怎样修改它？

10-8　体系都能发生自由振动吗？什么是临界阻尼？什么是阻尼比，如何确定结构阻尼比？

10-9　阻尼对频率、振幅有影响？

10-10　若要避开共振应采取何种措施？

10-11 增加体系的刚度一定能减小受迫振动的振幅吗？

10-12 什么是振型，它与哪些量有关？

10-13 振型正交性的物理意义是什么？

习　　题

10-1　试求图 10.35 所示体系的自振圆频率。结构的自重忽略不计。

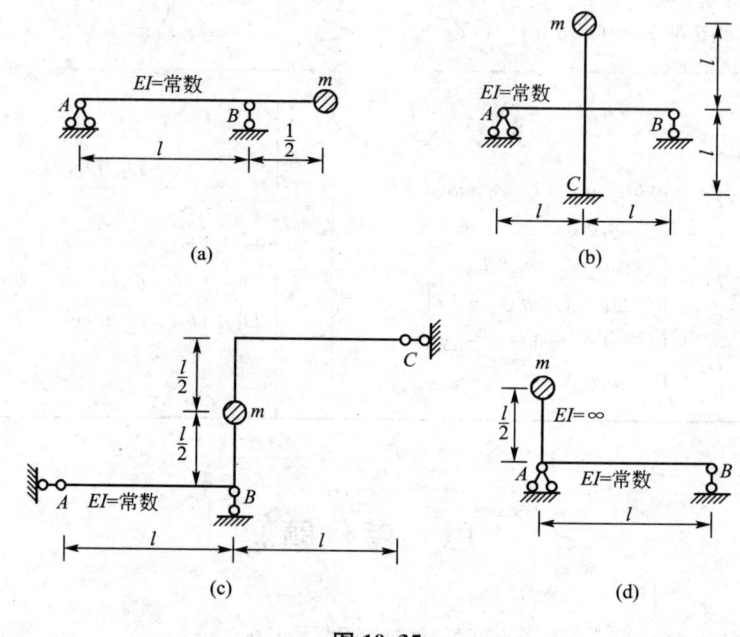

图 10.35

10-2　试求图 10.36 所示结构的自振圆频率，杆长均为 l，单位长度质量为 $\bar{m}$。结构的自重忽略不计。

10-3　试求图 10.37 所示桁架的自振圆频率。已知重物 $W=100\text{kN}$，$g=9.81\text{m/s}^2$，桁架各杆截面相同，已知 $A=30\text{cm}^2$，$E=21000\text{kN/cm}^2$，忽略水平位移。

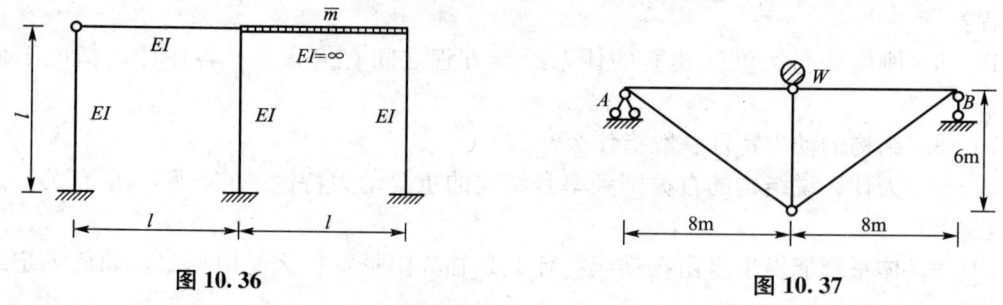

图 10.36　　　　　　　图 10.37

10-4　试求图 10.38 所示单层刚架侧向振动时的水平自振圆频率和周期。设横梁刚性无限大，并设刚架全部质量 m 都集中到横梁上。

10-5 单自由度体系如图 10.39 所示,结构中 $EI=293\times10^6 \text{N·cm}^2$,$W=8.8\text{kN}$,$l=1.5\text{m}$,$k_1=3.57\text{kN/cm}$,初始位移 $y_0=13\text{mm}$,$\dot{y}_0=250\text{mm/s}$。试求:(1)结构的自振圆频率;(2)梁端的振幅、质点在开始振动后 1s 时的动力位移和速度?

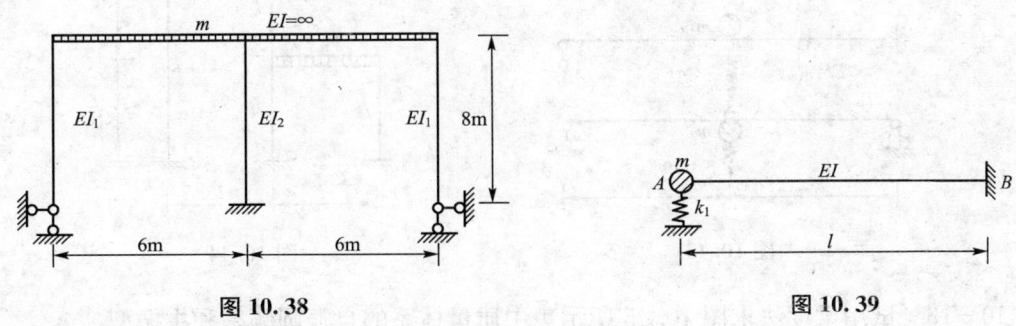

图 10.38   图 10.39

10-6 试求图 10.40 所示梁在简谐荷载作用下作无阻尼强迫振动时,质量所在点的动力位移幅值,并绘出最大动力弯矩图。已知 $\theta=\sqrt{\dfrac{6EI}{ml^3}}$。

10-7 图 10.41 所示简支梁的中间支承一发动机,其质量为 5t(梁的质量忽略不计),当发动机转速为 $\theta=600\text{r/min}$ 时,已知,$l=6\text{m}$,$F_P=10\text{kN}$。$E=25\text{GPa}$,$I=6.4\times10^{-3}\text{m}^4$,试求梁跨中的最大弯矩和挠度。(1)不计阻尼。(2)阻尼比 $\xi=0.2$。

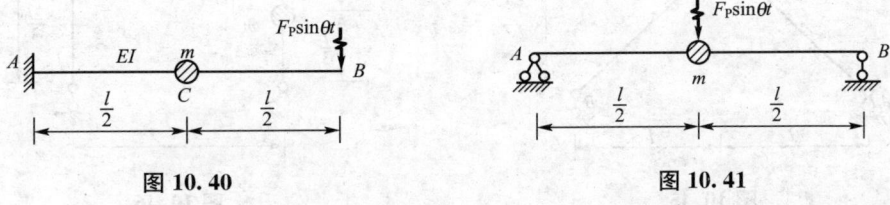

图 10.40   图 10.41

10-8 题 10-7 结构的质量受到突加荷载 $F(t)=30\text{kN}$ 作用。如开始体系静止,试求梁跨中处的最大动力位移(不计阻尼)。

10-9 设有阻尼比 $\xi=0.2$ 的单自由度结构受简谐荷载 $F_P(t)=F_P\sin\theta t$ 作用,且有 $\theta=0.8\omega$。若阻尼比降低至 $\xi=0.02$,试问要使动力位移幅值不变,简谐荷载的幅值应调整到多大?

10-10 图 10.42 所示刚架柱的抗弯刚度为 $EI=4.5\times10^6\text{N·m}^2$,高度 $h=3\text{m}$,设略去其质量;又设横梁为刚性,其质量 $m=5000\text{kg}$。若用千斤顶使质量 m 产生侧移 25mm,然后突然放开,刚架产生自由振动,振动 5 周后测得的侧移为 7.12mm。试求:(1)考虑及不计阻尼影响时刚架的自振圆频率;(2)阻尼比和阻尼系数;(3)振动 10 个周期后的振幅。

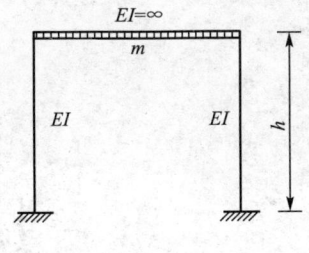

图 10.42

10-11 试求图 10.43 所示结构两质量处的最大竖向动力位移。设 $m_1=m_2=m$,$\theta=2\sqrt{\dfrac{EI}{ml^3}}$。

10-12 试用刚度法求图 10.44 所示刚架的自振圆频率和主振型。设横梁无限刚性,体系的质量全部集中在横梁上，$m_1=m$，$m_2=1.5m$，柱子的线刚度如图。

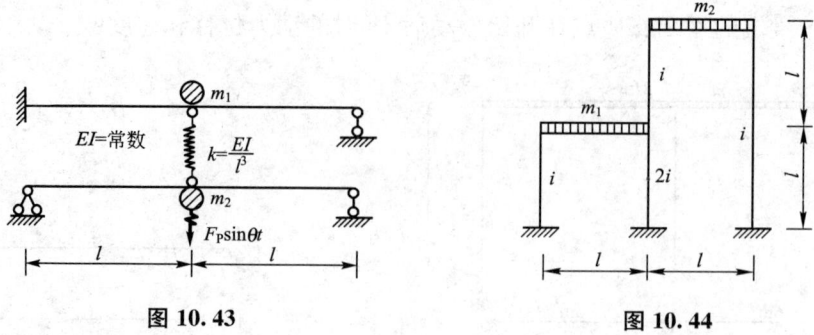

图 10.43　　　　　　　　　　图 10.44

10-13　试用柔度法求图 10.45 所示集中质量体系的自振圆频率和主振型。

10-14　图 10.46 所示体系中，m 为集中质量，各杆 EI 为常数，试求体系的自振圆频率。

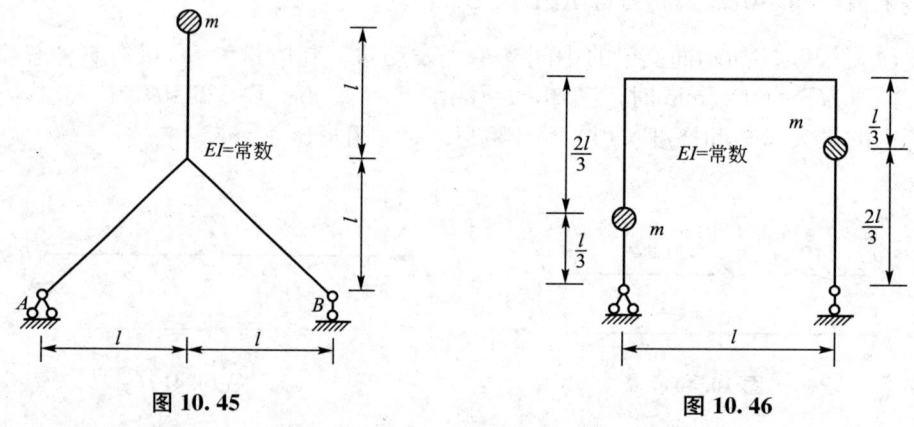

图 10.45　　　　　　　　　　图 10.46

10-15　试求图 10.47 所示结构 B 处质点的动力位移幅值，并绘制动弯矩图。已知 $F_P=10\text{kN}$，$\theta=20\pi$，$m=1000\text{kg}$，截面惯性矩 $I=4\times10^3\text{ cm}^4$，弹性模量 $E=2\times10^7$ N/cm^2。

10-16　图 10.48 所示结构在 B 点处有水平简谐荷载 $F_P(t)=F_0\sin\theta t$ 作用，试求集中质量处的最大水平位移和竖向位移，并绘制最大动力弯矩图。设 $\theta=\sqrt{\dfrac{EI}{ml^3}}$，忽略阻尼的影响。

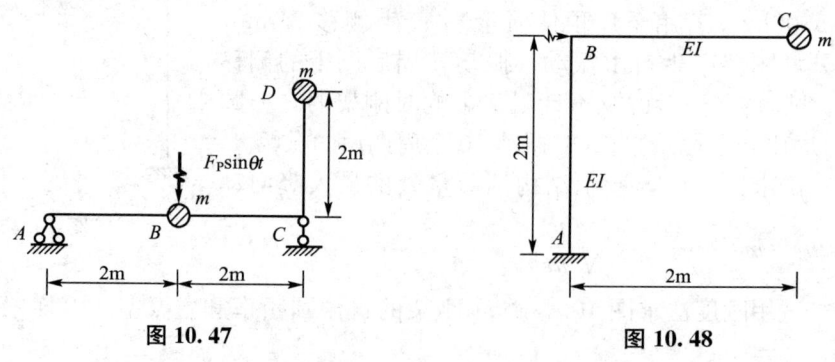

图 10.47　　　　　　　　　　图 10.48

10-17 设图 10.49 所示刚架在底层横梁上有简谐荷载 $F_{P1}(t)=F_P\sin\theta t$。试画出第一、二层横梁的振幅 Y_1、Y_2 与荷载频率 θ 之间的关系曲线。设 $m_1=m_2=m$，$k_1=k_2=k$。

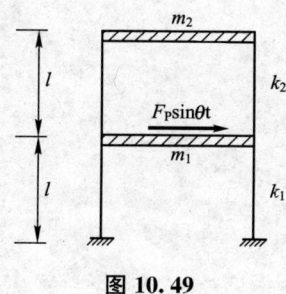

图 10.49

第 11 章
结构的稳定计算

教学目标

理解结构的三种平衡状态
理解分支点失稳及极值点失稳的特征
理解稳定自由度、特征方程的概念
了解势能驻值原理
熟练掌握静力法和能量法计算单自由度体系临界荷载的原理和方法
掌握静力法和能量法分析有限及无限自由度体系稳定的简单问题

教学要求

知识要点	能力要求	相关知识
三种稳定平衡状态	(1) 理解三种稳定平衡状态的概念 (2) 理解临界状态的概念 (3) 了解稳定计算的目的 (4) 掌握结构失稳的类型	大挠度理论 小挠度理论
稳定自由度	(1) 理解稳定自由度的概念 (2) 掌握判定稳定自由度的方法	自由度
静力法	(1) 掌握静力法求临界荷载的基本原理和方法 (2) 理解特征方程的概念 (3) 了解静力法求体系临界荷载的步骤 (4) 了解求解超越方程的方法：试算法和图解法	试算法 图解法
能量法	(1) 掌握能量法求临界荷载的基本原理和方法 (2) 了解能量法求体系临界荷载的步骤 (3) 理解势能驻值原理 (4) 了解里兹法的基本原理	特征方程 势能驻值原理 里兹法

引言

工程结构设计除了必须满足强度和刚度要求外，同时还须验算其稳定性。稳定计算的中心问题在于确定结构的临界荷载，确定临界荷载基本的方法有两种：静力法和能量法。本章首先介绍了工程结构中的两类稳定问题，然后分别介绍了用静力法和能量法确定有限自由度及无限自由度体系临界荷载(分支点失稳时)的基本原理和方法。用静力法确定有限自由度体系临界荷载是本章的重点内容，利用能量法确定无限自由度体系临界荷载是本章的难点。

11.1 概述

1. 稳定计算的目的

前述各章主要讨论了在各种外因作用下结构的内力和位移的计算，涉及的是结构的强度和刚度的计算问题。但是，在结构设计中，仅仅上述两个方面的计算有时是不全面的，往往还必须验算其稳定性。在工程实践中，因忽视结构稳定性问题而导致破坏的工程事故时有发生，如 1876 年美国阿什特比拉河大桥的断裂，造成一列火车上 158 名乘客中 92 人遇难，究其原因主要是斜压杆失稳造成的；再如 1907 年，加拿大魁北克城建造横跨圣劳伦斯河大桥时，桥突然倒塌，70 余人蒙难，其原因是桥下弦压杆稳定性不足造成的；再如 1983 年北京中国社会科学院科研楼，修建时因脚手架突然外弓而引起脚手架整体失稳事故等。随着近代建筑结构向大跨、高层、薄壁方向的发展，结构的稳定问题更加突出，甚至成为控制设计的因素。因此，结构的稳定性验算是结构设计中必须考虑的重要问题之一。

2. 稳定问题的分类

如图 11.1(a)所示，直杆 AB 在轴心压力 F_P 作用下处于平衡状态。当杆件受到横向干扰力 F_Q [图 11.1(b)]，再撤去干扰力后，杆件变形将可能出现下述情况。

（1）当轴心压力较小时，弯曲变形能随着干扰力的撤去而消失，杆件能够回到原来的平衡位置，则称原来的平衡状态为稳定平衡状态，如图 11.1(c)所示。

（2）当轴心压力较大，达到某一数值 F_{Pcr} 时，干扰力消除后结构不能回到原来的平衡位置。但是，结构能够在偏离后的某个位置处于平衡，则称原来的平衡状态为随遇平衡状态或中性平衡状态，如图 11.1(d)所示。

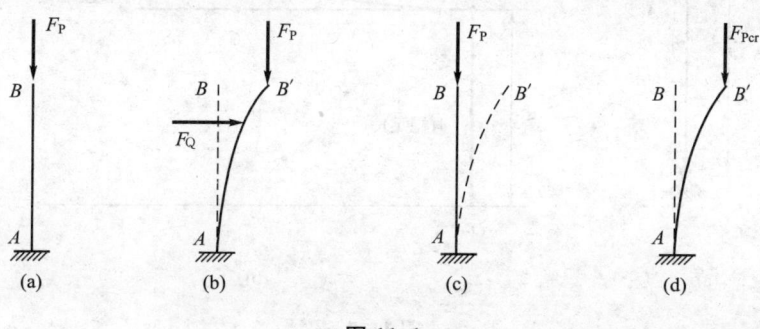

图 11.1

（3）若轴心压力较大，大于 F_{Pcr} 时，杆件弯曲变形继续偏离，不能回到原来的平衡位置，则称原来的平衡状态为不稳定平衡状态。

通常将结构处于随遇平衡状态称之为临界状态，临界状态是结构由稳定平衡向不稳定平衡的过渡状态，其对应的荷载称为临界荷载。若结构受到的荷载大于临界荷载时，结构的原始平衡状态由稳定平衡状态转变为不稳定平衡状态，此时结构丧失原有平衡状态的稳定性，简称失稳。

根据失稳前后结构变形性质（即平衡构形和平衡路径的性质）是否改变，结构的失稳现象可分为如下两类。

1) 分支点失稳

图 11.2(a) 所示为简支压杆的完善体系：杆件轴线绝对平直（无初曲率），并且荷载 F_P 沿杆件的轴线（无偏心）。图 11.2(b) 所示为压力 F_P 与跨中挠度 Δ 的关系曲线，它描述了平衡的不同路径。

当荷载小于欧拉临界荷载 $F_{Pcr} = \dfrac{\pi^2 EI}{l^2}$ 时，受压直杆处于稳定平衡状态。此时原始平衡状态是唯一的平衡形式，其 F_P-Δ 曲线由图 11.2(b) 所示的直线 OA 表示，称为原始平衡路径（路径 Ⅰ）。

当荷载超过临界荷载 F_{Pcr}，且杆件无横向干扰时，压杆仍可在初始位置平衡，F_P-Δ 曲线由直线 AB 段表示。但若存在横向干扰，受压直杆将产生弯曲变形，并且变形会继续发展，即受压直杆处于不稳定平衡状态；相应的 F_P 与 Δ 的关系由第二平衡路径（路径 Ⅱ）表示。如果采用大挠度理论分析计算，由曲线 AC 表示；如按小挠度理论作近似计算，则由水平直线 AC' 表示。

由图 11.2(b) 可以看出，在 A 点之前只存在唯一的原始平衡路径 Ⅰ。若过了 A 点，平衡路径分为路径 Ⅰ 和 Ⅱ 两支，故 A 点称为分支点。在分支点 A 处，出现原始平衡路径 Ⅰ 和第二平衡路径 Ⅱ 同时并存的现象，即此时平衡形式具有二重性。具有这种特征的失稳形式称为分支点失稳。

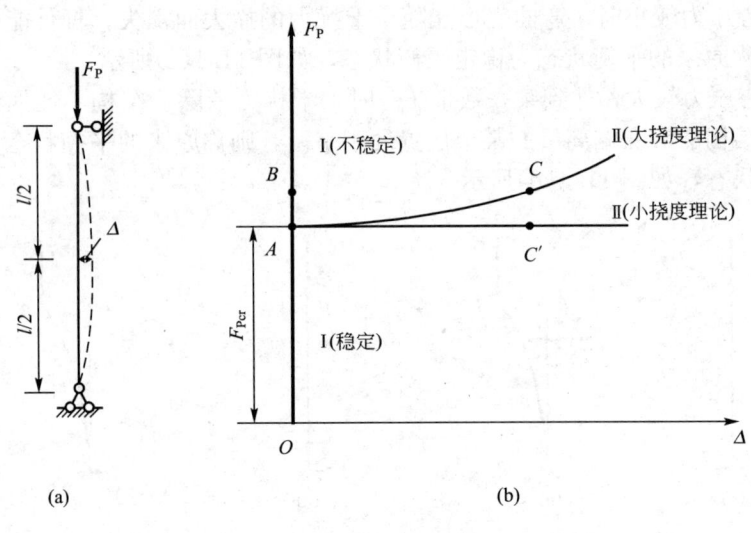

图 11.2

类似的现象在其他结构中同样也可能出现，即在分支点处，结构由原来的稳定平衡状态转变为不稳定平衡状态，并出现新的平衡状态和变形形式。如图 11.3(a) 所示为承受静水压力的圆拱，当压力 q 小于临界值 q_{cr} 时，它能维持圆形的变形形式，当 q 达到临界值 q_{cr} 时，且存在扰动时，结构将出现波浪形的变形形式，如图 11.3(a) 中虚线所示。又如图 11.3(b) 所示的刚架，在初始平衡状态时，各部分仅为轴向压缩变形，并无弯曲变形；超过临界荷载后刚架可能会产生侧移和弯曲变形。再如图 11.3(c) 所示的悬臂窄条梁，在

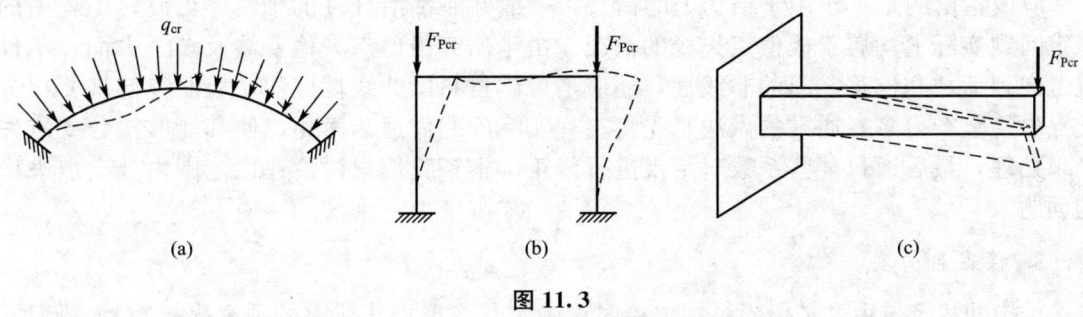

图 11.3

原始平衡形式中,梁在荷载作用面内发生弯曲变形,即保持平面弯曲的平衡形式;但当荷载达到临界荷载时,平面弯曲的平衡形式变得不稳定,梁偏离荷载作用平面发生斜弯曲和扭转变形。

综上所述,分支点失稳的特征是:结构失稳前后平衡状态所对应的变形性质发生了质上的突变。即初始的平衡形式变为不稳定的,且可能出现新的与初始平衡形式有质的区别的平衡形式。

2) 极值点失稳

如果工程结构的压杆杆轴存在有初始曲率[图 11.4(a)],或者承受偏心荷载[图 11.4(b)],或者在垂直于杆轴方向有横向力的作用[图 11.4(c)]或者组成杆件的材料不均匀,这些称为压杆的非完善体系。图 11.4 所示的非完善体系从开始受力时即同时处于受压和受弯状态,并伴生了挠度。荷载 F_P 和跨中挠度 Δ 之间的关系如图 11.4(d)所示。

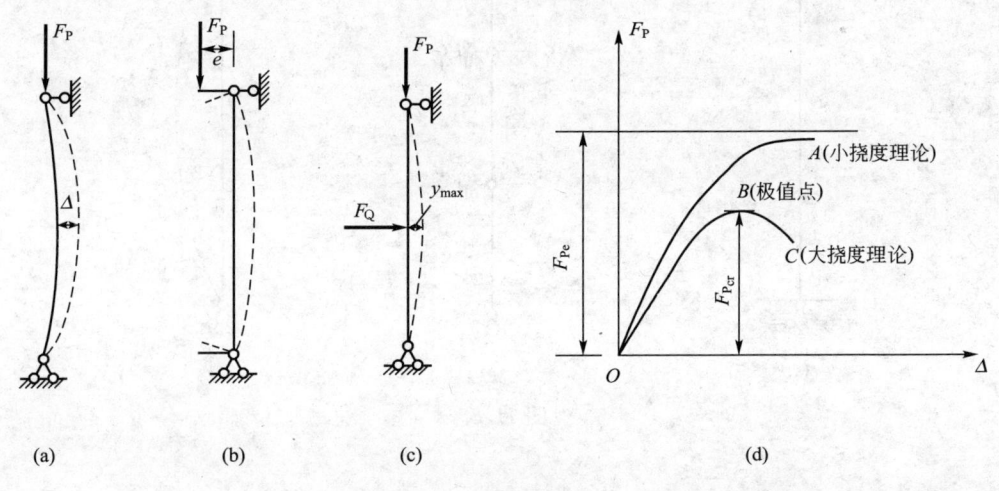

图 11.4

按照小挠度理论计算所得荷载与挠度的关系如图中的曲线 OA 所示。由图可知,随着荷载的逐渐增大,挠度变化由慢变快;当荷载增大至临界值时,变形按其原有的形式迅速增长,挠度趋于无限大。若按大挠度理论分析,其荷载与挠度的关系如图中的曲线 OBC 所示,由图可知,在极值点 B 之前,不增大荷载值,杆件的挠度并不会增加,其平衡状态是稳定的。在极值点 B 之后的曲线 BC 表示即使荷载不增加甚至减小,其杆件的挠度也会继续增大,压杆的平衡状态是不稳定的。这种现象称为极值点失稳。

应该指出的是，作用于结构上的荷载，一般并非都沿杆件的轴线。因此，工程中的稳定问题实际上均属于极值点失稳的情况。由于研究极值点失稳要涉及多个方面，不仅应考虑到荷载和位移之间的非线性，还应考虑到材料的非线性性质，故研究起来要比分支点失稳复杂得多。通常的做法是先将工程实际问题做适当简化，使其能够按分支点失稳来处理，最后通过某些系数对结果进行修正。本章我们只讨论弹性范围内分支点失稳的问题。

3. 稳定自由度

结构的稳定自由度是指当结构失稳时，确定其变形形状所需的独立坐标数目。例如，图 11.5(a)所示为装有弹簧支座的刚性压杆，其变形形状仅需一个参数 φ 就可以确定，因此它是一个自由度体系。图 11.5(b)所示的体系为具有两个抗侧移弹性支座的 3 根铰结刚性压杆，确定其失稳变形的独立坐标为 y_1 和 y_2，故结构的稳定自由度为 2。图 11.5(c)所示的两端铰支的弹性压杆($EI\neq\infty$)，确定其失稳变形需要无限多个独立坐标数目，因此它是无限自由度体系。通常情况下，具有弹性约束的刚性压杆为有限自由度体系，而弹性压杆则为无限自由度体系。

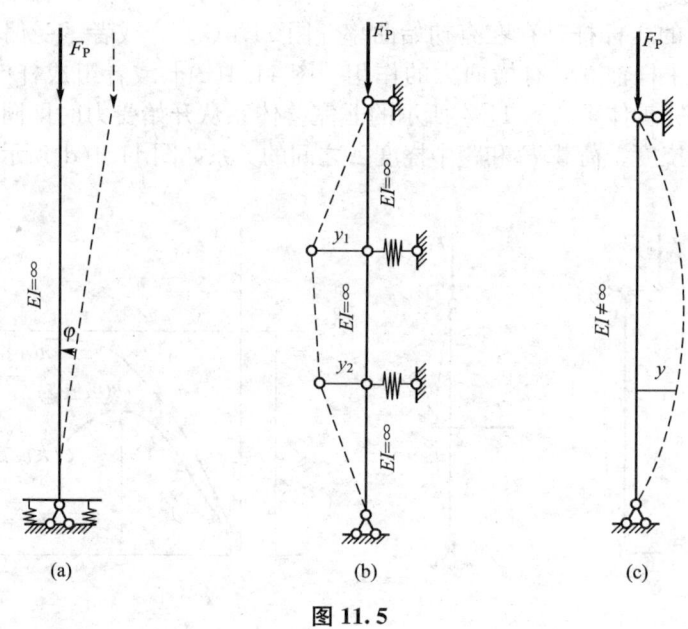

图 11.5

11.2 有限自由度体系的稳定分析

稳定分析的中心问题在于确定体系的临界荷载。确定临界荷载的基本方法有两种：静力法和能量法。

下面以图 11.6(a)所示的单自由度体系为例，就有限自由度体系分支点失稳问题分别应用上述两种方法进行求解，其临界荷载均按小挠度理论进行计算。

1. 静力法

静力法以结构失稳时平衡的二重性为依据，根据静力学平衡条件，确定原始平衡路径Ⅰ之外新的平衡路径Ⅱ，平衡路径Ⅱ对应的最小荷载值即为临界荷载。

图 11.6(a)所示为单自由度结构，杆 AB 处于竖直位置时的平衡形式为其原始平衡形式。设杆件处于倾斜位置时新的平衡形式如图 11.6(b)所示。显然有

$$R_1 = kl\sin\varphi$$

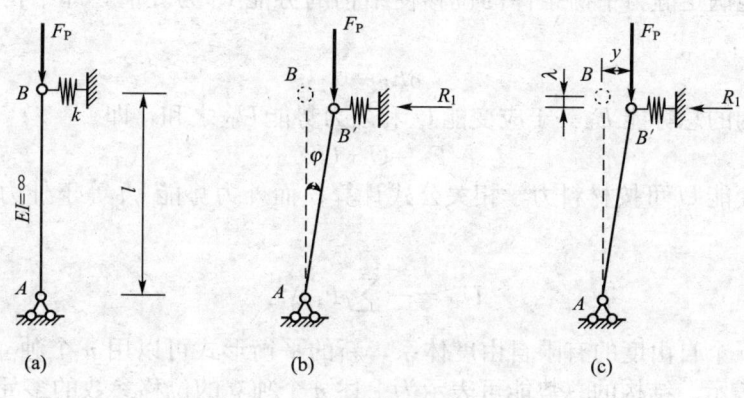

图 11.6

由平衡条件 $\sum M_A = 0$ 得

$$F_P l\sin\varphi - kl^2 \sin\varphi\cos\varphi = 0 \tag{a}$$

按小挠度理论，可以认为 $\sin\varphi = \varphi$，$\cos\varphi = 1$，故(a)式可近似写为

$$(F_P - kl)\varphi = 0 \tag{b}$$

式(b)是以转角 φ 为未知量的齐次方程。当 $\varphi = 0$ 时，上式满足，对应于原始平衡路径Ⅰ。当 $\varphi \neq 0$ 时，对应的是平衡路径Ⅱ。此时要求其系数为零，即

$$F_P - kl = 0 \tag{c}$$

式(c)是结构不仅在原始形式下而且在新的形式下均能维持平衡的条件，称为稳定方程或特征方程。由式(c)可解出临界荷载为

$$F_{Pcr} = kl \tag{d}$$

对于具有 n 个自由度的体系，同样可以对新的平衡形式列出平衡方程，得到关于 n 个独立参数的齐次方程。由其非零解对应的条件，即对应的系数行列式为零，便可得到体系的特征方程。

$$D = 0 \tag{11-1}$$

求解特征方程即得 n 个特征荷载，取其最小值即为结构的临界荷载。

归纳起来，静力法求解多自由度体系临界荷载 F_{Pcr} 的步骤如下。

(1) 设定新的平衡形式；
(2) 建立新平衡位置的平衡方程；
(3) 由临界状态平衡的二重性建立特征方程；
(4) 求荷载特征值，最小者即为临界荷载 F_{Pcr}。

2. 能量法

利用能量法确定临界荷载，就是根据临界平衡状态的二重性特点，应用以能量形式表示的平衡条件，寻求体系在新的形式下维持平衡的荷载最小值。常见和简便的方法是应用势能驻值原理建立以能量形式表示的平衡条件 $\delta E_P = 0$，由此得到特征方程，求解即可得到临界荷载。

势能驻值原理可表述为：对于弹性结构，在满足约束条件和变形连续条件的所有虚位移中，同时又能满足静力平衡条件的位移使结构的势能 E_P 为驻值，即结构总势能的一阶变分为零。

$$\delta E_P = 0 \tag{11-2}$$

这里，结构的总势能 E_P 等于应变能 U 和外力势能 U_P 之和，即

$$E_P = U + U_P \tag{11-3}$$

其中，应变能 U 可按材料力学相关公式计算；而外力势能 U_P 等于外力所作虚功的负值，即

$$U_P = -\sum_{i=1}^{n} F_{Pi} \Delta_i \tag{11-4}$$

对于具有 n 个自由度的有限自由度体系，新的平衡形式可以用 n 个独立位移参数 Δ_1，Δ_2，$\cdots$，Δ_n 来表示。结构的总势能可表示为上述 n 个独立的位移参数的多元函数。利用式 (11-2) 可得：

$$\delta E_P = \frac{\partial E_P}{\partial \Delta_1} \delta \Delta_1 + \frac{\partial E_P}{\partial \Delta_2} \delta \Delta_2 + \cdots + \frac{\partial E_P}{\partial \Delta_n} \delta \Delta_n = 0 \tag{11-5}$$

考虑到 $\delta \Delta_1$，$\delta \Delta_2$，$\cdots$，$\delta \Delta_n$ 的任意性，则必须有

$$\left. \begin{array}{l} \dfrac{\partial E_P}{\partial \Delta_1} = 0 \\ \dfrac{\partial E_P}{\partial \Delta_2} = 0 \\ \vdots \\ \dfrac{\partial E_P}{\partial \Delta_n} = 0 \end{array} \right\} \tag{11-6}$$

由此获得了一组含有 n 个未知位移的齐次线性方程组，要使方程组有非零解，就要求方程组的系数行列式等于零，据此即可得到特征方程。由特征方程求出的荷载最小值即为临界荷载 F_{Pcr}。

归纳起来，能量法求解多自由度体系临界荷载 F_{Pcr} 的步骤如下。

(1) 设定失稳时的变形形式，并计算体系的总势能 E_P；

(2) 建立驻值条件 $\dfrac{\partial E_P}{\partial \Delta_i} = 0$；

(3) 应用位移有非零解的条件，得出特征方程；

(4) 求出荷载特征值 $F_{Pi}(i=1, 2, \cdots, n)$，从中选取最小值即得临界荷载 F_{Pcr}。

以下仍以图 11.6(a) 所示体系为例介绍如何利用能量法确定临界荷载。设体系失稳时发生微小的位移如图 11.6(c) 所示，其上端的竖向位移为 λ，水平位移为 y，则有

$$\lambda = l - \sqrt{l^2 - y^2} = l - l\left(1 - \frac{y^2}{l^2}\right)^{\frac{1}{2}} = l - l\left(1 - \frac{y^2}{2l^2} + \cdots\right) \approx \frac{y^2}{2l}$$

弹簧的应变能为

$$U = \frac{1}{2}(ky)y = \frac{1}{2}ky^2$$

外力势能为

$$U_P = -F_P\lambda = -\frac{F_P}{2l}y^2$$

体系的总势能为

$$E_P = U + U_P = \frac{1}{2}ky^2 - \frac{F_P}{2l}y^2 = \frac{kl - F_P}{2l}y^2$$

根据式(11-2)有

$$\frac{\mathrm{d}E_P}{\mathrm{d}y} = \frac{kl - F_P}{l}y = 0$$

由于 y 不能为零($y=0$ 对应于初始平衡位置),故应有

$$kl - F_P = 0$$

从而可求得临界荷载为

$$F_{Pcr} = kl$$

上式的计算结果与静力法完全相同。

例题 11.1 图 11.7(a)所示结构中 AB、BC 均为刚性杆,两抗侧移弹簧支座的刚度均为 k,试求结构的临界荷载 F_{Pcr}。

【解】:(1) 静力法。

① 设定新的平衡形式。

显然,体系具有两个自由度。设体系由初始平衡状态(竖直位置)转到任意变形状态,如图 11.7(b)所示。设 B 点和 C 点的位移分别为 y_1 和 y_2,相应的支座反力分别为

$$F_{R1} = ky_1, \quad F_{R2} = ky_2$$

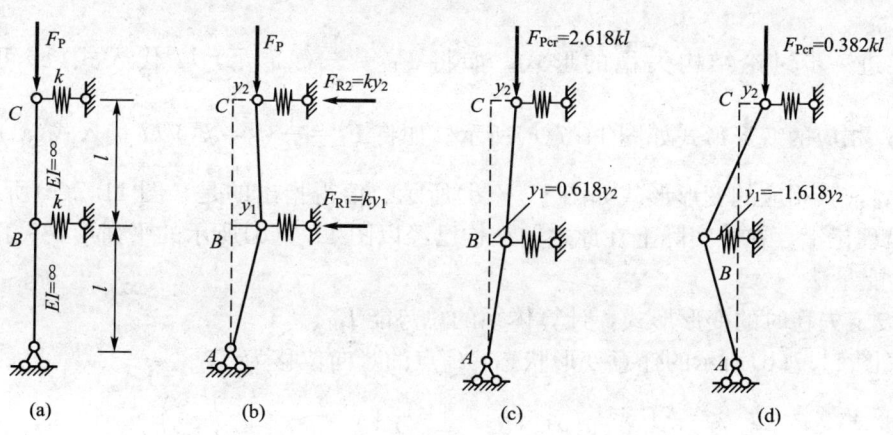

图 11.7

② 建立新平衡位置的平衡方程。

由平衡条件(对整体,$\sum M_A = 0$;对杆 BC,$\sum M_B = 0$)有

$$-F_P y_2 + 2ky_2 l + ky_1 l = 0 \\ F_P(y_1 - y_2) + ky_2 l = 0$$

整理得

$$kly_1 + (2kl - F_P)y_2 = 0 \\ F_P y_1 + (kl - F_P)y_2 = 0 \tag{a}$$

③ 由临界状态平衡的二重性建立特征方程。

式(a)是关于 y_1 和 y_2 的齐次方程。如果系数行列式不为零，即

$$\begin{vmatrix} kl & 2kl - F_P \\ F_P & kl - F_P \end{vmatrix} \neq 0$$

则零解（即 y_1 和 y_2 均为零）是齐次方程(a)的唯一解。即初始平衡形式是体系唯一的平衡形式。

如果系数 y_1 和 y_2 不全为零，则应有

$$\begin{vmatrix} kl & 2kl - F_P \\ F_P & kl - F_P \end{vmatrix} = 0 \tag{b}$$

则除零解外，齐次方程(a)还存在非零解。也就是说，除初始平衡形式外，体系还存在新的平衡形式。故式(b)即为新的平衡状态所满足的方程，即特征方程。

④ 求荷载特征值，最小者即为临界荷载。

求解式(b)可得

$$F_P = \begin{cases} \dfrac{3+\sqrt{5}}{2}kl \approx 2.618kl \\ \dfrac{3-\sqrt{5}}{2}kl \approx 0.382kl \end{cases}$$

取其最小值为临界荷载。

$$F_{Pcr} = \frac{3-\sqrt{5}}{2}kl = 0.382kl$$

现在进一步讨论结构失稳的形式。如将 $F_P = \dfrac{1}{2}(3+\sqrt{5})kl$ 代入式(a)可得 $y_1 = 0.618 y_2$，相应的变形形式如图 11.7(c)所示。如将 $F_P = \dfrac{1}{2}(3-\sqrt{5})kl$ 代入式(a)可得 $y_1 = -1.618 y_2$，其相应的变形形式如图 11.7(d)所示。值得指出的是，图 11.7(c)所示的平衡形式只是理论上存在，实际上在此之前结构已经以图 11.7(d)所示的平衡形式失稳。

(2) 能量法。

① 设定失稳时的变形形式，计算体系的总势能 E_P。

对于图 11.7(b)所示的任意变形状态，C 点的竖向位移为

$$\lambda = \frac{1}{2l}[y_1^2 + (y_1 - y_2)^2] = \frac{1}{l}\left(y_1^2 - y_1 y_2 + \frac{1}{2}y_2^2\right)$$

弹簧结构的应变能为

$$U = \frac{1}{2}ky_1^2 + \frac{1}{2}ky_2^2$$

外力势能为

$$U_P = -F_P \lambda = -\frac{F_P}{l}\left(y_1^2 - y_1 y_2 + \frac{1}{2}y_2^2\right)$$

体系的总势能为

$$E_P = U + U_P = \frac{1}{2l}(kly_1^2 + kly_2^2 - 2F_P y_1^2 + 2F_P y_1 y_2 - F_P y_2^2)$$

$$= \frac{1}{2l}[(kl - 2F_P)y_1^2 + 2F_P y_1 y_2 + (kl - F_P)y_2^2]$$

② 建立驻值条件 $\dfrac{\partial E_P}{\partial \Delta_i} = 0$。

应用驻值条件

$$\frac{\partial E_P}{\partial y_1} = 0, \quad \frac{\partial E_P}{\partial y_2} = 0$$

得

$$\left.\begin{array}{l}(kl - 2F_P)y_1 + F_P y_2 = 0 \\ F_P y_1 + (kl - F_P)y_2 = 0\end{array}\right\} \tag{c}$$

③ 应用位移有非零解的条件，得出特征方程。

若方程(c)有非零解，则应有

$$\begin{vmatrix} kl - 2F_P & F_P \\ F_P & kl - F_P \end{vmatrix} = 0$$

展开并整理可得特征方程为

$$F_P^2 - 3klF_P + (kl)^2 = 0 \tag{d}$$

特征方程式(d)与静力法得到的特征方程式(b)完全相同，以下求解同静力法。

11.3 无限自由度体系的稳定分析

上一节讨论了有限自由度体系的稳定问题，下面讨论无限自由度体系的稳定问题。

1. 静力法

对于无限自由度体系，确定临界荷载的思路基本上与有限自由度体系相同。需要注意的是，在无限自由度体系中，建立的平衡方程是微分方程而不是齐次代数方程。

下面以图 11.8(a)所示的下端固定，上端有水平弹性支撑(弹簧的刚度为 k)的等截面压杆为例，说明利用静力法确定无限自由度体系临界荷载的基本原理和方法。

在临界状态下，体系出现新的平衡状态如图 11.8(b)所示。设柱顶受到支座的水平推力为 F_R，在图示坐标系中，任一截面的弯矩为

$$M = F_P y - F_R x$$

根据材料力学相关知识可得平衡微分方程为

$$EI \frac{d^2 y}{dx^2} = -M = -(F_P y - F_R x)$$

可改写为

$$y'' + \alpha^2 y = \frac{F_R}{EI}x, \quad \left(\alpha^2 = \frac{F_P}{EI}\right)$$

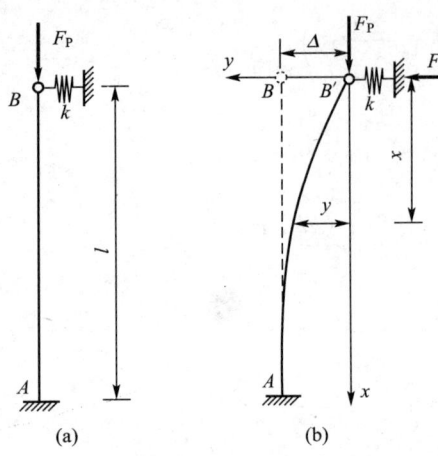

图 11.8

上式的解为：$y = A\cos\alpha x + B\sin\alpha x + \dfrac{F_R}{F_P}x$

式中的待定常数 A、B 和未知反力 F_R 可由边界条件确定。

当 $x=0$ 时，$y=0$，由此求得 $A=0$。

当 $x=l$ 时，$y=\Delta$ 且 $y'=0$ 并根据 $F_R = k\Delta$，可得

$$\left. \begin{array}{l} B\sin\alpha l + \left(\dfrac{l}{F_P} - \dfrac{1}{k}\right)F_R = 0 \\ B\alpha\cos\alpha l + \dfrac{1}{F_P}F_R = 0 \end{array} \right\} \quad (a)$$

由于 $y(x)$ 不恒为零，故 A、B 和 F_R 不全为零。由此可知，式(a)中系数行列式应为零，即

$$\begin{vmatrix} \sin\alpha l & \dfrac{l}{F_P} - \dfrac{1}{k} \\ \alpha\cos\alpha l & \dfrac{1}{F_P} \end{vmatrix} = 0$$

将上式展开整理，并考虑到 $F_P = \alpha^2 EI$，得到如下的特征方程。

$$\tan\alpha l = \alpha l - \dfrac{(\alpha l)^3 EI}{kl^3} \quad (b)$$

式(b)为一个超越方程，需要事先给定 k 值，下面讨论三种情形下的解。

(1) 当 $k=0$，由于 EI 为有限值，αl 也为有限值，故有 $\tan\alpha l = -\infty$，这个方程的最小根为 $\alpha l = \dfrac{\pi}{2}$，因此，此时的临界荷载为

$$F_{Pcr} = \dfrac{\pi^2 EI}{(2l)^2}$$

这正是悬臂柱的情形，计算长度 $l_0 = 2l$。

(2) 当 $k=\infty$ 时，方程(b)变为

$$\tan\alpha l = \alpha l \quad (c)$$

方程(c)可由图解法和试算法求解。

利用图解法求解方程(c)时，先绘出 $y=\alpha l$ 和 $y=\tan\alpha l$ 两组线（图11.9），然后找出它们的交点即为方程(c)的解答。其结果可以得到无穷多个解，取其最小值就是临界荷载。由图11.9可得，最小根 $\alpha l = 4.493$，故

$$F_{Pcr} = (4.493)^2 \dfrac{EI}{l^2} = 20.19 \dfrac{EI}{l^2}$$

利用试算法求解时，设 $f(\alpha l) = \alpha l - \tan\alpha l = 0$。根据给定的初值 $(\alpha l)_1$ 和 $(\alpha l)_2$ 计算出 f_1 及 f_2，若 $f_1 f_2 < 0$，则在两个初值之间必有一根。逐渐减小或增大其

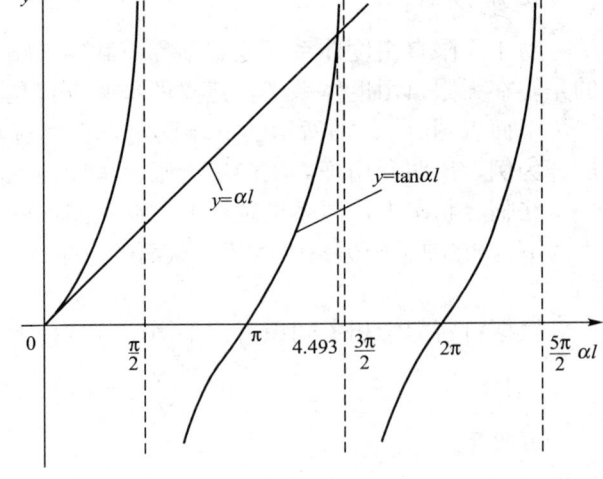

图 11.9

中一个值，并重复以上步骤，直到求出使 f 接近于零的根为止。具体的计算过程见表 11-1。由表可知，αl 的最小值为 $\alpha l = 4.493$，最终可求得临界荷载为 $F_{Pcr} = 20.19 \dfrac{EI}{l^2}$。

表 11-1 试算法计算过程

αl	4.5	4.4	4.45	4.48	4.49	4.495	4.494	4.493
$\tan\alpha l$	4.637	3.096	3.723	4.225	4.422	4.527	4.506	4.485
$f=\alpha l-\tan\alpha l$	−0.137	1.304	0.727	0.255	0.068	−0.032	−0.012	0.008

(3) 当 k 在 $0\sim\infty$ 范围内变化时，αl 介于 $\dfrac{\pi}{2}$ 与 4.493 之间。特殊地，若 $k = \dfrac{2EI}{l^3}$，此时方程(b)变为

$$\tan\alpha l = \alpha l - \dfrac{1}{2}(\alpha l)^3$$

用试算法求解上述方程。设 $f(\alpha l) = \tan\alpha l - \alpha l + \dfrac{1}{2}(\alpha l)^3$，具体的计算过程见表 11-2。

表 11-2 试算法求最小正根

αl	2.4	2.0	2.1	2.01	2.02
$\tan\alpha l$	−0.916	−2.185	−1.710	−2.129	−2.074
$f=\tan\alpha l-\alpha l-(\alpha l)^3/2$	3.596	−0.185	0.821	−0.078	0.027

由表 11-2 可知，当 $\alpha l = 2.01$ 时，$f \approx 0$。
由此求得 $\alpha l = 2.01$，因此，

$$F_{Pcr} = (2.01)^2 \dfrac{EI}{l^2} = 4.04 \dfrac{EI}{l^2}$$

例题 11.2 试用静力法求图 11.10(a)所示两端铰支的等截面压杆的临界荷载 F_{Pcr}。假定压杆的上半段为弹性杆，抗弯刚度为 EI_1；下半段为刚性杆，抗弯刚度 $EI_2 = \infty$。

【解】：根据杆件的刚度特征，假设图 11.10(b)为受压直杆 AB 新的曲线平衡状态。刚性杆转角为 φ，建立坐标系如图所示。由 $\sum M_A = 0$，可得 B 支座的反力 $F_R = 0$。所以任意截面的弯矩为

$$M = F_P y$$

取弹性杆为隔离体，如图 11.10(c)所示，由隔离体的平衡可得弹性杆的挠曲线微分方程为

$$EI_1 y'' = -M = -F_P y$$

上式可改写为

$$y'' + n^2 y = 0, \quad n^2 = \dfrac{F_P}{EI_1}$$

微分方程的通解为

$$y = A\sin nx + B\cos nx$$

边界条件为

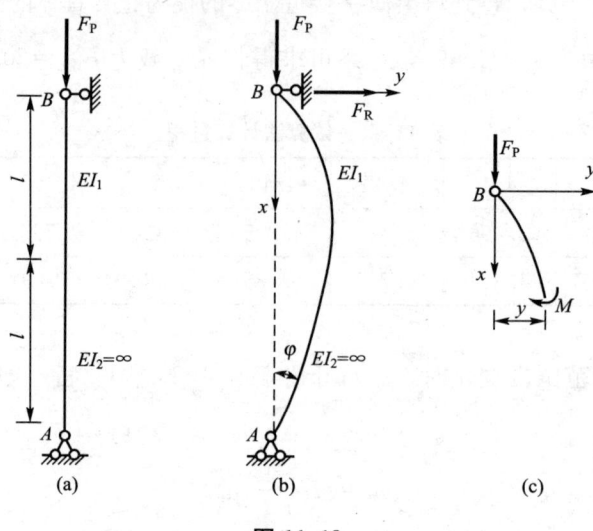

图 11.10

当 $x=0$ 时，$y=0$。

当 $x=l$，$y=l\varphi$，$y'=-\varphi$。

于是，可建立关于 A、B 和 φ 的齐次方程组如下。

$$\left.\begin{array}{r}B=0\\A\sin nl+B\cos nl-l\varphi=0\\An\cos nl-Bn\sin nl+\varphi=0\end{array}\right\}$$

由 A、B、φ 不全为零，得特征方程为

$$D=\begin{vmatrix} 0 & 1 & 0\\ \sin nl & \cos nl & -l\\ n\cos nl & -n\sin nl & 1 \end{vmatrix}=0$$

展开整理后得

$$\tan nl=-nl$$

由试算法，求得（具体计算步骤见表 11-3）

$$nl=2.02$$

故临界荷载为

$$F_{Pcr}=n^2EI_1=\frac{4.08}{l^2}EI_1$$

表 11-3 试算法求临界荷载

nl	2.1	2	2.02	2.03	2.025
$\tan nl$	−1.7098	−2.1850	−2.0744	−2.0224	−2.0481
$f=nl+\tan nl$	0.3902	−0.1850	−0.0544	0.0076	−0.0231

2. 能量法

用能量法确定无限自由度体系的临界荷载时，常用的方法是里兹法。此法首先假定压

杆的可能变形曲线方程为

$$y = \sum_{i=1}^{n} a_i \varphi_i(x) \tag{11-7}$$

式中，a_i 是位移参数，共 n 个，$\varphi_i(x)$ 是满足位移边界条件的已知函数。表 11-4 列出了几种直杆的挠曲线函数形式，供选用。这样，原无限自由度体系可近似看作是具有 n 个自由度的体系，然后再按本章第二节的能量方法确定临界荷载。

表 11-4 满足位移边界条件的常用函数 $\varphi_i(x)$ 的表达式

压杆形状	$\varphi_i(x)$ 的表达式	压杆形状	$\varphi_i(x)$ 的表达式
	$\varphi_i(x) = x^{i+1}(l-x)$		$\varphi_i(x) = 1 - \cos\dfrac{(2i-1)\pi x}{2l}$
	$\varphi_i(x) = 1 - \cos\dfrac{2(2i-1)\pi x}{l}$ 或 $\varphi_i(x) = x^{i+1}(l-x)^{i+1}$		$\varphi_i(x) = \sin\dfrac{i\pi x}{l}$ 或 $\varphi_i(x) = \begin{cases} x(l-x)^{\frac{i+1}{2}} & (i=1,3,5,\cdots) \\ x^2(l-x)^{\frac{i}{2}} & (i=2,4,6,\cdots) \end{cases}$

下面以图 11.11(a) 所示结构为例，说明具体的计算过程，图 11.11(b) 为结构挠曲线示意图。

先计算弯曲应变能 U 为

$$U = \int_0^l \frac{M^2}{EI} dx = \int_0^l \frac{1}{2} EI (y'')^2 dx = \frac{1}{2} \int_0^l EI \left[\sum_{i=1}^{n} a_i \varphi_i''(x) \right]^2 dx \tag{11-8}$$

挠曲线上任一微段两端点的竖向位移的差值 $d\lambda$，应等于微段的长度 ds 与其投影 dx 之差。

$$d\lambda = ds - dx = dx\sqrt{1+(y')^2} - dx = dx\left[(1+(y')^2)^{\frac{1}{2}} - 1\right]$$

$$= dx\left[1 + \frac{(y')^2}{2} + \frac{(y'')^3}{6} + \cdots - 1\right] \approx \frac{1}{2}(y')^2 dx$$

将上式沿整个杆长积分即得荷载作用点下降的距离 λ，即

$$\lambda = \frac{1}{2} \int_0^l (y')^2 dx$$

外力势能为

$$U_P = -F_P\lambda = -\frac{F_P}{2}\int_0^l (y')^2 dx = -\frac{F_P}{2}\int_0^l \left[\sum_{i=1}^n a_i\varphi'_i(x)\right]^2 dx$$

于是，体系的总势能为

$$E_P = U + U_P = \frac{1}{2}\int_0^l EI\left[\sum_{i=1}^n a_i\varphi''_i(x)\right]^2 dx - \frac{F_P}{2}\int_0^l \left[\sum_{i=1}^n a_i\varphi'_i(x)\right]^2 dx$$

由上式可以看出，体系的总势能是关于位移参数 a_i 的多元函数。利用公式(11-2)可获得一组含有 a_1，a_2，a_3，…，a_n 的齐次线性方程组。

$$\left\{\begin{bmatrix} K_{11} & K_{12} & \cdots & K_{1n} \\ K_{21} & K_{22} & \cdots & K_{2n} \\ \vdots & \vdots & & \vdots \\ K_{n1} & K_{n2} & \cdots & K_{nn} \end{bmatrix} - \begin{bmatrix} S_{11} & S_{12} & \cdots & S_{1n} \\ S_{21} & S_{22} & \cdots & S_{2n} \\ \vdots & \vdots & & \vdots \\ S_{n1} & S_{n2} & \cdots & S_{nn} \end{bmatrix}\right\}\begin{bmatrix} a_1 \\ a_2 \\ \vdots \\ a_n \end{bmatrix} = \begin{bmatrix} 0 \\ 0 \\ \vdots \\ 0 \end{bmatrix} \quad (11-9)$$

其中，$K_{ij} = \int EI\varphi''_i\varphi''_j dx$，$S_{ij} = \int EI\varphi'_i\varphi'_j dx$。

若使方程组(11-9)有非零解，则 a_1，a_2，a_3，…，a_n 必定不能同时为零，这就要求所得方程组的系数行列式 $D=0$，即得特征方程。

$$|\boldsymbol{K} - \boldsymbol{S}| = 0 \quad (11-10)$$

求解此特征方程可得到 n 个特征根，其最小特征根就是临界荷载 $F_{P_{cr}}$。

例题 11.3 试用能量法求图 11.11(a)所示两端铰支的等截面压杆的临界荷载 $F_{P_{cr}}$。

【解】：按表 11-4 给出的 $\varphi_i(x)$ 的表达式，设挠曲线为正弦函数，为简便起见只取一项，即简化为单自由度体系来计算。

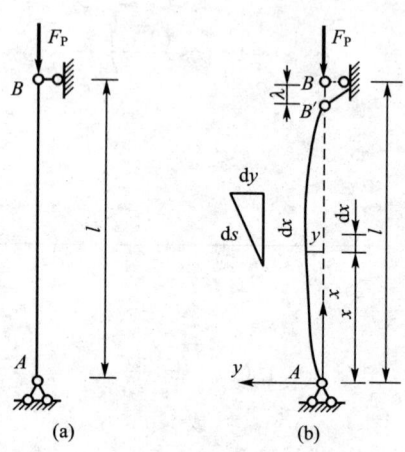

图 11.11

$$y = a_1\sin\frac{\pi x}{l}$$

弯曲应变能 U 为

$$U = \int_0^l \frac{M^2}{EI}dx = \int_0^l \frac{1}{2}EI(y'')^2 dx = \frac{1}{2}\int_0^l EI\left(-\frac{\pi^2 a_1}{l^2}\sin\frac{\pi x}{l}\right)^2 dx = \frac{\pi^4}{4l^3}a_1^2 EI$$

外力势能为

$$U_P = -F_P\lambda = -\frac{F_P}{2}\int_0^l (y')^2 dx = -\frac{F_P}{2}\int_0^l \left(\frac{\pi a_1}{l}\cos\frac{\pi x}{l}\right)^2 dx = -\frac{\pi^2}{4l}F_P a_1^2$$

体系的总势能为

$$E_P = U + U_P = \frac{\pi^4}{4l^3}a_1^2 EI - \frac{\pi^2}{4l}F_P a_1^2$$

根据公式(11-2)应有

$$\frac{dE_P}{da_1} = \left(\frac{\pi^4}{2l^3}EI - \frac{\pi^2}{2l}F_P\right)a_1 = 0$$

因为 $a_1 \neq 0$，则必有

$$\frac{\pi^4}{2l^3}EI - \frac{\pi^2}{2l}F_P = 0$$

故临界荷载为

$$F_{Pcr} = \frac{\pi^2}{l^2}EI$$

例题 11.4 图 11.12(a)所示的结构中，EI 沿杆长为常数。试用静力法和能量法分别计算结构的临界荷载。

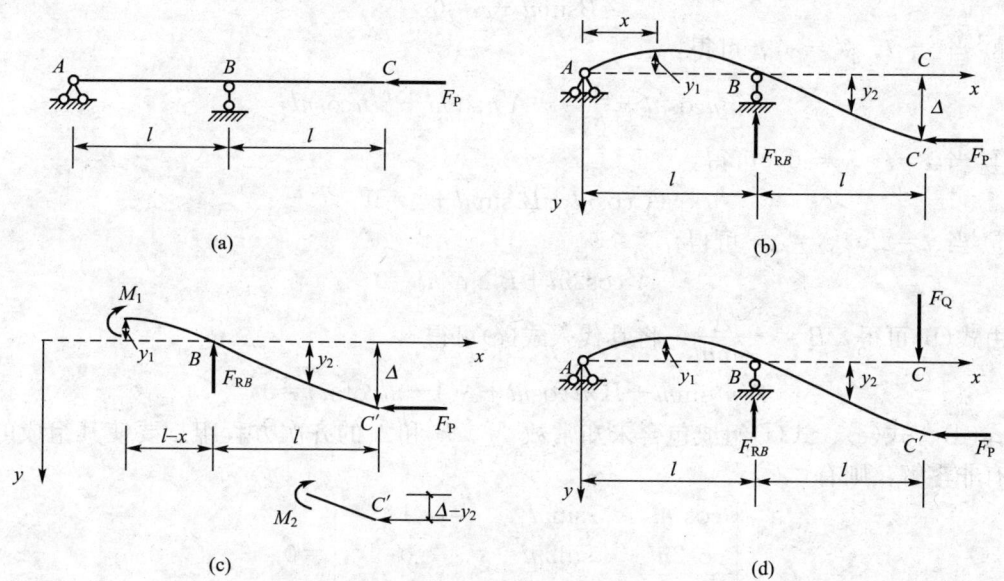

图 11.12

【解】：(1) 用静力法求解。

设此结构失稳时的变形曲线如图 11.12(b)所示。选取隔离体，如图 11.12(c)所示，可知 AB、BC 段的弯矩方程分别为

$$M_1 = -F_P(\Delta - y_1) + F_{RB}(l - x)$$
$$M_2 = -F_P(\Delta - y_2)$$

在图 11.12(b)中，对整体，由 $\sum M_A = 0$，可得 $F_{RB} = \dfrac{F_P \Delta}{l}$。

弹性曲线的微分方程为

$$EI \frac{d^2 y_1}{dx^2} = -M_1 = F_P(\Delta - y_1) - \frac{F_P \Delta}{l}(l - x)$$
$$EI \frac{d^2 y_2}{dx^2} = -M_2 = F_P(\Delta - y_2)$$

令 $n^2 = \dfrac{F_P}{EI}$，则上式可改写为

$$\left. \begin{array}{l} y_1'' + n^2 y_1 = n^2 \dfrac{\Delta}{l} x \\ y_2'' + n^2 y_2 = n^2 \Delta \end{array} \right\}$$

上式的解为

$$y_1 = A\cos nx + B\sin nx + \frac{\Delta}{l}x \quad (0 \leqslant x \leqslant l)$$
$$y_2 = A'\cos nx + B'\sin nx + \Delta \quad (l \leqslant x \leqslant 2l)$$
$(A、B、A'、B'$ 为待定常数$)$

上述待定常数由边界条件确定。

① 当 $x=0$ 时，$y_1=0$，由此可求得：
$$A=0 \tag{a}$$

② 当 $x=l$，$y_1=0$，可得：
$$B\sin nl + \Delta = 0 \tag{b}$$

③ 当 $x=l$，$y_1' = y_2'$，可得：
$$Bn\cos nl + \frac{\Delta}{l} = -A'n\sin nl + B'n\cos nl \tag{c}$$

④ 当 $x=l$，$y_2=0$，可得：
$$A'\cos nl + B'\sin nl + \Delta = 0 \tag{d}$$

⑤ 当 $x=2l$，$y_2=\Delta$，可得：
$$A'\cos 2nl + B'\sin 2nl = 0 \tag{e}$$

由式(b)可得，$B = -\dfrac{\Delta}{\sin nl}$，将其代入式(c)可得
$$A'nl\sin nl - B'nl\cos nl + \Delta(1 - nl\cot nl) = 0 \tag{f}$$

式(d)、式(e)、式(f)组成包含未知常数 A'、B' 和 Δ 的齐次方程组。要使其组成的方程组有非零解，则有

$$\begin{vmatrix} \cos nl & \sin nl & 1 \\ \cos 2nl & \sin 2nl & 0 \\ nl\sin nl & -nl\cos nl & 1-nl\cot nl \end{vmatrix} = 0$$

将上式展开并整理，得特征方程为
$$\tan nl - 2nl = 0$$

由试算法可求得 $nl=1.166$，故结构的临界荷载为
$$F_{Pcr} = n^2 EI = 1.36\frac{EI}{l^2}$$

(2) 用能量法求解。

以悬臂端 C 点受向下的集中力 F_Q 作用下的挠曲线作为失稳时的近似曲线，如图 11.12(d) 图所示。根据材料力学相关知识，可求得 AB 段中点的挠度 $a_1 = \dfrac{F_Q l^3}{16EI}$，挠曲线方程为

$$y_1 = \frac{F_Q}{6EI}x(x^2 - l^2) = a_1\frac{8}{3l^3}(x^3 - l^2 x) \quad (0 \leqslant x \leqslant l)$$
$$y_2 = \frac{F_Q}{6EI}(2l^3 - 7l^2 x + 6lx^2 - x^3) = a_1\frac{8}{3l^3}(-x^3 + 6lx^2 - 7l^2 x + 2l^3) \quad (l \leqslant x \leqslant 2l)$$

弯曲应变能 U 为
$$U = \frac{EI}{2}\int_0^l (y_1'')^2 \mathrm{d}x + \frac{EI}{2}\int_l^{2l}(y_2'')^2\mathrm{d}x$$
$$= \frac{EI}{2}\int_0^l \left(\frac{16a_1 x}{l^3}\right)^2 \mathrm{d}x + \frac{EI}{2}\int_l^{2l}\left(\frac{8a_1}{3l^3}\right)^2(12l-6x)^2 \mathrm{d}x = \frac{256EI}{3l^3}a_1^2$$

外力势能为

$$U_P = -\frac{F_P}{2}\int_0^l (y_1')^2 dx - \frac{F_P}{2}\int_l^{2l}(y_2')^2 dx = -\frac{2816 F_P}{45l}a_1^2$$

体系的总势能为

$$E_P = U + U_P = \left(\frac{256EI}{3l^3} - \frac{2816 F_P}{45l}\right)a_1^2$$

根据公式(11-2)应有

$$\frac{dE_P}{da_1} = 2\left(\frac{256EI}{3l^3} - \frac{2816 F_P}{45l}\right)a_1 = 0$$

因为 $a_1 \neq 0$，则必有

$$\frac{256EI}{3l^3} - \frac{2816 F_P}{45l} = 0$$

求解上式，可得临界荷载为

$$F_{Pcr} = \frac{1.364}{l^2}EI$$

与静力法所得结果 $F_{Pcr} = \frac{1.36}{l^2}EI$ 基本相同。

本 章 小 结

学习本章的目的是为解决工程实践中常遇到的稳定计算问题打下基础，其地位与结构的强度和刚度计算同等重要。首先引入结构稳定分析的目的及稳定问题的分类，然后介绍了用静力法和能量法确定有限自由度体系临界荷载的基本原理和方法，最后对无限自由度体系的稳定问题进行了讨论。用静力法和能量法确定结构的临界荷载是本章的重点。

1. 基本概念

基本概念有临界荷载、分支点失稳、极值点失稳、稳定自由度、特征方程、势能驻值原理。

1) 临界荷载

通常将结构处于随遇平衡状态称之为临界状态，临界状态是结构由稳定平衡向不稳定平衡的过渡状态，其对应的荷载称为临界荷载。

2) 分支点失稳(第一类失稳)

失稳时结构的变形和平衡形式发生了与初始平衡形式完全不同的改变，以轴心受压直杆的失稳为代表。

3) 极值点失稳(第二类失稳)

失稳时变形按原有形式变化，即平衡形式不发生质变，结构丧失承载力。偏心受压直杆当受荷载较大时发生此类失稳现象。

4) 稳定自由度

稳定自由度是指当结构失稳时，确定其变形形状所需的独立坐标数目。

5) 特征方程

特征方程又称为稳定方程，是指结构在新的形式下能够保持平衡所满足的条件，其最小特征解即为临界荷载。反映了结构失稳时平衡形式具有二重性的特点。特征方程与结构变形的形状有关，而与变形的大小无关。

6) 势能驻值原理

对于弹性结构，在满足约束条件和变形连续条件的所有虚位移中，同时又能满足静力平衡条件的位移使结构的势能 E_P 为驻值，即结构总势能的一阶变分为零，即 $\delta E_P = 0$。

2. 知识要点

1) 静力法求解有限自由度体系临界荷载 F_{Pcr} 的计算步骤：

（1）设定新的平衡形式；

（2）建立新平衡位置的平衡方程；

（3）由临界状态平衡的二重性建立特征方程；

（4）求荷载特征值，最小者即为临界荷载 F_{Pcr}。

2) 能量法求解有限自由度体系临界荷载 F_{Pcr} 的计算步骤：

（1）设定失稳时的变形形式，并计算体系的总势能 E_P；

（2）建立驻值条件 $\dfrac{\partial E_P}{\partial \Delta_i} = 0$；

（3）应用位移有非零解的条件，得出特征方程；

（4）求出荷载特征值 $F_{Pi}(i=1,2,\cdots,n)$，从中选取最小值即得临界荷载 F_{Pcr}。

3) 静力法求解无限自由度体系临界荷载 F_{Pcr} 的计算步骤：

（1）设定新的平衡形式，即临界状态；

（2）根据结构挠曲线近似微分方程，写出临界状态的平衡方程（关于挠度的非齐次微分方程）；

（3）求解上述微分方程，并由边界条件建立特征方程；

（4）求解特征方程，求出临界荷载。

4) 能量法求解无限自由度体系临界荷载 F_{Pcr} 的计算步骤：

（1）假定压杆的可能变形曲线方程；

（2）计算弯曲应变能 U；

（3）计算外力势能 U_P；

（4）计算体系的总势能为 $E_P = U + U_P$；

（5）应用驻值原理建立驻值条件；

（6）应用位移有非零解的条件，得出特征方程；

（7）求解此特征方程可得到 n 个特征根，其最小特征根即为所求临界荷载。

思 考 题

11-1 结构失稳的基本形式是什么？试比较它们的异同点。

11-2 压杆的完善体系与实际的压杆有何不同？

11-3 何为稳定自由度？

11-4 试说明临界状态的静力特征及能量特征。

11-5 试比较用静力法分析有限自由度和无限自由度体系稳定问题的异同点。

11-6 试比较用静力法和能量法求临界荷载在计算原理及解题步骤上的异同点。

11-7 试说明静力法中的平衡方程和能量法中的势能驻值原理有何关系？

11-8 试比较用能量法计算有限自由度和无限自由度体系临界荷载的异同点。

11-9 试说明为何能量法求得的临界荷载通常为近似值，而且总是大于精确值。

习　　题

11-1 能量法用于结构的稳定计算时，用计算有限自由度结构的临界荷载 F_{Pcr2} 代替原无限自由度结构的临界荷载 F_{Pcr1}，则（　　）。

A. $F_{Pcr1} < F_{Pcr2}$
B. $F_{Pcr1} > F_{Pcr2}$
C. $F_{Pcr1} \leqslant F_{Pcr2}$
D. $F_{Pcr1} \geqslant F_{Pcr2}$

11-2 图 11.13 所示结构中，各杆的刚度均为无穷大，抗侧移弹簧的刚度为 k（发生单位位移所需的力），试分别用静力法和能量法确定其临界荷载。

11-3 试利用静力法确定图 11.14 所示结构的临界荷载。

11-4 试用静力法求图 11.15 所示压杆的临界荷载。

11-5 试用静力法和能量法求图 11.16 所示压杆的临界荷载。

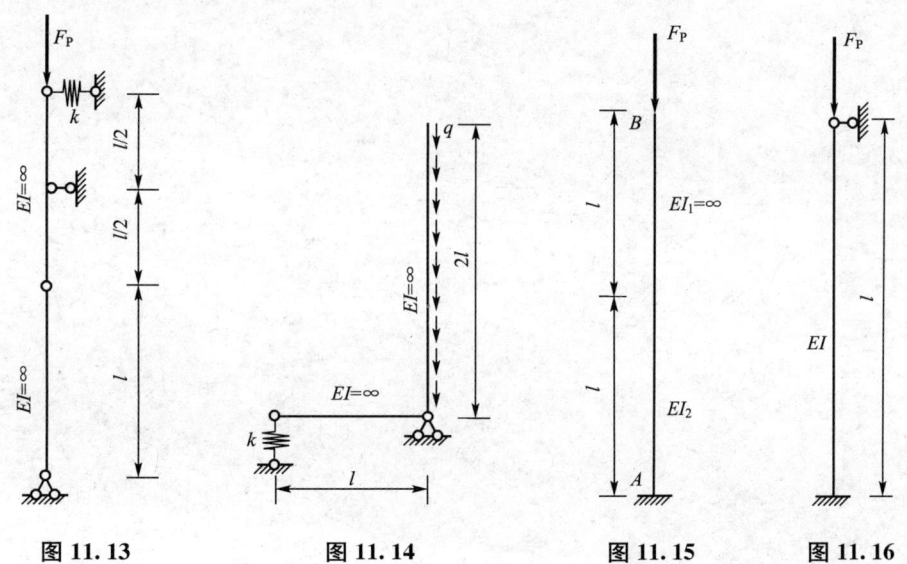

图 11.13　　　　图 11.14　　　　图 11.15　　　　图 11.16

11-6 图 11.17 所示各杆的刚度均为无穷大，弹性铰的抗转刚度（发生单位相对转角所需的力矩）为 k，试分别用静力法和能量法确定其临界荷载。

11-7 试用静力法和能量法建立图 11.18 所示结构的稳定方程。

11-8 试用静力法建立图 11.19 所示结构的稳定方程。

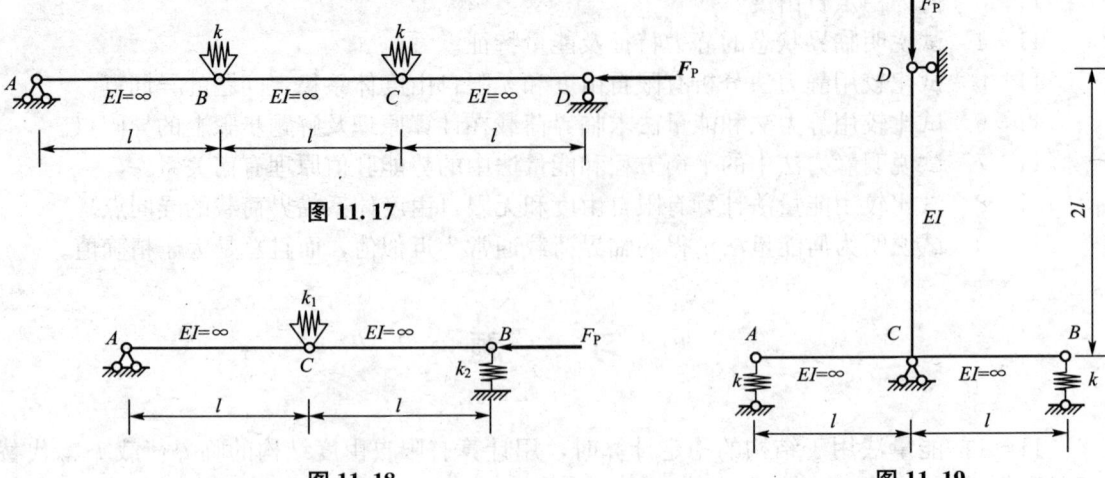

图 11.17

图 11.18

图 11.19

第12章
结构的极限荷载

教学目标

理解屈服弯矩、极限弯矩、塑性铰、极限状态、极限荷载的概念
熟练掌握静力法和机动法求解超静定单跨梁和连续梁极限荷载的计算方法
掌握用穷举法求解超静定刚架极限荷载的计算方法

教学要求

知识要点	能力要求	相关知识
塑性分析法	(1) 理解塑性分析法的目的 (2) 了解塑性分析法的基本假设	弹性分析法 理想弹塑性 比例加载
塑性铰	(1) 理解塑性铰的概念 (2) 掌握塑性铰与普通铰的区别	极限弯矩 铰结点
破坏机构	(1) 理解破坏机构的含义 (2) 掌握确定破坏机构数目的方法	塑性铰 几何可变体系 极限状态
极限荷载	(1) 理解极限荷载的概念 (2) 掌握静定梁、超静定梁和连续梁的极限荷载分析 (3) 掌握确定超静定刚架极限荷载的方法	静力法 机动法 穷举法

引言

对于塑性材料制成的结构,尤其是超静定结构,当某一局部应力达到屈服极限时,机构并未破坏,结构仍有进一步承载的能力。因此,按容许应力法建立起来的强度条件是不够经济合理的,而按极限荷载的方法设计结构才更加符合实际。

本章首先引入了屈服弯矩、极限弯矩、塑性铰、极限状态和极限荷载等概念,然后介绍了确定超静定梁和刚架的极限荷载的求解方法。用静力法和机动法求解超静定单跨梁和连续梁的极限荷载是本章学习的重点内容。

12.1 概 述

前面各章中,结构的内力和位移计算都是采用弹性分析法,即将结构作为理想弹性体

来分析。这种方法假定结构无任何残余变形，且材料服从胡克定律。当结构的最大应力达到材料的容许应力时，结构将会破坏，采用容许应力为依据建立的强度条件为

$$\sigma_{\max} \leqslant [\sigma] = \frac{\sigma_u}{n}$$

式中，$\sigma_{\max}$ 为结构的最大工作应力；$[\sigma]$ 为材料的容许应力；σ_u 为材料的极限应力：对塑性材料为其屈服极限 σ_s，对于脆性材料则为其强度极限 σ_b；n 为安全系数。

虽然容许应力法至今仍被广泛采用，但这种方法存在一定的缺陷。对于塑性材料组成的结构，如钢材，受力后发生变形，一般都存在线弹性阶段、屈服阶段和强化阶段。因此，随着荷载的增加，结构上的最大应力点首先达到屈服强度而屈服，接着部分材料进入塑性状态，但尚有部分材料仍处于弹性范围，即此时结构并没有完全破坏，结构仍有进一步承载的能力。但容许应力法并没有考虑材料超过屈服极限后结构的这一部分承载力，显然是不够经济合理的。

以极限荷载为依据的塑性分析法是为了弥补容许应力法的不足而提出并发展起来的。这种方法考虑到材料的塑性性质，以结构进入塑性阶段并最后丧失承载能力作为极限状态，来计算结构所能承受荷载的极限值即极限荷载 F_{Pu}，结构应满足的强度条件为

$$F_{P\max} \leqslant [F_P] = \frac{F_{Pu}}{n} \tag{12-1}$$

式中，$F_{P\max}$ 为结构实际承受的最大荷载；$[F_P]$ 为容许荷载；F_{Pu} 为极限荷载；n 为安全系数。这种分析方法有时也称为极限分析法。

以塑性分析法设计结构构件时，首先应确定结构出现塑性变形直到破坏所能承受的最大荷载(即极限荷载)，然后除以安全系数得出容许荷载，并以此为依据来进行设计。

下面通过结构的弹塑性应力演变历程来介绍塑性分析中的一些基本概念。

1. 塑性分析的基本假定

在塑性分析中，为了简化计算，通常采用如下基本假定。

(1) 假定在弹塑性阶段，梁弯曲变形时的平面假定仍成立。

(2) 假定加载方式均为比例加载：作用在结构上的各个荷载增加时，始终保持它们之间原有的固定比例关系，且不出现卸载情形。

(3) 假定材料受拉和受压时的性能相同，且具有图 12.1 所示的理想弹塑性材料的应力-应变关系。即认为应力达到屈服极限 σ_s 以前，材料是理想弹性的，应力应变为线性关系(图示 OA 段)；当应力达到屈服极限 σ_s 后，材料是理想塑性的，即应力不再增加，而应变可以任意增大(图示 AB 段)。应该指出的是，实际工程中的钢材，变形不大时的性能比较接近这一假定。对于钢筋混凝土受弯构件，在混凝土受拉区出现裂缝后，拉力完全由钢筋承担，也可采用上述简化的应力-应变关系。

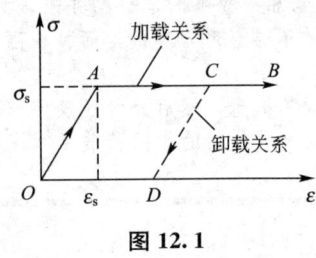

图 12.1

2. 塑性分析的基本概念

如图 12.2(a)所示，纯弯曲矩形等截面梁在基本假定条件下，随着 M 的增大，梁由弹性阶段过渡到塑性阶段时，截面应力的变化过程如图 12.2(b)~(e)所示。其中，图(b)表

示截面的全部纤维均仍在弹性阶段。上述阶段结束的标志是最外侧纤维应力到达屈服应力 σ_s [图 12.2(c)]，此时的弯矩称为弹性极限弯矩，或称为屈服弯矩，用 M_s 来表示。

$$M_s = 2 \times \frac{bh}{4}\sigma_s \times \frac{2}{3} \times \frac{h}{2} = \frac{bh^2}{6}\sigma_s \tag{12-2}$$

图 12.2(d) 表示截面处于弹塑性阶段，此时截面靠外部分纤维屈服形成塑性区，其应力为常数，$\sigma = \sigma_s$；但截面内部纤维尚处于弹性阶段，这一部分称为弹性核，其应力呈直线分布。

图 12.2(e) 表示塑性屈服阶段，此时除极小部分弹性核外（图中由于极小而将此部分略去），其余纤维都达到屈服应力。相应的弯矩值称为截面的极限弯矩，用 M_u 来表示。

$$M_u = 2 \times \frac{bh}{2}\sigma_s \times \frac{1}{2} \times \frac{h}{2} = \frac{bh^2}{4}\sigma_s \tag{12-3}$$

该弯矩是截面所能承受的最大弯矩。对于矩形截面，其值等于弹性极限弯矩的 1.5 倍。也就是说，对于矩形截面梁来说，按塑性计算要比按弹性计算可使截面的承载能力提高 50%。

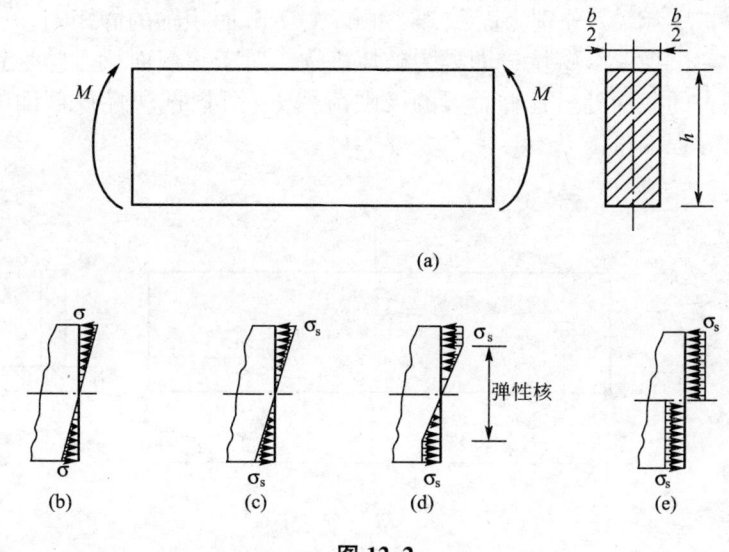

图 12.2

当 $M = M_u$ 时，截面的抵抗内力将不再增加，但变形仍可继续发展。此时，截面的纵向纤维可以自由地伸长或缩短，在无限靠近的两个相邻截面可以产生有限的相对转角，其情况相当于一个承受 M_u 的铰。因此，当截面弯矩达到极限弯矩时，这种截面可称为塑性铰。

当某个截面形成塑性铰后，结构若变为几何可变体系，则称为破坏机构。此时，结构可以发生很大的位移，承载力将不能再增加，这种状态称为极限状态，对应的荷载称为极限荷载，用 F_{Pu} 来表示。

由材料满足的应力应变关系图 12.1 可知，如果加载至弹塑性阶段或塑性屈服阶段后再行减载，减载时应力增量与应变增量将仍保持直线关系（图示 CD 段），截面又将恢复其弹性。因此塑性铰仅是单向铰，即只能发生与极限弯矩转向一致的有限相对转角。因为一旦发生反向弯曲变形(相当于减载)，截面将立即恢复其弹性而不再具有铰的性质。

以上讨论是在纯弯曲条件下得到的。对于梁在横向荷载下的弯曲问题，剪力的存在会使截面的极限弯矩值有一定的降低，但对于细长梁的极限承载能力影响很小，故可以忽略不计，上述关于截面的屈服弯矩和极限弯矩的结果仍可适用。

以上是就矩形截面为例进行讨论的。对于其他的截面形式，也可以得出类似的结论。

图12.3(a)所示为等截面T形简支梁。随着荷载F_P的增加，梁逐渐由弹性阶段过渡到塑性阶段，其横截面上的应力变化过程如图12.3(b)～(e)所示。在不同阶段，中性轴的位置发生如下改变。在弹性阶段，中性轴通过截面的形心[图12.3(b)]；在弹塑性阶段，中性轴的位置随弯矩的增大而下移[图12.3(d)]；在塑性屈服阶段[图12.3(e)]，受拉区和受压区的应力为常数。根据平衡体条件(轴力为零)，截面法向应力之和应等于零，由此可得截面上的受压和受拉部分的面积相等，即中性轴为等分面积轴。

截面的极限弯矩值M_u应根据图12.3(e)所示的正应力分布图形确定。

$$M_u = \sigma_s A_1 a_1 + \sigma_s A_2 a_2 = \sigma_s(S_1 + S_2) \tag{12-4}$$

式中，A_1和A_2分别为受拉区和受压区的面积，a_1和a_2分别为面积A_1和A_2的形心到等分面积轴的距离；S_1和S_2分别为面积A_1和A_2对等分面积轴的静矩。

对于静定梁，出现一个塑性铰即成为破坏机构。对于等截面梁，塑性铰必定首先出现在弯矩绝对值最大的截面处。这样，梁的极限荷载F_{Pu}可根据塑性铰截面的弯矩极限值的条件，利用平衡方程求得。

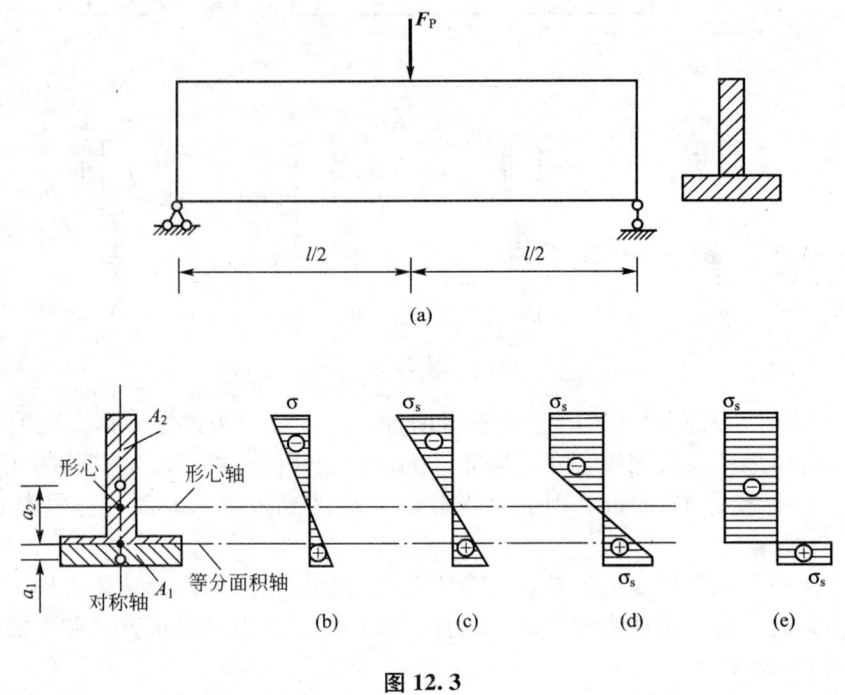

图 12.3

下面以图12.3(a)所示的等截面T形简支梁为例，说明极限荷载的确定方法。

由 M 图可知跨中弯矩为最大,该处在极限荷载作用下出现塑性铰时,梁成为破坏机构,如图 12.4(a) 所示。同时这里的弯矩达到极限弯矩 M_u,如图 12.4(b) 所示。

由静力平衡条件,可得

$$\frac{F_{Pu}l}{4}=M_u$$

极限荷载为

$$F_{Pu}=\frac{4M_u}{l}$$

由以上分析可以看出,塑性分析法的重点是确定结构的极限荷载,而与荷载作用下结构的弹塑性应力的演变历程关系不大。梁和刚架极限荷载的确定是本章讨论的重点。

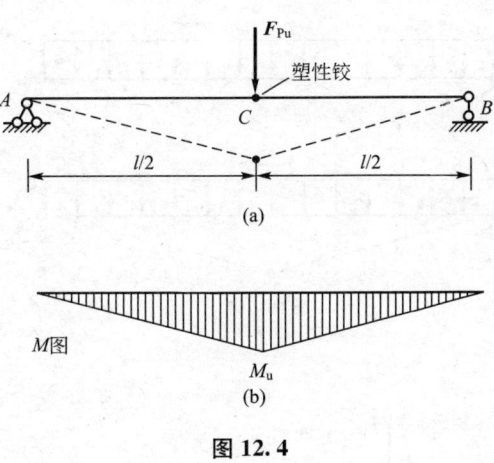

图 12.4

12.2 超静定梁的极限荷载

静定梁无多余约束,只要有一个截面出现塑性铰就变成了机构而丧失承载能力,如图 12.5(a) 所示。超静定结构由于存在多余约束,因此要形成足够多的塑性铰才变成机构而丧失承载能力以致破坏,如图 12.5(b)、(c)、(d) 所示。破坏机构可以在整体结构上形成 [图 12.5(a)、(b)],也可在结构上的某一局部形成 [图 12.5(c)、(d)];即使同一结构,破坏机构也可能不同 [图 12.5(c)、(d)]。因此,计算超静定结构极限荷载的关键是确定结构的可能破坏形态,即确定塑性铰的位置和数量。

下面分别以单跨超静定梁和多跨连续梁为例介绍超静定梁极限荷载的确定方法。

1. 单跨超静定梁的极限荷载

图 12.6(a) 所示的等截面单跨超静定梁,在加载的初始过程,梁处于弹性阶段。弯矩图如图 12.6(b) 所示,截面 A 的弯矩最大。当荷载超过 F_{Ps} 后,A 端弯矩首先达到极限弯矩 M_u 并形成塑性铰。当荷载继续增大,C 截面也达到极限弯矩 M_u。此时,由于两个塑性铰的存在,超静定梁转化为静定梁。此后再继续加载,A、C 截面弯矩 M_u 保持不变,两个塑性铰继续存在,而截面 B 的弯矩则继续增大。当截面 B 的弯矩也达到 M_u 形成塑性铰时,梁即变为破坏机构 [图 12.6(c)]。此时,荷载达到极限值 F_{Pu},相应的弯矩图如图 12.6(d) 所示。

极限荷载 F_{Pu} 可根据极限状态的弯矩图,由平衡条件推算出来。常见的作法有两种:一种称为静力法,即利用静力平衡条件确定极限荷载;另外一种是利用虚功原理来求得极限荷载,称为机动法或机构法。下面用这两种方法分别求极限荷载 F_{Pu}。

1) 静力法

由极限状态的弯矩图 [图 12.6(d)] 可得

$$\frac{F_{Pu}ab}{l}-M_u=M_u$$

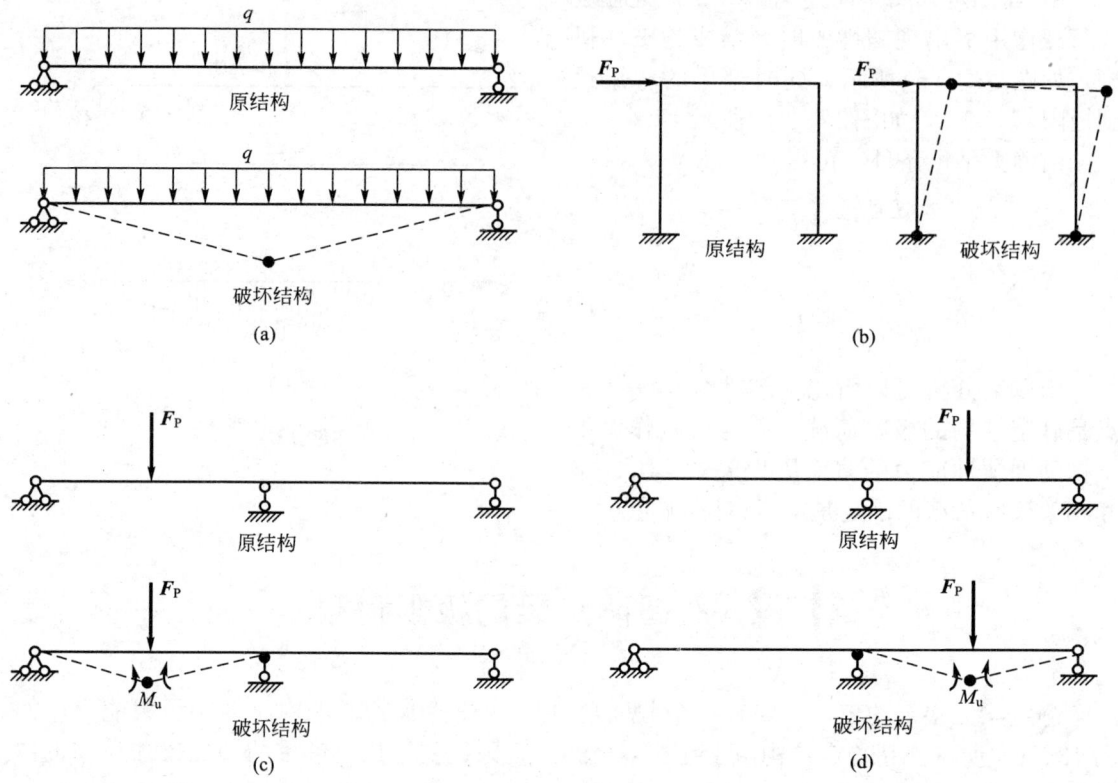

图 12.5

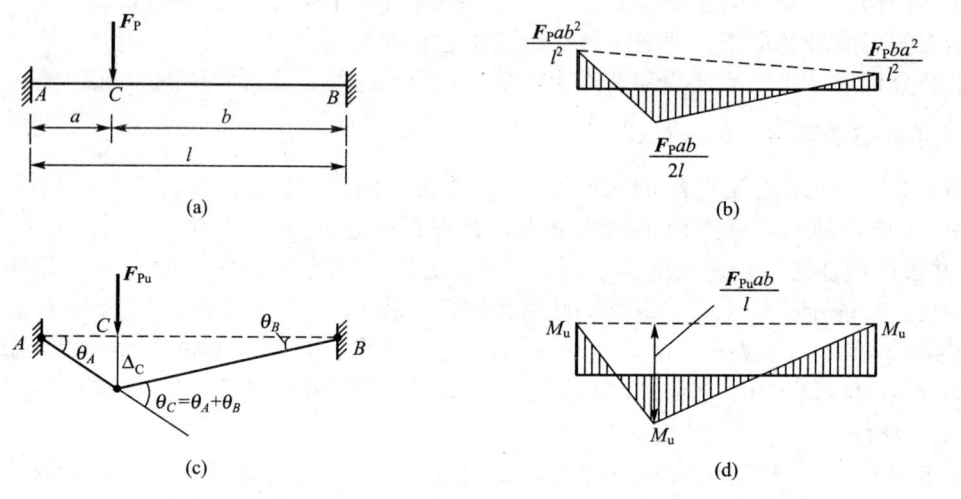

图 12.6

即得 $$F_{Pu}=\frac{2l}{ab}M_u$$

2) 机动法

在图 12.6(c)中,设机构沿荷载正方向发生任意微小的虚位移,根据虚功原理,外力

虚功等于变形虚功,可得
$$F_{\text{Pu}}\Delta_C = M_u\theta_A + M_u\theta_B + M_u\theta_C = 2M_u(\theta_A+\theta_B)$$
由于
$$\theta_A = \frac{\Delta_C}{a}, \quad \theta_B = \frac{\Delta_C}{b}$$
故求得极限荷载如下。
$$F_{\text{Pu}} = \frac{2l}{ab}M_u$$
与静力法所得结果相同。

由以上计算可看出,确定超静定梁的极限荷载不需考虑结构弹塑性变形的发展过程,只需确定塑性铰的位置,就可由静力平衡条件或虚功原理直接求出。根据单跨超静定梁弯矩图的特点可知,其塑性铰应满足下述两条规则。

(1) 塑性铰只能出现在固定端、集中荷载作用点或均布荷载段剪力为零处;
(2) 当作用在梁上所有的荷载均向下时,负塑性铰只能出现在固定端处,跨中不可能出现负塑性铰。

例题 12.1 试求图 12.7(a)所示结构的极限荷载。

【解】:此梁出现两个塑性铰才能成为几何可变体系而进入极限状态。由于最大正弯矩发生在 C 截面处,而最大负弯矩发生在 A 截面处,故塑性铰必定出现在这两个截面,破坏机构如图 12.7(c)所示。

(1) 静力法。

作出极限状态的弯矩图如图 12.7(b)所示,由平衡条件得

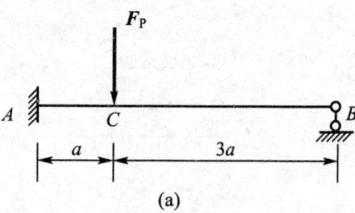

$$\frac{3F_{\text{Pu}}a}{4} - \frac{3}{4}M_u = M_u$$

可得
$$F_{\text{Pu}} = \frac{7M_u}{3a}$$

(2) 机动法。

作出机构的虚位移图[图 12.7(c)],由虚功原理得
$$F_{\text{Pu}}\Delta_C = M_u\theta_A + M_u\theta_C$$
由于
$$\theta_A = \frac{\Delta_C}{a}, \quad \theta_C = \frac{\Delta_C}{a} + \frac{\Delta_C}{3a} = \frac{4\Delta_C}{3a}$$
故求得极限荷载如下。
$$F_{\text{Pu}} = \frac{7M_u}{3a}$$

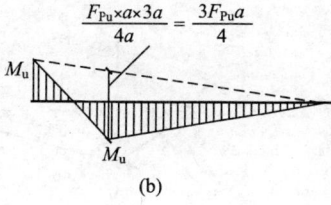

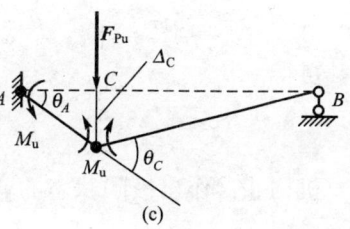

图 12.7

若结构或荷载情况较复杂,难以确定极限状态的破坏机构时,我们可以列出各种可能的破坏机构,再由平衡条件或虚功原理求出相应的荷载,取其中的最小值即为极限荷载。这种方法称为穷举法。下面举例说明利用穷举法确定单跨超静定梁的极限荷载。

例题 12.2 试求图 12.8(a)所示单跨超静定梁的极限荷载。

【解】：此梁出现两个塑性铰才能成为几何可变体系而进入极限状态。除了最大负弯矩和最大正弯矩所在的截面 A、C 处，截面性质变化处 D 右侧也可能出现塑性铰。即破坏机构有两种：机构 I，如图 12.8(c)所示；机构 II，如图 12.8(e)所示。

(1) 用静力法求解。

机构 I：作出极限状态的弯矩图如图 12.8(b)所示，由平衡条件得

$$\frac{3F_{Pu}a}{4} - \frac{3}{4} \times 2M_u = 2M_u$$

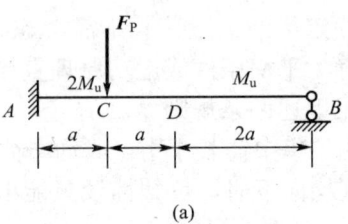

(a)

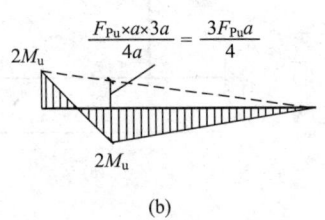

(b)

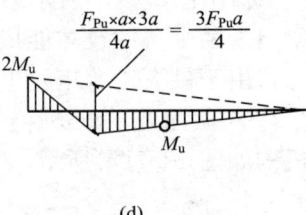

(d)

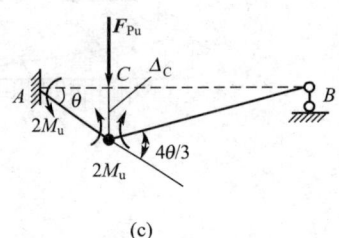

(c)

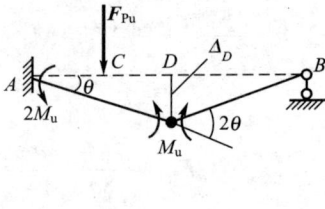

(e)

图 12.8

可得

$$F_{Pu} = \frac{14M_u}{3a}$$

机构 II：作出极限状态的弯矩图如图 12.8(d)所示，由平衡条件得

$$\frac{3F_{Pu}a}{4} - \frac{3}{4} \times 2M_u = \frac{3}{2}M_u$$

可得

$$F_{Pu} = \frac{4M_u}{a}$$

选其最小值可得图示超静定梁的极限荷载。

$$F_{Pu} = \frac{4M_u}{a}$$

(2) 用机动法求解。

机构Ⅰ：以图 12.8(c)所示的机构为虚位移图，由虚功原理得

$$F_{Pu}\Delta_C = 2M_u\left(\theta + \frac{4}{3}\theta\right)$$

由于

$$\theta = \frac{\Delta_C}{a}$$

故求得极限荷载如下。

$$F_{Pu} = \frac{14M_u}{3a}$$

机构Ⅱ：以图 12.8(e)所示的机构为虚位移图，由虚功原理得

$$F_{Pu}\frac{\Delta_D}{2} = 2M_u\theta + M_u \times 2\theta$$

由于

$$\theta = \frac{\Delta_D}{2a}$$

故求得极限荷载如下。

$$F_{Pu} = \frac{4M_u}{a}$$

选最小值即得极限荷载。

$$F_{Pu} = \frac{4M_u}{a}$$

2. 多跨连续梁的极限荷载

设多跨连续梁在每一跨度内为等截面，但各跨的截面可以彼此不同。若荷载按比例增加，且方向向下作用在梁上。由于每跨内的最大负弯矩只可能在跨度两端出现，因此相应的负塑性铰也只可能在两端出现，故破坏机构只能在各跨内独立形成。在图 12.9(a)所示的连续梁在荷载作用下，图 12.9(b)、(c)是可能的破坏机构，而图 12.9(d)的破坏机构是不可能出现的。多跨连续梁在各跨内形成塑性铰时，应遵守单跨梁的两条规则。因此，对于多跨连续梁，只需将各跨内独立形成破坏机构时的极限荷载求出，然后取其中的最小值，便得到连续梁的极限荷载。

例题 12.3 试用机动法求图 12.10(a)所示三跨连续梁的极限荷载。已知各跨分别为等截面，其极限弯矩值已标于图上。

【解】：图示连续梁在各跨内为等截面，且荷载指向相同，故只能在各跨内独立形成破坏机构，如图 12.10(b)、(c)、(d)所示。

(1) 先设 AB 跨形成机构破坏 [图 12.10(b)]，由虚功原理得

$$0.5F_{Pu}a\theta = M_u\theta + M_u \times 2\theta$$

可得

$$F_{Pu} = \frac{6M_u}{a}$$

(2) 设 BC 跨形成机构 [图 12.10(c)]，由虚功原理得

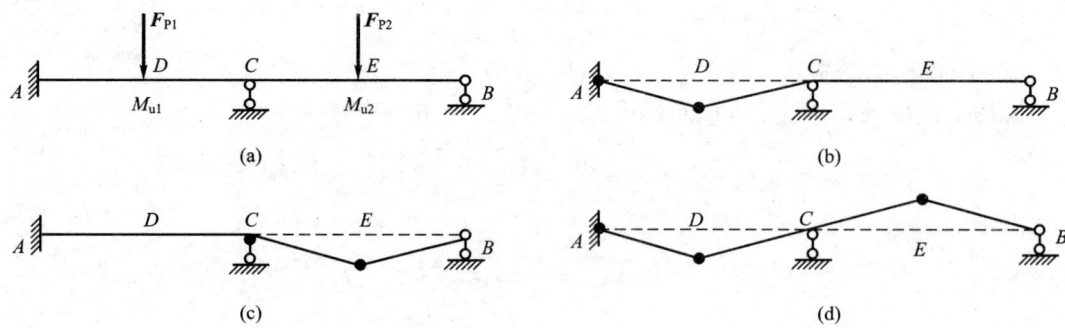

图 12.9

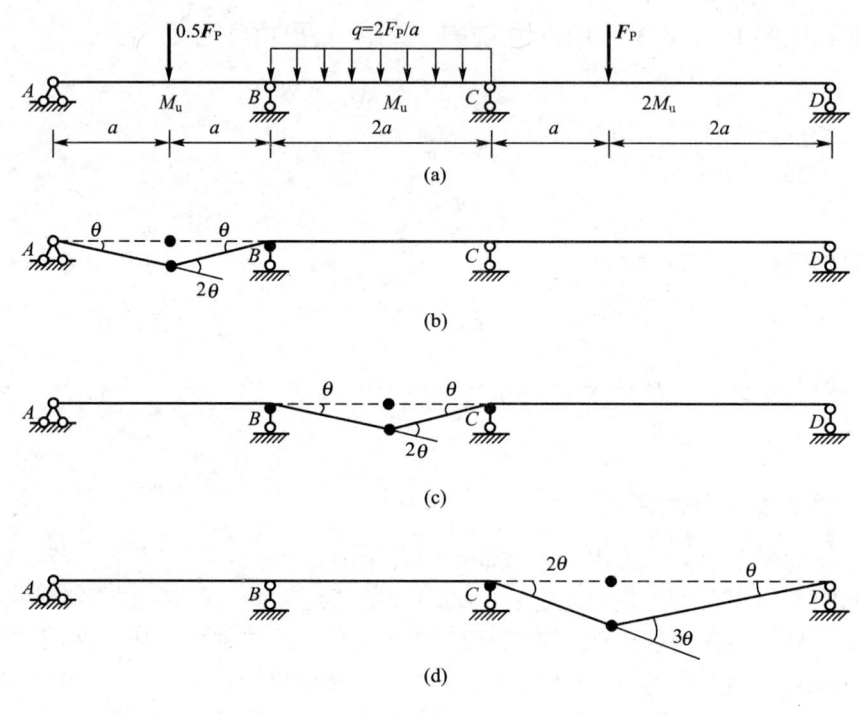

图 12.10

$$\frac{2F_{Pu}}{a} \times \frac{2a}{2} \times a\theta = M_u\theta + M_u \times 2\theta + M_u\theta$$

注意此处均布荷载所作的虚功等于其荷载集度与虚位移图面积的乘积。

$$F_{Pu} = \frac{2M_u}{a}$$

(3) 设 CD 跨形成机构 [图 12.10(d)]，由虚功原理得

$$F_{Pu} \times 2a\theta = M_u \times 2\theta + 2M_u \times 3\theta$$

$$F_{Pu} = \frac{4M_u}{a}$$

比较以上所得结果，可知最小值 $\dfrac{2M_u}{a}$ 即为所求连续梁的极限荷载。

例题 12.4 试用机动法求图 12.11(a)所示两跨连续梁的极限荷载。

【解】：图示连续梁在各跨内为等截面，且荷载指向相同，故只能在各跨内独立形成破坏机构，如图 12.11(b)、(c)所示。

(1) 设 AC 跨形成机构破坏 [图 12.11 (b)]，由虚功原理得

$$F_{Pu} \times \frac{l\theta}{2} = M_u\theta + M_u\theta + M_u \times 2\theta$$

可得 $F_{Pu} = \dfrac{8M_u}{l}$

(2) 设 CD 跨形成机构 [图 12.11(c)]，由于预先不知道 CD 跨内最大弯矩（出现第二个塑性铰）的位置，设塑性铰距 C 支座的距离为 x。

由虚功原理得

$$\frac{F_{Pu}}{l} \times \frac{1}{2} \times l \times \theta x = M_u\left(\theta + \frac{\theta l}{l-x}\right)$$

解得

$$\frac{F_{Pu}}{l} = \frac{2(2l-x)}{x(l-x)l}M_u \qquad (a)$$

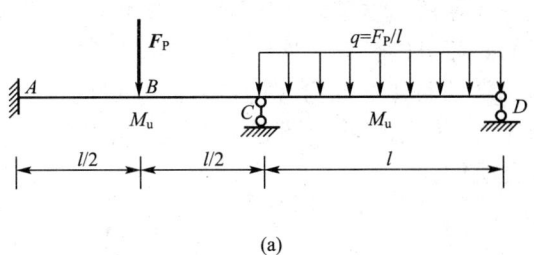

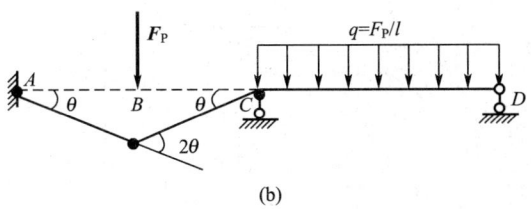

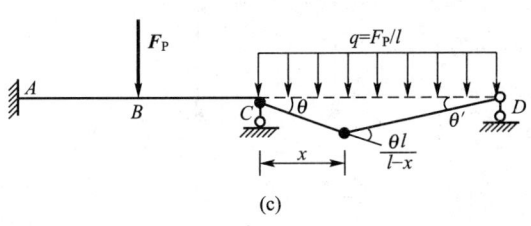

图 12.11

为了确定塑性铰的位置，应使 $\dfrac{F_{Pu}}{l}$ 为最小值，故令 $\dfrac{d(F_{Pu}/l)}{dx}=0$。

得 $x = (2-\sqrt{2})l$

代入式(a)得 $\dfrac{F_{Pu}}{l} = \dfrac{2(3+2\sqrt{2})}{l^2}M_u$

即 $F_{Pu} = \dfrac{2(3+2\sqrt{2})}{l^2}M_u \times l = \dfrac{11.65M_u}{l}$

比较以上所得结果，可知最小值 $\dfrac{8M_u}{l}$ 即为所求连续梁的极限荷载。

12.3 超静定刚架的极限荷载

刚架一般同时承受弯矩、剪力和轴力，剪力对极限弯矩的影响较小可以忽略不计。计算表明，当轴力较小时，它对极限荷载的影响也可忽略不计。本节只讨论不考虑剪力和轴力影响时刚架的极限荷载，各杆件的极限弯矩可以不同，但每根杆件各截面的极限弯矩为常数。

求解超静定刚架极限荷载的方法很多，如穷举法、试算法、矩阵位移法、增量变刚度法等。本节仅介绍如何利用穷举法确定刚架的极限荷载。

利用穷举法计算刚架的极限荷载，首先需要确定刚架破坏机构的所有可能形式，然后一一计算每一种破坏机构所对应的可破坏荷载，选取其中的最小值即为极限荷载。确定刚架的破坏机构相对于连续梁而言要复杂一些，通常先确定一些基本破坏机构，简称基本机构。常见的基本机构有梁机构、结点机构、侧移机构、山墙机构，如图 12.12(a)、(b)、(c)、(d)所示。将上述基本机构适当组合，可以得到若干新的破坏机构，称为组合机构或联合机构。

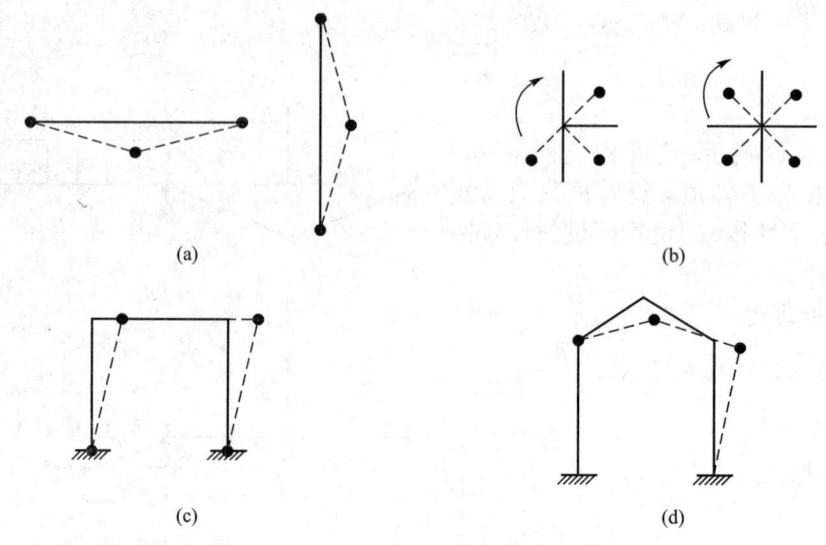

图 12.12

在一般情况下，n 次超静定结构出现 $n+1$ 个塑性铰后，即形成破坏机构。对于任一给定刚架，基本机构数 m 可由它的超静定次数 n 和可能出现的塑性铰总数 h 确定，即

$$m = h - n$$

根据弹性分析的弯矩图轮廓，判断峰值弯矩所在截面，即可找到可能出现的塑性铰截面。根据刚架弯矩的特征可知，塑性铰可能出现在刚结点、固定端、集中力作用点、截面突变处、分布荷载范围内剪力为零处。

图 12.13(a)所示的刚架，在集中荷载作用下，由弯矩图的形状可知，塑性铰只可能在 A、B、C 三个截面处出现。刚架的超静定次数为 $n=1$，可能形成的塑性铰个数 $h=3$，基本机构数为

$$m = h - n = 3 - 1 = 2$$

可能的机构为梁机构 [图 12.13(b)]，侧移机构 [图 12.13(c)] 及两机构组成的组合机构 [图 12.13(d)]。

对于梁机构，列出虚功方程为

$$F_{Pu} l \theta = M_u \theta + M_u \times 2\theta$$

得

$$F_{Pu} = \frac{3 M_u}{l}$$

对于侧移机构，列出虚功方程为

$$2F_{Pu}l\theta = M_u\theta + M_u\theta$$

得
$$F_{Pu} = \frac{M_u}{l}$$

对于组合机构，列出虚功方程为

$$2F_{Pu}l\theta + F_{Pu}l\theta = M_u\theta + M_u \times 2\theta$$

得
$$F_{Pu} = \frac{M_u}{l}$$

因此由上述各 F_{Pu} 值中选取最小者为结构的极限荷载。

$$F_{Pu} = \frac{M_u}{l}$$

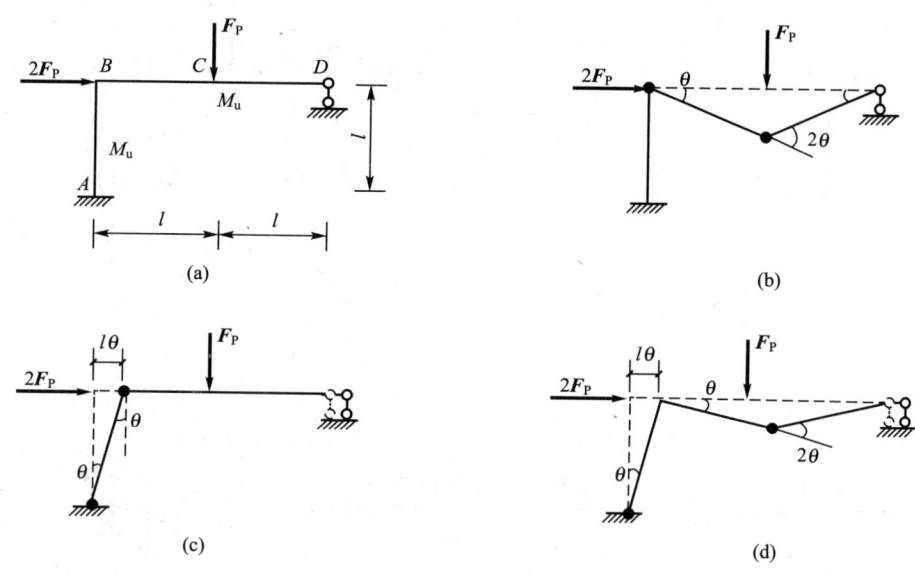

图 12.13

例题 12.5 试求图 12.14(a) 所示刚架的极限荷载。已知各跨分别为等截面，其极限弯矩值已标于图上。

【解】：由弯矩图的形状可知，塑性铰可能出现在 A、B、C、D、E、F 6 个截面处出现。刚架的超静定次数为 $n=3$，可能形成的塑性铰个数 $h=6$，基本机构数为

$$m = h - n = 6 - 3 = 3$$

基本机构为梁机构① [图 12.14(b)]、梁机构② [图 12.14(c)]、侧移机构③ [图 12.14(d)]，此外可能的机构还有组合机构④ [图 12.14(e)]、组合机构⑤ [图 12.14(f)]。

梁机构①，列出虚功方程为

$$2F_{Pu}l\theta = 3M_u\theta + M_u \times 2\theta + 2M_u\theta$$

得
$$F_{Pu} = \frac{7M_u}{2l} = 3.5\frac{M_u}{l}$$

梁机构②，列出虚功方程为

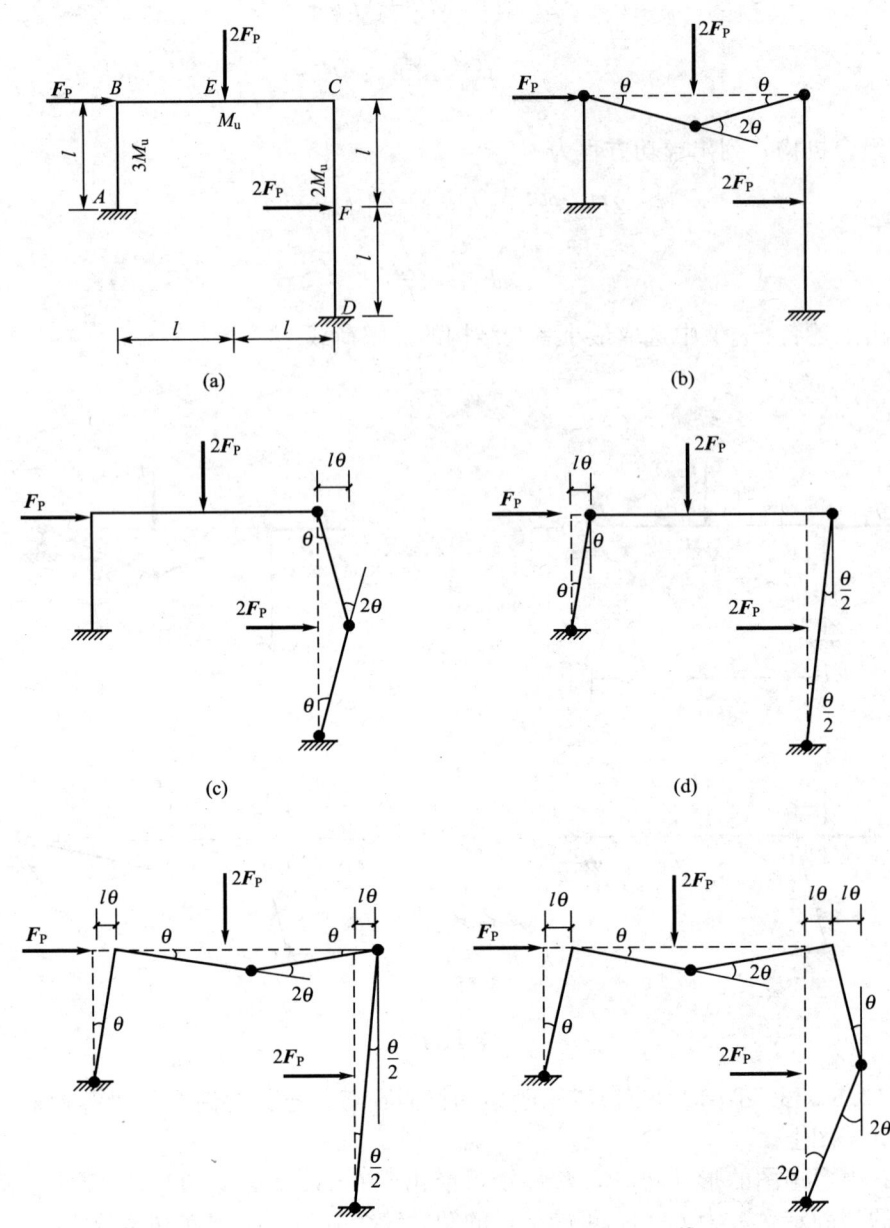

图 12.14

$$2F_{Pu}l\theta = M_u\theta + 2M_u \times 2\theta + 2M_u\theta$$

得
$$F_{Pu} = \frac{7M_u}{2l} = 3.5\frac{M_u}{l}$$

侧移机构③，列出虚功方程为

$$F_{Pu}l\theta + 2F_{Pu}l \times \frac{\theta}{2} = 2 \times 3M_u\theta + 2 \times 2M_u \times \frac{\theta}{2}$$

得
$$F_{Pu}=\frac{4M_u}{l}$$

组合机构④,列出虚功方程为

$$F_{Pu}l\theta+2F_{Pu}l\theta+2F_{Pu}l\times\frac{\theta}{2}=3M_u\theta+M_u\times2\theta+2M_u\theta+2M_u\times\left(\frac{\theta}{2}+\frac{\theta}{2}\right)$$

得
$$F_{Pu}=\frac{9M_u}{4l}=2.25\frac{M_u}{l}$$

组合机构⑤,列出虚功方程为

$$F_{Pu}l\theta+2F_{Pu}l\theta+2F_{Pu}\times2l\theta=3M_u\theta+M_u\times2\theta+2M_u\theta+2M_u\times2\theta+2M_u\times2\theta$$

得
$$F_{Pu}=\frac{15M_u}{7l}=2.14\frac{M_u}{l}$$

因此由上述各 F_{Pu} 值中选取最小者为结构的极限荷载

$$F_{Pu}=\frac{2.14M_u}{l}$$

即实际的破坏机构为组合机构⑤ [图 12.14(f)]。

本 章 小 结

本章主要介绍了当材料应力超过了屈服极限后,结构的极限承载能力(即极限荷载)的问题,它是结构塑性分析的重要内容。本章首先引入了极限弯矩、塑性铰、极限状态及极限荷载等概念,然后分别介绍了静定梁、超静定梁及刚架极限荷载的求解方法。

1. 基本概念

基本概念为极限弯矩、塑性铰、破坏机构、极限状态、极限荷载。

1) 截面的极限弯矩

当截面上各点的应力都达到材料的屈服极限时的截面弯矩,是该截面所能承受的最大弯矩,称为极限弯矩。

2) 塑性铰

当截面弯矩达到其极限弯矩 M_u 时,截面的抵抗内力将不再增加,但截面两侧可以沿 M_u 的方向发生有限的相对转动,这种截面可称为塑性铰。塑性铰是一种单向铰,还能承受并传递极限弯矩。

3) 破坏机构、极限状态和极限荷载

当结构在荷载作用下形成足够数目的塑性铰时,结构(整体或局部)就变为几何可变体系,称为破坏机构。此时,结构可以发生很大的位移,承载力将不能再增加,这种状态称为极限状态,对应的荷载称为极限荷载。

2. 确定超静定梁极限荷载的方法

1) 静力法

静力法是利用塑性铰截面的弯矩等于极限弯矩的条件,由静力平衡方程求得极限荷载。其步骤为:

(1) 作出结构的弹性弯矩图。

(2) 令足够多的截面弯矩等于极限弯矩值,建立极限状态的弯矩图。

(3) 根据极限状态弯矩图的特征,建立平衡方程,求解相应的破坏荷载,取其中的最小值即为极限荷载。

2) 机动法

机动法是利用虚功原理,由虚功方程求得极限荷载。其步骤为

(1) 分析可能形成塑性铰的截面。

(2) 假设各种可能的破坏机构。

(3) 对任一破坏机构,建立虚功方程,逐一求解相应的极限荷载,取其中的最小值即为极限荷载。

3. 确定超静定刚架极限荷载的方法

求解超静定刚架极限荷载的方法包括穷举法、试算法、矩阵位移法及增量变刚度法等。利用穷举法计算刚架的极限荷载步骤为

(1) 确定刚架破坏机构的所有可能形式。

(2) 利用静力法或机动法计算每一种破坏机构所对应的可破坏荷载。

(3) 选取其中的最小值即为极限荷载。

思 考 题

12-1 塑性分析时采用的假设条件有哪些?

12-2 何为弹性极限弯矩?何为极限弯矩?如何计算?

12-3 试说明塑性铰与普通铰的区别。

12-4 是否一个 n 次超静定梁必在出现 $n+1$ 个塑性铰后就发生破坏?为什么?

12-5 什么情况下连续梁只可能在各跨内独立形成破坏机构?

12-6 图 12.15 所示超静定梁的破坏结构是什么?

12-7 图 12.16 所示连续梁可能的破坏结构是什么?

12-8 试叙述用静力法求超静定梁极限荷载的原理和步骤。

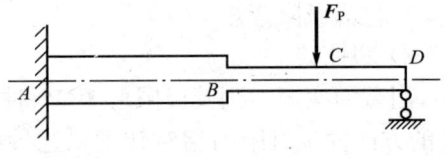

图 12.15

12-9 试叙述用机动法求超静定梁极限荷载的原理和步骤。

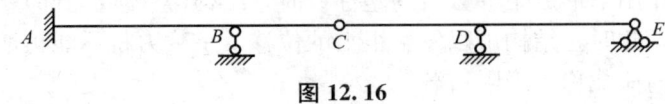

图 12.16

12-10　用穷举法计算极限荷载的依据是什么？

习　　题

12-1　试求图 12.17 所示静定梁的极限荷载。已知梁的截面为 $b \times h = 4\mathrm{cm} \times 6\mathrm{cm}$ 的矩形截面，材料的屈服极限 $\sigma_s = 235\mathrm{MPa}$。

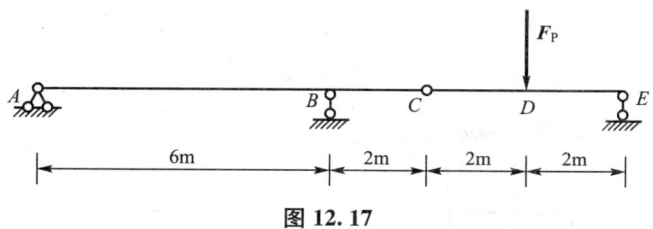

图 12.17

12-2　试求图 12.18 所示梁的极限荷载。已知各跨分别为等截面，其极限弯矩值已标于图上。

12-3　试求图 12.19 所示工字型截面的极限弯矩 M_u。设材料的屈服极限为 σ_s。

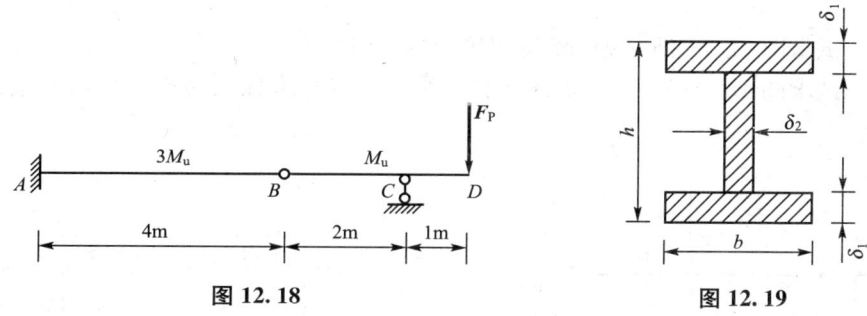

图 12.18　　　　　　　　　　图 12.19

12-4　试求图 12.20 所示两跨连续梁的极限荷载。已知各跨分别为等截面，其极限弯矩值已标于图上。

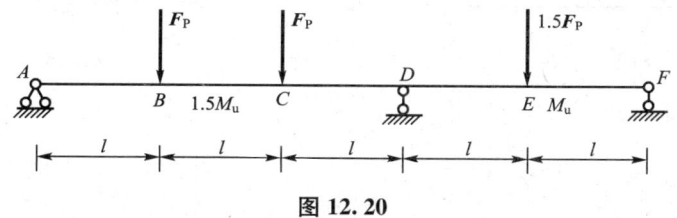

图 12.20

12-5　试求图 12.21 所示三跨连续梁的极限荷载。已知各跨的极限弯矩均为 M_u。

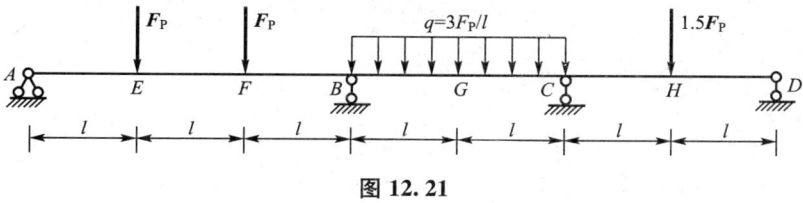

图 12.21

12-6 试求图 12.22 所示等截面的单跨超静定梁的极限荷载。已知梁的极限弯矩为 M_u。

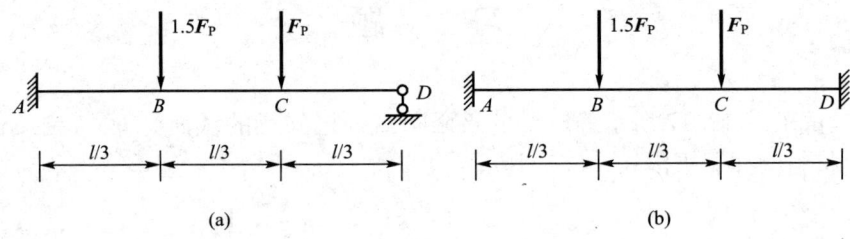

图 12.22

12-7 试求图 12.23 所示连续梁的极限荷载。

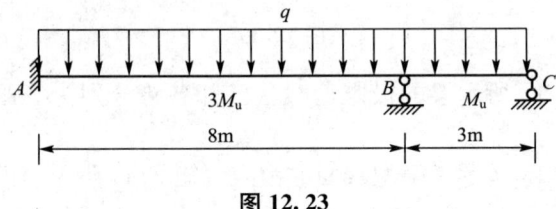

图 12.23

12-8 试求图 12.24 所示超静定刚架的极限荷载。

12-9 试求图 12.25 所示刚架的极限荷载。已知各跨分别为等截面，其极限弯矩值已标于图上。

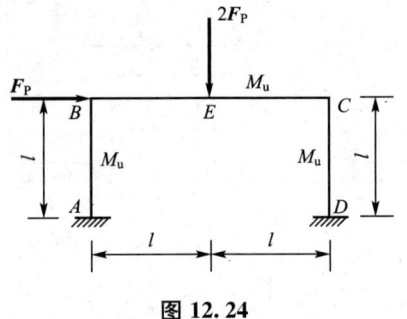

图 12.24

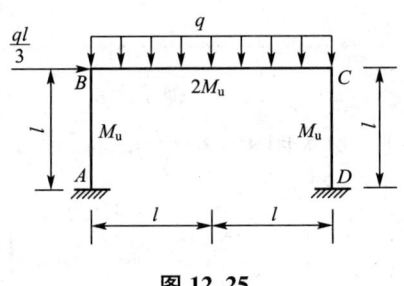

图 12.25

习题参考答案

第 2 章

2-1 无多余约束的几何不变体系。
2-2 有 1 个多余约束的几何不变体系。
2-3 无多余约束的几何不变体系。
2-4 无多余约束的几何不变体系。
2-5 瞬变体系。
2-6 无多余约束的几何不变体系。
2-7 几何可变体系。
2-8 有 1 个多余约束的几何不变体系。
2-9 无多余约束的几何不变体系。
2-10 瞬变体系。
2-11 无多余约束的几何不变体系。
2-12 无多余约束的几何不变体系。
2-13 瞬变体系。
2-14 无多余约束的几何不变体系。
2-15 $W=-3$。
2-16 $W=-2$。
2-17 $W=-2$。
2-18 $W=0$。
2-19 $W=0$。
2-20 $W=0$。
2-21 $W=-9$。

第 3 章

3-1 (a) 错误；(b) 错误；(c) 正确；(d) 错误；(e) 错误；(f) 错误；(g) 正确；(h) 错误；(i) 错误；(j) 错误；(k) 错误；(l) 正确。

3-2 (a) 12 根零杆；(b) 4 根零杆；(c) 8 根零杆；(d) 18 根零杆。

3-3 略。

3-4 (a) $F_{yE}=F_{yF}=7.5\text{kN}(\uparrow)$，$F_{yD}=15.625\text{kN}(\uparrow)$，
$F_{yC}=1.875\text{kN}(\uparrow)$，$F_{yB}=12.1875\text{kN}(\uparrow)$，$F_{yA}=9.6875\text{kN}(\uparrow)$，
$M_D=-1\text{kN}\cdot\text{m}$(上侧受拉)，$M_B=-1.875\text{kN}\cdot\text{m}$(上侧受拉)，
$F_{QA}=9.6875\text{kN}$，$F_{QC}=1.875\text{kN}$，$F_{QE}=7.5\text{kN}$，$F_{QF}=-7.5\text{kN}$。

(b) $F_{yG}=3\text{kN}(\uparrow)$，$F_{yD}=2\text{kN}(\uparrow)$，$F_{yC}=-2\text{kN}(\downarrow)$，$F_{yF}=3.25\text{kN}(\uparrow)$，
$F_{yE}=1.75\text{kN}(\uparrow)$，$F_{yB}=3.5\text{kN}(\uparrow)$，$F_{yA}=6.5\text{kN}(\uparrow)$，

$M_F = -3\text{kN}\cdot\text{m}$(上侧受拉)，$M_E = -2\text{kN}\cdot\text{m}$(上侧受拉)，
$M_B = 1\text{kN}\cdot\text{m}$(下侧受拉)，$M_A = -1\text{kN}\cdot\text{m}$(上侧受拉)，$F_{QC} = -2\text{kN}$。

3-5 (a) $F_{xA} = qa(\leftarrow)$，$F_{yB} = \dfrac{11}{4}qa(\uparrow)$，$F_{yA} = \dfrac{1}{4}qa(\uparrow)$，$F_{QBD} = qa$，

$M_{BD} = -\dfrac{1}{2}qa^2$(上部受拉)，$M_{BC} = -\dfrac{1}{2}qa^2$(上部受拉)，

$F_{QBC} = -\dfrac{7}{4}qa$，$F_{QCB} = \dfrac{1}{4}qa$，$M_{CB} = -\dfrac{5}{2}qa^2$(上部受拉)，

$M_{CA} = \dfrac{5}{2}qa^2$(左侧受拉)，$F_{QCA} = 0$，$F_{QAC} = qa$，$F_{NCA} = -\dfrac{1}{4}qa$。

(b) $F_{yA} = 7.5\text{kN}(\uparrow)$，$F_{xA} = 2.08\text{kN}(\rightarrow)$，$F_{QDA} = -2.08\text{kN}$，

$F_{NDA} = -7.5\text{kN}$，$M_{DA} = 12.5\text{kN}\cdot\text{m}$(左侧受拉)，$F_{QCB} = 2.08\text{kN}$，

$F_{NCB} = -2.5\text{kN}$，$M_{CB} = 12.5\text{kN}\cdot\text{m}$(右侧受拉)，$F_{QDE} = 7.5\text{kN}$，

$F_{QED} = -2.5\text{kN}$。

(c) $F_{yB} = -\dfrac{1}{2}F_P(\downarrow)$，$F_{yA} = \dfrac{1}{2}F_P(\uparrow)$，$F_{xA} = \dfrac{1}{2}F_P(\rightarrow)$，$F_{QDA} = \dfrac{1}{2}F_P$，

$F_{NDA} = -\dfrac{1}{2}F_P$，$M_{DA} = \dfrac{5}{2}F_P$(左侧受拉)，$F_{QCB} = -\dfrac{1}{2}F_P$，$F_{NCB} = \dfrac{1}{2}F_P$，

$M_{CB} = \dfrac{5}{2}F_P$(左侧受拉)，$F_{NDE} = -\dfrac{1}{2}F_P$，$F_{QDE} = \dfrac{1}{2}F_P$，

$M_{DE} = \dfrac{5}{2}F_P$(上侧受拉)，$F_{QED} = \dfrac{1}{2}F_P$，$F_{NED} = -\dfrac{1}{2}F_P$，

$F_{QCE} = \dfrac{1}{2}F_P$，$F_{NCE} = -\dfrac{1}{2}F_P$，$M_{CE} = \dfrac{5}{2}F_P$(下侧受拉)。

3-6 (a) $F_{yA} = -2.5\text{kN}(\downarrow)$，$F_{yB} = 12.5\text{kN}(\uparrow)$，$F_{NFG} = -5\text{kN}$，

$F_{NGC} = -\dfrac{5\sqrt{2}}{2}\text{kN}$，$F_{NGE} = -\dfrac{15\sqrt{2}}{2}\text{kN}$，$F_{NCD} = -2.5\text{kN}$，$F_{NCA} = -2.5\text{kN}$，

$F_{NED} = 7.5\text{kN}$，$F_{NEB} = -7.5\text{kN}$，$F_{NAD} = 5\sqrt{2}\text{kN}$，$F_{NAB} = 5\text{kN}$，

$F_{NBD} = -5\sqrt{2}\text{kN}$。

(b) $F_{xA} = -10\text{kN}(\leftarrow)$，$F_{yC} = \dfrac{40}{3}\text{kN}(\uparrow)$，$F_{yA} = -\dfrac{40}{3}\text{kN}(\downarrow)$，

$F_{NEF} = \dfrac{25}{3}\text{kN}$，$F_{NDF} = -\dfrac{25}{3}\text{kN}$，$F_{NFA} = 10\text{kN}$，$F_{NDA} = \dfrac{40}{3}\text{kN}$。

3-7 (a) $F_{yA} = 2.5F_P(\uparrow)$，$F_{N1} = -\dfrac{1}{4}F_P$，$F_{N2} = -F_P$，$F_{N3} = -\dfrac{5}{12}F_P$。

(b) $F_{yA} = \dfrac{2}{3}F_P(\uparrow)$，$F_{N2} = \dfrac{2}{3}F_P$，$F_{N3} = \dfrac{2\sqrt{2}}{3}F_P$，$F_{N4} = -\dfrac{2}{3}F_P$。

3-8 (a) $F_{yA} = 12\text{kN}(\uparrow)$，$F_{yB} = 6\text{kN}(\uparrow)$，$F_{NFG} = 12\text{kN}$(拉力)，$F_{NFA} = 12\sqrt{2}\text{kN}$，

$F_{NFB} = -12\text{kN}$，$F_{NCB} = -12\text{kN}$，$F_{NAC} = -12\text{kN}$，$M_{BC} = -9\text{kN}\cdot\text{m}$(上侧受拉)。

(b) $F_{yA} = 12\text{kN}(\uparrow)$，$F_{yB} = 12\text{kN}(\uparrow)$，$F_{NFD} = 6\sqrt{2}\text{kN}$，$F_{NDC} = 3\sqrt{5}\text{kN}$，

$F_{NDA} = -9\text{kN}$，$M_{AC}^{\text{中}} = 9\text{kN}\cdot\text{m}$(下侧受拉)，$F_{QAC} = 3\text{kN}(\uparrow)$，$F_{QCA} = -3\text{kN}(\uparrow)$。

3-9 (1) $F_{yB} = \dfrac{1}{4}F_P(\uparrow)$，$F_{yA} = \dfrac{3}{4}F_P(\uparrow)$，$F_{xA} = \dfrac{1}{2}F_P(\rightarrow)$，$F_{xB} = \dfrac{1}{2}F_P(\leftarrow)$。

(2) $F_{QD}^L=0.45F_P$, $F_{QD}^R=-0.45F_P$, $F_{ND}^L=-0.78F_P$, $F_{ND}^R=-0.335F_P$。

(3) $F_{QE}=0.45F_P$, $F_{ND}=-0.33F_P$, $M_E=-0.25F_P$(上部受拉)。

3-10　(1) $x_C=10.72$m，拱轴线方程为 $y=-0.035x^2+0.7504x$。

(2) $F_{yA}=5.885$kN($\uparrow$)，$F_{yB}=4.115$kN($\uparrow$)，

　　$F_{xA}=5.7$kN($\rightarrow$)，$F_{xB}=5.7$kN($\leftarrow$)。

(3) $M_D=9.6223$kN·m(下部受拉)。

第 4 章

4-1　$F_{Cy}=-F_P(\downarrow)$，$F_{QC}^L=0$，$M_C=F_Pl$(下部受拉)。

4-2　$F_{By}=\dfrac{1}{2}ql(\uparrow)$，$M_C=-ql^2$(上部受拉)。

4-3　$\Delta_{BH}=-1$cm($\rightarrow$)，$\Delta_{BV}=0$。

4-4　$\Delta_{CH}=\dfrac{1}{2}$cm($\rightarrow$)，$\Delta_{CV}=\dfrac{l}{4f}$cm($\downarrow$)。

4-5　(a) $\Delta_{BV}=\dfrac{F_Pl^3}{6EI}(\downarrow)$，$\theta_C=\dfrac{F_Pl^2}{4EI}$(逆时针)。

(b) $\Delta_{BV}=\dfrac{5ql^4}{24EI}(\downarrow)$，$\theta_C=\dfrac{ql^3}{3EI}$(逆时针)。

(c) $\Delta_{BV}=\dfrac{F_Pl^3}{3EI}(\downarrow)$，$\theta_C=-\dfrac{F_Pl^2}{2EI}$(顺时针)。

(d) $\Delta_{BV}=\dfrac{17ql^4}{24EI}(\downarrow)$，$\theta_C=-\dfrac{4ql^3}{3EI}$(顺时针)。

(e) $\Delta_{BV}=\dfrac{4F_Pl^3}{3EI}(\downarrow)$，$\theta_C=\dfrac{3F_Pl^2}{2EI}$(逆时针)。

(f) $\Delta_{BV}=\dfrac{19ql^4}{8EI}(\downarrow)$，$\theta_C=\dfrac{8ql^3}{3EI}$(逆时针)。

4-6　$\Delta_{CV}=\dfrac{5ql^4}{8EI}(\downarrow)$，$\Delta_{CH}=-\dfrac{ql^4}{4EI}(\rightarrow)$，$\theta_C=-\dfrac{2ql^3}{3EI}$(顺时针)。

4-7　$\Delta_{DH}=\dfrac{9ql^4}{8EI}(\leftarrow)$。

4-8　$\Delta_{BH}=\dfrac{F_PR^3}{2EI}(\rightarrow)$。

4-9　$\Delta_C=0.44$cm($\downarrow$)。

4-10　$\Delta_{FH}=\dfrac{44.375}{EA}(\rightarrow)$。

4-11　见 4-5。

4-12　见 4-6。

4-13　见 4-7。

4-14　$\Delta_{CV}=\dfrac{F_Pl^3}{3EI}(\downarrow)$。

4-15　$\Delta_{CV}=\dfrac{23F_Pl^3}{24EI}(\downarrow)$。

4-16　$\Delta_{BD} = \dfrac{ql^4}{8EI}(\rightarrow\ \leftarrow)$。

4-17　$\Delta_{AH} = \dfrac{11F_P l^3}{24EI} + \dfrac{F_P l}{EA}(\rightarrow)$。

4-18　$\Delta_{CV} = \dfrac{5749 ql^4}{12EI}(\downarrow)$。

4-19　$\Delta_C = -0.25\dfrac{F_P l^3}{EI} + 0.75\dfrac{F_P}{k}(\downarrow)$。

4-20　$\Delta_B = -\dfrac{F_P l^3}{32EI} + \dfrac{F_P}{2k}(\downarrow)$。

4-21　$\Delta_C = -30\alpha l - \dfrac{30\alpha}{h}l^2(\uparrow)$。

4-22　$\Delta_C = -\dfrac{5}{4}\alpha t d(\uparrow)$。

4-23　$\theta = 0$。

第5章

5-1　(a) 四次；(b) 二次；(c) 四次；(d) 五次；(e) 五次；(f) 七次；(g) 一次；(h) 四次。

5-2　(a) 左端弯矩 $3F_P l/16$(上部受拉)；(b) 无弯矩。

5-3　(a) 左端弯矩 $ql^2/8$(上部受拉)；(b) 左端弯矩 $ql^2/3$(上部受拉)。

5-4　(a) $M_{BA} = qa^2/20$(左侧受拉)；(b) $M_{BA} = 9qa^2/40$(右侧受拉)。

5-5　$M_{AB} = \dfrac{3}{22}F_P a$(右侧受拉), $M_{BC} = \dfrac{3}{11}F_P a$(上部受拉)。

5-6　$M_{AB} = \dfrac{49}{115}F_P a$(左侧受拉), $M_{CD} = \dfrac{26}{115}F_P a$(右侧受拉)。

5-7　$M_{AB} = 49.04 \text{kN}\cdot\text{m}$(左侧受拉), $M_{ED} = 11.54 \text{kN}\cdot\text{m}$(左侧受拉)。

5-8　$M_{AB} = \dfrac{1}{9}F_P a$(右侧受拉), $M_{DE} = \dfrac{5}{9}F_P a$(右侧受拉)。

5-9　$M_{AE} = \dfrac{5}{4}F_P a$(左侧受拉), $M_{EC} = \dfrac{1}{4}F_P a$(右侧受拉)。

5-10　$M_{BE} = \dfrac{2}{7}qa^2$(左侧受拉), $M_{CH} = \dfrac{2}{7}qa^2$(右侧受拉)。

5-11　$F_{NAB} = \dfrac{1}{2}F_P$, $F_{NBD} = -\dfrac{\sqrt{2}}{2}F_P$。

5-12　$F_{NAC} = \dfrac{3\sqrt{2}-2}{7}F_P$, $F_{NFC} = \dfrac{6\sqrt{2}-11}{7}F_P$。

5-13　$F_{NCD} = -\dfrac{11F_P l^2}{8l^2 + 20\sqrt{10}EI/E_1 A_1 + 4EI/E_2 A_2}$。

5-14　$F_{NEF} = \dfrac{57ql}{32 + (48 + 48\sqrt{2})EI/(EAl^2)}$。

5-15　$F_{NAB} = \dfrac{ql^2 f}{8f^2 + 15I/nA_1}$。

5-16　$M_{AB}=(1-\dfrac{1}{1+\dfrac{3EI}{kl^3}})F_P l$（上部受拉）。

5-17　$M_{BA}=\dfrac{5}{22}F_P l$（上部受拉），$M_{CD}=\dfrac{17}{22}F_P l$（右侧受拉）。

5-18　$M_{AB}=\dfrac{59qa^2}{252}$（左侧受拉），$M_{DC}=\dfrac{31qa^2}{252}$（左侧受拉）。

5-19　$M_{AB}=\dfrac{qa^2}{9}$（左侧受拉），$M_{BC}=\dfrac{qa^2}{36}$（上部受拉）。

5-20　$M_{AE}=M_{BF}=M_{CG}=M_{DH}=\dfrac{F_P h}{4}$（左侧受拉）。

5-21　$M_{GH}=\dfrac{9}{10}F_P l$（下部受拉），$M_{EF}=\dfrac{21}{10}F_P l$（下部受拉）。

5-22　$M_{AC}=\dfrac{1}{2}F_P l$（上部受拉），$M_{CB}=\dfrac{1}{24}F_P l$（下部受拉）。

5-23　$M_{BA}=M_{BC}=3EIa/2l^2$（下部受拉）。

5-24　$M_{BC}=\dfrac{3EI(l\theta+b-a)}{4l^2}$（下部受拉）。

5-25　$M_{BC}=\dfrac{138\alpha EI}{l}$（上部受拉）。

5-26　$M_{BC}=\dfrac{480\alpha EI}{l}$（上部受拉）。

5-27　$\Delta_V=\dfrac{qa^4}{288EI}$（向上）。

5-28　$\Delta_{BH}=0$。

5-29　$\Delta_{BH}=\dfrac{-l\theta+11b-3a}{8}$（向下）。

5-30　$\Delta_{BH}=15\alpha\ l$（向左）。

第 6 章

6-1　(a) 1 个线位移，2 个角位移；(b) 1 个线位移；(c) 1 个线位移；
　　(d) 1 个线位移，3 个角位移；(e) 1 个角位移；(f) 1 个线位移，3 个角位移；
　　(g) 3 个线位移，7 个角位移；(h) 3 个线位移，5 个角位移；(i) 1 个角位移。

6-2　$M_{BA}=7.714\text{kN}\cdot\text{m}$（上部受拉）。

6-3　(a) $M_{BA}=0.3M_0$（上部受拉）；(b) $M_{BA}=1.909\text{kN}\cdot\text{m}$（上部受拉）。

6-4　$M_{CB}=10\text{kN}\cdot\text{m}$（上部受拉）。

6-5　(a) $M_{BA}=40\text{kN}\cdot\text{m}$（上部受拉）；(b) $M_{CB}=0.25ql^2$（上部受拉）。

6-6　$M_{DE}=4.29\text{kN}\cdot\text{m}$（右侧受拉），$M_{ED}=12.86\text{kN}\cdot\text{m}$（右侧受拉）。

6-7　$M_{BC}=\dfrac{7ql^2}{24}$（下部受拉）。

6-8　$M_B=135\text{kN}\cdot\text{m}$（左侧受拉）。

6-9　$M_{BC}=24\text{kN}\cdot\text{m}$（下部受拉）。

6-10　$M_{BA}=36\text{kN}\cdot\text{m}$（上部受拉），$M_{AB}=27\text{kN}\cdot\text{m}$（上部受拉）。

6-11　$M_{BC}=\dfrac{ql^2}{16}$（上部受拉）。

6-12　$M_{BA}=0.4ai$（上部受拉），$M_{CD}=0.6ai$（下部受拉）。

6-13　$M_{BC}=\dfrac{3ai}{l}$（上部受拉）。

6-14　$M_C=16.8\text{kN}\cdot\text{m}$（右侧受拉）。

6-15　$M_{CD}=174.78ai$（下部受拉）。

6-16　$M_{BC}=13ait$（上部受拉），$M_{CB}=10ait$（上部受拉）。

第 7 章

7-1　$M_{AB}=-45\text{kN}\cdot\text{m}$，$M_{BA}=-30\text{kN}\cdot\text{m}$，$M_{BC}=-25\text{kN}\cdot\text{m}$，$M_{CB}=0$。

7-2　$M_{AB}=-83.6\text{kN}\cdot\text{m}$，$M_{BA}=57.9\text{kN}\cdot\text{m}$，$M_{BC}=-57.9\text{kN}\cdot\text{m}$，$M_{CB}=0$。

7-3　$M_{AB}=-6\text{kN}\cdot\text{m}$，$M_{BA}=18\text{kN}\cdot\text{m}$，$M_{BD}=8\text{kN}\cdot\text{m}$，$M_{BC}=-26\text{kN}\cdot\text{m}$，
　　　$M_{CB}=-14\text{kN}\cdot\text{m}$，$M_{DB}=4\text{kN}\cdot\text{m}$。

7-4　$M_{BA}=0$，$M_{AB}=56.4\text{kN}\cdot\text{m}$，$M_{AC}=-4.8\text{kN}\cdot\text{m}$，$M_{AD}=-51.6\text{kN}\cdot\text{m}$，
　　　$M_{DA}=70.2\text{kN}\cdot\text{m}$，$M_{CA}=-2.4\text{kN}\cdot\text{m}$。

7-5　$M_{AB}=-63\text{kN}\cdot\text{m}$，$M_{BA}=66\text{kN}\cdot\text{m}$，$M_{BC}=-66\text{kN}\cdot\text{m}$，$M_{CB}=89\text{kN}\cdot\text{m}$，
　　　$M_{CD}=-89\text{kN}\cdot\text{m}$，$M_{DC}=0$。

7-6　$M_{AB}=23.3\text{kN}\cdot\text{m}$，$M_{BA}=46.7\text{kN}\cdot\text{m}$，$M_{BC}=-46.7\text{kN}\cdot\text{m}$，$M_{CB}=60\text{kN}\cdot\text{m}$，
　　　$M_{CD}=-60\text{kN}\cdot\text{m}$，$M_{DC}=54.1\text{kN}\cdot\text{m}$，$M_{DE}=-54.1\text{kN}\cdot\text{m}$，$M_{ED}=0$。

7-7　$M_{AB}=0$，$M_{BA}=43.4\text{kN}\cdot\text{m}$，$M_{BE}=3.5\text{kN}\cdot\text{m}$，$M_{BC}=-46.9\text{kN}\cdot\text{m}$，
　　　$M_{EB}=1.7\text{kN}\cdot\text{m}$，$M_{CB}=24.4\text{kN}\cdot\text{m}$，$M_{CF}=-9.8\text{kN}\cdot\text{m}$，
　　　$M_{CD}=-14.6\text{kN}\cdot\text{m}$，$M_{FC}=-4.9\text{kN}\cdot\text{m}$，$M_{DC}=0$。

7-8　$M_{AB}=-61.3\text{kN}\cdot\text{m}$，$M_{BA}=57.43\text{kN}\cdot\text{m}$，$M_{BC}=-54.86\text{kN}\cdot\text{m}$，
　　　$M_{BE}=-2.57\text{kN}\cdot\text{m}$，$M_{EB}=-1.28\text{kN}\cdot\text{m}$，$M_{CB}=29.17\text{kN}\cdot\text{m}$，
　　　$M_{CF}=-14.59\text{kN}\cdot\text{m}$，　$M_{FC}=-7.30\text{kN}\cdot\text{m}$，$M_{CD}=-14.58\text{kN}\cdot\text{m}$，
　　　$M_{DC}=-7.29\text{kN}\cdot\text{m}$。

7-9　$M_{AB}=0$，$M_{BA}=27.34\text{kN}\cdot\text{m}$，$M_{BC}=-24.09\text{kN}\cdot\text{m}$，$M_{BE}=-3.26\text{kN}\cdot\text{m}$，
　　　$M_{EB}=-1.63\text{kN}\cdot\text{m}$，$M_{CB}=22.39\text{kN}\cdot\text{m}$，$M_{CF}=2.61\text{kN}\cdot\text{m}$，
　　　$M_{FC}=1.31\text{kN}\cdot\text{m}$，$M_{CD}=-25\text{kN}\cdot\text{m}$，$M_{DC}=0$。

7-10　$M_{AB}=-34.3\text{kN}\cdot\text{m}$，$M_{BA}=-25.7\text{kN}\cdot\text{m}$，$M_{BC}=25.7\text{kN}\cdot\text{m}$，
　　　$M_{CB}=25.7\text{kN}\cdot\text{m}$，$M_{DC}=-34.3\text{kN}\cdot\text{m}$，$M_{CD}=-25.7\text{kN}\cdot\text{m}$。

7-11　$M_{BA}=-1.39\text{kN}\cdot\text{m}$，$M_{BC}=1.39\text{kN}\cdot\text{m}$，$M_{AB}=-6.61\text{kN}\cdot\text{m}$，$M_{CB}=0$。

第 8 章

8-1　(a) $F_{yA}=1$，$M_A=-x$，$(0\leqslant x\leqslant l)$；$F_{QC}=0$，$M_C=0$，$(0\leqslant x\leqslant a)$；
　　　$F_{QC}=1$，$M_C=a-x$，$(a\leqslant x\leqslant l)$。

　　　(b) $F_{xB}=\dfrac{l-x}{3l}(0\leqslant x\leqslant 5l)$；$M_C=-x(0\leqslant x\leqslant l)$，$M_C=2x-2l(l\leqslant x\leqslant 5l)$。

　　　(c) $F_{QA}^L=-1$，$F_{QA}^R=0$，$(-2l\leqslant x\leqslant 0)$；$F_{QA}^L=0$，$F_{QA}^R=1$，$(0\leqslant x\leqslant 4l)$；

$F_{QC}=0$, $M_C=x$, $(-2l \leqslant x \leqslant 3l)$; $F_{QC}=1$, $M_C=3l$, $(3l \leqslant x \leqslant 4l)$。

8-2 $F_{yA}=\dfrac{2l-x}{2l}$, $F_{QB}=\dfrac{x}{2l}$, $F_{RC}=\dfrac{3x}{4l}$, $(0 \leqslant x \leqslant 2l)$; $F_{yA}=0$, $F_{QB}=0$, $F_{RC}=\dfrac{5l-x}{2l}$, $(2l \leqslant x \leqslant 5l)$; $M_E=\dfrac{x}{2}(0 \leqslant x \leqslant l)$; $M_E=l-\dfrac{x}{2}(l \leqslant x \leqslant 2l)$; $M_E=0(2l \leqslant x \leqslant 5l)$; $F_{QF}=-\dfrac{5x}{16}(0 \leqslant x \leqslant 2l)$, $F_{QF}=\dfrac{x-3l}{2l}(2l \leqslant x \leqslant 4l)$, $F_{QF}=\dfrac{x-5l}{2l}(4l \leqslant x \leqslant 5l)$。

8-3 当$(0 \leqslant x \leqslant 2d)$时，$F_{xA}=\dfrac{x}{2d}$；当$(2d \leqslant x \leqslant 4d)$时，$F_{xA}=\dfrac{4d-x}{2d}$；当$(0 \leqslant x \leqslant d)$时，$F_{Na}=-\dfrac{x}{d}$；$(2d \leqslant x \leqslant 4d)$时，$F_{Na}=0$。

8-4 (1) A点，$Y_A=1$；F点，$Y_A=-1/[2(\sqrt{3}-1)]$；B点，$Y_A=0$；
(2) A点，$N_{DC}=0$；F点，$N_{DC}=1/(1-\sqrt{3})$；B点，$N_{DC}=0$。

8-5 E点以右，$F_{N1}=-\dfrac{9}{120}(30-x)$，$F_{N2}=-\dfrac{5}{120}(30-x)$；
C点以左，$F_{N1}=-\dfrac{21}{120}x$，$F_{N2}=\dfrac{5}{120}x$。

8-6 (a) $F_{Ay}=-1/l$；AC段时，$M_C=b/l$；CB段时，$M_C=a/l$。
(b) ①A点 $F_{RA}=1$，ED段 $F_{RA}=0$；②G点 $M_G=5/6$，ED段 $M_G=0$；
③H点 $M_H=\dfrac{3}{2}$m；④H点 $F_{QH}=1/2$。
(c) ①A点 $F_{RA}=1$，E点左 $F_{RA}=-1/2$，E点右 $F_{RA}=1/2$；②B点左 $F_{QB}^L=-1$，B点右 $F_{QB}^L=0$，E点左 $F_{QB}^L=-1/2$，E点右 $F_{QB}^L=1/2$；③D点 $M_D=1.5$，E点左 $M_D=-1.5$，E点右 $M_D=1.5$。

8-7 EF段，$M_C=a/2$；E点 $F_{QC}=-1$，F点 $F_{QC}=1$。

8-8 ①AC段 $F_{QC}^L=0$，CD段 $F_{QC}^L=1$，EG段 $F_{QC}^L=0$；②AC段 $F_{QC}^R=0$，C点左 $F_{QC}^R=1$，C点右 $F_{QC}^R=0$，D点左 $F_{QC}^R=1$，EG段 $F_{QC}^R=0$。

8-9 ①A点和B点，$F_{N1}=0$；G点，$F_{N1}=2.5$；②A点和B点，$F_{N2}=0$，G点，$F_{N2}=2.69$；③AC段$(0 \leqslant x \leqslant 3a)$，$M_C=x/4$，$GB$段$(6a \leqslant x \leqslant 12a)$，$M_C=x/4-3a$；④$C$点左 $F_{QC}^L=-0.75$，C点右 $F_{QC}^L=0.25$，G点 $F_{QC}^L=-0.5$，D点 $F_{QC}^L=-0.25$。

8-10 C点，$M_D=-\dfrac{l}{3}$，$F_{QDC}=\dfrac{l}{3\sqrt{(h/2)^2+l^2}}$。

8-11 D点，$M_C=\dfrac{h}{2}$，$F_{QC}=-\dfrac{h}{l}$。

8-12 $F_{QB}^L=-\dfrac{7ql}{6}$。

8-13 $F_{RB}=60$kN，$M_F=37.5$kN·m。

8-14 $F_{NBC}=25$kN，$F_{QK}=65$kN。

8-15 $F_{RB}=13$kN。

8-16 当第二个值为100kN的荷载置于影响线最大值时为荷载最不利位置，此时Z的最大值为885kN。

8-17 当F_{P2}在C点时为荷载的最不利位置，此时$M_{C(max)}=466.875$kN·m。

8-18 跨中截面 $M_{C\max}=420\text{kN}\cdot\text{m}$;当荷载 F_{P1} 作用于截面 C 左侧 0.667m 处时,荷载处于最不利位置,绝对最大弯矩等于 $426.61\text{kN}\cdot\text{m}$。

第 9 章

9-1 $\boldsymbol{K}=\begin{bmatrix} 20i & 4i \\ 4i & 12i \end{bmatrix}$。

9-2 略。

9-3 略。

9-4 $\boldsymbol{K}=\begin{bmatrix} \dfrac{EA}{l} & 0 & -\dfrac{EA}{l} & 0 & 0 \\ 0 & \dfrac{4EI}{l} & 0 & -\dfrac{6EI}{l^2} & \dfrac{2EI}{l} \\ -\dfrac{EA}{l} & 0 & \dfrac{2EA}{l}+\dfrac{12EI}{l^3} & 0 & -\dfrac{6EI}{l^2} \\ 0 & -\dfrac{6EI}{l^2} & 0 & \dfrac{23EI}{l^3}+\dfrac{EA}{l} & 0 \\ 0 & \dfrac{2EI}{l} & -\dfrac{6EI}{l^2} & 0 & \dfrac{12EI}{l} \end{bmatrix}$。

9-5 $\boldsymbol{P}=[5]$。

9-6 $\boldsymbol{P}=\begin{bmatrix} \dfrac{P}{2} \\ \dfrac{P}{2} \\ 0 \end{bmatrix}$。

9-7 $\boldsymbol{P}=\begin{bmatrix} -16 \\ 10 \\ -2 \end{bmatrix}$。

9-8 $\begin{bmatrix} M_1^{①} \\ M_2^{①} \end{bmatrix}=\begin{bmatrix} 5.71 \\ 11.43 \end{bmatrix}\text{kN}\cdot\text{m}$。

9-9 $\begin{bmatrix} M_1^{①} \\ M_2^{①} \end{bmatrix}=\begin{bmatrix} 12.86 \\ 25.71 \end{bmatrix}\text{kN}\cdot\text{m}$。

9-10 $\begin{bmatrix} F_{x1} \\ F_{y1} \\ M_1 \\ F_{x2} \\ F_{y2} \\ M_2 \end{bmatrix}^{①}=\begin{bmatrix} 28.416 \\ -15.33 \\ -24.42 \\ -28.416 \\ -14.627 \\ 22.18 \end{bmatrix}$。

9-11 $\begin{bmatrix} F_{x1} \\ F_{y1} \\ M_1 \\ F_{x2} \\ F_{y2} \\ M_2 \end{bmatrix}^{②} = \begin{bmatrix} 1.24 \\ 0.43 \\ 2.09 \\ -1.24 \\ -0.43 \\ 3.04 \end{bmatrix}$。

第10章

10-1 (a) $\omega = \sqrt{\dfrac{8EI}{ml^3}}$；(b) $\omega = \sqrt{30EI/13ml^3}$；(c) $\omega = \sqrt{\dfrac{48EI}{ml^3}}$；(d) $\omega = \sqrt{\dfrac{12EI}{ml^3}}$。

10-2 $\omega = \sqrt{27EI/ml^3}$。

10-3 $\omega = \sqrt{\dfrac{EA}{27m}} = 47.84 \text{s}^{-1}$。

10-4 $T = 2\pi\sqrt{mh^3/[6E(I_1 + 2I_2)]}$。

10-5 (1) $\omega = \sqrt{kg/W} = 20.65 \text{kN/cm}$。
(2) $y(1) = 0.88 \text{cm}$，$\dot{y}(1) = 20.45 \text{cm/s}$。

10-6 $y_{d,\max} = \mu \delta_{1P} F_P = \dfrac{5F_P l^3}{36EI}$，$M_{d,\max} = F_{I,\max} \times \dfrac{l}{2} + F_P l = \dfrac{17}{12} F_P l$。

10-7 (1) $M_{\max} = 108.735 \text{kN} \cdot \text{m}$，$y_{\max} = 2.0 \times 10^{-3} \text{m}$。
(2) $M_{\max} = 103.02 \text{kN} \cdot \text{m}$，$y_{\max} = 1.896 \times 10^{-3} \text{m}$。

10-8 $y_{\max} = \beta \dfrac{F_{P0} l^3}{48EI} + y_{st} = 3.036 \times 10^{-3} \text{m}$。

10-9 $0.563F$。

10-10 (1) 无阻尼 $\omega = \sqrt{k/m} = 28.284 \text{s}^{-1}$，考虑阻尼 $\omega_r = \omega\sqrt{1 - \xi^2} = 28.261 \text{s}^{-1}$。
(2) $\xi = \dfrac{\gamma_m}{2\pi m} = 0.04$，$c = 11313.6 \text{kg/s}$。(3) $A_{10} = 2.028 \text{mm}$。

10-11 $A_1 = 0.032 \dfrac{F_P l^3}{EI}$，$A_2 = 0.344 \dfrac{F_P l^3}{EI}$。

10-12 $\omega_1 = 2.7609\sqrt{\dfrac{i}{ml^2}}$，$\omega_2 = 7.0977\sqrt{\dfrac{i}{ml^2}}$；$[A^{(1)}] = \begin{bmatrix} 1 \\ 3.3648 \end{bmatrix}$，$[A^{(2)}] = \begin{bmatrix} 1 \\ -0.1981 \end{bmatrix}$。

10-13 $\omega_1 = 2.576\sqrt{\dfrac{EI}{ml^3}}$，$\omega_2 = 1.060\sqrt{\dfrac{EI}{ml^3}}$；$\dfrac{A_{21}}{A_{11}} = \dfrac{-2.773}{1}$，$\dfrac{A_{22}}{A_{12}} = \dfrac{0.358}{1}$。

10-14 $\omega_1 = 1.0362\sqrt{\dfrac{EI}{ml^3}}$，$\omega_2 = 7.2038\sqrt{\dfrac{EI}{ml^3}}$。

10-15 B 处动力位移幅值 1.225mm；$M^C_{\max} = \pm 9.94 \text{kN} \cdot \text{m}$，$M^{跨中}_{\max} = \pm 9.86 \text{kN} \cdot \text{m}$。

10-16 $A_1 = \dfrac{I_1}{m\theta^2} = -0.941 F_0 \text{mm}$，$A_2 = \dfrac{I_2}{m\theta^2} = -0.261 F_0 \text{mm}$。

10-17 $Y_1 = \dfrac{F_P}{k} \dfrac{\left(1 - \dfrac{m}{k}\theta^2\right)}{\left(1 - \dfrac{\theta^2}{\omega_1^2}\right)\left(1 - \dfrac{\theta^2}{\omega_2^2}\right)}$，$Y_2 = \dfrac{F_P}{k} \dfrac{1}{\left(1 - \dfrac{\theta^2}{\omega_1^2}\right)\left(1 - \dfrac{\theta^2}{\omega_2^2}\right)}$。

第 11 章

11-1　A。

11-2　$F_{Pcr}=\dfrac{1}{5}kl$。

11-3　$q=\dfrac{k}{2}$。

11-4　$\tan\alpha l=\dfrac{1}{\alpha l}$，$F_{Pcr}=\dfrac{0.74EI_2}{l^2}$。

11-5　$F_{Pcr}=\dfrac{\pi EI}{(0.7l)^2}=\dfrac{20.19EI}{l^2}$。

11-6　$F_{Pcr1}=\dfrac{k}{l}$，$F_{Pcr2}=\dfrac{k}{l}$。

11-7　$F_P^2-2\left(\dfrac{k_1}{l}+k_2 l\right)F_P+4k_1 k_2=0$。

11-8　$\tan\alpha l=\dfrac{\alpha l}{1+\dfrac{\alpha^2 EI}{kl}}$。

第 12 章

12-1　$F_{Pu}=8.46\text{kN}$。

12-2　M_u。

12-3　$M_u=bh\delta_1\sigma_s\left(1+\dfrac{\delta_2 h}{4b\delta_1}\right)$。

12-4　$F_{Pu}=2\dfrac{M_u}{l}$。

12-5　$F_{Pu}=1.33\dfrac{M_u}{l}$。

12-6　(a) $F_{Pu}=3.75\dfrac{M_u}{l}$；(b) $F_{Pu}=4.5\dfrac{M_u}{l}$。

12-7　$q_u=0.625M_u$。

12-8　$F_{Pu}=2\dfrac{M_u}{l}$。

12-9　$q_u=\dfrac{6M_u}{l^2}$。

参 考 文 献

[1] 龙驭球,包世华. 结构力学 Ⅰ、Ⅱ[M]. 2版. 北京:高等教育出版社,2006.
[2] 李廉锟. 结构力学[M]. 5版. 北京:高等教育出版社,2010.
[3] 刘金春. 结构力学[M]. 武汉:华中科技大学出版社,2008.
[4] 王焕定. 结构力学[M]. 北京:高等教育出版社,2006.
[5] 杨茀康. 结构力学[M]. 北京:高等教育出版社,1998.
[6] 杨天祥. 结构力学[M]. 北京:高等教育出版社,1979.
[7] 张子明. 结构动力学[M]. 北京:清华大学出版社,2008.
[8] 包世华. 结构力学学习指导及题解大全[M]. 武汉:武汉理工大学出版社,2003.
[9] 樊友景. 结构力学学习辅导与习题精解[M]. 北京:中国建筑工业出版社,2004.
[10] 祁皓. 结构力学学习辅导与解题指南[M]. 北京:清华大学出版社,2007.

北京大学出版社土木建筑系列教材(已出版)

序号	书名	主编	定价	序号	书名	主编	定价
1	建筑设备(第2版)	刘源全 张国军	46.00	48	工程经济学	张厚钧	36.00
2	土木工程测量(第2版)	陈久强 刘文生	40.00	49	工程财务管理	张学英	38.00
3	土木工程材料	柯国军	35.00	50	土木工程施工	石海均 马哲	40.00
4	土木工程计算机绘图	袁果 张渝生	28.00	51	土木工程制图	张会平	34.00
5	工程地质(第2版)	何培玲 张婷	26.00	52	土木工程制图习题集	张会平	22.00
6	建设工程监理概论(第2版)	巩天真 张泽平	30.00	53	土木工程材料	王春阳 裴锐	40.00
7	工程经济学(第2版)	冯为民 付晓灵	42.00	54	结构抗震设计	祝英杰	30.00
8	工程项目管理(第2版)	仲景冰 王红兵	45.00	55	土木工程专业英语	霍俊芳 姜丽云	35.00
9	工程造价管理	车春鹂 杜春艳	24.00	56	混凝土结构设计原理	邵永健	40.00
10	工程招标投标管理(第2版)	刘昌明 宋会莲	30.00	57	土木工程计量与计价	王翠琴 李春燕	35.00
11	工程合同管理	方俊 胡向真	23.00	58	房地产开发与管理	刘薇	38.00
12	建筑工程施工组织与管理(第2版)	余群舟	31.00	59	土力学	高向阳	32.00
13	建设法规(第2版)	肖铭 潘安平	32.00	60	建筑表现技法	冯柯	42.00
14	建设项目评估	王华	35.00	61	工程招投标与合同管理	吴芳 冯宁	39.00
15	工程量清单的编制与投标报价	刘富勤 陈德方	25.00	62	工程施工组织	周国恩	28.00
16	工程概预算与投标报价	叶良 刘薇	28.00	63	建筑力学	邹建奇	34.00
17	室内装饰工程预算	陈祖建	30.00	64	土力学学习指导与考题精解	高向阳	26.00
18	力学与结构	徐吉恩 唐小弟	42.00	65	建筑概论	钱坤	28.00
19	理论力学(第2版)	张俊彦 黄宁宁	40.00	66	岩石力学	高玮	35.00
20	材料力学	金康宁 谢群丹	27.00	67	交通工程学	李杰 王富	39.00
21	结构力学简明教程	张系斌	20.00	68	房地产策划	王直民	42.00
22	流体力学	刘建军 章宝华	20.00	69	中国传统建筑构造	李合群	35.00
23	弹性力学	薛强	22.00	70	房地产开发	石海均 王宏	34.00
24	工程力学	罗迎社 喻小明	30.00	71	室内设计原理	冯柯	28.00
25	土力学	肖仁成 俞晓	18.00	72	建筑结构优化及应用	朱杰江	30.00
26	基础工程	王协群 章宝华	32.00	73	高层与大跨建筑结构施工	王绍君	45.00
27	有限单元法	丁科 陈月顺	17.00	74	工程造价管理	周国恩	42.00
28	土木工程施工	邓寿昌 李晓目	42.00	75	土建工程制图	张黎骅	29.00
29	房屋建筑学	聂洪达 郄恩田	36.00	76	土建工程制图习题集	张黎骅	26.00
30	混凝土结构设计原理	许成祥 何培玲	28.00	77	材料力学	章宝华	36.00
31	混凝土结构设计	彭刚 蔡江勇	28.00	78	土力学教程	孟祥波	30.00
32	钢结构设计原理	石建军 姜袁	32.00	79	土力学	曹卫平	34.00
33	结构抗震设计	马成松 苏原	25.00	80	土木工程项目管理	郑文新	41.00
34	高层建筑施工	张厚先 陈德方	32.00	81	工程力学	王明斌 庞永平	37.00
35	高层建筑结构设计	张仲先 王海波	23.00	82	建筑工程造价	郑文新	38.00
36	工程事故分析与工程安全	谢征勋 罗章	22.00	83	土力学(中英双语)	郎煜华	38.00
37	砌体结构	何培玲	20.00	84	土木建筑CAD实用教程	王文达	30.00
38	荷载与结构设计方法	许成祥 何培玲	20.00	85	工程管理概论	郑文新 李献涛	26.00
39	工程结构检测	周详 刘益虹	20.00	86	景观设计	陈玲玲	49.00
40	土木工程课程设计指南	许明 孟苗超	25.00	87	色彩景观基础教程	阮正仪	42.00
41	桥梁工程	周先雁 王解军	52.00	88	工程力学	杨云芳	42.00
42	房屋建筑学(上:民用建筑)	钱坤 王若竹	32.00	89	工程设计软件应用	孙香红	39.00
43	房屋建筑学(下:工业建筑)	钱坤 吴歌	26.00	90	城市轨道交通工程建设风险与保险	吴宏建 刘宽亮	68.00
44	工程管理专业英语	王竹芳	24.00	91	混凝土结构设计原理	熊丹安	32.00
45	建筑结构CAD教程	崔钦淑	36.00	92	城市详细规划原理与设计方法	姜云	36.00
46	建设工程招投标与合同管理实务	崔东红	38.00	93	工程经济学	都沁军	42.00
47	工程地质	倪宏革 时向东	25.00	94	结构力学	边亚东	42.00

请登陆 www.pup6.cn 免费下载本系列教材的电子书(PDF版)、电子课件和相关教学资源。

欢迎免费索取样书,并欢迎到北大出版社来出版您的大作,可在 www.pup6.cn 在线申请样书和进行选题登记,也可下载相关表格填写后发到我们的邮箱,我们将及时与您取得联系并做好全方位的服务。

联系方式:010-62750667,donglu2004@163.com,linzhangbo@126.com,欢迎来电来信咨询。